Študentská vedecká konferencia
FMFI UK, Bratislava, 2015
Zborník príspevkov

Fakulta matematiky, fyziky a informatiky
Univerzita Komenského, Bratislava
22. apríl 2015

Proceedings of the
Student Science Conference 2015

Faculty of Mathematics, Physics and Informatics
Comenius University, Bratislava
April 22, 2015

Študentská vedecká konferencia FMFI UK, Bratislava, 2015: Zborník príspevkov
Proceedings of the Student Science Conference 2015
Editori: Broňa Brejová, Jaroslav Guričan, Tomáš Vinař
Autor loga: Matej Novotný
Vydavateľ: CreateSpace Independent Publishing Platform
Vydanie: prvé
Rok vydania: 2015

ISBN 978-1518759055

Zborník obsahuje príspevky účastníkov Študentskej vedeckej konferencie, ktorá sa konala 22. apríla 2015 na Fakulte matematiky, fyziky a informatiky Univerzity Komenského v Bratislave. Príspevky označené v obsahu ako "recenzované" boli pred publikovaním recenzované najmenej dvoma anonymnými recenzentami. Všetky príspevky boli posudzované aspoň trojčlennou odbornou komisiou.

http://www.fmph.uniba.sk/svk

Predhovor

Tento zborník obsahuje príspevky zo Študentskej vedeckej konferencie, ktorá sa konala 22. apríla 2015 na Fakulte matematiky, fyziky a informatiky Univerzity Komenského v Bratislave. Študentská vedecká konferencia má na fakulte dlhoročnú tradíciu a je príležitosťou pre študentov bakalárskeho, magisterského a doktorandského štúdia prezentovať vlastné vedecké a odborné práce z rozličných odborov matematiky, fyziky, informatiky, didaktiky týchto disciplín a ich filozofických aspektov.

V roku 2015 bolo na konferenciu prihlásených 70 príspevkov v deviatich tématických sekciách. Každý článok bol recenzovaný najmenej dvoma recenzentami a ďalej posudzovaný odbornou komisiou. Na základe tohto procesu boli do zborníka vybrané recenzované články, zvyšné príspevky sú v zborníku zastúpené formou jednostranového abstraktu. Príspevky boli prezentované 22. apríla 2015 na celodennej konferencii v priestoroch fakulty a odborné komisie udelili v rámci jednotlivých sekcií ocenenia 25 víťazom a 38 laureátom ŠVK. Komisie navrhli udeliť 4 ceny Literárneho fondu, tri ceny prof. Tillmana Märka za príspevky v oblasti fyziky plazmy, cenu Slovenskej informatickej spoločnosti za vynikajúci prácu v oblasti informatiky, cenu firmy SOFTEC za vynikajúcu prácu v aplikovanej informatike a prémiu SNUS za prácu v oblasti jadrovej fyziky. Pre širokú verejnosť tiež odznela plenárna prednáška prof. Rastislava Královiča na tému "Online algoritmy: ako počítať, keď ani nevieme čo".

Chceme poďakovať predovšetkým zúčastneným študentom a ich školiteľom, predsedom a členom jednotlivých odborných komisií, organizátorom a sponzorom. Ďakujeme za úspešný priebeh konferencie a tešíme sa na Študentskú vedeckú konferenciu 2016.

August 2015

Broňa Brejová, Jaroslav Guričan, Tomáš Vinař
Fakulta matematiky, fyziky a informatiky
Univerzity Komenského v Bratislave

Sponzori

SLOVENSKÁ INFORMATICKÁ SPOLOČNOSŤ

Prof. Tillman D. Märk
prize in plasma physics

Zloženie komisií

Organizačný výbor: doc. Mgr. Broňa Brejová, PhD.; doc. RNDr. Jaroslav Guričan, CSc.; prof. RNDr. Ján Urban, DrSc.; Mgr. Tomáš Vinař, PhD.

Predsedovia odborných komisií:

Matematika: doc. RNDr. Pavel Chalmoviansky, PhD.
Informatika: prof. Ing. Igor Farkaš, Dr.
Počítačová grafika a počítačové videnie: RNDr. Zuzana Černeková, PhD.
Jadrová fyzika: doc. RNDr. Ivan Sýkora, PhD.
Aplikovaná jadrová fyzika: doc. RNDr. Staníček Jaroslav, CSc.
Biofyzika: prof. RNDr. Melánia Babincová, CSc.
Experimentálna fyzika: doc. RNDr. Anna Zahoranová, PhD.
Didaktika matematiky a informatiky: PaedDr. Mária Slavíčková, PhD.
                                      RNDr. Ľudmila Jašková, PhD.
Didaktika fyziky: PaedDr. Klára Velmovská, PhD.

Ďalší recenzenti: Stanislav Antalic, Peter Babinec, Martin Baláž, Vladimír Balek, Pavol Bartoš, Lukáš Bartošovič, Zuzana Berger Haladová, Radoslav Böhm, Pavol Brunovský, Marián Danko, Michal Demetrian, Peter Demkanin, Monika Dillingerová, Roman Ďurikovič, Ján Filo, Michal Forišek, Milan Ftáčnik, Martin Gera, Bianka Gergeľová, Jozef Grežďo, Jaroslav Guričan, Radoslav Harman, Tibor Hianik, Martina Hodosyová, Karol Holý, Martin Homola, Peter Horváth, Róbert Jajcay, Tatiana Jajcayová, Peter Jančár, Mário Janda, Katarína Janková, Miroslav Ješkovský, Jozef Kačur, Barbora Kamrlová, Soňa Kilianová, Ján Kľuka, Iveta Kohanová, Dušan Kováčik, Rastislav Královič, Richard Krumpolec, Zbyněk Kubáček, Frantisek Kundracik, Andrej Lúčny, Martin Mačaj, Pavol Mach, Ján Mačutek, Martin Madaras, Štefan Matejčík, Igor Melicherčík, Gabriela Milagros Castillo Bautista, Marcela Morvová, Monika Müllerová, Juraj Országh, Peter Papp, Dana Pardubská, Pavel Petrovič, Tomáš Plachetka, Martin Plesch, Kristína Poláková, Anna Pribullová, Roman Rosipal, Branislav Rovan, Peter Rybár, Martin Sabo, Martin Samuelčík, Daniel Ševčovič, Fedor Šimkovic, Jozef Širáň, Jozef Šiška, Martin Stanek, Stanislav Stanek, Michal Stano, Stanislav Tokár, Monika Tomcsányiová, Jozef Trenčan, Ján Urban, Jana Útla, Peter Vankúš, Ivana Varhaníková, Michaela Velanová, Tomáš Vinař, Michal Winczer, Milan Zvarík

Obsah

Jadrová fyzika
Recenzované články

Abstrakty

Aplikovaná jadrová fyzika
Recenzované články

Abstrakty

Biofyzika
Recenzované články

Experimentálna fyzika

Didaktika matematiky a informatiky

Didaktika fyziky

Recenzované články

Študentská vedecká konferencia FMFI UK, Bratislava, 2015, pp. 1–9
ISBN 978-1518759055, © 2015 Karol Ďuriš

Analýza riešení nelineárnych parciálnych diferenciálnych rovníc finančnej matematiky

Karol Ďuriš[1]*

Školiteľ: Daniel Ševčovič[2]†

[1] Katedra aplikovanej matematiky a štatistiky, FMFI UK, Mlynská Dolina 842 48 Bratislava
[2] Katedra aplikovanej matematiky a štatistiky, FMFI UK, Mlynská Dolina 842 48 Bratislava

Abstrakt: Tento článok sa bude zaoberať nelineárnym zovšeobenením lineárnej Black-Scholesovej rovnice. Nelineárne modely zovšeobecňujú zjednodušený rámec tejto parciálnej diferenciálnej rovnice. Uvažujú s viacerými významnými faktormi, ktoré sú prítomné na trhu - transakčné náklady, vplyv dominantného investora, efekt nelikvidného trhu, či riziko plynúce z nezabezpečeného portfólia, s ktorými Black-Scholesov model nepočíta. Preto odvodíme všeobecné riešenie ceny finančného derivátu pre nelineárne modely pomocou metódy malého parametra. Pre model uvažujúci nelikvidný trh (Frey-Stremmeho model) budeme v práci kalibrovať parametre σ a ρ pre reálne dáta.

Článok je súčasťou autorovej diplomovej práce.

Kľúčové slová: nelineárne zovšeobecnenie, kalibrácia, Frey-Stremmeho model, asymptotický rozvoj

1 Úvod a príklady nelineárnych modelov

Opcia je finančný derivát, ktorý oprávňuje jej držiteľa kúpiť (predať) pre opciu typu call (put) podkladové aktívum. Toto právo, nie povinnosť, sa vzťahuje na vymedzený čas a pre opciu európskeho typu ju teda vlastník môže za vopred dohodnutú expiračnú cenu E kúpiť (predať) a vo vopred dohodnutom čase T.

1.1 Motivácia oceňovania opcií

Právo získať alebo zbaviť sa cenného papiera je veľmi vzácne v prípade mohutných pohybov cien na finančnom trhu. Preto toto právo má svoju cenu. V druhej polovici *20.* storočia vznikol súčasný najväčší trh s opciami *Chicago Board Option Exchange* (CBOE). Kvôli tomu vznikla potreba vytvoriť model, ktorý by vedel ohodnotiť jednotlivé opčné kontrakty na podkladové aktíva.

V roku 1973 sa dvom americkým ekonómom Fischerovi Blackovi a Myronovi Sholesovi na základe predpokladu, že cena podkladového aktíva S_t sleduje vývoj geometrického Brownovho pohybu, podľa nich nazvaný Black-Scholesov model. Ten sa dá opísať pomocou lineárnej parciálnej diferenciálnej rovnice (PDR) [Black and Scholes, 1973]:

$$\partial_t V + \frac{1}{2}\sigma^2 S^2 \partial_S^2 V + (r-q)S\partial_S V - rV = 0. \quad (1)$$

Predpokladom modelu je hedžovanie portfólia investorom tak, aby bolo samofinancovateľné. Inými slovami teda v portfóliu pozostávajúcom z dvoch zložiek - akcií a na nich sa vzťahujúcich opcií, udržuje investor taký pomer opcií a akcií, aby ostalo bezrizikové.

Black-Scholesova rovnica obsahuje viacero vstupov:

- $V(S,t)$ - cena opcie závislá na cene podkladového aktíva a čase
- S - cena podkladového aktíva
- t - časová premenná, $t \in [0,T]$, T - expiračný čas
- σ - volatilita
- r - bezriziková úroková miera
- q - ročná úroková miera pre dividendy

1.2 Nelineárne zovšeobecnené modely

Black-Scholesov model má mnoho predpokladov, ktoré na finančných trhoch nanešťastie neplatia. Obmedzil sa kvôli výpočtom, ktoré by boli veľmi zložité na príklady trhov, ktoré sú úplné, dokonale elastické a likvidné. Model aj kvôli tomu predpokladá konštantnú volatilitu. Taktiež môže byť hodnota opcie ovplyvnená očakávaniami a preferenciami investorov súviasicimi s vývojom cien na trhu.

Kvôli dodatočným podmienkam je úvaha o Black-Scholesovom modeli nedostatočná. Ukazuje sa, že

---

*karol.duris@upc.uniba.sk
†sevcovic@fmph.uniba.sk

pre tieto zovšeobecnenia sa volatilita nespráva konštantne. Preto myšlienkou zovšeobecnenia problému podľa [Ševčovič et al., 2011] je položiť difúzny koeficient σ ako funkciu závislú od premenných:

$$\sigma = \sigma_\varepsilon(H, S, T - t), \qquad (2)$$

v ktorom definujeme bezrozmerný parameter $H = S\partial_S^2 V$. Premenné S a $T - t$ charakterizujú postupne cenu podkladového aktíva, teda v našom prípade akcie, a ostávajúceho času do expirácie. Parameter ε je špecifický parameter modelu.

1.2.1 Prehľad nelineárnych modelov

- Lelandov model [Leland, 1985]

  - model, ktorý zahŕňa transakčné náklady
  - $\sigma^2(H, S, T - t) = \hat{\sigma}^2(1 + Le \, \text{sign} \left(\frac{H}{S}\right))$

    $Le = \sqrt{\frac{2}{\pi}} \frac{c}{\sigma\sqrt{\Delta t}}$ je Lelandovo číslo

- Barles-Sonerov model [Barles and Soner, 1998]

  - model uvažujúci investorove preferencie popísané exponenciálnou úžitkovou funkciou
  - $\sigma^2(H, S, T - t) = \hat{\sigma}^2(1 + \Psi\left(a^2 e^{r\tau} S H\right))$

    funkcia $\Psi(x)$ je riešením:

    $$\begin{cases} \Psi'(x) = \frac{\Psi(x)+1}{2\sqrt{x\Psi(x)-x}}, \\ \Psi(0) = 0. \end{cases}$$

- Frey-Stremmeho model [Frey and Stremme, 1997], s explicitným riešením v [Bordag and Frey, 2009]

  - model, v ktorom uvažujeme o nelikvidnom trhu
  - $\sigma^2(H, S, T - t) = \frac{\hat{\sigma}^2}{(1 - \rho\lambda(S)H}$

- Risk adjusted pricing methodology model (RAPM) [Jandačka and Ševčovič, 2005]

  - model zahŕňa riziko s nezabezpečeného portfólia a transakčné náklady
  - optimalizuje interval hedžovania portfólia, aby portfólio nezostalo nezabezpečené a aby nevznikli vysoké transakčné náklady
  - $\sigma^2(H, S, T - t) = \hat{\sigma}^2\left(1 + \mu H^{\frac{1}{3}}\right)$

2 Metóda malého parametra

Mnoho úloh v matematike nemožno vo všeobecnosti explicitne vyriešiť. Medzi tieto úlohy patria rôzne integrály či výpočty riešenia obyčajných alebo parciálnych diferenciálnych rovníc. Jednou z možností je riešenie úloh pomocou numerických metód. Hľadaný výsledok však zahŕňa numerické nepresnosti a často aj časovo zložitý algoritmus. V knihách Holmesa [Holmes, 2009] a [Holmes, 2013] sú uvedené iné metódy, ktoré môžu takisto približne vyriešiť daný problém.

Problém, s ktorým sa budeme stretávať v našej práci, je úloha, ktorá obsahuje parameter nadobúdajúci veľmi nízke hodnoty. Úlohu budeme reprezentovať rovnicou v nasledujúcom tvare:

$$\begin{aligned} \mathscr{L}(V, \varepsilon) &= 0, \\ \mathscr{P}(V(c^T\mathscr{A}), \varepsilon) &= \mathbf{0}, \end{aligned} \qquad (3)$$

kde V je hľadaná funkcia riešenia a ε je daný nízky parameter. Operátor $\mathscr{P}$ predstavuje sústavu počiatočných podmienok, $\mathscr{A}$ je vektor hodnôt, kde sa aplikuje koncová podmienka a vektor c je jednotkový vektor. V ňom je jednotka na tej pozícií, na ktorej je aktívna definičná hodnota koncovej podmienky. Vo všeobecnosti je nutné zaviesť viacrozmerný vektor $\mathscr{A}$, kvôli možnosti viacerých počiatočných podmienok vyčíslených v rôznych bodoch.

Jadrom našej práce je vyjadriť cenu opcie pre zovšeobecnený nelineárny prípad parciálnej diferenciálnej rovnice. Pre väčšinu nelineárnych modelov sa však riešenie ceny opcie nedá explicitne vyjadriť. Iným spôsobom je preto podľa [Holmes, 2009] možnosť zapísať cenu akcie v tvare asymptotického rozvoja:

$$\begin{aligned} V(S, t) &= V_0(S, t) + \varepsilon^{\alpha_1} V_1(S, t) + \varepsilon^{\alpha_2} V_2(S, t) + \dots \\ &\approx V_0(S, t) + \varepsilon^{\alpha_1} V_1(S, t). \end{aligned}$$

$$(4)$$

Parametre α_i, $i = 1, 2, 3, \dots$ sú určenú v závislosti od konkrétneho modelu. Naším cieľom bude cenu opcie aproximovať pomocou prvých dvoch členov. Zodpovedajúcu úlohu môžeme zapísať v tvare 3:

$$\begin{aligned} \mathscr{L}(V, \varepsilon) &= \partial_t V + \frac{1}{2}\sigma_\varepsilon^2(H, S, T - t)S^2\partial_S^2 V + \\ &\quad + (r - q)S\partial_S V - rV = 0, \\ c &= 1, \\ \mathscr{A} &= T, \\ \mathscr{P}(V(S, \mathscr{A}), \varepsilon) &= V(S, \mathscr{A}). \end{aligned} \qquad (5)$$

Kniha [Holmes, 2013] sa zaoberá singulárnou možnosťou úlohy. Položením $\varepsilon = 0$, teda úlohou s riešením rovnajúcim sa prvému členu rozvoja (4), sa počet riešení úlohy môže zredukovať. Preto položením riešenia rovnému expanzii (4) sa strácajú niektoré riešenia. Nelineárne modely sa však položením nulového parametra redukujú na Black-Scholesovu rovnicu, preto asymptotickým rozvojom (4) nestratíme žiadne riešenie.

Parciálnu diferenciálnu rovnicu v (5) môžeme rozpísať podľa rádu exponentu parametra a aproximovať, keďže počítame iba prvé dva členy ($\alpha = \alpha_1$):

$$\mathscr{L}(V,\varepsilon) = \mathscr{L}_0(V) + \varepsilon^{\alpha_1}\mathscr{L}_1(V) + \varepsilon^{\alpha_2}\mathscr{L}_2(V) + \dots$$
$$\approx \mathscr{L}_0(V) + \varepsilon^{\alpha}\mathscr{L}_1(V). \tag{6}$$

Do tejto rovnice potom môžeme dosadiť hľadané riešenie (4) a rozvinúť operátory $\mathscr{L}_0, \mathscr{L}_1$ na princípe Taylorovho rozvoja:

$$\mathscr{L}(V,\varepsilon) \approx \mathscr{L}_0(V_0 + \varepsilon^{\alpha}V_1) + \varepsilon^{\alpha}\mathscr{L}_1\left(V_0 + \varepsilon^{\alpha}V_1\right)$$
$$\approx \mathscr{L}_0(V_0) + \varepsilon^{\alpha}\frac{d\mathscr{L}_0}{dV}(V_0)V_1 + $$
$$+ \varepsilon^{\alpha}\left(\mathscr{L}_1(V_0) + \varepsilon^{\alpha}\frac{d\mathscr{L}_1}{dV}(V_0)V_1\right) \tag{7}$$

Operátor $\mathscr{L}_0(V)$ je lineárny vo V, preto symbolická derivácia $\frac{d\mathscr{L}_0}{dV}(V_0)V_1 = \mathscr{L}_0(V_1)$. Celkovo potom rovnicu (7):

$$\mathscr{L}(V,\varepsilon) \approx \mathscr{L}_0(V_0) + \varepsilon^{\alpha}(\mathscr{L}_0(V_1) + \mathscr{L}_1(V_0)) + $$
$$+ \varepsilon^{2\alpha}\frac{d\mathscr{L}_1}{dV}(V_0)V_1 = 0. \tag{8}$$

Úlohu budeme riešiť pre európsku Call opciu a dorátame počiatočné podmienky pre jednotlivé členy rozvoja:

$$\mathscr{P}(V(S,\mathscr{A}),\varepsilon) = V(S,\mathscr{A}) = \max(S-E,0). \tag{9}$$

Počiatočná podmienka nezávisí od parametra ε, preto bude pre druhý člen rozvoja (4) nulová.

Parciálna diferenciálna rovnica (8) a aj počiatočná podmienka (9) obsahuje sústavu rovníc podľa hodnoty exponentu parametra ε:

$$o(1): \quad \mathscr{L}_0(V_0) = 0,$$
$$V_0(S,\mathscr{A}) = \max(S-E,0).$$
Riešnie prvého člena je riešením Black-Scholesovej PDR (1).

$$o(\varepsilon^{\alpha}): \quad \mathscr{L}_0(V_1) = -\mathscr{L}_1(V_0),$$
$$V_1(S,\mathscr{A}) = 0.$$
Úloha má rovnaký tvar ako Black-Scholesova PDR (1), obsahuje však nehomogénnu časť, čo skomplikuje výpočet.

3 Odvodenie asymptotického explicitného vzorca pre zovšeobecnený nelineárny model

V tejto časti sa pokúsime odvodiť všeobecný explicitný tvar asymptotického riešenia pre modely spomínané v odseku (1.2.1). Odvodenie je uvedené v článku [Ďuriš et al., 2015], ktorého jedným z autorov je autor tohto príspevku.

Funkcia volatility sa dá všeobecne pre všetky modely zapísať v tvare:

$$\sigma_{\varepsilon}(H,S,T-t) \approx \hat{\sigma}^2\left(1 + \varepsilon^{\alpha}\frac{2}{\hat{\sigma}}A(T-t)S^{\gamma-1}H^{\delta-1}\right). \tag{10}$$

Tento tvar sme použili kvôli neskoršieho jednoduchšieho zápisu úlohy. Keď dosadíme funkciu volatility (10) do rovnice (1), dostaneme členy rozvoja (4):

$$\mathscr{L}_0(V) = \partial_t V + \frac{1}{2}\sigma^2 S^2 \partial_S^2 V + (r-q)S\partial_S V - rV,$$
$$\mathscr{L}_1(V) = A(T-t)S^{\gamma}(S\partial_S^2 V)^{\delta}. \tag{11}$$

Z konca predošlej kapitoly môžeme zapísať úlohu $\mathscr{L}_0(V_1) = -\mathscr{L}_1(V_0)$, ktorú chceme v našej práci riešiť:

$$\mathscr{L}_0(V_1) = -A(T-t)S^{\gamma}H_0^{\delta}, \quad (S,t) \in (0,\infty) \times [0,T],$$
$$V_1(S,T) = 0, \qquad\qquad S \in (0,\infty). \tag{12}$$

Bezrozmerná veličina H_0 je tentokrát definovaná v prvom člene rozvoja (4): $H_0 = S\partial_S^2 V_0$.

3.1 Výpočet všeobecného nelineárneho vzorca

V odstavci odvodíme riešenie nehomogénnej PDR (12). Nehomogénna zložka obsahuje všetky členy známe zadaním, alebo charakterizované modelom, okrem H_0. Tam vystupuje parciálna derivácia z

Black-Scholesovho riešenia:

$$V_0(S,t) = Se^{-q\tau}N(d_1) - Ee^{-r\tau}N(d_2),$$

$$d_{1,2} = \frac{\ln\frac{S}{E} + \left(r - q \pm \frac{\sigma^2}{2}\right)\tau}{\sigma\sqrt{\tau}},$$

$$\tau = T - t,$$

$$\partial_S^2 V_0 = \frac{e^{-q\tau}N'(d_1)}{S\sigma\sqrt{\tau}}.$$

(13)

Funkcia $N(x)$ je hustota štandardizovaného normálneho rozdelenia.

Idea riešenia nehomogénnej parabolickej PDR je upraviť ju do základného tvaru $\partial_t u - a^2 \partial_\xi^2 u = 0$, z ktorého vieme vypočítať riešenie. Kvôli tomu použijeme nasledovnú transformáciu:

$$\tau = T - t,$$

$$S = Ee^x,$$

$$e^{\alpha x + \beta\tau}u(x,\tau) = V_1(S,t).$$

(14)

Koeficienty α a β zvolíme tak, aby členy rovnice, ktoré nie sú časťou základného tvaru, boli nulové.

$$\alpha = \frac{1}{2} + \frac{q-r}{\sigma^2},$$

$$\beta = -\left(\frac{\sigma^2}{8} + \frac{r+q}{2} + \frac{(r-q)^2}{2\sigma^2}\right) = -\frac{\sigma^2}{2}\alpha^2 - r.$$

(15)

Rovnicu (12) potom môžeme upraviť do základného tvaru:

$$\partial_\tau u - \frac{\sigma^2}{2}\partial_x^2 u = \frac{E^\gamma}{(2\pi\sigma^2\tau)^{\frac{\delta}{2}}}A(\tau)$$

$$e^{-\frac{\delta}{2\sigma^2\tau}x^2 + [\gamma - \delta - \alpha(1-\delta)]x}$$

$$e^{-\left[\beta + q\delta + \frac{\delta}{2}(1-\alpha)^2\sigma^2\right]\tau},$$

$$(x,\tau) \in \mathbb{R} \times [0,T],$$

$$u(x,0) = 0, \quad x \in \mathbb{R}.$$

(16)

Podľa [Ševčovič, 2008] sa riešenie nehomogénnej PDR s nulovou počiatočnou podmienkou dá zapísať v tvare konvolúcie integrálu:

$$u(x,\tau) = \int_0^\tau \int_{-\infty}^\infty \frac{1}{\sqrt{2\pi\sigma^2(\tau-l)}}e^{-\frac{(x-s)^2}{2\sigma^2(\tau-l)}}\frac{E^\gamma}{(2\pi\sigma^2 l)^{\frac{\delta}{2}}}$$

$$A(l)e^{-\frac{\delta}{2\sigma^2 l}s^2 + [\gamma - \delta - \alpha(1-\delta)]s}$$

$$e^{-\left[\beta + q\delta + \frac{\delta}{2}(1-\alpha)^2\sigma^2\right]l}ds\,dl.$$

(17)

Hlavnou myšlienkou úpravy dvojného integrálu je úprava exponentu eulerovho čísla na štvorec. Označme EXP súčet exponentov eulerovho čísla vnútri integrálu, dostaneme:

$$EXP = -\frac{l + \delta(\tau - l)}{2\sigma^2(\tau - l)l}s^2 +$$

$$+ \frac{x + [\gamma - \delta - \alpha(1-\delta)]\sigma^2(\tau - l)}{\sigma^2(\tau - l)}s -$$

$$- \left[\beta + q\delta + \frac{\delta}{2}(1-\alpha)^2\sigma^2\right]l - \frac{x^2}{2\sigma^2(\tau - l)} =$$

$$= -\frac{\delta\tau + (1-\delta)l}{2\sigma^2(\tau - l)l}\left\{s^2 - \right.$$

$$- 2\frac{x + [\gamma - \delta - \alpha(1-\delta)]\sigma^2(\tau - l)}{\delta\tau + (1-\delta)l}ls +$$

$$+ \left[\frac{x + [\gamma - \delta - \alpha(1-\delta)]\sigma^2(\tau - l)}{\delta\tau + (1-\delta)l}l\right]^2 -$$

$$- \left.\left[\frac{x + [\gamma - \delta - \alpha(1-\delta)]\sigma^2(\tau - l)}{\delta\tau + (1-\delta)l}l\right]^2\right\} -$$

$$- \left[\beta + q\delta + \frac{\delta}{2}(1-\alpha)^2\sigma^2\right]l - \frac{x^2}{2\sigma^2(\tau - l)} =$$

$$= -\frac{\delta\tau + (1-\delta)l}{2\sigma^2(\tau - l)l}\left\{s - \right.$$

$$- \left.\frac{x + [\gamma - \delta - \alpha(1-\delta)]\sigma^2(\tau - l)}{\delta\tau + (1-\delta)l}l\right\}^2 +$$

$$+ \frac{\left\{x + [\gamma - \delta - \alpha(1-\delta)]\sigma^2(\tau - l)\right\}^2}{2\sigma^2(\tau - l)[\delta\tau + (1-\delta)l]}l -$$

$$- \left[\beta + q\delta + \frac{\delta}{2}(1-\alpha)^2\sigma^2\right]l - \frac{x^2}{2\sigma^2(\tau - l)}.$$

(18)

Výraz sme upravovali na štvorec kvôli tomu, že integrál z hustoty normálneho rozdelenia je z teórie pravdepodobnosti rovný jednej. Dá sa ukázať, že výraz $\beta + q\delta + \frac{\delta}{2}(1-\alpha)^2\sigma^2 = \left(r + \frac{\sigma^2}{2}\alpha^2\right)(\delta - 1)$. Potom:

$$u(x,\tau) = \int_0^\tau \frac{E^\gamma}{(2\pi\sigma^2)^{\frac{\delta}{2}} l^{\frac{\delta-1}{2}} \sqrt{\delta\tau + (1-\delta)l}} A(l)$$

$$e^{\frac{x^2 l}{2\sigma^2(\tau-l)[\delta\tau+(1-\delta)l]} - \frac{x^2}{2\sigma^2(\tau-l)} + \frac{[\gamma-\delta-\alpha(1-\delta)]xl}{\delta\tau+(1-\delta)l}}$$

$$e^{\frac{[\gamma-\delta-\alpha(1-\delta)]^2\sigma^2(\tau-l)l}{2[\delta\tau+(1-\delta)l]} - \left[\beta+q\delta+\frac{\delta}{2}(1-\alpha)^2\sigma^2\right]l} dl$$

$$= \int_0^\tau \frac{E^\gamma}{(2\pi\sigma^2)^{\frac{\delta}{2}} l^{\frac{\delta-1}{2}} \sqrt{\delta\tau + (1-\delta)l}} A(l)$$

$$e^{\frac{l-[\delta\tau+(1-\delta)l]}{2\sigma^2(\tau-l)[\delta\tau+(1-\delta)l]}x^2 + \frac{[\gamma-\delta-\alpha(1-\delta)]xl}{\delta\tau+(1-\delta)l}}$$

$$e^{\frac{[\gamma-\delta-\alpha(1-\delta)]^2\sigma^2(\tau-l)l}{2[\delta\tau+(1-\delta)l]} - \left(r+\frac{\sigma^2}{2}\alpha^2\right)(\delta-1)l} dl. \tag{19}$$

Úlohu budeme riešiť pre možnosť $\delta \neq 1$. Racionálne funkcie vystupujúce v exponente (19) môžeme upraviť na parciálne zlomky:

$$\frac{l}{\delta\tau+(1-\delta)l} = \frac{1}{1-\delta} - \frac{\delta\tau}{1-\delta}\frac{1}{\delta\tau+(1-\delta)l},$$

$$\frac{(\tau-l)l}{\delta\tau+(1-\delta)l} = \frac{1}{1-\delta}l + \frac{\tau}{(1-\delta)^2} - \frac{\frac{\delta\tau^2}{(1-\delta)^2}}{\delta\tau+(1-\delta)l}. \tag{20}$$

Výsledné riešenie úlohy (16) zapíšeme:

$$u(x,\tau) = \int_0^\tau \frac{E^\gamma}{(2\pi\sigma^2)^{\frac{\delta}{2}} l^{\frac{\delta-1}{2}} \sqrt{\delta\tau + (1-\delta)l}} A(l)$$

$$e^{-\frac{\delta x^2}{2\sigma^2}\frac{1}{\delta\tau+(1-\delta)l} + \frac{[\gamma-\delta-\alpha(1-\delta)]x}{1-\delta} - \left(r+\frac{\sigma^2}{2}\alpha^2\right)(\delta-1)l}$$

$$e^{-\frac{[\gamma-\delta-\alpha(1-\delta)]x\delta\tau}{1-\delta}\frac{1}{\delta\tau+(1-\delta)l} + \frac{[\gamma-\delta-\alpha(1-\delta)]^2\sigma^2 l}{2(\delta-1)}}$$

$$e^{\frac{[\gamma-\delta-\alpha(1-\delta)]^2\sigma^2\tau}{2(1-\delta)^2} - \frac{[\gamma-\delta-\alpha(1-\delta)]^2\sigma^2\delta\tau^2}{2(1-\delta)^2[\delta\tau+(1-\delta)l]}} dl =$$

$$= \int_0^\tau \frac{E^\gamma}{(2\pi\sigma^2)^{\frac{\delta}{2}} l^{\frac{\delta-1}{2}} \sqrt{\delta\tau + (1-\delta)l}} A(l)$$

$$e^{\left\{\frac{[\gamma-\delta-\alpha(1-\delta)]^2\sigma^2}{2(\delta-1)} - \left(r+\frac{\sigma^2}{2}\alpha^2\right)(\delta-1)\right\}l}$$

$$e^{\left\{\frac{[\gamma-\delta-\alpha(1-\delta)]x}{1-\delta} + \frac{[\gamma-\delta-\alpha(1-\delta)]^2\sigma^2\tau}{2(1-\delta)^2}\right\}}$$

$$e^{-\left\{\frac{\delta x^2}{2\sigma^2} + \frac{[\gamma-\delta-\alpha(1-\delta)]x\delta\tau}{1-\delta}\right\}\frac{1}{\delta\tau+(1-\delta)l}}$$

$$e^{-\frac{[\gamma-\delta-\alpha(1-\delta)]^2\sigma^2\delta\tau^2}{2(1-\delta)^2}\frac{1}{\delta\tau+(1-\delta)l}} dl. \tag{21}$$

Po spätnej transformácii premenných môžeme matematicky zapísať druhý člen expanzie (4). Časovú premennú t ponechávame v substituovanej premennej $\tau = T - t$, kvôli jednoduchosti zápisu a interpretácie.

$$V_1(S,\tau) = e^{\alpha x + \beta\tau} u(x,\tau) =$$

$$= \frac{E^\gamma}{(2\pi\sigma^2)^{\frac{\delta}{2}}} \left(\frac{S}{E}\right)^{\frac{\gamma-\delta}{1-\delta}} e^{\left\{\beta + \frac{[\gamma-\delta-\alpha(1-\delta)]^2\sigma^2}{2(1-\delta)^2}\right\}\tau}$$

$$\int_0^\tau \frac{A(l)}{l^{\frac{\delta-1}{2}} \sqrt{\delta\tau + (1-\delta)l}} e^{Kl - M(S)\frac{1}{\delta\tau+(1-\delta)l}} dl, \tag{22}$$

kde výraz:

$$K = \frac{[\gamma-\delta-\alpha(1-\delta)]^2\sigma^2}{2(\delta-1)} + \beta(\delta-1),$$

funkcia:

$$M(S) = \frac{\delta}{2\sigma^2}\left(\ln\frac{S}{E}\right)^2 + \frac{[\gamma-\delta-\alpha(1-\delta)]\delta\tau}{1-\delta}\ln\frac{S}{E}$$

$$+ \frac{[\gamma-\delta-\alpha(1-\delta)]^2\sigma^2\delta\tau^2}{2(1-\delta)^2}$$

Ukazuje sa, že kvôli množstvu výrazov v riešení $V_1(S,\tau)$ nemôžeme jednoznačne určiť závislosť od ceny akcie S a čase do expirácie τ.

4 Kalibrácia Frey-Stremmeho modelu

Frey-Stremmeho model popisuje situáciu, v ktorom trh nemusí byť likvidný. Nie je v ňom zabezpečená rôznorodosť a dostupnosť všetkých produktov na trhu a taktiež uvažuje o možnosti efektu dominantného investora, ktorý svojim obchodovaním ovplyvňuje ceny na trhu.

4.1 Hodnoty parametrov modela vo všeobecnom tvare

Frey-Stremmeho model dosadíme do všeobecného rámca nelineárnych modelov z predchádzajúcej časti. Funkciu volatility sa pokúsime pre tento model zapísať v mocninovom tvare pre ρ. Využijeme pritom rovnosť, kde pre dostatočne nízke hodnoty a platí

$$\frac{1}{1-a} = 1 + a + a^2 + \ldots$$

$$
\begin{aligned}
\sigma^2(H,S,T-t) &= \frac{\hat{\sigma}^2}{(1-\rho S\partial_S^2 V)^2}\left[\frac{1+\rho S\partial_S^2 V + \ldots}{1+\rho S\partial_S^2 V + \ldots}\right]^2 \\
&= \hat{\sigma}^2\left(1 + 2\rho S\partial_S^2 V_0 + \rho^2\ldots\right) \\
&\approx \hat{\sigma}^2\left(1 + 2\rho S\partial_S^2 V_0\right).
\end{aligned}
$$

$$(23)$$

Keď výslednú funkciu porovnáme so všeobecnou funkciou (10) pre $\varepsilon = \rho$ a exponent $\alpha = 1$ dostávame hodnoty funkcie a parametrov:

$$
\begin{aligned}
A(\tau) &= \hat{\sigma}^2, \\
\gamma &= 1, \\
\delta &= 2.
\end{aligned}
\qquad (24)
$$

Druhý člen asymptotického rozvoja 4 získame dosadením hodnôt (24) do riešenia (22).

4.2 Kalibrácia na reálnych dátach na rozdiele medzi ask a stredom medzi bid a ask cenou opcie

Model budeme kalibrovať na dátach pre opcie firmy *Apple Inc.* v období *3.1.-27.1.2015* s expiračným časom *30.1.2015* pri úrokovej miere $r = 1\%$ a dividendovej úrokovej miere $q = 1,7\%$. Údaje boli získané zo stránky *finance.yahoo.com* pre celočíselné expiračné ceny v rozpätí $E \in [106, 130]$ okrem hodnoty $E = 129$. Tieto opcie boli amerického typu, teda mohli byť uplatnené na rozdiel od európskych opcií, v intervale do času expirácie. Preto sme posledné dni pred expiráciou nebrali do úvahy.

Existuje viacero možností ako môžeme kalibrovať parametre Frey-Stremmeho modelu. Prístupom, ktorým sa budeme zaoberať, je postupné kalibrovanie. Parameter σ je odvodený podľa základného lineárneho modelu (1) počítaním so strednou cenou medzi dopytovou bid a nákupnou ask cenou opcie. Podľa knihy [Ševčovič et al., 2011] je jej jednoznačnosť zaručená kvôli $\frac{\partial V}{\partial \sigma} > 0$ a podmienkou existencie volatility je nutnosť $V_{real}(S,\tau) \in \left(\max(0, Se^{-q\tau} - Ee^{-r\tau}), Se^{-q\tau}\right)$. Potom môžeme odvodiť z aproximácie (4) druhý parameter modelu: $\rho = \frac{V(S,\tau) - V_0(S,\tau)}{V_1(S,\tau)}$. Pri kalibrácii počítame s ask cenami opcií pod výslednou cenou $V(S,\tau)$.

Myšlienka tejto kalibrácie je založená na skutočnosti, že hodnota opcie je rastúcou funkciou volatility. Pomocou vzrastu volatility z lineárneho modelu na hodnotu funkcie volatility danej nelineárnym modelom budeme modelovať vzrast strednej ceny medzi bid a ask na vyššiu ask cenou opcie. V našej terminológii metódy malého parametra teda tento vzrast predstavovať nárast z hodnoty nultého člena rozvoja o veľkosť $\rho V_1(S,\tau)$ na hodnotu celkového riešenia $V(S,\tau)$.

Model je kalibrovaný pre jednotlivé časové hodnoty a expiračné ceny. V trojrozmernom obrázku je však spojitý graf ľahšie čitateľný a interpretovateľný, preto sme pri vykreslovaní jednotlivých obrázkov použili interpoláciu tretieho stupňa cez počítané body S/E a τ.

4.2.1 Parameter σ

Spomínaným spôsobom môžeme kalibrovať parameter, ktorý dostaneme z Black-Scholesovho modelu. Tento parameter budeme nazývať implikovaná volatilita σ_{BS}. Podľa [Ševčovič et al., 2011] je definovaný ako volatilita, pre ktorú je cena opcie rovná trhovej cene, ak je aj cena akcie rovná tej trhovej. Budeme rozlišovať implikovanú volatilitu na stred medzi bid a ask cenou σ_{BS} a implikovanú volatilitu počítanú pomocou ask ceny opcie σ_{impl}. S prvou spomínanou sa budeme zaoberať najbližšie.

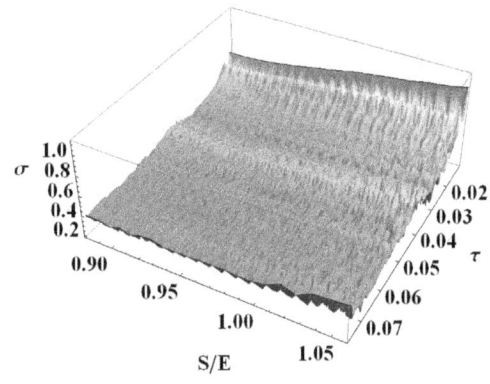

Obr. 1: Funkcia volatility (σ_{BS}) počítaná na základe Black-Scholesovho modelu počítaná pre strednú hodnotu bid a ask ceny, závislá na podiele S/E a čase τ.

Na obrázkoch (1) a (2) vidno kalibrované hodnoty σ. Z obrázku (1) sa zdá, že implikovaný parameter zostáva približne konštantný v závislosti od podielu S/E pre každú časovú hodnotu. Preto sme vykreslili obrázky (2), ktoré charakterizujú implikovanú volatilitu ako funkciu od podielu S/E na konci vybraných obchodovacích dní na burze.

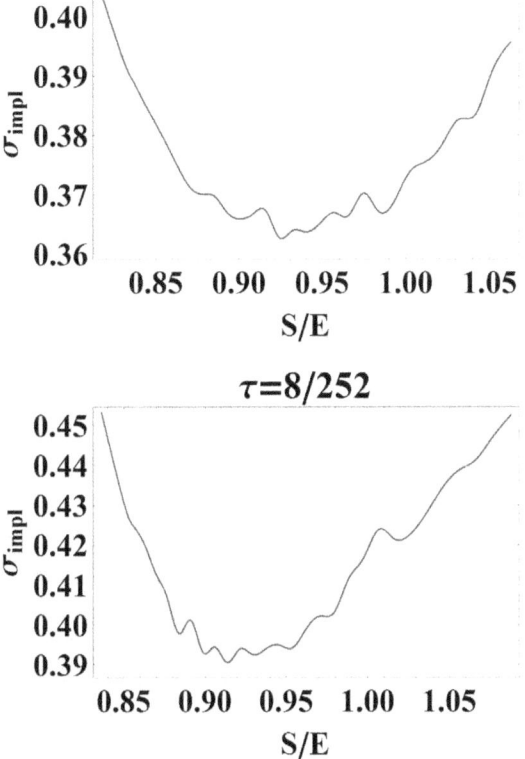

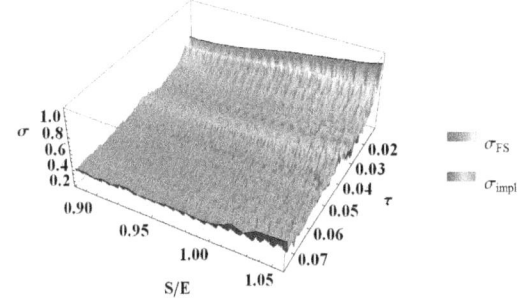

Obr. 3: Frey-Stremmeho volatilita (σ_{FS}) a impliko-vaná volatilita (σ_{impl}).

Obr. 2: Funkcia volatility ako funkcia pomeru ceny akcie a expiračnej ceny v konkrétnom čase.

Na prvých troch podgrafoch obrázka (2) môžeme pozorovať jav *"volatility smile"*, teda implikovaná volatilita nadobúda nižšie hodnoty pre tie expiračné ceny, ktoré sú bližšie k aktuálnej cene opcie, zatiaľ čo pre veľmi odlišné expiračné ceny je implikovaná volatilita vyššia. Na oboch obrázkoch (1) a (2) si však môžeme všmnúť mierne rastúci trend volatility vzhľadom na čas približujúci sa expirácii. V poslednom týždni, kedy $\tau < 0,02$, volatilita začína prudko rásť, čo môže byť dôsledkom toho, že opcie sú amerického typu.

Zaujímavý však môže byť na rozdiel od implikovaného parametra lineárneho modelu aj výsledok získaný pomocou funkcie volatility z nelineárneho modelu (23, označ σ_{FS}). Porovnať ju môžeme s implikovanou volatilitou počítanou lineárnym mocelom (1, označ σ_{impl}) na ask cenu opcie. Obe sú počítané rozdielnymi spôsobmi, ale pomocou rovnakých hodnôt parametrov. Obe typy volatilít však nadobúdajú vyššie hodnoty ako σ_{BS} kvôli rastúcej závislosti ceny opcie na volatilite: $\frac{\partial V}{\partial \sigma} > 0$. Tento predpoklad spĺňa aj grafické porovnanie obrázka (4) s (2).

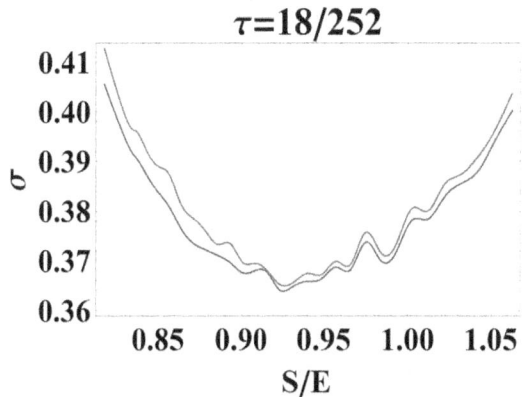

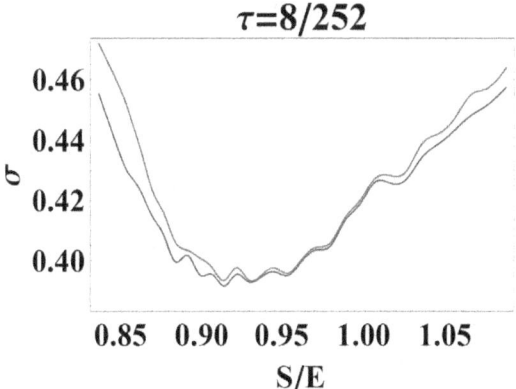

Obr. 4: Frey-Stremmeho volatilita (σ_{FS}, modrou, krivka nižšie) a implikovaná volatilita (σ_{impl}, fialovou, krivka vyššie).

Ďalšie pozorovanie, ktoré z obrázkov môžeme usúdiť je, že zmena medzi volatilitou σ_{BS} (1) a σ_{FS} (3) nie je značná. Preto očakávame, že parameter ρ bude nadobúdať nízke hodnoty.

4.2.2   Parameter ρ

Posledným krokom v kalibrácii je výpočet parametra ρ z aproximácie ceny opcie (4). Parameter bude udávať v akej miere je trh s počítanými akciami a ich derivátmi nelikvidný.

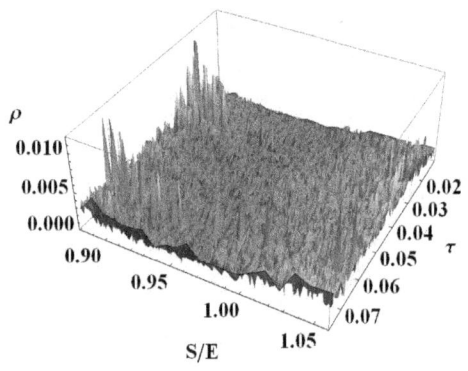

Obr. 5: Implikovaný parameter ρ pre Frey-Stremmeho model.

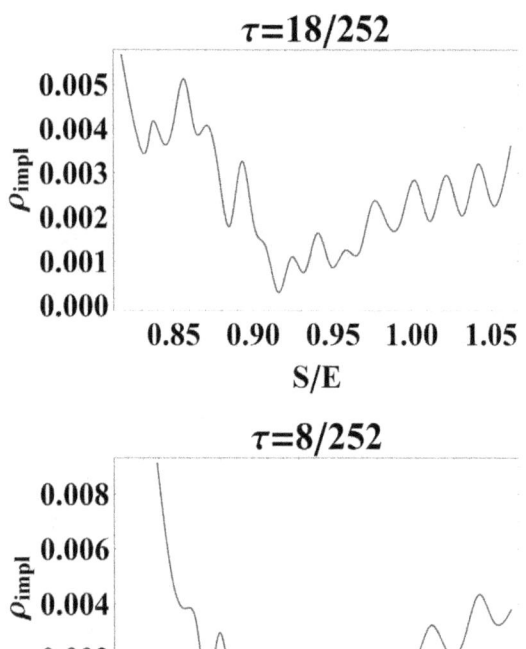

Obr. 6: Implikovaný parameter ρ ako funkcia S/E kalibrovaný na konci vybraných dní.

Na obrázkoch (5) a (6) je znázornený kalibrovaný

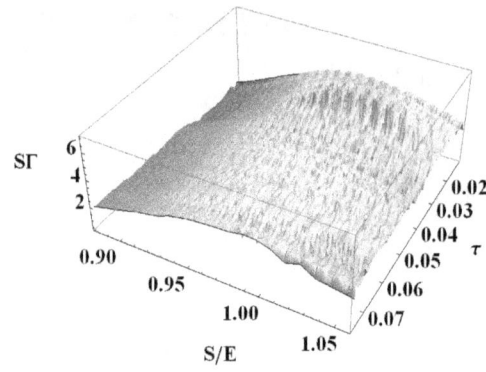

Obr. 7: Bezrozmerná veličina $S\Gamma$.

parameter ρ. Z oboch môžeme vydedukovať, že parameter je veľmi nízkeho rádu $\rho \approx 10^{-3}$. Vzhľadom na to, že reálne údaje ukazujú, že $S\Gamma \approx 3$, čo ukazuje aj obrázok (7), potom môžeme tvrdiť, že krok aproximácie funkcie volatility (23) sme mohli spraviť. Výraz $\rho S\Gamma \gg 0$, preto sa volatilita prostredníctvom menovateľa nezväčšuje v neúprosnej miere.

Obrázok (5) takisto znázorňuje hodnoty pre isté časové okamihy, ktoré sú výrazne vyššie ako v iných časoch. Tento jav môže znamenať, že trh je v danom momente menej likvidný. Pri bližšom skúmaní zistíme, že tieto veľké výchylky nastávajú pri výrazných zmenách cien aktív na trhu.

5   Záver

V práci sme sa venovali nelinearizácii Black-Scholesovho modelu (1) v problematike oceňovania opcií. V odseku (1.2.1) sme spomenuli už existujúce nelineárne modely, ktoré zovšeobecňujú niektoré aspekty trhu. K úlohe sme pristúpili prostredníctvom metódy malého parametra a aproximovali sme riešenie prostredníctvom dvoch členov asymptotického rozvoja (4). Ukázali sme, že prvý člen bol totožný s Black-Scholesovým riešením a odvodili sme vlastný vzorec (22) pre aproximáciu riešenia prostredníctvom pripojenia druhého člena, ktorý bol autorom taktiež uvedený v práci [Ďuriš et al., 2015]. Na záver sme kalibrovali Frey-Stremmeho model na vzorke skutočných dát firmy *Apple Inc.*

Touto prácou sme dospeli k inej možnosti ako pristupovať k oceňovaniu opcií prostredníctvom nelineárnych modelov. Najčastejšou možnosťou, ktoré sa využívajú sú numerické metódy, avšak tie bývajú výpočtovo zložité a často časovo náročné. Explicitný vzorec odvodený v našej práci je síce takisto aproximovaný, ale pre dostatočne nízke hodnoty dáva dostatočnú presnosť. Pri veľmi vysokých hodnotách $\rho \gg 0$ sa však ukazuje, že presnosť vzorca sa exponenciálne znižuje.

Časová zložitosť algoritmu však je relatívne jednoduchá. Najzložitejší výpočet, ktorý algoritmus musí vyrátať je integrál. Celkovo však kalibráciu pre 24 expiračných cien a 1264 časových hodnôt vypočíta v priebehu pár minút.

Poďakovanie

Ďakujem môjmu školiteľovi prof. RNDr. Danielovi Ševčovičovi, CSc. za trpezlivosť a podnetné rady pri vypracovávaní diplomovej práce. Takisto patrí moja vďaka Jánovi Ruhalovskému, ktorý mi pomohol so sťahovaním údajov z webovej stránky finančného trhu.

Literatúra

[Barles and Soner, 1998] Barles, G. and Soner, H. M. (1998). Option pricing with transaction costs and a nonlinear black-scholes equation. *Finance Stochast.*, 2:369–397.

[Black and Scholes, 1973] Black, F. and Scholes, M. (1973). The pricing of options and corporate liabilities. *The Journal of Political Economy*, 81:637–654.

[Bordag and Frey, 2009] Bordag, L. A. and Frey, R. (2009). Pricing options in illiquid markets: symmetry reductions and exact solutions. *Nonlinear Models in Mathematical Finance: Research Trends in Option Pricing*, pages 103–130.

[Ševčovič, 2008] Ševčovič, D. (2008). *Parciálne diferenciálne rovnice a ich aplikácie*. IRIS, Bratislava.

[Ševčovič et al., 2011] Ševčovič, D., Stehlíková, B., and Mikula, K. (2011). *Analytical and Numerical Methods for Pricing Financial Derivatives*. Nova Science Publishers, New York.

[Frey and Stremme, 1997] Frey, R. and Stremme, A. (1997). Market volatility and feedback effects from dynamic hedging. *Mathematical Finance*, 7:351–374.

[Holmes, 2009] Holmes, M. H. (2009). *Introduction to the Foundations of Applied Mathematics*, volume 56. Springer.

[Holmes, 2013] Holmes, M. H. (2013). *Introduction to Perturbation Methods*, volume 20. Springer.

[Jandačka and Ševčovič, 2005] Jandačka, M. and Ševčovič, D. (2005). On the risk-adjusted pricing-methodology-based valuation of vanilla options and ex-planation of the volatility smile. *Journal of Applied Mathematics*, 5:235–258.

[Leland, 1985] Leland, H. E. (1985). Option pricing and replication with transaction costs. *The Journal of Finance*, 40:1283–1301.

[Ďuriš et al., 2015] Ďuriš, K., Lai, C.-H., Ševčovič, D., and Tan, S.-H. (2015). Comparison of two numerical schemes for solving a class of black-scholes equation with nonlinear volatility. *Working paper*.

Študentská vedecká konferencia FMFI UK, Bratislava, 2015, pp. 10–15
ISBN 978-1518759055, © 2015 Michal Tóth

Riešenie priamej a inverznej úlohy vedenia tepla

Michal Tóth[1]*

Školiteľ: Jozef Kačur[2]†

Katedra matematiky, FMFI UK, Mlynská Dolina 842 48 Bratislava

Abstrakt: V práci je navrhnutá numerická metóda riešenia priamej a inverznej úlohy vedenia a prenosu tepla. Cieľom je škálovanie matematického modelu, pri ktorom je potrebné určiť fyzikálne parametre: koeficient tepelnej vodivosti a koeficient prenosu tepla z jedného média na druhé.

Riešenie tejto problematiky má priame aplikácie napr. pri analýze tepelno-izolačných vlastností materiálov v stavebníctve. Práca je motivovaná niektorými výskumnými témami na Fyzikálnom ústave SAV, ktoré sú zamerané na vývoj nových efektívnych meracích zariadení.

Rovnakou témou sa autor zaoberá vo svojej bakalárskej práci.

Kľúčové slová: vedenie tepla, škálovanie, inverzná úloha

Všeobecné riešenie nášho problému vedenia tepla je známe. Nanešťastie klasická Fourierova metóda je vo forme radu, ktorý je navyše sumovaný cez korene Besselových funkcií. Vyčísľovanie je preto zložité, časovo náročné a nie veľmi presné, keďže rad nekonverguje dostatočne rýchlo. Pri inverzných úlohách sa to prejaví ešte viac, lebo rady potrebujeme vyčísliť opakovane.

Tejto námahy sa vieme ušetriť, ak úlohu riešime numericky. Namiesto počítania výslednej teploty cez rady simulujeme celý priebeh vedenia tepla. Použijeme časovú diskretizáciu a v priestorových premenných metódu konečných objemov. Každý časový krok zahŕňa vyriešenie jednej sústavy lineárnych rovníc, ktorej matica je pre všetky kroky rovnaká. Matica je navyše symetrická a kladne definitná, čiže postup vieme značne urýchliť Choleského metódou. Ďalšou výhodou je fakt, že máme k dispozícii rozloženie tepla v každom okamihu, takže ho môžeme vizualizovať.

1 Matematický model

Skúmaným telesom je valec s polomerom R a výškou Z. Na jeho spodnej strane sa nachádza zdroj, ktorým vieme valec nahrievať v medzikruží D_{R_1,R_2}, inde je spodok izolovaný. Vrchná podstava je buď chladená na konštantnú teplotu alebo odizolovaná. Plášť si vymieňa teplo s okolitým prostredím, čím môže byť napr. vzduch alebo prúdiaca voda.

Riešime teda úlohu

$$c\rho\partial_t u - \lambda\Delta u = 0 \tag{1}$$

v oblasti $OB_T = (0,R) \times (0,Z) \times (0,T)$ s okrajovými podmienkami

$$-\lambda\partial_r u = \sigma(u-w) \ na \ R\times(0,Z)\times(0,T) \tag{2}$$

$$-\lambda\partial_z u = Q \ na \ D_{R_1,R_2}\times 0\times(0,T), \tag{3}$$

$$-\lambda\partial_z u = 0 \ na \ ((0,R)-D_{R_1,R_2})\times 0\times(0,T), \tag{4}$$

a

$$-\lambda\partial_z u = 0 \ na \ (0,R)\times Z\times(0,T) \tag{5}$$

kde λ je koeficient tepelnej vodivosti, σ je koeficient prenosu, ρ je hustota telesa, c je špecifické teplo a Q je tepelný tok, ktorým zahrievame teleso. Funkcia $w = w(z,t)$ udáva vonkajšiu teplotu prostredia, ktoré je v bezprostrednom okolí telesa.

Klasickým postupom dostaneme, že pre $Z \to \infty$ teplota senzora $T = T(r=0,z,t)$ (umiestneného pozdĺžne v strede vlaca) je [V. Boháč, 2013]

$$T = \frac{QR}{\lambda}\sum_\kappa \frac{\beta}{\kappa(\kappa^2+\beta^2)}\frac{1}{J_0(\kappa)}\left[e^{-2uv}\Phi^*(u-v) - e^{2uv}\Phi^*(u+v)\right] \tag{6}$$

kde $\beta = \frac{R\sigma}{\lambda}$, $u = \frac{z}{2\sqrt{\kappa t}}$ a $v = \kappa\frac{\sqrt{kt}}{R}$. Ďalej k je termálna difúzia a nakoniec κ je koreň rovnice

$$\beta J_0(\kappa) - \kappa J_1(\kappa) = 0$$

Besselových funkcií J_0 a J_1. Funkcia Φ^* je chybová funkcia.

*m.toth82@gmail.com
†Jozef.Kacur@fmph.uniba.sk

2 Numerická metóda

Úloha je radiálne symetrická. V cylindrických súradniciach stačí riešiť dvojrozmerný model so vzťahom 1 a jeho okrajovými podmienkami. Zavedieme rovnomernú časovú aj priestorovú diskretizáciu a úlohu riešime na mriežke veľkosti $R/\Delta r \times Z/\Delta z$ s časovým krokom Δt. Body so súradnicami $\langle 0, R \rangle \times 0$ sú na spodnej podstave a body na $0 \times \langle 0, Z \rangle$ sú stredom valca.

Rovnicu 1 vynásobíme r a integrujeme okolo každého bodu cez kváder so stranami dĺžky Δr, Δz, Δt so stredom v danom bode. Okolo bodov na hranici integrujeme s polovičným objemom (prípadne štvrtinovým okolo rohových) tak, aby sme integrovali iba vo vnútri kvádra. Derivácie aproximujeme symetrickou diferenciou a patričné výrazy v rovniciach pre krajné body nahradíme okrajovými podmienkami 2, 4 a 5. Keďže sme transformovali úlohu, pribudli nám nové "krajné"body. Sú nimi body v strede valca, ku ktorým pridáme podmienku nulovej derivácie v smere r, keďže predpokladáme radiálnu symetriu. Podmienku 4 rozširujeme na celý spodok valca (už nevynechávame medzikružie kde je zdroj) a efekt zdroja budeme započítavať do pravej strany. Inak by sme museli počítať novú maticu zakaždým, keď by sme menili jeho účinnosť.

Po zintegrovaní dostávame pre vnútorné body:

$$u_{i,j}^k (c\rho \Delta z r_i \Delta r + \frac{2\lambda \Delta t \Delta z r_i}{\Delta r} + \frac{2\lambda \Delta t \Delta r r_i}{\Delta z}) +$$

$$u_{i+1,j}^k (-\lambda \frac{\Delta t \Delta z}{\Delta r} r_{i+\frac{1}{2}}) + u_{i-1,j}^k (-\lambda \frac{\Delta t \Delta z}{\Delta r} r_{i-\frac{1}{2}}) +$$

$$(u_{i,j+1}^k + u_{i,j-1}^k)(-\lambda \frac{\Delta t \Delta r}{\Delta z} r_i) = u_{i,j}^{k-1} (c\rho \Delta z r_i \Delta r) \quad (7)$$

kde $u_{i,j}^k$ označuje teplotu bodu so súradnicami (i, j) v k-tom časovom kroku a r_i je jeho vzdialenosť od stredu. Rovnice pre body na okrajoch mriežky sa mierne líšia.

Pri vhodnom usporiadaní neznámych získame symetrickú blokovo trojdiagonálnu maticu. Bloková nad- a poddiagonála sú diagonálne matice obsahujúce (záporné) výrazy pri $u_{i,j+1}$ a $u_{i,j-1}$. Podmatice na diagonále sú trojdiagonálne s výrazmi pri $u_{i,j}$ na diagonále a s členmi pri $u_{i+1,j}$ a $u_{i-1,j}$ na nad- a poddiagonále. Všetky majú rozmery $n \times n$ a súhlasia s bodmi s rovnakou výškou. So zväčšujúcim sa polomerom ich členy (v absolútnej hodnote) vzrastajú.

Počas celého procesu ostáva matica nezmenená. Je riadkovo dominantná, čiže aj kladne definitná.

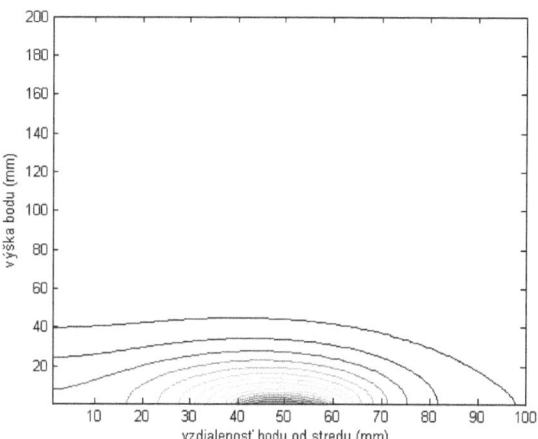

Obr. 1: Rozloženie teploty na začiatku nahrievania

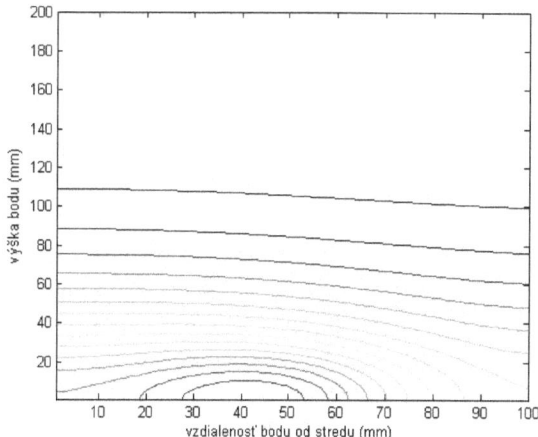

Obr. 2: Tesne po skončení nahrievania

Na urýchlenie procesu preto použijeme Choleského rozklad.

2.1 Prvý model

Prvým modelom je valec, ktorého plášť je v kontakte so vzduchom. Jeho vrchná časť je chladená na určenú teplotu. Zdroj tepla je prstenec D_{R_1,R_2}, ktorý je zároveň teplotným čidlom keď valec nenahrieva.

Nasledujúce rozloženie teploty bolo zachytené pri teplote vzduchu 0 (vpravo) a chladení vrchu na 0. Väčšina tepla je odoberaná zvrchu. Okolitý vzduch chladí málo, jeho efekt je vidno iba na spodnej časti, kde je valec zospodu izolovaný a rozdiel teplôt je väčší.

Zdroj bol zapnutý od začiatku po stú sekundu. Ob-

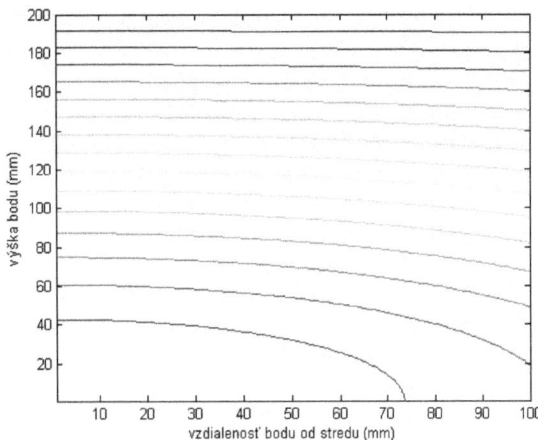

Obr. 3: Dlhšie po skončení nahrievania

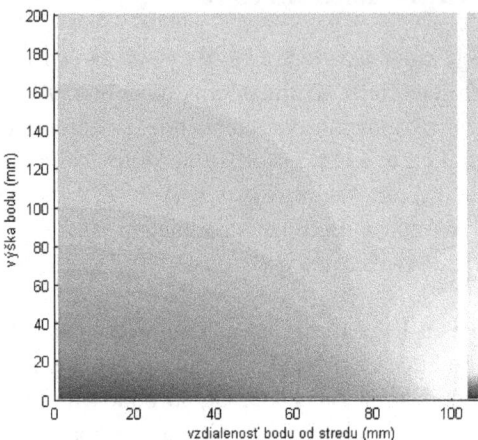

Obr. 4: Rozloženie teploty ustáleného stavu pri vode prúdiacej zospodu

rázok 1 je z 24. sekundy. Obrázok 2 z 120. a obrázok 3 zo 400. sekundy. Na jednu sekundu pripadá päť iterácií. Valec má parametre železa a na každý jeho mm^2 pripadá jeden bod diskretizácie.

2.2   Druhý model

Druhý model má vrch izolovaný a zdroj zaberá celý spodok valca. Navyše na zdroji už nie je čidlo. Plášť valca je chladený prúdiacou vodou. Pritekajúca voda má danú teplotu a meriame teplotu odtekajúcej. Uvažujeme aj výmenu tepla v rámci vody. To nám do systému pridáva druhú, jednoduchšiu sústavu vychádzajúcu zo vzťahu

$$c_v \rho_v \partial_t w + \partial_z (vw - \lambda_v \partial_z w) = \sigma(u - w) \qquad (8)$$

Teplotu vody zastupuje funkcia $w = w(z,t)$ (spomenutá v okrajovej podmienke 2). λ_v a c_v označujú koeficient tepelnej vodivosti a špecifické teplo vody. Jej rýchlosť v môže byť aj záporná (pre opačný smer prúdenia). Keďže nás zaujíma efektivita chladenia, zdroj v tomto modeli nevypíname. Koeficient ρ_v zastupuje niečo ako hustotu vody. Keďže sme z úlohy spravili jednorozmernú, musíme namiesto obyčajnej hustoty (pre tri dimenzie) spočítať hmotnosť vody na jednotku dĺžky jej cesty pozdĺž plášťa. ρ_v tak závisí na hustote vody, polomere valca a šírke prúdu vody okolo neho. Vonkajší obal vody je tepelne izolovaný.

Dvojicu sústav vieme riešiť dvomi spôsobmi. Prvý spôsob je riešiť ich striedavo s tým, že práve neriešená je zafixovaná. Je to rýchlejší spôsob, lebo nám

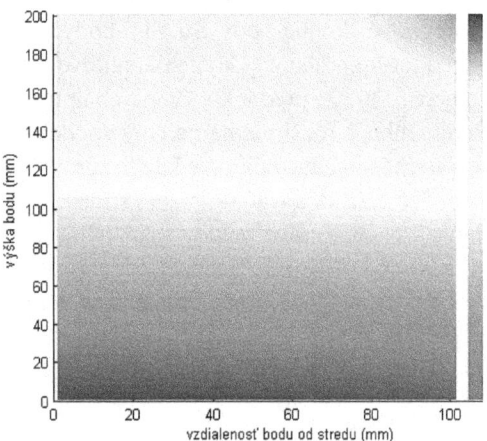

Obr. 5: Rozloženie teploty ustáleného stavu pri vode prúdiacej zvrchu

pri riešení valca ostáva symetrická matica a druhá sústava je omnoho menšia. Druhý spôsob je riešiť obe časti spolu. Na to použijeme funckiu *ode15s* z knižnice softvéru MATLAB. Stačí systém 7 rozšíriť. Je to presnejšie, lebo riešime obe časti naraz, no narušíme symetriu matice, čo spomalí výpočet. V našom modeli sme použili prvý spôsob výpočtu.

Pri tečúcej vode by nás ako prvé mohlo napadnúť, či je efektívnejšie púšťať vodu zvrchu alebo zospodu. Pri ustálenom stave voda ochladí presne toľko, koľko pridá zdroj, líši sa len rozloženie tepla. Voda tečúca zospodu chladí efektívnejšie spodnú časť, vrchná môže byť dokonca ohrievaná, ak sa voda pri zdroji dosť oteplí. Rozloženie tepla je rov-

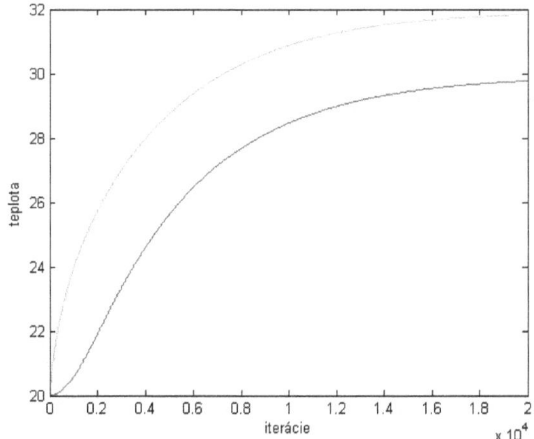

Obr. 6: Teplota odchádzajúcej vody počas merania. Červená prúdi nahor, zelená nadol.

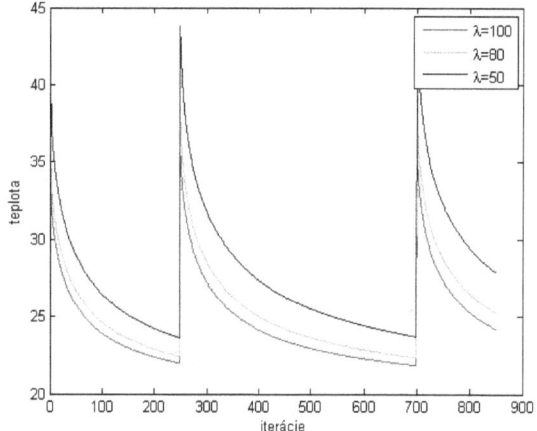

Obr. 7: Namerané teploty pre rôzne hodnoty tepelnej vodivosti

nomernejšie ako pri vode tečúcej zvrchu. Pri nej je vrch chladený efektívnejšie a nie je tam taká prudká zmena teploty ako v prvom prípade, kde sa stretáva chladná voda s časťou nahrievanou zdrojom. Na druhej strane je maximálna teplota telesa väčšia.

Na obrázkoch 4, 5 je voda znázornená niekoľkými stĺpcami navyše vpravo. Teplota je vyznačená farebne, najchladnejšia časť je modrá a najteplešia červená. Je to ustálený stav.

Efektívnosť chladenia vieme lepšie posúdiť z obrázku 6. Keď voda prúdi nahor, zo začiatku väčšinu tepla odovzdá naspäť valcu. Najvyššia teplota je tak nižšia ako v druhom prípade, no teplo je viac rozložené. Voda prúdiaca zvrchu, naopak, chladí efektívnejšie, ustálený stav dosiahne rýchlejšie, no má väčšie rozdiely teplôt v telese. Pri väčšej rýchlosti vody sa tieto rozdiely strácajú. Zväčšovaním rýchlosti sa limitne blížime do stavu, kde má voda konštantnú teplotu. Vtedy sa teplo z valca odoberá, no už sa nevracia naspäť. Pri nulovej rýchlosti sa ustálený stav nikdy nedosiahne. Voda neodteká, čiže zo sústavy nič neodoberá teplo, iba sa pridáva zdrojom.

Tento model sa dá použiť na vypočítanie potrebnej rýchlosti vody, aby mala napr. aspoň polovičný odber tepla ako voda s konštantnou teplotou.

3 Škálovanie modelu

Skôr ako sa pustíme do riešenia inverzných úloh si pozrime, ako vybrané charakteristiky (zvolenie meracích bodov a spôsob nahrievania) závisia od vstup-

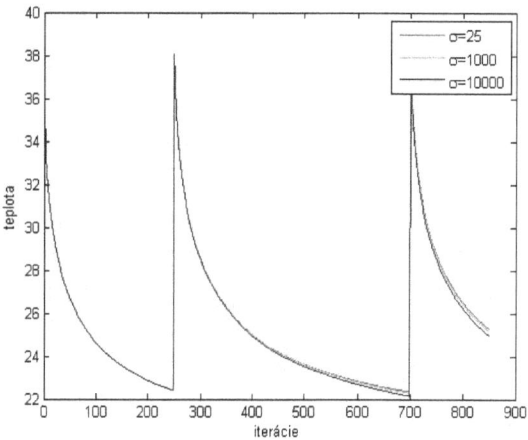

Obr. 8: Namerané teploty pre rôzne hodnoty koeficientu prenosu

ných parametrov. Zistíme tak, ktoré sú vhodnejšie na ich určenie.

Na obrázku 7 je graf teplôt nameraných stredným bodom senzora. Pri rovnakých podmienkach sme v prvom modeli odsimulovali priebeh merania s rôznou tepelnou vodivosťou λ. Nahrievali sme v troch pulzoch. Graf je tam nespojitý, lebo senzor je počas nahrievania vypnutý.

Na obrázku 8 je obdobný graf, tentoraz meníme koeficient prenosu σ. Aj keď sú hodnoty σ vo veľkom rozsahu, ich účinok sa prejaví hlavne v okolí plášťa valca a na teplotu pri senzore majú malý vplyv. Úloha je menej stabilná ako pri počítaní λ. Prejaví sa to hlavne v časti, kde budeme hľadať oba

Zadané σ	Nadol	Nahor
3000	2959.2	2986.5
3000	3002.2	2930.4
3000	2988.7	2981
3500	3504.6	3459.7
3500	3506.3	3455.3
3500	3511.6	3456.1

Tabuľka 2: Porovnanie presnosti výpočtov pri rôznom smere prúdenia vody

tieto koeficienty naraz.

4   Inverzná úloha

Cieľom tejto práce nie je len vizualizovať tok tepla ale aj z nameraných dát dopočítať neznáme parametre. Na to používame funkciu *fminsearch* z knižnice profesionálneho softvéru MATLAB. Jej algoritmus -simplexová metóda- spočíva v dosadzovaní rôznych hodnôt skúmaných parametrov, až kým sa nenájde lokálne minimum. Minimalizujeme odchýlku údajov vypočítaných z dosadzovaných hodnôt a nameraných dát. Hľadanie tak spočíva v niekoľkonásobnom riešení priamej úlohy s rôznymi parametrami.

Vzhľadom na fakt, že nemáme k dispozícii reálne dáta, použili sme vypočítané dáta, na ktoré sme aplikovali päťpercentný šum. Následne sme "zabudli" parametre, aby sme ich mohli hľadať.

V prvom modeli sme hľadali veľkosť λ, σ alebo oboch naraz. V tabuľke 1 je porovnanie presnosti výpočtov pri použití pulzov a bez nich. Počítalo sa 1000 iterácií, nahrievanie trvalo dokopy 150 časových krokov ($\Delta t = 0.2s$). Pulzy boli tri, okrem počiatočného začínali na 300. a 800. iterácii. Teplota vzduchu aj počiatočná teplota valca bola 20. Aby boli výsledky lepšie porovnateľné, v jednotlivých riadkoch sú dáta s rovnakým zašumením.

V druhom modeli zisťujeme iba σ, teda koeficient prenosu tepla medzi valcom a vodou. Pulzy nám už veľmi nepomôžu, lebo informácie máme iba o teplote odchádzajúcej vody. Hodnoty tak viac závisia od celkovej teploty valca než od toho, či sa práve nahrieval alebo nie. Vidíme to aj na ustálenom stave, kde je teplota odchádzajúcej vody konštantná. Iba vyrovnáva výkon zdroja, takže iba z týchto informácií by sme nevedeli určiť rozloženie tepla vo valci. Zaujímavé je však porovnávať výsledky, keď tečie voda

jedným smerom a keď opačným. Ako však vidno z tabuľky 2, na presnosť výpočtu to nemá vplyv.

Teplota pritekajúcej vody je 20. Ostatné parametre sú rovanké ako v predošlom prípade.

4.1   Numerická stabilita

Ak by sme nechali teleso chladnúť, skončí na teplote okolia bez ohľadu na to, aké má parametre. K rovnakým výsledkom môžeme dôjsť z rôznych pozícií. Aby sme zvýšili presnosť, začíname merať hneď po skončení nahrievania, kedy sú zmeny teplôt väčšie. Pomáha aj keď meriame pred aj po nahriatí, lebo množstvo vloženého tepla poznáme. Oplatí sa teda teleso nahrievať v pulzoch.

Pri počítaní parametrov po jednom sme dosiahli slušnej presnosti v λ. Koeficient σ sa líšil viac, čo je príčinou toho, že vzhľadom na λ má menší účinok na teplotu senzora. Presnosť výsledkov sa dá prípadne zlepšiť aj presnejšími meraniami (päťpercentná odchýlka je skutočne veľa), alebo dlhším časom merania, ideálne s ďalšími pulzami. Tento model sa mierne líši od skutočnosti aj tým, že normálne λ nie je konštantné, ale závisí od teploty telesa. Zmena je však minimálna.

Literatúra

[Gene H. Golub, 1992] Gene H. Golub, J. M. O. (1992). *Scientific Computing and Differential Equations*. Academic Press Limited, 24-28 Oval Road, London.

[V. Boháč, 2013] V. Boháč, P. Dieška, V. V. (2013). Uncertainty analysis of pulse transient method for cylindrical samples. *Proceedings of the 9th International Conference*, (9).

[V.Boháč, 2011] V.Boháč, P.Dieska, V. V. (2011). Model for cuboid shape samples and its analysis used for measurements of thermophysical properties of sandstone. *Measurements Science Review*, 11(6).

Hľadané parametre	Vypočítané bez pulzov	S pulzami
$\lambda = 80.2$	80.0546	80.2248
$\lambda = 80.2$	80.2806	80.1682
$\lambda = 80.2$	80.1238	80.2694
$\sigma = 25$	28.8837	22.5044
$\sigma = 25$	15.5792	18.7869
$\sigma = 25$	28.7540	25.3625
$(\lambda, \sigma) = (75, 50)$	$(\lambda, \sigma) = (74.9721, 55.9375)$	$(\lambda, \sigma) = (75.0129, 53.5960)$
$(\lambda, \sigma) = (75, 50)$	$(\lambda, \sigma) = (75.0077, 46.0625)$	$(\lambda, \sigma) = (75.0569, 19.4769)$
$(\lambda, \sigma) = (75, 50)$	$(\lambda, \sigma) = (75.0390, 44.3275)$	$(\lambda, \sigma) = (75.0176, 49.3349)$

Tabuľka 1: Porovnanie efektivity výpočtu koeficientu tepelnej vodivosti a prenosu

Študentská vedecká konferencia FMFI UK, Bratislava, 2015, pp. 16–23
ISBN 978-1518759055, © 2015 Anton Kovaľ

O malých silne regulárnych grafoch s automorfizmom rádu 3

Anton Kovaľ[1]*

Školiteľ: Martin Mačaj[2]†

[1] Katedra informatiky, FMFI UK, Mlynská Dolina 842 48 Bratislava
[2] Katedra algebry, geometrie a didaktiky matematiky, FMFI UK, Mlynská Dolina 842 48 Bratislava

Abstrakt: Silne regulárny graf s parametrami (n, k, λ, μ) je k-regulárny graf rádu n, v ktorom každá dvojica susedných vrcholov má práve λ spoločných susedov a každá dvojica nesusedných vrcholov má práve μ spoločných susedov. Pre sady parametrov existuje niekoľko nutných podmienok, ktoré pripúšťajú existenciu silne regulárnych grafov. Sadu parametrov, ktorá spĺňa všetky podmienky budeme nazývať splniteľnou. Aj keď existencia silne regulárnych grafov je známa pre všetky splniteľné sady parametrov $n \leq 55$, kompletná klasifikácia pre sadu parametrov $(37,18,8,9)$, $(41,20,9,10)$, $(45,22,10,11)$, $(49,24,11,12)$, $(49,18,7,6)$, $(50,21,8,9)$ a $(53,26,12,13)$ nie je známa. Úplným prehľadávaním pomocou počítača sme získali zoznam všetkých silne regulárnych grafov do 55 vrcholov, ktoré majú automorfizmus rádu 3. Príspevok je založený na spoločnej práci s Martinom Mačajom.

Kľúčové slová: Silne regulárne grafy

1 Úvod

V príspevku sa zaoberáme silne regulárnymi grafmi. Tieto grafy majú zaujímavé algebraické vlastnosti, vďaka čomu ich využitie môžeme nájsť v rôznych oblastiach chémie [Ste14], teórii grúp [Bab14] alebo kvantovej fyziky [JJ14]. V prvej časti ukážeme základné vlastnosti silne regulárnych grafov, ktoré budeme v príspevku používať. V nasledujúcej časti zadefinujeme orbitné matice pre silne regulárne grafy s automorfizmom rádu p, kde p je prvočíslo, a ukážeme jeho vlastnosti. Ďalej popíšeme algoritmus na hľadanie možných orbitných matíc s automorfizmom rádu 3 úplným prehľadávaním. V poslednej časti uvádzame výsledky nášho algoritmu pre silne regulárne grafy do 55 vrcholov a ich porovnanie s už známymi grafmi.

*akoval@pobox.sk
†martin.macaj@fmph.uniba.sk

2 Silne regulárne grafy

Definícia 1. *Graf G je silne regulárny graf (strongly regular graph) s parametrami (n, k, λ, μ), kde n je počet vrcholov, k určuje stupeň regulárnosti grafu, ľubovoľné dva susedné vrcholy grafu majú práve λ spoločných susedov a ľubovoľné dva nesusedné vrcholy majú práve μ spoločných susedov.*

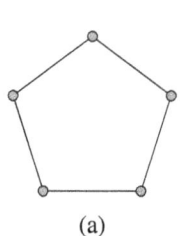
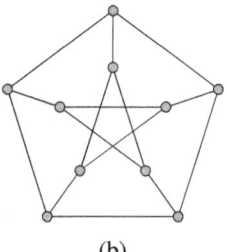

Obr. 1: Príklady malých silne regulárnych grafov: a) päťuholník (5,2,0,1), b) Petersenov graf (10,3,0,1)

2.1 Vlastnosti

Zaujímavou vlastnosťou silne regulárnych grafov je, že ich komplementy sú tiež silne regulárne grafy.

Veta 1. *Nech G je silne regulárny graf s parametrami (n, k, λ, μ). Potom komplentárny graf $\overline{G}$ (komplement) ku grafu G je tiež silne regulárny graf s parametrami $(n, \overline{k}, \overline{\lambda}, \overline{\mu})$, kde:*

$$\overline{k} = n - k - 1$$

$$\overline{\lambda} = n - 2 - 2k + \mu$$

$$\overline{\mu} = n - 2k + \lambda$$

Silne regulárny graf G nazývame *primitívnym (primitive)*, ak on a aj jeho komplement sú súvislé. V našom príspevku sa zaoberáme iba primitívnymi silne regulárnymi grafmi, pre ktoré platia ďalšie vlastnosti. Jednou z nich je závislosť parametrov silne regulárneho grafu medzi sebou.

Veta 2. *Nech G je silne regulárny graf s parametrami (n, k, λ, μ). Ak μ ≠ 0, potom $k(k-\lambda-1) = (n-k-1)\mu$.*

Základná spektrálna vlastnosť silne regulárnych grafov hovorí o vlastných číslach a ich násobnostiach.

Veta 3 (Integrálne kritérium). *Ak existuje primitívne silne regulárny graf s parametrami $G = (n,k,\lambda,\mu)$, potom $\frac{2k+(n-1)(\lambda-\mu)}{\sqrt{(\lambda-\mu)^2+4(k-\mu)}}$ je celé číslo s rovnakou paritou ako $n-1$.*

Dôkaz. Nech matica A je matica susednosti grafu G. Z definície silne regulárneho grafu vieme, že matica A má vlastné číslo k s násobnosťou 1. Ukážeme, že matica A má iba 2 ďalšie vlastné čísla.

Je známe, že koeficienty matice A^2 sú počty sledov dĺžky dva medzi príslušnými vrcholmi. Preto koeficienty v A^2 sú k, ak vrcholy sú rovnaké, λ ak vrcholy sú susedné a μ ak vrcholy sú nesusedné. Keďže matica susednosti komplementu G je $J-I-A$, dostávame vzťah, v ktorom matica A^2 je lineárnou kombináciou matíc J, I, A:

$$A^2 = kI + \lambda A + \mu(J-I-A)$$

Po úprave dostaneme:

$$A^2 = (\lambda-\mu)A + (k-\mu)I + \mu J \qquad (1)$$

V k-regulárnom súvislom grafe je k vlastné číslo s násobnosťou 1 a vlastným vektorom **1**. Podľa vety o ortogonálnosti vlastných vektorov reálnej symetrickej matice vyplýva, že ostatné vlastné vektory matice A musia byť ortogonálne s **1**.

Pre každý vlastný vektor v s vlastným číslom, ozn. θ, ktorý je ortogonálny s **1**, dostávame $\mu J v = 0$ a teda platí:

$$A^2 v = (\lambda-\mu)Av + (k-\mu)Iv$$

Potom pre každé vlastné číslo $\theta \neq k$ platí:

$$\theta^2 = (\lambda-\mu)\theta + k - \mu$$

Dostali sme kvadratickú rovnicu, ktorá má 2 reálne riešenia (z vety o reálnosti vlastných čísel symetrickej matice), ozn. r a s:

$$r,s = \frac{\lambda-\mu \pm \sqrt{(\lambda-\mu)^2+4(k-\mu)}}{2}$$

Väčšinou predpokladáme, že $r > 0$ a $s \leq 0$. V primitívnych silne regulárnych grafoch vlastné číslo nemôže byť nulové a teda s je záporné číslo. Tieto

2 vlastné čísla sú jednoznačne určené parametrami silne regulárneho grafu.

Ďalej určíme násobnosti vlastných čísel r a s. Násobnosť vlastného čísla r budeme označovať f a násobnosť vlastného čísla s budeme označovať g.

Z vety o báze z vlastných vektorov a rovnosti vyplývajú 2 rovnice:

$$f + g + 1 = n$$

$$rf + sg + 1k = 0$$

Po úprave:

$$f = -\frac{(n-1)s+k}{r-s} \qquad g = \frac{(n-1)r+k}{r-s}$$

Po dosadení hodnôt r a s dostaneme:

$$g = \frac{1}{2}\left((n-1) + \frac{2k+(n-1)(\lambda-\mu)}{\sqrt{(\lambda-\mu)^2+4(k-\mu)}}\right)$$

Násobnosti vlastných čísel sú tiež určené parametrami silne regulárneho grafu. Sú to prirodzené čísla, z čoho vyplýva, že druhý výraz v zátvorke je tiež celé číslo s paritou $n-1$. □

Príklad 2.1. *Pre Petersenov graf, ktorý má parametre (10,3,0,1) sú vlastné čísla a ich násobnosti:*

$$r,s = \frac{-1 \pm \sqrt{9}}{2} = 1, -2 \qquad f,g = \frac{1}{2}\left(9 \pm \frac{-3}{\sqrt{9}}\right) = 5,4$$

Petersenov graf spĺňa integrálne kritérium. Jeho maticové spektrum je: $(-2)^4, 1^5, 3$.

2.2 Typy

Na základe vlastností silne regulárnych grafov môžeme vyjadriť vzťah medzi f a g, pomocou ktorého rozdelíme grafy do dvoch typov:

$$g - f = \frac{2k+(n-1)(\lambda-\mu)}{\sqrt{(\lambda-\mu)^2+4(k-\mu)}}$$

- *Konferenčné (conference) grafy* sú tiež silne regulárne grafy s parametrami (n,k,λ,μ), pre ktoré platí: $f = g$. Z toho vyplýva, že:

$$2k+(n-1)(\lambda-\mu) = 0$$

Sú to tiež také silne regulárne grafy, ktoré majú rovnaké parametre ako ich komplementy. Z vlastností 1 a 2 vyplýva, že sú to silne regulárne grafy s parametrami $\left(n, \frac{(n-1)}{2}, \frac{(n-5)}{4}, \frac{(n-1)}{4}\right)$.

Nekonečnou triedou konferenčných grafov sú napríklad *Paleyho grafy* $P(q)$, kde množina vrcholov je konečné pole $GF(q)$, kde q je prvočíselná mocnina *(prime power)* kongruetná s *1 mod 4*. Vrcholy u a v sú susedné práve vtedy, ak $u - v$ je nenulový štvorec v $GF(q)$ [Pal33].

Konferenčný graf je prepojený s tzv. *symetrickou konferenčnou maticou (conference matrix)*, a preto veľkosť grafu musí byť 1 (mod 4) a zároveň súčet dvoch štvorcov [Pal33].

Vlastné čísla konferenčnej matice nemusia byť celé čísla narozdiel od druhého typu silne regulárnych grafov. Vlastné čísla r a s s násobnosťami f a g v konferenčných grafoch majú tvar:

$$r, s = \frac{-1 \pm \sqrt{n}}{2} \qquad f, g = \frac{n-1}{2}$$

Konferenčné grafy sú úplne známe pre malé $n < 30$, konkr. $n = 5, 9, 13, 17, 25, 29$. Pre $n = 21$ a 33 je dokázané, že neexistujú. Pre $n = 37$ je dokázaná existencia takýchto grafov, ale ich počet je neznámy.

- Druhú skupinu tvoria všetky ostatné (primitívne) silne regulárne grafy, pre ktoré platí $f \neq g$. Z toho vyplýva, že $2k + (n-1)(\lambda - \mu) \neq 0$ a zároveň $\sqrt{(\lambda - \mu)^2 + 4(k - \mu)}$ musí byť štvorec, t.j. druhá mocnina nejakého celého čísla. Kvocient týchto dvoch vzťahov musí byť kongruentný s $n - 1$ mod 2. Z týchto vlastností vyplýva, že vlastné čísla r a s sú celé čísla.

Podrobnejšie informácie o silne regulárnych grafoch je možné nájsť v [Kov13], ktorá vychádzala z [AEB12].

3 Orbitné matice

Veľkosť matice susednosti pre silne regulárne grafy, ktoré skúmame je veľká a preto hlavnou motiváciou je jej redukcia. Jednou z možností je využitie grupy automorfizmu rádu p, kde p je prvočíslo. V tejto časti vychádzame hlavne z dizertačnej práce *Behbahani* [Beh09].

3.1 Automorfizmus silne regulárnych grafov rádu p

Nech G je silne regulárny graf s grupou automorfizmom rádu p, kde p je prvočíslo. Nech $Fix(x) = \{v \in G | v^x = v\}$ je množina fixných vrcholov grafu G a nech Ω tvorí indukovaný podgraf týchto vrcholov. Nech x je generátor tejto grupy. Potom pre každé u, v z Ω platí:

$$
\begin{aligned}
|Fix(x)| &\equiv n \mod p \\
d_\Omega(u) &\equiv k \mod p \\
|N_\Omega(u) \cap N_\Omega(v)| &\equiv \lambda \mod p \text{ ak } u \sim v \\
|N_\Omega(u) \cap N_\Omega(v)| &\equiv \mu \mod p \text{ ak } u \not\sim v
\end{aligned}
$$

3.2 Definícia

Nech G je silne regulárny graf s parametrami (n, k, λ, μ). Predpokladajme automorfizmus na G rádu p, kde množinu vrcholov G rozdelíme do b *orbít* $O_1, O_2, \ldots, O_b$. Potom nech $n_i = |O_i|$ pre $1 \leq i \leq b$.

Nech $v_1, v_2, \ldots, v_n$ je usporiadanie vrcholov grafu G, ktoré zachováva usporiadanie $(O_1, O_2, \ldots, O_b)$. Resp. ak $i < j$ potom pre všetky $v_l \in O_i$ a $v_m \in O_j$ platí $l < m$.

Podľa usporiadania vrcholov nám orbity delia maticu susednosti A grafu G na podmatice $A = [A_{ij}]$, kde A_{ij} je matica susednosti vrcholov orbity O_i oproti vrcholom orbity O_j.

Príklad 3.1. *Zoberme si malý silne regulárny (Petersenov) graf, ktorý má parametre (10, 3, 0, 1). Petersenov graf má automorfizmus rádu 3 s jedným fixným vrcholom, a preto vieme jeho maticu susednosti znázorniť nasledovne. Prvý riadok je fixný vrchol a ďalšie trojice riadkov zodpovedajú orbitám veľkosti 3.*

$$
A = \left(\begin{array}{c|ccc|ccc|ccc}
0 & 0 & 0 & 0 & 0 & 0 & 0 & 1 & 1 & 1 \\
\hline
0 & 0 & 0 & 0 & 1 & 1 & 0 & 0 & 0 & 1 \\
0 & 0 & 0 & 0 & 0 & 1 & 1 & 1 & 0 & 0 \\
0 & 0 & 0 & 0 & 1 & 0 & 1 & 0 & 1 & 0 \\
\hline
0 & 1 & 0 & 1 & 0 & 0 & 0 & 1 & 0 & 0 \\
0 & 1 & 1 & 0 & 0 & 0 & 0 & 0 & 1 & 0 \\
0 & 0 & 1 & 1 & 0 & 0 & 0 & 0 & 0 & 1 \\
\hline
1 & 0 & 1 & 0 & 1 & 0 & 0 & 0 & 0 & 0 \\
1 & 0 & 0 & 1 & 0 & 1 & 0 & 0 & 0 & 0 \\
1 & 1 & 0 & 0 & 0 & 0 & 1 & 0 & 0 & 0
\end{array}\right)
$$

Potom definujeme nové 3 matice $C = [c_{ij}]$, $R = [r_{ij}]$, kde $1 \leq i, j \leq b$ a N nasledovne:

$$c_{ij} = \text{súčet stĺpca v } A_{ij}$$

$$r_{ij} = \text{súčet riadka v } A_{ij}$$

$$N = \text{diag}(n_1, n_2, \dots, n_b)$$

Maticu C, resp. R budeme nazývať *orbitnou maticou* grafu G, ktorá nám dáva informácie o štruktúre matice susednosti grafu. V orbitnej matici sú prvé riadky fixné vrcholy. Hodnota c_{ij} (r_{ij}) v orbitnej matici nezávisí od výberu riadku (stĺpca) matice A_{ij}.

Príklad 3.2. *Z príkladu 3.1 by to boli matice:*

$$C = \begin{pmatrix} 0 & 0 & 0 & 1 \\ 0 & 0 & 2 & 1 \\ 0 & 2 & 0 & 1 \\ 3 & 1 & 1 & 0 \end{pmatrix} \qquad R = \begin{pmatrix} 0 & 0 & 0 & 3 \\ 0 & 0 & 2 & 1 \\ 0 & 2 & 0 & 1 \\ 1 & 1 & 1 & 0 \end{pmatrix}$$

3.3 Vlastnosti orbitných matíc

Z definície matíc R a C je zrejmé, že platí vzťah:

$$R = C^T$$

Maticu A^2 budeme označovať ako maticu W, kde W_{uv} počíta sledy $u - v$ dĺžky 2. Maticu W tiež vieme rozdeliť na $W = [W_{ij}]$, kde i a j sú indexy orbít.

Potom definujeme maticu S s veľkosťou $b \times b$, $S = [s_{ij}]$ taká, že:

$$s_{ij} = \text{súčet všetkých hodnôt v } W_{ij}$$

Hodnota s_{ij} nezávisí od výberu riadku (stĺpca) v W_{ij}. Z vlastností silne regulárnych grafov vyplýva vzťah 1 pomocou, ktorého vieme vyjadriť pre jednotlivé podmatice W_{ij} vzťah $W_{ij} = (\lambda - \mu)A_{ij} + \delta_{ij}(k - \mu)I + \mu J$, kde δ funkcia je definovaná nasledovne: $\delta_{ij} = 1$, ak $i = j$ inak 0 a zároveň dimenzia matice I je $n_i \times n_i$ a matice J je $n_i \times n_j$. Z toho potom dostávame vzťah, ktorý definuje maticu S:

$$s_{ij} = (\lambda - \mu)c_{ij}n_j + \delta_{ij}(k - \mu)n_j + \mu n_i n_j \qquad (2)$$

Zároveň sa dá ukázať, že platí nasledovná veta.

Veta 4. *Pre matice C, R, N a S platí:*

$$CNR = S$$

Pomocou tejto vety vieme odvodiť množinu sústav rovníc, ktorého riešenie nám dáva všetky možné varianty pre riadky orbitnej matice C. Jedinú informáciu, ktorú potrebujeme na odvodenie rovníc sú parametre silne regulárneho grafu $G = (n, k, \lambda, \mu)$ a počet pevných bodov, množina sústav rovníc je nezávislá od matice susednosti A grafu G. Z toho vyplýva, že

pomocou riešenia rovníc vieme nájsť orbitnú maticu C bez znalosti matice A.

Z vety 4 vyplýva tento vzťah:

$$s_{ii} = \sum_{k=1}^{b} c_{ik}r_{ki}n_k = \sum_{k=1}^{b} c_{ik}^2 n_k \qquad (3)$$

Zároveň z rovnice 2 dostávame:

$$s_{ii} = (\lambda - \mu)c_{ii}n_i + (k - \mu)n_i + \mu n_i^2 \qquad (4)$$

Nech f je počet orbít veľkosti 1 a nech o je počet orbít veľkosti p. Potom musí platiť:

$$f = n - po \qquad (5)$$

V tomto prípade máme dva možné typy riadkov (stĺpcov). *Fixné riadky (stĺpce)* sú tie riadky (stĺpce), ktoré majú orbitu veľkosti 1 a zároveň *orbitné riadky (stĺpce)* sú tie riadky (stĺpce), ktoré majú orbitu veľkosti p. Na začiatku nebudeme brať do úvahy usporiadanie hodnôt v riadkoch orbitnej matice, zaujíma nás ich rozdelenie. Rozdelenie hodnôt budeme nazývať *prototypom orbitnej matice*. Každý prototyp nám hovorí o všetkých možných počtoch každého čísla v každom type riadka orbitnej matice C.

Predpokladajme ľubovoľný fixný riadok v orbitnej matici C. Možné hodnoty pre tento riadok sú 0 alebo 1 bez ohľadu na to, či sme nad fixnými alebo nad orbitnými stĺpcami. Nech x_0 je počet núl v danom riadku nad fixnými stĺpcami a podobne nech x_1 je počet jednotiek. Analogicky nech y_0 je počet núl v danom riadku nad orbitnými stĺpcami a y_1 je počet jednotiek. Zároveň platí súčet hodnôt riadku matice A je rovný k, čiže $x_1 + py_1 = k$. Z toho dostávame sústavu lineárnych rovníc pre fixný riadok:

$$x_0 + x_1 = f$$
$$y_0 + y_1 = o$$
$$x_1 + py_1 = k$$

Prototyp pre fixný riadok budeme nazývať každé také riešenie systému lineárnych rovníc, pre ktoré platí $x_0, x_1, y_0, y_1 \geq 0$.

Predpokladajme ľubovoľný orbitný riadok v orbitnej matici C. Možné hodnoty pre tento riadok sú 0 alebo p nad fixnými stĺpcami a $0, 1, \dots p$ nad orbitnými stĺpcami. Nech x_0, resp. x_p je počet núl, resp. prvkov p v danom riadku nad fixnými stĺpcami a nech y_i, kde $i = 0, \dots, p$ je počet prvkov i nad orbitnými stĺpcami. Pre fixný riadok platia podobné rovnice ako pre orbitný riadok a zároveň z rovnice 3 dostávame:

$p^2 x_p + \sum_{i=1}^{p} pi^2 y_i = s_{ii}$. Z toho dostávame sústavu lineárnych rovníc pre orbitný riadok:

$$x_0 + x_p = f$$
$$y_0 + y_1 + \ldots + y_p = o$$
$$x_p + y_1 + \ldots + py_p = k$$
$$px_p + y_1 + \ldots + p^2 y_p = s_{ii}/p$$

Hodnotu s_{ii} vieme vypočítať pomocou rovnice 4, kde každá hodnota c_{ii} vygeneruje novú sústavu rovníc. Potom platí nasledovná veta.

Veta 5. *Ak n_i je nepárne číslo, potom c_{ii} musí byť párne číslo.*

Prototyp pre orbitný riadok budeme nazývať každé také riešenie systému lineárnych rovníc, pre ktoré platí $x_0, x_p, y_0, \ldots, y_p \geq 0$.

Pomocou vlastných čísel silne regulárneho grafu a ďalších tvrdení vieme zhora ohraničiť počet fixných vrcholov pre automorfizmus rádu p.

4 Generovanie orbitných matíc s automorfizmom rádu 3

V tejto kapitole navrhneme náš algoritmus pre hľadanie orbitných matíc s grupou automorfizmu rádu 3 metódou úplného prehľadávania. Rôznymi metódami sa potom dá zdvihnúť orbitná matica na maticu susednosti silne regulárneho grafu. *Behbahani* sa vo svojej práci zaoberal orbitnými maticami hlavne s grupou automorfizmu rádu p, kde $p \geq 5$. Dôvodom môže byť, pretože vo svojej práci to nezdôvodnil, že pre $p = 3$ je počet aj veľkosť takýchto matíc veľký a je aj obtiažne ich zdvihnúť. Vo svojej práci sme vychádzali hlavne z popisu algoritmu jeho práce a zároveň navrhli vlastný spôsob testovania na izomorfizmus orbitných matíc, ktorý v práci nespomenul.

Na začiatku algoritmu si pre silne regulárny graf $G = (n, k, \lambda, \mu)$ s danými parametrami a počtom fixných vrcholov f vypočítame prototypy pre fixný riadok a pre orbitný riadok. Počet orbitných riadkov vieme ľahko vypočítať pomocou rovnice 5 a to $o = (n - f)/3$. Pre fixný riadok je systém lineárnych rovníc:

$$x_0 + x_1 = f$$
$$y_0 + y_1 = o$$
$$x_1 + 3y_1 = k$$

Pre orbitný riadok je systém lineárnych rovníc:

$$x_0 + x_3 = f$$
$$y_0 + y_1 + y_2 + y_3 = o$$
$$x_3 + y_1 + 2y_2 + 3y_3 = k$$
$$3x_3 + y_1 + 4y_2 + 9y_3 = s_{ii}/3$$

Z vety 5 vyplýva, že na vyrátanie hodnoty s_{ii} môže byť c_{ii} buď 0 alebo 2. Z toho vyplýva, že máme dva rôzne systémy rovníc pre orbitný riadok podľa hodnoty na diagonále v orbitnej matici. Všetky prototypy pre fixný a orbitný riadok ľahko vieme nájsť vyskúšaním všetkých možných riešení *(brute force)*.

Ak máme všetky prototypy pre fixné a orbitné riadky, môžeme začať generovať orbitnú maticu. Pre každý riadok orbitnej matice skúšame každý prototyp, pričom najprv začneme generovať fixné riadky a potom orbitné riadky. Úplné prehľadávanie orbitných matíc robíme pomocou spätného prehľadávania *(backtracking)* do hĺbky, to znamená, že generujeme riadky postupne po jednom. Ak daný riadok nespĺňa podmienky, vrátime sa na predchádzajúci riadok a vygenerujeme iný. Celú vygenerovanú orbitnú maticu si uložíme.

Pre konkrétny prototyp generujeme všetky možné usporiadania riadka. Prvý riadok matice vieme ľahko zostrojiť pomocou prototypu. Zvyšné riadky generujeme rekurzívne spätným prehľadávaním. Po pridaní riadku do matice celú maticu testujeme, či spĺňa podmienky orbitnej matice. Tieto podmienky vieme upraviť tak, aby sme v danom riadku kontrolovali iba hodnoty, ktoré poznáme. Predpokladajme, že chceme vygenerovať hodnoty i. riadku v orbitnej matici. Z toho vyplýva, že poznáme všetky hodnoty riadkov do $i - 1$. riadka. Na začiatku berieme do úvahy každý možný prototyp riadku (fixný alebo orbitný), ktorý nám určuje počet hodnôt pre daný riadok. Použitím rovnice 2 dostávame vzťah pre $1 \leq j < i$:

$$s_{ji} = \mu n_i n_j + (\lambda - \mu) c_{ji} n_i$$

Hodnotu s_{ji} vieme vypočítať pretože hodnoty c_{ji} poznáme. Z vety 4 dostávame vzťah:

$$s_{ji} = \sum_{k=1}^{f+o} c_{jk} c_{ik} n_k$$

Z týchto vzťahov vieme vytvoriť sústavu lineárnych rovníc, ktoré musí spĺňať náš i. riadok. Čím väčšie je i, tým je sústava lineárnych rovníc väčšia, a preto ho musíme zjednodušiť. Vieme to urobiť pomocou algoritmu *(Row Echelon form)*, ktorý upraví sústavu lineárnych rovníc na dolný trojuholníkový tvar, pričom pracujeme len nad racionálnymi číslami. Keďže riešenia tohto systému musia byť celé čísla, ľahko vieme vyhodnotiť kedy sústava môže mať celočíselné riešenie pomocou hrubej sily. Matica susednosti silne regulárneho grafu G je symetrická, z toho vyplýva, že pre orbitnú maticu musí platiť pre $i < j$: $c_{ij} = c_{ji}\left(\frac{n_j}{n_i}\right)$. To znamená, že pre každý i. riadok, ktorý vygenerujeme, vieme vypočítať aj i. stĺpec.

Pre fixný riadok testujeme, či je podmatica pod fixnými stĺpcami indukovaným grafom Ω silne regulárneho grafu s automorfizmom rádu 3. To znamená, že musí platiť pre každé $u, v \in \Omega$:

$$
\begin{aligned}
|Fix(x)| &\equiv n \mod 3 \\
d_\Omega(u) &\equiv k \mod 3 \\
|N_\Omega(u) \cap N_\Omega(v)| &\equiv \lambda \mod 3 \text{ ak } u \sim v \\
|N_\Omega(u) \cap N_\Omega(v)| &\equiv \mu \mod 3 \text{ ak } u \not\sim v
\end{aligned}
$$

Aby sme negenerovali veľa rovnakých orbitných matíc vzhľadom na izomorfizmus, pretože ich počet rastie exponenciálne, musíme počas generovania zahadzovať matice, ktoré sú izomorfné medzi sebou. Dve orbitné matice sú *izomorfné* práve vtedy, keď permutáciou ich riadkov a stĺpcov zároveň dostaneme z jednej matice druhú maticu. Pre každú orbitnú maticu C veľkosti n definujeme *certifikát* matice ako $\frac{n(n+1)}{2}$-ticu, ktorá vznikne zreťazením hodnôt z hornej trojuholníkovej matice vrátane diagonály riadok po riadku:

$$cert(C) = (c_{11}, c_{12}, \dots, c_{1n}, c_{22}, c_{23}, \dots, c_{2n}, \dots, c_{nn})$$

Definujeme usporiadanie hodnôt nasledovne: $0 < 1 < 2 < 3 <?$, kde ? je nedefinovaná hodnota. Podobne definujeme lexikografické usporiadanie aj na n-tice. Potom dve matice $A < B$ práve vtedy, keď $cert(A) < cert(B)$. Matica A je v kanonickom tvare práve vtedy, keď je minimálna vzhľadom na takéto usporiadanie.

Naším cieľom je počas generovania riadkov orbitnej matice ju mať v kanonickom tvare. Po pridaní riadku do orbitnej matice testujeme maticu na izomorfizmus tak, že permutujeme riadky a stĺpce matice a porovnáme ich certifikáty. Ak po permutovaní vznikne matica s menším certifikátom, môžeme pôvodnú maticu zahodiť. Testovanie všetkých možných permutácii je časovo náročné, a preto sme navrhli slabší invariant, danú maticu testujeme na "slabý" izomorfizmus. Všimneme, že z predchádzajúcich riadkov orbitnej matice vieme rozdeliť dané

stĺpce do tried podľa hodnôt a tie len potom permutovať medzi sebou. Tento test je časovo náročný len pre prvé riadky orbitnej matice. Z toho vyplýva, že čím je viac vyplnená orbitná matica, tým je menej permutácii. Keďže výsledné matice izomorfné môžu byť, musíme ich na konci algoritmu otestovať. Na posledný test na izomorfizmus využívame funkcie poskytnuté *M. Ziv-Avom* napísané v programe *GAP (SAGE)* [GAP15], ktorý používa knižnice *Nauty*[MP14] a *GRAPE* [Soi15].

5 Výsledky

Popísaný algoritmus v predchádzajúcej časti sme implementovali v programovacom jazyku *Scala* a aplikovali na parametre silne regulárnych grafov do 55 vrcholov. Algoritmus sa nám podarilo distribuovať pomocou knižnice *Akka*, ktorá používa aktor model *(Actor model)*. Tieto výsledky spracoval školiteľ *M. Mačaj*, ktorý orbitné matice zdvihol *(lift)* na matice susednosti silne regulárnych grafov vlastnou metódou.

Na začiatku sme spustili náš program pre parametre silne regulárnych grafov, ktoré sú kompletne klasifikované. Počet fixných vrcholov sme si dopredu vypočítali pre automorfizmus rádu 3. Zoznam pre tieto parametre sme získali od *E. Spence* a *B. McKay* zo stránky [Spe15]. Výsledky sme zaznamenali do tabuľky 1. Generovanie orbitných matíc a ich záverečný test na izomorfizmus pre tieto parametre trval približne hodinu. Ako môžeme vidieť v tabuľke náš program našiel všetky grafy.

Na základe úspešného otestovania nášho programu na sadách parametrov silne regulárnych grafov s úplnou klasifikáciou sme spustili náš algoritmus na sadách parametrov bez úplnej klasifikácie. Našou prioritou boli sady parametrov do 55 vrcholov, a keďže algoritmus fungoval úspešne, vyskúšali sme ho aplikovať na ďalšie sady parametrov. Pre kontrolu sme získali zoznamy doteraz známych grafov (nie sú úplné) od *E. Spence, M. Behbahani, C. Lam* a *P. R. J. Östergård* [Spe15] [BLO12]. Výsledky sme zaznamenali do tabuľky 2. Generovanie týchto orbitných matíc prebiehalo na troch počítačoch s rôznymi technickými parametrami. Dĺžka ich výpočtu bola pre každú sadu parametrov rôzna, niektoré program vygeneroval do dňa, niektoré program generoval mesiac. Výpočty boli hlavne náročnejšie pri konferenčných grafoch, kde počet prototypov pre fixný a orbitný riadok je veľký. Ako môžeme vidieť v tabuľke, našli sme nielen všetky známe grafy pre dané parametre, ale sme aj skompletizovali grafy s automorfizmom rádu 3. Druhé číslo v zátvorke sú počty grafov, ktoré sa nám podarilo získať pomocou rôznych metód *switching* [AEB12] zo získaných grafov.

Konkrétne dáta a výsledky je možné si pozrieť na našej stránke [KM15].

6   Záver

V príspevku sme sa zaoberali silne regulárnymi grafmi. V prvej časti sme ukázali základné vlastnosti silne regulárnych grafov a ich rozdelenie do dvoch typov. V druhej časti sme zadefinovali orbitné matice pre silne regulárne grafy s automorfimom rádu p, kde p je prvočíslo. Ukázali sme ich jeho vlastnosti a popísali algoritmus na generovanie orbitných matíc s automorfizmom rádu 3. V poslednej časti pomocou programu sme vytvorili úplný zoznam potencionálnych orbitných matíc silne regulárnych grafov s parametrami (37,18,8,9), (41,20,9,10), (45,22,10,11), (49,18,7,6), (49,24,11,12), (50,21,8,9) a (53,26,12,13), pre ktoré nie je známa úplna klasifikácia. Z týchto orbitných matíc boli následne vytvorené úplné zoznamy silne regulárnych grafov do 55 vrcholov s automorfizmom rádu 3, ako aj podstatne rozšírené zoznamy známych silne regulárnych grafov do 55 vrcholov, resp. regulárnych 2-grafov do 60 vrcholov. V budúcnosti by sme sa chceli pozrieť na ďalšie sady parametrov bez úplnej klasifikácie.

Poďakovanie

Chcel by som sa poďakovať môjmu vedúcemu Doc. RNDr. Martinovi Mačajovi, PhD. za výber témy, jeho pomoc, inšpiratívne rady a dohľad nad mojou činnosťou. Tiež by som chcel poďakovať M. Kovaľovi za poskytnutie počítačového času na výpočty.

Literatúra

[AEB12] Willem H. Haemers Andries E. Brouwer. *Spectra of graphs*. Springer, 2012.

[Bab14] László Babai. On the automorphism groups of strongly regular graphs, 2014.

[Beh09] Majid Behbahani. *On strongly regular graphs*. PhD thesis, 2009.

[BLO12] Majid Behbahani, Clement Lam, and Patric R.J. Ostergård. On triple systems and strongly regu-

lar graphs. *Journal of Combinatorial Theory, Series A*, 119(7):1414 – 1426, 2012.

[GAP15] The GAP Group. *GAP – Groups, Algorithms, and Programming, Version 4.7.7*, 2015.

[JJ14] Thomas G. Wong Jonatan Janmark, David A. Meyer. Global symmetry is unnecessary for fast quantum search. http://arxiv.org/abs/1403.2228, 2014.

[KM15] Anton Kovaľ and Martin Mačaj. Silne regulárne grafy s grupou automorfizmu rádu 3, 2015. http://davinci.fmph.uniba.sk/~koval13/diplomovka/srg.html.

[Kov13] A. Kovaľ. Spektrálna teória grafov Bakalárska práca, 2013.

[MP14] Brendan D. McKay and Adolfo Piperno. Practical graph isomorphism, {II}. *Journal of Symbolic Computation*, 60(0):94 – 112, 2014.

[Pal33] R.E.A.C. Paley. On orthogonal matrices. *J. Math. Phys.*, 12:311–320, 1933.

[Soi15] Leonard H. Soicher. Grape (version 4.6.1) package for gap, 2015. http://www.maths.qmul.ac.uk/~leonard/grape/.

[Spe15] Edward Spence. Strongly regular graphs on at most 64 vertices, 2015. http://www.maths.gla.ac.uk/~es/srgraphs.php.

[Ste14] Dragan Stevanovic. Energy of graphs. http://www.public.iastate.edu/~lhogben/energyS, 2014.

	Počet grafov	Počet $\mathbb{Z}_3$-grafov	Počet orbitných matíc (počet fixných vrcholov)	Počet nájdených matíc z orbitných matíc
SRG(25,12,5,6)	15	9	9 (1), 4 (4)	9
SRG(29,14,6,7)	41	12	1 (5)	12
SRG(26,10,3,4)	10	6	3 (2), 1 (5)	6
SRG(28,12,6,4)	4	4	4 (1), 2 (10)	4
SRG(35,16,6,8)	3 854	140	18 (2), 3 (5), 1 (8)	140
SRG(36,14,4,6)	180	41	10 (0), 3 (3), 1 (9)	41
SRG(36,15,6,6)	32 548	344	13 (0), 30 (3), 4 (6), 3 (9)	344
SRG(40,12,2,4)	28	20	9 (1), 5 (4), 1 (7), 1 (13)	20
SRG(45,12,3,3)	78	44	5 (3), 6 (6), 2 (9)	44

Tabuľka 1: Tabuľka obsahuje výsledky pre parametre silne regulárnych grafov s úplnou klasifikáciou

	Počet doteraz známych grafov	Počet známych $\mathbb{Z}_3$-grafov	Počet orbitných matíc (počet fixných vrcholov)	Počet všetkých $\mathbb{Z}_3$-grafov	Nový počet známych grafov
SRG(37,18,8,9)	6 760+	31+	18 (1)	37	6 802+
SRG(41,20,9,10)	120+	0+	18 (5)	264	5 214+
SRG(45,22,10,11)	2 014+	172+	7 (9)	11 536	51 104+
SRG(49,18,7,6)	785+	63+	595 (1), 107 (4), 4 (7)	243	1 471+
SRG(49,24,11,12)	342+	169+	5 029 (1), 124 (4), 40 (7)	4 295	702 395+
SRG(50,21,8,9)	1 543+	318+	5 043 (2), 106 (5), 35 (8)	4 353	87 408+
SRG(53,26,15,16)	+	+	1 229 (5)	4 438	15 122+

Tabuľka 2: Tabuľka obsahuje výsledky pre parametre silne regulárnych grafov do 55 vrcholov bez úplnej klasifikácie

Študentská vedecká konferencia FMFI UK, Bratislava, 2015, p. 24
ISBN 978-1518759055, © 2015 Kristína Jablonická

Identification of Extremal Poverty With DEA
(Extended Abstract)

Kristína Jablonická[1*]

Supervisor: Pavol Brunovský[1†]

Katedra aplikovanej matematiky a štatistiky, FMFI UK, Mlynská Dolina 842 48 Bratislava

This paper intends to examine what using DEA (data envelopment analysis) can bring to identification of extremely poor districts in a relative sense (extremally poor districts) in comparison to average weighted indices.

Since poverty is considered as multidimensinal concept by experts, it is not trivial to say which districts are the poorest because there are normative choices regarding weighing the indicators. DEA takes a different approach and uses linear programming to find the envelopment of the dataset - a poverty frontier.

Problem definition adapted from [Asselin, 2002]:

Let $Y = [y_{ij}]$ ($1 \leq i \leq n$, $1 \leq j \leq m$) be a $n \cdot m$-matrix of m indicators of poverty measured for n districts. The goal is to find a set P of multidimensionally poorest districts among them.

One of the solutions to this problem is constructing a simple additive index $I_i = \sum_{j=1}^{m} w_j y_{ij}$ defined as a weighted sum with weights w_j corresponding to each indicator j so that $\sum_{j=1}^{m} w_j = 1$. The weights w_j reflect how important the experts or the surveyed people consider each indicator.

One chooses a positive integer r and defines P as the set of those i with the highest r values of I_i. Alternatively, one can choose a threshold z and defines $P = \{i : I_i > z\}$.

DEA Additive model chooses the multidimensionally poorest districts directly. Instead of predetermining the weights w_j, as extremally poor one declares a district i the indicator vector $y_{i1}, \ldots, y_{im}$ of which lies in the boundary of the convex closure of the set of the n indicator vectors of all the districts with outside normal in the nonnegative cone. The extremal districts can be detected by solving a series of linear programming problems.

Data for our application is from the study of [Hajko et al., 2011]. The study includes publicly available statistical data from 2009 and data from an extensive survey of entrepreneurs from all 79 dis-

Figure 1: The poorest districts: Results of DEA applied to 7 parameters.

tricts of Slovakia. We selected 9 mutually independent indicators which reflected international concepts of poverty. These indicators included development potential of the district, social benefit claims, inflow of foreign direct investments, life expectancy of men and women, registered unemployment rate, share of long-term jobseekers, average monthly wage and level of education.

We implement additive model in R (simplified, using an artificial input, constant for all the districts) and compare it with an arithmetic mean of indicators for several justifiable choices of indicators ranging from 2 of them to all 9. Specific to the problem is that all poverty indicators are considered as outputs. For each district i we solve the following problem:

$$z_o = \max_{\lambda, s^+} \sum_{i=1}^{m} s_i^+ \tag{1}$$

$$\text{subject to:} \quad \sum_{i=1}^{n} y_{ij} \lambda_i - s_j^+ = y_{oj} \; \forall j \in 1, \ldots, m \tag{2}$$

$$\sum_{i=1}^{n} \lambda_i = 1 \tag{3}$$

$$\forall i \in 1, \ldots, n, \forall j \in 1, \ldots, m, \lambda_i \geq 0, s_j^+ \geq 0 \tag{4}$$

The set P is defined as $P = \{i, z_i = 0\}$.

We also calculate the Human Development Index using the data and compare the results with DEA approach to the same parameters.

References

[Asselin, 2002] Asselin, L.-M. (2002). Composite indicator of multidimensional poverty. *Multidimensional Poverty Theory*.

[Hajko et al., 2011] Hajko, J., Klátik, P., and Tunega, M. (2011). Konkurencieschopné regióny 21. *Podnikateľská aliancia Slovenska, Bratislava*.

*jablonicka7@uniba.sk
†brunovsky@fmph.uniba.sk

Študentská vedecká konferencia FMFI UK, Bratislava, 2015, p. 25
ISBN 978-1518759055, © 2015 Martin Bachratý

Asymptotically approaching the Moore bound for diameter three by Cayley graphs

Martin Bachratý[1]*

Supervisor: Jana Šiagiová, Jozef Širáň[2]†

[1] Faculty of Mathematics, Physics and Informatics, Comenius University, Slovakia
[2] Slovak University of Technology, Bratislava, Slovakia

The largest order $n(d,k)$ of a graph of maximum degree d and diameter k cannot exceed the Moore bound, which has the form $M(d,k) = d^k - O(d^{k-1})$ for $d \to \infty$ and any fixed k. Known results in finite geometries on generalised $(k+1)$-gons imply, for $k = 2, 3, 5$, the existence of an infinite sequence of values of d such that $n(d,k) = d^k - o(d^k)$. This shows that for $k = 2, 3, 5$ the Moore bound can be asymptotically approached in the sense that $n(d,k)/M(d,k) \to 1$ as $d \to \infty$; moreover, no such result is known for any other value of $k \geq 2$. The corresponding graphs are, however, far from vertex-transitive, and there appears to be no obvious way to extend them to vertex-transitive graphs giving the same type of asymptotic result.

In [?] the second and the third author proved by a direct construction that the Moore bound for diameter $k = 2$ can be asymptotically approached by Cayley graphs. Subsequently, in [?] the first and the third author showed that the same construction can be derived from generalised triangles with polarity.

Let $Cay(d,k)$ denote the largest order of a Cayley graph of degree d and diameter k. Our aim is to show that the Moore bound for diameter 3 can also be asymptotically approached by Cayley graphs, i.e., to prove that $\limsup_{d \to \infty} Cay(d,3)/M(d,3) = 1$. To this date the best available result [?] was $\limsup_{d \to \infty} Cay(d,3)/M(d,3) \geq 3 \cdot 2^{-4}$. In our paper we prove that for an infinite set of values of d there exist Cayley graphs of degree d, diameter 3, and order $d^3 - O(d^{2.5})$ and hence $\limsup_{d \to \infty} Cay(d,3)/M(d,3) = 1$. The method is a variant of the one used in [?], namely, extension of a regular orbit of a suitable subgroup of the automorphism group of a polarity quotient of the incidence graph of a generalised quadrangle. Details, however, are much more subtle and complex in comparison with those of [?].

In particular, using the method we find a Cayley graph $C(G,S)$ as a subgraph of the quotient graph of the bipartite point-line incidence graph of generalized quadrangle $W(q)$ obtained by factorising by the polarity π, which can be turned into a Cayley graph of diameter 3 by adding just a 'few' generators.

Theorem 1. *For every $n \geq 1$ and $q = 2^{2n+1}$ there exist a Cayley graph $C(G,S^*)$ of order $q^2(q-1)$, degree $q + 2c_{q-1} + 3$ and diameter 3.*

Here c_{q-1} denotes the smallest size of a generating set X of a Cayley graph of a cyclic group $C(Z_{q-1},X)$ of diameter 2. Finding a suitable set X was an essential part of extending S to S^*.

The best general upper bound on c_{q-1} is $c_{q-1} \leq 2\lceil \sqrt{q-1} \rceil$ and thus degree d of the Cayley graph in the above theorem satisfies $d \leq q + 4\lceil \sqrt{q-1} \rceil + 3$ for $q = 2^{2n+1}$. Asymptotically expressing the order $q^2(q-1)$ of $C(G,S^*)$ in terms of d, we obtain:

Corollary 1. *There is an infinite sequence of values of d for which there are Cayley graphs of degree d, diameter 3 and order $d^3 - O(d^{2.5})$ as $d \to \infty$.*

We also show that an extension of this method to generalised hexagons is not feasible for proving an analogous result for diameter 5.

References

[Bachratý and Širáň, 2015] Bachratý, M. and Širáň, J. (2015). Polarity graphs revisited. *Ars Math. Contemp.*, 8:55–67.

[Šiagiová and Širáň, 2012] Šiagiová, J. and Širáň, J. (2012). Approaching the moore bound for diameter two by cayley graphs. *J. Combin. Theory Ser. B*, 102:470–473.

[Vetrík, 2013] Vetrík, T. (2013). Cayley graphs of given degree and diameters 3, 4 and 5. *Discrete Math.*, 313:213–216.

*mato4247@gmail.com
†jozef.siran@stuba.sk

ISBN 978-1518759055, © 2015 Jozef Kováč

Empirický prístup k testovaniu dobrej zhody (rozšírený abstrakt)

Jozef Kováč[1]*

Školiteľ: Ján Mačutek[2]†

[1] FMFI UK, Mlynská Dolina, 842 48 Bratislava

[2] Katedra aplikovanej matematiky a štatistiky, FMFI UK, Mlynská Dolina, 842 48 Bratislava

Je známe, že štatistické testy pri veľmi veľkom rozsahu súborov zamietajú prakticky skoro všetky nulové hypotézy. Výnimkou nie je ani Pearsonov chí-kvadrát test dobrej zhody (resp. iné testy dobrej zhody) aplikovaný na diskrétne rozdelenia pravdepodobnosti.

V našej práci preto skúmame šesť iných testovacích štatistík, ktoré sa dajú pokladať za miery zhody medzi modelom a dátami:

- koeficient determinácie
- koeficient diskrepancie (chí-kvadrát štatistika vydelená rozsahom výberu),
- upravený koeficient diskrepancie (korigovaná chí-kvadrát štatistika vydelená rozsahom výberu),
- koeficient determinácie v pravdepodobnostnom grafe (modelu y=x)
- „manhattanská" a euklidovská vzdialenosť medzi teoretickými pravdepodobnosťami a relatívnymi frekvenciami dát.

Prvé dve spomenuté sa štandardne používajú v matematickom modelovaní v lingvistike. V tejto oblasti boli pre ne heuristicky určené hranice (0.02 pre koeficient diskrepancie a 0.9 pre koeficient determinácie), pri ktorých prekročení sa model nepokladá za dostatočne dobrý [Mačutek and Wimmer, 2013]. Ukazuje sa však, že keď tieto tradičné hranice aplikujeme na dáta pochádzajúce z lingvistiky, často dochádzame k protichodným záverom – na základe jedného kritéria model popisuje dáta dostatočne dobre, druhé ho však za dostatočne dobrý nepokladá.

Túto nekonzistenciu ilustruje aj Obr. 1, na ktorom sú zobrazené zelenou farbou tie dáta, pri ktorých obidve kritériá – použitím koeficientu determinácie (R^2) aj použitím koeficientu diskrepancie (C) – rozhodli rovnako a čiernou farbou tie dáta, pri ktorých tieto kritériá rozhodli rozdielne.

Navrhujeme preto korekcie týchto hraníc a analogické hranice navrhujeme aj pre ďalšie štyri spomenuté miery. Ako ilustrujeme na Obr. 2, tieto nové hranice prinášajú konzistentnejšie závery.

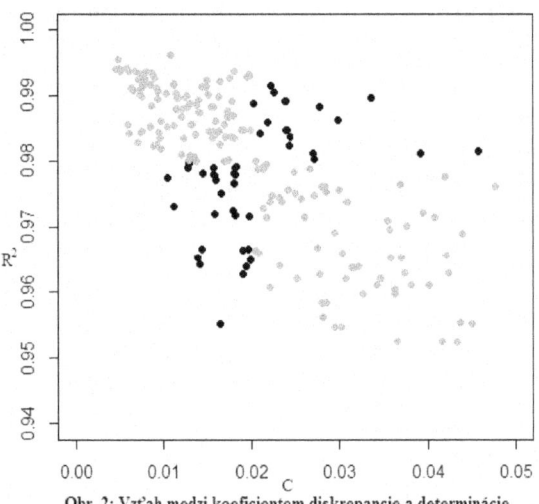

Obr. 2: Vzťah medzi koeficientom diskrepancie a determinácie pri upravených hraniciach

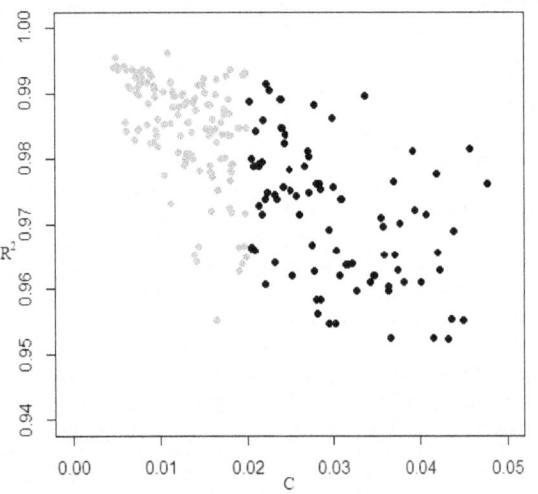

Obr. 1: Vzťah medzi koeficientom diskrepancie a determinácie

Literatúra

[Mačutek and Wimmer, 2013] Mačutek, J. and Wimmer, G. (2013). Evaluating goodness-of-fit of discrete distribution models in quantitative linguistics. *Journal of Quantitative Linguistics*, 20:3, 227-240.

---

*   jozefkovac314@gmail.com

†   jmacutek@yahoo.com

Študentská vedecká konferencia FMFI UK, Bratislava, 2015, p. 27
ISBN 978-1518759055, © 2015 Zuzana Rošťáková

Pravdepodobnostný spánkový model a jeho prepojenie s výsledkami denných mier
(rozšírený abstrakt)

Zuzana Rošťáková[1]*

Školiteľ: Roman Rosipal[2]†

[1] Katedra aplikovanej matematiky a štatistiky, FMFI UK, Mlynská Dolina 842 48 Bratislava
[2] Oddelenie teoretických metód, Ústav merania SAV, Dúbravská cesta 9, 841 04 Bratislava 4

Spánok tvorí neoddeliteľnú súčasť života každého z nás. Jeho nedostatok či poruchy majú veľký vplyv na naše denné výkony a celkový stav organizmu.

Modelovanie spánku je v súčasnosti založené najmä na analýze elektrickej aktivity mozgu (EEG signál). Namiesto tradičných prístupov modelovania spánku ako je Rechtschaffen & Kales skórovací systém (R&K, [Rechtschaffen and Kales, 1968] sme uvažovali alternatívny pohľad na túto problematiku cez pravdepodobnostný spánkový model (PSM) opísaný v [Lewandowski et al., 2012]. PSM modeluje spánok pomocou posteriórnych pravdepodobností konečného počtu spánkových mikrostavov.

Pôvodná verzia PSM vychádzala len z EEG signálu z 1 páru elektród. Každý 3–sekundový úsek signálu bol nahradený vektorom koeficientov autoregresného modelu rádu $n = 10$ (AR(10)). V priestore autoregresných koeficientov a boli následne odhadnuté váhy $\pi_1, \ldots, \pi_K$ zmesi normálnych rozdelení

$$p(a) = \sum_{i=1}^{K} \pi_i \mathrm{N}(\mu_i, \Sigma_i). \qquad (1)$$

kde $\mathrm{N}(\mu, \Sigma)$ označuje distribučnú funkciu normálneho rozdelenia s príslušnými parametrami. $\pi_i, i = 1, \ldots, K$ je pravdepodobnosť, s akou je daný časový úsek zaradený do mikrostavu i.

V tejto práci sme uvažovali rozšírenú verziu PSM založenú na EEG signáli z 3 párov elektród a doplnkovej informácie o svalovej aktivite, ktorej reprezentáciu sme z viacerých možností zvolili ako AR(2). Namiesto AR(10) sme pri EEG signáli použili AR(5). Nový model bol natrénovaný na tej istej databáze subjektov ako v [Lewandowski et al., 2012] a jeho kvalita porovnaná s pôvodnou verziou. Okrem vyššej stability v rámci trénovania sme dosiahli zlepšenie v mikrostavoch odpovedajúcich bdelosti a REM (*rapid eye movement*).

Priebeh posteriórnych kriviek z nového modelu sme chceli prepojiť s výsledkami dotazníkov a testov súvisiacich s kvalitou spánku. Pred samotnou analýzou sme posteriórne krivky vyhladili. Zvolili sme si metódu opísanú v [Yao et al., 2003].

Nech posteriórne krivky $x_1, \ldots, x_N$ reprezentujú realizácie náhodného procesu $X(.)$ so strednou hodnotou m(.). Potom vyhladená krivka $\widehat{x_i(.)}$ pre i–teho subjekta spĺňa predpis

$$\forall t: \ \widehat{x_i(t)} = \widehat{m}(t) + \sum_{i=1}^{k} \widehat{f_{ij}} \widehat{\xi}_j(t), \qquad (2)$$

kde $\widehat{m}(t)$ je stredná hodnota vyhladená metódou LOWES, $\widehat{\xi}_1, \ldots, \widehat{\xi}_k$ sú hlavné komponenty a $\widehat{f_{ij}}$ príslušné váhy odhadnuté z vyhladenej kovariančnej funkcie v zmysle [Yao et al., 2003].

Na vyhladené dáta sme následne aplikovali metódu k–means z funkcionálnej zhlukovej analýzy. Štruktúru zhlukov sme preniesli na výsledky denných testov a dotazníkov. Pomocou jednofaktorovej ANOV–y, resp. Kruskal–Wallisovho testu sme hľadali signifikantné rozdiely v hodnotách medzi zhlukmi.

Literatúra

[Lewandowski et al., 2012] Lewandowski, A., Rosipal, R., and Dorffner, G. (2012). Extracting more information from EEG recordings for a better description of sleep. *Computer method and programs in biomedicine*, 108(3):961–972.

[Rechtschaffen and Kales, 1968] Rechtschaffen, A. and Kales, A. (1968). *A Manual of Standardized Terminology Techniques and Scoring System for Sleep Stages of Human Subjects*. Bethesda, MD, U.S. Dept. of Healthy, Education and Welfare.

[Yao et al., 2003] Yao, F., Müller, H., Clifford, A., Dueker, S., Follet, J., Lin, Y., Buchholz, B., and Vogel, J. (2003). Shrinkage estimation for functional principal component scores, with application to population kinetics of plasma folate. *Biometrics*, 59(3):676–685.

*zuzana.rostakova@gmail.com
†roman.rosipal@savba.sk

Študentská vedecká konferencia FMFI UK, Bratislava, 2015, pp. 28–33
ISBN 978-1518759055, © 2015 Marian Opial

Bounded locally testable matrices

Marián Opial

Supervisor: Tatiana Jajcayová[1]

Katedra aplikovanej informatiky, FMFI UK, Mlynská Dolina 842 48 Bratislava

Abstract: In this article we focus on the asymptotic behaviour of noise matrices. Previous research was based mainly on mathematical methods. In our work we obtained experimental data on the numbers of matrices, critical exponent used to estimate their numbers and coefficients of recurrence relations defining their sequences as they grow in size. We ran computer simulations to get a better grasp of the asymptotic behaviour and managed to reduce the upper limit used to estimate the number of such matrices. We also answered questions from the previous works about the smallest number of coefficients in a recurrence relation to calculate their numbers when the number of rows is constant.

1 Introduction to bounded matrices

Bounded matrices play a crucial role in pattern recognition in digital images recorded as boolean matrices, for example, black and white images, where each pixel corresponds to a single element of a matrix.

In this article we will focus only on one specific case of bounded window testable matrices and study the asymptotic behavior of their numbers as defined in definition 2.2.

The concept of bounded matrices could be understood as follows:

For any prohibited pattern in matrices, we can think of the set of all $m \times n$ matrices that do not contain the prohibited pattern. For any choice of prohibited pattern, one can think of the 'language' of matrices that do not contain the prohibited patterns.

For instance, the language of all $m \times n$ binary matrices with a prohibited pattern being whether it contains a single 1 anywhere would be a set of all $m \times n$ binary matrices containing only zeros i.e. there is only one matrix of each size so this family is very thin. On the other hand a very rich family of matrices would be one with an empty prohibited pattern i.e any matrix would qualify and there would be $2^{m \cdot n}$ of them for each size.

2 Noise Matrices

In our work, we will focus on only the following specific case of bounded window testable matrices. As stated before, this can be extended to any pattern(s).

Definition 2.1 (Noise matrix). *Let M be a boolean $m \times n$ matrix $||m_{i,j}||$, $m_{i,j} \in \{0,1\}$, for all $1 \leq i \leq m$ and $1 \leq j \leq n$. We say that M is a* noise matrix *if M contains **none** of the following two patterns:*

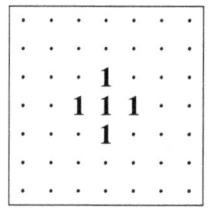 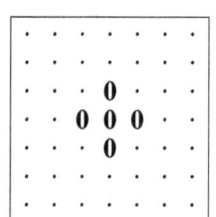

Where the dots represent any binary element. As we can see, due to this pattern it is only logical to consider matrices with dimensions where $m, n \geq 3$.

In other words, boolean matrix $A = ||a_{i,j}||_{m \times n}$ is considered a noise matrix if for every i,j from N such as $1 < i < m$ and $1 < i < n$ it is true that at least one of the elements $a_{i-1,j}, a_{i+1,j}, a_{i,j-1}, a_{i,j+1}$ is different from $a_{i,j}$.

As an example, in all 3×3 possible binary matrices where there is only one possible placement of $a_{i,j}$ being from $1 < i < m$; $1 < i < n$ right in the center of the matrix and correspondent elements $a_{i-1,j}, a_{i+1,j}, a_{i,j-1}, a_{i,j+1}$ being of the same value:

	1			0	
1	1	1	0	0	0
	1			0	

There are $2^4 + 2^4$ options how to fill the remaining spots, meaning there is 32 matrices which contain the pattern and $2^9 - 32 = **480 \text{ matrices}**$ which do not.

Definition 2.2 ([JJ14]). *Let $N(m,n)$ represent the number of noise matrices of dimensions $m \times n$; $m, n \geq 3$*

2.1 Recurrence relations in noise matrices

We can prove theoretically [JJ14], that there exists a linear recurrence relation for the calculation of the next N(C,n), where C is a positive integer $C \geq 3$ i.e. the height of the matrix, from the k previous values of the form:

$N(C, n+k) = A_1 \cdot N(C, n+k-1) + A_2 \cdot N(C, n+k-2) + ... + A_k \cdot N(C, n)$

Where $A_1, A_2, ..., A_k$ are coeficients which holds for the number sequence all the way to the infinity.

One of our main goals is to find such a shortest such recurrence relation for the sequence of numbers N(3,n) where we know [JJ14] that such a relation should exist with k at most 8. It will be interesting to see how bigger matrix heights where $m \geq 4$ will affect the length and other properties of the recurrence relation.

Thus once we implement a program that will provide us with the numbers N(3,3), N(3,4), N(3,5),..., N(3,n) we will try to find the smallest recurrence relation which holds for all the numbers.

Suppose such a relation exists for k=3, that would mean, we are looking for three real coefficients which are the solution to the system of three equations with three unknowns:

$A_1 \cdot N(3,3) + A_2 \cdot N(3,4) + A_3 \cdot N(3,5) = N(3,6)$

$A_1 \cdot N(3,4) + A_2 \cdot N(3,5) + A_3 \cdot N(3,6) = N(3,7)$

$A_1 \cdot N(3,5) + A_2 \cdot N(3,6) + A_3 \cdot N(3,7) = N(3,8)$

As a result of solving such a system we should get a possible recurrence relation[Gri04] which we can test whether it holds all the way for all $n \geq 6$:

$N(3,n) = A_1 \cdot N(3, n-3) + A_2 \cdot N(3, n-2) + A_3 \cdot N(3, n-1)$

To do this, we want to program an automated way of finding these coefficients using linear algebra and to automatically test the results with further numbers to see whether the results hold. If they do not, we continue by increasing the number of coefficients and repeating the process. We know that such recurrence relation exists, we can keep going on until we find the right one.

We will also define the complement of N(m,n), it is easy to calculate once we have the numbers N(m,n).

Definition 2.3 (Complement of N(m,n)). *Let $N_c(m,n)$ represent the total number of matrices of dimensions $m \times n$ minus the number of noise matrices of the same dimensions $m \times n$. This complement can be then defined as follows:*

$$N_c(m,n) = 2^{m \cdot n} - N(m,n) \quad ; \quad m, n \geq 3$$

3 Asymptotic behavior of the numbers N(m, n)

One of the main conjectures concerning the asymptotic behaviour of the numbers N(m,n) states that [JJ14] :

$$\lim_{m \to \infty, n \to \infty} \frac{N(m,n)}{2^{\alpha mn}} = 1$$

for some $0 < \alpha < 1$.

Our effort will be directed towards finding this number α by getting enough data from our calculations ie. the numbers N(m,n) and then using them to calculate $\frac{\log_2(N(m,n))}{mn}$.

These numbers should converge toward some number, which is the α we are looking for.

For instance in the case of N(3,n) we know that there exists α_3 such that $N(3,n) = 2^{3\alpha_3 n}$ so calculating the numbers N(3,n) will help us to know what the limit for the sequence $\lim_{n \to \infty} \frac{\log_2(N(3,n))}{3n}$ is.

4 Implementation

One of the main challenges we face is how to get reliable and accurate data we can work with. For starters we need the data for (3,n) and then we would like to obtain as much of the numbers (m,n) as possible. These data were not available, so we had to compute these numbers. As a result we need to implement a computer program able to compute these numbers in a resonable time.

4.1 Effective row iterating solution

There are two ways to calculate the numbers N(m,n). Since the number of matrices which do not contain the desired pattern is just a complement of the number of matrices which contain this pattern, we can calculate one from the another by simply subtracting it from the total number of matrices of given size.

Therefore, we were presented with two options: Either calculate N(m,n) directly, or get it easily from the complement numbers N_c(m,n). At first it seems we might be successful with calculating the complement (which contains the pattern). All we have to do is place the desired pattern into the matrix and then mathematically count the binary combinations possible. But as the matrices grow in size, we are challenged with the ever increasing inclusion-exclusion principle problem which makes this approach deteriorate with the increase of n.

One of the main benefits of calculating the numbers of matrices which do not contain the patter is that there is no need to store some of the older data. Especially in this iterating approach, which we will use to calculate the sequence N(3,n).

4.2   Generate init

We initialize the algorithm by constructing an array we will use while calculating the numbers of a 3x3 matrices. The approach here is very simple. We generate every possible 3x3 matrix and apart from getting the numbers we are looking for we also save those without the pattern into an array to work with later in the iterations to follow.

We now have an array with 480 matrices (That is the first number in our N(3,n) sequence). In the next step we rework this array so we can work with it further. We begin by cutting off the first column from every matrix in the array.

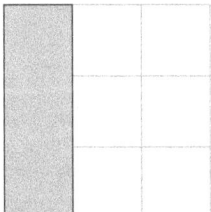

This of course means that we now have duplicate 3x2 matrices in our array, therefore we now rearrange the array by removing duplicates keeping only one of each matrix with a size of 3x2. While removing the duplicates we also count the total number of them and we add this number to our array so it represents the number of the same 3x2 matrices we get after the slicing.

4.3   Iterate to n

Now that we have the data needed to start our iterative algorithm, we are ready to follow with the next iterations. The data we will be sending to each forthcoming iterations are these:

1. Total number of matrices from the previous iteration which do not contain the pattern.

2. An array containing each one of the sliced matrices and the total number of them before cutting.

3. Step of an iteration (which is simply the current n).

We begin by multiplying the previous total with the number of possible binary 3x1 matrices which we will append to each of our previously sliced 3x2 matrices to generate a new 3x3 matrix where we will be looking for the pattern again.

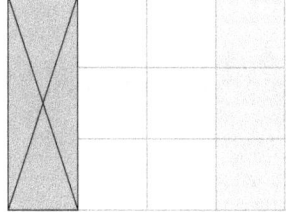

For example this way in the first iteration we will get $480 \cdot 2^3$ new possible matrices, this will be our temporary result. Now we go through each matrix from the previous iteration and append 2^3 possible 3x1 matrices to it one at a time. If the resulting matrix contains the pattern we subtract the number which we have also stored during the previous iteration - how many duplicates that 3x2 matrix had - from our temporary result. If the resulting matrix does not contain the pattern, we simply cut off the first column and store it for the next iteration again with a corresponding number of copies it had previously. But of course, after going through all of them we have to remove the duplicates again, and increase the numbers corresponding to their frequency. But this time we increase it not by one for each duplicate, but by the numbers from the previous iterations for each copy. After all the subtractions, the temporary result is now the final result for this iteration i.e N(3,4) if this is an iteration of the N(3,n) sequence.

4.4 Iterative approach notes

The question is, how far can we go with this iterative approach? In this case, we only had to generate 2^3 combinations for each previously stored matrix and the previously stored matrices array only consisted of 3×2 sized matrices. If we move on to N(4,n) these numbers will grow significantly, there will be 2^4 new combinations for each previously stored matrix and the array containing the previously stored matrices will consist of 4×2 sized matrices so there will be many more matrices to remember. We tried to go as far as we can with this method.

Matrice size	Average time to compute n+1 (s)
3xn	0.0150
4xn	0.1110
5xn	1.9100
6xn	53.0000

As we can see, with this approach we can compute the numbers up to N(6,n) in a somewhat reasonable time.

5   Raw results

It would not be practical to list here many exact results we obtained, apart from some starting numbers, since they have just too many digits very soon. So lets take a look at just the beginning of a N(3,n) sequence for illustration:

480, 3616, 27232, 205088, 1544544, 11632160, 87603296, 659751712, 4968675168...

As we can see the growth is exponential, therefore we use the logarithmic scale to get a good grasp of the growth of these numbers:

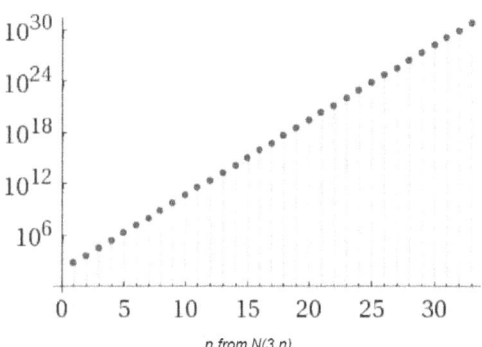

Figure 1: values of the N(3,n) sequence (logarithmic scale)

It may be worth noting that all numbers were divisible by 32 and that the complement $N_c(3,n)$ starts lower (32,480,5536,...), but very soon surpasses the numbers N(3,n).

6   Recurrence relations

Let us take a look at the original questions again: What is the smallest recurrence relation for the calculation of the numbers N(3,n) and $N_c(3,n)$? Will we get integer results? How do they relate to each other with respect to the growth of m?

By running an automatic coeficient calculations for every recurrence degree with linear algebra and with automatic testing for their validity (whether they hold for all obtained numbers), we have managed to get these results:

There exists a second degree recurrence relation for the calculation of N(3,n):

$$N(3,n) = 4 \cdot N(3, n-2) + 7 \cdot N(3, n-1)$$

The respective complement has a bigger degree with three coeficients $N_c(3,n)$:

$$N_c(3,n) = -32 \cdot N_c(3, n-3) - 52 \cdot N_c(3, n-2) + 15 \cdot N_c(3, n-1)$$

The interesting part is, however, how fast the number of coefficients grow with the increase of m:

	Coeficients	Recur. degree
N(3,n)	4,7	2
N_c(3,n)	-32,-52,15	3
N(4,n)	-64,-16,20,13	4
N_c(4,n)	1024,192,-336,-188,29	5
N(5,n)	too many/big to list	8
N_c(5,n)	too many/big to list	9
N(6,n)	too many/big to list	20
N_c(6,n)	too many/big to list	21

There are some interesting facts worth pointing out that we noticed:

For all matrix heights there exist no other recurrence relations which hold for all n.

- All smaller degree recurrences do not hold for all n, and the coefficients are not integers.

- Higher degree recurrences can not be computed since the linear algebra part involves singular matrices where the determinant is zero, which will not produce any results.

In other words, for all matrix heights we did not find any other recurrence relations of smaller degree fitting our data. Of course higher degree recurrence relations must exist if there is already a lower degree one, but we are only interested in the smallest degree possible recurrences.

7   Critical exponent

For every row of results (matrix height) we can calculate the corresponding critical exponent α_m, for instance in the case of the numbers N(3,n) the formula for α_3 would be as follows:

$$N(3,n)_{n\to\infty} = 2^{3\cdot\alpha_3\cdot n}$$

where:

$$\alpha_3 = \lim_{n\to\infty}\frac{\log_2(N(3,n))}{3n}$$

While the general case for any matrice height is what interests us, we can just keep calculating it for each row as long as we can to get the best possible representation of the general critical exponent α :

$$N(m,n)_{m\to\infty,n\to\infty} = 2^{m\cdot\alpha\cdot n}$$

with:

$$\alpha = \lim_{m\to\infty,n\to\infty}\frac{\log_2(N(m,n))}{mn}$$

7.1   Exponents for each row

We begin with the first row, here are our results visualized for the N(3,n) sequence of numbers for n up to 1500:

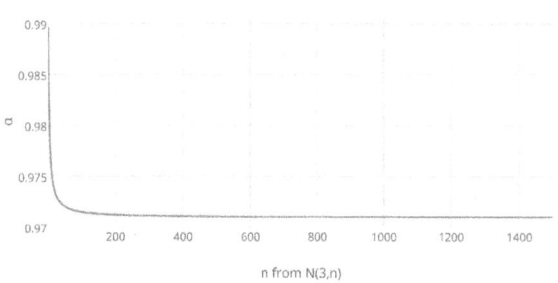

Figure 2: values of α in the N(3,n) sequence

Specifically, the α for the N(3,1500) is approximately 0.970992. For comparison, the α for N(3,55000) is 0.970956, so we are getting pretty accurate results very soon in the sequence.

The results for other rows are similar, with the only difference being the fact that the limit of their exponent sequence is getting lower each time as we increase the matrix height, but with a clear indication of having a limit as well:

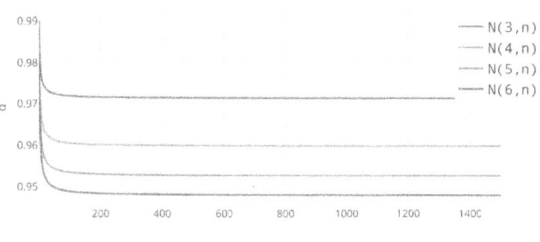

Figure 3: values of α for their respective rows

In a table:

Matrice size	Converges to (α_m)	computed to
3xn	0.970956	N(3,55000)
4xn	0.959452	N(4,35000)
5xn	0.952307	N(5,50000)
6xn	0.947564	N(6,25000)

Every lower α_m gives us a new estimate for the upper limit of the general α.

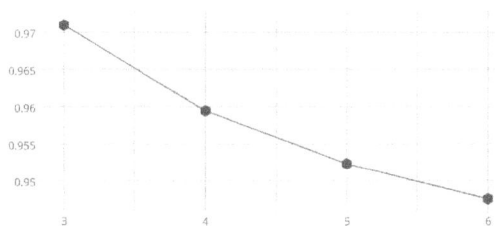

Figure 4: values of α for each row

8 General case exponent upper limit reduction

Our goal was to reduce the upper or lower limit with our computer simulations, so any row of results that will produce one is a win. Thankfully that was the case and even though we only managed to get to N(6,n), this already produced a lower upper limit to this critical exponent.

But as we can see even by looking at these results, it is very likely that the upper limit is even lower, as we can expect it to drop by at least 0.003 to 0.944 by simply following the pattern of reductions as the matrix height grows.

It may be worth pointing out how close were R.Jajcay's mathematical results for N(4,n) compared to our simulations. His calculations gave an upper limit of 0.9595 while our simulations produced a very similar number 0.959452.

Comparison with the previous results:

P.Strauch: 0.9068 - 0.9813

R.Jajcay: 0.8908 - 0.9564

Our upper limit: 0.947564

By combining both previous results by R.Jajcay and P.Strauch and our new upper limit, the general case exponent should therefore lay somewhere between:

0.9068 - 0.947564

References

[Gri04] Ralph P. Grimaldi. *Discrete and Combinatorial Mathematics, an Applied Introduction*. New York, fifth edition, 2004. ISBN: 0-201-72634-3.

[Hor14] Case Van Horsen. *gmpy2: C-coded Python extension modules that support fast multiple-precision arithmetic*, Visited: December 2014. https://code.google.com/p/gmpy/.

[HR11] W. Hebisch and M. Rubey. Extended rate, more gfun. *Journal of Symbolic Computation*, 46(8):889–903, 2011. http://arxiv.org/abs/ math/0702086v2.

[J+14] Fredrik Johansson et al. *mpmath: a Python library for arbitrary-precision floating-point arithmetic (version 0.19)*, Visited: December 2014. http://mpmath.org/.

[Jaj89] R. Jajcay. Odhady počtu hraničných matíc. *Matematické obzory*, zv. 31:41–49, 1989.

[JJ14] T. Jajcayová and R. Jajcay. Preliminary notes on bounded window testable matrices. *preprint*, 2014.

[pro14] Community project. *numpy: package for scientific computing with Python*, Visited: December 2014. http://www.numpy.org/.

[Str] P. Strauch. Odhady niektorých parametrov tried boolovských funkcií. *Diploma thesis*, PF UK, 1978.

Študentská vedecká konferencia FMFI UK, Bratislava, 2015, pp. 34–40
ISBN 978-1518759055, © 2015 Michal Hledík

Security of Quantum Secret Sharing with Weak Randomness

Michal Hledík[1]*

Supervisor: Martin Plesch[23]†

[1] Faculty of Mathematics, Physics and Informatics, Comenius University, Mlynská Dolina, 842 48 Bratislava
[2] Institute of Physics, Slovak Academy of Sciences, Dúbravská cesta 9, 845 11 Bratislava
[3] Faculty of Informatics, Masaryk University, Botanická 68a, 602 00 Brno

Abstract: Quantum physics has significant implications in cryptography. Not only do quantum computers present a threat to classical protocols [Shor, 1997], there is also a class of quantum key distribution (QKD) protocols [Bennett and Brassard, 1984] that offer a unique kind of security.

In quantum physics, measurement changes the state of the system. An eavesdropper's activity thus changes the content of the message. The communicating parties can, in the end, test a sample of the message for errors and detect the eavesdropper's presence. To work properly, the test sample must be chosen at random.

It has been shown [Bouda et al., 2012] for a two-party QKD that if the test sample size is sublinear in key length, an arbitrarily small imperfection in randomness can be used by the adversary to eavesdrop a significant part of the key without detection – if the adversary manages to exploit the weak randomness to predict parts of the key not tested. It is clear that the quality of randomness and a sufficient size of the testing sample are crucial for security.

We focus on a specific protocol of quantum secret sharing [Hillery et al., 1999]. We show that a sublinear test sample size is also insufficient for its security. We quantify the dependence of the test sample size and the part of the key accessible to the adversary. An estimate of the optimal test sample size is then shown to be directly proportional to the imperfection of the available source of randomness. These results are also applicable to other QKD protocols such as BB84.

Keywords: quantum key distribution, quantum secret sharing, weak randomness

*mhledik@gmail.com
†martin.plesch@savba.sk

1 Introduction

The theory of information processing undergoes a dramatic change with the transition from classical to quantum physics. Especially signifficant is it's effect on cryptography. The computational power of quantum computers – as demonstrated by Shor's algorithm [Shor, 1997] – can be used to breach the security of classical key distribution protocols. The nature of quantum world can, however, also be utilized to develop new, quantum key distribution protocols (QKD) [Bennett and Brassard, 1984].

QKD protocols offer a unique kind of security. It is based on the element of true randomness in quantum physics and the fact that the act of measurement can change the state of a system. If there is an eavesdropper active during key distribution, his activity introduces errors to subsequent measurements. It can be detected in a later phase by testing a sample of the key for errors.

The security of quantum protocols depends on two points we would like to consider: 1) access to randomness and 2) sufficient size of the test sample.

In quantum world, perfect randomness is possible *in principle*. In practice, however, no random generator can be assumed to be perfect. As a general measure of it's quality we use its min-entropy defined as

$$M = \min_{x \in \mathbf{X}} \left\{ -\log_2 P(\mathbf{X} = x) \right\}, \qquad (1)$$

where $\mathbf{X}$ is the random variable generated and $P(\mathbf{X} = x)$ is the probability of obtaining a particular value x. A random generator with min-entropy H is likely to output each value with a probability less than or equal to 2^{-H}. If the source generates a string of n bits, its min-entropy is less or equal to n with $H = n$ being the case of a perfect source. Then its min-entropy loss rate is defined as

$$L = \frac{n - H}{n}. \qquad (2)$$

A test sample size sublinear in length of the key has often been considered sufficient for secure communication. However, in ref. [Bouda et al., 2012] it has been shown that for two party communication, an arbitrarily small imperfection in randomness may be used to breach the security. The adversary may be able to exploit the weak randomness to predict the parts of the key not tested and eavesdrop those while avoiding detection.

In this work, we focus on the quantum secret sharing protocol (QSS) [Hillery et al., 1999]. We show that sublinear test sample size leads to insecurity in QSS as well. We then investigate how a linear size restricts eavesdropping and estimate an optimal portion of the key to be tested.

2 Quantum secret sharing

Suppose Alice wants to send a message to Bob and Charlie. Suspecting that one of them is dishonest, she wants to do it in a way that Bob and Charlie must cooperate to read the message – and neither of them alone has any information about it. This kind of communication is known as secret sharing. We will now describe how this can be done in classical cryptography.

2.1 Classical secret sharing

The message consists of a string of bits M. To encipher the message, Alice generates a random key K – a string of random bits of equal length. Applying the XOR function bitwise on M and K she produces a third string, X. She then sends K to Bob and X to Charlie. Bob and Charlie can recover the original message by applying the XOR function bitwise to K and X – but both K and X alone contain no information about M.

An example of the communication is as follows: First, Alice prepares her message and the strings of bits for Bob (random key) and Charlie (XOR):

Alice's message M: 01010001

Random key K: 11100110 → Bob

$X = M$ XOR K: 10110111 → Charlie.

Later, Bob and Charlie may *together* use their strings to recover the original Alice's message:

Bob: possesses K: 11100110

Charlie: possesses X: 10110111

K XOR X: 01010001 $= M$.

In classical secret sharing, if either Bob or Charlie, or a fourth party gains access to both K and X, they can easily learn the content of M. Quantum secret sharing uses the nature of measurement in quantum physics to grant security even in such a case. We first summarize the important features of quantum physics and then go through the QSS protocol and its security in detail.

2.2 Quantum physics and communication protocols

A state of a quantum physical system is a ray in a Hilbert space and may be represented by a normalized vector. An observable (a quantity that can be measured) is a self-adjoint operator. During a measurement, it's eigenvalues and eigenvectors play an important role.

The outcome of a measurement is an eigenvalue of the observable. The *probability* of measuring a particular eigenvalue is equal to square modulus of the projection of the normalized state vector on the respective eigenvector (the eigenvectors form an orthonormal basis). This fact brings in the element of randomness.

After the measurement the state collapses into the eigenstate respective to the eigenvalue obtained. Thus the state of the system *changes* upon measurement – except for the special case, when it had been an eigenstate of the measured observable before the measurement. This causes potential eavesdroppers to introduce errors into QKD protocols and in such a way reveal their presence.

In the field of quantum information we work with a notion of a *qubit*. It is a 2-state quantum system that may be either in one of the states $|0\rangle$ and $|1\rangle$, or their superposition. A qubit may be physically realized in different ways; for example single photons and their polarization.

A state of N qubits is described by

$$|\psi\rangle = \sum_{n=0}^{2^N-1} c_n|n\rangle, \qquad (3)$$

where $c_n \in \mathbf{C}$. If we measure individual qubits from a larger system, the results may be – depending on the coefficients c_n – strongly correlated (*entangled* qubits).

2.3 Quantum secret sharing

The purpose of Quantum secret sharing (QSS) [Hillery et al., 1999] is to establish a *secret key* that is only known to Alice, and Bob-Charlie in cooperation. It works on the following principle: Alice prepares an entangled 3–qubit GHZ state of the form

$$|\text{GHZ}\rangle = \frac{1}{\sqrt{2}}(|000\rangle + |111\rangle). \qquad (4)$$

Alice keeps the first qubit and sends the other two to Bob and Charlie respectively. For each triplet, everyone randomly chooses a basis to measure their qubit – either in x or y direction. The respective eigenstates are

$$|\pm x\rangle = \frac{1}{\sqrt{2}}(|0\rangle \pm |1\rangle), \qquad (5)$$

$$|\pm y\rangle = \frac{1}{\sqrt{2}}(|0\rangle \pm i|1\rangle). \qquad (6)$$

To see the effect of measurements in x and y basis, we express $|\text{GHZ}\rangle$ in the respective bases, using

$$|0\rangle = \frac{1}{\sqrt{2}}(|+x\rangle + |-x\rangle)$$
$$= \frac{1}{\sqrt{2}}(|+y\rangle + |-y\rangle), \qquad (7)$$

$$|1\rangle = \frac{1}{\sqrt{2}}(|+x\rangle - |-x\rangle)$$
$$= \frac{-i}{\sqrt{2}}(|+y\rangle - |-y\rangle). \qquad (8)$$

As an example, we examine the case when Alice, Bob and Charlie all perform their measurements in $|\pm x\rangle$ direction:

$$|\text{GHZ}\rangle = \frac{1}{2}(|+x\rangle|+x\rangle|+x\rangle + |+x\rangle|-x\rangle|-x\rangle +$$
$$+ |-x\rangle|+x\rangle|-x\rangle + |-x\rangle|-x\rangle|+x\rangle). \qquad (9)$$

In this case, either all of them, or exactly one obtains the the result $|+x\rangle$.

A general pattern in the results can be worked out: if all three participants measure their qubits in the x direction, an even number of $|-x\rangle$ results is expected. If only one of them chooses the x direction, there should be an odd number of minus ($|-x\rangle$ or $|-y\rangle$) results. These cases we call *successful*. Otherwise – for an even number of x measurements – there is no correlation between Alice's, Bob's and Charlie's results and the round is considered *unsuccessful*

Table 1: An overview of the state of Alice's qubit after Bob and Charlie measure their qubits.

		Bob			
		$\|+x\rangle$	$\|-x\rangle$	$\|+y\rangle$	$\|-y\rangle$
Charlie	$\|+x\rangle$	$\|+x\rangle$	$\|-x\rangle$	$\|-y\rangle$	$\|+y\rangle$
	$\|-x\rangle$	$\|-x\rangle$	$\|+x\rangle$	$\|+y\rangle$	$\|-y\rangle$
	$\|+y\rangle$	$\|-y\rangle$	$\|+y\rangle$	$\|-x\rangle$	$\|+x\rangle$
	$\|-y\rangle$	$\|+y\rangle$	$\|-y\rangle$	$\|+x\rangle$	$\|-x\rangle$

(the results are not used). An overview of the allowed results for the successful rounds is in Table 1.

In the successful rounds, Bob and Charlie may together determine (based on their measurement results) the result of Alice's measurement – whereas the information possessed by just one party is insufficient to tell anything about the others – which is the property required for secret sharing.

The advantage of quantum communication is that it allows detection of an eavesdropper. As we will show in a while, an eavesdropper introduces errors to the subsequent measurements and his presence can be unveiled by testing the results in the end. Here we summarize the complete procedure, including the testing phase:

1. Alice prepares N $|\text{GHZ}\rangle$ states.

2. The respective qubits are delivered to Bob and Charlie.

3. Alice, Bob and Charlie randomly pick their measurement bases (x or y) and measure their qubits.

4. Alice uses a random generator to choose the $t(N)$ qubits to be tested for errors.

5. Bob and Charlie publicly announce their measurement bases and, for the testing qubits, also their results.

6. Alice separates the successful rounds (even number of y measurements) and checks the results of the testing qubits.

7. If no errors are found, Alice's results (+ or -) from the successful rounds are used as a shared secret key. In case that errors are detected, the communication is considered unsuccessful.

Here we should note what is the reason why only a *secret key* is communicated during QSS – and not a meaningful message. Firstly, the shared secret information is generated randomly during the procedure. Secondly, a potential eavesdropper is only detected after he had learned the content (or some part) of that information and therefore the information by itself must not be valuable.

After the secret key is successfully generated, it may be used by Alice to encrypt a meaningful message with the XOR function. The encrypted message may then be freely accessible to anyone – but only Bob and Charlie in cooperation can decipher its content using the secret key and XOR function.

2.4   Security against simple eavesdropping

We will now demonstrate the unique safety of quantum protocols. An eavesdropper in secret sharing might be either Bob or Charlie, or any fourth party. Clearly, Bob and Charlie are in a better position for eavesdropping than an outsider – they have access to their qubits and can easily influence the course of the communication. Examining the security of the procedure, we must account for the possibility of Bob or Charlie being the adversary. Throughout the rest of this work we shall consider the situation when Bob wants to read Alice's message without Charlie's assistance.

Suppose Bob is dishonest and has managed to gain access to Charlie's qubits before he performs his measurements. Possibility of such a theft poses a serious threat to the classical protocol. However, as Hillary-Buzek-Berthiaume have shown, access to Charlie's qubits *alone* does not grant Bob success.

Bob wants to know what the results of the future Charlie's measurements will be. If he knew what basis is Charlie going to use for each particular qubit, he could perform the same measurements himself and could thus exactly predict Charlie's results. Charlie, however, picks the bases at random. Bob can therefore only guess the bases. Half of the times he will pick a basis different than Charlie.

If Bob and Charlie use the same base (for the stolen Charlie's qubit), than they will both obtain the same result. That will happen with approximately half of the stolen qubits. Take, however, a case when Bob measures Charlie's qubit in x direction and Charlie then picks the y basis. By his measurement, Bob prepares a $|+x\rangle$ or $|-x\rangle$ eigenstate. Expressing those in

the y basis

$$|\pm x\rangle = \frac{1}{\sqrt{2}}(|0\rangle \pm |1\rangle)$$
$$= \frac{1 \mp i}{2}|+y\rangle + \frac{1 \pm i}{2}|-y\rangle \qquad (10)$$

we find that up to global phase, $|\pm x\rangle$ is equal to $\frac{1}{\sqrt{2}}(|+y\rangle \pm i|-y\rangle)$. This means that Charlie's measurement in the y direction will give a random result – which is likely to be wrong (contradicting the pattern in Table 1). It is then down to the choice of the testing sample if the rounds where Bob caused an error are tested and Bob's actions are detected.

3   Effective attack

In this work, we will investigate a specific attack: we shall assume that

1. Bob has managed to gain access to Charlie's particles,

2. Bob has some knowledge about Alice's source of randomness.

He will try to use his knowledge to predict which rounds *will not be tested*.

We express the restriction on Bob's knowledge about Alice's source of randomness as it's min-entropy loss rate L. Within this restriction, the worst-case scenario will be accounted for: we shall assume the random generator works in a way that is the most advantageous for the adversary (Bob).

3.1   Efficiency of eavesdropping

Our first step is to estimate the average amount of useful information that Bob gains by eavedropping in a given number of rounds.

There are N rounds, of which in e rounds Bob measures Charlie's qubit. $N/2$ of the rounds will be unsuccessful and hence half of the qubits will not be used – including half of those eavesdropped by Bob. Out of the $e/2$ successful and eavesdropped rounds, in half of them ($e/4$ in total) Bob will guess Charlie's basis correctly. In the other half, Bob's measurement will earn him no information and Charlie will get a random result. Half the time ($e/8$ rounds) it will be correct anyway (Charlie will obtain the result he would have obtained, if Bob hadn't measured his qubit) and the other half ($e/8$ rounds) will lead to an error that can be discovered during the testing phase.

The length of the raw key is (on average) $N/2$. Thanks to his correct guesses, Bob will learn $e/4$ correct bits of Alice's key. He can randomly guess the rest of the key. On average, we will possess $e/4 + (N/2 - e/4)/2 = N/4 + e/8$ bits – that is up to 3/4 of the raw key. Additional $e/8$ of the final key (as decrypted by Bob and Charlie in cooperation) will contain an error.

3.2 Attack on randomness

A straightforward way for Bob to avoid detection is to only eavesdrop the particles that will not be tested in the future. Let us label the number of tested rounds t. These testing particles are chosen at random, but weak randomness plays in Bob's favor and, as shown in Ref. [Bouda et al., 2012] for a 2-party communication, can be exploited to breach the security if t is sublinear in N.

If Alice chooses to test $t(N)$ rounds, there are $\binom{N}{t}$ ways to choose them – and the entropy of Alice's generator is then $S = \log_2 \binom{N}{t}$. If the adversary wants to measure $e(N) = \gamma N$ particles without a risk of exposure, he needs to permit the configurations when the eavesdropped qubits are tested. That leaves $\binom{N-e}{t}$ possible configuration and min-entropy $M = \log_2 \binom{N-e}{t}$.

If the min-entropy loss rate required by Bob L_r is greater than the available min-entropy loss rate L, then Bob is unable to avoid discovery. We can thus formulate the safety condition as

$$L_r = \frac{S-M}{S} = \frac{\log_2 \binom{N}{t} - \log_2 \binom{N-e}{t}}{\log_2 \binom{N}{t}} > L. \quad (11)$$

4 Effect of the size of the test sample

We will use the condition (11) to determine how the size of the sample $t(N)$ affects the adversary's options.

4.1 Sublinear size of the test sample

In ref. [Bouda et al., 2012] it has been shown that in the case when $e = N/2$ the min-entropy loss rate required by the adversary approaches zero for long

messages. This is actually true for any $e = \gamma N$:

$$\lim_{N \to \infty} L_r = \frac{\log_2 \binom{N}{t} - \log_2 \binom{(1-\gamma)N}{t}}{\log_2 \binom{N}{t}} = 0, \quad (12)$$

since (using Stirling approximation)

$$L_r = \frac{f(N,t,\gamma)}{(N-t)\ln \frac{N}{N-t} + t\ln \frac{N}{t} + O(\ln N)}, \quad (13)$$

where

$$f(N,t,\gamma) = (N-t)\ln \frac{1}{1-t/N} + t\ln \frac{1}{1-\gamma} -$$
$$- (N - \gamma N - t)\ln \frac{1-\gamma}{1-\gamma-t/N} + O(\ln N) \quad (14)$$

and hence

$$L_r = \frac{O(t)}{t\ln \frac{N}{t} + O(t)} = \frac{O(1)}{\ln \frac{N}{t} + O(1)} \quad (15)$$

approaches zero for $N \to \infty$ and $t = t(N) \propto N^a$; $0 \le a < 1$.

Thus if there is a sublinear number of qubits tested and the message is sufficiently long, any arbitrarily small imperfection in the source of randomness may reveal a substantial part of the message to the adversary. After the procedure has finished, Bob may posses up to 3/4 of the raw secret key. In such a case the protocol cannot be considered secure.

4.2 Linear size of the test sample

The obvious reaction to this weakness is testing a higher, linear portion of qubits. We shall now investigate the conditions for QSS to be secure.

Suppose the sample size is $t = \alpha N$. According to the condition in Eq. (11), Alice will detect Bob's actions if

$$L_r = \frac{\log_2 \binom{N}{\alpha N} - \log_2 \binom{(1-\gamma)N}{\alpha N}}{\log_2 \binom{N}{\alpha N}} > L. \quad (16)$$

Using Stirling approximation, we get

$$L_r = \frac{g(\alpha,\gamma,N)}{h(\alpha,\gamma,N)} > L, \quad (17)$$

where

$$g(\alpha,\gamma,N) = (1-\alpha)\ln \frac{1}{1-\alpha} + (1-\gamma)\ln \frac{1}{1-\gamma} +$$
$$- (1-\alpha-\gamma)\ln \frac{1}{1-\alpha-\gamma} + O\left(\frac{\ln N}{N}\right), \quad (18)$$
$$h(\alpha,\gamma,N) = -(1-\alpha)\ln(1-\alpha) - \alpha\ln\alpha +$$
$$+ O\left(\frac{\ln N}{N}\right). \quad (19)$$

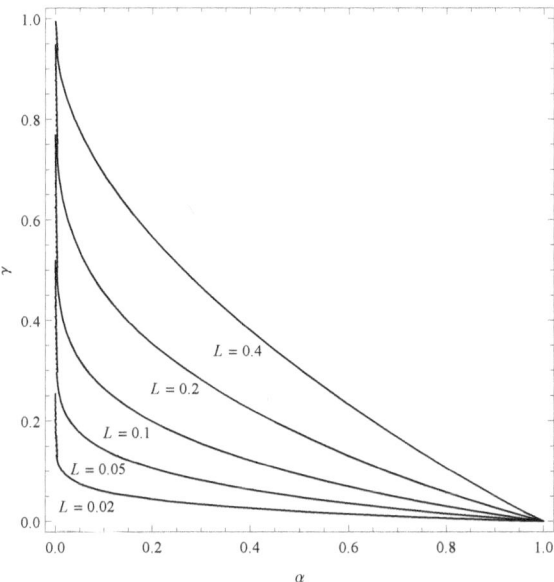

Figure 1: The dependence of the maximal γ (eavesdropping rate in worst-case scenario) on α (relative size of the test sample) for different values of L (imperfection of Alice's source of randomness, represented by lines).

Being interested in long messages (high N), we may drop the $O\left(\frac{\ln N}{N}\right)$ terms – they converge to zero rapidly with N. The other terms do not depend on N – the Eq. (17), (18) and (19) thus allow us to consider L_r to be a function of α, γ only. In combination with the condition in Eq. (11), we may draw the following conclusion:

If Alice has a random generator with a min-entropy loss rate L and chooses to test αN qubits, she restricts the dishonest participant so that he may not attempt to eavesdrop more than γN particles. Numerical plot for γ (vertical) as a function of α for different L is in the Fig. 1.

If Alice knows the quality L of her randomness, by setting the size of the test sample she may limit the adversary to an arbitrarily small fraction of the key.

4.3 Optimal size of the test sample

There is a clear incentive for Alice to choose a large test sample – to restrict eavesdropping. However, the rounds that are tested cannot be involved in the final secret key. To realize the test, Bob and Charlie have to publicly announce the tested results in those rounds and they are no longer private.

E.g. if Alice decided to test 90% of the rounds,

there would be very little room for eavesdropping – but to generate each bit of the secret key, the procedure would have to be repeated with at least 20 $|\text{GHZ}\rangle$ states. That is rather inefficient – it seems preferable to consume a smaller part of the key by testing, at the cost of a higher (but still reasonably low) rate of potential eavesdropping.

The question of *optimal sample size* is thus raised.

To get a picture of Alice's influence on eavesdropping, we first simplify the condition in Eq. (17) for small α and γ, which is the case of efficient and safe communication.

The numerator $g(\alpha, \gamma)$ can be approximated as, and is never less than $\alpha\gamma$. The denominator $h(\alpha, \gamma)$ is approximately, and is never more than $\alpha - \alpha\ln\alpha$ (proof in the Appendix). This approximation slightly overestimates the eavesdropper and is thus safe. The safety condition may be formulated as

$$\frac{\gamma}{1 - \ln\alpha} > L. \qquad (20)$$

In other words, for a source of randomness with a min-entropy loss rate L and a portion of testing bits α, Bob should be expected to measure up to

$$\gamma = L(1 - \ln\alpha) \qquad (21)$$

Charlie's particles without being detected.

It now remains to estimate the optimal size of test sample. The goal for Alice is to set α so as to maximize the amount of information that Bob has no access to and at the same time, can be fully reconstructed by Bob and Charlie together.

From the number of successful rounds $N/2$ we need to leave out those used during the test: $\alpha N/2$, those successfully eavesdropped by Bob: $\gamma N/4$ and those where Bob unintentionally caused an error: $\gamma N/8$. We are left with

$$K(N, \alpha, \gamma, L) = \frac{N}{2}\left(1 - \alpha - \frac{3}{4}\gamma\right) \qquad (22)$$

of effectively shared bits of secret key. Expecting the worst-case scenario, we suppose Bob eavesdrops $\gamma = L(1 - \ln\alpha)$ qubits. The effective length of the secret key is then

$$K(N, \alpha, L) = \frac{N}{2}\left(1 - \alpha - \frac{3}{4}L(1 - \ln\alpha)\right). \qquad (23)$$

For a given N, this function has a maximum at

$$\alpha = \frac{3}{4}L, \qquad (24)$$

which is the optimal choice for Alice. Then the amount of effectively communicated bits is

$$\frac{N}{2}\left(1 - \frac{3}{4}L\left(2 - \ln\frac{3}{4} - \ln L\right)\right). \quad (25)$$

5 Discussion

We have shown for quantum secret sharing that if only a sublinear portion of rounds is tested, the protocol is not safe. For long messages, arbitrarily small knowledge about the random generator is sufficient for a single participant to learn up to $3/4$ of the secret key.

To provide safety for long messages, a significant portion of rounds must be tested. We have found that this fraction, α, together with the min-entropy loss rate L of Alice's source of randomness, put restriction on the fraction of rounds γ in which the adversary can potentially eavesdrop. The adversary should be expected to measure up to $\gamma = L(1 - \ln\alpha)$ particles.

We tackled the question of optimal size of the test sample. The longest shared secret key will be generated when $\alpha = \frac{3}{4}L$ of rounds are tested. The quality of the accessible source of randomness is crucial – for each percent of min-entropy loss rate L it is optimal to test 0.75% of rounds.

In secret sharing schemes with more parties involved, the relation of the size of the sample and the part of the key prone to eavesdropping does not change. However, as the adversary needs to steal and measure more qubits, he is less likely to guess all the bases correctly. He gains less useful information and causes more errors, making his the attack less efficient.

The scope of these results – the relation between sample size, quality of randomness and vurnerability to eavesdropping, and the estimate of optimal sample size – goes beyond quantum secret sharing alone. It may be applied to any quantum protocol where a random sample is used to estimate the safety conditions. It is e.g. directly applicable to a 2-party communication BB84 [Bennett and Brassard, 1984].

Acknowledgments

I would like to thank my supervisor Martin Plesch for an edifying introduction to the field, and his kind guidance and valuable insights that made this work possible.

References

[Bennett and Brassard, 1984] Bennett, C. H. and Brassard, G. (1984). Quantum cryptography: Public key distribution and coin tossing. In *Proceedings of the IEEE International Conference on Computers, Systems and Signal Processing*, volume 175, page 8, New York. IEEE.

[Bouda et al., 2012] Bouda, J., Pivoluska, M., Plesch, M., and Wilmott, C. (2012). Weak randomness seriously limits the security of quantum key distribution. *Phys. Rev. A*, 86, 062308.

[Hillery et al., 1999] Hillery, M., Bužek, V., and Berthiaume, A. (1999). Quantum secret sharing. *Phys. Rev. A*, 59,1829.

[Shor, 1997] Shor, P. W. (1997). Polynomial-time algorithms for prime factorization and discrete logarithms on a quantum computer. *SIAM J. Comput.*, 26(5).

Appendix: proof of safety of the approximation

We are going to prove that for all $\alpha \in (0,1)$, $\gamma \in \langle 0, 1 - \alpha)$ the following holds:

$$L_r = \frac{g(\alpha,\gamma)}{h(\alpha,\gamma)} > \frac{\gamma}{1 - \ln\alpha}. \quad (26)$$

We first determine a boundary for the denominator $h(\alpha,\gamma)$ (see Eq. (19)):

$$h(\alpha,\gamma) = -(1-\alpha)\ln(1-\alpha) - \alpha\ln\alpha =$$
$$= (1-\alpha)\ln\left(1 + \frac{\alpha}{1-\alpha}\right) - \alpha\ln\alpha \leq$$
$$\leq \alpha(1 - \ln\alpha), \quad (27)$$

where we used the inequality $\ln(1+x) \leq x$.

Now we show that the numerator (see Eq. (18)) $\phi(\alpha,\gamma) \geq \alpha\gamma$. For $\alpha \in \langle 0,1)$, $\gamma \in \langle 0, 1 - \alpha)$, it is a continuous function, equal to 0 for $\alpha = 0$. Its partial derivative with respect to α is

$$\frac{\partial f(\alpha,\gamma)}{\partial \alpha} = \ln\frac{1-\alpha}{1-\alpha-\gamma} \geq$$
$$\geq \frac{\gamma}{1-\alpha} \geq \gamma = \frac{\partial}{\partial\alpha}(\alpha\gamma) \quad (28)$$

using $\ln x \geq 1 - 1/x$. It follows that $f(\alpha,\gamma) \geq \alpha\gamma$ and that

$$L_r \geq \frac{\alpha\gamma}{\alpha - \alpha\ln\alpha} = \frac{\gamma}{1 - \ln\alpha} \quad (29)$$

The approximation $\frac{\gamma}{1-\ln\alpha} > L$ is thus a stronger security condition than the exact one ($L_r > L$) and can be safely used.

Študentská vedecká konferencia FMFI UK, Bratislava, 2015, pp. 41–52
ISBN 978-1518759055, © 2015 Tatiana Tóthová

Moderné regulárne výrazy

Tatiana Tóthová*

Školiteľ: Michal Forišek†

Katedra informatiky, FMFI UK, Mlynská Dolina 842 48 Bratislava

Abstrakt: Regulárne výrazy implementované v súčasných programovacích jazykoch ponúkajú omnoho viac operácií ako pôvodný model z teórie jazykov. Už konštrukciou spätných referencií bola prekročená hranica regulárnych jazykov. Náš model obsahuje naviac konštrukcie lookahead, lookbehind a ich negatívne verzie. V článku uvádzame zaradenie modelu zodpovedajúcej triedy jazykov do Chomského hierarchie, vlastnosti tejto triedy a výsledky z oblasti priestorovej zložitosti.

Kľúčové slová: regulárny výraz, regex, lookahead, lookbehind, spätné referencie, negatívny lookaround

1 Úvod

Regulárne výrazy vznikli v 60tych rokoch v teórii jazykov ako ďalší model na vyjadrenie regulárnych jazykov. Z ich popisu ľudský mozog rýchlejšie pochopil o aký jazyk sa jedná, než zo zápisu konečného automatu, či regulárnej gramatiky. Ďalšou výhodou bol kratší a kompaktný zápis.

Vďaka týmto vlastnostiam boli implementované ako vyhľadávací nástroj. Postupom času sa iniciatívou používateľov s vyššími nárokmi pridávali nové konštrukcie na uľahčenie práce. Nástroj takto rozvíjali až do dnešnej podoby. My sa budeme opierať o špecifikáciu regulárnych výrazov v jazyku Python [Python documentation, 2012].

Ako čoskoro zistíme, nové regulárne výrazy vedia reprezentovať zložitejšie jazyky ako regulárne, preto je dobré ich nejako odlíšiť. V literatúre sa zaužíval výraz „regex" z anglického *regular expression*, ktorý budeme používať aj my.

1.1 Základná definícia

Regulárne výrazy sú zložené zo znakov a metaznakov. Znak a predstavuje jazyk $L(a) = \{a\}$. Metaznak alebo skupina metaznakov určuje, aká operácia sa so znakmi udeje. Základné operácie sú zreťazenie (je definované tým, že regulárne výrazy idú po sebe, bez metaznaku), Kleeneho uzáver (($0-\infty$)-krát zopakuj výraz, metaznak $*$) a alternácia (vyber výraz naľavo alebo napravo, metaznak $|$). Naviac sa využíva metaznak $\backslash$, ktorý robí z metaznakov obyčajné znaky a okrúhle zátvorky na logické oddelenie regulárnych výrazov.

Pre regulárny výraz α a slovo $w \in L(\alpha)$ hovoríme, že α vyhovuje slovu w resp. α matchuje slovo w. Tiež budeme hovoriť, že α generuje jazyk $L(\alpha)$.

1.2 Nové jednoduché konštrukcie

- $+$ – Kleeneho uzáver opakujúci ($1-\infty$)-krát

- $\{n,m\}$ ($\{n\}$) – opakuj regulárny výraz aspoň n a najviac m-krát (opakuj n-krát)

- $[a_1a_2\dots a_n]$ – predstavuje ľubovoľný znak z množiny $\{a_1,\dots,a_n\}$

- $[\char`^a_1a_2\dots a_n]$ – predstavuje ľubovoľný znak, ktorý nepatrí do množiny $\{a_1,\dots,a_n\}$

- $.$ – predstavuje ľubovoľný znak

- $?$ – ak samostatne: opakuj 0 alebo 1-krát
  ak za operáciou: namiesto greedy implementácie použi minimalistickú, t.j. zober čo najmenej znakov (platí pre $*, +, ?, \{n,m\}$)[1]

- $\char`^$ – metaznak označujúci začiatok slova

- $\$$ – metaznak označujúci koniec slova

- (?# komentár) – komentár sa pri vykonávaní regexu úplne ignoruje

Všetky tieto konštrukcie sú len „kozmetickou" úpravou pôvodných regexov – to isté vieme popísať pôvodnými regulárnymi výrazmi, akurát je to dlhšie a menej prehľadné.

Rozdiely medzi minimalistickou a greedy verziou operácií vníma iba používateľ, pretože ak existuje zhoda regexu so slovom, v oboch prípadoch sa nájde. Viditeľné sú až pri výstupnej informácii pre používateľa, ktorú môže použiť ďalej a ktorá je v teoretickom modeli nepotrebná.

*tothova166@uniba.sk
†forisek@dcs.fmph.uniba.sk

---

[1]všetky spomenuté operácie sú implementované greedy algoritmom

1.3 Zložitejšie konštrukcie

Spätné referencie

Najprv potrebujeme očíslovať všetky zátvorky v regexe. Číslujú sa všetky, ktoré nie sú tvaru $(? \dots)$. Poradie je určované zľava doprava podľa otváracej zátvorky.

Spätné referencie umožňujú odkazovať sa na konkrétne zátvorky. Zápis je $\backslash k$ a môže sa nachádzať až za k-tymi zátvorkami. Skutočná hodnota $\backslash k$ sa určí až počas výpočtu – predstavuje podslovo zo vstupného slova, ktoré matchovali k-te zátvorky. Ak je takých viac, platí vždy to posledné. Regex $\alpha \underset{k}{(} \beta \underset{k}{)} \gamma \backslash k \delta$ na w:

$$w = \underbrace{x_1 \dots x_{i-1}}_{\alpha} \overbrace{\underbrace{x_i \dots x_{j-1}}_{\underset{k}{(} \beta \underset{k}{)}}}^{w_k} \underbrace{x_j \dots x_{l-1}}_{\gamma} \overbrace{\underbrace{x_l \dots x_{m-1}}_{\backslash k}}^{w_k} \underbrace{x_m \dots x_n}_{\delta}$$

$$\text{platí} \quad w_k = x_i \dots x_{j-1} = x_l \dots x_{m-1}$$

Lookahead

Zapísaný formou $(?= \dots)$, vnútri je validný regex.

Keď v regexe prídeme na pozíciu lookaheadu, zoberieme regex vo vnútri a snažíme sa v slove matchovať ľubovoľný prefix zostávajúcej časti slova. Ak sa to podarí, pokračujeme vo vonkajšom regexe ďalej a v slove od pozície, kde lookahead začínal (tzn. akokeby v regexe nikdy nebol). Regex $\alpha(?=\beta)\gamma$:

$$w = \underbrace{x_1 \dots x_{i-1}}_{\alpha} \underbrace{\overbrace{x_i \dots x_j}^{\beta} x_{j+1} \dots x_n}_{\gamma}$$

Má aj negatívnu verziu – negatívny lookahead $(?! \dots)$. Vykonáva sa rovnako ako lookahead, ale má opačnú akceptáciu. Teda ak neexistuje vyhovujúci prefix, akceptuje.

Lookbehind

Zapísaný formou $(?<= \dots)$, vnútri je validný regex.

Pri výpočte zoberieme regex vnútri lookbehindu a snažíme sa vyhovieť ľubovoľnému sufixu už matchovanej časti slova. Ak vyhovieme, pokračujeme v slove a regexe akoby tam lookbehind vôbec nebol. Regex $\alpha(?<=\beta)\gamma$ matchuje slovo w:

$$w = \underbrace{x_1 \dots x_{i-1} \overbrace{x_i \dots x_j}^{\beta}}_{\alpha} \underbrace{x_{j+1} \dots x_n}_{\gamma}$$

Aj lookbehind má negatívnu verziu – negatívny lookbehind $(?<! \dots)$ – a má otočenú akceptáciu podobne ako negatívny lookahead.

Lookahead a lookbehind (spolu nazývané jedným slovom **lookaround**) sú v rôznych implementáciách rôzne obmedzované, aby výpočet netrval príliš dlho. V teórii tieto obmedzenia ignorujeme a prezentujeme model v plnej sile – výsledky tak prezentujú hornú hranicu toho, čo implemetnácie dokážu.

1.4 Priorita

Pri interakcii toľkých operácií je nutné vedieť ich priority. Existujú také, ktoré sa správajú ako znak, čomu zodpovedajú [ ],[^], . a každá spätná referencia. Špeciálne sú lookahead a lookbehind – tie sa vykonajú hneď ako na ne narazíme. Ostatné zoradíme v tabuľke:

priorita	3	2		1	0
operácia	()	$* + ?\ \{\}$		zreťazenie	|

1.5 Triedy a množiny

Kvôli porovnávaniu a vytvoreniu hierarchie sme rozdelili operácie do niekoľkých množín:

Regex – regexy nad množinou operácií, ktorými vieme popísať iba regulárne jazyky (základná definícia)

Eregex – *Regex* so spätnými referenciami

LEregex – *Eregex* s pozitívnym lookaroundom

nLEregex – *LEregex* s negatívnym lookaroundom

$\mathscr{L}_{RE}$ – trieda jazykov nad *Regex* $(= \mathscr{R})$

$\mathscr{L}_{ERE}$ – trieda jazykov nad *Eregex*

$\mathscr{L}_{LERE}$ – trieda jazykov nad *LEregex*

$\mathscr{L}_{nLERE}$ – trieda jazykov nad *nLEregex*

Trieda $\mathscr{L}_{ERE}$ už bola hlbšie preskúmaná a výsledky čerpáme z článkov [Câmpeanu et al., 2003] a [Carle and Nadendran, 2009].

2 Formalizácia modelu

Pri zložitejších dôkazoch sa ukázala potreba lepšieho formalizmu, než len množiny operácií. Kvôli jednoduchosti sme vybrali len potrebné operácie – zreťazenie, alternáciu, Kleeneho $*$, spätné referencie a pozitívny a negatívny lookaround – a pokúsili sa popísať model, ktorý pracuje v krokoch podobne ako Turingov stroj.

Základným prvkom je **konfigurácia**. Je to dvojica regex $r_1 \ldots r_n$ a vstupné slovo $w_1 \ldots w_m$, pričom v oboch reťazcoch sa navyše nachádza ukazovateľ pozície $\lceil$ (ako hlava Turingovho stroja): $(r_1 \ldots \lceil r_i \ldots r_n, w_1 \ldots \lceil w_j \ldots w_m)$. Špeciálne rozoznávame počiatočnú konfiguráciu $(\lceil r_1 \ldots r_n, \lceil w_1 \ldots w_m)$ a akceptačnú konfiguráciu $(r_1 \ldots r_n \lceil, w_1 \ldots w_m \lceil)$.

Znaky slova $(w_1 \ldots w_m)$ v konfigurácii budú niesť nejakú informáciu naviac, preto použijeme poschodové symboly. Na najspodnejšom poschodí bude uchovaná informácia o skutočnom znaku na zodpovedajúcej pozícii v slove a nebude sa meniť. Obsah vrchných poschodí bude špecifikovaný v kroku výpočtu. Z celého poschodového symbolu budeme zobrazovať vždy len tú informáciu, ktorú práve potrebujeme, tzn. w_j bude predstavovať iba znak na najspodnejšom poschodí. Nezabúdajme však, že na ostatných poschodiach môže mať zapísané čokoľvek, čo možno neskôr v inom kroku využijeme.

Najprv si definujeme potrebné pojmy indexovateľnosti a alternovateľnosti. *Indexovateľné zátvorky sú také, kde za otváracou zátvorkou nenasleduje ? (t.j. všetky prípady okrem lookaroundu). Tieto zátvorky budeme číslovať. Alternovateľný regex je taký, ktorý sa môže vyskytovať v alternácii. Sú 3 prípady: regex sa môže nachádzať naľavo od |, napravo od | alebo je z oboch strán ohraničený |. Ak alternácia nie je uzavretá zátvorkami, ľavý a pravý krajný regex siaha až ku kraju slova, pretože alternácia je operácia s najmenšou prioritou. Inak sú pre nich hranicou zátvorky uzatváracie alternáciu.*

Vďaka definovaniu týchto pojmov vidíme, že vieme algoritmicky zistiť, ktoré zátvorky sú indexovateľné a ktoré regexy sú alternovateľné.

Definícia 1. *Krok výpočtu je relácia $\vdash$ na konfiguráciách definovaná nasledovne:*

I. zhoda písmenka
$$\overline{\forall a \in \Sigma : (r_1 \ldots \lceil a \ldots r_n, w_1 \ldots \lceil a \ldots w_m)}$$
$$\vdash (r_1 \ldots a \lceil \ldots r_n, w_1 \ldots a \lceil \ldots w_m)$$

II. zápis adresy zátvorky (
Nech (je indexovateľná, k-ta v poradí:
$$(r_1 \ldots \lceil (\ldots r_n, w_1 \ldots \lceil w_j \ldots w_m)$$
$$(1) \vdash (r_1 \ldots (\lceil \ldots r_n, w_1 \ldots \lceil \overset{k}{w_j} \ldots w_m)$$

Ak za jej uzatváracou zátvorkou nasleduje $*$, t.j. α je tvaru $r_1 \ldots \lceil (\ldots) * \ldots r_n$, potom
$$(2) \vdash (r_1 \ldots (\ldots) * \lceil \ldots r_n, w_1 \ldots \lceil \overset{k'}{\underset{}{\lceil}} \overset{k}{w_j} \ldots w_m)$$

III. zápis adresy zátvorky)
Nech) je indexovateľná, k-ta v poradí:
$$(r_1 \ldots \lceil) \ldots r_n, w_1 \ldots \lceil w_j \ldots w_m)$$
$$\vdash (r_1 \ldots) \lceil \ldots r_n, w_1 \ldots \lceil \overset{k'}{w_j} \ldots w_m)$$

IV. výber možnosti v alternácii
Nech podslová $\alpha_1, \alpha_2, \ldots, \alpha_A$ regexu α sú všetkými členmi zobrazenej alternácie:
$$(r_1 \ldots \lceil \alpha_1 | \alpha_2 | \ldots | \alpha_A \ldots r_n, w_1 \ldots \lceil w_j \ldots w_m)$$
$$(1) \vdash \text{ďalší prechod v } \alpha_1$$
$$(2) \vdash (r_1 \ldots \alpha_1 | \lceil \alpha_2 | \ldots | \alpha_A \ldots r_n, w_1 \ldots \lceil w_j \ldots w_m)$$
$$\vdots$$
$$(A) \vdash (r_1 \ldots \alpha_1 | \alpha_2 | \ldots | \lceil \alpha_A \ldots r_n, w_1 \ldots \lceil w_j \ldots w_m)$$

V. skok z dokončenej možnosti na koniec alternácie
Nech podslová $\alpha_1, \alpha_2, \ldots, \alpha_A$ regexu α sú všetkými členmi zobrazenej alternácie, potom pre všetky možnosti:
$$(r_1 \ldots \alpha_1 \lceil | \alpha_2 | \ldots | \alpha_A \ldots r_n, w_1 \ldots \lceil w_j \ldots w_m),$$
$$(r_1 \ldots \alpha_1 | \alpha_2 \lceil | \ldots | \alpha_A \ldots r_n, w_1 \ldots \lceil w_j \ldots w_m),$$
$$\vdots$$
$$(r_1 \ldots \alpha_1 | \alpha_2 | \ldots | \alpha_{A-1} \lceil | \alpha_A \ldots r_n, w_1 \ldots \lceil w_j \ldots w_m)$$
$$\vdash (r_1 \ldots \alpha_1 | \alpha_2 | \ldots | \alpha_A \lceil \ldots r_n, w_1 \ldots \lceil w_j \ldots w_m)$$

VI. skok Kleeneho $*$ za znakom
$$(r_1 \ldots a \lceil * \ldots r_n, w_1 \ldots \lceil w_j \ldots w_m)$$
$$(1) \vdash (r_1 \ldots a * \lceil \ldots r_n, w_1 \ldots \lceil w_j \ldots w_m)$$
$$(2) \vdash (r_1 \ldots \lceil a * \ldots r_n, w_1 \ldots \lceil w_j \ldots w_m)$$

VII. skok Kleeneho $*$ za regexom v ( )
$$(r_1 \ldots (\ldots) \underset{k \ \ k}{\lceil *} \ldots r_n, w_1 \ldots \overset{k}{w_a} \ldots \overset{k'}{w_b} \ldots \lceil w_j \ldots w_m)^2$$
$$(1) \vdash (r_1 \ldots \underset{k \ \ k}{(\ldots)} * \lceil \ldots r_n, w_1 \ldots \overset{k}{w_a} \ldots \overset{k'}{w_b} \ldots \lceil w_j \ldots w_m)$$
$$(2) \vdash (r_1 \ldots \underset{k \ \ k}{(\lceil \ldots)} * \ldots r_n, w_1 \ldots w_a \ldots w_b \ldots \lceil \overset{k}{w_j} \ldots w_m)$$

---

[2]Podľa definície spätných referencií platí podsledné podslovo nájdené regexom v k-tych zátvorkách. Pri tejto pracovnej pozícii v regexe je zrejmé, že nejde o prvý prechod cez tieto zátvorky a teda existuje také a, b, že k je v slove nad w_a a k' nad w_b. Ak nastane prechod (2), pôvodné horné indexy k, k' miznú a pridáva sa k nad w_j.

VIII. špeciálny ukazovateľ – zjavenie

$$(r_1 \ldots \lceil \backslash k \ldots r_n, w_1 \ldots \overset{k}{w_a} \ldots \overset{k'}{w_b} \ldots \lceil w_j \ldots w_m)$$

$$\vdash (r_1 \ldots \lceil \backslash k \ldots r_n, w_1 \ldots_\top \overset{k}{w_a} \ldots \overset{k'}{w_b} \ldots \lceil w_j \ldots w_m)$$

IX. porovnávanie spätnej referencie

$$(r_1 \ldots \lceil \backslash k \ldots r_n, w_1 \ldots \overset{k}{w_a} \ldots_\top w_c \ldots \overset{k'}{w_b} \ldots \lceil w_j \ldots w_m),$$
kde $a \leq c < b$ a zároveň $w_c = w_j$[3]

$$\vdash (r_1 \ldots \lceil \backslash k \ldots r_n, w_1 \ldots \overset{k}{w_a} \ldots w_c \top \ldots \overset{k'}{w_b} \ldots w_j \lceil \ldots w_m)$$

X. špeciálny ukazovateľ – zmiznutie

$$(r_1 \ldots \lceil \backslash k \ldots r_n, w_1 \ldots \overset{k}{w_a} \ldots_\top \overset{k'}{w_b} \ldots \lceil w_j \ldots w_m)$$

$$\vdash (r_1 \ldots \backslash k \lceil \ldots r_n, w_1 \ldots \overset{k}{w_a} \ldots \overset{k'}{w_b} \ldots w_j \lceil \ldots w_m)$$

XI. lookahead – začiatok a jeho záznam
Nech $(?= \ldots)$ je k-ty pozitívny lookahead v poradí:

$$(r_1 \ldots \lceil (?= \ldots) \ldots r_n, w_1 \ldots \lceil w_j \ldots w_m)$$

$$\vdash (r_1 \ldots (?= \lceil \ldots) \ldots r_n, w_1 \ldots \overset{\overset{k}{\rightarrow}}{w_j} \ldots w_m)$$

XII. lookahead – koniec, skok a vymazanie záznamu
Nech $)$ patrí ku k-temu pozitívnemu lookaheadu v poradí:

$$(r_1 \ldots (?= \ldots \lceil) \ldots r_n, w_1 \ldots \overset{\overset{k}{\rightarrow}}{w_l} \ldots \lceil w_j \ldots w_m)$$

$$\vdash (r_1 \ldots (?= \ldots) \lceil \ldots r_n, w_1 \ldots \lceil w_l \ldots w_j \ldots w_m)$$

XIII. lookbehind – začiatok, jeho záznam a skok
Nech $(?<= \ldots)$ je k-ty pozitívny lookbehind v poradí, $\forall L \in \{0, \ldots, j-1\}$:

$$(r_1 \ldots \lceil (?<= \ldots) \ldots r_n, w_1 \ldots \lceil w_j \ldots w_m)$$

$$\vdash (r_1 \ldots (?<= \lceil \ldots) \ldots r_n, w_1 \ldots \lceil w_{j-L} \ldots \overset{\overset{k}{\leftarrow}}{w_j} \ldots w_m)$$

XIV. lookbehind – koniec a vymazanie záznamu
Nech $)$ patrí ku k-temu pozitívnemu lookbehindu v poradí:

$$(r_1 \ldots (?<= \ldots \lceil) \ldots r_n, w_1 \ldots \overset{\overset{k}{\leftarrow}}{w_j} \ldots w_m)$$

$$\vdash (r_1 \ldots (?<= \ldots) \lceil \ldots r_n, w_1 \ldots \lceil w_j \ldots w_m)$$

XV. negatívny lookahead

$\overline{Ak \ \nexists p \in \{j, \ldots, m\}} : (\lceil r_k \ldots r_l, \lceil w_j \ldots w_p) \vdash^*$
$(r_k \ldots r_l \lceil, \lceil w_j \ldots w_p \lceil)$, potom:

$$(r_1 \ldots \lceil (?! \ r_k \ldots r_l) \ldots r_n, w_1 \ldots \lceil w_j \ldots w_m)$$

$$\vdash (r_1 \ldots (?! \ r_k \ldots r_l) \lceil \ldots r_n, w_1 \ldots \lceil w_j \ldots w_m)$$

XVI. negatívny lookbehind

$\overline{Ak \qquad \nexists p \ \in \quad \{1, \ldots, j \ - \ 1\} \qquad :}$
$(\lceil r_k \ldots r_l, \lceil w_p \ldots w_{j-1}) \qquad\qquad \vdash^*$
$(r_k \ldots r_l \lceil, w_p \ldots w_{j-1} \lceil)$, potom:
$$(r_1 \ldots \lceil (?<! \ r_k \ldots r_l) \ldots r_n, w_1 \ldots \lceil w_j \ldots w_m)$$

$$\vdash (r_1 \ldots (?<! \ r_k \ldots r_l) \lceil \ldots r_n, w_1 \ldots \lceil w_j \ldots w_m)$$

Akceptačný výpočet je postupnosť konfigurácií $(\lceil R, \lceil W) \vdash^* (R \lceil, W \lceil)$. Ak existuje akceptačný výpočet pre daný regex R a slovo W hovoríme, že regex R matchuje slovo W respektívne slovo W vyhovuje regexu R. **Jazyk** vyhovujúci danému regexu je množina slov, pre ktoré existuje akceptačný výpočet.

Vďaka týmto definíciám sme schopný odhadnúť dĺžku výpočtu:

Lema 1. *Nech* $\alpha \in \mathscr{L}_{ERE}$ *a* $w \in L(\alpha)$. *Potom existuje akceptačný výpočet, ktorý má najviac* $3 \cdot |\alpha| \cdot |w|^2$ *konfigurácií.*

Dôkaz. Vo väčšine krokov výpočtu sa posúvame dopredu – buď v regexe alebo v slove alebo v oboch. Takéto kroky vedú k postupnosti dĺžky najviac $|\alpha| + |w|$.

Výpočet môže predĺžiť skákanie ukazovateľa dozadu. V krokoch VI.(2),VII.(2) sa pri Kleeneho $*$ rozhodneme urobiť ďalšiu iteráciu. Zamyslime sa nad samotným akceptačným výpočtom. Ak existuje, potom existuje aj taká jeho verzia, kde každé opakovanie regexu pomocou Kleeneho $*$ matchuje aspoň 1 znak – prázdne iterácie môžeme vyhodiť, lebo ukazovateľ v slove zostal na mieste a konfigurácia skoku je rovnaká, takže postupnosť sa priamo naviaže. Jediná prázdna iterácia môže zostať ako posledná, pokiaľ sa jedná o krok VII.(2) a na zátvorky pred $*$ sa odkazuje spätná referencia – vtedy môže nastať prípad, kedy potrebujeme mať posledné matchované podslovo prázdne. Vieme, že regex opakovaný operáciou $*$ je dlhý nanajvýš $|\alpha|$ znakov a podľa úvahy ho treba opakovať najviac $|w|$-krát[4]. Medzi ná-

---

[3] w_c a w_j sú poschodové symboly, avšak pri tejto rovnosti poschodia ignorujeme – chceme porovnať iba písmenká v slove, prislúchajúce týmto pozíciám.

[4] Keď v každej iterácii matchujeme aspoň 1 písmenko, potrebujeme najviac $|w| - 1$ návratov. Zarátaním možnej poslednej prázdnej iterácie dostávame $|w|$ iterácií.

vratmi používame nenávratové kroky, ktorých je najviac $|w| + |\alpha|$, takže spolu má akceptačný výpočet najviac $|w| \cdot (|w| + |\alpha|)$ konfigurácií.

V krokoch VIII. a X. sa žiaden ukazovateľ nepohne. Oba kroky sa vyskytujú 1x ku každej spätnej referencii, ktorých je najviac $|\alpha|$. Každá spätná referencia sa môže nachádzať v poli pôsobnosti nejakej $*$, teda môže byť opakovaná najviac toľkokrát, koľko je iterácií a tých je dohromady najviac $|w|$. Tieto kroky nastanú najviac $(|\alpha| \cdot |w|)$-krát.

Z toho vyplýva, že najkratší akceptačný výpočet má najviac $|w| \cdot (|w| + |\alpha|) + |w| \cdot |\alpha| \leq 3 \cdot |w|^2 \cdot |\alpha|$ konfigurácií.   □

Spočítajme počet všetkých konfigurácií pre triedu regexov *LEregex*. Vstupné slovo a regex máme, menia sa iba polohy ukazovateľov a informácií. Ukazovateľ v regexe môže mať $(r + 1)$ pozícií a pre ukazovateľ v slove existuje $(w + 1)$ rôznych pozícií. Čo sa týka ukazovateľa pre spätné referencie a informácií v poschodových symboloch, každý prvok z tejto množiny môže mať $(w + 1)$ pozícií alebo sa v slove nenachádza. Mohutnosť tejto množiny je $m = 1 + 2 \cdot$ (počet spätných ref.) + (počet lookaroundov) $\leq 2r + 1$. Počet všetkých možných konfigurácií je dohromady:

$$(r+1)(w+1)(w+2)^m \leq (r+1)(w+2)^{2r+2} \quad (1)$$

$$= O(rw^{2r+2})$$

Keby sme priamo pokračovali v dôkaze lemy 1, odhad by nebol lepší ako odhad 1. Nasledujúca lema to ukazuje všeobecnejšie.

Definujme si **hĺbku vnorenia lookaroundov** ako počet lookaroundov vnorených v sebe. Lookaround obsahujúci regex z *Eregex* má hĺbku 1. Lookaround obsahujúci regex z *LEregex*, kde maximum zo všetkých hĺbok lookaroundov je $h - 1$ má hĺbku h.

Lema 2. *Majme triedu regexov takú, že funkcia $f(r)$ určuje ich maximálnu hĺbku vnorenia lookaroudov, kde r je dĺžka regexu. Potom počet konfigurácií v akceptačnom výpočte pre slovo dĺžky w je najviac $O(rw^2(rw)^{f(r)})$.*

Dôkaz. Dokážeme si to matematickou indukciou vzhľadom na hĺbku vnorenia lookaroundov h.

Báza indukcie: Nech $h = 1$. V regexe je $k \leq r$ lookaroundov, ktoré vnútri nemajú žiaden lookaround. Keďže lookaroundu nie sú priradené žiadne písmenká zo vstupu, môžeme ho brať ako samostatný regex, ktorý v najhoršom prípade matchuje celé

w. Vnútri každého lookaroundu je regex z *Eregex*, pre ktorý podľa lemy 1 existuje akceptačný výpočet s najviac $3rw^2$ konfiguráciami. Mimo všetkých lookaroundov je tiež regex, pre ktorý platí táto lema. V najhoršom prípade sa lookaround nachádza vnútri regexu, ktorý je iterovaný $*$ a môže byť spustený najviac w-krát. Každý lookaround teda pridá najviac $3rw^3$ konfigurácií. Spolu $3rw^2 + r \cdot 3rw^3 = O(r^2w^3) = O(rw^2(rw)^1)$.

Indukčný krok: Nech tvrdenie platí pre $h - 1$, ukážeme, že platí pre h. Regex obsahuje $k \leq r$ lookaroundov s hĺbkou vnorenia najviac h. Zoberme si ľubovoľný z týchto lookaroundov. Jeho vnútorný regex obsahuje lookaroundy s hĺbkou vnorenia najviac $h - 1$ a podľa indukčného predpokladu takýto regex pridáva $O(rw^2(rw)^{h-1})$ konfigurácií. Pozrime sa teraz na celý regex. Keď ignorujeme lookaroundy, akcetačný výpočet má $3rw^2$ konfigurácií. Každý lookaround pridá $O(rw^2(rw)^{h-1})$ konfigurácií a môže byť spustený najviac w-krát, pokiaľ sa nachádza v poli pôsobnosti nejakej $*$. Lookaroundov je najviac r, teda dohromady má akceptačný výpočet najviac $3rw^2 + rw \cdot O(rw^2(rw)^{h-1}) = O(rw^2(rw)^h)$ konfigurácií, čo sme chceli dokázať.   □

Pre triedu *LEregex* je hĺbka vnorenia lookaroundov maximálne dĺžka regexu – $f(r) = r$, teda akceptačný výpočet môže mať najviac $O(rw^2(rw)^r) = O(r^rw^{r+2})$ konfigurácií. Tento odhad je veľmi podobný odhadu 1. Druhý extrém je trieda regexov, ktorej lookaroundy majú hĺbku vnorenia konštantnú, teda $f(r) = O(1)$. V takom prípade má akceptačný výpočet najviac $O(rw^2(rw)^{O(1)})$ konfigurácií.

3   Vlastnosti lookaroundu

Na zoznámenie s novou operáciou sme zisťovali správanie sa tried Chomského hierarchie.

Veta 1. *$\mathscr{R}$ je uzavretá na negatívny a pozitívny lookaround.*

Dôkaz. Nech $L_1, L_2, L_3 \in \mathscr{R}$. Chceme ukázať, že $L_1(?=L_2)L_3$, $L_1(?<=L_2)L_3$, $L_1(?!\,L_2)L_3$, $L_1(?<!\,L_2)L_3$ $\in \mathscr{R}$. Pre každé L_i, $i \in \{1, 2, 3\}$ existuje deterministický konečný automat A_i, ktorý ho akceptuje.

Máme zreťazenie L_1 a L_3. Preto prepojíme akceptačný stav A_1 s počiatočným stavom A_3. Výsledný automat sa nedeterministicky rozhoduje, či z akceptačného stavu A_1 pokračuje ďalej v A_1 alebo A_3. Teraz k nim vhodne napojíme automat A_2. Spravíme konštrukciu pre prienik regulárnych jazykov, ale mierne upravenú.

V pozitívnom lookaheade A_2 a A_3 začínajú naraz. Akonáhle A_2 akceptuje, vo výpočte bude pokračovať už len samotný A_3, kým dočíta slovo. Podobne pre pozitívny lookbehind – A_1 začne sám a nedeterministicky v nejakom kroku začne výpočet aj A_2. Akceptovať musia spolu.

Pre negatívne formy musíme navyše upraviť akceptáciu. Ak A_2 pre lookahead akceptuje, celý automat sa zasekne a zamietne. A_2 musí dočítať slovo bez dosiahnutia akceptačného stavu alebo sa zaseknúť. Pre lookbehind v každom kroku A_1 spúšťame ďalší A_2 a držíme si množinu stavov, v ktorých sa všetky nachádzajú. Úspech je, ak A_1 akceptuje a množina stavov pre automaty A_2 neobsahuje akceptačný stav.

□

Veta 2. $\mathscr{L}_{CF}$ *nie je uzavretá na pozitívny lookaround.*

Vieme totiž vygenerovať jazyk $L = \{a^n b^n c^n | n \in \mathbb{N}\}$ pomocou jazykov $L_1 = \{a * b^n c^n | n \in \mathbb{N}\}$ a $L_2 = \{a^n b^n c * | n \in \mathbb{N}\}$ takto $L = (?=L_1)L_2 = L_1(?<=L_2)$.

Takýto výsledok bol očakávateľný, pretože lookaround vytvára uzavretosť na prienik a to trieda bezkontextových jazykov nie je.

Veta 3. $\mathscr{L}_{CS}$ *je uzavretá na pozitívny lookaround.*

Dôkaz. Nech jazyky $L_1, L_2, L_3 \in \mathscr{L}_{CS}$, potom ukážeme, že $L_1(?=L_2)L_3$, $L_1(?<=L_2)L_3 \in \mathscr{L}_{CS}$. Ku každému L_i existuje Turingov stroj T_i, ktorý ho akcepetuje. Zostrojíme nedeterministický Turingov stroj T pre lookahead.

T bude mať vstupnú read–only pásku. T si nedeterministicky rozdelí vstupné slovo w na w_1, w_2, w_3 tak, že $w = w_1 w_3$ a $w_3 = w_2 x$ pre nejaké x ($w_1 = x w_2$ v prípade lookbehindu). Na jednu pracovnú pásku prepíše w_1 a bude simulovať T_1. Keď akceptuje, pásku vymaže, zapíše tam w_2 a bude simulovať T_2. Ak aj ten akceptuje, pásku vymaže, zapíše tam w_3 a bude simulovať T_3. Ak T_3 akceptuje, bude akceptovať aj T. Zrejme akceptuje požadovaný jazyk. □

Teraz zistíme, čo robí lookaround s regexami (zatiaľ bez spätných referencií) a napíšeme nejaké jeho vlastnosti.

Veta 4. *Trieda jazykov nad Regex s pozitívnym a negatívnym lookaroundom je ekvivalentná $\mathscr{R}$.*

Dôkaz. Trieda jazykov nad *Regex* pokrýva triedu regulárnych jazykov a tá je na lookaround uzavretá (veta 1). Keďže pracujeme s množinou operácií, treba overiť, či nejaká ich kombinácia nie je náhodou silnejšia. Ak regex umiestníme do lookaroundu, či pred alebo za neho, vždy to bude regulárny jazyk a celý regex bude tiež definovať regulárny jazyk. Teda nás zaujíma vloženie lookaroundu dovnútra inej operácie. V tomto prípade prichádza do úvahy $*, +$ a $?$, ktoré menia počet lookaroundov a vynútia ich simuláciu na rôznych častiach slova.

Operácia $?$ veľa nespraví – lookaround tam buď bude 1x alebo nebude vôbec. $+$ je prípad $*$ s jedným lookaroundom istým. Teda chceme overiť, že $(L_1(?=L_2)L_3) * L_4$, $L_4(L_1(?<=L_2)L_3)* \in \mathscr{R}$ pre $L_1, \ldots, L_4 \in \mathscr{R}$. K týmto jazykom vieme zostrojiť konečné automaty podobným spôsobom ako vo vete 1.

Ku kostre z automatov A_1, A_3, A_4 pripojíme A_2 pre lookahead tak, že v každej iterácii zároveň s A_3 spustíme aj A_2, pričom A_2 môže skončiť kedykoľvek. Budeme mať množinu stavov A_2, čo budú stavy všetkých spustených automatov. Ak nejaký stav v množine prejde do akceptačného stavu, ten už nepíšeme. Jediná požiadavka je, aby množina stavov A_2 bola po dočítaní slova prázdna.

Automat A_2 pre lookbehind ku kostre pripájame tak, že kedykoľvek počas behu sa môže spustiť 1 jeho inštancia. Podmienka je, že ak sme v počiatočnom stave A_3, množina stavov A_2 musí obsahovať aspoň 1 akceptačný stav. Ten sa potom môžeme rozhodnúť odstrániť alebo nechať, ak predpokladáme, že je to ďalšia inštancia A_2 v rovnakom stave taká, že sa vymaže neskôr. □

Nasledujúca veta hovorí, že do lookaheadu stačí dávať z každého jazyka jeho prefixovú podmnožinu[5]. Akonáhle lookahead nájde prefix, akceptuje a ku zvyšku slova sa nikdy neprepracuje. Podobne to platí pre lookehind a sufixovú podmnožinu jazyka.

Samozrejme toto platí pre lookaheady bez $\$$ a lookbehindy bez $\wedge$.

Veta 5. *Nech L je ľubovoľný jazyk a $L_p = L \cup \{uv \mid u \in L\}$. Nech α je ľubovoľný regulárny výraz taký, že obsahuje $(? = L_p)$. Potom ak prepíšeme tento lookahead na $(? = L)$ (nazvime to α'), bude platiť $L(\alpha') = L(\alpha)$. Analogicky platí pre lookbehind s $L_s = \{vu \mid u \in L\}$.*

Dôkaz. $\subseteq$: triviálne, $L \subseteq L_p$.

---

[5]T.j. z jazyka L stačí $L_p = \{u \mid u \in L \wedge \nexists v \in L : u = vx\}$.

$\supseteq$: Majme $w \in L(\alpha)$ a nech x je také podslovo w, ktoré sa zhodovalo práve s daným lookaheadom. Potom $x \in L_p$, teda $x = uv$, kde $u \in L$. Ak $v = \varepsilon$, $x \in L$ a máme čo sme chceli. Nech $v \neq \varepsilon$. Ale celá zhoda lookaheadu sa môže zúžiť len na u, keďže $u \in L_p$, a bude to platná zhoda s w. Čo znamená, že $w \in L(\alpha')$. $\square$

Dôsledok 1. *Nech α je regulárny výraz, ktorý obsahuje nejaký taký lookahead $(? = L)$ (lookbehind $(? <= L))$, že $\varepsilon \in L$. Nech je α' regulárny výraz bez tohto lookaheadu (lookbehindu). Potom $L(\alpha') = L(\alpha)$.*

Dôkaz. Uvedomme si, že lookaround nie je fixovaný na dĺžku vstupu - musí sa zhodovať s nejakým podslovom začínajúcim sa (končiacim sa) na konkrétnom mieste. Tým pádom akonáhle si môže regulárny výraz vnútri tejto operácie vybrať ε, bude hlásiť zhodu vždy. $\square$

4 Chomského hierarchia

Zaradíme zadefinované triedy do Chomského hierarchie.

Veta 6. $\mathscr{R} \subsetneq \mathscr{L}_{ERE} \subsetneq \mathscr{L}_{LERE} \subseteq \mathscr{L}_{nLERE} \subsetneq \mathscr{L}_{CS}$

Dôkaz. Všetky $\subseteq$ okrem poslednej triviálne platia. Posledná platí, lebo vieme na lineárne ohraničenom Turingovom stroji T simulovať ľubovoľný regex $\in \mathscr{L}_{nLERE}$. Opierať sa budeme o formálny model a definíciu 1. Ľavú stranu konfigurácie (regex) bude mať T v stave a pravú stranu aj s poschodovými symbolmi bude simulovať na vstupnej páske. Kroky odvodenia pre negatívny lookaround bude simulovať spustením nového Turingového stroja pre vnútorný regex – tento Turingov stroj bude mať ohraničený vstup (konkrétne podslovo) a opačnú akceptáciu.[6] Keďže regex je konečný, T bude spúšťať konečný počet nových Turingových strojov, preto vieme dopredu povedať, koľko stôp na vstupnej páske budeme potrebovať.

$\mathscr{R} \subsetneq \mathscr{L}_{ERE}$: $\alpha = (a|b) * \backslash 1$, $L_1 = L(\alpha) = \{ww \mid w \in \{a,b\}^*\} \notin \mathscr{R}$

$\mathscr{L}_{ERE} \subsetneq \mathscr{L}_{LERE}$: Nerovnosť dokazuje jazyk $L_2 = \{a^i b a^{i+1} b a^i k \mid k = i(i+1)k'$ pre nejaké $k' > 0, i > 0\}$. $L \notin Eregex$ podľa pumpovacej lemy z

[Carle and Nadendran, 2009] a tu je regex z *LEregex* pre L_2: $\alpha = \underset{1}{(a*)} b \underset{1}{(\backslash 1 a)} b \underset{2}{(?=(\backslash 1) * \$)(\backslash 2)*}$

$\mathscr{L}_{LERE}, \mathscr{L}_{nLERE} \subsetneq \mathscr{L}_{CS}$: Triedy $\mathscr{L}_{LERE}$ a $\mathscr{L}_{nLERE}$ sú neporovnateľné s $\mathscr{L}_{CF}$. Vyššie spomínaný jazyk $L_1 \notin L_{CS}$. Ani jedna z tried neobsahuje jazyk $L_2 = \{a^n b^n \mid n \in \mathbb{N}\} \in \mathscr{L}_{CF}$. $\square$

Intuitívne by malo platiť aj $\mathscr{L}_{LERE} \subsetneq \mathscr{L}_{nLERE}$, pretože negatívny lookaround pridáva uzavretosť na komplement. Jazyk dokazujúci nerovnosť by mohol byť napríklad regex $\alpha = (?! (aaa*)\backslash 1 (\backslash 1) * \$)$, kde $L(\alpha) = \{a^p \mid p$ je prvočíslo$\}$. Avšak na dokázanie $L(\alpha) \notin \mathscr{L}_{LERE}$ zatiaľ nemáme šikovné prostriedky a preto to zostáva netriviálnym otvoreným problémom.

5 Vlastnosti triedy $\mathscr{L}_{LERE}$

Keďže sa ukázalo, že množina *LEregex* je silnejšia ako skúmaná $\mathscr{L}_{ERE}$, intenzívnejšie sme sa povenovali jej vlastnostiam.

Očividne operácia lookahead/lookbehind pridala uzavretosť na prienik. Nech $\alpha, \beta \in LEregex$, potom $L(\alpha) \cap L(\beta) = L(\gamma)$, kde $\gamma = (?=\alpha\$)\beta$ alebo $\beta(?<= {}^\wedge \alpha)$.

Naopak ohrozila uzavretosť na základnú operáciu – zreťazenie. Pri zreťazení 2 jazykov, ktorých regexy nutne musia obsahovať lookahead resp. lookbehind nastáva problém. Nemôžeme tieto regexy len tak položiť za seba. Ak sa napríklad v prvom z jazykov nachádza lookahead, počas výpočtu môže zasahovať aj do časti vstupu, ktorú matchuje druhý regex a tým zmeniť výsledok celého výpočtu. Nakoniec sa ukázalo:

Veta 7. $\mathscr{L}_{LERE}$ *je uzavretá na zreťazenie.*

Dôkaz. Nech $\alpha, \beta \in LEregex$. Jazyku $L(\alpha)L(\beta)$ bude zodpovedať regex

$$\gamma = (?= \underset{1}{(\alpha)} \underset{1}{(} \underset{k+2}{\beta} \underset{k+2}{)} \$) \alpha' \backslash k+2 \, (?<= {}^\wedge \backslash 1 \, \beta')$$

V α, β treba vhodne prepísať označenie zátvoriek (po poradí). α' je α prepísaný tak, že pre každý lookahead:

- bez $\$$ – na koniec pridáme $. * \backslash k + 2\$$
- s $\$$ – pred $\$$ pridáme $\backslash k + 2$

β' je β prepísaný tak, že pre každý lookbehind:

- bez ${}^\wedge$ – na začiatok pridáme ${}^\wedge \backslash 1. *$

---

[6] Regexy majú tú vlastnosť, že vieme pre ne zostrojiť taký Turingov stroj, ktorý sa nezacyklí.

- s ˆ – pred ˆ pridáme ˆ\1

Slovami vyjadrené, regex γ najprv rozdelí vstupné slovo na 2 podslová w_1, w_2 patriace do príslušných jazykov $L(\alpha), L(\beta)$. Potom spustí ešte raz regex α upravený tak, že jeho lookaheady sú „skrotené", pretože ich na konci donúti matchovať w_2. Rovnako lookbehindy v β' donúti na začiatku matchovať w_1, až potom normálne pokračuje ich výpočet.

Zrejme $L(\gamma) = L(\alpha)L(\beta)$. ☐

Otvoreným problémom je, či platí aj uzavretosť na $*$. Podľa komplikovanosti zreťazenia sa domnievame, že uzavretosť neplatí.

Pre model $\mathscr{L}_{ERE}$ existuje pumpovacia lema. Ukázalo sa, že $LEregex$ túto vlastnosť nezachováva.

Veta 8. *Nech* $\alpha \in LEregex$ *nad unárnou abecedou* $\Sigma = \{a\}$, *že neobsahuje lookahead s $ ani lookbehind s ˆ vnútri iterácie. Existuje konštanta N taká, že ak $w \in L(\alpha)$ a $|w| > N$, potom existuje dekompozícia $w = xy$ s nasledujúcimi vlastnosťami:*

(i) $|y| \geq 1$

(ii) $\exists k \in \mathbb{N}, k \neq 0; \forall j = 1, 2, \ldots : xy^{kj} \in L(\alpha)$

Dôkaz. Pokiaľ $\alpha \in Eregex$, tak pre α platí pumpovacia lema z [Câmpeanu et al., 2003, Lemma 1], t.j. $w = a_0 b a_1 b \ldots a_m$ pre nejaké m a $a_0 b^j a_1 b^j \ldots a_m \in L(\alpha) \forall j$. My pracujeme nad unárnym jazykom, teda na poradí nezáleží: $x = a_0 a_1 \ldots a_m$, $y = b^m, k = 1$ a $xy^j \in L(\alpha) \forall j$.

Pokiaľ α neobsahuje spätné referencie, potom podľa vety 4 generuje regulárny jazyk a pre ten existuje pumpovacia lema. Podľa nej splníme podmienky tejto vety. Nech α obsahuje aspoň 1 spätnú referenciu.

Definujme teraz konštantu N. Dostatočne dlhé slovo je také, kedy s istotou vieme povedať, že aspoň jedna Kleeneho $*$ $(+)$ spravila viac ako 1 iteráciu. Nestačí nastaviť $N = |\alpha|$, lebo operácie $\{n\}, \{n, m\}$ a spätné referencie môžu slovo predĺžiť namiesto $*$. Preto nech d je súčet dĺžky regexu v k-tych zátvorkách pre všetky $\backslash k$ v α, plus n-krát dĺžky regexov opakovaných $\{n\}$, plus m-krát dĺžky regexov opakovaných $\{n, m\}$. Potom $N = |\alpha| + d$ je dostatočne veľká konštanta – predĺžovať slovo môže len $*, +$.

Zoberme teraz tú $*$[7], ktorá iterovala aspoň 2x. Tá generuje nejaké a^s.

Podľa predošlých úvah α musí obsahovať spätné referencie. Niektoré spätné referencie sa môžu odkazovať na našu vybranú $*$, na tieto spätné referencie sa môžu odkazovať na ďalšie spätné referencie, atď. V konečnom dôsledku síce $*$ generuje a^s, ale dokopy je generované $a^{ms} = a^n$. Nazveme tieto miesta, závislé od vybranej $*$, generovacie miesta.

Tiež vieme, že α musí obsahovať nejaký lookaround. Ten môže ovplyvňovať nejaké miesto generovania (prípadne aj viac). Máme 3 prípady interakcie:

1. Žiaden lookaround nezasahuje do generujúcich miest. Nech $w = a^t$, potom $x = a^{t-n}$, $y = a^n$, $k = 1$ a platí $xy^j \in L(\alpha) \forall j$.

2. Lookahead bez $ a/alebo lookbehind bez ˆ zasahuje do generujúceho miesta alebo sa môže nachádzať vnútri iterovanej $*$. Podľa vety 5 vieme, že v lookaheade stačí prefixová podmnožina, čo nad unárnou abecedou dáva jazyk s 1 slovom. Toto slovo obmedzuje iterovanie zdola – slovo v lookaheade určuje minimálnu dĺžku slova od daného miesta. (Podobne pre lookbehind.) w už túto podmienku spĺňa, teda máme generovacie miesta bez obmedzení a to je predošlý prípad.

3. generovacie miesto je v oblasti pôsobenia lookaheadu s $ a/alebo lookbehindu s ˆ. Takýto lookaround tvorí prienik. Keďže slovo je dostatočne dlhé, musí byť iterujúca $*$ aj v takýchto lookaroundoch.

Rozoberme si prípad $*$ a 1 lookaroundu. $*$ generuje a^s, lookaround generuje a^l. Lookaround robí prienik jazykov, takže v danom úseku sú dobré len slová tvaru a^b, kde $b = j \cdot nsn(s, l)$[8].

Všeobecnejšie, nech máme 1 lookaround a $*$ s niekoľkými spätnými referenciami. Potom sčítame to, čo generujú $*$ so spätnými referenciami – spolu nejaké a^r. Opäť výsledné slovo bude prienik s lookaroundom (ten nech generuje a^l), teda a^b, kde $b = j \cdot nsn(r, l)$ – teda násobok najmenšieho spoločného násobku.

Týmto spôsobom vieme spočítať koeficient spoločného generovaného prvku – postupne sčítavame $*$ a spätné refrencie a keď sa vyskytne lookaround spravíme najmenší spoločný násobok ich generovaných prvkov. Potom nech v je výsledný koeficient, $x = a^{t-1}, y = a, k = v$ a platí $xy^{jk} \in L(\alpha)$. ☐

Podmienka „neobsahuje lookahead s $ ani lookbehind s ˆvnútri iterácie" je opodstatnená. Takáto kombinácia je vôbec ťažko predstaviteľná a preto sa pre

---

[7]+ je tiež v podstate $*$

[8]najmenší spoločný násobok

ňu ťažko dokazujú tvrdenia. Napríklad regex

$$((?=\underbrace{(?=(a^m)*\$)}_{a^{km},\,k\in\mathbb{N}}\underbrace{(a^{m+1})*a\{1,m-1\}\$\mid a^m\$}_{\text{vie } a* \text{ okrem } a^{m+1},\,a^{m(m+1)l},\,l\in\mathbb{N}})a^m)+$$

$$\underbrace{\qquad\qquad\qquad}_{a^{km}\text{ tiež, že nevie } a^{m(m+1)l},\,l\in\mathbb{N}}$$

generuje konečný jazyk obsahujúci slová $a^m, a^{2m}, \ldots,$ $a^{(m-1)(m+1)}$. Hlavný lookahead je spúšťaný každú iteráciu, teda pre slovo a^{zm} musí matchovať všetky a^{im} pre $i \in \{1, \ldots, z\}$.

A teraz dôkaz, že všeobecná pumpovacia lema určite neexistuje:

Veta 9. *Jazyk všetkých platných výpočtov Turingovho stroja patrí do* $\mathscr{L}_{LERE}$.

Dôkaz. Takýto jazyk pre konkrétny Turingov stroj M obsahuje slová, ktoré sú tvorené postupnosťou konfigurácií oddelených oddeľovačom #. Každá postupnosť zodpovedá akceptačnému výpočtu na nejakom slove. Jazyk obsahuje akceptačné výpočty na všetkých slovách, ktoré sú v jazyku $L(M)$.

Turingov stroj má konečný zápis, preto je možné regex pre takýto jazyk vytvoriť. Konštrukcia regexu: $\alpha = \beta(\gamma)*\eta$, kde β predstavuje počiatočnú konfiguráciu[9] a η akceptačnú konfiguráciu. Ak q_0 (počiatočný stav M) je akceptačný stav, potom na koniec α pridáme $|(\#q_0.*\#)$.

$\gamma = \gamma_1 \mid \gamma_2 \mid \gamma_3$. Prvok γ_i generuje validnú konfiguráciu a zároveň kontroluje pomocou lookaheadu, či nasledujúca konfigurácia môže podľa δ-funkcie nasledovať. Rozpíšeme si iba jednu možnosť:

$$\gamma_1 = ((\underset{k}{.}*)\underset{k}{x}q\underset{k+1}{y}(\underset{k+1}{.}*)\#)(?=\xi\#)$$

platí pre $\forall q \in K$, $\forall x,y \in \Sigma$ a kde $\xi = \xi_1 \mid \xi_2 \mid \ldots \mid \xi_n$.

- Ak $(p,z,0) \in \delta(q,y)$, potom $\xi_i = (\backslash k\,xpz\backslash k+1)$ pre nejaké i

- Ak $(p,z,1) \in \delta(q,y)$, potom $\xi_i = (\backslash k\,xzp\backslash k+1)$ pre nejaké i

- Ak $(p,z,-1) \in \delta(q,y)$, potom $\xi_i = (\backslash k\,pxz\backslash k+1)$ pre nejaké i

γ_2 a γ_3 sú podobné ako γ_1, ale matchujú krajné prípady, kedy je hlava Turingovho stroja na ľavom alebo pravom konci pásky.

Zrejme $L(\gamma)$ je požadovaný jazyk. $\qquad\square$

---

[9]Musí byť previazaná s nasledujúcou konfiguráciou, aby spĺňala δ-funkciu. Spraví sa to pomocou lookaheadu, podobne ako v γ_1.

6 Priestorová zložitosť

Veta 10. $\mathscr{L}_{LERE} \subseteq NSPACE(\log n)$, *kde n je veľkosť vstupu.*

Dôkaz. Nech $\alpha \in LEregex$. Zostrojíme nedeterministický Turingov stroj T akceptujúci $L(\alpha)$, ktorý bude mať vstupnú read–only pásku a 1 jednosmerne nekonečnú pracovnú pásku, na ktorej zapíše najviac $\log n$ políčok.

Výpočet Turingovho stroja bude prebiehať podľa postupnosti konfigurácií formálneho modelu. Nemôžeme nič zapísať na vstupnú pásku a máme k dispozícii menej priestoru ako je dĺžka vstupu. Využijeme to, že pre vstup dĺžky n vieme uložiť ľubovoľnú pozíciu na vstupe do adresy dĺžky $\log n$. Ukážeme, že takýchto adries potrebujeme konečný počet. Potom ich vieme písať nad seba do niekoľkých stôp pásky a mať tak zapísaných najviac $\log n$ políčok na páske.

Celý regex α bude uložený v stave aj s ukazovateľom. Budú existovať stavy pre všetky možné pozície ukazovateľa v regexe a medzi stavmi budú tzv. metaprechody podľa definície kroku výpočtu na regexe. Medzi každými dvoma stavmi prepojenými metaprechodom môže byť potrebných až niekoľko prechodov cez pomocné stavy (napríklad keď v stave vidíme otváraciu indexovateľnú zátvorku, na ktorú sa odkazujú spätné referencie, T musí zapísať aktuálnu pracovnú adresu v slove ako začiatok podslova).

Adresy budú zaznamenávať všetky ostatné informácie v konfigurácii – aktuálnu pracovnú pozíciu na vstupe (ukazovateľ v slove), pomocný ukazovateľ na spätné referencie, začiatok a koniec podslova zodpovedajúceho k-tym zátvorkám pre $\forall k$ (počet z), začiatok každého lookaheadu (l_a) a lookbehindu (l_b). K tomu bude potrebná 1 pomocná adresa – aktuálna pozícia hlavy na vstupe. Z definície α je konečnej dĺžky a pre počty daných operácií platí $2z + l_a + l_b \leq |\alpha|$. Takže dokopy potrebujeme $2 + 2z + l_a + l_b + 1 \leq |\alpha| + 3$ adries, čo je konštanta.

Kroky výpočtu I., IV., V., VI., VII.(1) nepotrebujú pomocné stavy. Ostatné kroky zapisujú, prepisujú a porovnávajú adresy. Zápis aktuálnej adresy (to je len kopírovanie znakov z inej stopy), vynulovanie záznamu a porovnávanie niekoľkých stôp vyžaduje 1 prechod cez pracovnú pásku a žiadnu prídavnú pamäť.

Preto T akceptuje $L(\alpha)$ a spĺňa pamäťové požiadavky. $\qquad\square$

Dôsledok Savitchovej vety [Savitch, 1970]:

Veta 11. $\mathscr{L}_{LERE} \subseteq DSPACE(\log^2 n)$, *kde n je veľ-kosť vstupu.*

Veta 12. $\mathscr{L}_{nLERE} \subseteq DSPACE(\log^2 n)$, *kde n je veľ-kosť vstupu.*

Dôkaz tejto vety uvedieme neskôr.

V praxi je bežné, že užívateľ zadáva nielen vstupný text, ale aj samotný regex. Preto sme sa rozhodli analyzovať jazyk, ktorý dostane na vstup oboje – slovo *regex#word* – a to je v jazyku len vtedy, ak slovo *word* vyhovuje regexu *regex*.

Veta 13. $L(regex\#word) \in NSPACE(r\log w)$, *kde* $r = |regex|$, $w = |word|$ *a regex* $\in LEregex$.

Dôkaz. Myšlienka dôkazu je podobná ako v dôkaze 10. Rozdiel je v tom, že regex nepoznáme dopredu. Z čoho vyplýva, že si ho nemôžeme uchovať v stave. Preto pribudnú ďalšie 2 adresy – pracovná pozícia v regexe (ukazovateľ) a aktuálna pozícia v regexe. Ďalším dôsledkom je, že síce počet adries ohraničíme zhora číslom $r + 3$, ale už to viac nie je konštanta. Preto adresy nemôžeme ukladať na viacerých stopách pod sebou, ale musia byť vedľa seba oddelené oddeľovačmi. Pre rovnako pohodlné porovnávanie a zapisovanie si môžeme dovoliť pridať 1 pracovnú pásku, na ktorú si 1 z porovnávaných adries zapíšeme – tá bude mať vždy najviac $\log w$ zapísaných políčok.

Turingov stroj bude fungovať ako v dôkaze 10, ale odhad zapísanej pamäte bude $(r + 3) \cdot \log w + 2\log r$. Všetky pozície v slove vieme adresovať od oddeľovača #, preto zaberú $\log w$ pamäte. Na záver pribudla pracovná a aktuálna pozícia v regexe, z nich každá potrebuje $\log r$ políčok. Dokopy Turingov stroj zapíše $O(r\log w)$ pamäte. □

Zo Savitchovej vety vyplýva $DSPACE(r^2 \log^2 w)$. My vieme dokázať lepšiu zložitosť:

Veta 14. $L(regex\#word) \in DSPACE(n\log^2 n)$, *kde regex* $\in Eregex$ *a n je dĺžka vstupu.*

Dôkaz. Nech $r = |regex|$, $w = |word|$.
Myšlienka je podobná dôkazu Savitchovej vety[Ďuriš, 2003]. Turingov stroj T bude testovať, či sa dá dostať z konfigurácie C_1 do konfigurácie C_2 na i krokov:

```
1 bool TESTUJ(C₁,C₂,i)
2     if (C₁ == C₂) then return true
```

```
3     if (i > 0 ∧ C₁ ⊢ C₂) then return true
4     if (i <= 1) return false
5     iteruj cez všetky konfigurácie C₃
6         if (TESTUJ(C₁,C₃,⌊i/2⌋)
              ∧ TESTUJ(C₃,C₂,⌈i/2⌉)) then
              return true
7     return false
```

Konfigurácie budú zodpovedať formálnemu modelu a ako v predošlom dôkaze budú na páske zaznamenané v podobe niekoľkých adries za sebou – ukazovateľ v regexe, ukazovateľ v slove, začiatok a koniec podslova pre k-te indexovateľné zátvorky pre $\forall k$ (z), začiatok každého lookaheadu (l_a) a lookbehindu (l_b). Globálne si budeme pamätať ešte aktuálnu pozíciu v regexe a v slove, kvôli orientácii a prípadnému kopírovaniu adries. Spolu to zaberie $\log r + (1 + 2z + l_a + l_b) \cdot \log w + \log r + \log w \leq O(r\log w)$ pamäte.

Turingov stroj T začne volaním inštancie $TESTUJ(C_0, C_a, c)$, kde C_0 je počiatočná konfigurácia, C_a je akceptačná konfigurácia a c je číslo z lemy 1. Ak akceptačný výpočet existuje, potom existuje aj taký, ktorý má nanajvýš c konfigurácií.

Procedúra $TESTUJ$ je rekurzívna. Preto bude na pracovnej páske stroja T zásobník. Pre každú inštanciu procedúry bude mať uložené konfigurácie C_1, C_2, C_3, c a informáciu, či sa vrátil z prvého alebo druhého volania (potrebný 1 bit informácie). Hodnotu c vieme zapísať do priestoru $\log c = O(\log r + \log w)$, teda záznam pre 1 inštanciu procedúry zaberie $3r\log w + \log c = O(r\log w)$ pamäte.

Keďže parameter i je vždy o polovicu menší, hĺbka rekurzie bude $\log c$. Z toho vyplýva, že zásobník bude potrebovať $O((\log r + \log w) \cdot r \cdot \log w) = O(n\log^2 n)$ pamäte. Ešte treba overiť, že úkony na riadkoch 2–4 zvládne T vykonať tiež v rámci pamäťového limitu.

Riadok 2 je porovnanie rovnosti adries – ktoré symboly už porovnal si môže značiť poschodovými symbolmi. Riadok 4 je triviálny. Riadok 3 je zložitý kvôli overeniu $C_1 \vdash C_2$. K tomu potrebuje nasledovné kontroly:

ukazovateľ – či je správne posunutý ukazovateľ (týka sa aj špeciálneho, ak je nastavený). To znamená, že buď má byť posunutý o konkrétny počet políčok alebo má byť v jeho okolí konkrétny symbol.

adresy – všetky adresy (mimo ukazovateľov) musia byť rovnaké. Okrem tých, ktorým je v tomto kroku nastavovaná nová hodnota. Tá musí byť korektne nastavená (t.j. rovnaká ako ukazovateľ v slove).

zátvorky – pre korektné skoky v regexe v krokoch II.(2) a VII.(2) musí byť medzi starou a novou pozíciou ukazovateľa korektne uzátvorkovaný výraz.

alternovateľnosť – pokiaľ sa jedná o skok v alternácii (IV.,V.), treba skontrolovať prvý alebo posledný alternovateľný regex.

indexovateľnosť – ak zátvorka nie je indexovateľná, tak sme narazili na lookaround.

Indexovateľnosť a ukazovateľ sa skontrolujú bez použitia pomocnej pamäte. Adresy využívajú porovnávanie, ale to sme už popísali, že si vieme vypomôcť poschodovými symbolmi. Alternovateľnosť využíva algoritmus na kontrolu zátvoriek – zisťuje, či je alternácia uzavretá zátvorkami (ak hej, ktorými) alebo nie. Počet zátvoriek je najviac $\frac{r}{2}$. Používame algoritmus, kde zátvorke (priradíme 1 a) hodnotu -1. Pri každom výskyte sa hodnoty sčítavajú, 0 je dobre uzátvorkovaný výraz.[10] Kontrola sa vykoná a súčet po nej už nepotrebujeme, preto ho môžeme dočasne zapísať na koniec zásobníka a vzápätí vymazať. Zapísaná pamäť tak bude $r + O(n \log^2 n) = O(n \log^2 n)$. □

Dôsledok 2. *Nech $\mathscr{U}$ je trieda regexov, pre ktoré platí, že počet konfigurácií v akceptačnom výpočte pre regex α a slovo w je najviac $f(n)$, kde $n = |\alpha| + |w| + 1$. Potom $L(regex\#word) \in DSPACE(n \cdot \log n \cdot \log(f(n)))$, kde regex $\in \mathscr{U}$.*

Dôkaz. Vyplýva z dôkazu vety 14 – hĺbka vnorenia funkcie $TESTUJ$ je logaritmus z horného ohraničenia dĺžky akceptačného výpočtu. □

Dôsledok 3. *Trieda regexov s hĺbkou vnorenia lookaroundov zhora ohraničenou konštantou h patrí do $DSPACE(n \log^2 n)$.*

Dôkaz. Podľa lemy 2 je počet konfigurácií v akceptačnom výpočte najviac $O((rw)^h)$. Potom hĺbka rekurzie funkcie $TESTUJ$ je

$$\log((rw)^h) = h \log r + h \log w = O(\log r + \log w)$$

A to je ten istý odhad ako v dôkaze vety 14. □

---

[10] Ak počítame sprava doľava, hodnoty zátvoriek prenásobíme (-1), aby sme pri prvej zátvorke nemali súčet rovný -1.

Tu už nasleduje sľubovaný dôkaz vety 12. Budeme čerpať z dôkazu predošlej vety 14.

Dôkaz. Nech $\alpha \in nLEregex$ a $r = |\alpha|$. Zostrojíme Turingov stroj T, ktorý bude akceptovať $L(\alpha)$ a na pracovných páskach zapíše najviac $O(\log^2 n)$ políčok.

Pokiaľ α neobsahuje negatívny lookaround, tvrdenie triviálne vyplýva z vety 11. Nech teda obsahuje aspoň jeden negatívny lookaround a nech k je najvyšší počet negatívnych lookaroundov vnorených do seba (nezáleží na tom, či sú to lookaheady alebo lookbehindy).

T bude skonštruovaný ako Turingov stroj vo vete 14, pričom musíme dodefinovať správanie v prípade negatívneho lookaroundu. V definícii 1 v bodoch XV. a XIV. je napísané, že ak splníme istú podmieku, negatívny lookaround možno preskočiť a pokračovať ďalej vo výpočte. Podmienka začína „neexistuje výpočet", čo naznačuje, že musíme vyskúšať všetky možnosti postupnosti konfigurácií – teda mať deterministický algoritmus, ktorý akceptuje práve vtedy, keď akceptačný výpočet existuje.

Vhodným algoritmom je procedúra $TESTUJ$. Zakaždým, keď T bude overovať podmienku $C_1 \vdash^? C_2$ a jedná sa o prechod XV. alebo XIV. z definície 1, stane sa nasledovné. T spustí na novej páske novú procedúru $TESTUJ(C_0', C_a', c')$, kde C_0' je počiatočná a C_a' akceptačná konfigurácia z definície daného kroku a $c' \leq c$ je hodnota z lemy 1 pre regex vo vnútri tohto negatívneho lookaroundu. Túto procedúru treba spustiť niekoľkokrát po sebe – pre každé p, čo prichádza do úvahy. Pokiaľ niektorý z behov procedúry $TESTUJ$ skončí úspešne, znamená to, že existuje akceptačný výpočet tam, kde nechceme, aby existoval – podmienka negatívneho lookaroundu neplatí a výsledok je $C_1 \nvdash C_2$. Ak všetky behy skončia s výsledkom *false*, výsledok je $C_1 \vdash C_2$.

Vynechali sme detail „spustenie pre každé p, čo prichádza do úvahy". Tu je treba zadať hranice podslova, na ktorom procedúra pracuje, a neprekročiť ich. Jednoducho zakomponujeme do procedúry kontrolu, či sú všetky adresy a ukazovateľ pre toto spustenie v povolenom intervale. Tieto hodnoty budú globálne a zapíšu sa pri prvom volaní na začiatok zásobníka. Pre hlavný beh procedúry to budú hodnoty 0 a $n + 2$ (t.j. interval $\langle 0, n+2 \rangle$).

Popísali sme správanie T pre prípady, keď operácie negatívneho lookaroundu nie sú vnorené. Zoberme si prípad, keď ich α obsahuje niekoľko vnorených. T má na 1. páske rozpracovanú hlavnú vetvu $TESTUJ$, teraz pracuje na 2. páske na negatívnom lookarounde a narazí na ďalší. Uvedomme si, že pre T je to rovnaká situácia, akokeby pracoval stále na 1. páske. Zopakuje postup popísaný vyššie – niekoľkokrát spustí $TESTUJ$ na 3. páske pre vhodné hranice slov a ak výsledkom každého behu bude *false*, vráti sa na 2. pásku. Nech regex α má k vnorených negatívnych lookaroundov, potom T bude potrebovať $k+1$ pracovných pások.

Pre spočítanie zapísaných políčok na páskach si najprv popíšme konfigurácie. Regex poznáme dopredu. To znamená, že pre každú polohu ukazovateľa v regexe vieme pridať 1 znak do pracovnej abecedy, ktorý toto nastavenie predstavuje (t.j. $r+1$ špeciálnych symbolov). Zároveň pre výpočty na negatívnych lookaroundoch nám stačí ich vnútorný regex s ukazovateľom. Takýchto podslov je konečne veľa, preto aj pre tie vieme mať nové symboly v abecede.

Adresy, ktoré v konfiguráciách potrebujeme sú: pracovná pozícia v slove, začiatok a koniec podslova pre k-te zátvorky pre $\forall k$ (z), začiatok každého lookaheadu (l_a) a lookbehindu (l_b). Spolu $1+2z+l_a+l_b \leq 2r+1$ adries a to je konštanta. Konštantný počet adries vieme umiestniť nad seba do konštantného počtu stôp na páske (ako v dôkaze 10) a takto nimi zaberieme $\log n$ políčok (symbol pre stav regexu bude v samostatnej najvrchnejšej stope).

Jedna inštancia procedúry $TESTUJ$ potrebuje 3 konfigurácie a konštantný počet políčok. Hĺbka vnorenia rekurzie je na každej páske najviac $\log c = O(\log r + \log w) = O(\log n)$. Každé prvé volanie potrebuje navyše aktuálnu pozíciu hlavy na vstupe a hranice podslova, na ktorom pracuje. Dokopy bude na každej páske zapísaných najviac $\log n \cdot O(\log n) + 3\log n = O(\log^2 n)$ políčok. □

Poďakovanie

Ďakujem školiteľovi za cenné rady a pripomienky.

Literatúra

[Carle and Nadendran, 2009] Carle, B. and Nadendran, P. (2009). On extended regular expressions. In *Language and Automata Theory and Applications*, volume 3, pages 279–289. Springer.

[Câmpeanu et al., 2003] Câmpeanu, C., Salomaa, K., and Yu, S. (2003). A formal study of practical regular expressions. *International Journal of Foundations of Computer Science*, 14(06):1007–1018.

[Ehrenfeucht and Zeiger, 1975] Ehrenfeucht, A. and Zeiger, P. (1975). Complexity measures for regular expressions. *Computer Science Technical Reports*, 64.

[Ellul et al., 2013] Ellul, K., Krawetz, B., Shallit, J., and wei Wang, M. (2013). Regular expressions: New results and open problems. *Journal of Automata, Languages and Combinatorics u (v) w, x–y.*

[Python documentation, 2012] Python documentation (2012). *Regular expression operations.* Python Software Foundation.
http://docs.python.org/2/library/re.html.

[Savitch, 1970] Savitch, W. J. (1970). Relationships between nondeterministic and deterministic tape complexities. *Journal of Computer and System Sciences*, 4(2):177–192.

[Tóthová, 2013] Tóthová, T. (2013). Moderné regulárne výrazy. Bachelor's thesis, FMFI UK Bratislava.
https://github.com/Tatianka/bak.

[Ďuriš, 2003] Ďuriš, P. (2003). Výpočtová zložitosť (materiály k prednáške).
http://www.dcs.fmph.uniba.sk/zlozitost/data/zlozitost_duris.pdf.

Študentská vedecká konferencia FMFI UK, Bratislava, 2015, p. 53
ISBN 978-1518759055, © 2015 Jakub Jančina

Fast Primality Testing for Integers That Fit into a Machine Word (Extended Abstract)

Jakub Jančina[*]

Supervisor: Michal Forišek[1][†]

Katedra informatiky, FMFI UK, Mlynská Dolina 842 48 Bratislava

The most efficient way for testing primality are probabilistic tests. There are several such tests, for example Solovay-Strassen test and Miller-Rabin test. In this paper we focus on modification of the Miller-Rabin test to make it deterministic.

Definition 1. *Let* $n - 1 = 2^s d$ *with d odd and s non-negative. The positive integer n is called a* strong probable-prime *with base b (b-SPRP) if either* $b^d \equiv 1 \pmod{n}$, *or* $(b^d)^{2^r} \equiv -1 \pmod{n}$ *for some* $r \in [0, s-1]$.

If n is a composite b-SPRP, we call it a strong pseudoprime *with base b.*

As Rabin and Monier showed, this property holds for composite numbers and random base with probability less than 1/4. This test does not prove primality at all.

The Miller-Rabin test can be modified to deterministic test once we limit size of the input. For instance if we found a set S of bases such that for each input number the following holds: "The input number is prime if and only if it is a b-SPRP for all bases b from S", we could prove primality efficiently.

There was already some research from [Jaeschke, 1993] who found a set of 3 bases which prove primality for 32-bit integers. The best known result for a set of 2 bases is correct up to 1 billion by [Izykowski, 2014]. There also exist a set that correctly classifies all 64-bit integers and contains 7 bases. This test was presented by Sinclair.

In this paper we show a modification of Miller-Rabin test based on hash functions. We design a test which is correct for 32-bit integers and needs to perform only one round of strong pseudoprime test for some precomputed base. The test has the following form

1. Use trial division to check that n is relatively prime to 210.

2. In constant time, compute a hash value $h(n)$.

3. Use a pre-computed lookup table to determine a single base $b_{h(n)}$ such that n is a $b_{h(n)}$-SPRP iff n is a prime.

Our aim was to find such hash function and hash table to make this test correct. Our best result is a test which needs only 3808 bits of precomputed data. We present empirical evidence that the data segment is roughly as small as possible for this kind of test. Later in paper we provide average case and worst case comparison of our algorithm and earlier mentioned algorithms.

We also designed an algorithm of this type for 64-bit integers. However, this algorithm needs to perform one round of strong pseudoprime test with base 2 and after that compute one hash and perform another round of strong pseudoprime test. Our best result for this type of test needs 512kB of precomputed data which can be improved but the improvement wont be significant. We also provide average case and worst case analysis for this test. To the best of our knowledge, our implementations are the fastest one-shot deterministic primality tests for 32-bit and 64-bit integers to date.

References

[Forisek and Jancina, 2015] Forisek, M. and Jancina, J. (2015). Fast primality testing for integers that fit into a machine word. In *Proceedings of Student Research Forum Papers and Posters at SOFSEM 2015, the 41st International Conference on Current Trends in Theory and Practice of Computer Science (SOFSEM 2015)*, Pec pod Snezkou, Czech Republic, January 24-29, 2015., pages 20–30.

[Izykowski, 2014] Izykowski, W. (2014). The best known SPRP bases sets. Available online at `https://miller-rabin.appspot.com/`, last accessed August 2014.

[Jaeschke, 1993] Jaeschke, G. (1993). On strong pseudoprimes to several bases. *Mathematics of Computation*, 61:915–926.

[*]`jakub.jancina@gmail.com`
[†]`forisek@dcs.fmph.uniba.sk`

Študentská vedecká konferencia FMFI UK, Bratislava, 2015, p. 54
ISBN 978-1518759055, © 2015 Kamila Součková, Adam Dej

Project Deadlock
(Extended Abstract)

Kamila Součková[2]*   Adam Dej[2]†

Supervisor: Tomáš Vinař[1]‡

[1] Katedra aplikovanej informatiky, FMFI UK, Mlynská Dolina 842 48 Bratislava
[2] Katedra informatiky, FMFI UK, Mlynská Dolina 842 48 Bratislava

Project Deadlock is an attempt to provide a complete system to allow ISO/IEC 14443a-compliant cards [ISO, 2011] (ISICs or ITICs) to be used for unlocking doors and gaining access to other electronic appliances. We will provide software for managing access rules (integrated with the university's electronic info system), and the embedded hardware and software. This paper provides a design and implementation overview of the system being developed.

1 Main Components of the System

1.1 Server

The components of the system are managed by a centralized server to simplify maintenance and administration. The server communicates with the other components via standard TCP/IP over Ethernet to allow for utilizing the existing networking infrastructure, and a flexible architecture (including routers, PoE switches, etc.).

The server provides auxiliary functions for the embedded devices, such as automated firmware updates, long-term logs storage, and time synchronization. It also serves as centralized data storage/database (will be discussed later – see section 2).

The server communication protocol is packet-oriented, request-response model, implemented on top of UDP. The payload is encrypted and authenticated using a device-specific key via the NaCl library[Bernstein et al., 2012]. More details are available online at [doc, 2015].

1.2 Controller

Every appliance (e.g. a door lock) is controlled by a device that communicates with the server (e.g. to retrieve application-specific data or firmware updates, and to send logs.) If at all possible, the controller should be able to operate when the server is inaccessible, as we want to provide a fault- tolerant, reliable system. The base use case of unlocking doors is specifically discussed in section 2.

1.3 Reader

The card reader is the user-visible device – it scans for the ISIC/ITIC card, authenticates the card, provides an interface for communication with the card when more complex interaction is needed, and provides user feedback (visual and auditory – one or more LEDs + speaker). More readers can be connected to a single controller, e.g. inside and outside for a door lock.

2 Use Case Analysis: Door Lock

The system will be used to open locks as follows: The reader retrieves and validates the ID of the user's smart card, and sends it to the controller. The controller then searches its (local) database for this ID, determines whether to open the door and logs the action (both locally and on the server). The local ID database is periodically updated from the server, which compiles it for every door from an easy-to-manage access rules database integrated with the university's electronic info system. The controller also logs unexpected events, such as detecting opened doors without authorisation.

3 Source code, hardware schematics, and documentation

Project Deadlock is a work in progress. The existing sources and hardware designs are published with the MIT license at [src, 2015]. The documentation is available at [doc, 2015].

References

[ISO, 2011] (2011). *ISO/IEC 14443 – Identification cards – Contactless integrated circuit cards – Proximity cards.* ISO/IEC Committee.

[doc, 2015] (2015). https://github.com/fmfi-svt-deadlock/server/wiki.

[src, 2015] (2015). https://github.com/fmfi-svt-deadlock.

[Bernstein et al., 2012] Bernstein, D. J., Lange, T., and Schwabe, P. (2012). The security impact of a new cryptographic library. http://nacl.cr.yp.to/.

*kamila@ksp.sk
†adam@ksp.sk
‡tomas.vinar@fmph.uniba.sk

Študentská vedecká konferencia FMFI UK, Bratislava, 2015, p. 55
ISBN 978-1518759055, © 2015 Júlia Pukancová

Abductive Diagnosis of Diabetes Mellitus with Description Logics (Extended Abstract)

Júlia Pukancová*

Supervisor: Martin Homola*

Dept. of Applied Informatics, Comenius University, Mlynská dolina, 842 48 Bratislava

Abduction, i.e., the problem of explaining what is missing in a knowledge base $\mathcal{K}$, from which some observation O does not follow [Peirce, 1878], only recently captured the researchers' interest also in the area of ontologies and description logics (DL). The problem of diagnosis, often shown as a classic example of abductive reasoning [Elsenbroich et al., 2006, Halland and Britz, 2012], is highly relevant in the medical domain.

In our work, we focus on a practical diagnostic problem from a medical domain: the diagnosis of diabetes mellitus (DM). Based on information from clinical guidelines and other relevant sources (e.g., [American Diabetes Association, 2008]) we formalize it in DL in such a way that the expected diagnoses are abductively derived.

In abductive reasoning, we observe some set of symptoms and try to hypothesize the most relevant diagnosis. Therefore we record the relation between the diagnosis and its symptoms, and between the diagnoses by the axioms:

$$\exists \mathsf{hasDiag}.\mathsf{DM} \sqsubseteq \exists \mathsf{hasSymp}.(\mathsf{S}_1 \sqcap \ldots \sqcap \mathsf{S}_8) \quad (1)$$

$$\mathsf{DM1} \sqcup \mathsf{DM2} \sqsubseteq \mathsf{DM} \quad (2)$$

$$\exists \mathsf{hasDiag}.\mathsf{DM1} \sqsubseteq \exists \mathsf{hasSymp}.(\mathsf{S}_{10} \sqcap \ldots \sqcap \mathsf{S}_{14}) \quad (3)$$

$$\exists \mathsf{hasDiag}.\mathsf{DM2} \sqsubseteq \exists \mathsf{hasSymp}.(\mathsf{S}_{15} \sqcap \ldots \sqcap \mathsf{S}_{19}) \quad (4)$$

DM has some typical symptoms – we name them symbolically $\mathsf{S}_1, \ldots, \mathsf{S}_8$ (this names can be just replaced with the real names of symptoms and also other symptoms can be analogously added to the axiom 1). DM1 and DM2 are abbreviations from subdiagnoses of DM (included in the axiom (2)). One of the cases in our research is differential diagnosis – typical use case in medical diagnostics. In our knowledge base, DM1 and DM2 have only common symptoms those of DM (as the axioms (1) and (2) imply). When the patient has some of these symptoms we say that she has DM. If we want to distinguish between the diagnoses DM1 and DM2, we need to observe some symptoms relevant to one of them.

With this knowledge base we are already able to derive some abductive explanations, e.g., when we have an observation $O = p\colon(\exists \mathsf{hasSymp}.\mathsf{S}_2) \sqcap (\exists \mathsf{hasSymp}.\mathsf{S}_8)$, it means we observe that patient p has symptoms S_2 and S_8, the abductive reasoner will generate a number of diagnoses, but only one will be the preferred one – $H = \{p\colon\exists \mathsf{hasDiag}.\mathsf{DM}\}$. So the explanation of having symptoms S_2 and S_8 is having the diagnosis DM. Analogously, if we observe in addition any of DM1 or DM2 symptoms, we are able to abductively explain this observation with the hypothesis that the patient has DM1 or DM2.

We have analysed a number of distinct, less or more problematic cases – from the basic cases as differential diagnosis, case of secondary explanation, and associated conditions, to more complicated cases as case of complications, and case of further examination needed.

From a modelling perspective, an interesting lesson learned from the use case is that modelling a knowledge base to be used in a classical, deductive way, and modelling it to support abductive reasoning pose different, and sometimes conflicting requirements. We also note that abduction has a number of advantages, e.g., when compared to deductive diagnostic reasoning. We have demonstrated in the use case, that abductive reasoning naturally eliminates the hypotheses which do not explain all of the observed symptoms.

References

[American Diabetes Association, 2008] American Diabetes Association (2008). Diagnosis and classification of diabetes mellitus.

[Elsenbroich et al., 2006] Elsenbroich, C., Kutz, O., and Sattler, U. (2006). A case for abductive reasoning over ontologies. In *OWLED*.

[Halland and Britz, 2012] Halland, K. and Britz, K. (2012). Naive ABox abduction in ALC using a DL tableau. In *DL*.

[Peirce, 1878] Peirce, C. S. (1878). Deduction, induction, and hypothesis. *Popular science monthly*, 13:470–482.

*{pukancova,homola}@fmph.uniba.sk

Študentská vedecká konferencia FMFI UK, Bratislava, 2015, p. 56
ISBN 978-1518759055, © 2015 Petra Kubincová

Towards Expressive Metamodelling with Instantiation (Extended Abstract)

Petra Kubincová[1]*

Supervisor: Ján Kľuka, Martin Homola[2]†

[1] Department of Computer Science, Comenius University, Mlynská dolina, 842 48 Bratislava
[2] Department of Applied Informatics, Comenius University, Mlynská dolina, 842 48 Bratislava

Description logics (DLs) are decidable fragments of first-order logic. DL $\mathcal{SROIQ}$ is considered a generally accepted standard for a very expressive DL, $\mathcal{SHOIQ}$ is slightly less expressive. However, modelling certain complex domains, e.g., the taxonomical hierarchy of living organisms, requires techniques beyond the expressivity of first-order DLs. For example, to model the relationship between a concept representig a taxon, e.g., Species and a concept representig specific species, e.g., Giraffa camelopardalis (giraffe), we require Species to be a concept of concepts, i.e., a higher-order concept.

Properties of logics are largely determined by their semantics. In the case of higher-order DLs, there are commonly used two types of semantics: Henkin semantics [?] and HiLog semantics [?]. While Henkin semantics is truly higher-order, HiLog semantics is essentially first-order: each syntactic object is at first assigned an *intension*, i.e., element from the domain acting as its representative. To the intensions of concepts and roles are then assigned their *extensions* – set-interpretations of the concepts and roles. E.g., consider the following interpretation of individuals zarafa, melman and concepts G.camelopardalis, Species with interpretation domain $\{z, m, \gamma, \sigma\}$:

syntax	intension	extension
zarafa	z	-
melman	m	-
G.camelopardalis	γ	$\{z, m\}$
Species	σ	$\{\gamma\}$

In metamodelling, it is useful to have the possibility to model with *instantiation*, i.e., the relationship between the concept and its instance. A natural way of representing such relationship is by a role with fixed semantics: all pairs of intensions (i, c) such that i belongs to c's extension. Such a role can be used to express relationships between objects on different layers – i.e., to model a concept of "all animals of

the same species as melman" without having to know what exactly the melman's species is.

[?] proposed a higher-order logic built on top of a DL with HiLog semantics and proved the decidability of knowledge base consistency in this logic in case that the underlying DL is $\mathcal{SHOIQ}$ or a less expressive DL. However, neither Motik's logic nor any other higher-order DL features the possibility to model with the instantiation role.

We present two extensions of DLs. First, $\mathcal{HI}(\mathcal{L})$, a higher-order extension built on top of DL $\mathcal{L}$ allowing concepts to have both concepts and individuals as instances. $\mathcal{HI}(\mathcal{L})$ also includes a fixly interpreted instantiation role connecting instances with their concepts. By means of reduction to first-order DL we prove that $\mathcal{HI}(\mathcal{L})$ is decidable for $\mathcal{L}$ up to $\mathcal{SROIQ}$ [?].

Next, we introduce $\mathcal{HIR}(\mathcal{L})$ which besides the features of $\mathcal{HI}$ allows concepts to have not only individuals and concepts, but also roles as instances. By reducing $\mathcal{HIR}(\mathcal{L})$ to Motik's logic, we prove that $\mathcal{HIR}(\mathcal{L})$ is decidable for DL $\mathcal{L}$ up to $\mathcal{SHOIQ}$.

Finally, we show how to build in $\mathcal{HI}$ or $\mathcal{HIR}$ the typed hierarchy, i.e., a categorization of individuals and concepts into disjoint layers, where individuals belong to the lowest layer and each concept of i-th layer classifies only objects of $(i-1)$-th layer. Last, we demonstrate that such typed hierarchy can be axiomatized inside the $\mathcal{HI}$ or $\mathcal{HIR}$ logic.

References

[Chen et al., 1993] Chen, W., Kifer, M., and Warren, D. S. (1993). A foundation for higher-order logic programming. *J. Logic Programming*, 15(3):187–230.

[Henkin, 1950] Henkin, L. (1950). Completeness in the theory of types. *J. Symbolic Logic*, 15:81–91.

[Horrocks et al., 2006] Horrocks, I., Kutz, O., and Sattler, U. (2006). The even more irresistible $\mathcal{SROIQ}$. In *KR*.

[Motik, 2007] Motik, B. (2007). On the properties of metamodeling in OWL. *J. Log. Comp.*, 17(4):617–637.

*petra.kubincova@gmail.com
†{kluka,homola}@fmph.uniba.sk

Študentská vedecká konferencia FMFI UK, Bratislava, 2015, p. 57
ISBN 978-1518759055, © 2015 Boris Vida

Using Transformation in Solving Problems with Supplementary Information
(Extended Abstract)

Boris Vida[1*]

Supervisor: Branislav Rovan[1†]

Katedra informatiky, FMFI UK, Mlynská Dolina 842 48 Bratislava

The main task of this paper is to examine the use of transformation in solving problems with supplementary information. The concept of supplementary information is very well-known from the theory of Turing machines, where it is used in the form of oracles - the Turing machine uses this oracle for solving a smaller or bigger part of its task. This way, the computation can be simplified (in terms of time complexity, space complexity etc.).

In the last years, there was some effort to generalize this concept on simpler models, such as deterministic finite automata (e. g. [Gaži, 2006]). However, these results relied on the fact, that the supplementary information was in the same format as the input of the solved problem. In aforementioned case of Turing machines and oracles, we know, that this is not always the case (e. g. when using oracles solving different NP-hard problems, we often have to convert our task to an instance of that NP-hard problem).

Thus, in this paper, we propose a framework for studying the possibility to transform the instance of a problem to match the format of the advisory information. A widely used and quite general transformation device is an a-transducer, however, it turned out, that it is not always convenient to allow the use of non-determinism in the transformation. Therefore, we examine also the case, that the transformation device is a sequential transducers. Both of these devices are defined and reviewed e. g. in [Ginsburg, 1975].

Since we deal with the state complexity of finite state devices, we present an auxiliary result concerning the minimal state complexity of an one-bounded a-transducers, that realizes the a-transduction of "modular-counting" languages, i. e. the languages of the form

$$L_k = \{a^k | k \equiv 0 \pmod{k}\}.$$

The tight lower bounds are shown by the following theorem.

Theorem 1. *For a pair of languages L_k, L_l, the minimal state complexity of an a-transudcer M, such that $M(L_k) = L_l$, is*

$$\min(l, \tfrac{\max(k,l)}{\gcd(k,l)}).$$

Furthermore, we study the classes of languages concering the possibility to simplify their complexity using the supplementary information. We define the class of the languages decomposable without the use of transformation ($\mathscr{D}_A$) and the class of the languages decomposable with use of the transformation by a sequential transducer ($\mathscr{D}_T$). Moreover, we present two possible definitions of the similar classes using the transformation by a-transducers ($\mathscr{D}_{NT_\forall}$ and $\mathscr{D}_{NT_\exists}$). The main result of this paper is the following comparison of these classes.

Theorem 2. $\mathscr{D}_A \subsetneq \mathscr{D}_T \substack{\hookleftarrow \\ \subset} \substack{\mathscr{D}_{NT_\forall} \\[1em] \mathscr{D}_{NT_\exists}} \substack{\subset \\ \hookleftarrow} \mathscr{R},$

where $\mathscr{R}$ represents the class of regular languages.

References

[Gaži, 2006] Gaži, P. (2006). Parallel decompositions of finite automata. Master's thesis, Faculty of Mathematics, Physics and Informatics, Comenius University, Bratislava.

[Ginsburg, 1975] Ginsburg, S. (1975). *Algebraic and Automata-Theoretic Properties of Formal Languages.* Elsevier Science Inc., New York, NY, USA.

---
[*]vida9@st.fmph.uniba.sk

[†]rovan@dcs.fmph.uniba.sk

Študentská vedecká konferencia FMFI UK, Bratislava, 2015, pp. 58–69
ISBN 978-1518759055, © 2015 Viktor Seč

Využitie oklúzie v rozšírenej realite

Viktor Seč[1]*

Školiteľ: Zuzana Berger Haladová[1]†

Katedra aplikovanej informatiky, FMFI UK, Mlynská Dolina 842 48 Bratislava

Abstrakt: Rozšírená realita je počítačovým rozšírením skutočného fyzického sveta o virtuálne objekty v reálnom čase. Táto práca pojednáva o jednotlivých používaných technikách a metódach na dosahovanie rozšírenej reality a o jej možných praktických využitiach.

Súčasťou riešenia práce je tvorba vlastnej aplikácie s rozšírenou realitou obohatenou o oklúziu s reálnymi objektmi.

Kľúčové slová: rozšírená realita, počítačové videnie, rozpoznávanie markerov, oklúzia

1 Úvod

Rozšírená realita, teda počítačom obohatený pohľad na skutočný svet nachádza čoraz väčšie uplatnenie v zábave, medicíne, armáde, reklame a mnohých ďalších priemysloch, pretože sa rozširujú hardvérové možnosti. To, na čo bolo kedysi treba drahé laboratórne vybavenie, ako výkonné počítače, profesionálne kamery a senzory, dnes dokáže takmer každý moderný mobilný telefón s kamerou. Rozšírená realita otvára nové možnosti interakcie medzi virtuálnym a fyzickým svetom, čo môže byť v budúcnosti veľmi zaujímavé.

V práci sú rozobrané jednotlivé možnosti aplikácii tejto technológie aj s konkrétnymi príkladmi. Ďalej sa pojednáva o niektorých metódach používaných na vytvorenie rozšírenej reality.

2 Prehľad problematiky

V tejto kapitole vysvetlíme, čo je rozšírená realita a ako bola definovaná. Popíšeme na čo všeobecne slúži a akými spôsobmi sa používa. Popíšeme kedy nastáva oklúzia a definujeme oklúder.

2.1 Definícia rozšírenej reality

Rozšírená realita (po anglicky *augmented reality*, skrátene *AR*) je počítačom rozšírený pohľad na re-

---

*hello@viktorsec.com

†haladova@fmph.uniba.sk

álny svet. Je to variácia virtuálnej reality, v ktorej používateľ nevníma svet okolo seba a je prenesený do sveta virtuálneho. Tento virtuálny svet je úplne umelý a nezávislý. Oproti tomu, pri rozšírenej realite používateľ naďalej vníma skutočný svet okolo seba doplnený o virtuálne objekty [5]. Ronald T. Azuma definuje rozšírenú realitu tromi pravidlami [5].

1. Rozšírená realita musí kombinovať reálne a virtuálne objekty.

2. Aplikácia musí prebiehať v reálnom čase a nejakým spôsobom reagovať na zmeny v prostredí, teda byť interaktívna.

3. Rozšírená realita musí byť registrovaná v trojdimenzionálnom priestore. To znamená, že musí korektne registrovať pohľad kamery s virtuálnym svetom a správne identifikovať, na ktoré pozície je potrebné vykresliť (po anglicky *render*) virtuálne objekty.

Cieľom rozšírenej reality môže byť v jednoduchšom prípade prezentovať používateľovi nejaké informácie (napríklad informácie o určitých skutočných objektoch, ako je ich vzdialenosť, poloha, identifikácia a podobne), alebo vykreslovať neskutočné objekty tak, aby vyzerali ako skutočné a patriace do okolitého prostredia. V druhom prípade je potrebné, aby boli tieto objekty trojdimenzionálne a vykresľovali sa správne v súlade s perspektívou a skutočnými objektami (napríklad prekrývali objekty za nimi, ale boli prekryté objektmi pred nimi) [4]. V prvom prípade je však podľa Azumovej definície stále potrebné, aby sa dané informácie vykreslovali vo výstupe na správne miesta, závisiace od vstupu kamery, alebo iných senzorov. Príklady oboch sú uvedené v nasledujúcej kapitole.

Rozšírená realita sa, rovnako ako virtuálna realita, nemusí nutne týkať iba vizuálneho obrazu. Teoreticky by mohla ovplyvňovať každý druh senzorického vnímania. Je to však obtiažna úloha, pretože na rozdiel od virtuálnej reality, v ktorej stačí tieto umelé zmyslové podnety len generovať, rozšírená realita musí upravovať skutočný svet. To znamená, že okrem dopĺňania virtuálnych objektov občas potrebuje retušovať skutočné objekty, aby zanikli. Na to, aby sa to dalo dosiahnuť je potrebné vedieť zablokovať určitú časť pôvodného vnemu [7].

V prípade zraku je potrebné prekresliť skutočný objekt pozadím, ktoré sa nachádza za ním. Pri sluchu je filtrovanie jednotlivých zvukových stôp zo zmixovaného vstupu a navyše v reálnom čase (napríklad odfiltrovanie hlasu niektorej osoby v miestnosti) obtiažnejším problémom.

Rozšírená realita sa z praktických dôvodov obvykle zameriava na obraz. Týmto aspektom sa zaoberá aj táto práca.

2.2 Účel

Dôvodov pre vývoj rozšírenej reality je niekoľko. Pre používateľa môže byť rozšírená realita jedným z najjednoduchších spôsobov ako získavať určité druhy informácií. Toto môže zefektívňovať a zjednodušovať jeho skutočnú prácu. Obzvlášť prakticky vyzerajú napríklad koncepty, pri ktorých má používateľ špeciálne okuliare, ktoré mu zobrazujú požadované dáta zo senzorov a databáz priamo na sklá a používateľovi ostávajú voľné ruky na prácu.

Dobrým príkladom je napríklad aplikácia firmy Boeing, vyvinutá pre mechanikov servisujúcich lietadlá. Keď mechanik odstráni niektorý z krycích panelov na lietadle, môže namieriť kameru tabletu na zväzky káblov a rozvodov, ktoré sa pod ním nachádzajú. Softvér v reálnom čase na obrazovku dopĺňa údaje o tom, ktorý kábel, alebo trubica kam vedie a na čo slúži. Šetrí sa tak množstvo času oproti vyhľadávaniu v hrubých manuáloch.

Rozšírená realita má samozrejme taktiež široké spektrum využitia v zábave alebo marketingu.

2.3 Zariadenia

Rozšírená realita môže byť prezentovaná používateľovi buď priamo (napríklad vykreslovaním na priehľadný displej, cez ktorý je priamo vidno okolité prostredie), alebo nepriamo, čiže vykreslovaním do záznamu z videokamery, ktorý je vzápätí po rozšírení prezentovaný používateľovi na nepriehľadný displej.

V prípade priamej optickej rozšírenej reality za použitia priehľadného displeja sa obvykle používa nejaký typ okuliarov, alebo helmy. Tieto okuliare obsahujú šikmú poloreflexnú plochu, cez ktorú je priamo vidno, ale taktiež odráža obraz z malého displeja

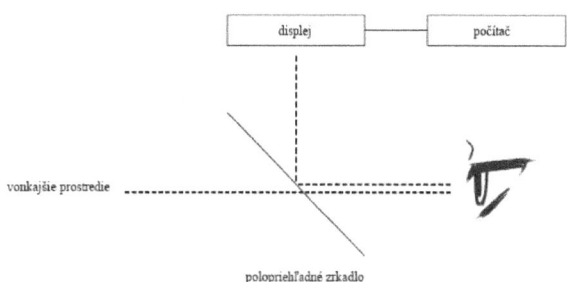

Obr. 1: Schéma priamej rozšírenej reality

umiestneného nad ňou, alebo pod ňou [7]. Keď sa cez ne používateľ pozrie, obrazy sa mu skombinujú (znázornené na obrázku 1).

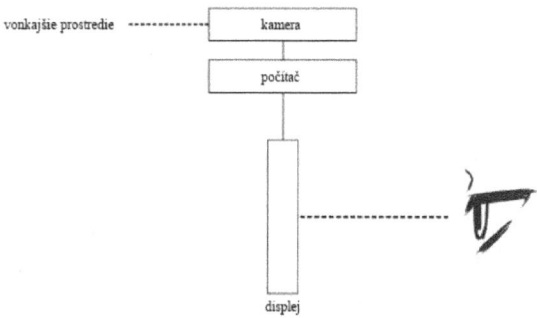

Obr. 2: Schéma sprostredkovanej rozšírenej reality

Pre videom sprostredkovanú rozšírenú realitu sa používajú ľubovoľné zariadenia s obrazovkami, ako sú telefóny, tablety, či počítače. Ani v tomto prípade však nie je vylúčené použitie špeciálnej helmy. Takéto helmy sa označujú ako HMD z anglického *head-mounted display*. Podľa vysvetleného použitia sa delia na *optical see through* (priame) a *video see through* (sprostredkované). V demo aplikácií, ktorá bola vyvinutá ako súčasť tejto práce, ukazujeme sprostredkovanú rozšírenú realitu pomocou počítača, ku ktorému je pripojená kamera (znázornené na obrázku 2).

2.4 Definícia oklúzie

Oklúzia (po anglicky *occlusion culling*), je proces počas ktorého algoritmus rozhoduje, ktoré objekty alebo prípadne časti objektov sú na scéne viditeľné. Pokiaľ je nejaký objekt sčasti alebo kompletne skrytý za iným objektom, znamená to, že je okludovaný a teda sčasti alebo vôbec nie je viditeľný. Objekt, ktorý ho zakrýva sa nazýva oklúderom (po anglicky *occluder*).

Oklúzia sa obvykle používa ako optimalizačná metóda (nie je potrebné vykresľovať pixely, ktoré budú napokon prekryté), v rozšírenej realite sa dá využiť tak, aby ilúzia pôsobila reálnejšie.

3 Aplikácie

Rozšírená realita má využitia v medicíne, zábave, športe, inžnierstve, dizajne, vo výučbe a iných oblastiach. V tomto článku uvádzame niekoľko konkrétnych príkladov.

3.1 Záchranári

Tím na Technickej univerzite vo Viedni vyvíja aplikáciu pre záchranárov a požiarnikov. Užívateľovi ukazujú v okuliaroch obraz z termálnej kamery registrovaný s 3D modelom štruktúry budovy, ktorý je rekonštruovaný v reálnom čase (obrázok 3). Vďaka tomu vie ako vyzerá jeho okolie aj v prípade hustého dymu [26].

Obr. 3: Projekt má požiarnikom zabezpečiť životne dôležité informácie v podmienkach slabej viditeľnosti [26]

3.2 Preklady

Na University of California vytvorili mobilnú aplikáciu, ktorá cez rozšírenú realitu prekladá text. Používateľ jednoducho namieri telefón na nápis, ktorý chce preložiť, a aplikácia text v obraze z kamery zdeteguje pomocou optického rozoznávania znakov. Softvér vzápätí text preloží a vykreslí na obrazovku telefónu priamo do videa kamery. Pri tomto vložení dbá nielen na to, aby preložený text umiestnil na správne miesto a v správnej farbe a veľkosti, ale aby aj vyretušoval pôvodný text, ktorý by bol umiestnený pod tým preloženým [11]. Ukážka aplikácie je na obrázku 4.

3.3 Armádne aplikácie

Vojenské operácie sa často vykonávajú v mestskom prostredí. Bojové zóny, v ktorých sa nachá-

Obr. 4: Ukážka aplikácie TranslatAR [11]

dzajú poschodové budovy sú veľmi komplikované a pre úspech misie sú pre vojaka mimoriadne dôležité informácie o okolí. Keď vojak pozerá do mapy, ohrozuje sa, pretože dáva nižší pozor na svoje okolie.

Vedci z Naval Research Laboratory v USA vytvárajú helmu, ktorá bude vojakom sprostredkovávať najdôležitejšie informácie. Používateľ môže vidieť nad budovami napísané ich mená a plány interiérov, na zemi zas môže vidieť napísané názvy ulíc. Taktiež sa mu môžu zobrazovať ikony na presných lokáciach, kde boli nahlásení ostreľovači [22, 35].

Inou aplikáciou rozšírenej reality na armádne účely je systém rozširujúci videnie pilota lietadla. Úlohy ako zameriavanie cieľa, dodávky zbraní a zásob na padákoch, či obyčajný let v nízkej výške vyžadujú, aby pilot presne rozoznával terén pod sebou. Senzory na stíhačke môžu sledovať oblasť, ktorú pilotovi v zornom poli zakrýva samotné lietadlo, alebo mu poskytovať dáta za podmienok slabej viditeľnosti. Všetky tieto dáta sa potom môžu premietať do pilotovej helmy, umožniť mu vidieť to, čo by inak nevidel a zvýrazniť dôležité body [21].

Prvé podobné primitívne systémy vznikli už pred Druhou svetovou vojnou. Spojenecký piloti používali v niektorých lietadlách napríklad Mark II Gyro Sight, teda gyroskopický zameriavač. Toto zariadenie pilotovi ukazovalo na poloprieh ľadný displej, kam poletí strela na základe údajov z gyroskopu a merača rýchlosti.

Rozšírená realita prenikla na poli letectva aj do civilnej sféry. Na obrázku 5 je pilotná kabína Boeingu pri navádzaní na pristátie.

Podobné aplikácie by mohli mať význam aj pre vojenské a civilné pozemné dopravné prostriedky.

4 Metódy

Pre dosiahnutie rozšírenej reality je potrebné rozoznať, na ktoré miesto v obraze sa má vykresliť daný

Obr. 5: Rozšírená realita v kokpite lietadla Boeing 737-800; Autor: Barend Havenga [14]

virtuálny objekt. Tiež treba správne rozhodnúť, aký má byť tento objekt veľký a ako má byť natočený. Na toto rozhodnutie je treba poznať vzájomnú polohu virtuálneho objektu a kamery, respektíve očí používateľa.

Na riešenie problému sa obvykle používajú metódy počítačového videnia. Na ich aplikáciu je potrebné zariadenie s digitálnou kamerou, ktorej záznam softvér analyzuje.

4.1 Rozpoznávanie pomocou markerov

Najjednoduchší spôsob, ako sa dá tento prístup implementovať, je za pomoci markerov. Markery sú obvykle jednoduché asymetrické čiernobiele značky, ktoré sa umiestnia do skutočného sveta tak, aby boli vždy v zábere kamery. Je potrebné zaznačiť, aká je presná poloha, na ktorú sa má vykresliť virtuálny objekt voči tomuto statickému markeru. Občas sa vykresluje priamo na marker, ale obvyklejšie je umiestniť marker len niekam do pozadia. Softvér s rozšírenou realitou potom hľadá vo videu tento marker a keď ho odhalí, tak nájde transformáciu, ktorá marker posunie, otočí a zoškáluje do veľkosti ako je vo videu. Touto transformáciou sa potom transformuje aj virtuálny model, ktorý sa vzápätí vykreslí buď späť do videa, alebo zvlášť na priehľadný displej.

Technológia má presnosť umiestňovania jednotlivých objektov závislú od kvality snímaného obrazu. Vyskytujú sa však chyby, kedy aplikácia pre zlú viditeľnosť nerozozná marker a nič nevykreslí, alebo rozozná za marker skutočný objekt, ktorý markerom

nie je a vykreslí virtuálny objekt aj keď ho vykresliť nemá. Ďalšiou nevýhodou je samozrejme to, že v momente, keď sa stratí marker zo záberu, prestane sa vykreslovať aj k nemu prislúchajúci objekt. Tento problém sa dá riešiť buď inštalovaním siete markerov do pozadia, ktoré v sebe majú zakódované svoje súradnice, alebo sledovaním (*trackovaním*) pohybu kamery[1]. Softvéru potom stačí, aby bol v zábere kamery dobre viditeľný vždy aspoň jeden. Pokiaľ markery neznehodnotia scénu a vývojári potrebujú maximalizovať šance systému na správnu registráciu, môžu sa rozhodnúť použiť pole markerov (po anglicky *marker field*), ktoré pokrýva kompletný povrch scény.

4.1.1 Algoritmus rozpoznávania markerov

Hľadanie markerov sa zvykne robiť nasledovným postupom, ktorý sa zvlášť aplikuje na každý snímok z kamery. Snímok najprv prejde prahovaním, čo znamená, že sa zmení na binárny. Určí sa istý prah jasu a každý bod obrázku, ktorý má vyšší jas sa prefarbí na biely a všetky ostatné sa prefarbia na čierne. Výsledkom je binárny obraz. Ak sa prah nastaví správne malo by byť v tomto obraze jasne vidno aspoň jeden čiernobiely marker na jednofarebnom pozadí [15].

Ako ďalší krok sa označia jednotlivé jednofarebné komponenty a zdetegujú sa ich kontúry. Kontúry sa rozdelia na úsečky a softvér medzi nimi označí priesečníky. Tie, ktoré sú blízko pri sebe a súčet uhlov medzi nimi je blízky 180 stupňom sa odignorujú, pretože tvoria takmer rovnú čiaru a výrazne nemenia tvar objektu. Komponenty, ktoré nemajú štyri ostré vrcholy sa vyradia, pretože nemajú štvorcový tvar. Zvyšné komponenty ostanú kandidátmi na markery. Algoritmus ďalej nájde všetky možné homografie, ktoré zobrazia rohy štvorca na rohy týchto komponentov. Výsledkom sú rotačné matice, ktorými sa transformujú uložené obrázky markerov. Týchto markerov môže byť viac, napríklad ak chce program zobrazovať rôzne objekty na rôzne markery. Po tom, čo sa pre každý komponent vypočítajú cez všetky jeho matice všetky markery z pamäte, sa tieto výsledné obrázky prekryjú s originálnym snímkom a porovnajú [23]. Binárny obrázok s komponentmi už ďalej nie je potrebný. Pri porovnávaní originálneho snímku s pretransformovaným markerom sa použije niektorá z metód hodnotenia podobnosti. Napríklad

---

[1]Dá sa namerať priamo z optického toku dát, pomocou informácií z gyroskopu, akcelerometra, magnetometra, alebo ich kombinácie.

sa pre každý pixel vypočíta hodnota rozdielu jasu a potom sa urobí suma všetkých týchto hodnôt. Čím je výsledná hodnota nižšia, tým sú si obrázky podobnejšie.

Pre každého kandidáta na marker sa vyberie ten obrázok, ktorý je mu najpodobnejší a zapamätá sa akou konkrétnou homografiou vznikol. Ak je podobnosť nižšia ako istá hranica, kandidát sa vymaže z výberu a považuje sa za chybu. Výsledkom je zoznam jednotlivých kandidátov, ich súradníc v rámci snímky, k nim prislúchajúce identifikácie markerov (ak sa v aplikácií používa viac markerov) a homografie, určujúce ako na ne niečo premietnuť.

V prípade, že je snahou umiestniť virtuálny objekt priamo na marker, môže sa na jeho 3D model použiť daná homografia, čím sa správne umiestni, naškáluje a zrotuje, a vykreslí buď do pôvodného snímku, alebo na priehľadný displej. Ak je marker posunutý, považuje sa za počiatok súradnicovej sústavy a virtuálny objekt sa adekvátne posunie.

Marker samozrejme nemusí byť čiernobiely ani štvorcový, v týchto prípadoch sa algoritmus príslušne upraví. Nakoľko vypočítavanie celého tohoto postupu pre každý snímok v reálnom čase môže byť náročné, často sa využívajú techniky sledovania pohybu. To znamená, že si program pamätá pre objekt jednotlivé polohy a homografie z predchádzajúcich snímkov a prednostne ich vyskúša. Taktiež môže pri plynulom pohybe predpovedať lokácie na nasledovných snímkoch.

Kroky tohoto algoritmu sú znázornené na obrázku 6. Jeho implementáciu v knižnici ARToolKit využívame aj v demo aplikácii vytvorenej v rámci tejto práce.

4.2   Rozpoznávanie na základe významných bodov

V prípade, že nie je žiadúce použitie markeru, pretože nie je možné modifikovať prostredie, prípadne je potrebné, aby aplikácia fungovala aj v prostrediach, ktoré na tento účel neboli predpripravené, je potrebné túto úlohu riešiť zložitejšiou analýzou. Pri riešení týmto spôsobom musí byť známe ako vyzerá okolie, do ktorého je žiadané vykresliť virtuálny objekt. Toto okolie je potom potrebné rozoznávať v zábere kamery. Táto metóda sa obvykle používa na aplikácie, ktoré napríklad dopisujú v galérií údaje k obrazom a podobne. V tomto prípade slúži obraz ako špeciálny marker.

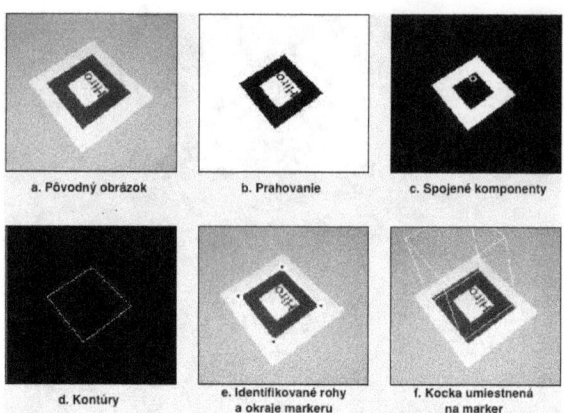

Obr. 6: Jednotlivé kroky aplikované pri rozpoznávaní markeru, tak ako sú uvedené v dokumentácií knižnice ARToolKit [23]

4.2.1   Rozpoznávanie algoritmom SIFT

Scale-invariant feature transform, alebo SIFT je algoritmus na rozpoznávanie a popisovanie významných bodov vyvinutý Davidom Lowe. Idea je, že objekt, ktorý chceme rozoznávať obsahuje významné body, ktoré sa dajú popísať. Výsledkom je deskriptor, s pomocou ktorého sa dá tento objekt lokalizovať na iných obrázkoch.

Algoritmus generuje z obrazu objektu množstvo vektorov významných bodov. Tieto vektory sú invariantné na rotáciu a škálovanie obrazu. Významné body obvykle ležia na rohoch, hranách a iných kontrastných miestach, vďaka čomu sú dobre viditeľné aj za zhoršených podmienok. Pri detekcii sa potom vyhľadáva v tejto databáze významných bodov [24, 33].

Jednou z výhod algoritmu SIFT je, že dokáže rozpoznávať aj objekty, ktoré sú čiastočne zakryté. Jedným z nasledníkov SIFT je napríklad SURF (celý názov *Speeded Up Robust Features*), ktorý je približne osem krát rýchlejší. SURF je patentovaný Herbertom Bayom [6]. Ďalšími algoritmami na rozpoznávanie významných bodov sú BRIEF [8] (*Binary Robust Independent Elementary Features*), ktorý má podobné alebo lepšie výsledky ako SURF, BRISK (*Binary Robust Invariant Scalable Keypoints*) [20], FREAK (*Fast Retina Keypoint*) [1], SUSSAN [27], FAST [31] a DAISY [30].

4.3   Prehľad softvérových knižníc

Existuje niekoľko softvérových knižníc uľahčujúcich implementáciu aplikácií vytvárajúcich rozšírenú realitu.

Jednou z prvých takýchto knižníc je ARToolKit vyvinutý Hirokazu Katom v roku 1999 pre jazyky C a C++. Táto knižnica deteguje markery a prepočítava pod akým uhlom ich používateľ vidí. Vývojárom ďalej poskytuje súradnicový systém, ktorý do tohoto priestoru transformuje. ARToolKit je k dispozícií zadarmo pod licenciou GNU/GPL [2]. Z tejto knižnice vychádza množstvo ďalších nasledovníkov a dodnes sa používa. Využívame ju za účelom registrácie objektov v aplikácii s rozšírenou realitou, ktorá je súčasťou tejto práce.

ARToolkitPlus bol otvorený tracker, ktorý vychádzal z ARToolKitu. Jeho vývoj sa zastavil v roku 2007 a bol nahradený Studierstube trackerom, ktorý už však nie je verejne prístupný [34].

Studierstube je framework vyvinutý na *Graz University of Technology*. Na trackovanie sa odporúča použiť OpenTracker od rovnakých autorov. Vývoj bol ukončený v roku 2008 [19, 18].

ArUco je minimalistická knižnica pre C++. Rozpoznáva markery, alebo polia markerov a je veľmi rýchla vďaka tomu, že sa opiera o OpenCV [3].

Vuforia je proprietárnou knižnicou, ktorá dokáže rozpoznávať obrázky a jednoduché 3D objekty. Dá sa používať v C++, Jave a Objective-C, vďaka čomu je obľúbená na mobilných platformách iOS a Android [25].

5 Implementácia

V rámci riešenia práce sme navrhli aplikáciu na demonštráciu rozšírenej reality obohatenú o oklúziu fyzických objektov.

V tejto kapitole popisujeme proces vývoja demo aplikácie od začiatku po finálnu verziu. Pre takúto demonštráciu je potrebné vyriešiť niekoľko problémov. Získať, alebo vyrobiť samotný oklúder a jeho digitálnu 3D reprezentáciu. Je potrebné vymodelovať objekty, ktoré chceme vykresľovať a naimportovať ich do grafickej knižnice. Tiež potrebujeme nejakým spôsobom registrovať scénu, do ktorej chceme objekty vykresľovať. Potrebujeme nakalibrovať kameru, aby bola ilúzia čo najpresnejšia. Na záver potrebujeme vyriešiť, ako implementovať samotnú oklúziu.

Táto kapitola opisuje všetky kroky schémy znázornenej na obrázku 7.

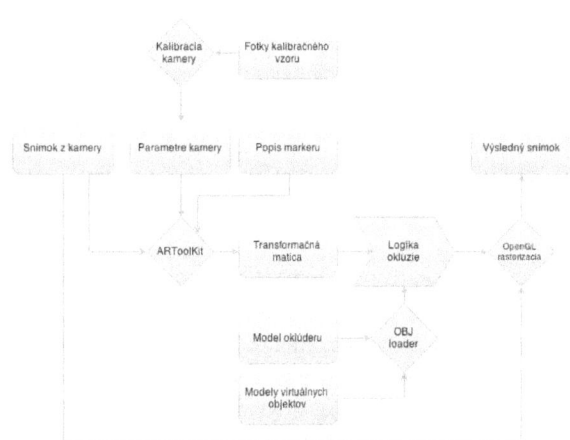

Obr. 7: Podrobná schéma demo aplikácie

5.1 Zjednodušená demonštrácia

Na obrázku je snímok obrazovky prvého funkčného prototypu našej demo aplikácie. Aplikácia registruje scénu pomocou markeru a dokresľuje na ňu virtuálnu kocku okludovanú fyzickou kockou. Na obrázku 8 sa nachádza snímok obrazovky tohto skorého prototypu. Kroky tohto procesu sú chronologicky popísané v nasledujúcich sekciách.

Obr. 8: Jednoduchá ukážka oklúzie s kockami v našej aplikácii

5.2 3D modely

Aby bolo možné vykresľovať 3D objekty na obrazovku, je potrebné ich reprezentovať v pamäti. Počas behu programu sa o to stará grafická knižnica, ale najjednoduchší spôsob ako do nej dáta naimportovať je uložiť ich do súboru.

Pre prácu s 3D modelmi existujú štandardizované formáty. Koncom deväťdesiatych rokov bol obľúbený formát VRML[2], ktorý je aj natívne podporovaný v ARToolkite, neskôr ho nahradil následník X3D [9]. Medzi dnes používanejšie formáty patrí napríklad COLLADA vyvíjaná združením Khronos Group [12], jej výhodou je vysoká kompatibilita s väčšinou nástrojov na modelovanie aj hernými enginmi. Iným obľúbeným formátom je STL (*stereolithography*) používaný najmä na inžinierske účely ako je automatické projektovanie (po anglicky *computeraided design*, alebo *CAD*) a 3D tlač. Výhodou je možnosť ukladania do textových aj binárnych súborov.

Zrejme najpoužívanejším 3D formátom je dnes Wavefront OBJ vyvinutý už neexistujúcou firmou Wavefront Technologies. OBJ je jednoduchý otvorený formát, ktorý sme sa rozhodli použiť.

5.2.1   Načítanie Wavefront OBJ

OBJ sme si vybrali, pretože sa jednoducho spracováva (*parsuje*) a zároveň je všeobecne používaný a kompatibilný.

Formát vie zaznamenávať vrcholy (*vertexy*), ich normály, textúrne súradnice a steny. Steny sú reprezentované n-uholníkmi danými zoznamami už definovaných vrcholov. Tieto vrcholy sú v zoznamoch uvedené v poradí v smere hodinových ručičiek [28].

Aby sme si ušetrili starosti pri spracovávaní a vykresľovaní modelu, rozhodli sme sa ho reprezentovať trojuholníkovou sieťou (po anglicky *triangulated geometry*). To znamená, že každá stena je rozložená na steny ktoré majú len tri vrcholy. To má tú výhodu, že tieto trojuholníky sa dajú neskôr jednoducho vykreslovať pomocou OpenGL.

Na trianguláciu modelov sme použili otvorený modelovací nástroj Blender, ktorý dokáže exportovať modely do formátu OBJ v tejto podobe.

Takto pripravený súbor načítame, spracujeme a vrcholy, normály a steny si uložíme do polí, z ktorých ich cez OpenGL rasterizujeme (ukážka na obrázku 9).

5.3   Registrácia scény

Na registráciu scény sme sa rozhodli použiť slobodnú knižnicu ARToolkit. Vznikla už v roku 1999 [2], ale stále sa používa pre svoju jednoduchú rozšíriteľnosť. ARToolkit deteguje markery spôsobom popísa-

---

[2]Číta sa *vermal*

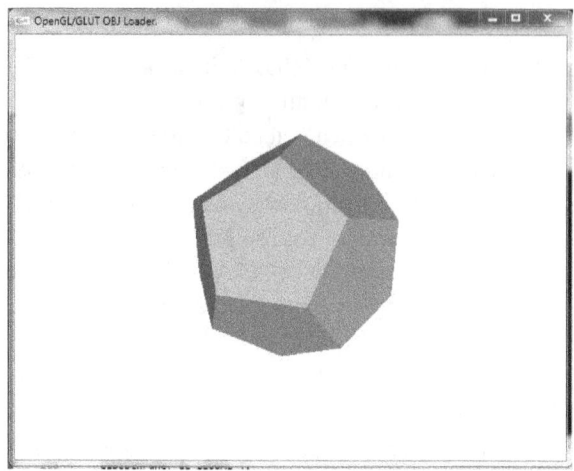

Obr. 9: Dvanásťsten načítaný zo súboru OBJ a vykreslený na obrazovku

ným v predchádzajúcej kapitole a nájde nám transformáciu, ktorou zarovnáme virtuálnu scénu v počítači do reálnej scény z kamery.

Do tejto virtuálnej scény môžeme pomocou OpenGL vykresľovať to, čo potrebujeme. V prípade, že vieme aké bude osvetlenie fyzickej scény, môžeme podľa toho nastaviť osvetlenie vo virtuálnej scéne, aby neskutočné objekty pôsobili skutočnejšie. Na obrázku 10 je ukážka modelu vykresleného na marker.

Obr. 10: Model sovy vykreslený a umiestnený na marker v našej demo aplikácii

5.4   Kalibrácia kamery

Pokiaľ vytvárame aplikáciu s rozšírenou realitou dosiahnutou pomocou počítačového videnia a potrebujeme, aby zobrazovala virtuálne objekty čo najpresnejšie, je potrebné nakalibrovať kameru.

Kamery sa líšia kus od kusu a preto je potrebné vykonať meranie, ktorým získame parametre konkrétneho zariadenia. Tieto parametre potom zohľadníme pri rozpoznávaní obrazu.

V prípade bežnej dierkovej kamery (po anglicky *pinhole camera*) sa tieto parametre usporiadavajú do matice parametrov kamery (*camera matrix*), ktorá je vynásobením matice vnútorných (*intrinsic*) parametrov s vonkajšími (*extrinsic*) parametrami, ktoré udávajú transformáciu 3D súradníc svetu na 3D súradnice kamery. Určenie matice vnútorných parametrov kamery sa nazýva kalibrácia kamery.

$$A = \begin{pmatrix} \alpha_x & \gamma & u_0 \\ 0 & \alpha_y & v_0 \\ 0 & 0 & 1 \end{pmatrix}$$

Matica vnútorných parametrov obsahuje parametre, ktoré sa dajú vypočítať nasledovne.

$$\alpha_x = f \cdot m_x \qquad (1)$$
$$\alpha_y = f \cdot m_y \qquad (2)$$

Kde m_x a m_y sú škálovacie faktory pixelov a f je ohnisková vzdialenosť. γ je skresľovací koeficient medzi osami x a y a obvykle ho môžeme nastaviť na 0. u_0 a v_0 označujú posunutie optického stredu[3] (po anglicky *principal point*) v oboch osiach [13].

Tieto parametre je možné (pokiaľ sú známe vonkajšie parametre kamery) vypočítať z minimálne jednej fotky kalibračného vzoru[4]. Vhodné je fotiť napríklad šachovnicu alebo pole kruhov. Od začiatku merania nesmie kamera opticky preostrovať, ani meniť ohniskovú vzdialenosť (približovať), pretože by sa parametre zmenili.

Po transformácii maticou parametrov kamery vieme zvrátiť deformáciu obrazu.

$$z_c \begin{bmatrix} u \\ v \\ 1 \end{bmatrix} = A \begin{bmatrix} R & T \end{bmatrix} \begin{bmatrix} x_w \\ y_w \\ z_w \\ 1 \end{bmatrix}$$

Pre kalibráciu kamery sme použili jednoduchý program využívajúci knižnicu pre počítačové vide-

---

[3]Optický stred je bod, ktorý je prienikom optickej osi s priemetňou.

[4]Obvykle sa pre zvýšenie presnosti použijú výsledky z viacerých fotiek vytvorených z rôznych uhlov. My sme ich pri kalibrácii vyhotovili dvadsať.

nie OpenCV (obrázok 11). Táto knižnica implementuje šikovné metódy na detekciu kalibračnej siete aj výpočet parametrov z nameraných údajov. Taktiež umožňuje výpočet šošovkového skreslenia spôsobeného použitím bežnej kamery so šošovkou.

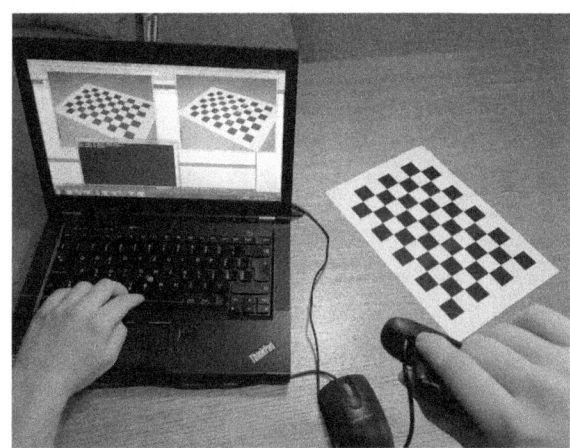

Obr. 11: Kalibrácia kamery

5.5 Príprava oklúderu

Predtým ako môžeme implementovať oklúziu, potrebujeme mať vybraný oklúder a jeho digitálnu 3D reprezentáciu. Zvolili sme si na to viacero postupov.

5.5.1 Modelovanie

Najzákladnejší spôsob ako získať 3D model skutočného objektu, je ho jednoducho odmerať a vymodelovať v modelovacom programe. Pri prvom prototype ukázanom v článku 5.1 sme aplikovali zjednodušený postup a zvolili si za oklúder kocku, pretože má len osem vrcholov na jednoducho vymenovateľných súradniciach. Rozhodli sme sa vynechať načítavanie modelu a kocku popísať priamo v programe. Vďaka tomu, že každé dve kocky sú si podobné stačí po popísaní kocky nájsť len správny škálovací koeficient.

5.5.2 3D skener SMISS

SMISS, teda *Scalable Multifunctional Indoor Scanning System* je zariadenie vyvinuté na *Fakulte matematiky, fyziky a informatiky Univerzity Komenského*, ktoré dokáže skenovať trojrozmerné objekty [32]. Objekt, ktorý je potrebné nasnímať sa položí na otočný stôl. Na tento stôl je pod uhlom namierená kamera a projektor. Projektor premieta na snímaný objekt štruktúrované svetlo. Toto svetlo projektuje pruhy, ktorými „rozreže" skenovaný objekt na jednotlivé roviny, pričom každá rovina je osvetlená a zakódovaná iným vzorom svetla. Každé nasvietenie je odfotené kamerou. Na začiatku skenovania je objekt rozdelený iba na zopár rovín, tie sa ale postupne delia na tenšie rezy, čím vzniká vyššia detailnosť. Keď sú nasnímané všetky požadované nasvietenia, motor stôl pootočí a projektor začne objekt znovu nasvecovať z nového uhlu [17, 16].

Počítač z obrazu dekóduje jednotlivé roviny a po zosnímaní zo všetkých strán vytvorí mračno bodov (po anglicky *point cloud*) reprezentujúce objekt. Na výsledné mračno bodov môžeme aplikovať trianguláciu a tým získame polygonálny model, ktorý môžeme použiť ako oklúder. Priemerná prestnosť SMISSu je 500 μm [16].

Na skeneri sme skenovali lepiacu pásku, tento sken je na obrázku 12.

Obr. 12: Mračno bodov, ktoré je výstupom skenovania SMISSom

5.5.3   3D tlač

Druhou možnosťou, ako získať oklúder a jeho virtuálny 3D model je namodelovať ho v počítači a potom ho vytlačiť na 3D tlačiarni. Na vytvorenie takéhoto modelu je vhodný napríklad Blender, z ktorého ho potom môžeme vyexportovať do OBJ pre aplikáciu aj STL pre tlač.

STL model nahráme do *slicera*, to je program, ktorý zoberie model a ‚rozreže' ho na veľký počet 2D vrstiev. Príkladom je slicer MakerBot Desktop, dodávaný k tlačiarňam značky MakerBot. Výška vrstvy závisí od nastaveného rozlíšenia. Tieto dáta sa potom

vložia do tlačiarne a tá začne roztápať plastovú náplň (*fillament*) a nanášať ju vrstvu po vrstve na seba.

Inteligentný slicer dokáže do dutého modelu dorobiť sieť vnútorných stien, aby sa nerozpadol. V prípade, že tlačený predmet obsahuje časti, ktoré prevísajú von a teda by ich nebolo ako tlačiť do vzduchu, môže slicer dopočítať podpery, ktoré sa vytlačia spolu s modelom a po vytlačení sa odrežú. V prípade použitia tlačiarne s dvomi tlačiacimi hlavami je dokonca možné použiť dva fillamenty, z toho jeden vodou rozpustný, ktorým sa tlačia podpery. Po tlači sa model len ponorí do vody.

Dnešné 3D tlačiarne zvládajú rozlíšenie okolo 100 μm, čo je okolo 255 dpi, teda 255 vrstiev na jeden palec výšky. Nevýhodou je, že s kvalitou rýchlo narastá aj čas, ktorý tlačenie potrvá.

Na tlačiarni sme tlačili model sovy z obrázku 13.

Obr. 13: Digitálny model sovy, otvorený v modelovacom programe Blender. Autorom modelu je modelár Tom Cushwa [10]

5.6   Oklúzia v rozšírenej realite

Ak chceme v rozšírenej realite zobrazovať virtuálne objekty tak, aby ich úplne, alebo čiastočne prekrývali fyzické objekty na scéne, je potrebné, aby pre každý tento fyzický objekt aplikácia okrem virtuálneho 3D modelu poznala aj jeho veľkosť a polohu na scéne voči markeru, prípadne ho vedela inak rozoznať.

Program následne objekty, prípadne ich časti, ktoré sú prekryté oklúderom nevykreslí a rovnako nevykreslí ani samotný oklúder. Na mieste, kde majú byť objekty prekryté sa teda zobrazí stopa z videa, ktorá je na pozadí. Táto stopa na danom mieste obsahuje pôvodný fyzický objekt zosnímaný kamerou a tým sa vytvorí ilúzia, že virtuálne objekty sú prekryté tými reálnymi. Pri oklúzií je obzvlášť dôležité mať správne nakalibrovanú kameru, aby sa virtuálne objekty premietali čo najpresnejšie na svoje miesta.

Najprv si vykreslíme pomocou OpenGL oklúder do *stencil bufferu*. Tento buffer je binárnym obrázkom veľkosti vykresľovaného okna a slúži ako úložné miesto na dočasné informácie o danom obraze. Na každý bod v stencil bufferi zapíšeme true, pokiaľ by sa na dané súradnice v normálnom pohľade vykreslila časť oklúdera. Neskôr pri vykresľovaní virtuálnych objektov, ktoré sa majú nachádzať za oklúderom, robíme pre každý pixel jednoduchú kontrolu. Nachádza sa na týchto súradniciach v stencil bufferi hodnota true? Ak sa nachádza, tak pixel nevykreslíme, pretože nemá byť vidieť a pokračujeme ďalej.

5.7 Výsledky

Aplikácia má funkcionalitu, ktorú sme si špecifikovali. Na obrázku 14 je znázornený príklad scény na ktorej predvádzame aplikáciu.

Obr. 14: Scéna na ktorej demonštrujeme oklúziu. Modrý model sovy je oklúderom.

Aby sme sa uistili, že máme fyzický oklúder položený na správnu relatívnu pozíciu voči markeru, môžeme si v aplikácii zapnúť vykresľovanie oklúderu a pozrieť sa, nakoľko presne sa prekrývajú (znázornené na obrázku 15).

Ak je oklúder správne zarovnaný a vypneme jeho vykresľovanie na obrazovku, dosiahneme oklúziu[5], ako je vidno na obrázku 16.

5.7.1 Výkon aplikácie

Bez ohľadu na zložitosť (počet vrcholov) skúšaných modelov nám aplikácia bežala na našom hard-

---

[5]Autorom voľne šíriteľného modelu stromu v pozadí je theswiss z portálu Thingiverse [29].

Obr. 15: Natočili sme scénu tak, aby sa objekty prekrývali a nechali sme vykreslovať aj virtuálny model oklúderu, ktorý sa pomocou markeru registruje cez skutočnú sovu.

Obr. 16: V predchádzajúcej scéne sme nechali oklúder vykresľovať iba do stencil bufferu a výsledkom je oklúzia s fyzickým objektom.

véri plynulo pri framerate 29 až 30 snímkov za sekundu (*framerate* vyjadruje rýchlosť obnovovania obrazovky). Informácie o použitých modeloch sú uvedené v tabuľke 4.1. Na obrázku 17 sú vykreslené všetky modely naraz, tiež pri framerate 30 snímkov za sekundu.

Hodnota 30 snímkov za sekundu je limitovaná našou kamerou, ktorá nezvláda robiť snímky rýchlejšie a aplikácia teda musí po spracovaní snímku čakať na nasledovný snímok.

Aplikáciu sme spúšťali na počítači s procesorom Intel Core i3 taktovaným na 2.4 GHz, 8 GB operačnej pamäte a integrovanou grafickou kartou Intel HD

3000. Snímky z kamery boli spracovávané v rozlíšení 960 na 720 pixelov.

model	počet vrcholov	počet stien
sova (oklúder)	39416	7824
loď Enterprise	2680	5372
drak Alduin	8160	16074
mesto Atlantis	41437	83190
spolu	91693	112460

Tabuľka 1: Údaje o modeloch použitých pri testovaní výkonu aplikácie

Obr. 17: Vykresľovanie viacerých modelov naraz

5.7.2 Možné problémy a nepresnosti

Detekcia markeru funguje spoľahlivo a aplikácia obvykle nemá problémy s identifikáciou scény pokiaľ je celý marker viditeľný. Zaznamenali sme iba jeden prípad kedy detekcia zlyhá a to keď je časť markeru v tieni. Táto situácia môže ľahko nastať, pokiaľ je scéna nasvietená ostrým svetlom (napríklad stolnou lampou) spoza oklúderu a oklúder zatieňuje časť markeru.

Problémy s nepresnosťou oklúzie môžu nastať niekoľkými spôsobmi, prípadne ich kombináciou. Fyzický model oklúderu je potrebné relatívne umiestniť voči markeru veľmi presne, čo môže byť obtiažne. Nepresnosť taktiež môže spôsobiť nesprávne naškálovaný virtuálny model oklúderu. Nenakalibrovaná, alebo nedostatočne presne nakalibrovaná kamera spôsobuje ďalšiu nepresnosť. Tieto nepresnosti sa prejavujú tak, že výrez vo vykresľovanom objekte je posunutý oproti fyzickému oklúderu a nie je s ním presne zarovnaný.

6 Záver

Úlohou práce bolo naprogramovanie aplikácie, ktorá v reálnom čase zaregistruje objekt a vykreslí zaň iný virtuálny objekt, čiastočne prekrytý tým skutočným. Cieľ práce bol splnený.

V práci boli vysvetlené princípy rozšírenej reality, možné aplikácie a techniky na jej dosiahnutie. Ukázali sme, ako vytvoriť aplikáciu s rozšírenou realitou, ktorá demonštruje oklúziu s reálnym svetom a túto aplikáciu sme aj vytvorili.

Tromi rôznymi metódami sme si pripravovali oklúdery, naprogramovali sme načítavanie modelov, kalibrovali kameru, vytvorili vlastný marker, korektne registrovali scénu, vykreslili virtuálne objekty a zabezpečili ich oklúziu a poskladali to celé do jednej demo aplikácie.

Podobná aplikácia (rozšírená realita obohatená o oklúziu) by mohla mať využitie v umení, zábave, na vyučovaní alebo v ľubovoľnom prípade, v ktorom chceme zvýšiť pocit vnorenia do rozšírenej reality.

Poďakovanie

Ďakujem svojej školiteľke RNDr. Zuzane Berger Haladovej, Phd. za pomoc, cenné nápady, neustálu prístupnosť a podporu.

Taktiež som vďačný organizácii FabLab Bratislava, ktorá mi sprístupnila 3D tlačiareň a poradila, ako s ňou narábať. Ďakujem tímu FTLab na našej fakulte za prístup k 3D skeneru SMISS.

Literatúra

[1] Alexandre Alahi, Raphael Ortiz, and Pierre Vandergheynst. Freak: Fast retina keypoint. In *Computer Vision and Pattern Recognition (CVPR), 2012 IEEE Conference on*, pages 510–517. Ieee, 2012.

[2] ARToolKit. Webová stránka artoolkit @ONLINE. http://www.hitl.washington.edu/artoolkit/, 2004.

[3] ArUco. Aruco library @ONLINE. http://www.uco.es/investiga/grupos/ava/node/26, 2014.

[4] Ronald Azuma, Yohan Baillot, Reinhold Behringer, Steven Feiner, Simon Julier, and Blair MacIntyre. Recent advances in augmented reality. *Computer Graphics and Applications, IEEE*, 21(6):34–47, 2001.

[5] Ronald T Azuma et al. A survey of augmented reality. *Presence*, 6(4):355–385, 1997.

[6] Herbert Bay, Tinne Tuytelaars, and Luc Van Gool. Surf: Speeded up robust features. In *Computer vision–ECCV 2006*, pages 404–417. Springer, 2006.

[7] Oliver Bimber and Ramesh Raskar. *Spatial augmented reality: merging real and virtual worlds*, volume 6. AK Peters Wellesley, MA, 2005.

[8] Michael Calonder, Vincent Lepetit, Christoph Strecha, and Pascal Fua. Brief: Binary robust independent elementary features. In *Computer Vision–ECCV 2010*, pages 778–792. Springer, 2010.

[9] Web3D Consortium. What is x3d @ONLINE. http://www.web3d.org/x3d/what-x3d, 2015.

[10] Tom Cushwa. Owl statue @ONLINE. http://www.thingiverse.com/thing:18218, 2012.

[11] Victor Fragoso, Steffen Gauglitz, Shane Zamora, Jim Kleban, and Matthew Turk. Translatar: A mobile augmented reality translator. In *Applications of Computer Vision (WACV), 2011 IEEE Workshop on*, pages 497–502. IEEE, 2011.

[12] Khronos Group. 3d asset exchange schema @ONLINE. http://www.khronos.org/collada, 2015.

[13] Richard Hartley and Andrew Zisserman. *Multiple view geometry in computer vision*. Cambridge university press, 2003.

[14] Barend Havenga. Hud on a boeing 737-800 @ONLINE. http://www.reddit.com/r/pics/comments/lplfb/hud_on_a_boeing_737800, 2012.

[15] Hirokazu Kato and Mark Billinghurst. Marker tracking and hmd calibration for a video-based augmented reality conferencing system. In *Augmented Reality, 1999.(IWAR'99) Proceedings. 2nd IEEE and ACM International Workshop on*, pages 85–94. IEEE, 1999.

[16] Tomáš Kovačovský. Hdr smiss–fast high dynamic range 3d scanner.

[17] Tomáš Kovačovský. *Scalable multifunctional indoor scanning system*. PhD thesis, Citeseer, 2012.

[18] Tobias Langlotz. Studierstube opentracker @ONLINE. http://studierstube.icg.tugraz.at/opentracker/, 2008.

[19] Tobias Langlotz. Studierstube project @ONLINE. http://studierstube.icg.tugraz.at/download.php, 2008.

[20] Stefan Leutenegger, Margarita Chli, and Roland Yves Siegwart. Brisk: Binary robust invariant scalable keypoints. In *Computer Vision (ICCV), 2011 IEEE International Conference on*, pages 2548–2555. IEEE, 2011.

[21] Mark A Livingston, Lawrence J Rosenblum, Dennis G Brown, Gregory S Schmidt, Simon J Julier, Yohan Baillot, J Edward Swan II, Zhuming Ai, and Paul Maassel. Military applications of augmented reality. In *Handbook of augmented reality*, pages 671–706. Springer, 2011.

[22] Mark A Livingston, Lawrence J Rosenblum, Simon J Julier, Dennis Brown, Yohan Baillot, II Swan, Joseph L Gabbard, Deborah Hix, et al. An augmented reality system for military operations in urban terrain. Technical report, DTIC Document, 2002.

[23] Julian Looser. Artoolkit documentation @ONLINE. http://www.hitl.washington.edu/artoolkit/documentation/vision.htm, 2004.

[24] David G Lowe. Object recognition from local scale-invariant features. In *Computer vision, 1999. The proceedings of the seventh IEEE international conference on*, volume 2, pages 1150–1157. Ieee, 1999.

[25] Qualcomm. Vuforia library @ONLINE. https://www.qualcomm.com/products/vuforia, 2015.

[26] Christian Schonauer, Emanuel Vonach, Georg Gerstweiler, and Hannes Kaufmann. 3d building reconstruction and thermal mapping in fire brigade operations. In *Proceedings of the 4th Augmented Human International Conference AH '13*, New York, 2013. ACM. talk: 4th Augmented Human International Conference, Stuttgart; 2013-03-07 – 2013-03-08.

[27] Stephen M Smith and J Michael Brady. Susan—a new approach to low level image processing. *International journal of computer vision*, 23(1):45–78, 1997.

[28] Wavefront Technologies. *Object file specification @ONLINE*, 1991.

[29] theswiss. business card tree @ONLINE. http://www.thingiverse.com/thing:439474, 2014.

[30] Engin Tola, Vincent Lepetit, and Pascal Fua. Daisy: An efficient dense descriptor applied to wide-baseline stereo. *Pattern Analysis and Machine Intelligence, IEEE Transactions on*, 32(5):815–830, 2010.

[31] Oncel Tuzel, Fatih Porikli, and Peter Meer. Region covariance: A fast descriptor for detection and classification. In *Computer Vision–ECCV 2006*, pages 589–600. Springer, 2006.

[32] FMFI UK. Mgr. tomáš kovaČovskÝ, 3d scanner smiss @ONLINE. https://www.youtube.com/watch?v=TWlhbInC7vc.

[33] Marek Vološín. Rozpoznávanie obrazov v robotike. Master's thesis, Technická univerzita v Košiciach, 2011.

[34] Daniel Wagner and Dieter Schmalstieg. *Artoolkitplus for pose tracking on mobile devices*. na, 2007.

[35] Simon Julier Yohan, Simon Julier, Yohan Baillot, Marco Lanzagorta, Dennis Brown, and Lawrence Rosenblum. Bars: Battlefield augmented reality system. In *In NATO Symposium on Information Processing Techniques for Military Systems*. Citeseer, 2000.

Študentská vedecká konferencia FMFI UK, Bratislava, 2015, pp. 70–75
ISBN 978-1518759055, © 2015 Marek Tučáni

Mobilný inteligentný robot s ramenom a stereovidením

Marek Tučáni[1]*
Školiteľ: Pavel Petrovič[1‡]

[1] Katedra aplikovanej informatiky, FMFI UK, Mlynská Dolina, 842 48 Bratislava

Abstrakt

Modulárny autonómny robot je zostrojený z komponentov podľa samostatného návrhu. Modul stereovidenia zabezpečujú 2 farebné kamery umiestnené na prednom paneli a prepojené s riadiacimi doskami SRV-1 od Surveyor Corporation. Obraz je prenášaný cez bezdrôtové spojenie WiFi do počítačového modulu Gumstix, na ktorom beží distribúcia operačného systému Linux (Yocto Project). Pohyby ramena sú počítané inverznou kinematikou, pričom berieme do úvahy pracovný a konfiguračný priestor robotického ramena s 5 stupňami voľnosti. Vlastný prínos práce je algoritmus navigácie robotického ramena na výpočet trajektórie pohybu: v prípade konfliktov v pracovnom priestore sa navrhuje alternatívna trajektória. Robot sa dokáže pohybovať v prostredí, vyhľadávať a pomocou robotického ramena Lynxmotion AL5D uchopovať predmety podľa určených kritérií. Práca tiež rieši problém stereovidenia pomocou knižníc OpenCV. Vďaka stereovideniu dokáže robot identifikovať predmety v jeho zornom poli. Uchopené predmety dokáže prevážať a doručiť na cieľové miesto. Výstupom práce je robotický systém pripravený na experimenty v kognitívnej vede a umelej inteligencii.

Kľúčové slová: mobilná robotika, stereovidenie, robotické rameno, inverzná kinematika

Úvod

Robotickú tému diplomovej práce som si zvolil z niekoľkých dôvodov. Hlavným dôvodom je moja motivácia a nadšenie aplikovať informatiku v praxi. Robotickú tému považujem za ideálnu voľbu, nakoľko v sebe spája hardvérovú aj softvérovú časť. Vždy ma fascinovali mechanické zázraky modernej doby z pohľadu ich dômyselného fungovania. Aj napriek tomu, že som doteraz nemal takmer žiadne skúsenosti z oblasti robotiky, téma bola pre mňa mimoriadne príťažlivá. Konkrétne ma zaujalo úzke spojenie dvoch veľmi zaujímavých oblastí – informatiky a mechaniky.

Hlavnou časťou diplomovej práce je robotické vnímanie prostredia pomocou sústavy dvoch kamier, pričom na základe týchto vnemov dokáže robot autonómne vykonávať akcie, na ktoré bol naprogramovaný. Akcie vykonáva za pomoci efektorov – v našom prípade sa jedná o robotické rameno. Pohyb ramena uskutočňuje robot pomocou inverznej kinematiky. Na pohyb v priestore slúžia štyri kolesá poháňané elektromotormi.

1 Analýza východiskového stavu

Moja práca na mobilnom robotovi sa zakladala na bakalárskej práci P. Pukančíka - Riadiaci systém s inverznou kinematikou pre mobilné robotické rameno [Pukančík P., 2012]. Už z názvu je možné vytušiť, že robot bol v rozpracovanom stave a v podstate sám od seba toho veľa vykonať nedokázal. Na druhú stranu bol hotový kompletný systém ovládania jeho štyroch DC motorov poháňajúcich robustné kolesá spolu so systémom ovládania servomotorov robotického ramena. Robotické rameno obsahuje celkovo päť servomotorov (päť stupňov voľnosti DOF), z ktorých jeden slúži ako efektor (gripper) a pomocou jedného sa realizuje pohyb okolo svojej osi v rozsahu približne 200°. Zvyšné tri servomotory slúžia na pohyb ramena v jednej rovine. Vzhľadom na jednoduchosť ramena P. Pukančík implementoval inverznú kinematiku analytickou metódou, ktorá využíva geometrické riešenie problému. Takýmto prístupom sa rozdelí celý systém kinematického zreťazenia na menšie jednoduchšie podsystémy, ktoré sa následne riešia samostatne. Tento prístup má význam len u menej zložitých kinematických zreťazení s malým počtom stupňov voľnosti DOF. V optimálnom prípade sa dá problém zjednodušiť až na súbor grafických riešení a výsledná konfigurácia sa vyráta priamo, bez potreby iteratívnych aproximácií konfigurácie. Z povahy problému inverznej kinematiky vyplýva, že existuje viac možných konfigurácií na dosiahnutie danej pozície. Preto je nutné zadať uhol zápästia - uhol pod akým sa bude efektor približovať k hľadanej pozícii. Tým zjednoznačníme riešenie inverznej kinematiky [Pukančík P., 2012].

* marek.tucani@gmail.com
‡ ppetrovic@acm.org

Vzhľadom na mienené použitie robota môžem konštatovať, že bolo v značnej miere potrebné modifikovať existujúci hardvér a doinštalovať ďalšie komponenty. Boli vykonané nasledujúce modifikácie:

- Úplné prerobenie napájania - výmena pôvodných batérii za dve nové vysokovýkonné LiPo batérie.
- Robotovi bol prirobený systém stereokamier, vďaka ktorým prijíma podnety z prostredia. Použitý bol systém Surveyor SVS pozostávajúci z 2 farebných kamier umiestnených na spoločnej doske od Surveyor Corporation s procesormi Blackfin. Obraz z kamier je poskytovaný prostredníctvom embedded web servera Lantronix Matchport, na ktorý sa pripája prostredníctvom Ad-hoc WiFi pripojenia.
- Pridanie počítačového modulu Gumstix, na ktorom beží linuxová distribúcia operačného systému (Yocto Project). Komunikácia s modulom SVS je riešená pomocou Ad-hoc WiFi prepojenia.

2 Stereovidenie

Stereovidenie je jednou z kľúčových tém vo výskume počítačového videnia. Cieľom stereovidenia je napodobiť ľudské videnie 3D sveta. Každé oko zachytáva iný obraz a evolúcia sa musela vysporiadať s problémom ako spojiť tieto dva obrazy do jedného, s ktorým by potom mohol mozog pracovať. Tento hypotetický obraz dostal meno po mýtickej kreatúre s jedným okom, Kyklopovi. Problémom pri vytváraní kyklopského obrazu je, že neexistuje žiaden priamy spôsob ako prekryť tieto obrazy. Väčšina predmetov nie je v rovnakých častiach týchto dvoch obrazov. To, že neexistuje jednoduché prekrytie oboch obrazov poskytlo evolúcii jedinečnú možnosť. Z rozdielu projekcií objektu sa s trochou znalosti geometrie dá vypočítať jeho vzdialenosť. Tento mechanizmus sa nazýva stereoskopické videnie [Eifler M., 2003].

Počítačové stereovidenie spočíva v zachytení dvoch obrázkov s mierne odlišným uhlom pohľadu na scénu v 3D svete. Porovnanie vzdialenosti objektu v ľavom a pravom obrázku priamo závisí od vzdialenosti objektu od kamier. Porovnaním týchto dvoch záberov teda získavame informáciu o relatívnej hĺbke záberu. Výsledkom počítačového stereovidenia je tzv. hĺbková mapa (disparity map), ktorá je vlastne čiernobielym obrázkom, ktorého každý pixel má určitý odtieň sivej, priamo zodpovedajúci relatívnej vzdialenosti od kamier. Objekty bližšie ku kamerám sa v hĺbkovej mape javia ako svetlejšie a objekty, ktoré sú vzdialenejšie ako tmavšie.

Hĺbkové mapy sú zaujímavé hneď z niekoľkých dôvodov a majú rôzne využitie v počítačovom videní:

- **3D modelovanie 2D obrázkov** - keď sa vezmú dva 2D obrázky a vypočíta sa hĺbková mapa, je možné jednoducho vytvoriť 3D model scény použitím hĺbky ako tretieho rozmeru.
- **Sledovanie objektov** - v hĺbkovej mape je jednoduchšie sledovať objekt, pretože máme ďalšie možnosti segmentácie. Vytvorením segmentu pixlov na základe ich podobnosti informácie o hĺbke a pozícii v obrázku dostávame pomerne jednoducho rozoznateľný objekt na obrázku.
- **Rozoznávanie objektov v popredí** - podobne ako pri sledovaní objektov, ak vytvoríme segmenty podobných pixlov, vieme rozoznávať objekty umiestnené v popredí scény.
- **Informácia o prostredí pri plánovaní trasy** - hĺbkové mapy poskytujú aditívnu informáciu o snímanom prostredí a v oblasti umelej inteligencie tak môžu byť využité k lepšiemu plánovaniu trasy.

Spracovávanie obrazu s využitím stereovidenia je veľmi dobre prepracované v knižniciach OpenCV. Existuje mnoho algoritmov na skladanie dvoch obrazov (z dvoch podobných uhlov pohľadu na scénu). V OpenCV sú implementované niektoré z nich. Základnými princípmi algoritmov sú Graph Cut a Block Matching.

Cieľ procesu vytvárania hĺbkovej mapy je, že každému pixlu ľavého záberu nájdeme zodpovedajúci pixel v pravom zábere. Častým problémom je, že poradie pixlov jedného riadku bitmapy nezodpovedá poradiu pixlov v zodpovedajúcom riadku druhej bitmapy. Ďalším problémom je, že predmet alebo jeho časť vidno v jednom zábere, neznamená to automaticky, že bude viditeľný aj z druhého záberu (interlineárna konzistencia).

Mnohé navrhované stereo matching algoritmy sa snažia nájsť k pixlu z ľavého obrázku zodpovedajúci pixel v pravom obrázku na základe nejakej spoločnej vlastnosti - najčastejšie farby. Napriek tomu, že sa to zdá byť pomerne presné riešenie, problém interlineárnej konzistencie stále pretrváva.

Algoritmus Graph Cut berie do úvahy susednosť viacerých pixlov, čím značne vylepšuje presnosť výslednej hĺbkovej mapy. Aby zachoval interlineárnu konzistenciu, tak vyberá významné horizontálne poradie pixlov a tým priradí vyššie váhy tak, aby pri matchovaní ľavého a pravého obrázku toto poradie pixlov zachoval (aby sa bralo ako prioritne správne). Hľadanie zodpovedajúcich pixlov je výpočtovo náročná operácia a preto tento algoritmus nie je veľmi vhodný na real-time vyhodnocovanie priestoru [Dröppelmann et al., 2010].

Vhodnejším algoritmom je Block Matching. Je založený na tom, že vytvára zhluky pixlov z jedného obrázku a snaží sa minimalizovať chybu matchovania na podobný zhluk pixlov v druhom obrázku. Veľkosť zhlukov je voliteľná, no zvyčajne sa jedná o veľkosť 16x16 alebo 32x32 pixlov. Čím väčšie zhluky algoritmus matchuje, tým sa jeho rýchlosť zvýši, no presnosť a detailnosť hĺbkovej mapy klesá. Väčšie zhluky sú často imúnne na „nedokonalosti" reálneho sveta ako napríklad odlesky alebo iné osvetlenie, no na druhú stranu nemusia dokázať zachytiť jemné detaily objektov (priehlbiny a pod.) [Dröppelmann et al., 2010].

OpenCV obsahuje implementáciu troch algoritmov:

- GC
  - metóda *cvFindStereoCorrespondenceGC*
  - deprecated, implementácia nebola zahrnutá do najnovších knižníc OpenCV, pravdepodobne kvôli výpočtovej náročnosti algoritmu
- BM
  - metóda *StereoBM::operator*
  - uspokojivé výsledky, pomerne dobrý čas výpočtu
- SGBM
  - metóda *StereoSGBM::operator*
  - vylepšenie kvality algoritmu BM o pridanie prehľadávania do viacerých smerov (8) pri počítaní matchovania blokov
  - čas výpočtu vyšší ako pri StereoBM

3   Platforma Janko Hraško

Táto časť opisuje kompletný hardvérový aj softvérový návrh robotického systému.

3.1   Hardvér

Telo robota tvorí Aluminum 4WD1 Rover Kit obsahujúci skrinku a štyri robustné kolesá. Tento kit neobsahoval žiadnu elektroniku.

Obr. 1: Aluminum 4WD1 Rover Kit
(obrázok prevzatý z http://www.lynxmotion.com/)

Vo vnútri tela sa nachádza custom-made control board obsahujúca dva mikroprocesory ATmega88 a

ATtiny2313. Mikroprocesor ATmega88 zabezpečuje riadenie pohybu robotického ramena a ATtiny2313 má za úlohu riadenie kolies. Vnútorná frekvencia mikročipov sa dá interne nastaviť na frekvencie, zväčša 4 či 8 MHz, ktoré nám ale nevyhovujú pre štandardnú komunikačnú rýchlosť prenosu 115200 bps, pretože majú pri tejto rýchlosti veľkú chybovosť. Preto bol pridaný externý kryštálový oscilátor, ktorý zmení frekvenciu mikroradiča na 11.0592MHz, čo je optimálna frekvencia pre danú rýchlosť prenosu. Z dosky je vyvedený štandardný sériový port, na ktorom po zapnutí počúvajú oba mikroprocesory.

Obr. 2: Custom-made control board

Ďalšou dôležitou časťou je robotické rameno Lynxmotion AL5B Arm Hardware-Only Kit. Rameno obsahuje 5 servomotorov a skladá sa z otočnej základne, 3 rotačných kĺbov a jedného efektora. Spolu má teda 5 stupňov voľnosti DOF, z čoho jeden je efektor. Riadenie týchto servomotorov je zabezpečené pomocou piatich PWM signálov (ATmega88). Celé robotické rameno je napájané vysokovýkonnou Li-Po batériou s napätím 7,4V.

Obr. 3: Lynxmotion AL5B Arm
(obrázok prevzatý z http://www.lynxmotion.com/)

Kolesá robota sú hnané výkonnými prevodovými DC motormi GM 37 (max 150 ot./min). Rýchlosť motorov aj smer rotovania je konfigurovateľný pomocou príkazov komunikačného protokolu základnej dosky. Napájané sú LiPo batériou s napätím 11,1V.

Stereovidenie umožňuje Surveyor Stereo Vision System obsahujúci dve farebné kamery (s rozlíšením max 640x480) umiestnené na prednom paneli a prepojené s riadiacimi doskami SRV-1 s procesormi Blackfin. Cez vysokorýchlostný sériový port poskytujú obraz prostredníctvom embedded web servera Lantronix Matchport. Spojenie sa nadväzuje pomocou Ad-hoc WiFi prepojenia. Inštalácia na robota spočívala v rozdelení systému SVS na dve časti. Bolo potrebné oddeliť kamery od zvyšku systému, ktoré boli následne umiestnené do prednej časti robotickej skrine. Zvyšná časť systému SVS bola pripevnená na ľavú časť robota, tesne nad kolesá. Toto miesto bolo ideálne vzhľadom na to, že nezasahuje do pracovného priestoru robotického ramena (uhol otáčania okolo osi je iba približne 200°). Pomocou IDE HDD káblov bolo vyriešené prepojenie kamier a dosky SVS.

Obr. 4: Umiestnenie stereokamier

Obr. 5: Umiestnenie dosky SVS a prepojenie s kamerami

3.2 Softwér

Celý systém ovládania robota je naprogramovaný v jazyku C++ a je rozdelený do troch modulov:

- robot_module
- robot_motion_module
- camera_module

Modul robot_module je z veľkej časti tvorený kódom z bakalárskej práce P. Pukančika. Implementuje wrapper class nad robotickou rukou a jej servomotormi a tiež wrapper class nad DC motormi. Je tu tiež naprogramovaný celý výpočet inverznej kinematiky - stačí zadať bod v priestore a uhol pod ktorým sa má do neho dostať posledným článkom ramena a algoritmus vráti na výstup true/false podľa realizovateľnosti. Tento modul však neriešil rýchlosť a plynulosť pohybu robotického ramena ani presun efektora ramena z jedného bodu do druhého.

Modul robot_motion_module implementuje ako pohyb ramena, tak aj pohyb robota v priestore (otáčanie, pohyb dopredu a dozadu). Definuje pracovný priestor robota tým, že zjednodušeným spôsobom reprezentuje telo robota a základňu robotickej ruky - pomocou dvoch kvádrov v priestore (box1, box2). Algoritmus pre pohyb ramena z bodu A do bodu B je nasledovný:

1. Uvažuj úsečku z bodu A do bodu B.
2. Zisti, či trajektória (úsečka) nepretína box1 alebo box2.
3. Ak pretína, rozdeľ úsečku na dve polovice pomocou kontrolného bodu. Uprav pozíciu kontrolného bodu tak, aby neležal v box1 ani v box2. Na novovzniknuté úsečky rekurzívne zavolaj bod 1.
4. Ak nepretína, koniec.
5. Výsledkom je cesta z bodu A do bodu B pomocou kontrolných bodov medzi mini.

Robotické rameno sa následne pohybuje tak, že efektor prechádza kontrolnými bodmi pričom sa vyhne kolízii so svojim telom (box1) a tiež základňou ramena (box2).

Modul camera_module zabezpečuje pripojenie na stereokamerový systém SVS s využitím knižnice curl na získavanie obrázkov z kamier. Najskôr prebehne inicializácia kamier - nastavenie kvality obrazu a rozlíšenia. Na tento úkon je tiež využitá knižnica curl. Volaním metódy percept() sa získa obraz z kamier. S využitím OpenCV sa pomocou vyššie uvedeného algoritmu StereoBM::operator() zložením oboch záberov vypočíta hĺbková mapa priestoru. Algoritmus BM implementovaný v OpenCV mal niekoľko parametrov, od ktorých sa odvíjala kvalita výslednej hĺbkovej mapy. Parametre bolo treba vyladiť, na čo poslúžil projekt StereoBMTuner. Aby sme získali informáciu o vzdialenosti pixlu v priestore, prebieha volanie metódy reprojectImageTo3D(). ktorej výstupom je matica bodov obohatených o túto informáciu. V module prebieha rozpoznávanie obrazu na základe farby, pričom je potrebné definovať rozmedzie detekovaného spektra farieb. Po rozpoznaní objektu sa vypočíta jeho vzdialenosť od kamier, pripočíta sa posun základne od kamier a výsledkom je bod v priestore reprezentujúci stred objektu.

Pre demonštráciu funkčnosti systému bolo naprogramované konkrétne správanie robota spočívajúce v hľadaní červenej kocky okolo seba (otáča sa dookola kým ju neuvidí v zábere) a pohyb k nej. Akonáhle sa kocka dostane do dosahu robotického ramena, vypočíta sa jej pozícia pred robotom a pomocou ramena je uchopená a presunutá na nákladný priestor robota. Robot automaticky hľadá ďalšie kocky, vie sa tiež vysporiadať so situáciou, v ktorej sa v jeho zornom uhle nachádza väčší počet kociek.

4   Realizácia

Realizácia projektu zahŕňala naštudovanie základov teórie stereovidenia, možností implementácie pomocou knižníc OpenCV a následné testovanie v praxi. Najskôr som pracoval so samotným systémom kamier Surveyor SVS. Aby som mohol použiť OpenCV implementáciu algoritmu StereoBM, bolo potrebné kamery nakalibrovať. Kalibrácia kamier je veľmi citlivá záležitosť. Pokiaľ tento proces neprebehne správne, výsledky stereovidenia budú takmer nepoužiteľné. Kalibrácia spočíva v získaní série záberov z ľavej a pravej kamery pričom objekt ktorý snímame je šachovnica (štandardne 7x10 štvorčekov). Pred kameru nastavujeme šachovnicu rôzne vertikálne i horizontálne naklonenú. Snažíme sa ju okrem iného umiestňovať do kritických miest záberu - rohov. Vzniknutú množinu dvojíc záberov dávame na vstup programu, ktorý vytvoril Martin Peris a zverejnil na svojom blogu. Jeho kalibračný program tiež využíva OpenCV. Výstupom programu sú rektifikačné matice ktoré sú zároveň vstupom pre StereoBM.

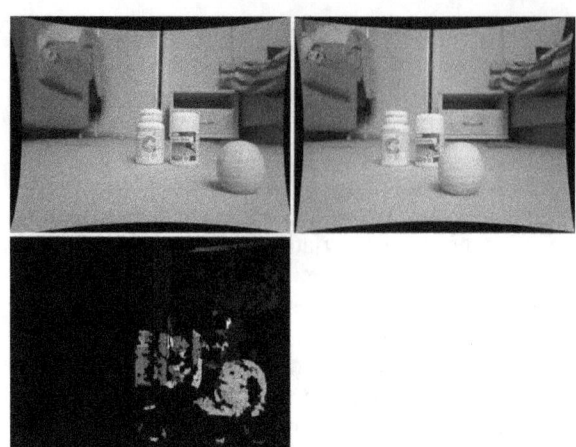

Obr. 6: Ukážka vytvorenia hĺbkovej mapy

Po úspešnom kalibrovaní a vyladení parametrov StereoBM algoritmu sa mi podarilo dosahovať celkom uspokojivé výsledky. Na obrázku č. 6 možno vidieť ľavý a pravý záber kamery, a výslednú hĺbkovú mapu. Pre presnejšie výsledky je možné použiť algoritmus StereoSGBM, no ten je výpočtovo náročnejší a vzhľadom na niekoľko sekundové spracovávanie obrazu, nie je vhodné čas výpočtu zvyšovať. Po namontovaní kamier na robota sa ich vzájomná pozícia zmenila a preto bolo potrebné nanovo vykonať proces kalibrácie.

Pri programovaní pohybu robotickej ruky sa vyskytol problém s trhavým samovoľným pohybom niektorých zo servomotorov. Problém bol spôsobený pomocnými výpismi programov mikročipov do konzoly, ktorý ovplyvňoval vysielanie PWM impulzov. Riešenie bolo jednoduché - pomocné výpisy odstrániť.

Posledným kúskom do kompletizácie robota bolo pridanie minipočítača Gumstix Overo Air a jeho prepojenie s SVS a základnou doskou. Napájanie je riešené priamo zo základnej dosky - obsahuje silný 5V regulátor. Na vyvedenie sériového portu z Gumstixu boli využité piny 9, 10, 15 a 16. Prepojenie si vyžadovalo navyše Level Shifter BSS138 (1,8V ~ 5V). Prepojenie so systémom SVS sme dosiahli konfiguráciou WiFi modulu tak aby sa pripájal na sieť SRV1 s príslušným nastavením IP adresy a masky.

5   Využitie a aplikácie

Príkladom použitia je umiestnenie robota do vyhradeného priestoru a rozmiestnenie predmetov, ktoré má zozbierať a doručiť na dopredu určené miesto. Obmedzením by mohla byť kapacita jeho nákladného priestoru (aby nemohol zozbierať všetky predmety naraz). Cieľom by bola snaha o minimalizáciu času potrebného na túto úlohu, prípadne minimalizácia prejdenej vzdialenosti.

6 Záver a ďalší vývoj

Výsledkom mojej práce je plne funkčný robot, ktorý je schopný vykonávať úlohy potrebné pre výskum v oblasti umelej inteligencie a kognitívnych vied. Robot dokáže rozpoznávať predmety pomocou stereovidenia, je schopný pohybovať sa v priestore a pomocou robotického ramena vykonávať rôzne akcie.

Výsledky práce sú ďalším stupňom vývoja, ktorý môže smerovať k zlepšeniu kvality rozpoznávania priestoru pomocou stereokamier a tiež zdokonaleniu výpočtov inverznej kinematiky. V prípade výmeny robotického ramena za zložitejšie (viac stupňov voľnosti) by nebolo možné využiť súčasnú implementáciu inverznej kinematiky. V takom prípade by bolo potrebné použiť niektorý z numerických alebo heuristických prístupov [Pukančík P., 2012]. Zdokonalenie stereovidenia by mohlo spočívať v zmenšení vzájomnej vzdialenosti kamier a v ich dokonalejšej kalibrácii.

Poďakovanie

Ďakujem vedúcemu diplomovej práce, Mgr. Pavlovi Petrovičovi, PhD., za jeho čas, odborné vedenie, podporu, poskytnuté konzultácie a dôležitú spätnú väzbu. Zároveň moje poďakovanie patrí všetkým, ktorí mi pomáhali s dostupnosťou či už knižných, alebo internetových zdrojov, ale aj tým, ktorí ma v mojom štúdiu a vytrvalej práci podporovali.

Literatúra

[Dröppelmann et al., 2010] Dröppelmann S., Hueting M., Latour S., van der Veen M. (2010). Stereo Vision using the OpenCV library. *http://tjpstereovision.googlecode.com/hg-history/551f9b6e2e9549337e7c26b4bac6a9a69a6c509c/doc/verslag.pdf*

[Eifler M., 2003] Eifler M. (2003). Stereo videnie. *http://people.ksp.sk/~misof/skola/!to%20process/Kognitivna%20veda/MEifler.pdf*

[Peris M., 2001a] Peris M. (2001). OpenCV: Stereo camera calibration. *http://blog.martinperis.com/2011/01/opencv-stereo-camera-calibration.html*

[Peris M., 2001b] Peris M. (2001). OpenCV: Stereo matching. *http://blog.martinperis.com/2011/08/opencv-stereo-matching.html*

[Pukančík P., 2012] Pukančík P. (2012). Riadiaci systém s inverznou kinematikou pre mobilné robotické rameno. Bakalárska práca.

Študentská vedecká konferencia FMFI UK, Bratislava, 2015, p. 76
ISBN 978-1518759055, © 2015 Ivor Uhliarik

Automatic Synthesis of Computationally Efficient Interest Point Detectors
(Extended Abstract)

Ivor Uhliarik*

Supervisor: Zuzana Berger Haladová†

Department of Applied Informatics, FMFI UK, Mlynská Dolina 842 48 Bratislava

Many applications of augmented reality heavily rely on the object recognition pipeline. The most frequently used method to recognize unmarked objects in unorganized, cluttered scenes is based on local image features. The process typically consists of three phases: interest point (IP) detection, description, and matching.

This work proposes an approach to the automatic synthesis of interest point detectors. It is based on the concepts of the progressive work of [Olague and Trujillo, 2012], which uses the principles of multiobjective genetic programming (MO-GP). We focus on building a framework that (1) promotes properties suitable for detecting local features in cluttered scenes, and (2) produces algorithms that are computationally efficient. Our aim is for the generated algorithms to be easily implementable on mobile platforms leveraging their parallel computation capabilities.

To achieve these goals, we design and re-implement the three search objectives proposed by Olague and Trujillo: *stability*, *point dispersion*, and *information content*. In addition, we contribute a fourth objective to this framework: *computational complexity*. The input to our framework consists only of a training set of images for the computation of fitness of individual objectives. The output is a set of algorithms composed of low-level image operations that have the qualities of interest point operators. These algorithms are optimal in the Pareto sense.

The stability of an interest point detector is measured by its repeatability rate. This is the fraction of the pairs of points that are repeatedly detected in an image that has been transformed using affine transformations.

Point dispersion is defined as the entropy of the spatial distribution of detected points over the image plane.

Information content is the overall entropy of the detected points in the descriptor space. The descriptor used in our work is the *Hölder descriptor* as defined in [Trujillo et al., 2012], and we implement its HGP-2 estimator.

The objective of computational complexity is our major contribution. Given the set of the low-level operations used in the synthesis of IP detectors, we measure the average time of execution of each operation and assign it a cost. We define the objective value to be the sum of costs of all operations in the synthesized algorithm.

In each step of the evolution, we compare the members of the population in the four-dimensional objective space. To obtain near-optimal results, we use Strength Pareto Evolutionary Algorithm 2 [Zitzler et al., 2001].

Using the MO-GP framework, individual preferences of IP detector qualities are accounted for without the need to fine-tune the parameters of a single fitness function. Moreover, the trade-off between the objective functions is easily managed, or they may be completely replaced for the purposes of further experiments.

References

[Olague and Trujillo, 2012] Olague, G. and Trujillo, L. (2012). Interest point detection through multiobjective genetic programming. *Appl. Soft Comput.*, 12(8):2566–2582.

[Trujillo et al., 2012] Trujillo, L., Legrand, P., Olague, G., and Lévy-Vehel, J. (2012). Evolving Estimators of the Pointwise Holder Exponent with Genetic Programming. *Information Sciences*, 209:61–79. Submitted.

[Zitzler et al., 2001] Zitzler, E., Laumanns, M., and Thiele, L. (2001). Spea2: Improving the strength pareto evolutionary algorithm. Technical report.

---

*ivor.uhliarik@gmail.com
†zhaladova@gmail.com

Študentská vedecká konferencia FMFI UK, Bratislava, 2015, p. 77
ISBN 978-1518759055, © 2015 Michal Piovarči

Physically Inspired Stretching for Skinning of Non-rigid Bodies (Extended Abstract)

Michal Piovarči*

Supervisor: Roman Ďurikovič

Katedra aplikovanej informatiky, FMFI UK, Mlynská Dolina 842 48 Bratislava

When visualization of the particle-based simulation is needed, the simulation is performed and positions of all the particles can be visualized. However, if the visualization happens remotely on the client-side (e.g: mobile phones) it is impossible to transfer all the particle data for each time step of the simulation due to limited bandwidth. If skinning animation is used the particles are sent to the client-side once and at each time step only changes in skeletal structure are required. Skinning techniques range from physically-based skinning techniques to geometrically based skinning techniques (see [Jacobson et al., 2014]), which are based on interpolation of rigid transformations defined for each bone. Due to limited computational power geometrically-based methods are usually used.

During the simulation a non-rigid body changes its length, width and height as a response to external and internal stimuli. The change in size of the body produces non-rigid transformation of the simulated mesh. This is in direct contrast with assumptions used in geometrically-based skinning which assumed rigid transformations between bones. We solve this problem by computing two additional scaling factors. One for the compression of the body caused by gravitation and second for stretching of the body caused by muscle contraction.

Gravitational force acting on the surface of a non-rigid body produces an elastic transformation. Taking into account the limits of geometrically based skinning we can approximate the body using a set of cylinders for each segment of the body. Applying small deformations theory enables us to calculate the change in size of a material under compression:

$$\Delta w = 2 \int_0^r \frac{F_y \mathrm{d}y}{2El\sqrt{r^2 - y^2}} = \frac{mg\pi}{El2}, \quad (1)$$

where F_y is the force acting on the body, w is width of the cylinder, E is Young's modulus, l is the length of the body, and $r = 0.5w$. The compression factor can then be simply calculated as the ratio of Δw to

the width of the body w. The body preserves its volume, therefore on one hand the compression factor is used to compress the body in direction of gravitation, on the other hand it is used to stretch the body in perpendicular direction to gravitation.

During the simulation, the muscles of the body are contracting and twisting the body. The stretching factor from twisting is calculated directly from simulation data. Each time the muscles contract and twist the body, its total curvature along the skeleton increases. Having calculated the rotation between segments of the skeletal structure we can estimate the curvature of the body κ as a sum of all the rotations applied on the skeletal structure:

$$\kappa = \sum \left\{ \angle \mathbf{v}_1\mathbf{v}_2\mathbf{v}_3 \,|\, (\mathbf{v}_1, \mathbf{v}_2) \in S, (\mathbf{v}_2, \mathbf{v}_3) \in S \right\}, \quad (2)$$

where S is a set of skeletal segments, each skeletal segment s is defined as a vertex pair $(\mathbf{v}_i, \mathbf{v}_j)$ such that $\mathbf{v}_i \in \mathbb{R}^3, \mathbf{v}_j \in \mathbb{R}^3$. We then investigate the length of the body in relation to the total curvature κ of its animation skeleton. A function Ψ representing the mapping from the total curvature κ to the length of the body is extracted. During animation we calculate the curvature of the animation skeleton and the length of the body using the pre-calculated function. Finally, the stretching factor is computed as the ratio of the expected length of the body to the original length of the body as: $StretchingFactor = \frac{\Psi(\kappa)}{l}$.

We have implemented our model in a system for data transfer compression in OpenWorm project. Firstly, rigid skinning transformations are extracted from the simulation. Next, our model is used to compute the scaling factors which are used to modify rigid skinning matrices. Finally, the updated matrices are transferred to the client-side where they are used to reconstruct the particle-based simulation in real-time.

References

[Jacobson et al., 2014] Jacobson, A., Deng, Z., Kavan, L., and Lewis, J. (2014). Skinning: Real-time shape deformation. In *ACM SIGGRAPH 2014 Courses*.

*michal.piovarci@gmail.com

Študentská vedecká konferencia FMFI UK, Bratislava, 2015, p. 78
ISBN 978-1518759055, © 2015 Adam Riečický

Library for Previewing OpenGL Resources
(Extended Abstract)

Adam Riečický*

Supervisor: Martin Madaras[1][†]

Katedra aplikovanej informatiky, FMFI UK, Mlynská Dolina 842 48 Bratislava

Nowadays, many programmers need to use graphical output in their programs. For this purpose, various graphical libraries such as OpenGL [1] are chosen to get maximal rendering efficiency. Since these libraries are working directly with graphic accelerators, the performance is robust, but it has its cost. Data stored in video card memory are hard to review by the program debugging and errors on this level are unpleasant and disturbing. Moreover, programmers often have these data stored on graphic card related with data in their application, which makes debugging even more frustrating.

Despite all the pros of the currently existing debugging tools such as gDEBugger [2], nSight [3] or Vogl [4], there are many limitations. We wanted to let the user to see a 3D visualization of values in the buffers. Debugging the meshes in a visual form is much more intuitive then reviewing a buffer values. Most of the tools, need to pause the application before they can be used. It can be restrictive in some cases, for example when debugging an animation. Our library works real-time, allowing the users to view mesh or texture animations instantly.

Compared to other debugging tools, our framework is displaying data defined by the user only, instead of all OpenGL context. This may result in the better clarity of displayed data, and filtering all not requited buffers. Similarly to the gDEBugger, our framework works in an additional window running beside the users application also. This window can be customized, depending on the needs and preferences of the user. This feature also makes it suitable for supplementary visual output applications, not only for debugging purposes.

Mesh rendering in its simplest form, can display a mesh as a point cloud. In the next step, the mesh data can be adjusted by other callings to specify vertex connectivity, texture coordinates, vertex attributes or shader program. To each model, an array of float values can be assigned. For each individual vertex,
one value from a field is taken and transformed to a color of the vertex. Sending the ID of a textures stored in the video memory to the library allows the user to display them in the Viewer window. The last feature allows the user to set a variable pointers to the library and then display actual values. Output of the each pointer can be formatted and inserted into a defined string line.

Since the tool provides multiple visual output options, there are many possible applications for it. It may become useful when the programmer needs to determine if some data was loaded correctly. Using just a few commands it allows the user to have a visual feedback of a mesh or a texture. Another application can be a visual test of a shader program. There is a possibility to apply a shader program for the models, therefore the user is able to compare them.

Our goal was to create a visualization tool for the programmers, where they would be able to inspect models and textures stored in the video memory, and connect it with the data from their program. This was be done by providing a library with a simple interface which can create another window beside the user's application and offer previewing possibilities.

References

[1] The Khronos Group. Opengl 4 reference pages. http://www.opengl.org/sdk/docs/man/, 1997-2015. [Online; accessed 19-February-2015].

[2] Graphic Remedy. gdebugger. http://www.gremedy.com/, 2004-2011. [Online; accessed 02-January-2015].

[3] NVIDIA Corporation. Nvidia nsight. http://www.nvidia.com/object/nsight.html/, 2015. [Online; accessed 15-March-2015].

[4] RAD Game Tools Valve Software. Vogl. https://github.com/ValveSoftware/vogl, 2015. [Online; accessed 15-March-2015].

*riecicky1@uniba.sk
[†]madaras@fmph.uniba.sk

Študentská vedecká konferencia FMFI UK, Bratislava, 2015, p. 79
ISBN 978-1518759055, © 2015 Jozef Hladký

Dragon fire modeling in 3D for computer animation
(Extended Abstract)

Jozef Hladký[1*]

Supervisor: Roman Ďurikovič[1†]

Katedra aplikovanej informatiky, FMFI UK, Mlynská Dolina 842 48 Bratislava

In this paper we present a model for animating realistic behavior of flame movement, spread and combustion while maintaining artistic control over the appearance. We provide interaction with wind fields which can appear in the surrounding environment.

The fundamental element of the flame is a spline which forms the central spine of the model, inspired by [Lamorlette and Foster, 2002]. The spline consists of segments which are build using the simulation-controlled control points. The spline is fitted to pass through every control point using interpolating Catmull-Rom spline.

In the first frame of animation, a particle p_0 is generated at the burning surface. This is the first stage of the fundamental spline. In the second frame of the animation, the particle is released into the environment, where it moves according to

$$\frac{\partial x_p}{\partial t} = w(x_p, t) + d(T_p) + V_p + c(T_p, t) \qquad (1)$$

where x_p is the position of particle p, $w(x_p, t)$ is the displacement vector due to wind fields, $d(T_p)$ represents Brownian motion scaled by T_p, the temperature of the particle p. V_p is the displacement due to the motion of the source and $c(T_p, t)$ is the motion due to thermal buoyancy. The thermal buoyancy term is expressed by

$$c(T_p, t) = -\beta g_y (T_0 - T_p) t_p^2 \qquad (2)$$

where β is the coefficient of thermal expansion, g_y is the vertical component of gravity, T_0 is the ambient temperature and t_p is the age of the particle.

In the second frame of the animation, a new particle p_1 is generated at the surface and N control points are evenly distributed between p_0 and p_1. Along with starting particle p_0 and end particle p_1 these control points form together a segment s_0. Each particle and control point in a segment move according to (1). The control points in each segment form a Catmull-Rom spline, which has it's control points evenly re-distributed in every subsequent frame to achieve constant local detail. In each additional frame the spline is extended analogically.

The flame profile is divided into 3 sectors according to the flame's height - persistent, intermittent and buoyant. Once the flame reaches the intermittent section, a random number is periodically tested against probability function to determine whether the flame will flicker or separate.

Wind is formed using various types of wind fields. We define 4 basic types of wind - linear, vortex, source and sink. Each type is defined by origin, strength and set of equations affecting cylindrical coordinates of the particle p. We can add them together to form a more complex airflow. The resulting displacement vector $w(x_p, t)$ of equation (1) is the sum over each wind-field in the system.

$$w(x_p, t) = \sum_{i=0}^{n} v_i = v_{vort}(x_p) + v_{sink}(x_p) + v_{source}(x_p) + \dots \qquad (3)$$

This representation was presented by [Wejchert and Haumann, 1991].

References

[Lamorlette and Foster, 2002] Lamorlette, A. and Foster, N. (2002). Structural modeling of flames for a production environment. In *Proceedings of the 29th Annual Conference on Computer Graphics and Interactive Techniques*, SIGGRAPH '02, pages 729–735, New York, NY, USA. ACM.

[Wejchert and Haumann, 1991] Wejchert, J. and Haumann, D. (1991). Animation aerodynamics. In *Proceedings of the 18th Annual Conference on Computer Graphics and Interactive Techniques*, SIGGRAPH '91, pages 19–22, New York, NY, USA. ACM.

*hladky10@uniba.sk
†durikovic@fmph.uniba.sk

Študentská vedecká konferencia FMFI UK, Bratislava, 2015, p. 80
ISBN 978-1518759055, © 2015 Gabriel Mrva

Rozšírenie riadenia vozidla počítačovým videním
(rozšírený abstrakt)

Gabriel Mrva*

Školiteľ: Zuzana Berger Haladová[1][†]

Katedra aplikovanej informatiky, FMFI UK, Mlynská Dolina 842 48 Bratislava

Cieľom práce je vytvorenie mobilnej aplikácie Drife pre operačný systém Android, ktorá napomáha riadeniu motorového vozidla pomocou algoritmov počítačového videnia a spracovania obrazu. Drife napodobňuje existujúce bezpečnostné prvky, ktoré sa nachádzajú v špičkových automobiloch. Systém pomocou zadnej kamery smartfónu sleduje jazdný pruh, v ktorom sa nachádzame a určuje vzdialenosť medzi naším vozidlom a vozidlom pred nami. Ak nedodržiavame bezpečnú vzdialenosť, vykonávame náhle zmeny jazdných pruhov alebo nie sme schopní udržiavať vozidlo v strede pruhu, tak sme na tieto chyby upozornení zvukovým aj vizuálnym signálom. Aplikácia disponuje aj funkciou nahrávania cestnej premávky, ktorú následne vieme použiť ako dôkaz po cestnej nehode.

Asistenčná služba bola navrhnutá s ohľadom na obmedzenia, ktoré prináša vývoj aplikácie počítačového videnia na mobilnom zariadení. Drife je implementovaný použitím knižnice OpenCV4Android s využitím všetkých jadier mobilného zariadenia súčasne. Detekcia jazdného pruhu pozostáva z predspracovania, kde rozdelíme vstupný obraz na oblasti záujmu. Potom sa použije Cannyho hranový detektor, pomocou ktorého získame binárny obraz obsahujúci hranové body. Na nájdenie čiar sa využíva Houghová transformácia [Laganière, 2011]. Keďže ide o výpočtovo náročný proces a my potrebujeme výsledky v reálnom čase, aby sme dokázali varovať šoféra s predstihom, tak sa použije Kalmanov filter na zrýchlenie výpočtu [Mills et al., 2003]. Stavový vektor Kalmanovho filtra pre jednu čiaru:

lačnú rýchlosť, ω rotačnú rýchlosť, θ uhol úsečky a t čas. Kalmanov filter predpovedá približnú pozíciu a uhol čiary v obraze, takže Houghová transformácia nemusí prehľadávať celú oblasť záujmu a čiary všetkých uhlov. Na validáciu jazdného pruhu sa využíva model cesty. Detekcia vozidla prebieha pomocou AdaBoost a Haarových príznakov [Viola and Jones, 2001]. Následne sa vypočíta vzdialenosť medzi vozidlami.

Jedným z hlavných prínosov aplikácie Drife je, že ide o bezpečnostnú aplikáciu čisto na báze softvéru bez použitia ďalšieho zariadenia, ktoré by prinášalo nové výdavky. Inou výhodou je, že aplikácia nevyžaduje kalibráciu kamery od používateľa, čiže jej inštalácia nie je náročná pre bežného používateľa.

Literatúra

[Laganière, 2011] Laganière, R. (2011). *OpenCV 2 Computer Vision Application Programming Cookbook: Over 50 recipes to master this library of programming functions for real-time computer vision.* Packt Publishing Ltd.

[Mills et al., 2003] Mills, S., Pridmore, T. P., and Hills, M. (2003). Tracking in a hough space with the extended kalman filter. In *BMVC*, pages 1–10.

[Viola and Jones, 2001] Viola, P. and Jones, M. (2001). Rapid object detection using a boosted cascade of simple features. In *Computer Vision and Pattern Recognition, 2001. CVPR 2001. Proceedings of the 2001 IEEE Computer Society Conference on*, volume 1, pages I–511. IEEE.

$$s_{t+1} = \begin{pmatrix} x_{t+1} \\ y_{t+1} \\ u_{t+1} \\ v_{t+1} \\ \omega_{t+1} \\ \theta_{t+1} \end{pmatrix} = \begin{pmatrix} x_t + u_t \\ y_t + v_t \\ u_t \\ v_t \\ \omega_t \\ \theta_t + \omega_t \end{pmatrix} = f(s_t)$$

, kde (x,y) reprezentuje stred úsečky, (u,v) trans-

---

*mrva.gabriel@gmail.com
[†]zhaladova@gmail.com

Študentská vedecká konferencia FMFI UK, Bratislava, 2015, p. 81
ISBN 978-1518759055, © 2015 Jana Pernecká

Interaktívne vytváranie a editácia javísk
(rozšírený abstrakt)

Jana Pernecká[1*]

Školiteľ: Roman Ďurikovič[1†]

Katedra aplikovanej informatiky, FMFI UK, Mlynská Dolina 842 48 Bratislava

Interaktívne vytváranie a editácia divadelných javísk je webový projekt v spolupráci s firmou ticketportal. Spoločnosť ticketportal predáva lístky na rôzne kultúrne podujatia. Ak chce nový prevádzkovateľ predávať lístky na kultúrne podujatia v jeho priestoroch, musí vytvoriť virtuálne javisko. Dôležité je rozmiestnenie sedadiel, aby si divák vedel predstaviť, ako vyzerajú priestory v skutočnosti. Javisko sa následne spracuje, kategorizuje sa cena pre jednotlivé sedadlá a predstavenia. Následne sa môžu uvoľniť lístky do predaja, ktoré si môžu diváci zakúpiť na predajnom mieste alebo inou formou.

V našej práci sa zaoberáme rozmiestňovaním sedadiel do dvojrozmerného priestoru javiska. Preto študujeme aj problém Bin-Packingu, a špecifikujeme sa na jeho dvojrozmernú verziu [Birgin et al., 2006]. Požiadavky na tento softvér môžeme rôzne kategorizovať: dostupnosť, použiteľnosť, a rozmanitosť. **Dostupnosť** je pre nás dôležitá, aby tento editor mohlo jednoducho využiť čo najviac prevádzkovateľov, preto musí byť softvérovo nenáročný. Rozhodli sme sa preto využiť webové rozhranie a prvok HTML5 canvas. Javisko sa vykresľuje do elementu canvas pomocou javascriptu. Preto je požiadavka na používateľa podpora týchto dvoch technológií. **Použiteľnosť** je pre nás veľmi dôležitá, aby sa používateľ rýchlo zoznámil so systémom a vedel s ním efektívne pracovať, preto študujeme HCI (Human Computer Interaction) [Kenneth E. Kendall,]. Funkcionalita ktorá sa často používa je v hlavnom hornom menu zobrazená formou ikony, bočné menu slúži na menej často využívané funkcie. **Rozmanitosť** je kritérium na pokrytie veľkého spektra javísk. Každé javisko môže mať svoje špecifiká: počet sedadiel v rade, rozmiestnenie sedadiel, pomenovanie a zoradenie sedadiel. Počet sedadiel, pomenovanie a zoradenie sa vytvára pomocou formuláru. Rozmiestnenie sedadiel sa dá upraviť pomocou posúvania, škálovania, a rotácie objektov.

Obrázok 1 nám zobrazuje sedadlá umiestnené do oválu, napríklad na zimnom štadióne. Rozmiestnenie vzniklo úpravami: posun, škálovanie, rotácia. Sedadlá sú farebne odlíšené podľa cenovej kategórie. Na obrázku si môžete všimnúť rôzne pomenovanie sedadiel a radov pre každý sektor. Oranžovou prerušovanou čiarou je zvýraznený sektor, ktorý má používateľ označený a môže ho editovať. V označenom sektore chýbajú sedadlá, ktoré sú označené ako nepredajné.

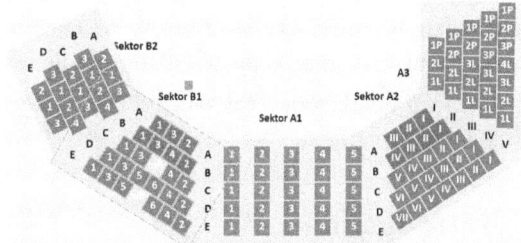

Obr. 1: Ukážka práce s aplikáciou Editor javísk.

Pri práci na projekte nesmieme zabúdať na prácu s veľkými dátami, keďže veľké divadlá môžu mať viac ako tisíc sedadiel. Lístky sa predávajú aj na hokejové zápasy, pričom počet sedadiel na zimnom štadióne môže presiahnuť desaťtisíc sedadiel. Preto musí byť kladený dôraz aj na efektifitu softvéru. Interaktívne vytváranie a editácia divadelných javísk je zaujímavý projekt a využiteľný v praxi pre používateľov pracujúcich v kultúre.

Literatúra

[Birgin et al., 2006] Birgin, E., Martínez, J., Nishihara, F., and Ronconi, D. (2006). Orthogonal packing of rectangular items within arbitrary convex regions by nonlinear optimization. Part Special Issue: Recent Algorithmic Advances for Arc Routing Problems.

[Kenneth E. Kendall,] Kenneth E. Kendall, J. E. K. *Systems Analysis and Design Value Package*. Prentice Hall; 7 edition (July 7, 2007).

---

*pernecka1@uniba.sk
†durikovic@fmph.uniba.sk

Študentská vedecká konferencia FMFI UK, Bratislava, 2015, pp. 82–93
ISBN 978-1518759055, © 2015 Oliver Majerský

Forward-backward asymmetry in bottom quark pair production at the CDF experiment

Oliver Majerský*

Supervisor: Pavol Bartoš[1][†]

[1]Katedra jadrovej fyziky a biofyziky, FMFI UK, Mlynská Dolina 842 48 Bratislava

Abstract: In this paper, we present an analysis of forward-backward asymmetry in $b\bar{b}$ quark pair production at the CDF experiment, using $6.9\,\mathrm{fb}^{-1}$ data sample of proton-antiproton collisions at $\sqrt{s} = 1.96\,\mathrm{TeV}$. We identify b-jets originating from $b\bar{b}$ pairs using *SecVtx* b-tagging algorithm and soft muon tagging technique. We have measured the integrated forward-backward asymmetry of $(1.21 \pm 0.75)\,\%$. In addition, we have measured the dependence of forward-backward asymmetry on invariant mass of $b\bar{b}$ pair $M_{b\bar{b}}^{(1)}$ and compared our results with theoretical prediction of the Standard Model. We conclude that our results are in agreement with the prediction.

Keywords: b quark, b-jet, forward-backward asymmetry, CDF experiment

1 Introduction

The results from CDF experiment at the Tevatron accelerator show a sizeable difference between measured forward-backward asymmetry in $t\bar{t}$ quark pair production and the Standard Model (SM) prediction with the significance between 2σ to 3σ. Furthermore, the results show that the asymmetry rises approximately linearly with the invariant mass of the quark pair $M_{q\bar{q}}^{(1)}$.[1]

The study of forward-backward asymmetry in a $b\bar{b}$ pair production might therefore bring more insight into the origin of the asymmetry, since it could probe regions of lower invariant mass of the quark pair.

We briefly introduce the theoretical concept of the asymmetry in Section 2 and describe our choice of events in Section 3. The method of obtaining the asymmetry is described in Section 4 and finally, we present the result in Section 5.

---

*majersky5@fmph.uniba.sk

[†]bartos@fmph.uniba.sk

[1]The invariant mass of a quark pair is defined as follows: $M_{q\bar{q}} = \sqrt{(E_q + E_{\bar{q}})^2 - (\vec{p}_q + \vec{p}_{\bar{q}})^2}$, where E_q ($E_{\bar{q}}$) is the energy and $\vec{p}_q$ ($\vec{p}_{\bar{q}}$) the momentum of q ($\bar{q}$) quark.

2 Forward-backward asymmetry

The forward-backward asymmetry describes the inequality of probability of some final state particle to be produced in forward and backward direction with respect to some significant direction. In our case, let us assume a quark-antiquark collision, in which a different pair of quark and antiquark is produced in the final state ($q + \bar{q} \rightarrow Q + \bar{Q}$). Let the significant direction be the direction of the incident quark q in centre-of-mass (CMS) system. Then the integrated forward-backward asymmetry can be expressed via the $Q\bar{Q}$ production cross section with respect to production angle ϑ (see Figure 1):

$$A_{FB}^Q = \frac{\sigma(\cos\vartheta > 0) - \sigma(\cos\vartheta < 0)}{\sigma(\cos\vartheta > 0) + \sigma(\cos\vartheta < 0)} \quad (1)$$

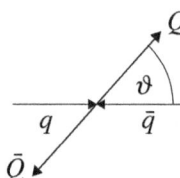

Figure 1: Illustration of production angle ϑ in $q + \bar{q} \rightarrow Q + \bar{Q}$ process in CMS frame.

2.1 Origin of asymmetry in quark pair production

There are two primary means of quark pair production at the leading order of perturbation theory predicted by SM: quark-antiquark annihilation ($q + \bar{q} \rightarrow Q + \bar{Q}$) and gluon-gluon fusion ($g + g \rightarrow Q + \bar{Q}$). In the leading order, SM does not predict any asymmetry in either of the processes. However, higher order corrections introduce several sources of asymmetry. Firstly, it is the interference of several contributions to scattering amplitude in QCD $q + \bar{q} \rightarrow Q + \bar{Q}$ processes (see Figure 2). Another contribution to asymmetry is due to interference of processes of quark-gluon scattering ($g + q \rightarrow Q + \bar{Q} + q$, see Figure 3).

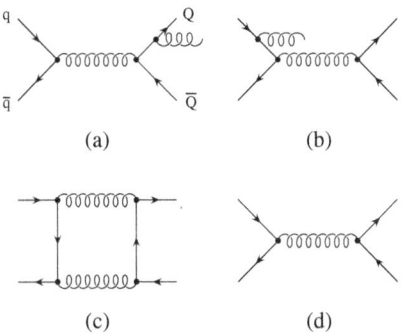

Figure 2: Origin of QCD $q + \bar{q} \to Q + \bar{Q}$ production asymmetry: initial and final state gluon radiation interference (a,b) and interference of box diagram (c) amplitude with Born diagram (d) amplitude. [2]

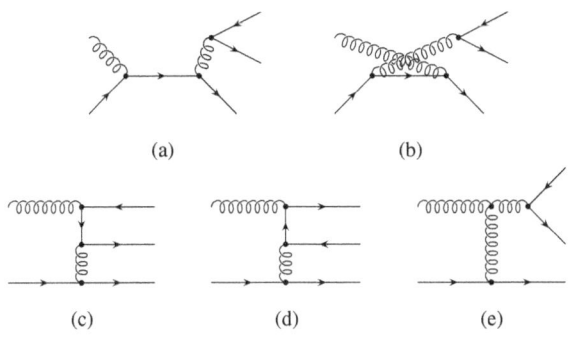

Figure 3: QCD $q + g \to Q + \bar{Q} + q$ production asymmetry through heavy flavor excitation: interference of amplitudes of quark-gluon scattering processes (a)-(e). [2]

Other contributions to the asymmetry include electroweak interactions, such as $q + \bar{q} \to Z/\gamma^* \to q + \bar{q}$. At Tevatron, the dominant source of asymmetry is the NLO contribution to $q\bar{q} \to Q\bar{Q}$ processes. [2]

2.2 Experimental determination of the asymmetry

The definition of forward-backward asymmetry as given in equation (1) cannot be used for experimental determination. At the CDF experiment, we seek to study the asymmetry in interactions involving individual partons from $p\bar{p}$ collisions. Since we lack the information regarding the energy and momentum of individual partons in the (anti-)proton entering the interaction that leads to pair production, we cannot determine the production angle θ of the quark Q. Therefore, it is necessary to find a different definition, one which can be experimentally measured. For

description of direction, we introduce the relativistic variable rapidity, which is defined as follows:

$$y = \frac{1}{2} \ln \frac{E + p_z}{E - p_z}, \qquad (2)$$

where E is the energy and p_z the longitudinal momentum of a particle. It is obvious from the definition, that if a particle is moving forward with respect to a significant direction (given by the z-axis), $y > 0$ and if it is moving backwards, $y < 0$. The advantage of using rapidity will become clear in a moment.

It can be shown, that the difference in rapidities of quark and anti-quark $\Delta y = y_Q - y_{\bar{Q}}$ has the same interpretation:

$$\Delta y = \begin{cases} > 0 & \text{if } Q \text{ moving forwards} \\ < 0 & \text{if } Q \text{ moving backwards} \end{cases}$$

We can therefore define the forward-backward asymmetry of a $Q\bar{Q}$ pair using Δy:

$$A_{FB}^{Q\bar{Q}} = \frac{N(\Delta y > 0) - N(\Delta y < 0)}{N(\Delta y > 0) + N(\Delta y < 0)} \qquad (3)$$

In the experiment, we would therefore reconstruct dijet pairs and count the number of events, in which the produced quark moved forward relative to the direction of the incident quark q; $N(\Delta y > 0)$ and the number of events, where it moved backwards relative to the direction of the incident quark q; $N(\Delta y < 0)$. The key feature of this definition of asymmetry is that Δy is invariant under Lorentz transformations along z-axis. Due to the fact, that partons in accelerated (anti-) protons have negligible transverse momenta, it follows that if we can determine Δy in the laboratory frame, the obtained asymmetry will be equal to the asymmetry of the produced quark Q with respect to the direction of incident quark q in the $q\bar{q}$ CMS frame, as defined by equation (1).

Due to the nature of the strong interactions, no free partons can be observed and therefore in the experiment we observe jets–groups of particles produced by the hadronization of the quarks and gluons with highly correlated tracks. We must therefore reconstruct these jets and measure their energy and momentum to obtain their rapidities. In order to calculate Δy, we must identify the jets from the pair production and distinguish, which jet was initiated by quark and which by antiquark.

In our case, we are interested in the production of $b\bar{b}$ quark pairs. We take advantage of semi-leptonic

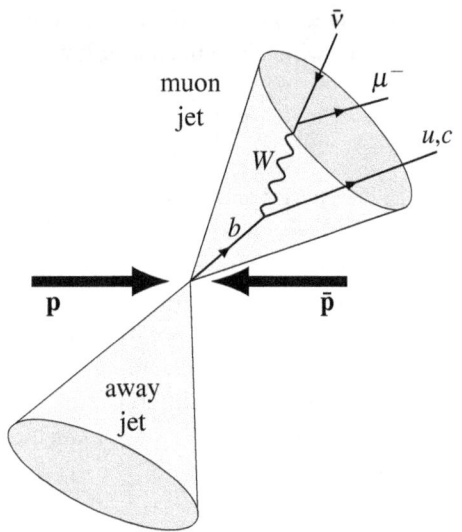

Figure 4: Illustration of a dijet event in $p\bar{p}$ collision. The semi-leptonic decay of b-quark is illustrated in the muon jet.

decay of b quark ($b \to u/c + \mu + \bar{\nu}_\mu$), in which a soft muon[2] is produced. In case of semi-leptonic decay of $\bar{b}$ quark a soft antimuon is produced. The electric-charge sign of a b or $\bar{b}$ quark is the same as the electric-charge sign of muon or antimuon respectively. This correlation is the basis of distinguishing b-jets from $\bar{b}$-jets and the technique is usually referred to as *soft muon tag*. Using the rapidity of jets and the soft muon tag, we can define the rapidity difference $\Delta y_{b\bar{b}}$ of the $b\bar{b}$ quark pair by the following relation:

$$\Delta y_{b\bar{b}} = (y_{\mathrm{AJ}} - y_{\mathrm{MJ}}) \cdot Q_\mu, \tag{4}$$

where y_{MJ} is the rapidity of the b-jet, in which we use the soft muon tag–we refer to it as the *muon jet*. The jet from the other $b/\bar{b}$ quark in the opposite direction is referred to as the *away jet*, its corresponding rapidity is labeled y_{AJ}. Finally Q_μ is the sign of the soft (anti)muon electric charge. In this definition, we assume that the away jet was initiated by a b-quark with opposite electric-charge sign relative to the b-quark initiating muon jet. For illustration of the muon–away jet pair, see Figure 4.

---

[2]The attribute *soft* refers to the fact, that the muon carries small transverse momentum with respect to b-jet and its track is within the jet cone.

2.3   Challenges of asymmetry measurement

In order to measure $A_{\mathrm{FB}}^{b\bar{b}}$, we must consider several factors, which would distort the results. We will describe each briefly in the following paragraphs.

b-tagger mistag. The algorithm used for b-jet identification has a non-zero probability for marking a jet initiated by a gluon or light or *charm* (c) quark as a b-jet. If we were to ignore this factor, we would be including jets from other than $b\bar{b}$ quark pairs in the signal and thus distorting the $A_{\mathrm{FB}}^{b\bar{b}}$ value.

Cascade decays of b quark. In the semi-leptonic decay, fraction of b quarks decay into c quark, which itself can undergo a semi-leptonic decay, where a muon with electric-charge sign opposite to the b quark electric-charge sign may be produced. If a soft muon from such a cascade decay is detected and reconstructed, we will obtain incorrect sign of the b quark charge. Thus, the resulting $\Delta y_{b\bar{b}}$ will have opposite sign, giving incorrect contribution to $A_{\mathrm{FB}}^{b\bar{b}}$.

$B_0 - \bar{B}_0$ mixing. After hadronization, the b quark creates a bound state, most commonly in form of a meson with another quark. If the b quark forms the electrically neutral B_0 meson, this meson can oscillate due to weak interaction between B_0 and $\bar{B}_0$ meson. That is, at parton level the $b/\bar{b}$ quark inside the meson oscillates to its antiparticle. If it then undergoes semi-leptonic decay, the resulting soft (anti)muon will carry opposite electric charge compared to the initial $b(\bar{b})$ quark produced in the pair-production, resulting in the same incorrect contribution to $A_{\mathrm{FB}}^{b\bar{b}}$ as in the case of cascade decays.

Detector response. Last but not least, if we wish to compare our $A_{\mathrm{FB}}^{b\bar{b}}$ results with theoretical predictions, we must take into consideration, that our results are based on events reconstructed from the CDF detector. In order to compare our results with theoretical predictions, which are given for parton-level asymmetry, we must study possible smearing of our results by the detector system and unfold our results from the reconstructed level to particle level.

3   Event selection

3.1   Data and Monte Carlo samples

In this analysis, we have used the official CDF data from Run II and Monte Carlo (MC) sample. For the dataset, we used muon enriched data[3] collected in $p\bar{p}$ collisions at $\sqrt{s} = 1.96\,\text{TeV}$ at the CDF experiment with integral luminosity of $6.9\,\text{fb}^{-1}$. For the MC sample, we used a muon enriched sample simulated by PYTHIA generator.

3.2 Event reconstruction and selection

As we have previously mentioned, the objects of interest in this analysis are $b\bar{b}$ quark pairs. We require presence of two b-tagged high energy jets. We use jets defined by a cone of $\Delta R < 0.4$[4]. One of the jets must contain a muon (the muon jet). Only one jet pair is selected, always choosing the highest E_T jets and highest p_T muon.

The full list of event selection criteria (mutual for both MC and data samples) is below:

- muon jet $E_T > 20\,\text{GeV}$,
- muon track $p_T > 10\,\text{GeV}/c$,
- muon $|\eta| < 0.6$,
- away jet $E_T > 20\,\text{GeV}/c$,
- away jet $|\eta| < 1.0$,
- both jets have to be back-to-back ($\Delta\phi > 2.8$),
- the jet pair must be balanced in p_T:

$$\frac{|p_T(\text{MJ}) - p_T(\text{AJ})|}{\max\{p_T(\text{MJ}), p_T(\text{AJ})\}} < 0.6$$

- both jets must be tagged as b-jets by SecVtx b-tagging algorithm [3]:
  - muon jet loose tagged,
  - away jet tight tagged.

The tight and loose variants of the SecVtx b-tagging algorithm differ in selection criteria they impose on jets. The tight variant achieves higher purity, while the loose variant sacrifices some purity for increased efficiency. When choosing which b-tagging variant to use for muon and away jets, we strived for maximum performance defined by $\varepsilon(2P-1)^2$, where ε is the efficiency (fraction of events passing the b-tagging requirements) and P is purity of the algorithm – the fraction of accepted events with both jets initiated by b quarks.

The criterion on p_T balance and $\Delta\phi$ is used to suppress events with topology different than that of a quark-antiquark pair production, such as events in which a third jet is reconstructed with another jet as a single jet.

4 Method

In the analysis, we measure the dependence of forward-backward asymmetry on dijet invariant mass M_{jj} [5] We have chosen the following M_{jj} intervals: $[40, 70]\,\text{GeV}/c^2$, $[70, 90]\,\text{GeV}/c^2$, $[90, 150]\,\text{GeV}/c^2$ and $> 150\,\text{GeV}/c^2$. Let us now cover the method we use to obtain the asymmetry.

4.1 b-fraction in jets

Since the b-tagger misidentifies a fraction of jets which were not initiated by a b-quark, the sample of events after selection criteria still contains non-$b\bar{b}$ events, which pollute the asymmetry measurement. The first step to eliminate their contribution is to estimate the fraction of b-tagged jets, which were actually initiated by a b-quark – the b-fraction. For this purpose we use the method of fraction-fitting.

We choose a suitable kinematic variable that allows us to distinguish b-jets from other jets. Thus a distribution of such variable in data would be a superposition of distributions of this variable for various sources – b-jets, c-jets and light (u,d,s)/gluon jets (shortly as l-jets). We then create histograms of distributions for the individual sources from the MC sample using MC truth information. These distributions are usually referred to as *templates*. We fit these template distributions to data distribution of the chosen variable and obtain fractions (composition) of individual sources contributing to data. We use Barlow-Beeston fit [4], which is essentially a binned maximum likelihood fit, that takes the uncertainties of MC distributions into consideration due to their finite size.

For the muon jets, the chosen kinematic variable to distinguish b-jets from other jets is the relative transverse momentum of the muon from semi-leptonic decay with respect to the reconstructed axis of the jet ($p_{T,\text{rel}}$). The geometrical meaning of $p_{T,\text{rel}}$ is illustrated in Figure 6. We have only used b- and c-jet

---

[3] A presence of central muon with $p_T > 8\,\text{GeV}/c$ and $|\eta| < 0.6$ in the event was required by the triggering system.

[4] The jet cone is defined by maximum separation between a particle track and jet axis in η–ϕ space, where ϕ is the polar angle in transverse plane (see Figure 5). The measure of separation is $\Delta R = \sqrt{(\Delta\eta)^2 + (\Delta\phi)^2}$.

[5] Dijet invariant mass is defined as follows: $M_{jj} = \sqrt{(E_{\text{MJ}} + E_{\text{AJ}})^2 - (\vec{p}_{\text{MJ}} + \vec{p}_{\text{AJ}})^2}$, where E_{MJ} (E_{AJ}) and $\vec{p}_{\text{MJ}}$ ($\vec{p}_{\text{AJ}}$) is the energy and momentum of the muon (away) jet.

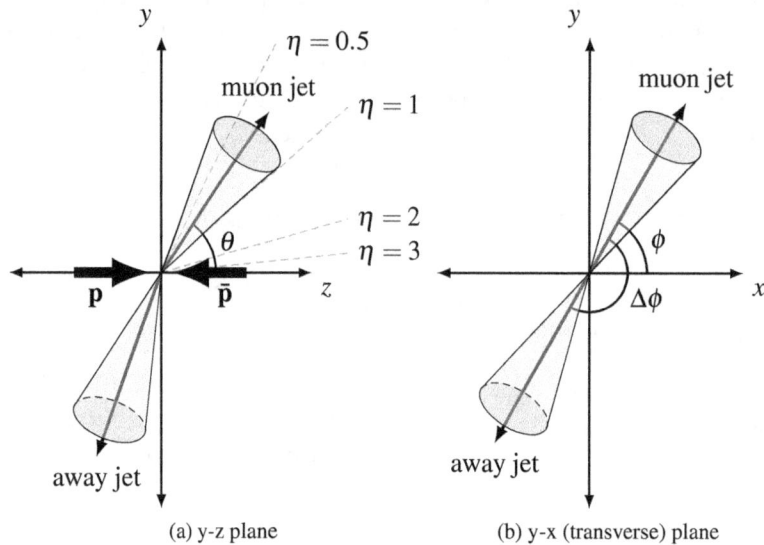

(a) y-z plane   (b) y-x (transverse) plane

Figure 5: Illustration of coordinates in the CDF experiment. The direction of proton beam is incident with the z-axis. The transverse (x-y) plane is the plane perpendicular to the direction of proton beam, where the x-axis points out of the accelerator ring. Direction of a particle or a jet is defined by pseudorapidity η and polar angle ϕ.

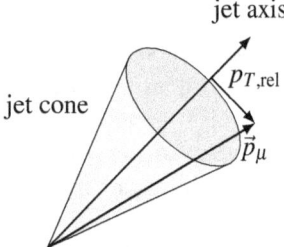

Figure 6: Illustration of relative transverse momentum of muon with respect to jet axis ($p_{T,\text{rel}}$). The component of muon momentum $\vec{p}_\mu$ perpendicular to the jet axis is $p_{T,\text{rel}}$.

templates, as not enough l-jets pass the selection criteria in MC sample. This is due to the combined requirement of muon in the muon jet and loose b-tag. The template distributions are illustrated in Figure 7.

For the away jets, the kinematic variable used for the fit is the invariant mass of the secondary vertex M_{Vtx}[6] Since the presence of muon in away jet is not required, the statistics in MC sample is higher and the non-b jet contributions include l-jets as well. The MC

template distributions and data distribution of away jet M_{Vtx} are shown in Figure 8.

4.2 $b\bar{b}$ fraction in data

After obtaining the b-fraction in muon jets and away jets respectively, we can now estimate $f(b\bar{b})$ – the fraction of events, in which the two jets are initiated by a $b\bar{b}$ pair. Since we do not know, how the jets are paired together, we can estimate a best case and worst case value of $f(b\bar{b})$.

Let us assume, that $f_b(\text{MJ}) > f_b(\text{AJ})$, where $f_b(\text{MJ})$ is the b-fraction in muon jets and $f_b(\text{AJ})$ is the b-fraction in the away jets. Then:

- In the best case scenario, non-b muon jets are paired with non-b away jets. At most, all of the away b-jets are paired with muon b-jets. Therefore:

$$f(b\bar{b})_{\text{max}} = f_b(\text{AJ})$$

- In the worst case scenario, non-b away jets are all paired with true muon b-jets. The rest of the muon b-jets are paired with away b-jets, resulting in the lowest possible $b\bar{b}$ fraction:

$$f(b\bar{b})_{\text{min}} = f_b(\text{MJ}) - [1 - f_b(\text{AJ})]$$

---

[6]$M_{\text{Vtx}} = \left(\sum_i E_i\right)^2 - \left(\sum_i \vec{p}_i\right)^2$, where E_i and $\vec{p}_i$ are the energies and momenta respectively of the ith track with origin in the secondary vertex.

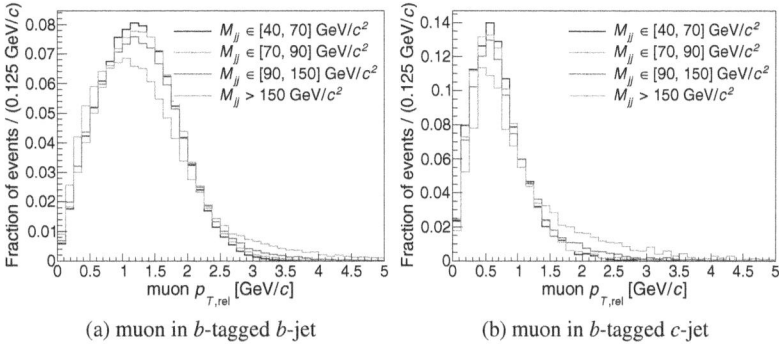

(a) muon in b-tagged b-jet   (b) muon in b-tagged c-jet

Figure 7: Normalised muon $p_{T,\mathrm{rel}}$ MC template distributions used for obtaining b-fraction of muon jets.

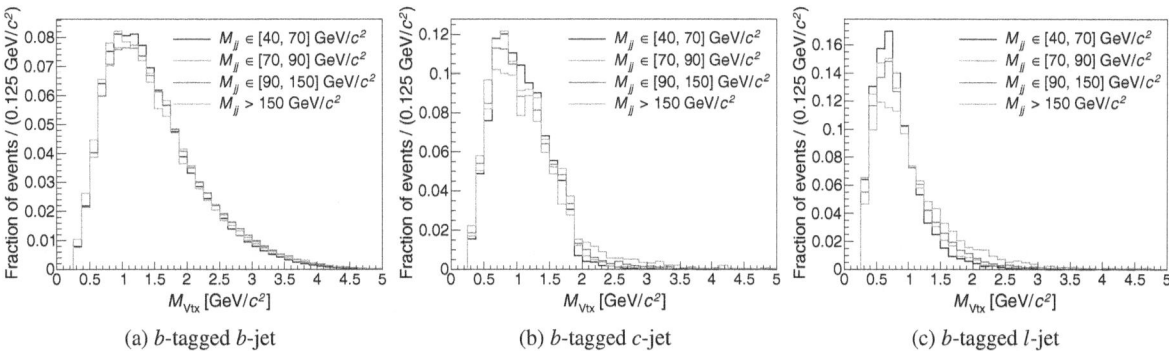

(a) b-tagged b-jet   (b) b-tagged c-jet   (c) b-tagged l-jet

Figure 8: Normalised MC template distributions of away jet M_{Vtx} used for obtaining b-fraction of away jets.

The $b\bar{b}$ fraction is then estimated as arithmetic average of the best case estimate $f(b\bar{b})_{\mathrm{max}}$ and the worst case estimate $f(b\bar{b})_{\mathrm{min}}$:

$$f(b\bar{b}) = \frac{1}{2}\left[f(b\bar{b})_{\mathrm{max}} + f(b\bar{b})_{\mathrm{min}}\right] \qquad (5)$$

The uncertainty of the $b\bar{b}$ fraction is calculated according to the following formula (assuming $f_b(\mathrm{MJ}) > f_b(\mathrm{AJ})$):

$$\sigma^2\left[f(b\bar{b})\right] = \frac{1}{4}\sigma^2[f_b(\mathrm{MJ})] + \sigma^2[f_b(\mathrm{AJ})]$$
$$+ \frac{1}{4}[1 - f_b(\mathrm{MJ})]^2$$

where $\sigma^2[f_b(\mathrm{MJ})]$ and $\sigma^2[f_b(\mathrm{AJ})]$ are the uncertainties of the muon jet and away jet b-fractions respectively, obtained from the fitting procedure. The uncertainty covers the whole interval $(f(b\bar{b})_{\mathrm{min}}, f(b\bar{b})_{\mathrm{max}})$, as the value of the true $b\bar{b}$ fraction can be anywhere in the interval.

Finally, for the case, when $f_b(\mathrm{MJ}) < f_b(\mathrm{AJ})$, one only needs to swap $f_b(\mathrm{MJ})$ and $f_b(\mathrm{AJ})$ in all of the above formulas.

4.3 Data and background distributions

The obtained $b\bar{b}$ fraction automatically gives as an estimate of amount of background in the sample $(1 - f(b\bar{b})$ for each M_{jj} interval). Note that we only treat events of non-$b\bar{b}$ origin as background. More specifically, $b\bar{b}$ events, in which the muon jet b-quark charge is incorrectly assigned due to cascade decays or $B_0 - \bar{B}_0$ mixing, are still treated as signal events and the aforementioned effects will be corrected using the unfolding technique.

We construct the data distribution as an 8 bin histogram, with 4 bins containing events with $\Delta y_b < 0$ and 4 bins containing events with $\Delta y_b > 0$. The 4 bins in each group contain each events from a single M_{jj} interval. To avoid any confusion, we have illustrated the data distribution in Figure 9.

The background distribution is encapsulated in a similar histogram as the data histogram. We take the data distribution and scale each M_{jj} bin according to its corresponding background fraction $(1 - f(b\bar{b})$ for each M_{jj} interval). We treat background as symmetric and thus for each pair of M_{jj} bins with $\Delta y_b > 0$ and

$\Delta y_b < 0$ respectively, we calculate their arithmetic average and set both bin values to this average. Both background distribution and background subtracted data distribution are also shown in Figure 9. In truth, the background distribution will not be entirely symmetric due to a small $c\bar{c}$ contribution as well contribution from $b + c$ events. We therefore include possible background asymmetry as a systematic uncertainty.

4.4 Unfolding

The background-subtracted data distribution shown in Figure 9 would still be smeared by detector response and limited acceptance as well as cascade decays and $B_0 - \bar{B}_0$ mixing. To correct for these effects we use the technique of unfolding.

Let x be a vector of bins of the histogram of a particle-level distribution – the distribution describing A_{FB} of $b\bar{b}$ pair after hadronization. This is the distribution we are interested in, from which we can calculate the A_{FB} and make a comparison with theoretical predictions. Due to the aforementioned effects, we actually measure a different distribution, which we refer to as reconstructed distribution, it's bins described by vector $\mathbf{b}$. The relation between $\mathbf{x}$ and $\mathbf{b}$ can be expressed by the following matrix equation:

$$\mathbf{S}\mathbf{A}\mathbf{x} = \mathbf{b}, \qquad (6)$$

where $\mathbf{S}$ and $\mathbf{A}$ are the smearing and acceptance matrices respectively. The acceptance matrix is a diagonal matrix and it's elements A_{ii} describe the probability, that an event from i-th bin of particle-level distribution will be reconstructed by the detector system, accepted by the triggering system and will pass our imposed selection criteria. The element S_{ij} of the smearing matrix describes the probability of reconstructing an event from j-th bin in particle-level distribution in i-th bin of reconstructed distribution.

The elements of smearing matrix are conveniently shown using two-dimensional histogram in Figure 10. Due to the finite resolution, some events from a given bin in particle-level distribution "migrate" to a neighbouring bin in the reconstructed-level distribution due to distorted measurement of dijet invariant mass, as seen by the neighbouring bins of the bottom-left to top-right diagonal. Similarly, due to cascade decays and $B_0 - \bar{B}_0$ mixing, a top-left to bottom-right diagonal appears in the histogram. This means, that in such a case the incorrect soft muon tag flips the sign of Δy_b.

The S and A matrices are obtained from MC simulation, where both particle-level as well as reconstructed-level simulations were included.

The first step in the unfolding would be to remove the smearing effects by using inverse matrix of $\mathbf{S}$, obtaining the unfolded distribution $\mathbf{S}^{-1}\mathbf{x}$. Unfortunately, this approach would result in an oscillating distribution with no physical meaning due to elements of matrix $\mathbf{S}$ which amplify the statistical fluctuations in data.

To counter this issue, we have used the *SVD* unfolding method [5]. The unfolding is reformulated in terms of a least-squares minimization with an additional term:

$$(\mathbf{S}\mathbf{x} - \mathbf{b})^T \mathbf{B}^{-1} (\mathbf{S}\mathbf{x} - \mathbf{b}) + \tau (\mathbf{C}\mathbf{x})^T (\mathbf{C}\mathbf{x}) = \min. \quad (7)$$

The first term in the minimization condition is similar to the original matrix inversion reformulated in terms of least-squares minimization with addition of the covariance matrix $\mathbf{B}$ of the measured distribution $\mathbf{b}$. The second term is an *a priori* chosen regularization condition consisting of the matrix $\mathbf{C}$ imposing the regularization condition and τ – the relative strength of the regularization. We use the regularization condition from [5], which maximizes the "smoothness" of the unfolded distribution, by minimizing the sum of squares of "second derivatives" of bins:

$$\sum_i [(w_{i+1} - w_i) - (w_i - w_{i-1})]^2 \qquad (8)$$

This condition is conveniently expressed by the second term in (7), where the matrix $\mathbf{C}$ is defined as follows:

$$\mathbf{C} = \begin{pmatrix} -1+\varepsilon & 1 & 0 & 0 & \cdots & \\ 1 & -2+\varepsilon & 1 & 0 & \cdots & \\ 0 & 1 & -2+\varepsilon & 1 & \cdots & \\ & \cdots & & & & \cdots \\ & \cdots & & 1 & -2+\varepsilon & 1 \\ 0 & \cdots & & & 1 & -1+\varepsilon \end{pmatrix}$$

A convenient choice of the regularization strength τ according to [5] is one of the singular values s_{kk} of the $\mathbf{S}$ matrix. The singular values are values of a diagonalised matrix in descending order in the *singular value decomposition*.

For finding optimal choice of the regularization parameter k we use the method of pseudo-experiments in the MC sample. We insert asymmetry into our MC sample and thus create asymmetric particle-level as

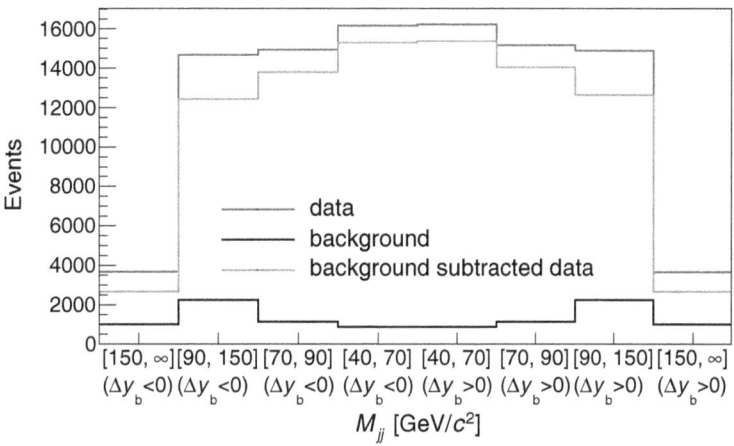

Figure 9: Comparison of data and background Δy_b and M_{jj} distribution.

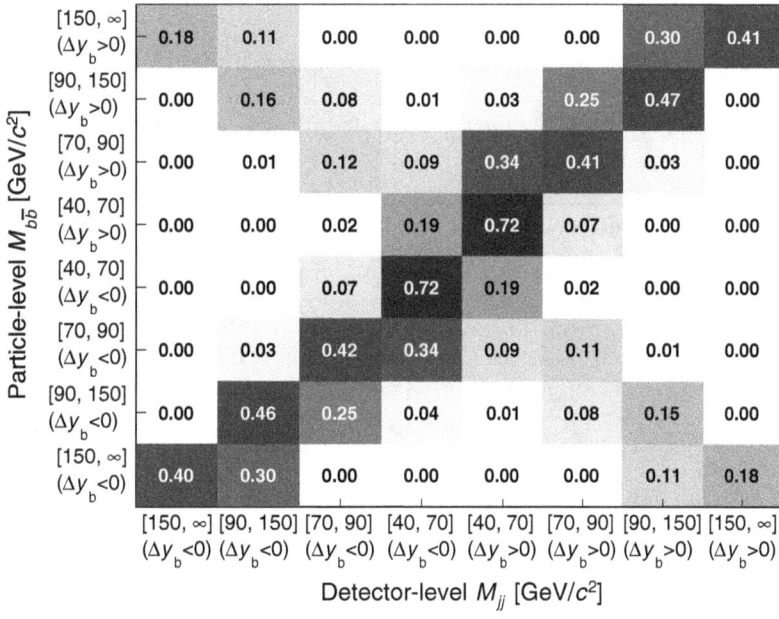

Figure 10: The smearing matrix used in the unfolding procedure.

well as reconstructed distribution. We then do 1000 pseudo-experiments, where in each run we vary each bin of reconstructed distribution according to Poisson distribution before the unfolding. For each value of k, we obtain the arithmetic average of the unfolded asymmetry with it's uncertainty for each M_{jj} bin from these pseudo-experiments. We choose the k for which the best agreement between average unfolded asymmetry and the true particle-level asymmetry is achieved.

5 Results

5.1 $b\bar{b}$ fraction

For the $b\bar{b}$ fraction, we have obtained the b-fractions from muon jets and away jets respectively using the fraction fitter. An illustration of the $p_{T,\text{rel}}$ and M_{Vtx} fit for $M_{jj} \in [90, 150]$ GeV is shown in Figure 11. The results of $p_{T,\text{rel}}$ fit and M_{Vtx} fit are summarized in Table 1.

Both in case of $p_{T,\text{rel}}$ fit as well as M_{Vtx} fit, the b-fraction decreases with increasing dijet invariant mass M_{jj}, as can be seen by comparing b-fraction in

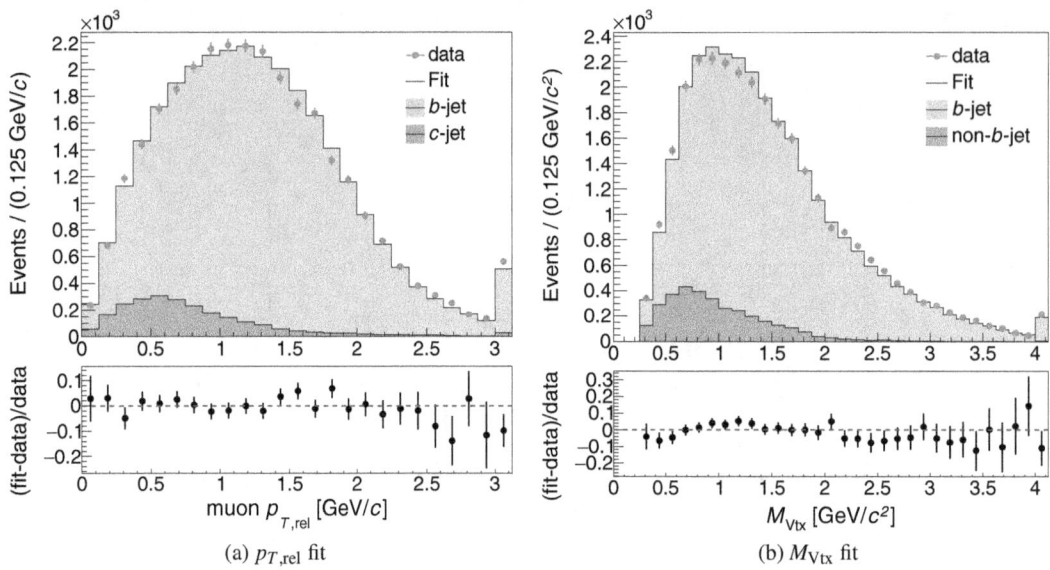

Figure 11: Example $p_{T,\text{rel}}$ fit (a) and M_{Vtx} fit (b) for $M_{jj} \in [90, 150]\,\text{GeV}/c^2$.

Table 1: Results of $p_{T,\text{rel}}$ and M_{Vtx} fit. The upper fit range for $p_{T,\text{rel}}$ fit was chosen to be $3\,\text{GeV}/c$, for M_{Vtx} fit $4\,\text{GeV}/c^2$. An overflow bin has been included in each fit.

$M_{jj}\,\left[\text{GeV}/c^2\right]$	muon jets – $p_{T,\text{rel}}$ fit			away jets – M_{Vtx} fit		
	b-fract. [%]	c-fract. [%]	χ^2/NDF	b-fract. [%]	non-b-fract. [%]	χ^2/NDF
$[0, 70]$	95.9 ± 0.8	4.1 ± 0.5	2.0	97.4 ± 0.9	2.6 ± 0.7	2.5
$[70, 90]$	94.2 ± 0.9	5.8 ± 0.6	1.4	96.7 ± 0.8	3.3 ± 0.6	1.9
$[90, 150]$	92.0 ± 0.9	8.0 ± 0.7	1.9	88.9 ± 0.8	11.1 ± 0.7	2.0
> 150	86.3 ± 2.4	13.7 ± 2.3	1.6	79.7 ± 2.2	20.3 ± 2.0	1.1

Table 2: Systematic uncertainties (absolute values) of obtained b-fraction from muon jet $p_{T,\text{rel}}$ and away jet M_{Vtx} fraction fit.

Uncertainties [%]	$M_{jj}\,\left[\text{GeV}/c^2\right]$			
	$[40, 70]$	$[70, 90]$	$[90, 150]$	> 150
$p_{T,\text{rel}}$ b-tag bias	4.1	3.7	2.2	1.1
$p_{T,\text{rel}}$ non-b template	1.7	0.7	0.2	4.9
M_{Vtx} non-b template	0.3	0.5	2.2	1.9
M_{Vtx} reconstruction bias	2.6	3.4	9.5	11.8

muon and away jets for various M_{jj} bins. We have expected this kind of trend, because the purity of the b-tagging algorithm decreases with increasing jet energy. With increasing M_{jj} the energies of the muon jet and away jet increases, thus the observed decrease in b-fraction.

Since incorrect template shapes would bias the obtained the b-fraction, we have considered several sys-

tematic uncertainties of both $p_{T,\text{rel}}$ and M_{Vtx} fit, that are based on altering the template shape due to some systematic "shift". For each shift, we redo the fit with the modified template distributions and obtain new b-fraction. The absolute difference between the shifted result with respect to (w.r.t.) nominal value is taken as the uncertainty. Following systematic uncertainties have been considered:

$p_{T,rel}$ non-b template bias. For the $p_{T,rel}$ fit, we have only used b-jet and c-jet templates. As a compromise, we drop the b-tag requirement for the l-jet template, obtaining sufficient statistics for its creation. The fit is redone using a combination of b- and l-jet templates.

$p_{T,rel}$ b-tag bias. The events used to construct b-jet and c-jet $p_{T,rel}$ templates were required to pass the loose b-tag criterion. An uncertainty has been introduced into the sample due to a possible bias caused by the selection of a subset of events due to b-tagger. We therefore create a new set of b-jet and c-jet $p_{T,rel}$ templates without the b-tagging requirement on MC events and redo the fit using the new templates.

M_{Vtx} reconstruction bias. Based on a study of γ + jets production [6], the simulation of CDF tracking system response in our MC sample contains incorrect track reconstruction inefficiency – the probability of a track being reconstructed in the MC sample is 3 % higher than in data sample. Consequently, the MC distribution of M_{Vtx} is biased towards higher M_{Vtx} values w.r.t. data sample. We therefore decrease the invariant mass of secondary vertices in MC sample by 5 % and redo fit using the new shifted templates.

M_{Vtx} non-b template bias. The M_{Vtx} fit is done using two templates; b-jet and non-b-jet template, where the later is created by merging c-jet and l-jet template. We therefore implicitly assume, that the ratio between number of c-jets and number of l-jets passing selection criteria is the same in MC sample as in data sample. To counter this bias, we redo the fit using three-template fit with b-, c- and l-jet templates.

The systematic uncertainties of b-fraction obtained from fit are summarized in Table 2. The dominant uncertainties are the M_{Vtx} reconstruction uncertainty and the $p_{T,rel}$ b-tag uncertainty, both in which the template shapes have been shifted most significantly, resulting in higher b-fractions compared to nominal. For the $p_{T,rel}$ b-tag uncertainty, the shift is more prominent at lower M_{jj} masses.

Following the obtained b-fractions in muon and away jets, we have obtained the $b\bar{b}$ fraction as described in Section 4.2. We have propagated the systematic uncertainties of b-fraction in muon jets and away jets into the $b\bar{b}$ fraction in the following way: We recalculate the $b\bar{b}$ fraction with b-fraction in either muon or away jet side shifted w.r.t. nominal, leaving the b-fraction of the other jet side nominal.

The absolute difference between shifted $b\bar{b}$ fraction and the nominal value is taken as the systematic uncertainty. The obtained $b\bar{b}$ fractions along with statistic and systematic uncertainties are shown in Table 3.

5.2 Forward-backward asymmetry A_{FB}

By obtaining the $b\bar{b}$ fraction, we have constructed the background distribution of M_{jj} and Δy_b as previously shown in Figure 9. The background subtracted data distribution has been used as the input for unfolding procedure. The unfolded distribution corrected for acceptance is shown in Figure 12. Using the unfolded distribution, we have calculated the forward-backward asymmetry A_{FB} for each M_{jj} interval as well as integral asymmetry (for full M_{jj} spectrum). The results are summarized in Table 4.

Additionally, we have considered several A_{FB} systematic uncertainties. For most, we obtain two shifted values of A_{FB}, calculating the resulting systematic uncertainty as $\frac{1}{2}|A_{FB+} - A_{FB-}|$, where A_{FB+}/A_{FB-} is the higher/lower value w.r.t. nominal value.

$b\bar{b}$ fraction uncertainty. The uncertainty in the fraction of background processes will affect the result of the asymmetry, since the background is expected to have much smaller asymmetry compared to $b\bar{b}$ asymmetry. We therefore recalculate A_{FB} with amount of $f(b\bar{b}) \pm \sigma[f(b\bar{b})]$, where $\sigma[(b\bar{b})]$ is the total (stat. + syst.) uncertainty of $b\bar{b}$ fraction.

Background asymmetry. By treating background as symmetric we introduce uncertainty into the A_{FB} measurement, since background does contain some small asymmetry. We insert ± 1 % asymmetry into background and recalculate A_{FB}.

Jet energy scale (JES). The uncertainty in calibration of jet energy measurement may have a possible effect on the response and acceptance matrices. We recreate the matrices using MC samples with JES shifted higher and lower w.r.t. to nominal and redo the unfolding, obtaining shifted $A_{FB\pm}$ values.

Initial/final state radiation (ISR/FSR). The soft/collinear gluon radiation by initial and final state partons may contaminate jets or result in production of additional jets in events. This may have an effect on response and acceptance matrices. We recreate the matrices using MC samples with both more and less ISR/FSR and redo the unfolding, obtaining shifted $A_{FB\pm}$ values. We take $|A_{FB+} - A_{FB}|$ as the systematic uncertainty, as the A_{FB-} differs negligibly from

Table 3: $b\bar{b}$ fraction results with systematic and statistic uncertainties (absolute values).

	$M_{jj}\,\left[\mathrm{GeV}/c^2\right]$			
	[40, 70]	[70, 90]	[90, 150]	> 150
f(b$\bar{\mathbf{b}}$) [%]	**94.6**	**92.5**	**84.8**	**72.9**
Total systematic uncertainty [%]	3.4	3.6	6.8	9.7
Statistic uncertainty [%]	1.6	1.9	4.1	7.3
Total uncertainty [%]	**3.8**	**4.1**	**8.0**	**12.1**

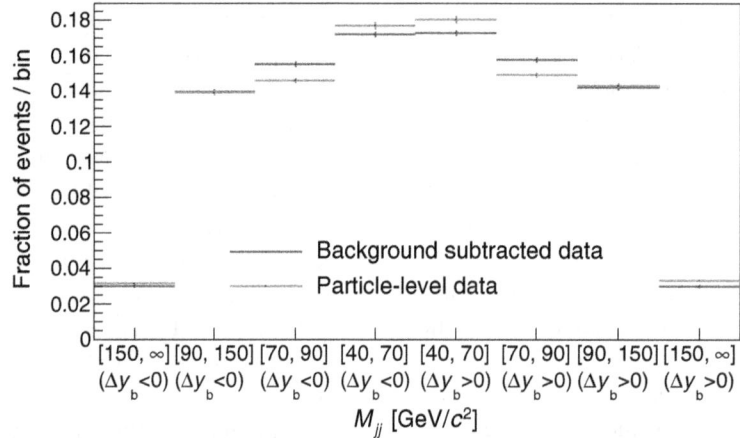

Figure 12: Comparison of background-subtracted data distribution and unfolded particle-level distribution of M_{jj} and Δy_b.

Table 4: A_{FB} results with systematic and statistic uncertainties (absolute values). The individual uncertainties are summed in quadrature.

	$M_{jj}\,[\mathrm{GeV}/c^2]$				Integrated
	[40, 70]	[70, 90]	[90, 150]	> 150	
A$_{\mathbf{FB}}$ [%]	**0.95**	**1.07**	**1.38**	**2.63**	**1.21**
Uncertainties [%]					
$f(b\bar{b})$ uncertainty	0.02	0.05	0.06	0.04	0.03
Background A_{FB}	0.10	0.16	0.27	0.34	0.18
JES	0.31	0.21	0.02	0.08	0.14
ISR/FSR	0.12	0.07	0.04	0.15	0.05
Total systematic	0.34	0.28	0.28	0.38	0.23
Statistic	0.98	0.73	0.83	1.05	0.72
Total uncertainty	**1.03**	**0.78**	**0.88**	**1.11**	**0.75**

nominal A_{FB}.

The obtained A_{FB} results with the systematic uncertainties are shown in Table 4. We have compared our results with SM next-to-leading order (NLO) prediction [7], as shown in Figure 13. Note, that the prediction was calculated for slightly different binning ([35, 75] GeV, [75, 95] GeV, [95, 130] GeV and > 130 GeV).

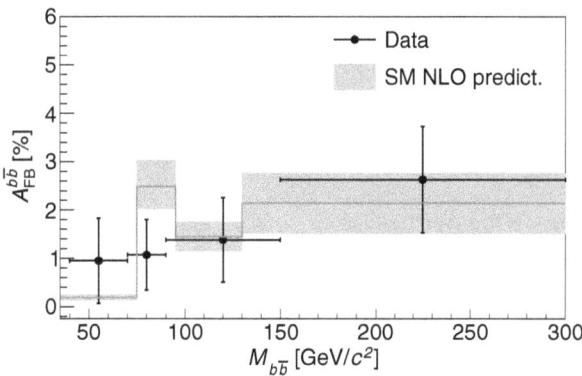

Figure 13: Comparison of measured forward-backward asymmetry with SM NLO prediction [7].

The slightly higher offset of prediction compared to our measurement in the second bin in Figure 13 is not a purely statistical fluctuation. It has been discovered, that omitting the electroweak Z/γ contribution to A_{FB} in our MC sample causes a bias in the unfolding, underestimating the value in second bin. In addition, the asymmetry is dominant around the Z-pole ($M_{jj} \approx 90\,\text{GeV}/c^2$) and consequently for our binning the contribution is evenly split into two bins. In contrast, the assumed theoretical prediction using $[75, 95]\,\text{GeV}/c^2$ includes the whole asymmetry in a single bin, further enhancing the difference between the A_{FB} result and prediction. The above mentioned issues were accounted for in another study of A_{FB} done by the CDF Bratislava group [8] based on this study, where the dependence of the asymmetry on M_{jj} using the binning of the SM prediction [7] has been conducted. The analysis has confirmed our suspicions about the second bin by successfully reproducing the peak due to Z/γ contribution.

Regardless of the issues above, we conclude that our results are compatible with the SM prediction.

Conclusion

We have obtained the forward-backward asymmetry in $b\bar{b}$ quark pair production from $6.9\,\text{fb}^{-1}$ CDF data sample of $p\bar{p}$ collisions at $\sqrt{s} = 1.96\,\text{TeV}$. The integrated asymmetry was measured to be $(1.21 \pm 0.75)\,\%$. The dependence of the asymmetry on dijet invariant mass has also been obtained. We have compared our results with the SM NLO prediction [7]. No significant deviation from SM prediction has been found.

Acknowledgements

Hereby, I would like to express my gratitude to both Mgr. Pavol Bartoš, PhD., as well as doc. RNDr. Stanislav Tokár, CSc. for their guidance and advice during my work on this research. I also appreciate their encouragement which helped bring this work to its finale.

References

[1] T. Aaltonen et. al. (CDF Collaboration). Measurement of the top quark forward-backward production asymmetry and its dependence on event kinematic properties. *Phys. Rev. D*, 87:092002, May 2013.

[2] J. H. Kühn and G. Rodrigo. Charge asymmetry of heavy quarks at hadron colliders. *Phys. Rev. D*, 59:054017, 1999.

[3] D. Acosta et al. (CDF Collaboration). Measurement of the $t\bar{t}$ production cross section in $p\bar{p}$ collisions at $\sqrt{s} = 1.96\ TeV$ using lepton + jets events with secondary vertex b-tagging. *Phys. Rev. D*, 71:052003, Mar 2005.

[4] R. Barlow and C. Beeston. Fitting using finite Monte Carlo samples. *Comp. Phys. Comm.*, 77:219 – 228, 1993.

[5] Andreas Höcker and Vakhtang Kartvelishvilli. SVD Approach to Data Unfolding. *Nuclear Instruments and Methods in Physics Research Section A*, 372, 1995.

[6] CDF Collaboration. Photon + b jet production at CDF. CDF Note 8377, 2006.

[7] Ch. W. Murphy. Bottom-Quark Forward-Backward and Charge Asymmetries at Hadron Colliders. arXiv: hep-ph/1504.02493v1, 2015.

[8] CDF Collaboration. Measurement of the Forward-Backward Asymmetry in Bottom-Quark Pair Production Using Soft Muon. CDF Note 11156, 2015.

Študentská vedecká konferencia FMFI UK, Bratislava, 2015, pp. 94–101
ISBN 978-1518759055, ⓒ 2015 Michal Dubovský

Identification of b and $\bar{b}$-quark for the LHC $\sqrt{s} = 8$ TeV sample

Michal Dubovský[1]*

Supervisor: Stanislav Tokár[1]†

Katedra jadrovej fyziky a biofyziky, FMFI UK, Mlynská Dolina 842 48 Bratislava

Abstract: The aim of this work is to investigate and improve methods used for distinguishing of b-quark and $\bar{b}$-quark initiated jets. The purity of weighting charge procedure has been calculated and selection criteria for the track have been optimized. For the soft lepton tagging method, I look for how the muons in b-jets could be used for this purpose. I have investigated the soft muons production mechanisms and optimized selection criteria from the view point of efficiency and purity.

Keywords: b-jets, effective charge of the jet, soft muons, weighting charge procedure, soft lepton tagging, top-quark events

1 Introduction

The b-quark belongs to third generation of quarks. It is unstable particle with the mass of about 4.2 GeV. With other quarks it forms different b-hadrons, for example B^0 meson (d-quark and $\bar{b}$-quark), B$^+$ (u-quark and $\bar{b}$-quark) and B$^-$ ($\bar{u}$-quark and b-quark) that decay in very short life-times (about 10^{-12} s) [1].

Decay products of b-hadron form a b-jet. It is a "shower" of the particles, mainly pions and kaons, in approximately the same direction. The jet can contain also leptons – electrons and muons which can be used to indentify the original quark – whether it was b or $\bar{b}$-quark. Presently, only muons are used for this purpose. There are a few problems for electrons which are still unsolved.

In this work I deal with two methods of b-quark charge determination: weighting charge procedure, which is based on the calculating of a weighted arithmetic average of the track charges and the second one is soft lepton tagging, which uses the charge of muon in the jet to determine the charge of the original b-quark.

---

*dubovsky14@uniba.sk

†Stanislav.Tokar@cern.ch

2 Top quark, MC sample and selection criteria

2.1 Top quark

The top quark is the heaviest elementary particle, with the rest mass 173.21 ± 0.51 (stat) ± 0.71 (syst) GeV. It belongs to third generation of quarks and it is very unstable. Mean lifetime is 5.10^{-25} s. This is 20 times less than time needed for hadronisation. It enables us to study decay of the top-quark without an effect of hadronization. At LHC top quarks are produced in pairs via gluon-gloun fusion (90%) or quark-antiquark anihilation (10%). In 99,8% of events top quark decays to b-quark and W boson. Other decay branches (0,2%) were not considered in this work. The b-quark, that forms a B-hadron, decays in very short time ($\tau \sim 10^{-12}$ s) and its decay products form a b-jet. The W boson can decay hadronicaly or leptonicaly. I have used only $t\bar{t}$ events with one W boson decaying hadronicaly and the other one dacaying leptonicaly to electron or muon, via the scheme:

$$t\bar{t} \to b\bar{b}W^-W^+ \to b\bar{b}q\bar{q}'l\nu \qquad (1)$$

The events in which one of W bosons decays to electron (muon) are called the electron (muon) branch events. Only the results from events with the electron branch are presented in this work. The results for the muon branch are similar.

2.2 MC sample and selection criteria

To be able to distinguish between the b-quark and $\bar{b}$-quark is important to study the top-quark properties. Therefore both methods of the b-quark charge determination have been improved using the $t\bar{t}$ events sample. Standard $t\bar{t}$ selection criteria for semileptonic events have been applied. The most important of them are listed:

- primary vertex reconstructed from at least 4 tracks

- exactly one isolated lepton with $p_T > 25$ GeV

- missing transverse energy $E_T^{miss} > 30$ GeV

- at least 4 jets with $p_T > 25$ GeV

- at least one reconstructed b-jet (MV1[1] > 0.7892)

For the soft lepton tagging method it is also required exactly one soft muon with $p_T > 4$ GeV in the b-jet cone dR < 0.4. Only jet tracks with $p_T > 400$ MeV are considered.

3 Decay of the b-quark

3.1 The decay of the b-quark

The b-quark in the b-hadron decays mainly into a c-quark via the weak interaction. The other possible decay is into a u-quark, but according the CKM matrix, this decay is $\sim$100 times less probable. A light quark (u, d, s, c) forming the b-hadron with the b-quark is only in the role of a "spectator" and its influence to the decay is negligible. In the moment of the b-quark decay, a jet starts to form. The spectator decay of the b-quark is shown in the Figure 1.

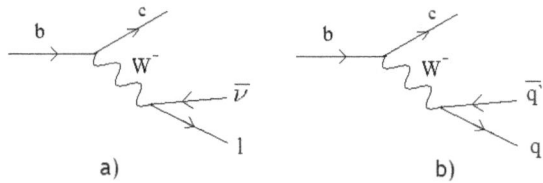

a)   b)

Figure 1: The Feynman diagrams for the b-quark decay at the tree level. Semileptonic decay is shown in a), hadronic in b). The semileptonic decay into a muon is crucial in a soft lepton tagging method

As the decay products of the b-quark have significantly lower rest mass than the b-quark, they have a high kinetic energy. This causes that the c-quark and the decay products of the W boson have typically high relative transverse momentum with respect to the jet axis, so the b-jet is therefore wider than c-jets and light jets.

The probability of the direct b-quark decay into the muon, its neutrino and c-quark is about 11%. The

muon can be used for a b-quark identification, because it has the same sign of an electric charge as the b-quark. Other possibility to get the muon in the jet is, that it comes from the semileptonic decay of the c-quark. In this case, the muon has the opposite sign with respect to the original b-quark. This is called the cascade decay of the b-quark. The muon with the opposite sign of the charge can also be produced in the direct decay of the oscillated b-hadron.

3.2 The neutral meson oscillations

Neutral meson oscillations change a b-quark in a b-hadron into $\bar{b}$-quark and vice versa, it is the problem that we have to deal with when we need to determine whether the jet was initiated by b-quark or anti-b-quark. B^0 and $\bar{B}^0$ are eigenstates of the strong interaction, but they are not the eigenstates of the effective Hamiltonian. The eigenstates of the full Hamiltonian are the superpositions of the strong interaction eigenstates (if we ignore CP violation in the mixing processes):

$$|B_{\mathrm{H}}\rangle = \frac{1}{\sqrt{2}}(|B^0\rangle + |\bar{B}^0\rangle) \tag{2}$$

$$|B_{\mathrm{L}}\rangle = \frac{1}{\sqrt{2}}(|B^0\rangle - |\bar{B}^0\rangle) \tag{3}$$

Probabilities to find the strong interaction eigenstates $|B^0\rangle$ and $|\bar{B}^0\rangle$ can be obtained from the effective Hamiltonian [2].

$$p_{|B^0\rangle}(t) = e^{-\Gamma t}cos^2(\frac{\Delta M t}{2}) \tag{4}$$

$$p_{|\bar{B}^0\rangle}(t) = e^{-\Gamma t}sin^2(\frac{\Delta M t}{2}) \tag{5}$$

Γ is the decay rate of the B-hadron and ΔM is difference between masses of the both Hamiltonian eigenstates. In case of B^0 and $\bar{B}^0$ mesons the oscillations are relatively probable and we have to deal with them.

3.3 Weighting charge procedure

This technique was developed to determine an effective charge of a b-jet. It is weighted arithmetic average of charges of the tracks belonging to b-jet. As

---

[1]MV1 is weight of the b-tagger. Every jet in the sample has the value of MV1 weight which expresses the probability to be a b-jet. Only jets with weight higher than 0.7892 were accepted. It corresponds to 70% efficiency and $\sim$ 8% mistag

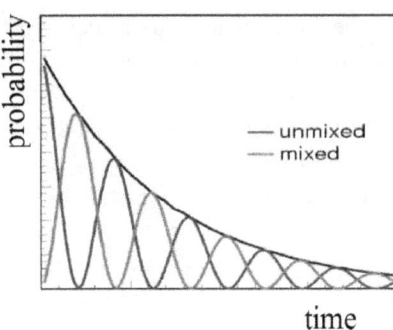

Figure 2: The probability to find the original flavour eigenstate (unmixed) and the other one (mixed) after time t [2].

the result of an optimization the following formula is used to calculate the effective charge of b-jet:

$$Q_{b\text{-jet}} = \frac{\sum_i q_i |\vec{j} \cdot \vec{p}_i|^{\kappa}}{\sum_i |\vec{j} \cdot \vec{p}_i|^{\kappa}}, \qquad (6)$$

where q_i is the charge of i-th particle, $\vec{p}_i$ is its momentum, $\vec{j}$ is the unit vector in direction of the jet axis and $\kappa = 0.5$.

Selection criteria applied for the b-jet tracks depend on $\sqrt{s}$. Here are the criteria for $\sqrt{s} = 8$ TeV obtained by an preliminary optimization :

- Maximal cone between track and the jet axis $\Delta R < 0.4$

- Minimal transverse momentum of track $p_T > 400$ MeV

- At least one hit in the pixel detector

- A hit in the semiconductor tracker is not required

- No cut for the quality of the track fit $\chi^2/$ndf is required

- No cut for the impact parameter in the transverse plane with respect to the primary vertex $|d_0|$ is required.

- Impact parameter along the beam axis with respect to the primary vertex $|z_0 \sin\theta| < 5$ mm

The first point of this work is to verify these cuts and investigate the method purity and efficiency of this procedure.[2]

---

[2]Purity is fraction of b-jets with correctly reconstructed charge. Efficiency is fraction of b-jets which fulfil the cuts

3.4   Soft lepton tagging

Soft lepton (it means lepton with a low p_T) from the semileptonic decay of the b-quark can be used to predict the sign of the electric charge of the b-quark. Presently only soft muons are used. There is a problem of electrons to recognize them from other particles absorbed in the EM calorimeter (mainly pions) and tau leptons are not stable, so they are not suitable for this purpose.

In b-jets, there are three sources of the soft muons:

3.4.1   Direct decay of the b-quark

Its branching ratio is 11 %. The soft muon has the same sign of an electric charge as the original b-quark, so in the soft lepton tagging algorithms we try to maximize the soft muon fraction. The soft muons from the direct decay have typically higher p_{Trel}, compared to other sources of soft muons, due to the high mass of the b-quark. Direct decay of the b-quark is shown in the figure 1 a).

In our analysis, the muons with the same sign of charge as the original b-quark is considered to come from the direct decay of the B-hadron.

3.4.2   Cascade decay of the b-quark

The branching ratio is 10 %. The soft muon does not come from the decay of the b-quark, but from the decay of the c-quark coming from the b-quark decay. Those soft muons have typically lower p_{Trel} than the muons from the direct decay due to a lower mass of the c-quark compared to the b-quark. The soft muon from the cascade decay has the sign of electric charge opposite to the original b-quark.

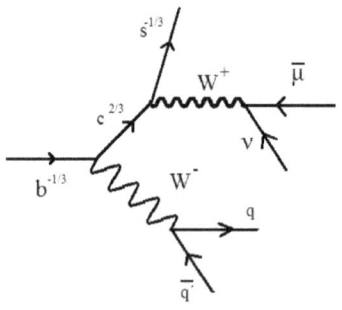

Figure 3: The cascade decay of the b-quark

3.4.3 Oscillation decay of the b-quark

If a b-quark is bounded in a neutral b-hadron, it can oscillate to anti-quark. If hadron decays after oscillation has occurred through a direct decay (b $->$ c + l + nu), the muon charge sign is opposite to the sign of the original b-quark. These soft muons p_{Trel} spectra are similar to the muons from the direct decay.

In our MC sample we are not able to distinguish between muon from the cascade decay and from the oscillation one. Therefore, muons with the opposite sign of charge as the original b-quark, in our work, belong to the category of "cascade and oscillation decay"

Except of these three sources of the soft muons coming from the b-jets, we have to deal with two more sources in our analysis: fake muons and muons coming from c-jets and other jets.

3.4.4 Fake muons

This includes all particles reconstructed incorrectly as the muons, although they are not. There are mainly charged pions and kaons.

3.4.5 Soft muons from c-jets and other jets

Among other background processes there are muons from c-jets, τ-jets and light jets. The background soft muons mainly come from the c-jets that have been incorrectly reconstructed as b-jets.

4 The weighting charge procedure

In the first step I have looked for histogram of the effective charge of b-jets initiated by b-quark and $\bar{b}$-quark. Only the b-jets with weight of the b-tagger higher than 0.7892 (corresponds to 70% efficiency) have been used. We expect positive mean value of the effective charge of the jets inicialized by $\bar{b}$-quark and negative mean value from jets inicialized by b-quark.

The purities of the weighting charge procedure for the $\bar{b}$-quark and b-quark jets are defined as the number of jets inicialized by choosen type of quark ($\bar{b}$ or b) with the same sign of charge as the original quark, divided by number of all jets inicialized by this type of quark. It means:

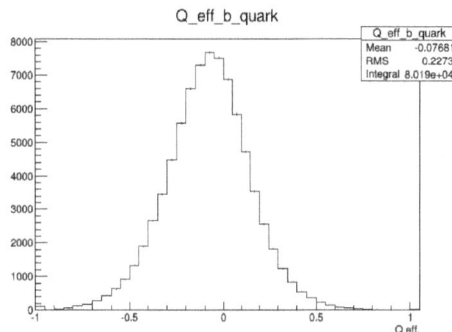

Figure 4: The effective charge of the b-jets inicialized by b-quark

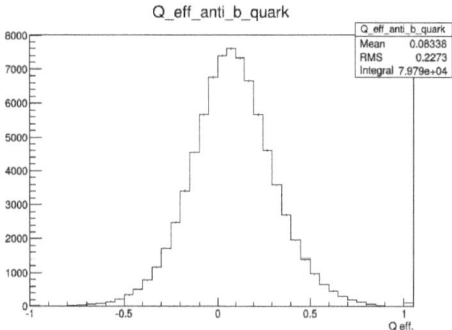

Figure 5: The effective charge of the b-jets inicialized by $\bar{b}$-quark

$$P_b = \frac{\int_{-\infty}^{0} N_b(Q_{eff})\mathrm{d}Q_{eff}}{\int_{-\infty}^{\infty} N_b(Q_{eff})\mathrm{d}Q_{eff}} \quad (7)$$

$$P_{\bar{b}} = \frac{\int_{0}^{\infty} N_{\bar{b}}(Q_{eff})\mathrm{d}Q_{eff}}{\int_{-\infty}^{\infty} N_{\bar{b}}(Q_{eff})\mathrm{d}Q_{eff}}, \quad (8)$$

where P_b and $P_{\bar{b}}$ are purities for b and $\bar{b}$-quarks and $N_b(Q_{eff})$ and $N_{\bar{b}}(Q_{eff})$ are the numbers of events in a selected bin for the b-quark and $\bar{b}$-quark jets effective charge. The mean purity P is defined as the arithmetic average of P_b and $P_{\bar{b}}$.

Due to the surplus of the positive charge (there are proton-proton collisions), the probability to find a positive charged particle from the pile-up is higher than to find a negative one. Therefore the mean values of the effective charge of b and $\bar{b}$-jets do not differ only by their signs, but also by their absolute values. They are slightly shifted to the positive values. Due to this, purities are not the same, but purity for jets inicialized by the $\bar{b}$-quark it is higher than for jets coming from the b-quark.

4.1 Optimization of the cuts

The different values of the cuts and κ have been tried to maximize the purity. Every time, only one cut has been changing, the others have been set to the optimized values. At the 7 TeV the cut for maximal number of jet tracks (N) has been used. If a jet has more tracks, only first N with the highest p_T have been used.

The track efficiency means the fraction of b-tagged jets fulfilling these selection criteria[3].

κ	Purity b	Purity $\bar{b}$	Mean purity	track eff.
0.4	63.69 %	64.90 %	64.30 %	99.97 %
0.5	**63.88 %**	**64.95 %**	**64.42 %**	**99.97 %**
0.6	63.80 %	64.76 %	64.28 %	99.97 %
0.7	63.57 %	64.32 %	63.95 %	99.97 %

Figure 6: Optimization of κ

ΔR	Purity b	Purity $\bar{b}$	Mean purity	track eff.
0.25	63.26 %	64.11 %	63.69 %	99.60 %
0.30	63.71 %	64.60 %	64.16 %	99.86 %
0.35	63.85 %	64.87 %	64.36 %	99.94 %
0.40	**63.88 %**	**64.95 %**	**64.42 %**	**99.97 %**
0.45	63.688 %	64.865 %	64.276 %	99.98 %

Figure 7: Optimization of ΔR

p_T [MeV]	Purity b	Purity $\bar{b}$	Mean purity	track eff.
400	**63.88 %**	**64.95 %**	**64.42 %**	**99.97 %**
500	63.86 %	64.93 %	64.40 %	99.97 %
600	63.79 %	64.88 %	64.40 %	99.95 %
1000	63.49 %	64.49 %	63.99 %	99.83 %

Figure 8: Optimization of the minimal p_T cut

min. track	Purity b	Purity $\bar{b}$	Mean purity	track eff.
2	**63.88 %**	**64.95 %**	**64.42 %**	**99.97 %**
3	63.55%	64.64 %	64.10 %	99.56 %

Figure 9: Optimization of the cut for the minimal number of tracks

Our results are in agreement with the preliminary optimization. Although these cuts seem to be the best, no requirement for χ^2/ndf. and d_0 should cause problems with pile-up in the future. We have decided to require χ^2/ndf < 4 and $d_0 < 4$mm, although

max. track	Purity b	Purity $\bar{b}$	Mean purity	track eff.
10	63.64 %	64.65 %	64.15 %	99.97 %
12	63.78 %	64.82 %	64.39 %	99.97 %
∞	**63.88 %**	**64.95 %**	**64.42 %**	**99.97 %**

Figure 10: Optimization of the cut for the maximal number of tracks

d_0 [mm]	Purity b	Purity $\bar{b}$	Mean purity	track eff.
1	63.36 %	63.99 %	63.68 %	99.86 %
2	63.90 %	64.61 %	64.26%	99.96 %
2.5	63.76 %	64.57 %	64.17 %	99.98 %
3	63.97 %	64.75 %	64.36 %	99.97 %
4	63.96 %	64.83 %	64.40 %	99.97 %
5	63.96 %	64.88 %	64.42 %	99.97 %
7	63.92 %	64.90 %	64.41 %	99.97 %
9	63.90 %	64.93 %	64.42 %	99.97 %
∞	**63.88 %**	**64.95 %**	**64.42 %**	**99.97 %**

Figure 11: Optimization of the cut for the maximal d_0 of tracks

max. $|z_0\sin(\theta)|$	Purity b	Purity $\bar{b}$	Mean purity	track eff.
3	63.93 %	64.85 %	64.39 %	99.97 %
5	**63.88 %**	**64.95 %**	**64.42 %**	**99.97 %**
7	63.79 %	64.99 %	64.39 %	99.98 %
10	63.69 %	65.02 %	64.36 %	99.98 %

Figure 12: Optimization of the cut for the maximal $|z_0\sin(\theta)|$ of tracks

Min. Pix. hits	Purity b	Purity $\bar{b}$	Mean purity	track eff.
1	**63.88 %**	**64.95 %**	**64.42 %**	**99.97 %**
2	63.78 %	64.73 %	64.26 %	99.92 %
4	49.67 %	54.84 %	52.26 %	39.07 %

Figure 13: Optimization of the cut for the minimal number of hits in the pixel detector

Min SCT hits	Purity b	Purity $\bar{b}$	Mean purity	track eff.
0	**63.88 %**	**64.95 %**	**64.42 %**	**99.97 %**
1	63.88 %	64.95 %	64.42 %	99.97 %
2	63.88 %	64.95 %	64.42 %	99.97 %
4	63.87 %	64.92 %	64.40 %	99.97 %
6	63.57 %	64.58 %	64.08 %	99.96 %

Figure 14: Optimization of the cut for the minimal number of hits in the Semiconductor tracker

it slightly decreases the purity (in an order of error). Recommended criteria, resulting purity and efficiency are shown in the table 1 and 2 respectively.

---

[3]The uncertainty of the purity is typicaly 0.05% and the uncertainty of the track efficiency (number of jets fulfilling the criteria) is about 0.01%. The optimal cut is marked by bold font.

Max. χ^2/ndf.	Purity b	Purity $\bar{b}$	Mean purity	track eff.
2.5	63.71 %	64.77 %	64.24 %	99.97 %
4	63.86 %	64.92 %	64.39 %	99.97 %
6	63.88 %	64.94 %	64.41 %	99.97 %
∞	**63.88 %**	**64.95 %**	**64.42 %**	**99.97 %**

Figure 15: Optimization of the cut for the maximal χ^2/ndf.

Cut on track	recommended cut
κ	0.5
ΔR	0.4
Min. p_T [MeV]	400
Min. number of tracks	2
Max. number of tracks	∞
Max. d_0	4
Max. $|z_0 \sin(\theta)|$ [mm]	5
Min. Pix. hits	1
Min. SCT hits	0
Max. χ^2/ndf.	4

Table 1: The recommended selection criteria for the tracks.

Purity b	Purity $\bar{b}$	Mean purity	track eff.
63.93 %	64.79 %	64.36 %	99.97 %

Table 2: The purities and efficiency of the recommended selection criteria for the tracks.

5 Soft lepton tagging

In general, soft lepton tagging method is more precise (it has higher purity) than weighting charge procedure, but it has very low efficiency. However only about 20% of b-jets contain the soft muons. After others necessary cuts, number of b-jets which can be used for the soft lepton tagging method is only about 10%.

The most used cut for soft muons is the cut for their p_{Trel} (relative transverse momentum with respect to the jet axis). To estimate the optimal p_{Trel} cut, it is necessary to know p_{Trel} spectra of different soft muon fractions: muons from direct decay, muons from cascade and oscillation decay, fake muons and muons from other jets. At first I was looking for these spectra.

In the rest of this work, I have considered also cut for maximal p_{Trel} of soft muons to exclude muons from pile-up effect. It is required $p_{Trel} < 4$ GeV. If the

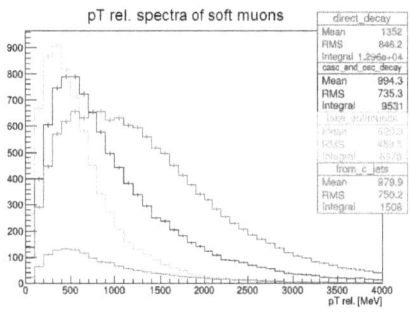

Figure 16: The p_{Trel} spectra of the soft muons. The electron branch.

Category	Fraction
Direct decay	$41.84 \pm 0.26\%$
Cascade and oscillation decay	$30.77 \pm 0.23\%$
Fake muons	$22.53 \pm 0.20\%$
c-jets and other jets	$4.87 \pm 0.09\%$

Table 3: The fractions of the different soft muon categories

momentum is reconstructed correctly, it is not possible for muons with $p_{Trel} > 4$ GeV to come from the decay of a B-hadron because of conservation of 4-momentum.

In the next step, I looked for the differential and integral purities for different p_{Trel}.

The integral purity is the number of jets with reconstructed muon (or antimuon) having the relative transverse momentum higher than a given p_{Trel} and with the same sign of charge as we expect from the direct decay of b-hadron, divided by the number of all jets with reconstructed muon (or antimuon) having this relative transverse momentum.

The diferential purity is the number of jets with reconstructed muon (or antimuon) having the relative transverse momentum in interval $<p_{Trel} ; p_{Trel} + 100\text{MeV}>$ and the same charge as we expect from the direct decay of b-hadron, divided by the number of all jets with reconstructed muon (or antimuon) having this relative transverse momentum.

5.1 Optimization of the p_{Trel} cut

With rising p_{Trel} cut, the integral purity is rising, but the number of events decreases. As a consequence the statistical uncertainty is rising, while systematic one is decreasing. To find an optimal cut for the p_{Trel} we use as the optimization tool so-called quality fac-

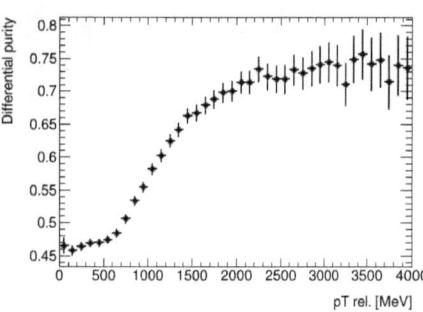

Figure 17: The differential purity of the soft lepton tagging method.

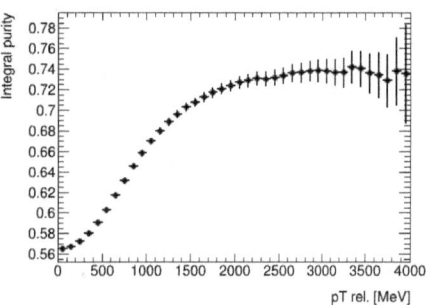

Figure 18: The integral purity of the soft lepton tagging method.

tor:

$$F(p_{T,rel}) = \varepsilon(1 - 2P)^2, \qquad (9)$$

where P is the integral purity and ε is an efficiency - the fraction of the jets which passed the cut. We use the MC weights sum as the efficiency, to be able to compare results for different weights of b-tagger in future. We are looking for the maximum of the quality factor (Figure 19). This leads to an optimal

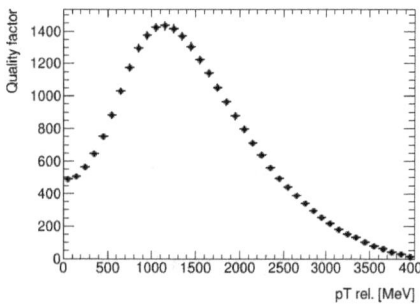

Figure 19: The quality factor of the soft lepton tagging method for different p_{Trel} cuts.

value for the p_{Trel} cut: 1 100 MeV. Resulting purity is

68.0 ± 0.3 %, efficiency[4] 38.4 ± 0.3 % and quality factor $1\,433 \pm 26$, what is batter then in the work [3], where the purity was around 60%

5.2 Improvement of the soft lepton tagging

Other possible way to upgrade the soft lepton tagging method is to use also effective charge of the jet calculated by weighting charge procedure. It could be useful to require the minimal value of so-called combined charge

$$Q_{comb} = Q_{b-jet} \cdot Q_{softmuon}, \qquad (10)$$

where Q_{b-jet} is the effective charge of the b-jet with the soft muon and $Q_{softmuon}$ is the charge of this muon. We expect the positive mean value of the combined charge, because the sign of muon from the direct decay and sign of effective charge of the jet are the same as the charge of the original b-quark.

Further I searched for the spectra of Q_{comb} for different p_{Trel} cuts of the soft muon.

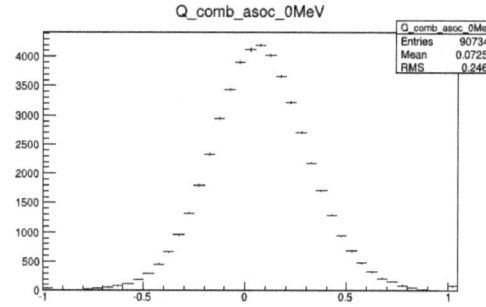

Figure 20: The spectra of the Q_{comb} without p_{Trel} cut.

$p_{T,rel}$	Mean	Integral
$0\,\text{GeV} < p_{T,rel} < 4\text{GeV}$	0.0723	32 020
$0.5\,\text{GeV} < p_{T,rel} < 4\text{GeV}$	0.0944	23 289
$1\,\text{GeV} < p_{T,rel} < 4\text{GeV}$	0.1289	13 909
$1.5\,\text{GeV} < p_{T,rel} < 4\text{GeV}$	0.1564	8 288

Table 4: Mean values and RMS of the combined charge for different $p_{T,rel}$ cuts

---

[4]Efficiency for the soft lepton tagging is calculated only from the b-jets containing the soft muon. 100% efficiency means that every jet with the soft muon fulfils the cuts. Only ∼20% of all b-jets contain soft muons.

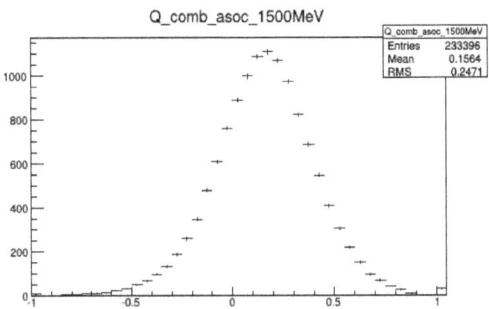

Figure 21: The spectra of the Q_{comb} with $p_{Trel} > 1500$ MeV cut.

From the table 4 it is obvious that mean value of the combined charge is rising with rising $p_{T,rel}$ cut. In the next step I have tried different combinations on $p_{T,rel}$ and Q_{comb} cuts. Results are shown in the following histograms (Figure 22 and 23).

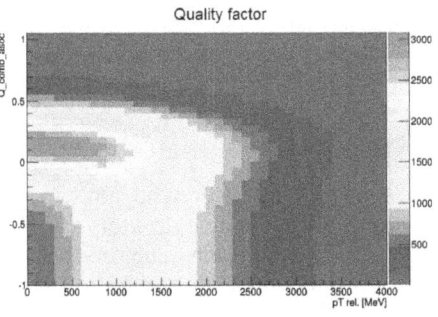

Figure 22: The quality factor for different $p_{T,rel}$ and Q_{comb} cuts. Minimal $p_{T,rel}$ on the x-axis, minimal Q_{comb} on the y-axis.

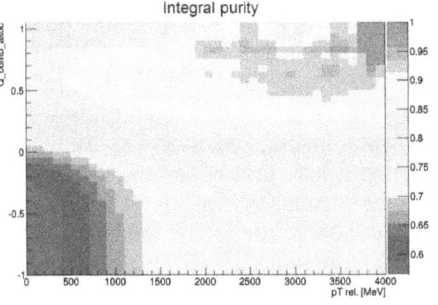

Figure 23: The purity for different $p_{T,rel}$ and Q_{comb} cuts. Minimal $p_{T,rel}$ on the x-axis, minimal Q_{comb} on the y-axis.

Looking for the quality factor maximum, the optimal cut $Q_{comb} > 0.1$ and $p_{T,rel} > 0$ MeV can be obtained. Resulting purity is $74.5 \pm 0.2\%$, efficiency

44.8 ± 0.3% and quality factor 3 079 ± 170.

6 Conclusion

The cuts obtained by the preliminary optimization [5] for tracks in weighting charge procedure agree with our results. The purity of this procedure is 64.36 ± 0.04 % and almost all b-tagged jets fulfil its selection criteria.

The soft lepton tagging method using only the cut for $p_{T,rel}$ (nowadays the most used cut) has purity 68.0 ± 0.3 %, efficiency 38.4 ± 0.3 % and quality factor 1 433 ± 26.

The soft lepton tagging method can be improved by using the effective charge of the b-jet. Be optimization the ideal cut has been obtained $Q_{comb} > 0.1$ and $p_{T,rel} > 0$ MeV. Resulting purity is $74.5 \pm 0.2\%$, efficiency $44.8 \pm 0.3\%$ and quality factor 3 079 ± 170.

Although the soft lepton tagging method has higher purity, its efficiency is too low. Weighted charge procedure seems to be better due to significantly higher efficiency. The obtained purities and efficiencies are better than those used up to now by the ATLAS collaboration.

Acknowledgments

I would like to thank to my supervisor and other members of Bratislava ATLAS group who helped me with this work. I cannot imagine beginning of this work without help of my supervisor Stanislav Tokar and my friend Matej Melo.

References

[1] - [Particle data group, 2012] Particle physics booklet

[2] - [Stanislav Tokár, 2014] Jadrová a subjadrová fyzika 3, Klasifikácia hadrónov

[3] - ATLAS Collaboration, JHEP11 (2013) 031, arXiv:1307.4568v2

---

[5]The preliminary optimization was based on the calculation of the top quark charge from the MC sample. This method can be used only for ~17% of events and also there could be high systematics uncertainties. The next optimization based on MC truth information about type of quark which initiated the jet was necessary.

Študentská vedecká konferencia FMFI UK, Bratislava, 2015, pp. 102–106
ISBN 978-1518759055, © 2015 Daniel Raška

Asymetria b anti-b kvarkových eventov

Daniel Raška[1]*
Školiteľ: Pavol Bartoš[2]‡

[1] Katedra jadrovej fyziky a biofyziky, FMFI UK, Mlynská Dolina, 842 48 Bratislava

Abstrakt

V tejto práci sa snažím venovať rozpadovým kanálom ťažkých b anti-b kvarkov. Skúmať ich vlastnosti na monte carlo vzorke. Nadobudnuté znalosti využiť na určenie predo-zadnej asymetrie.
Kľúčové slová: b jet, muon jet, pozdĺžna hybnosť, kvark, QED, QCD

1 Štandardný Model

Teória, ktorá najpresnejšie a experimentálne overiteľne prináša predpovede o vzniku a správaní elementárnych častíc. Popisuje jednotlivé častice a rozdeľuje ich do jednotlivých takzvaných generácií a ďalších skupín, podľa ich spoločných vlastností. Štandardný model predpokladá, že pokiaľ by sme chceli spojiť elektrickú, slabú a silnú interakciu medzi časticami, museli by sme pri určitej vzdialenosti nami vybraného páru pozorovať rovnakú intenzitu všetkých troch interakcií. Vzdialenosť, pri ktorej by takýto stav mohol nastať sa odhaduje na 10^{-29}m pre proton-protónovú zrážku. Odpovedajúca energia je päťnásťnásobok pokojovej energie protónu. Takúto energiu zatiaľ nie sme schopní vyvinúť v experimente. Ale urýchľovač LHC v CERNe, by v nasledujúcich rokov mohol odpovedať aj na túto otázku. Táto energia je potrebná na vytvorenie hypotetických častíc, ktoré sa nazývajú X a Y bozóny, ktoré môžu vysvetľovať narušenie CP symetrie. Prečo je vesmír z hmoty a nie z antihmoty. Pri tejto energii by sa mohli vytvárať všetky poľné častice.

Problém Štandardného modelu tkvie v tom, že jednu hodnotu energie pre zjednotenie silnej slabej a elektrickej interakcie nepredpokladá. Pri určitej energii dôjde k jednotnému správaniu elektromagnetickej a slabej interakcie, ale elektromagnetická a silná interakcia sa spoja pri vyššej energii a slabá a silná interakcia sa zjednotia pri ďalšej hodnote energie. Riešením by mohlo byť supersymetrické rozšírenie Štandardného modelu.

Podľa štandardného modelu môžeme častice rozdeliť do niekoľko skupín. [1]

1.1 Leptóny

Medzi leptóny patrí elektrón, elektrónové neutríno, muón, muónové neutríno, Tau, tau neutríno. Všetky majú elektrický náboj -1 okrem neutrín, ktoré majú nulový elektrický náboj, leptónové číslo 1, spin +- 1/2, a preto sa zaraďujú medzi fermióny. Patria sem aj ich antičastice, ktoré majú všetky kvantové čísla zhodné až na elektrický náboj +1. Pre fermióny platí Pauliho vylučovací princíp. Dva leptóny toho istého druhu nemôžu byť v rovnakom stave. Leptóny môžu mať len dva točivé momenty. Nahor a nadol. A z kvantovej elektrodynamiky (QED) a kvantovej chromodynamiky (QCD) vyplýva, že len ľavotočivé leptóny sa môžu podieľať na slabých interakciách. Neexistujú pravotočivé neutrína.

1.2 Kvarky

Kvarky sú podľa Štandardného modelu časticovej fyziky elementárne častice, z ktorých sa skladajú hadróny (napríklad protóny, neutróny a mezóny). Majú svoje odpovedajúce antičastice, antikvarky, ktoré sú zhodné s kvarkami až na elektrický náboj. Kvarky zaraďujeme medzi fermióny a majú spin 1/2. Poznáme 6 druhov kvarkov. V prvej generácii sú to up a down (horný a dolný), v druhej generácii strange a charm (podivný a pôvabný) a v tretej generácii top a bottom. Každý z kvarkov má ešte aj kvantovú vlastnosť, ktorá sa zaužívala nazývať farba. Je to preto, že v QCD môžeme pozorovať len častice, ktorých farba je "biela". To znamená, že môžeme pozorovať častice ktoré majú jeden kvark s farbou a druhý antikvark s antifarbou (mezóny). Alebo trojkobinácie, keď každý kvark má rozdielnu farbu (napríklad protón a neutrón). Hmota je vytvorená prevažne z kvarkov prvej generácie, ale v urýchľovačoch alebo v spŕškach kozmického žiarenia sa objavujú aj ťažšie kvarky. Elektrický náboj kvarkov je -1/3 alebo 2/3, pretože protón má náboj +1 a je vytvorený 3 kvarkov. Preto je protón vytvorený z dvoch up a jedného down kvarku.

*Daniel.raska@gmail.com
‡Pavol.bartos@cern.ch

1.3 Bozóny

Poslednú rodinu častíc, ktorú chcem spomenúť su bozóny. Sú to častice, ktoré sprostredkúvajú sily medzi časticami. Fotóny reprezentujú elektromagnetickú interakciu, gluóny silnú interakciu Z a W+,W- slabú interakciu. Higgsova častica je zodpovedná na gravitáciu.

Toto je 13 kmeňových častíc, kombináciou kvarkov vieme vytvoriť veľký počet mezónov a baryónov.

Základné častice vidíme zhrnuté aj na obr.1.

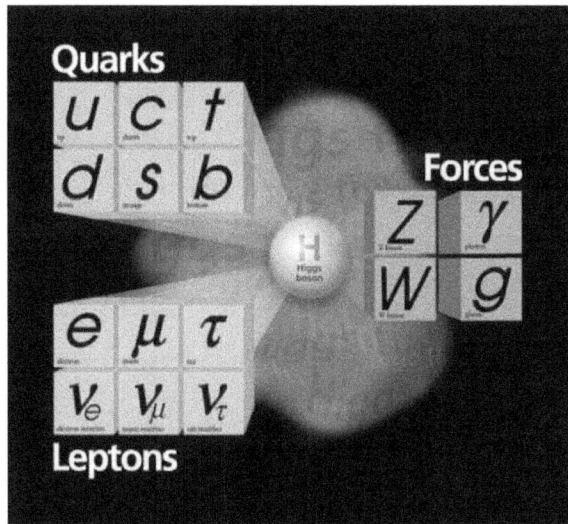

Obr. 1: Štandardný model. FOTO - WIKIMEDIA

2 Nábojová asymetria ťažkých kvarkov v hadrónových urýchľovačoch

2.1 Produkcia ťažkých kvarkov

Produkcia ťažkých kvarkových párov je jeden z prúdov, ktoré sa študujú v rámci expimentálnej aj teoretickej fyziky. Podľa výpočtov kvantovej chromodynamiky, keď uvažujeme vyššie rády poruchovej teórie zaznamenáme nábojovú ale aj predo-zadnú asymetriu. Dá sa ukázať, že pri istých eventoch je to tá istá asymetria. Väčšina kvarkových párov je vyprodukovaných glúonovou fúziou, ktorá je sama o sebe symetrická aj vo vyšších rádoch. Ale procesy, kedy je kvarkový pár vyprodukovaný kvark-antikvarkovou anihiláciou, alebo interakciou kvarku s glúonu vedú k spomínanej asymetrii. [4]

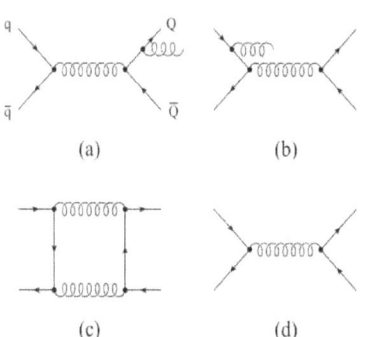

Obr. 2: (a) a (b) vyžiarenie gluónu (c) krabicový diagram (d) základný diagram

Nábojovú a predozadnú asymetriu môžeme znázorniť pomocou Feymanových diagramov, kde ukazujeme poruchu do vyšších rádov. Priebeh aké javy môžu nastať vidíme na obr.2 a obr.3.

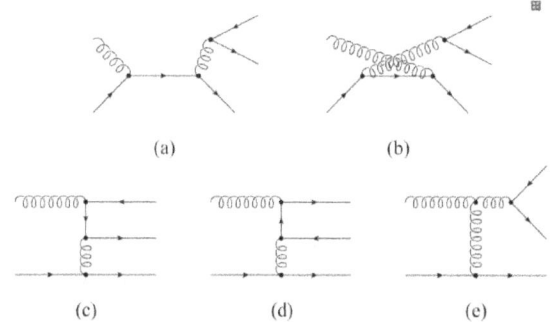

Obr. 3: Pôvod nábojovej asymetrie QCD skrze

3 Určenie predo-zadnej asymetrie

Predo-zadná asymetria je určená pravdepodobnosťou, že častica v konečnom stave bude preferovať smer ktorým pôvodne vchádzala do zrážky. Pričom by sme očakávali, že v ťažiskovej sústave sa častice budú rozptyľovať rovnomerne do sferickej oblasti. Preto môžeme asymetriu zadefinovať vzorcom 1. [2]

$$A_{FB}^{Q} = \frac{\sigma(\cos\vartheta > 0) - \sigma(\cos\vartheta < 0)}{\sigma(\cos\vartheta > 0) + \sigma(\cos\vartheta < 0)} \quad (1)$$

Naša zadefinovaná premenná sa nazýva pseudorapidita. Jej najdôležitejšia vlastnosť je, že je invariantná na Lorenzove transformácie. Preto bude nadobúdať rovnakú hodnotu v súradniciach detektora ako aj v ťažiskovej sústave.

4 Určenie predo-zadnej asymetrie

Najskôr sa našej Monte Carlo vzorke (MC) budeme snažiť zrekonštruovať produkciu b anti-b kvarkového páru. Ďalej budeme hľadať rozpad b anti-b páru cez muónový rozpadový kanál v ktorom sa dá pozorovať asymetria.

Vzorku budeme mať rozdelenú do troch skupín podľa priečnej hybnosti (pT) častíc.

Požiadavka na muón bude, aby mal pT väčšie než 4 Giga elektron volty (GeV).

Požiadavka na jety bude aby mali pT väčšie než 25 GeV a ich rapidita bola v rozsahu od -2,5 po 2,5. Snažíme sa tak rekonštruovať reálny detektor, ktorý nebude zaznamenávať častice, ktoré pôjdu príliš blízko osi lúča, v ktorom sa urýchľujú častice.

4.1 Invariantná hmotnosť dijetu

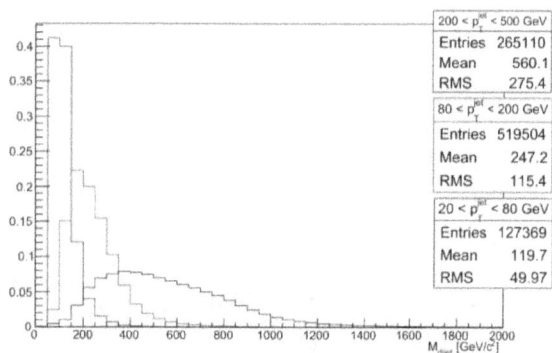

Obr. 4:Invariantná hmotnosť dijetu.

4.2 Priečna hybnosť muónu

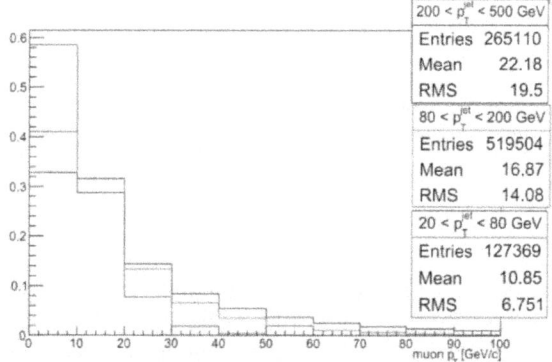

Obr. 5:Priečna hybnosť muónu.

4.3 Priečna hybnosť dijetu

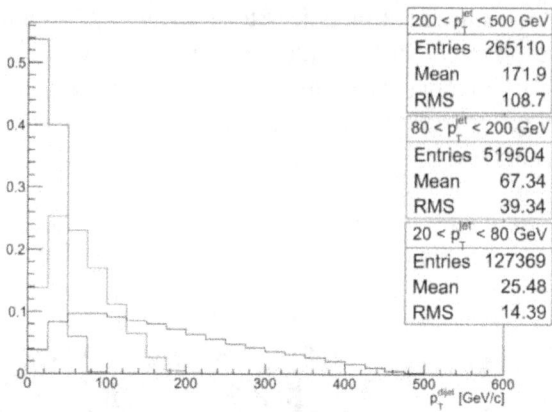

Obr. 6:Priečna hybnosť dijetu.

4.4 Pozdĺžna hybnosť dijetu

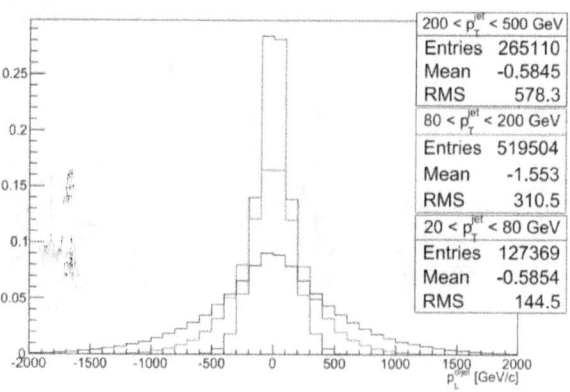

Obr. 6:Pozdĺžna hybnosť dijetu.

4.5 Uhol muon jetu a away jetu v rovine kolmej na od lúča

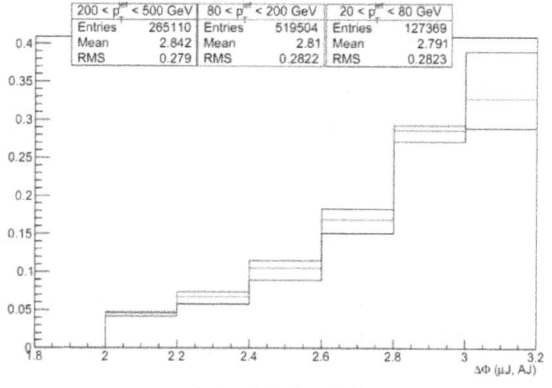

Obr. 7:delta Phi.

4.6 DeltaYb

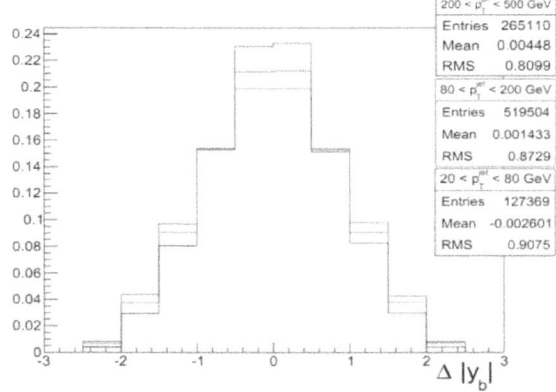

200 < p_T^{jet} < 500 GeV	
Entries	265110
Mean	0.00448
RMS	0.8099
80 < p_T^{jet} < 200 GeV	
Entries	519504
Mean	0.001433
RMS	0.8729
20 < p_T^{jet} < 80 GeV	
Entries	127369
Mean	-0.002601
RMS	0.9075

Obr. 8:deltaYb.

5 Experiment ATLAS

ATLAS je časticový fyzikálny experiment na veľkom hadrónovom kolajdery v CERNe, ktorý zráža zväzky protónov v proti bežných smeroch pri najvyšších dosiahnutých energiách zrážok častíc. ATLAS získava vedomosti o základných silách, ktoré vytvárali náš vesmír od začiatku do dnešnej podoby. V rámci možností študuje extra rozmery, nové silové pôsobenie a v neposlednej rade venuje svoju pozornosť čiernej hmote. Po objavení Higgsovho bozónu nasleduje hĺbkové bádanie vlastnosti tohto bozónu.

Ku technickým parametrom detektoru ATLAS treba spomenúť, že je okolo 45 metrov dlhý, cez 25 metrov vysoký, a váži približne 7000 ton. Prvá zrážka sa uskutočnila na konci roku 2009 pri celkovej energii 0,9 TeV a neskôr 2,36 TeV (čo bol nový svetový rekord). V marci 2010 sa dosiahli zrážky pri energii 7 TeV, ktoré získavali dáta 8 mesiacov. Od Marca 2011 prebiehali zrážky ťažkých iónov taktiež pri energii 7 TeV. A v roku 2012 sa prešlo až na energiu 8TeV, kde na jeho konci sa na pár týždňov spustili zrážky ťažkých jadier olova. Z dôvodov prejdenia na energie 14 TeV sa v roku 2013 vypol. V máji roku 2015 očakávame spustenie a zbieranie ďalších zaujímavých informácií o elementárnych časticiach, ktoré bude pokračovať až do roku 2020.

Detektor ATLAS obsahuje štyri základné časti. Vnútorný detektor, ktorý meria moment hybnosti každej nabitej častice, kalorimeter, ktorý zachytáva energiu častíc, miónový spektrometer na rozmoznanie miónov a ich momentu hybnosti, a na magnetický systém, ktorý stáča dráhu nabitých častíc, na rozpoznanie ich hybnosti.

Interakcie v detektore spôsobujú enormnú záplavu dát. Na vytiahnutie informácii sa používa nasledujúce vybavenie. The trigger system, the data acquisition system a computing systém..

Vnútorný detektor je kombináciou detektorov s vysokou citlivosťou na zachytávanie dráhy častíc v cylindrických súradniciach. Všetky obsahujú centrálny solenoid, ktorý vytvára magnetické pole 2T. Najvyššiu zrnkovitosť dosahuje okolo vytýčenej oblasti použitím polovodičových pixelových detektorov, za ktorými nasleduje silikónový mikropásikový detektor. Typicky pre každú trajektóriu častice pixelový detektor zaznamená tri až štyri body. Väčší radiálny detektor zachytáva väčšinou 36 bodov, pre každú trajektóriu. Relatívna presnosť meranie je dobre zaistená, takže žiadne jednotlivé meranie neprevláda v celkovom meraní momentu hybnosti. Vonkajší polomer vnútorného detektora je 1,15 metra a jeho celková dĺžka je 7 metrov. Vo valcovej oblasti sú umiestnené vysoko citlivé dráhové detektory rozmiestnené v koncentrických valcoch okolo osi lúča, kým detektory na podstavách hlavného valca sú umiestnené na diskoch kolmo na os lúča. Valec TRT tyčiniek je paralelne umiestnený na os lúča. Všetky koncové súčiastky určujúce dráhu častíc sú umiestnené kolmo na os lúča.

Kalorimeter je súčiastka na meranie energie náboja neutrálnych častíc. Obsahuje kovové platne (zachytávače) a snímacie časti. Interakcia a pohltenie transformuje energiu do „spŕšky" častíc, ktoré sú zaznamenávane snímacou vložkou. Vnútorná oblasť kalorimetra snímacích elementov je tekutý argón. Spŕšky v argóne uvoľňujú elektróny, ktoré sa zachytávajú a zaznamenávajú. Vo vonkajšej oblasti sú dlaždice scintillating umelej hmoty. Spŕšky elektrónov dopadajúce na platne emitujú svetlo, ktoré sa zachytí a zaznamená.

Miónový spektrometer je na rozpoznávanie miónov, čo sú častice ako elektróny, ale 200 krát ťažšie. Sú to jediné detekovateľné častice, ktoré nie sú zastavené po prechode kalorimetrom. Preto je miónový spektrometer umiestnený okolo kalorimetrov a meria dráhu miónov a určuje ich moment hybnosti s veľkou presnosťou. Obsahuje tisícky nabitých časticových detektorov v magnetickom poli vytváranom veľkou supravodivou torodiálnou cievkou. Senzory sú podobné tyčinkovým detektorom popísaných vo vnútornom detektore, ale majú oveľa väčší polomer.

Magnetocký systém na experimente ATLAS pozostáva z dvoch druhov magnetov. Prvým je solenoidny magnet, ktorý je 5,3 metra dlhý s otvorom 2,4 metra. Vodič pozostáva s plochého supravodivého kábla umiestneného v strede hlineného stabaliser. Je navrhnutý na vytváranie magnetického poľa 2T, s maximom 2,6T. Má hmotnosť 5,7 tony. Druhý magnetický systém na experimente pozostáva z dvoch častí. Osem cievok v kryokomorách je umiestnených na plášti pozdĺžne na os lúča a dve kryokomory, každá obsahujúca osem cievok, sú umiestnené na podstavách pomyselného valca detektora ATLAS. Sudový systém je umiestnený radiálne symetricky osi lúča. Cievky sú z plochých dráh s dvojitým palacinkovým vinutím. Vodiče sú hliníkové supravodiče. Každá cievka s osovou dĺžkou 25,3 metra sa rozširuje v radiálnom smere z 9,4 metra na 20,1 metra. Celková váha magnetov je 830 ton. Najsilnejšie pole poskytuje valcový toroidna cievka 3,9T. Ponúka od 2 do 6 Tm zakrivujúcej sily so pseudorapiditou od 0 do 1,3. Magnety na čiapočke sú umiestnené radiálne symetricky okolo osi lúča. Taktiež s dvojitým palacinkovým vinutím na prúd 20,5kA. Sú umiestnené spolu v jednej obrej kryokomore. Každá cievka je pozdĺžne dlhá 5 metrov a v radiálnom smere sa rozširuje z 1,65metra na 10,7 metra. Celková váha cievok je 239 ton. Maximálne magnetické pole je 4,1Tesla. Poskytuje zakrivujúcu silu od 4 do 8 Tm so pseudorapiditou od 1,6 do 2,7.

Základný triediaci systém (trigger system) pracuje pri dostávaní informácií od kalorimetrov a miónového spektroskopu. Vyžaduje 2 mikrosekundy na každé rozhodnutie, zahrňujúce oneskorenie spôsobené vynutím medzi detektorom a podzemnou počítacou miestnosťou, kde je triediaci systém umiestnený. Všetky informácie musia byť zaznamenané kým je možné rozhodnutie prvého levelu. Informácie ďalej postupujú do bafrou kým je voľne rozhodnutie druhého levelu. LVL2 upresňuje výber kandidátov z LVL1 a porovnáva ich s informáciami od všetkých detektorov, teda aj od dráhového detektoru, ktorý nie je zahrnutý v LVL1. Týmto spôsobom môže byť tok dát zredukovaný približne na 1kH. Systém na získavanie dát je zaradený za LVL2. Každý baffer na čítanie obsahuje útržky z viacerých zrážok pre každý jeden pod detektor. Tieto informácie putujú do procesora na filtrovanie zrážok. Vybudovanie eventu sa vykoná pomocou dátového prepínača. Event filtračný proces je vykonávaný pomocou procesorovej farmy. Zložité rozhodovacie kritéria v autonómnom režime sú používané v reálnom čase. Výpočtový čas na event musí byť okolo 1 sekundy, čo zahŕňa milión inštrukcií za sekundu.

Výpočtový systém na ATLASe bol navrhnutý na analýzu dát vyprodukovaných na detektoroch ATLASu. Je to však enormné množstvo dát. Na ich analýzu sa využíva výpočtový systém ekvivalentný 50000 dnešných počítačov. Softvér, ktorý extrahuje fyzikálne výsledky je produkovaný spoločným úsilím množstva ľudí, ktorý spolupracuje s inštitúciou ATLAS. [3]

6 Záver

Analyzovali sme Monte Carlo vzorku. Najdôležitejšie na určenie predo-zadnej asymetrie je určenie pozdĺžnej hybnosti dijetu. Z nej budeme určovať asymetriu modelovaním viacerých premenných a môžeme odstrániť dáta, ktoré sa pohybujú v blízkosti 0, čím sa ešte viac prejaví spomínaná asymetria. Na histograme deltaYb vidieť spomínaný cut (odseknutie) na 2,5 pretože reálny detektor by nebol schopný sprostredkovávať hodnoverné dáta z tejto oblasti. Všetky uvedené histogramy boli normované na jednotku, keďže pri druhej vzorke máme najväčšiu štatistiku. Na invariantnej hmotnosti vidíme ako s rastúcou narastá štatistická odchýlka.

Poďakovanie

Na záver sa chcem poďakovať Bc. Oliverovi Majerskému za jeho uvedenie do problematiky, môjmu konzultantovi Mgr. Pavlovi Bartošovi za jeho cenné rady a korekcie a pomoc a taktiež sa chcem poďakovať za vedenie doc. Stanislavovi Tokárovi za jeho podporu.

Literatúra

[1] Vesmír. Vydavateľstvo: Ikar, 2006, Séria: Unikátny obrazový sprievodca

[2] CERN. Pseudorapidity. <http://rkb.home.cern. ch/rkb/PH14pp/node146.html>, 1998. Accessed 3. 4. 2013

[3] CERN. Experiment ATLAS http://atlas.ch/

[4] G.Rodrigo a J.H.Kuhn. Charge asymetry of heavy quarks at hadron colliders. *Phys. Rev.D,*59,054017,1999.

Študentská vedecká konferencia FMFI UK, Bratislava, 2015, pp. 107–114
ISBN 978-1518759055, © 2015 Pavol Mošať

Identifikácia produktov reakcie ^{52}Cr + ^{149}Sm

Pavol Mošať[1]*
Školiteľ: Stanislav Antalic[1]‡

[1] Katedra jadrovej fyziky a biofyziky, FMFI UK, Mlynská Dolina, 842 48 Bratislava

Abstrakt

Táto práca sa zameriava na problematiku produkcie a identifikácie izotopov v reakciách vedúcich cez vznik zloženého jadra, pričom jej cieľom je analýza a interpretácia získaných experimentálnych dát z laboratórneho zariadenia SHIP v GSI Darmstadt. Práca sa konkrétne zaoberá alfa spektroskopiou reakcie ^{52}Cr + ^{149}Sm, ktorá vedie najprv na formovanie zloženého jadra ^{201}Rn vo vysoko excitovanom stave a neskôr emisiou rôznych nukleónov na vznik finálneho produktu. Týmto spôsobom vzniká široká paleta rôznych izotopov, pričom takmer všetky sa rozpadávajú alfa premenou.

Kľúčové slová: Reakcie vedúce cez vznik zloženého jadra, Výparné kanály, Alfa premena, Alfa spektrum, Excitačná funkcia

1 Úvod

Koncepcia reakcií vedúcich cez zložené jadro bola prvý krát experimentálne overená v roku 1950 [Ghoshal, 1950]. V súčastnosti sú to jediné reakcie umožňujúce produkciu jadier výrazne ťažších ako sú jadrá vo vstupnom kanáli a teda predstavuje unikátnu možnosť produkcie najťažších jadier. Okrem toho sú tieto reakcie vďaka svojim vlastnostiam výborným nástrojom na štúdium jadier v stave s vysokou energiou a vysokým uhlovým momentom hybnosti.

V tejto práci sme sa zamerali na produkciu neutrónovo chudobných izotopov radónu (Z = 86, A = 197 − 199), astátu (Z = 85, A = 197 − 199) a polónia (Z = 84, A = 195 − 198). Využili sme pritom fúzno – výparnú reakciu, kde projektilové a terčové jadrá boli ^{52}Cr, resp. ^{149}Sm a zloženým jadrom bol ^{201}Rn. Analýza obsiahnutá v tejto práci poskytuje vôbec prvé informácie o účinných prierezoch pre produkciu jednotlivých izotopov prostredníctvom reakcie ^{52}Cr + ^{149}Sm. Ide o cenné výsledky umožňujúce porovnanie produkcie týchto izotopov z iných alternatívnych reakcií. Silnou motiváciou je taktiež možnosť testovať a optimalizovať teoretické modely pre výpočty účinných prierezov produktov jadrových reakcií. Typickým príkladom je napríklad práca zameraná na systematicku účinných prierezov izotopov bizmutu a polónia [Andreyev, 2015]. V tejto práci sú predložené prvé dáta, ktoré by mali umožniť rozšíriť takúto systematickú štúdiu pre ťažšie prvky, konkrétne izotopy rádónu a astátu.

2 Reakcie vedúce cez vznik zloženého jadra

Dôležitým predpokladom reakcií vedúcich na zložené jadro je projektilová častica a s kinetickou energiou T_a, ktorá prekoná kulombovskú bariéru a vstúpi do nehybného terčového jadra X s tým, že parameter tejto zrážky je malý v porovnaní s rozmerom jadra. Projektilové jadro interaguje s nukleónmi terčového jadra a po slede takýchto interakcií sa všetka kinetická energia, ktorú do terčového jadra priniesol projektil, postupne rozdistribuuje pomedzi nukleóny. Tak projektil uviazne v terčovom jadre za vzniku nového, ťažšieho systému, ktorý sa inak nazýva *zložené jadro*. Pravdepodobnosť procesu závisí od energie nalietavajúceho jadra a dostupných kvantovaných hladín v terčovom jadre a trvá rádovo 10^{-22} s. Schematicky je reakcia znázornená na obrázku 1, symbolicky ju možno zapísať, ako

$$a + X \rightarrow C^* \rightarrow Y + b$$

pričom pod symbolom b rozumieme všetky častice, ktoré sa zo zloženého jadra vyparili. Môžu to byť jednotlivé nukleóny, ale aj alfa častica. Dvojicu projektil a, terč X nazývame vstupným kanálom, dvojicu zostatkové jadro Y a emitované častice b, nazývame výstupným kanálom reakcie. C^* označuje zložené jadro, pričom hviezdička indikuje jeho vysoko excitovaný stav, pričom excitačná energia sa dá určiť pomocou vzťahu

$$E^* = Q + \left(\frac{m_X}{m_X m_a}\right) T_a$$

$$= (m_a + m_X - m_{CN})c^2 + \left(\frac{m_X}{m_X + m_a}\right) T_a$$

kde m_a, m_X a m_{CN} sú hmotnosti projektilového jadra, terčového jadra a zloženého jadra. V našom experimente je excitačná energia v rozsahu $37 - 61$ MeV [Krane, 1988].

* palo.mosat@gmail.com
‡ Stanislav.Antalic@fmph.uniba.sk

Priemerná väzbová energia na nukleón v takto ťažkých jadrách sa pohybuje na úrovni 7 – 8 MeV. Napriek tomu, že projektil prinesie do terčového jadra značné množstvo energie, tá je rozdelená pomedzi cca 200 – 250 nukleónov. Priemerný nárast energie každého z nukleónov teda nepostačuje na jeho opustenie jadra. Vďaka náhodným zrážkam, je však možné sústredenie dostatočnej energie do jedného z nukleónov, ktorý sa tak môže emitovať. Proces emisie nukleónov prebieha v čase asi 10^{-19} s.

Následne (10^{-17} – 10^{-10} s) sa zostatkové jadro Y deexcituje emisiou gama kvánt až na základný stav.

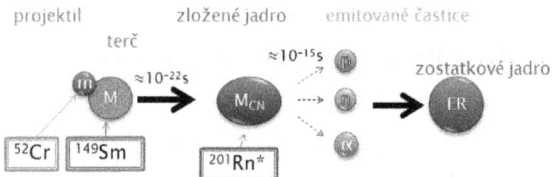

Obrázok 1: Schématické znázornenie reakcie vedúcej cez zložené jadro. Projektilové jadro ^{52}Cr naráža do terčového jadra ^{149}Sm za formácie ^{201}Rn, z ktorého sa následne vyparuje niekoľko nukleónov a vzniká zostatkové jadro.

Reakciu, ktorá prebieha cez zložené jadro teda môžeme považovať za dvojkrokový proces: formovanie zloženého jadra a jeho následný rozpad emisiou častíc.

Dôležitou ideou modelu reakcií cez zložené jadro je predpoklad, že pravdepodobnosť vzniku rôznych skupín finálnych produktov ($Y_1 + b_1$ alebo $Y_2 + b_2$ alebo $Y_3 + b_3$ atď.) je úplne nezávislá od spôsobu, akým zložené jadro vzniklo. Inak povedané vstupný a výstupný kanál sú na sebe úplne nezávislé. Prvýkrát bola platnosť tejto koncepcie preukázaná v Berkeley v roku 1950 [Gnoshal, 1950].

3 Experimantálne zariadenie

3.1 Rýchlostný filter SHIP

Separátor SHIP, na obrázku 2, využíva špecifické kinematické vlastnosti fúznych produktov na ich separáciu od projektilov a iných produktov reakcií v terčíku. Akceptuje rýchlosti v rozmedzí ± 5% od stanovenej hodnoty a nábojový stav ± 10%. Separátor je nasmerovaný pozdĺž smeru primárneho zväzku lineárneho urýchľovača UNILAC, ktorý pracuje v pulznom režime.

Na začiatku zariadenia sa nachádza rotačný terčík, ktorý pozostáva z ôsmich sektorov. Dôvodom sú nízke body tavenia terčových materiálov, a tak pre použitie väčších intenzít primárneho zväzku, je dôležité zväčšiť ožarovanú plochu terčíka, aby

nedošlo k jeho taveniu zväzkom. Sektory terčíka o veľkosti 110 mm x 23 mm sú rozmiestnené po obvode kruhu s polomerom 165 mm, ktorý sa otáča frekvenciou 18,75 Hz. Terčový systém je synchronizovaný s pulzami z urýchľovača.

Produkty reakcií odlietajú z terčíka pod rôznymi uhlami voči smeru primárneho zväzku a teda aj línie separátora. Je to dôsledkom rozptylu na terčových jadrách. Na fokusáciu takto vychýlených častíc je použitá trojica kvadrupólových magnetov, ktorých osi fokusácie sú natočené voči sebe o 120°, aby dochádzalo k rovnomernému „stláčaniu" zväzku. Takáto konfigurácia troch magnetických kvadrupólov je ekvivalentom optickej šošovky.

Ďalej možno povedať, že produkty reakcií vyletujú z terča s rýchlosťami menšími ako sú rýchlosti projektilov prechádzajúcich terčíkom bez interakcií. Je to dané zákonom zachovania hybnosti, pretože ťažké produkty fúzie majú rovnakú hybnosť ako podstatne ľahšie projektily (terčové jadrá sú v pokoji a majú nulovú hybnosť), a teda aj menšiu rýchlosť. Zložené jadro, ktoré vzniká fúziou má rýchlosť danú vzťahom

$$v_{CN} = \frac{m_p}{m_p + m_t} v_p$$

kde indexy CN, p a t označujú zložené jadro, projektil a terčové jadro, v a m sú rýchlosť v laboratórnej sústave a hmotnosť. Tento fakt sa využíva pri separácii.

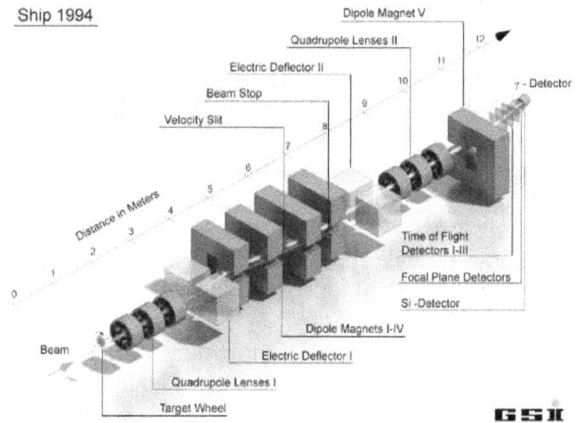

Obrázok 2: Trojrozmerný nákres separátora SHIP, kde možno jasne vidieť dve trojice kvadrupólových magnetov (fialová farba), elektrické vychyľovače (žltá farba) a dipólové magnety (modrá farba). Výstup zo separátora je nasmerovaný na systém detektorov. Zdroj: https://www.gsi.de

Rýchlostný filter pozostáva z elektrických vychyľovačov a dipólových magnetov. Elektrické a magnetické polia E resp. B sú navzájom kolmé a interagujú s nabitými časticami Lorentzovou silou

$$F = qE + qvB$$

kde q a v sú náboj a rýchlosť častice. Ak má častica

prejsť celým separátorom bez vychýlenia, musí byť táto sila nulová. Správnym výberom veličín *E* a *B* sa vyberie iba jediná rýchlosť, s ktorou môže častica preletieť celým separátorom. Ostatné sú vychýlené a následne pohltené pri procese separácie.

SHIP na rozdiel od klasických Wienových filtrov funguje ako separátor s oddelenými poliami, ktoré sú zrkadlovo usporiadané (elektrostatické pole I + 2 magnetické dipóly I a II resp. 2 magnetické dipóly III a IV + elektrostatické pole II).

Za rýchlostným filtrom nasleduje opäť trojica kvadrupólových magnetov fokusujúca častice, ktoré úspešne prešli vychyľovacími poliami, do detekčného systému.

Pred tým však ešte zväzok odseparovaných častíc prechádza dipólovým magnetom číslo V. Ten vychyľuje zväzok o 7,5° a slúži na vytlačenie produktov fúzie z vysokoenergetického pozadia, ktoré ide priamo od separátora. Taktiež redukuje aktiváciu germániových detektorov neutrónmi [Hofmann, 2000].

3.2 Detekčný system

Po separácii želaných produktov reakcií úplnej fúzie, vstupujú do detekčného systému, pozostávajúceho z preletových TOF detektorov, pozične citlivého stripového kremíkového STOP detektora. Pred STOP detektorom sa nachádza sústava stripových kremíkových detektorov tvaru krabice, tzv. BOX detektor. Nasleduje kremíkový VETO detektor a germániový „clover" detektor γ a RTG žiarení, čo je na obrázku 3.

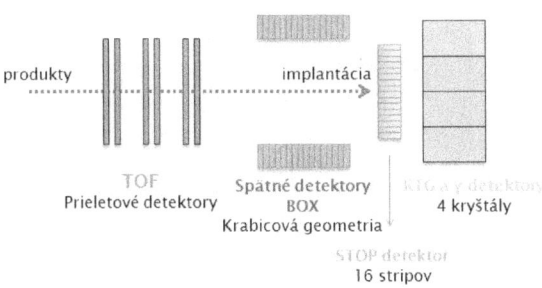

Obrázok 3: Schematický jednorozmerný náčrt detekčného systému za separátorom SHIP. Pohľad je je kolmo na smer letu produktov reakcie.

TOF detektory slúžia na detekciu produktov reakcie, ktoré nimi prelietajú. Boli z veľkej časti vyvinuté pracovníkmi FMFI UK. Detaily tejto práce sú v [Saro, 1996].

Najvhodnejšími detektormi pre účely alfa spektroskopie sú predovšetkým kremíkové detektory s dobrým polohovým rozlíšením, do ktorých sa implantujú fúzne produkty a skúmajú sa vlastnosti ich alfa premien. Sprievodnými procesmi

býva emisia gama kvánt, či konverzných elektrónov.

Preto je na spektrometrickú detekciu alfa častíc primárne určený STOP detektor. TOF detektory, gama detektory a BOX detektory slúžia na vytváranie koincidencií a antikoincidencií so signálmi zo STOP detektora.

3.2.1 STOP detektor

Jadrá vylietavajúce zo separátora, ktoré preleteli cez TOF systém sú implantované do pozične citlivého stripového kremíkového STOP detektora. Ide o sústavu 16 stripov. Každý z nich funguje ako samostatný polohovo citlivý detektor o hrúbke 5 mm a výške 35 mm. Aktívna plocha STOP detektora tak celkovo predstavuje 35 mm x 80 mm. Berúc do úvahy rozlíšenie v pozdĺžnom smere každého stripu (asi 150 μm FWHM pre α zdroj), vzniká detekčný systém s asi 3700 možnými rozlíšiteľnými pozíciami na ploche detektora. Rozmer jednej takejto pozície predstavuje 5 mm x 0,15 mm. Pre štandardný externý α zdroj, ^{241}Am, je energetické rozlíšenie na úrovni asi 14 keV. Reálne je toto rozlíšenie po sčítaní signálov zo všetkých stripov zhoršené na asi 20 keV, kvôli nedokonalosti zosúladenia všetkých 16 stripov. [Hofmann, 2000]

4 Experimentálne výsledky

4.1 Reakcia vedúca cez zložené jadro

V experimente, ktorý sa uskutočnil v GSI Darmstadt, boli projektily ^{52}Cr s nábojovým stavom 13+ urýchľované lineárnym urýchľovačom UNILAC postupne na rôzne kinetické energie od 224 MeV po 256 MeV. Tie následne narážali do rotačného terčíka, nehybného vzhľadom na smer pohybu projektilov. Terčík obsahoval jadrá izotopu ^{149}Sm obsiahnuté v zlúčenine SmF$_3$, pričom izotopická čistota terčíka bola 96,9%.

E_projektilu [MeV]	E_zloženého_jadra [MeV]
224	37,3
227	39,6
234	45,0
238	48,1
241	50,0
249	56,2
256	61,2

Tabuľka 1: Kinetické energie nalietavajúcich projektilových jadier a im zodpovedajúce vypočítané excitačné energie zložených jadier.

Týmto spôsobom prebiehali reakcie vedúce cez zložené jadrá ^{201}Rn, ktoré boli vo vysoko excitovanom stave. V tabuľke 1 sú uvedené všetky energie projektilov, pri ktorých prebiehal experiment a k nim príslušné, vypočítané excitačné energie zložených jadier. Deexcitáciou zloženého jadra prostredníctvom vyparenia (emisie) niekoľkých nukleónov v separovanom stave alebo v podobe alfa častice môžu vznikať rôzne izotopy. Skupinu finálnych produktov, ktoré vznikli vyparením niekoľkých neutrónov zo zloženého jadra nazývame *xn* výparnými kanálmi, pričom v tejto konkrétnej reakcii ide o všetky izotopy radónu. Ďalšou skupinou, *pxn*, sú izotopy, ktoré vznikli vyparením jedného proton a niekoľkých neutrónov a v tomto prípade ide o izotopy astátu. Skupina *2pxn* je trochu špecifická, pretože ak sa zo zloženého jadra vyparujú dva protóny a aspoň dva neutróny, môžu sa emitovať buď v neviazanej, separovanej forme, alebo vo viazanom stave, alfa častici.

Schematicky možno túto reakciu zapísať nasledovne:

$$^{52}Cr + {}^{149}Sm \rightarrow {}^{201}Rn*$$

$$\rightarrow {}^{199}Rn + 2n + 0p$$
$$\rightarrow {}^{198}Rn + 3n + 0p$$
$$\rightarrow {}^{197}Rn + 4n + 0p$$

$$\rightarrow {}^{199}At + 1n + 1p$$
$$\rightarrow {}^{198}At + 2n + 1p$$
$$\rightarrow {}^{197}At + 3n + 1p$$

$$\rightarrow {}^{198}Po + 1n + 2p$$
$$\rightarrow {}^{197}Po + 2n + 2p \ / \ 1\alpha$$
$$\rightarrow {}^{196}Po + 3n + 2p \ / \ 1\alpha + 1n$$
$$\rightarrow {}^{195}Po + 4n + 2p \ / \ 1\alpha + 2n$$

4.2 Excitačné funkcie

V závislosti od kinetickej energie nalietavajúcich projektilových jadier na terčové jadro a tým pádom aj excitačnej energii zloženého jadra, mení sa množstvo vyparených nukleónov. Taktiež sa mení aj účinný prierez produkcie finálnych zostatkových izotopov. Jeden vyparený nukleón so sebou odnáša zo zloženého jadra energiu cca 10 MeV. Závislosť účinného prierezu vzniku finálneho izotopu od excitačnej energie zloženého jadra sa nazýva *excitačná funkcia*. Maximum tejto funkcie určuje optimálnu energiu pre produkciu daného izotopu. Alfa častica kvôli viazanosti svojich štyroch nukleónov odoberá zo zloženého jadra menej energie, ako emisia štyroch samostatných nukleónov. Preto mávajú príslušné excitačné funkcie dve lokálne maximá. Jedno zodpovedá excitačnej energii zloženého jadra, ktorá je vhodnejšia pre emisiu štyroch samostatných nukleónov a druhé zodpovedá preferovanej emisii alfa častice.

4.3 Identifikácia izotopov

Z vlastností alfa premeny vyplýva, že Q energiu uvoľnenú z alfa premeny si prerozdeľujú dve častice, ktorými sú alfa častica a dcérske jadro, v presnom pomere danom ich hmotnosťami, a tak registrujeme diskrétne alfa prechody. Kinetická energia unikajúcej alfa častici je typickou charakteristickou veličinou pre rozpadajúci sa izotop. Energiu alfa častice je preto možné využiť na spätnú identifikáciu materského jadra, ktorý túto časticu emitoval.

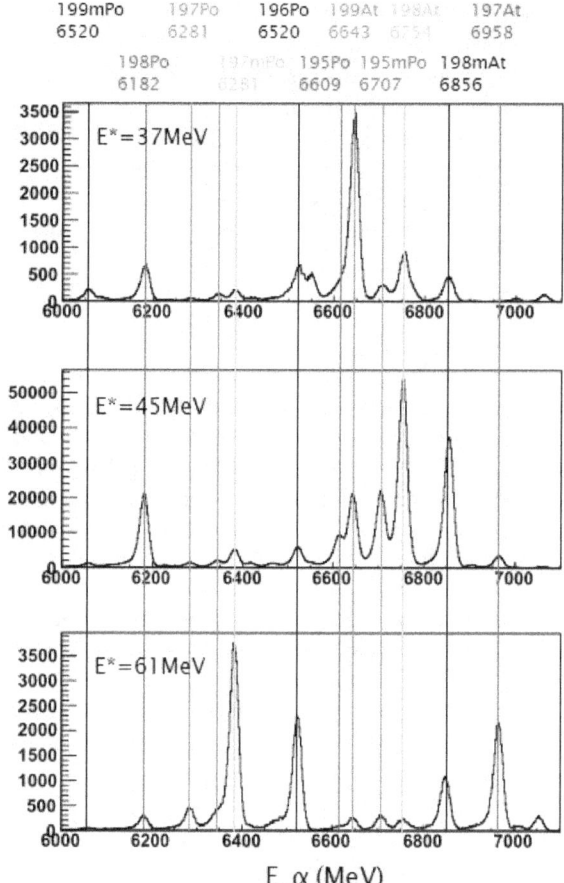

Obrázok 4: Alfa spektrá zo STOP detektora pri troch rôznych excitačných energiách zloženého jadra ^{201}Rn s popismi vznikajúcich finálnych produktov reakcie. Už z prvého pohľadu je zrejmý vplyv excitačnej energie zloženého jadra na produkciu jednotlivých izotopov. S narastajúcou excitačnou energiou vzrastá počet vyparených nukleónov zo zloženého jadra a tým pádom dominuje produkcia ľahších izotopov. Graficky sú tieto produkčné zmeny znázornené ako excitačné funkcie na obrázkoch 6, 7 a 8.

4.3.1 Identifikácia energiou α častice

Ak je hľadaná energia alfa častice vopred známa, je táto metóda teoreticky postačujúca na identifikáciu ľubovoľného izotopu podliehajúcemu alfa premene. V dôsledku rozlíšenia STOP detektora na úrovni 20 keV je rozlíšenie píkov s podobnými energiami (niekoľko keV) náročné. Príklad alfa spektier reakcie pre tri rôzne excitačné energie zloženého jadra ^{201}Rn je na obrázku 4.

4.3.2 Identifikácia na základe doby polpremeny

Meraním časov, ktoré uplynuli medzi signálmi od implantácií produktov reakcie a signálmi od príslušných alfa častíc v blízkom mieste, je možné zostaviť rozpadovú krivku a určiť doby polpremeny, ktoré sú ďalšou typickou vlastnosťou jednotlivých izotopov. Táto metóda identifikácie je založená na princípe, že zostatkové jadro, ktoré prešlo cez separátor sa implantuje do STOP detektora hrubého 0,3 mm a to do hĺbky približne 5 μm, kde vytvorí signál a následne po nejakom čase podlieha alfa premene. Alfa častica má v detekčnom materiáli, kremíku, dolet približne 50 μm. Z geometrie danej situácie vyplýva, že je asi 53% pravdepodobnosť, že sa v blízkom okolí implantovaného jadra vyskytne za istú dobu signál od alfa častice [Hofmann, 1979]. Táto metóda nie je vhodná pre meranie dlhých dôb premeny ($T_{1/2} > 1$ s, pre meranie diskutované v tejto práci), nakoľko narastá pravdepodobnosť korelovania implantácie jadra a alfa rozpadu dvoch odlišných jadier, a tak sa informácia stráca vo vysokom pozadí. Táto problematika je bližšie rozobratá v [Schmidt, 1984]. Na obrázku 5 je ukázaná aplikácia tejto metódy pre izotop ^{198}Rn, s $T_{1/2,REF} = 64 \pm 2$ ms [NNDC]. Z experimentálnych dát sme získali hodnotu $T_{1/2EXP} = 66,68 \pm 0,68$ ms, čo je v dobrom súlade s očakávanou hodnotu.

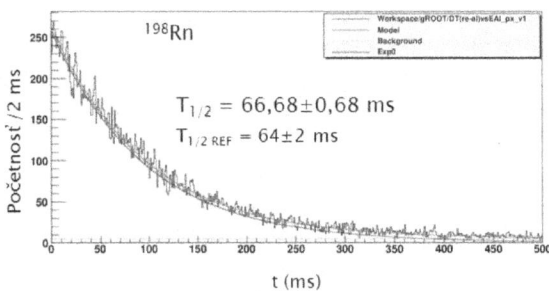

Obrázok 5: Metóda určenia doby polpremeny izotopu ^{198}Rn, meraním času medzi implantáciou produktu reakcie do STOP detektora a zaregistrovaním alfa častice v okolí implantácie. Experimentálne určená doba polpremeny je v súlade s referenčnou hodnotou.

4.4 Výparné kanály

Najcennejšia informácia sa po identifikácii izotopov získa vytvorením závislosti účinných prierezov (ktoré sú mierou produkčných výťažkov) pre jednotlivé výparné kanály od excitačnej energie zloženého jadra. Pre porovnanie experimentálne určených účinných prierezov s modelovými hodnotami, sme použili štatistický kód HIVAP [Reisdorf, 1981].

4.4.1 xn výparné kanály – izotopy Rn

Vrámci rozsahu energií projektilov a tým aj excitačných energií zložených jadier, bolo možné v spektrách identifikovať 4 izotopy radónu. Excitačné funkcie xn kanálov sú na obrázku 6.

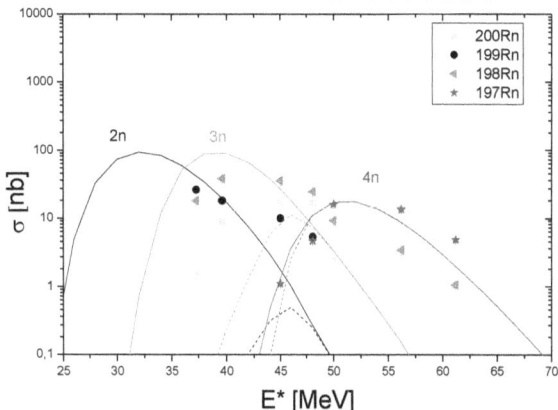

Obrázok 6: 3n a 4n výparné kanály majú maximá posunuté zhruba o 10 MeV. Črtá sa tendencia účinných prierezov v maximách klesať s narastajúcou excitačnou energiou kvôli zvýšenej pravdepodobnosti štiepenia zloženého jadra. Nachádza sa tu aj excitačná funkcia izotopu ^{200}Rn, avšak o 1n kanál nejde. Tento izotop vzniká pravdepodobne v inej reakcii na neutrónovo bohatších prímesových izotopoch samária v terči.
Pozn.: Plnými čiarami sú znázornené výpočty HIVAP s možnosťou podbariérovej fúzie, prerušovanými čiarami výpočty bez tejto možnsti.

3n a 4n kanály sa správajú podľa očakávania. Majú jasný priebeh s maximami, ktoré sú vzájomne vzdialené cca 10 MeV. To výborne sedí s faktom, že každý nukleón vyparený zo zloženého jadra z neho odnáša energiu približne 10 MeV. Excitačná funkcia izotopu ^{200}Rn do tejto systematiky podozrivo nezapadá. Má síce podobný priebeh s maximom, ako ostatné dva kanály, no maximum leží pri excitačnej energii cca 45 MeV, čo je príliš veľká hodnota vzhľadom nato, že by malo ísť o vyparenie len jedného neutrónu zo zloženého jadra ^{201}Rn. Z dôvodu podozrenia, že by mohlo ísť o zle identifikovaný izotop, bolo potrebné pozorne zvážiť možné priradenie pre tento alfa rozpad. Dospeli sme k záveru, že izotop je identifikovaný správne ako ^{200}Rn. Problém môže tkvieť v izotopickej čistote terčíka, ktorá je na úrovni 96,9%. Vo zvyšných 3,1% sa nachádzajú iné izotopy samária. Vyšší počet neutrónov v ťažších izotopoch samária vedie k výrazne vyšším účinným prierezom reakcií. Odtiaľ vyplýva, že aj napriek ich malému zastúpeniu v terčíku má produkcia ^{200}Rn významný podiel. V tomto prípade je ale zloženým jadrom niektorý ťažší izotop radónu a tak nejde o 1n výparný kanál, ale niektorý viacneutrónový. Vzhľadom nato je aj poloha maxima excitačnej funkcie ^{200}Rn v okolí 45 MeV celkom prirodzená.

4.4.2   pxn výparné kanály – izotopy At

Po identifikácii troch izotopov astátu v spektre a následnom zostavení excitačných funkcií možno konštatovať, že majú očakávaný priebeh, čo je vidieť na obrázku 7. Pri najnižšej excitačnej energii zloženého jadra, približne 40 MeV, nadobúda maximum pn výparný kanál a v zhruba 10 MeV rozostupoch nasledujú maximá p2n resp. p3n kanálov. Tu možno pozorovať približne o dva rády vyššie účinné prierezy ako v prípade xn kanálov. Dôvodom je, že všetky produkované izotopy sú z protónovo bohatej oblasti.

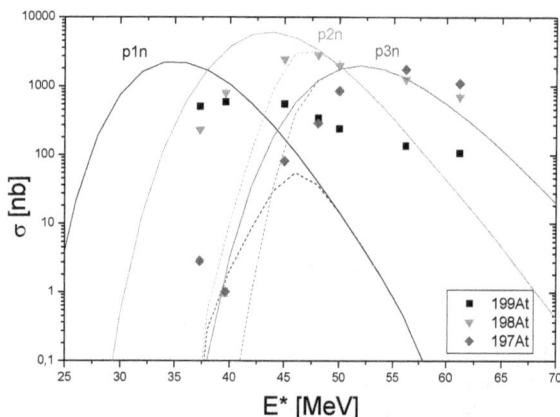

Obrázok 7: pxn kanály vykazujú posunutie maxím postupne o 10 MeV. Nižší účinný prierez v maxime pn kanála voči p2n kanálu je spôsobený potlačením v dôsledku fúznej bariéry.
Pozn.: Plnými čiarami sú znázornené výpočty HIVAP s možnosťou podbariérovej fúzie, prerušovanými čiarami výpočty bez tejto možnsti.

Účinné prierezy xn ako aj pxn kanálov majú v princípe tendenciu klesať s rastúcim počtom vyparených častíc. Dôvodom je vyššia pravdepodobnosť štiepenia zloženého jadra pri vyšších excitačných energiách. To sa prejavuje postupným klesaním maxím excitačných funkcií. Dalo by sa očakávať, že pn kanál by mal mať v maxime väčší účinný prierez než p2n kanál. Vysvetlenie tohto javu spočíva vo fakte, že reakcie vedúce cez zložené jadro sú prahové. Účinný prierez takejto reakcie možno brať ako súčin pravdepodobnosti vytvorenia zloženého jadra a pravdepodobnosti, že sa vyparí práve daný počet nukleónov, aby vznikol želaný produkt. V prípade nižších excitačných energií zloženého jadra nie je kinetická energia projektilov dostatočná na

prekonanie kulombovskej bariéry. A keďže je formácia zloženého jadra s nízkou excitačnou energiou potlačená, málonukleónové výparné kanály budú potlačené tiež. Fúzna bariéra je teda príčinou, prečo nie je možné vytvárať zložené jadrá s ľubovoľne nízkymi excitačnými energiami.

Kanál pn vo vyšších excitačných energiách neklesá, účinný prierez stagnuje na hodnote 100 – 200 nb. Spomalenie poklesu produkcie izotopov pri vyšších excitačných energiách je možné interpretovať cez tri možné efekty. Prvým je produkcia na neutrónovo bohatých prímesiach v terči. Druhým je možnosť, že časť projektilov má nižšiu energiu. A do tretice to je efekt nenulovej hrúbky terča, keď sa vytvárajú produkty na povrchu terča smerom k separátoru s projektilmi ktoré majú už nižšiu energiu kvôli energetickým stratám.

4.4.3   2pxn a αxn výparné kanály – izotopy Po

Pri výparných kanáloch tohto typu situáciu značne komplikuje možnosť vypariť okrem nukleónov aj alfa časticu. Takéto excitačné funkcie majú typický priebeh s dvoma maximami, kde jedno maximum zodpovedá vypareniu alfa častice a druhé vypareniu dvoch protónov a dvoch neutrónov samostatne. V kombinácii s faktom, že reakcie cez zložené jadro sú prahové a pri nízkych energiách im bráni fúzna bariéra, majú excitačné fukcie mnohokrát komplikované priebehy. Súčasne s 2pn kanálom však nie je možná emisia alfa častice. Preto má táto excitačná funkcia klasický priebeh s jedným maximom. K 2p2n kanálu však existuje aj konkurenčný 1α výparný kanál. Vrámci nášho rozsahu dostupných excitačných energií dosahuje maximum príslušná excitačná funkcia medzi 55 a 65 MeV (viď obrázok 8). To je energia postačujúca na vyparenie štyroch nukleónov, no zároveň pravdepodobne priveľká na vyparenie len jedinej alfa častice. Treba poznamenať, že toto maximum je posunuté o približne 10 MeV voči 2p1n kanálu, čo je opäť v zhode s faktom, že sa vyparuje o jeden nukleón viac. Druhé maximum, ktoré by zodpovedalo emisii alfa častici a ktoré by bolo pravdepodobne niekde pri nižšej excitačnej energii je už zrejme potlačené fúznou bariérou podobne, ako pri pn kánáli.

2p3n/1α1n kanál má priebeh excitačnej funkcie približne konštantný po excitačnú energiu 50 MeV a následne sa črtá nárast smerom k vyšším excitačným funkciám. Tento nárast by mohol indikovať maximum v hodnotách excitačnej energie, ktoré sú mimo nášho experimentu. Toto maximum by zodpovedalo 2p3n kanálu a dalo by sa očakávať približne o 10 MeV posunuté voči 2p2n kanálu, niekde pri 65 – 70 MeV. Opäť však nevidíme maximum, ktoré by prislúchalo 1α1n kanálu. Zdá sa, že očakávané maximum je opäť potlačené fúznou bariérou. To by dobre vysvetľovalo jav, prečo sa hodnoty účinného prierezu držia vo vyšších hodnotách pri nížších excitačných energiách.

Pravdepodobne prvý výparný kanál obsahujúci alfa časticu, ktorý nie je potlačený fúznou bariérou je 1α2n kanál, ktorého účinný prierez nadobúda maximum pri excitačnej energii 45 – 50 MeV. Maximum, ktoré by zodpovedalo vypareniu 2p a 4n pravdepodobne leží vo vysokých excitačných energiách, a zrejme preto ani nevidíme náznak žiadneho nárastu týmto smerom. Zaujímavá je však informácia, že okrem najnižšej, pri všetkých ostatných meraných excitačných energiách účinné prierezy kanálov 1α2n a 2pn sú takmer rovnaké. Nakoľko fúzia je nezávislá od vyparovania tak pre oba výparné kanály je pravdepodobnosť vzniku zloženého jadra rovnaká. To znamená, že je rovnaká pravdepodobnosť emisie pre 1α2n aj 2pn. Polohy maxím sú takmer totožné, čo naznačuje, že energia potrebná na emisiu jedného nukleónu a emisiu alfa častice je porovnateľná.

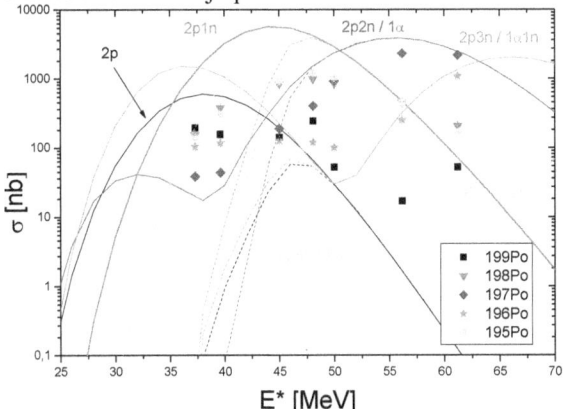

Obrázok 8: 1α2n a 2pn majú zhodné účinné prierezy aj polohy maxím. 2pn kanál a 2p2n kanál majú maximá posunuté voči sebe asi o 10 MeV. Maximum 1α1n kanálu, ktoré by sa malo nachádzať asi 10 MeV nižšie ako maximum 1α2n kanálu je potlačené fúznou bariérou. Smerom k vyšším excitačným energiám možno pozorovať nárast k maximu alternatívneho 2p3n kanálu, ktoré by malo byť posunuté o 10 MeV vyššie ako maximum 2p2n kanálu.
Pozn.: Plnými čiarami sú znázornené výpočty HIVAP s možnosťou podbariérovej fúzie, prerušovanými čiarami výpočty bez tejto možnsti.

5 Záver

Analýzou experimentálnych dát sme získali zaujímavé informácie o možnostiach produkcie neutrónovo deficitných izotopov v reakcii ^{52}Cr + ^{149}Sm vedúcej cez zložené jadro ^{201}Rn.

Štúdiom excitačných funkcií xn, pxn, 2pxn a 1αxn výparných kanálov sme určili optimálnu

kinetickú energiu projektilov pre najefektívnejšiu produkciu daných izotopov. Tá zodpovedá polohám maxím excitačných funkcií.

Napriek správnej identifikácii izotopu ^{200}Rn, sme pomocou priebehu excitačnej funkcie a polohy jej maxima dokázali posúdiť, že nejde o 1n kanál. Tento izotop nevzniká v danej reakcii, ale pravdepodobne v reakcii na ťažších izotopických prímesiach samária v terči.

Približne o jeden rád menšie účinné prierezy pn kanálu voči p2n kanálu sme interpretovali ako typický príklad na potlačenie v dôsledku fúznej bariéry.

V oboch prípadoch xn aj pxn kanálov možno pozorovať efekt postupného klesania účinných prierezov v maximách s rastúcou excitačnou energiou. Je to dôsledok zvýšenej pravdepodobnosti štiepenia zloženého jadra.

V neposlednom rade sme sa presvedčili o komplikovanosti „konkurenčných" 2pxn a 1αxn výparných kanálov. Na excitačnej funkcii 2p3n/1α1n kanálov, ktorá by mala mať dve maximá možno vidieť potlačenie maxima 1α1n kanálu v dôsledku fúznej bariéry, ako aj náznak nárastu k maximu 2p3n kanálu vo vyšších excitačných energiách.

Pri všetkých excitačných fuknciách sme pozorovali posunutie jednotlivých maxím vždy postupne o asi 10 MeV, čo je v dobrej zhode s faktom, že na vyparenie jedného nukleónu zo zloženého jadra je zvyčajne potrebná energia na úrovni 10 MeV.

Poďakovanie

Rád by som sa na tomto mieste poďakoval doc. Stanislavovi Antalicovi, ktorý ma svojimi pripomienkami usmerňoval pri tvorbe tejto práci. Vďaka patrí aj Mgr. Borisovi Andelovi za konzultácie niektorých technických detailov práce.

Literatúra

[Andreyev, 2015] Andreyev, A.N., et al., *Phys. Rev C* 72, 014612
[Beiser, 1969] Beisier, A., (1969). Perspectives of Modern Physics, McGraw-Hill, New York
[Ghoshal, 1950] Ghoshal, S.N., (1950). *Physical Review* 80, 939.
[Hofmann, 1979] Hofmann, S., et al., *Z. Phys. A* 291, 53.
[Hofmann, 2000] Hofmann, S., Münzenberg, G., (2000). *Reviews of Modern Physics*, Vol. 72, No. 3.
[Krane, 1988] Krane, K. S. (1988). Introductory Nuclear Physics, John Wiley and Sons, Hoboken.
[NNDC] National Nuclear Data Center, Brookhaven National Laboratory

[Reisdorf, 1981] Reisdorf, W., (1981). *Z. Phys A* 300, 227.

[Saro, 1996] Saro, S., Janik, R. et al., (1996). *Instr. Methods in Phys. Research A* 381, 520

[Schmidt, 1984] Schmidt, K.H. et al., (1984). *Z. Phys A* 316, 19.

Študentská vedecká konferencia FMFI UK, Bratislava, 2015, pp. 115–123
ISBN 978-1518759055, © 2015 Miroslav Macko

On the construction of non-linear phonon operator within the QRPA

Miroslav Macko[1*]

Supervisor: Fedor Šimkovic[1†]

Katedra jadrovej fyziky a biofyziky, FMFI UK, Mlynská Dolina 842 48 Bratislava

Abstract: The proton-neutron Lipkin schematic model, which can be exactly diagonalized, is exploited to discuss limitations of different many-body body approximations, in particular those associated with the quasiparticle random phase approximation approach. The diagonalization of schematic model is performed in both fermionic and bosonic spaces. The role of the violation of the Pauli exclusion principle is addressed and the dependence of physical quantities on the particle-particle interaction strength is studied. The subject of interest are energies and wave functions of excited states and the beta transition amplitudes. Working within a schematic model and in a boson formalism we provide a common description of the first and third-excited states within the quasiparticle random phase approximation. This is achieved by a consideration of non-linear phonon operator and by solving the corresponding RPA equation, i.e., going beyond the standard many-body quasiparticle random phase approximation scheme. The even excited states can be constructed as a product of phonon operators associated with the first and third excited states. The obtained results suggest to perform realistic QRPA calculation with help of the non-linear phonon operator.

Keywords: QRPA, non-linear operator, beta transition amplitudes, schematic models

1 Introduction

Physics of neutrinos is encountering a lot of challenges nowadays. The determination of absolute neutrino mass scale or questions about Majorana or Dirac nature of neutrinos are only two examples. The answer to both problems can be found by an observation of the neutrinoless double-beta process. It is a nuclear transition from the even-even parent nucleus (A, Z) to the even-even daughter nucleus $(A, Z + 2)$, which involves the emission of two electrons and no neutrinos. The transition to neighbouring odd-odd nucleus $(A, Z + 1)$ is forbidden energetically. The neutrinoless double-beta decay is expected to occur if lepton-number conservation is not exactly symmetry of nature and neutrino is a Majorana particle (i.e., identical to its own antiparticle) with non-zero mass. Consequently, experimental searches for neutrinoless double-beta decay are being pursued worldwide. However, interpreting existing results and planning new experiments is impossible without knowledge of the corresponding nuclear matrix elements.

The nuclear matrix elements of the neutrinoless double-beta decay must be calculated by using nuclear structure theory. The choice of many-body approximations is a crucial part of that task. The quasiparticle random phase approximation (QRPA) has been found to be a powerful method for describing many-body systems. Due to its simplicity, the proton-neutron QRPA is the nuclear structure method which has been most frequently used to interpret some nuclear structure aspects of the single-beta and double-beta decay for open shell systems. The QRPA provides a description of excited states by including some nucleon-nucleon correlations in the ground state.

In this paper we examine the standard many-body approximations associated with the QRPA approach, namely boson approximation and the linearity of the phonon operator, by taking advantage of the proton-neutron Lipkin model.

1.1 Quasiparticle random phase approximation

The QRPA formalism consists of two main steps: (i) the Bardeen-Cooper-Schrieffer (BCS) transformation smears out the nuclear Fermi surface over a relatively large number of orbitals; (ii) the equation of motion in the quasiparticle basis then determines the excited states. In the framework of the QRPA the m-th excited state is created by a phonon-operator Q with the properties

$$Q_m^\dagger \mid RPA \rangle = \mid m \rangle, \quad \text{and} \quad Q_m \mid RPA \rangle = 0. \quad (1)$$

Here, $\mid RPA \rangle$ is the QRPA ground state of nucleus.

---
*macko.mire@gmail.com

†simkovic@teller.dnp.fmph.uniba.sk

1.2 The phonon operator

The phonon operator takes the standard form:

$$Q^\dagger = XA^\dagger - YA. \qquad (2)$$

Here, $A^\dagger$ and A are two quasiparticle creation and annihilation operators which are coupled to some angular momentum in general case. In what follows we shall discuss 0^+ excited states within proton-neutron Lipkin model. X and Y are so called forward-going and backward-going amplitudes, which are set of variational parameters. Note that this notation is only schematic as all indices, which are related to different quasiparticle states, are omitted. Within a considered schematic model this notation is appropriate as there is only a single two quasiparticle creation operator $A^\dagger$.

The goal of this paper is to introduce a non-linear phonon operator of the form:

$$Q_m^\dagger = X_1^m A^\dagger - Y_1^m A + X_3^m A^\dagger A^\dagger A^\dagger - Y_3^m AAA. \qquad (3)$$

It differs with the standard - linear phonon operator by two additional terms proportional to third power of A and $A^\dagger$ operators. We shall study this phonon operator in the context of the first and third excited states of schematic Hamiltonian.

1.3 RPA equation

The central equation for all QRPA calculations is RPA equation. We can derive it by plugging phonon operator into equation of motion. In the case of the nonlinear phonon operator RPA equation takes form:

$$\begin{pmatrix} \mathcal{A} & \mathcal{B} \\ \mathcal{B} & \mathcal{A} \end{pmatrix} \begin{pmatrix} X \\ Y \end{pmatrix} = \omega \begin{pmatrix} \mathcal{U} & \mathcal{V} \\ -\mathcal{V} & -\mathcal{U} \end{pmatrix} \begin{pmatrix} X \\ Y \end{pmatrix}. \qquad (4)$$

ω represents excitation energy. Matrix elements of $\mathcal{A}, \mathcal{B}, \mathcal{U}$ and $\mathcal{V}$ (for schematic models) are calculated as:

$$\mathcal{A}_{11} = \langle RPA|[A, H, A^\dagger]|RPA\rangle,$$
$$\mathcal{A}_{12} = \mathcal{A}_{21} = \langle RPA|[A, H, A^\dagger A^\dagger A^\dagger]|RPA\rangle,$$
$$\mathcal{A}_{22} = \langle RPA|[AAA, H, A^\dagger A^\dagger A^\dagger]|RPA\rangle, \qquad (5)$$

$$\mathcal{B}_{11} = -\langle RPA|[A, H, A]|RPA\rangle,$$
$$\mathcal{B}_{12} = \mathcal{B}_{21} = -\langle RPA|[A, H, AAA]|RPA\rangle,$$
$$\mathcal{B}_{22} = -\langle RPA|[AAA, H, AAA]|RPA\rangle, \qquad (6)$$

$$\mathcal{U}_{11} = \langle RPA|[A, A^\dagger]|RPA\rangle,$$
$$\mathcal{U}_{12} = \mathcal{U}_{21} = \langle RPA|[A, A^\dagger A^\dagger A^\dagger]|RPA\rangle,$$
$$\mathcal{U}_{22} = \langle RPA|[AAA, A^\dagger A^\dagger A^\dagger]|RPA\rangle, \qquad (7)$$

$$\mathcal{V}_{11} = -\langle RPA|[A, A]|RPA\rangle,$$
$$\mathcal{V}_{12} = -\mathcal{V}_{21} = -\langle RPA|[A, AAA]|RPA\rangle,$$
$$\mathcal{V}_{22} = -\langle RPA|[AAA, AAA]|RPA\rangle. \qquad (8)$$

Here, the double commutators are defined as $[A, B, C] = \frac{1}{2}[A, [B, C]] + \frac{1}{2}[[A, B], C]$. We see that the dimension of matrices entering the RPA equation is four and as a consequence the solution of the QRPA equation is given by 4 eigenvalues, two positive and two negative in pairs. We note that it is twice more as in the case of linear phonon operator, which allows to calculate only energy and variational amplitudes associated with the first excited state. In that case $\mathcal{A}$, $\mathcal{B}$, $\mathcal{U}$ and $\mathcal{V}$ are just numbers unlike in the case of non-linear phonon operator, when $\mathcal{A}, \mathcal{B}, \mathcal{U}$ and $\mathcal{V}$ are 2×2 matrices, X and Y are column vectors in a form: $X = (X_1, X_3)^T$, $Y = (Y_1, Y_3)^T$. Below we shall discuss both solutions of the RPA equation in the context of the proton-neutron Lipkin model.

2 Used schematic models

Schematic models play very important role for testing different ansatzes because they are very easy to work with. We assume only one quantum level for all quasiparticles (with single level energy ε). Schematic models can not replace realistic calculations but they preserve their main features. So properties of different ansatzes can be tested using schematic models first before doing relatively cumbersome and time demanding realistic calculations.

Thanks to the fact we are working with schematic model we write operators A and $A^\dagger$ without any indices. In next we present models used in this paper.

2.1 Proton neutron Lipkin model

This model is based on exact diagonalization of Hamiltonian in given space of basic states $|n\rangle$. This space is finite. Number of basic states is 2Ω where Ω is semi-degeneracy of considered single level. Moreover, $2\Omega = N_p + N_n$ where N_p and N_n are numbers of protons and neutrons in studied system, respectively.

2.1.1 Diagonalization within fermionic space

Hamiltonian for this model is given by equation

$$H_F = \varepsilon C + \lambda_1 A^\dagger A + \lambda_2 (A^\dagger A^\dagger + AA), \qquad (9)$$

where

$$C = \sum_m \alpha^\dagger_{pm} \alpha_{pm} + \sum_m \alpha^\dagger_{pm} \alpha_{pm},$$
$$A^\dagger = [\alpha^\dagger_p \alpha^\dagger_n]^{J=0},$$
$$\lambda_1 = 4\Omega[\chi(u_p^2 v_n^2 + v_p^2 u_n^2) - \kappa(u_p^2 u_n^2 + v_p^2 v_n^2)],$$
$$\lambda_2 = 4\Omega(\chi + \kappa)u_p v_p u_n v_n. \qquad (10)$$

Operators $\alpha^\dagger$ and α are quasiparticle creation and annihilation operators. p denotes proton quasiparticle and n neutron quasiparticle and m different angular momentum projection. This Hamiltonian which is standardly used in QRPA is just simplification (neglecting terms with odd number of creation or annihilation quasiparticle operators) of the one which can be found in [Muto, 1994]. Moreover, we introduced parameters κ (χ) which are particle-particle (particle-hole) interaction strength parameter. All quantities we present in the paper are studied in dependence on these parameters. Parameters u_p, v_p, u_n, v_n are related to number of nucleons:

$$v_i = \sqrt{\frac{N_i}{2\Omega}}, \quad u_i = \sqrt{1 - \frac{N_i}{2\Omega}}, \quad i = n, p \qquad (11)$$

The orthogonal basis $|n\rangle$ mentioned at the beginning of this paragraph we choose as:

$$|n\rangle = (A^\dagger)^n |0\rangle, \quad 0 \le n \le 2\Omega. \qquad (12)$$

Operators $A^\dagger$ and A preserve Pauli exclusion principle, with operator C they are generators of SU(2) algebra:

$$[A, A^\dagger] = 1 - \frac{C}{2\Omega}, \quad [C, A^\dagger] = 2A^\dagger, \quad [A, C] = 2A. \qquad (13)$$

Assuming this we derive:

$$m_n \equiv \langle 0|A^n, (A^\dagger)^n|0\rangle = \frac{n!(2\Omega)!}{(2\Omega - n)!(2\Omega)^n}. \qquad (14)$$

The basis is finite, so terms for $n > 2\Omega$ are equal to zero. Finally, we are able to construct matrix of expectation values for Hamiltonian in proposed basis. It is matrix of dimensions $(2\Omega + 1) \times (2\Omega + 1)$ with matrix elements:

$$\langle n|H_F|n\rangle = 2\varepsilon n m_n + \lambda_1\left(m_{n+1} - m_n + \frac{nm_n}{\Omega}\right),$$
$$\langle n-2|H_F|n\rangle = \langle n|H_F|n-2\rangle = \lambda_2 m_n. \qquad (15)$$

All the other matrix elements are zero because number of creation operators is not the same as number of annihilation operators. After diagonalization of this matrix we find its eigenvalues (energies of excited states) $E_0, ..., E_{2\Omega}$ and their corresponding eigenvectors. This calculation is exact and serves as comparative for other methods. From these obtained data we can calculate different characteristics of beta transitions such as β-decay amplitudes, Ikeda sum rule and more. Some of them are discussed in the paper.

2.1.2 Diagonalization within bosonic space

This model is still in cathegory of exact methods. The algorithm is also based on diagonalization of Hamiltonian matrix like the previous one. The difference is the form of Hamiltonian. In this case we will be violating Pauli exclusion principle. We assume Hamiltonian in form:

$$H_B = \alpha_{11} B^\dagger B + \alpha_{02}(B^\dagger B^\dagger + BB) + \alpha_{22} B^\dagger B^\dagger BB + $$
$$+ \alpha_{13}(B^\dagger BBB + B^\dagger B^\dagger B^\dagger B). \qquad (16)$$

This form and all α coefficients are obtained following so-called Marumori boson mapping of fermionic operators. The whole algorithm is in more detail described in [Šmotlák, 2003] (pages 122-123). The main idea is to rewrite Hamiltonian H_F based on fermionic operators $A^\dagger$, A, into H_B using bosonic operators $B^\dagger$, B. The advantage is that we get operators $B^\dagger$, B with commutation relations

$$[B, B^\dagger] = 1, \quad [B^\dagger, B^\dagger] = [B, B] = 0, \qquad (17)$$

but this is for the price of violating Pauli exclusion principle. Now, analogically to fermionic case we introduce (orthonormal) finite basis of states in a form:

$$|n\rangle = \frac{B^\dagger}{\sqrt{n!}}|0\rangle, \quad 0 \le n \le 2\Omega, \qquad (18)$$

Final form of matrix elements of H_B is then:

$$(n|H_B|n) = \alpha_{11} n + \alpha_{22} n(n-1),$$
$$(n-2|H_B|n) = (n|H_B|n-2) =$$
$$= \alpha_{02}\sqrt{n(n-1)} +$$
$$+ \alpha_{13}\sqrt{n(n-1)}(n-2). \qquad (19)$$

All the other elements are equal to zero. This matrix is diagonalized and eigenvalues (i.e. excitation energies) and eigenvectors (eigenstates) are obtained. In the end this method is algorithmically same as the previous one only the Hamiltonian and basic states are different.

2.2   QRPA with non-linear phonon operator

This model is imitating algorithms of realistic QRPA calculations while remaining in the framework of schematic models. Thanks to the fact that previous models were representing the exact sought solution to our problem we use them to check the correctness of aproximations in iterative models (which are those we are interested in). Our aim is to study Equation 4 with non-linear phonon operator ansatz (using boson operators $B^\dagger$ and B)

$$Q_m^\dagger = X_1^m B^\dagger - Y_1^m B + X_3^m B^\dagger B^\dagger B^\dagger - Y_3^m BBB, \quad (20)$$

for $m = 1, 3$. As stated in general description of QRPA calculations with non-linear phonon operator we can study first and third excited state: $|1\rangle = Q_1^\dagger |RPA\rangle$, $|3\rangle = Q_3^\dagger |RPA\rangle$. The matrix elements for RPA equation for this case are given by[1]

$$\begin{aligned}
\mathcal{A}_{11} &= 2\varepsilon + \lambda_1, \\
\mathcal{A}_{13} &= (2\varepsilon + \lambda_1)6O_{02} + \lambda_2(6O_{11} - 3), \\
\mathcal{A}_{31} &= (2\varepsilon + \lambda_1)6O_{20} + \lambda_2(6O_{11} - 3), \\
\mathcal{A}_{33} &= (2\varepsilon + \lambda_1)(18 - 54O_{11} + 27O_{22}) \\
&\quad + \lambda_2(-27O_{02} - 27O_{20} \\
&\quad + 18O_{13} + 18O_{31}),
\end{aligned} \quad (21)$$

$$\begin{aligned}
\mathcal{B}_{11} &= 2\lambda_2, \\
\mathcal{B}_{13} &= 6\lambda_2 O_{20}, \\
\mathcal{B}_{31} &= 6\lambda_2 O_{20}, \\
\mathcal{B}_{33} &= 18\lambda_2 O_{40},
\end{aligned} \quad (22)$$

$$\begin{aligned}
\mathcal{U}_{11} &= 1, \\
\mathcal{U}_{13} &= 3O_{20}, \\
\mathcal{U}_{31} &= 3O_{20}, \\
\mathcal{U}_{33} &= 6 - 18O_{11} + 9O_{22},
\end{aligned} \quad (23)$$

and $\mathcal{V}_{ij} = 0$ (i, j=1, 3) with

$$O_{jk} \equiv \langle RPA|(B)^j (B^\dagger)^k|RPA\rangle. \quad (24)$$

Thanks to commutation relations all elements of matrix $\mathcal{V}$ are zeroes. We are assuming approximation

Hamiltonian H_B (from second exact model). This approximation is discussed in section dedicated to results. In order to be able to calculate those matrix elements we need to know the form of $|RPA\rangle$ ground state. This is given by solution of equation

$$Q_m|RPA> = 0, \quad (25)$$

which is treated by ansatz:

$$|RPA\rangle = \mathcal{N} \sum_{n=0,1,\ldots} a_{2n}(B^\dagger B^\dagger)^n|0\rangle, \quad (26)$$

where $|0\rangle$ is uncorrelated BCS ground state[2]. For simplicity we cut this serie by setting $a_{2n} = 0$ for $n \geq 4$, i.e. only coefficients a_0, a_2, a_4 and a_6 are assumed to be nonzero. From the Equation 25 follows that these coefficients are functions of amplitudes X_i^m, Y_i^m. This is why the algorithm have to be iterative. First we have to set seeding values of first four coefficients a_{2n} to calculate matrix elements of RPA equation, then by diagonalization process (described next) we obtain values of X_i^m, Y_i^m from which we can calculate coefficients a_{2n} with help of coefficients d_{ij} introduced in the end of this section. Then α_{2n}-coefficients are utilized for next iteration and the whole algorithm goes like this until we reach result within acceptable precision.

Once we have calculated matrix elements of RPA equation we can solve it by diagonalization process. Let us adapt new notation:

$$H \equiv \begin{pmatrix} \mathcal{A} & \mathcal{B} \\ \mathcal{B} & \mathcal{A} \end{pmatrix}, \quad N \equiv \begin{pmatrix} \mathcal{U} & \mathcal{V} \\ -\mathcal{V} & -\mathcal{U} \end{pmatrix}. \quad (27)$$

First step towards the solution is diagonalization of norm matrix $N\mathcal{O} = \varepsilon\mathcal{O}$, where $\mathcal{O}$ and ε are eigenvector and eigenvalue matrices. The structure and symmetry property of norm matrix result in four eigenvalues ε_i, $(i = 1, .., 4)$, which fulfil the relations $\varepsilon_1 = -\varepsilon_2$, $\varepsilon_3 = -\varepsilon_4$. Here, we denote by ε_1 and ε_3 those two eigenvalues which satisfy $\varepsilon_1, \varepsilon_3 > 0$ and $\varepsilon_3 > \varepsilon_1$. The norm matrix can be written as

$$\mathbf{N} = \mathcal{O}\varepsilon^{1/2} \begin{pmatrix} \mathbf{1} & \mathbf{0} \\ \mathbf{0} & -\mathbf{1} \end{pmatrix} \varepsilon^{1/2}\mathcal{O}^{-1}. \quad (28)$$

$\mathcal{O}^{-1}$ is the inverse matrix to $\mathcal{O}$ matrix, $\mathbf{1}$ is the 2×2

---

[1]For matrix elements of RPA equation one sometimes uses different notation which substitutes indices with number 2 for 3. For example $\mathcal{A}_{12} \equiv \mathcal{A}_{13}$. This notation is aiming to underline number of operators $B^\dagger$ or B on left and right side of commutator in matrix element.

[2]Basic constraints of BCS theory (including the description of BCS states) can be found in [Macko, 2013]

unit matrix and

$$\varepsilon^{1/2} = \begin{pmatrix} \sqrt{\varepsilon_1} & & \cdots & 0 \\ & \sqrt{\varepsilon_3} & & \vdots \\ \vdots & & \sqrt{\varepsilon_1} & \\ 0 & \cdots & & \sqrt{\varepsilon_3} \end{pmatrix}. \qquad (29)$$

With help of transformation the Hamiltonian matrix H,

$$\overline{\mathcal{H}} = \varepsilon^{-1/2} \mathcal{O}^{-1} \mathcal{H} \, \mathcal{O} \varepsilon^{-1/2}, \qquad (30)$$

and the RPA amplitudes X, Y,

$$\begin{pmatrix} \overline{X} \\ \overline{Y} \end{pmatrix} = \varepsilon^{1/2} \mathcal{O}^{-1} \begin{pmatrix} X \\ Y \end{pmatrix} \qquad (31)$$

we end up with the standard form of the RPA equation,

$$\begin{pmatrix} \overline{\mathcal{A}} & \overline{\mathcal{B}} \\ \overline{\mathcal{B}} & \overline{\mathcal{A}} \end{pmatrix} \begin{pmatrix} \overline{X} \\ \overline{Y} \end{pmatrix} = \omega \begin{pmatrix} 1 & 0 \\ 0 & -1 \end{pmatrix} \begin{pmatrix} \overline{X} \\ \overline{Y} \end{pmatrix}. \qquad (32)$$

Solving this simplified equation we obtain vector of amplitudes $(\overline{X}, \overline{Y})^T$ and by inverting Equation 31 we find out values of vector $(X, Y)^T$.

2.2.1 F-operators and RPA ground state

Important simplification of algorithm is made introducing F-opertors in form:

$$F_1^\dagger = \frac{1}{\sqrt{\varepsilon_1}} \left(B^\dagger \cos\theta + B^\dagger B^\dagger B^\dagger \sin\theta \right),$$

$$F_1 = \frac{1}{\sqrt{\varepsilon_1}} \left(B \cos\theta + BBB \sin\theta \right),$$

$$F_3^\dagger = \frac{1}{\sqrt{\varepsilon_3}} \left(-B^\dagger \sin\theta + B^\dagger B^\dagger B^\dagger \cos\theta \right),$$

$$F_3 = \frac{1}{\sqrt{\varepsilon_3}} \left(-B \sin\theta + BBB \cos\theta \right). \qquad (33)$$

Using them, we can rewrite QRPA equation into the same form like the one in linear case (with double dimension). It is important fact because it can be shown that any equation of such form guarantees completness and orthonormality of states. The phonon operator is linear in F-operators which means that we know exactly the form of ground state:

$$|RPA\rangle = \mathcal{N} \, e^{-\frac{1}{2} \Sigma_{ij} d_{ij} F_i^\dagger F_j^\dagger} |0\rangle, \quad i, j = 1, 3. \qquad (34)$$

Coefficients d_{ij} satisfy relation

$$\begin{pmatrix} Y_1^1 & Y_1^3 \\ Y_3^1 & Y_3^3 \end{pmatrix} = \begin{pmatrix} d_{11} & d_{13} \\ d_{31} & d_{33} \end{pmatrix} \begin{pmatrix} X_1^1 & X_1^3 \\ X_3^1 & X_3^3 \end{pmatrix}. \qquad (35)$$

Coefficients d_{ij} are related to coefficients a_{2n} via Equation 26. Their relation can be found by expanding exact ground state in Equation 34 into Taylor serie of powers of $B^\dagger B^\dagger$. The more terms we take into expansion the more precise calculations are.

3 Results

For all the presented methods we developed FORTRAN code able to calculate eigenvalues (energies of excited states) and eigenvectors (excited eigenstates). Once we know energies and eigenstates of system we can calculate also other characterics of β transitions, namely β^+ and β^- transition amplitudes, β transition strengths, M_{GT} - double beta decay matrix element or to investigate preservation of Ikeda sum rule. Many of these quantities we can experimentally test so they play important role and help us to compare different QRPA approximations.

All mentioned characteristics were calculated in dependence on different parameterization of Hamiltonian. We were changing the particle-particle (and particle-hole) interaction strength κ (χ) and studied the results. In a fact we redefined κ and χ:

$$\kappa \to \kappa' \equiv 2\Omega\kappa, \quad \chi \to \chi' \equiv 2\Omega\chi. \qquad (36)$$

In all calculation κ' varied in interval $0 \, MeV \leq \kappa' \leq 2 \, MeV$ while $\chi' = 0 \, MeV$. Other parameters needed as an input to Hamiltonians from Equations 9 and 16 were set to values

$$j = 9/2, \quad Z = 4, \quad N = 6, \quad \varepsilon = 1 MeV, \qquad (37)$$

where Z is number of protons and N number of neutrons, ε is single particle energy (same for all particles).

3.1 Excitation energies

Presented model was tested in comparison to exact solutions. It is important in order to decide which antsatz is the best candidate to be used for complicated realistic calculations.

Our iterative model is based on Hamiltonian similar to H_B in Equation 16. However, for sake of simplicity, we will neglect terms with four boson operators, i.e. put $\alpha_{22} = \alpha_{13} = 0$. Let us call this approximated boson Hamiltonian H_{B0}. This also means that we have to make another (third) exact model calculation to be able to compare. This is really easy,

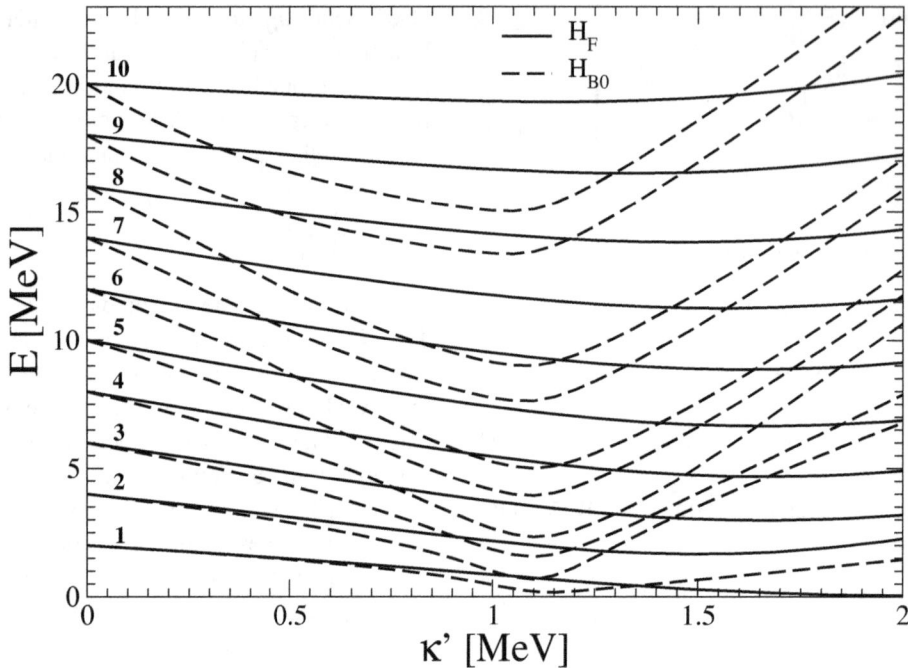

Figure 1: Energies of excited states corresponding to the Hamiltonian of the proton-neutron Lipkin model for a set of parameters in Equation 37 as a function of the particle-particle interaction strength κ'. Results were obtained by an exact diagonalization of fermionic Hamiltonian (solid lines) and by a diagonalization of truncated bosonic Hamiltonian H_{B0} (dashed lines).

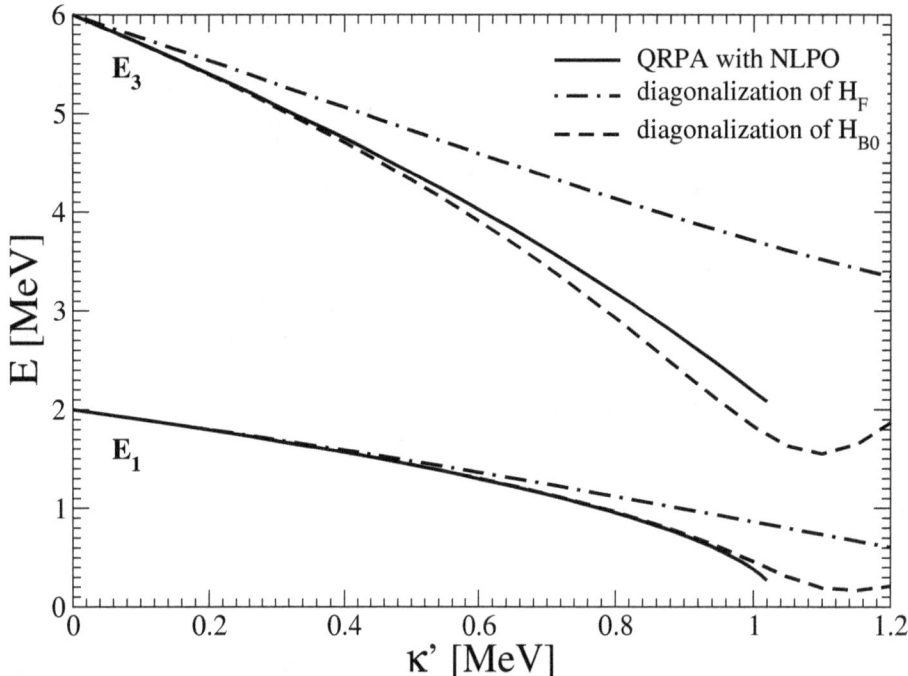

Figure 2: Energies of the first (lower three curves) and third (upper three curves) excited states as function of the particle-particle interaction strength κ'. Results were obtained by an exact diagonalization of bosonic Hamiltonian H_{B0} (dashed lines) and Hamiltonian H_F (dotted-dashed lines) and within the QRPA with non-linear operator (solid lines).

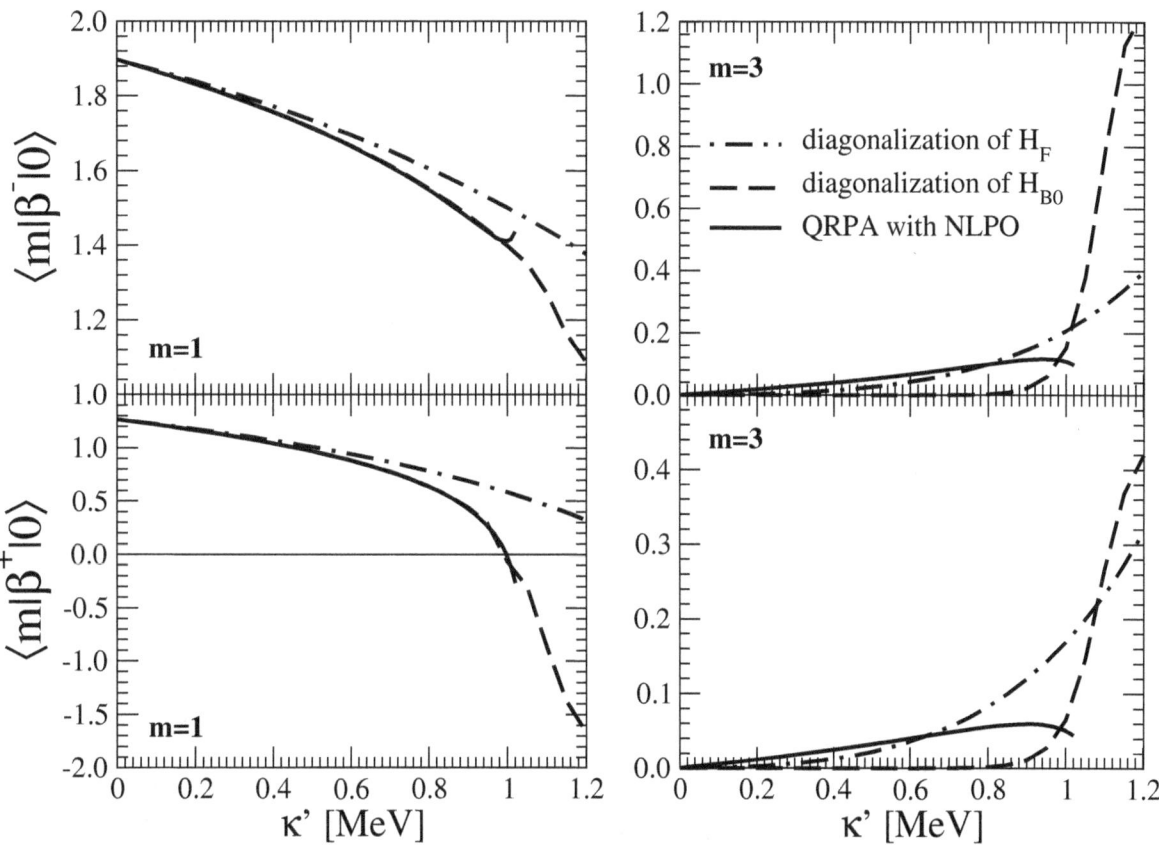

Figure 3: The Fermi β^- (upper pannels) and β^+ (lower panels) transition amplitudes between the ground state (m=0) and the first (m=1)/third (m=3) excited states. Results were obtained by diagonalization of H_F (dotted-dashed lines), digonalization of H_{B0} (dashed lines) and within the QRPA with nonlinear phonon operator (solid lines).

in fact everything is the same as in exact model in Subsection 2.1.2, only difference is that in calculation of Hamiltonian matrix elements we neglect second terms in both expressions of Equation 19 (it is given by mentioned condition $\alpha_{22} = \alpha_{13} = 0$).

First, we compared results obtained by diagonalization of Hamiltonians H_{B0} and H_F. First ten energy levels are shown in the Figure 1. The importance of Pauli exclusion principle is obvious. For the first excited level the difference is small, i.e. H_{B0} can be used instead of H_F to describe the first excited state within good precision. This is done in linear QRPA. Once we aim to describe higher lying states, difference is bigger and bigger. In nonlinear QRPA this is what we have to take into account by considering more precise Hamiltonian for calculations, for example H_B.

In the Figure 2 we see comparison of first and third energy of exact model (using H_{B0}) with iterative algorithm. In the same figure we present also the exact

result (obtained by diagonalization of H_F) preserving Pauli exclusion principle. Very encouraging result is the fact that first excited state is described very precisely with our nonlinear method. Moreover, the third level which is not included in linear QRPA is described with acceptable precision (this can be made even more precise by taking higher terms in Taylor expansion of ground state into account). QRPA method is known for its collapse. In linear QRPA collapse point is typically in a region of $\kappa' = 1\ MeV$. One would expect that this can be fixed after introducing non-linear terms but figures show that this situation remained same like in linear case. It points out that the phonon operator is not responsible for the collapse. It underlines the importance of Pauli exclusion principle which is violated and might cause this collapse.

In general, it would be possible to study not only odd states which are provided by phonon operator (if we would be adding more terms to it we would reach higher odd states) but also even excitations. This can be done by Tamm-Dancoff approximation (TDA). In this model new slightly changed phonon operator is introduced. This is, however, beyond the scope of this paper. Moreover, even states are not making any contribution to Ikeda sum rule and other beta decay transition characteristics, which allows us to study odd states separately.

3.2   Beta transition amplitudes

Beta transition amplitudes are the key quantities for which QRPA is designed. They are defined by:

$$\langle m|\beta^-|RPA\rangle = \langle RPA|[Q^m, \beta^-]|RPA\rangle,$$
$$\langle m|\beta^+|RPA\rangle = \langle RPA|[Q^m, \beta^+]|RPA\rangle, \qquad (38)$$

where β^- and β^+ are β-transition operators given by:

$$\beta^- = \sqrt{2\Omega}\left(u_p v_n B^\dagger + v_p u_n B\right), \quad \beta^+ = (\beta^-)^\dagger. \quad (39)$$

The calculated values are displayed in Figure 3. Beta transition amplitudes were computed utilizing three different methods. Line types for all the methods are the same as in the Figure 2. We observe that beta amplitudes are very sensitive to QRPA approximation, even more than energies are. Nonlinear calculations are reproducing the result of H_{B0} diagonalization very well for the case of the first excited state. New information, the beta amplitude to third excited state, is extracted from nonlinear QRPA. The agreement with exact diagonalization H_{B0} is not as good as in the case of the first state, however, our analysis has shown that this might be due to approximation of the ground state given by Equation 26. One could improve calculations by considering Taylor expansion of the RPA ground state to higher order. But, it goes beyond the scope of this paper.

4   Conclusion

To summarize, working within a schematic model, we have analyzed limitations of the QRPA formalism in a solvable proton-neutron Lipkin model.

The exact diagonalization of the schematic model was performed in fermionic space and with truncated Hamiltonian in bosonic space. A comparison of obtained results for energies of excited states and the beta transition operators allowed to conclude about consequences of the quasiboson approximation of the bifermion operators.

Further, we introduced a non-linear phonon operator in the framework of quasiparticle random phase approximation, which allowed a common description of the first and third-excited states. The dependence of calculated energies on the strength of particle-particle interaction was presented.

The results of this pioneered work encourage further studies within schematic models and even to introduce non-linear phonon operator for realistic description of excited states with multiphonon origin.

Further analysis will be done such as the study of even states, the models for different numbers of protons and neutrons etc. This work is part of my master thesis.

Acknowledgments

I would like to thank my supervisor prof. RNDr. Fedor Šimkovic, Csc. for his guidance and help without which it would be impossible for me to make this work. He is the one who introduced me into QRPA models and neutrino physics in general.

References

[Macko, 2013] Macko, M. (2013). Towards the Proton-Neutron QRPA Description of Single-Beta and Double-Beta Decay Transitions. Bachelor thesis, Katedra jadrovej fyziky a biofyziky, FMFI UK, Bratislava, Slovakia.

[Macko, 2015] Macko, M. (2015). QRPA with Nonlinear Phonon Operator: Can It Work? Master thesis, Katedra jadrovej fyziky a biofyziky, FMFI UK, Bratislava, Slovakia.

[Muto, 1994] Muto, K. (1994). Calculation of Nuclear Matrix Elements of Double Beta Decay by Equation-of-Motion Method in A Quasiparticle Basis. Tokyo, Japan.

[Ring and Schuck, 1980] Ring, P. and Schuck, P. (1980). *The Nuclear Many-Body Problem.* Springer-Verlag, New York.

[Sambataro and Suhonen, 1997] Sambataro, M. and Suhonen, J. (1997). Quasiparticle random-phase approximation and β-decay physics: Higher-order approximations in a boson formalism. *Physical review C*, 56(S0556-2813(97)01208-9).

[Suhonen, 2007] Suhonen, J. (2007). *From Nucleons to Nucleus.* Springer-Verlag, Heidelberg.

[Šimkovic et al., 2000] Šimkovic, F., Raduta, A. A., Veslský, M., and Faessler, A. (2000). Quasiparticle random phase approximation with inclusion of the Pauli exclusion principle. *Physical review C*, 61(044319).

[Šimkovic et al., 2003] Šimkovic, F., Šmotlák, M., and Pantis, G. (2003). Quasiparticle random phase approximation with a nonlinear phonon operator. *Physical review C*, 68(014309).

[Šmotlák, 2003] Šmotlák, M. (2003). *Excitácie mnohonukleónových systémov v zriedkavých jadrových procesoch*. PhD thesis, Katedra jadrovej fyziky, FMFI UK, Bratislava, Slovakia.

Študentská vedecká konferencia FMFI UK, Bratislava, 2015, pp. 124–131
ISBN 978-1518759055, © 2015 Ivan Kontuľ

Využitie tandemového urýchľovača na stanovenie pomeru $^{13}C/^{12}C$

Ivan Kontuľ*

Školiteľ: Miroslav Ješkovský[1†]

Katedra jadrovej fyziky a biofyziky, FMFI UK, Mlynská Dolina 842 48 Bratislava

Abstrakt: Táto práca sa zaoberá využitím tandemového urýchľovača v Centre nukleárnych a urýchľovačových technológií UK na určenie pomeru $^{13}C/^{12}C$. Cieľom bolo otestovať s akou presnosťou je možné spomínaný pomer určiť analýzou na tomto urýchľovačovom systéme. Výsledky prvých meraní poukázali na možné vplyvy magnetického poľa v magnetickom analyzátore a stability zväzku na meranie tohto pomeru. Analýza týchto výsledkov potom viedla k vytvoreniu dvoch alternatívnych metód merania, ktoré prispievajú k potlačeniu niektorých faktorov ovplyvňujúcich meranie.

Kľúčové slová: izotopické pomery, frakcionácia, AMS

1 Úvod

Na Fakulte matematiky, fyziky a informatiky Univerzity Komenského v Bratislave sa nachádza Centrum nukleárnych a urýchľovačových technológií (CENTA), v ktorom je inštalovaný tandemový urýchľovač s iónovými zdrojmi, elektrostatickými a magnetickými analyzátormi. Toto zariadenie bude možné v budúcnosti využiť aj na urýchľovačovú hmotnostnú spektrometriu (skrátene AMS a anglického *accelerator mass spectrometry*) rádiouhlíka ^{14}C. Zatiaľ však nie sú všetky časti systému potrebné na túto analýzu skompletizované a preto nie je možné merať obsah ^{14}C vo vzorkách s dostatočnou citlivosťou. Stabilné izotopy uhlíka ^{12}C a ^{13}C je však možné merať už aj pri tejto konfigurácii urýchľovačového systému. Táto práca je preto zameraná na otestovanie možností merania pomeru ^{13}C k ^{12}C na tomto systéme.

2 Izotopické pomery uhlíka a izotopická frakcionácia

Pri AMS analýze stopových izotopov využitím tandemového urýchľovača nie je výsledkom priamo počet detekovaných iónov sledovaného izotopu, pretože samotný počet iónov vo zväzku je závislý od detekčnej účinnosti celého urýchľovacieho a analyzačného systému, procesu odprašovania vzorky a účinnosti produkcie záporných iónov v iónovom zdroji [Steier, 2000]. Preto sa určuje pomer tohto izotopu k referenčnému stabilnému izotopu. V prípade rádiouhlíka sa teda určuje pomer $^{14}C/^{12}C$.

Pri určovaní koncentrácie rádiouhlíka vo vzorkách pomocou AMS treba brať do úvahy aj frakcionáciu izotopov uhlíka, teda zmenu pomerov medzi jednotlivými izotopmi uhlíka. Frakcionácia nastáva pri rôznych chemických reakciách a fyzikálnych procesoch, v ktorých sa prejavia odlišné vlastnosti týchto izotopov tým, že niektorý z nich je týmito procesmi uprednostený pred ostatnými, čo má za následok obohatenie daného izotopu vzhľadom k ostatným. Izotopická frakcionácia môže nastávať pri:

- spracovaní vzoriek - chemická frakcionácia, napríklad pri neúplnom spaľovaní, neúplnom chemickom uvoľňovaní CO_2 zo vzorky alebo neúplnej grafitizácii [Stenström et al., 2011]

- meraní - vplyv iónovej optiky a intenzity zväzku pri meraní [Quarta et al., 2004]

- prechode uhlíka z jedného prírodného rezervoáru do druhého - príkladom je fotosyntéza, pri ktorej je ^{12}C absorbované vo väčšej miere ako ^{13}C a ^{14}C [Stosch, 1999].

Frakcionácia v prírode vedie k rôznym hodnotám pomeru $^{13}C/^{12}C$ vo vzorkách z rôznych častí ekosystému. Rozdiely týchto hodnôt sú však pomerne malé a preto bola zavedená veličina $\delta^{13}C$

$$\delta^{13}C = \left(\frac{\left(\frac{^{13}C}{^{12}C}\right)_{vzorka}}{\left(\frac{^{13}C}{^{12}C}\right)_{VPDB}} - 1 \right) .1000\ \text{‰} \qquad (1)$$

ako relatívna odchýlka tohto pomeru vo vzorke od štandardu VPDB (Vienna Pee Dee Belemnite), pre ktorý je pomer $^{13}C/^{12}C$ rovný 0,0112372 [Stenström et al., 2011]. Hodnoty $\delta^{13}C$ sa pre rôzne typy vzoriek pohybujú v rozmedzí od -90‰ po +20‰ [Stosch, 1999].

---
*ikontul@gmail.com
[†]Miroslav.Jeskovsky@fmph.uniba.sk

Pri výpočte koncentrácie rádiouhlíka ^{14}C z nameraného pomeru $^{14}C/^{12}C$ sa potom používa hodnota $\delta^{13}C$ aby sa zohľadnila izotopická frakcionácia. Z dôvodu porovnateľnosti výsledkov platí konvencia normovať $\delta^{13}C$ pri tomto výpočte na hodnotu -25‰ (stredná hodnota $\delta^{13}C$ pre drevo) [Stuiver and Polach, 1977].

3 Príprava grafitových terčov na analýzu

Pre prvé testy určovania hodnôt pomeru $^{13}C/^{12}C$ vo forme $\delta^{13}C$ za pomoci urýchľovačového systému sme pripravili grafitové terčíky zo štandardu 4990C (označovaný aj OxII) - kyseliny šťavelovej, ktorá ma $\delta^{13}C$ = -17,8 ‰ [NIST, 1983]. Táto príprava spočívala v spálení štandardu, zgrafitizovaní vzniknutého oxidu uhličitého a lisovaní grafitu do katód.

3.1 Spaľovanie OxII

Do kremennej skúmavky sme navážili približne 10 mg štandardu OxII a pripojili sme ju na aparatúru. Pomocou rotačnej vákuovej pumpy sme ju odčerpali a následne sme ju naplnili kyslíkom na tlak 60 kPa. Skúmavku so štandardom sme potom pomocou ventilu na aparatúre uzavreli a umiestnili na ňu elektrickú piecku zohriatu na teplotu 650 °C. Kyselina šťavelová obsahuje iba atómy vodíka, kyslíka a uhlíka a preto pri tejto teplote za prítomnosti kyslíka prebieha horenie pri ktorom vzniká CO_2 a H_2O. Približne 30 minút trvalo, kým bola celá vzorka spálená. Pred odobratím piecky sme vždy vizuálne skontrolovali, či sú aj posledné kryštáliky OxII v skúmavke spálené. Neúplné spálenie by totiž mohlo viesť k chemickej frakcionácii. Po tejto kontrole sme zo skúmavky odobrali piecku a nechali ju vychladnúť.

Potom sme na reaktor umiestnili vodnú pascu (metanol ochladený tekutým dusíkom na teplotu približne -45 °C) aby sa na stenách skúmavky vychytala voda vzniknutá pri spaľovaní. Pomocou tekutého dusíka sme vymrazili CO_2 a odčerpali zbytkový kyslík z reaktora. CO_2 sme postupne tekutým dusíkom (s opakovaným vychytávaním vody) transportovali do kalibrovaného objemu, v ktorom sme odmerali tlak CO_2, čo nám umožňuje určiť množstvo získaného oxidu uhličitého. Následne sme CO_2 vymrazili do uzatváracej sklenenej ampulky.

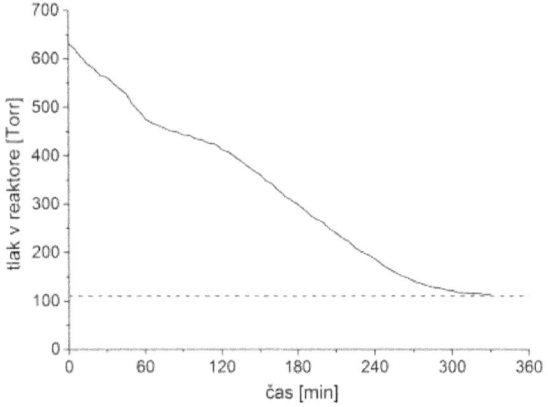

Obr. 1: Typický priebeh tlaku v reaktore pri grafitizácii CO_2, prerušovanou čiarou je znázornená úroveň úplnej grafizácie

3.2 Grafitizácia

Uhlík viazaný v oxide uhličitom vzniknutom pri spálení OxII sa do formy grafitu dostáva v procese grafitizácie - redukcie CO_2 na železnom katalyzátore vo vodíkovej atmosfére (Boschova reakcia). Pri tomto procese používame optimalizovaný postup, ktorý by mal zaručiť maximálny výťažok grafitizačnej reakcie.

Do grafitizačného reaktora sme umiestnili 2 až 3 mg železného prášku, ktorý sme pred samotnou grafitizáciou hodinu žíhali vo vodíkovej atmosfére pri teplote 600 °C. Pri tejto predpríprave sa zredukujú oxidy železa na povrchu železného prášku a zväčší sa tým reakčná plocha katalyzátora [Němec et al., 2010]. Následne sme reaktor vyčerpali na tlak 3.10^{-5} Torr a naplnili ho vzorkovým CO_2 zo spaľovania. Keď sme pomocou tlakomeru určili tlak CO_2 v reaktore, vymrazili sme ho tekutým dusíkom a reaktor naplnili vodíkom na tlak aspoň dvakrát väčší ako bol tlak CO_2. To zaručí dostatok vodíka na úplnú grafitizáciu. Na jednu časť reaktora sme umiestnili vodnú pascu, ktorá vychytáva vodu vznikajúcu pri redukcii CO_2 na grafit a na druhú časť reaktora obsahujúcu železo sme umiestnili piecku s teplotou 900 °C a vtedy začína prebiehať grafitizácia. Po 30 minútach sme teplotu piecky zmenili na 600 °C. CO_2 sa redukuje najskôr na CO a následne na grafit na železe. Preto postupne tlak v reaktore klesá a typický priebeh tohto poklesu je zobrazený na Obr. 1. Približne po piatich hodinách sa tlak v reaktore dostáva na úroveň úplnej grafitizácie a jeho pokles končí. Vtedy odoberieme z reaktora piecku a po vychladnutí môžeme z reaktora vybrať

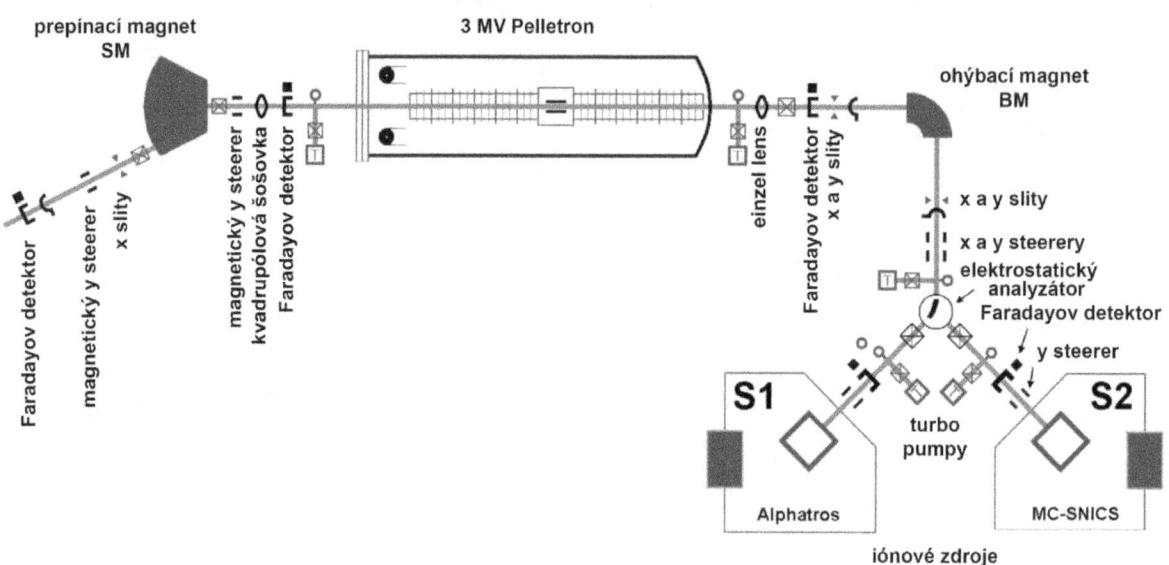

Obr. 2: Schéma urýchľovačového systému Centra nukleárnych a urýchľovačových technológií

železo pokryté vzniknutým grafitom.

3.3 Lisovanie grafitu do katód

Grafit spolu so železným práškom, na ktorom bol vytvorený pri grafitizácii, sme následne nasypali do otvoru hliníkovej katódy, naň sme umiestnili približne milimeter dlhý kus hliníkového drôtu (s priemerom rovnakým ako otvor katódy), ktorý sme lisom zatlačili do katódy a tým zlisovali vzorkový grafit na koniec katódy. Takto pripravené katódy sa potom umiestňujú do iónového zdroja urýchľovacieho systému.

4 Priebeh a výsledky meraní

4.1 Metóda so zmenou magnetického poľa ohýbacieho magnetu

Na Obr. 2 sa nachádza schéma urýchľovačového systému, na ktorom prebiehali naše merania pomeru $^{13}C/^{12}C$. Katódy s pripraveným grafitom z OxII sme umiestnili do katódového kolesa céziového odprašovacieho iónového zdroja MC-SNICS (*multi-cathode source of negative ions by caesium sputtering*).
V zdroji je postupne odprašovaný materiál z vybranej katódy a je z neho vytváraný prúd záporných iónov,

ktorý je vedený do elektrostatického analyzátora. V ňom dochádza k separácii iónov podľa hodnoty E/q (E - energia iónu, q - nábojový stav iónu). Podľa nastavenej hodnoty intenzity elektrického poľa v analyzátore ním prejdú iba ióny so správnou hodnotou E/q a tie pokračujú do nízkoenergetického magnetického analyzátora - ohýbacieho magnetu (označovaný BM, z anglického *bending magnet*). Podľa toho aké je na magnete nastavené magnetické pole prejdú týmto prvkom iba tie ióny, ktoré majú špecifickú hodnotu ME/q^2 (M - hmotnosť iónu).
Magnetické pole BM sme nastavili najskôr na hodnotu zodpovedajúcu atómovej hmotnosti 12 a tento zväzok sme injektovali do tandemového urýchľovača s terminálovým napätím 2,7 MV. Po urýchlení vo vysokoenergetickej časti systému prechádzal zväzok prepínacím magnetom (označovaný SM, z anglického *switching magnet*), ktorého magnetické pole sme nastavili na hodnotu zodpovedajúcu $^{12}C^{3+}$ iónom. Ióny potom pokračovali do Faradayovho detektora, ktorým sme určili intenzitu tohto zväzku hmotnosti 12.
Na základe magnetického poľa BM pre ^{12}C ($B[^{12}C]$) sme vypočítali magnetické pole zodpovedajúce ^{13}C ($B[^{13}C]$) vzťahom

$$B[^{13}C] = B[^{12}C]\sqrt{\frac{13}{12}} \qquad (2)$$

katóda	$\delta^{13}C$ [‰]
2	$-75,33 \pm 0,14$
7	$+5,71 \pm 0,17$
5	$+4,42 \pm 0,15$
37	$-53,10 \pm 0,16$
22	$+44,01 \pm 0,21$
27	$+2,74 \pm 0,19$

Tabuľka 1: Výsledky prvého merania $\delta^{13}C$ OxII štandardu

a túto hodnotu sme nastavili na BM magnete aby sme získali zväzok $^{13}C^-$ iónov. Po nastavení tejto hodnoty BM poľa sme čakali 2 minúty kým sme zväzok injektovali do urýchľovača. Táto čakacia doba bola nutná preto, aby sa magnetické pole stihlo stabilizovať. V nízkoenergetickej časti systému však okrem žiadaných $^{13}C^-$ iónov zväzok obsahuje aj molekulárny izobar hmotnosti 13 - $^{12}CH^-$. Tieto molekuly sú však pri stripovacom procese v urýchľovači disociované a preto vo vysokoenergetickej časti získavame $^{13}C^{3+}$ zväzok, ktorého intenzitu sme znova merali vo Faradayovom detektore.

Meranie bežalo automaticky pomocou skriptu, ktorý nastavoval zadané polia a zapisoval namerané intenzity. Skript nastavil pole na hmotnosť 12, desaťkrát odmeral intenzitu zväzku, nastavil pole na hmotnosť 13 a znova desaťkrát zmeral intenzitu. Pre každú katódu sme túto sériu meraní zopakovali desaťkrát. Potom sa zmenila katóda v iónovom zdroji a v takýchto cykloch sa celé meranie postupne opakovalo. Skript taktiež pred meraním intenzity skontroloval, či sa magnetické polia BM a SM nelíšia od žiadanej hodnoty o viac ako 0,5 G[1]. Ak by sa líšili, s meraním by počkal kým sa tieto polia stabilizujú na žiadanú hodnotu.

Z desiatich meraní intenzity ^{12}C zväzku sme spravili aritmetický priemer a ohodnotili ho neistotou. To isté sme spravili aj s nasledujúcimi meraniami izotopu ^{13}C a z týchto priemerov sme vypočítali pomer $^{13}C/^{12}C$ a jeho neistotu. Zo všetkých takto vypočítaných priemerov sme spravili vážený aritmetický priemer s váhou $1/\sigma_i^2$ kde σ_i sú neistoty jednotlivých hodnôt. Na základe tejto hodnoty sme potom vzťahom (1) vypočítali príslušnú hodnotu $\delta^{13}C$. Tieto výsledky sú uvedené v Tab. 1. V tejto tabuľke sú katódy zoskupené do dvojíc a to preto, lebo v každej tejto

dvojici katód je grafit z jednej grafitizácie. Po grafitizácii sme výťažok rozdelili do dvoch katód aby sme mohli porovnať namerané výsledky pre ten istý materiál.

Výsledky tohto merania ale neboli uspokojivé. To, že sa nám nepodarilo namerať $\delta^{13}C$ zodpovedajúce použitému štandardu (-17,8 ‰) však nepredstavuje až taký veľký problém, pretože to môže byť spôsobené prístrojovou frakcionáciou, ktorá nastáva pri samotnom meraní. Ak by sme teda pre všetky katódy namerali približne rovnakú hodnotu $\delta^{13}C$, dala by sa táto hodnota naškálovať na $\delta^{13}C$ OxII a pri ďalších meraniach výsledky normovať práve na túto hodnotu. Väčším problémom je značný rozptyl nameraných hodnôt (od -75,33 po +44,01 ‰), ale hlavným problémom je to, že v dvojiciach katód s tým istým grafitom sú namerané hodnoty veľmi odlišné. Na základe tohto sme mohli vylúčiť chemickú frakcionáciu pri príprave vzoriek, musí sa teda jednať o efekt s pôvodom v analyzačnom/urýchľovacom systéme.

Jedným z dôvodov pre tento veľký rozptyl nameraných pomerov je to, že čas počas ktorého čakáme na stabilizáciu magnetického poľa ohýbacieho magnetu BM po jeho zmene z hmotnosti 12 na hmotnosť 13 (2 minúty) je vzhľadom na stabilitu zväzku pomerne dlhá doba. Na tejto časovej škále sa môžu prejaviť zmeny v odprašovaní grafitového terčíka a tvorbe záporných iónov v iónovom zdroji alebo nestability v transporte iónov medzi jednotlivými prvkami systému [Zorko et al., 2010]. Nestability zväzku je vidieť aj na Obr. 3, v ktorom je zobrazený priebeh intenzity zväzkov oboch meraných izotopov (jednotlivé dátové body sú vyššie spomínané priemery desiatich meraní v sérii). Je vidieť, že sa to následne prejavuje aj na hodnotách $\delta^{13}C$, ktoré majú v rámci merania jednej katódy veľký rozptyl.

Riešením týchto problémov je vykonávať merania jednotlivých izotopov rýchlo po sebe, to sa dá realizovať buď simultánnym injektovaním izotopov pomocou rekombinátoru alebo rýchlym sekvenčným injektovaním izotopov bez zmeny BM poľa (*fast bouncing*) [Purser, 1992][Priller et al., 1997]. Týmito metódami však tento urýchľovačový systém zatiaľ nedisponuje a preto sme vyskúšali nasledujúcu metódu nevyžadujúcu zmenu magnetického poľa BM.

---

[1] 1 Gauss = 10^{-4} Tesla

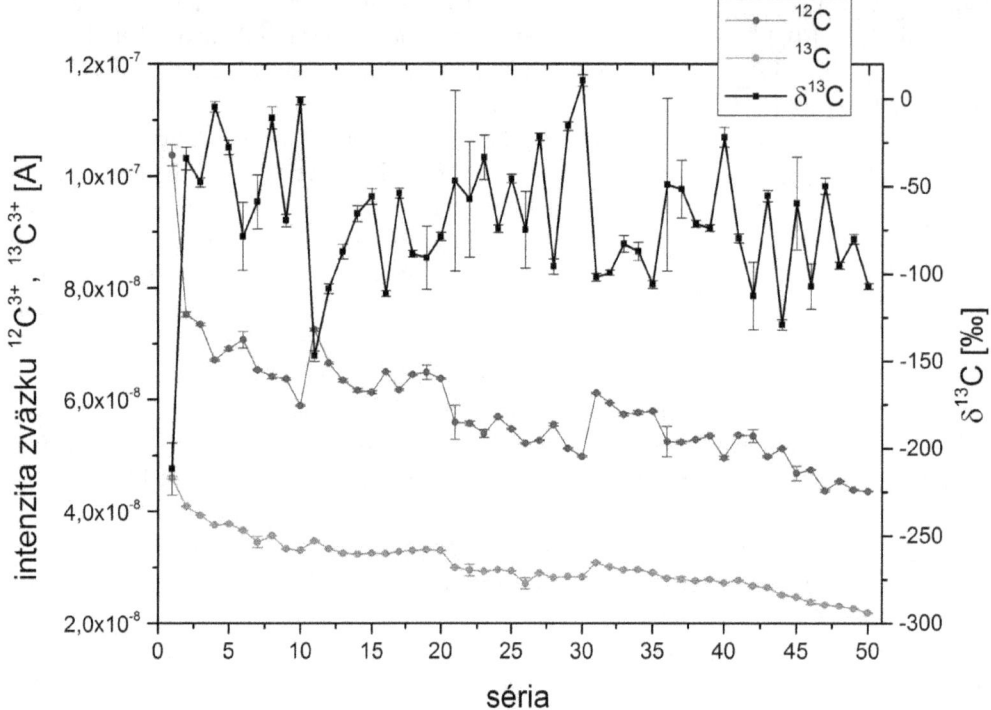

Obr. 3: Priebeh intenzity zväzkov $^{12}C^{3+}$ a $^{13}C^{3+}$ (intenzita ^{13}C je kvôli prehľadnosti vynásobená faktorom 50) a príslušné hodnoty $\delta^{13}C$ pre katódu 2 pri metóde so zmenou magnetického poľa

4.2 Metóda využívajúca zväzok iónov s atómovou hmotnosťou 25

Pri odprašovaní grafitového terčíka v iónovom zdroji okrem jednoatómových iónov uhlíka vzniká aj pomerne veľké množstvo uhlíkatých polyatómových iónov [Middleton, 1990]. Medzi ne patrí aj ión $^{12}C^{13}C^-$ s atómovou hmotnosťou 25. Aby sme nemuseli meniť magnetické pole BM magnetu, vyskúšali sme metódu, pri ktorej sme toto magnetické pole nastavili na hodnotu zodpovedajúcu hmotnosti 25 a tento zväzok sme injektovali do urýchľovača. Prechodom cez urýchľovač sa tieto ióny rozbijú na ^{12}C a ^{13}C.

V prepínacom magnete SM sme potom nastavením magnetického poľa vybrali hmotnosť 12 alebo 13 a určili intenzitu zväzku. Meranie, zapisovanie nameraných údajov a ich následné spracovanie prebiehalo rovnako ako v predchádzajúcom prípade (merané katódy boli tiež tie isté ako v predchádzajúcom meraní). Pri tejto metóde sme však neočakávali, že pomer intenzít ^{13}C a ^{12}C bude priamo rovný pomeru $^{13}C/^{12}C$ vo vzorke, pretože nie je zaručené, že pri tvorbe $^{12}C^{13}C^-$ iónov zostane zachovaný rovnaký

katóda	$\delta^{13}C$ [‰]
2	$-67,42 \pm 0,56$
7	$-36,56 \pm 0,66$
5	$-17,8 \pm 0,62$
37	$-$
22	$-146,42 \pm 1,01$
27	$-150,46 \pm 0,67$

Tabuľka 2: Výsledky merania $\delta^{13}C$ OxII štandardu využitím injektovania zväzku iónov s hmotnosťou 25

pomer týchto izotopov ako je v terčíku. Pri tomto meraní nám ale išlo hlavne o to navzájom porovnať výsledný pomer pre jednotlivé katódy medzi sebou, preto sme jednej katóde (katóda 5) priradili hodnotu $\delta^{13}C = -17,8$ ‰ a ostatné sme naškálovali podľa nej. Výsledky tohto merania sú v Tab. 2 (katódu 37 sa nám už nepodarilo zmerať, pretože z nej už bolo odprášeného veľa materiálu a nezískali sme z nej dostatočne intenzívny zväzok na meranie).

Rozdiely medzi jednotlivými dvojicami katód s tým istým grafitom sú stále veľké, avšak rozdiely namera-

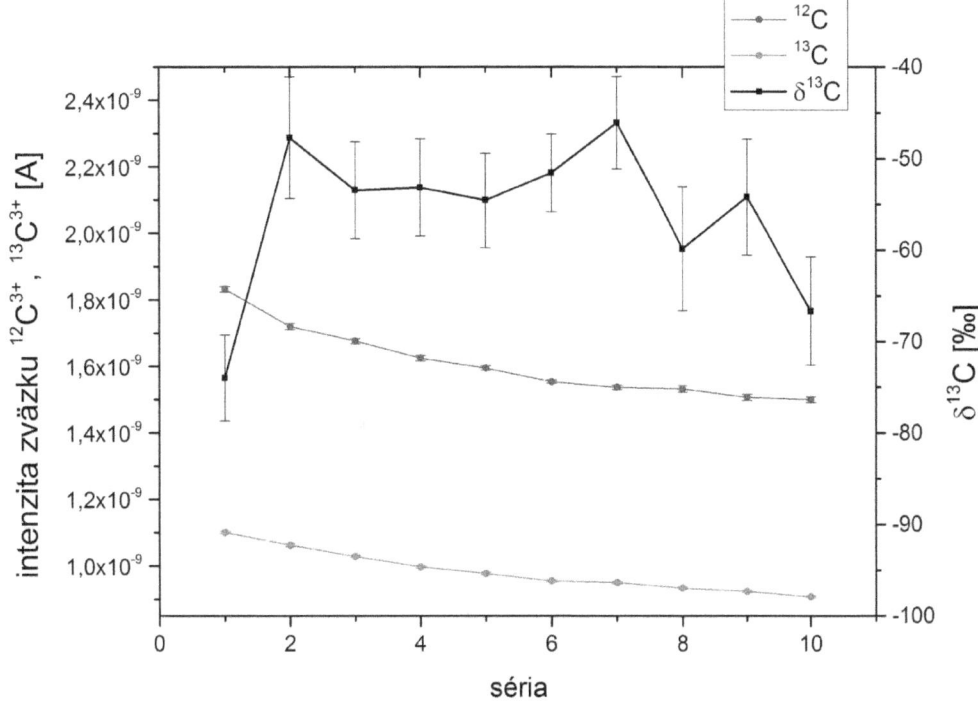

Obr. 4: Priebeh intenzity zväzkov $^{12}C^{3+}$ a $^{13}C^{3+}$ a príslušné hodnoty $\delta^{13}C$ pre katódu 2 pri metóde s zväzkom iónov hmotnosti 25

ných hodnôt v rámci týchto dvojíc sú podstatne menšie ako v predchádzajúcej metóde. Taktiež výkyvy intenzity zväzkov a teda aj hodnôt $\delta^{13}C$ v rámci merania jednje katódy sú podstatne menšie, čo je viditeľné na Obr. 4.

Nevýhodou tejto metódy okrem potreby škálovať výsledky je, že zväzok hmotnosti 25 má veľmi malú intenzitu a tým pádom aj výsledné zväzky $^{12}C^{3+}$ a $^{13}C^{3+}$ sú veľmi slabé.

4.3 Vylepšená metóda so zmenou magnetického poľa ohýbacieho magnetu

Pri nastavovaní magnetického poľa BM magnetu a jeho dolaďovaní kvôli maximalizácii intenzity zväzku môže aj relatívne malá zmena magnetického poľa (rádovo desatiny až stotiny G) spôsobiť zmenu intenzity iónového zväzku. Pri manuálnom nastavovaní je možné toto pole nastaviť s veľkou citlivosťou, všimli sme si však, že pri automatickom nastavovaní cez ovládací program urýchľovača takéto jemné nastavovanie neprebieha. Elektrický prúd, ktorým sa nastavuje magnetické pole je menený v príliš veľkých krokoch na to, aby bolo pole nastavené na

nami zadanú hodnotu s presnosťou na niekoľko stotín G. Toto nepresné nastavovanie poľa mohlo byť dôvodom veľkých rozdielov v nameraných hodnotách $\delta^{13}C$ v predchádzajúcich metódach.

Preto sme vytvorili skript, ktorý bežal počas merania a elektrický prúd ovládajúci magnetické pole BM magnetu nastavoval namiesto automatického systému. Magnetické pole najskôr nastavoval vo veľkých krokoch aby sa dostal do blízkosti žiadanej hodnoty a následne ho menil v dostatočne malých krokoch aby bolo pole nastavené s presnosťou na niekoľko stotín G. Čakaciu dobu na stabilizáciu poľa magnetu sme zmenšili z 2 minút na 1,5 minúty. Taktiež sme v podmienke, ktorá pri zapisovaní nameraných intenzít kontroluje hodnotu magnetického poľa BM, zmenšili limit na 0,03 G (v predchádzajúcich meraniach to bolo 0,5 G). Až na tieto vylepšenia meranie prebiehalo rovnako ako metóda so zmenou magnetického poľa BM magnetu (popísaná v 4.1). Pre toto meranie sme už ale nepoužili katódy z predchádzajúcich metód, pretože z nich už bola odprášená väčšina materiálu. Pripravili sme 5 nových katód, do ktorých sme lisovali práškový grafit, vo všetkých katódach sa teda nachádzal identický grafit.

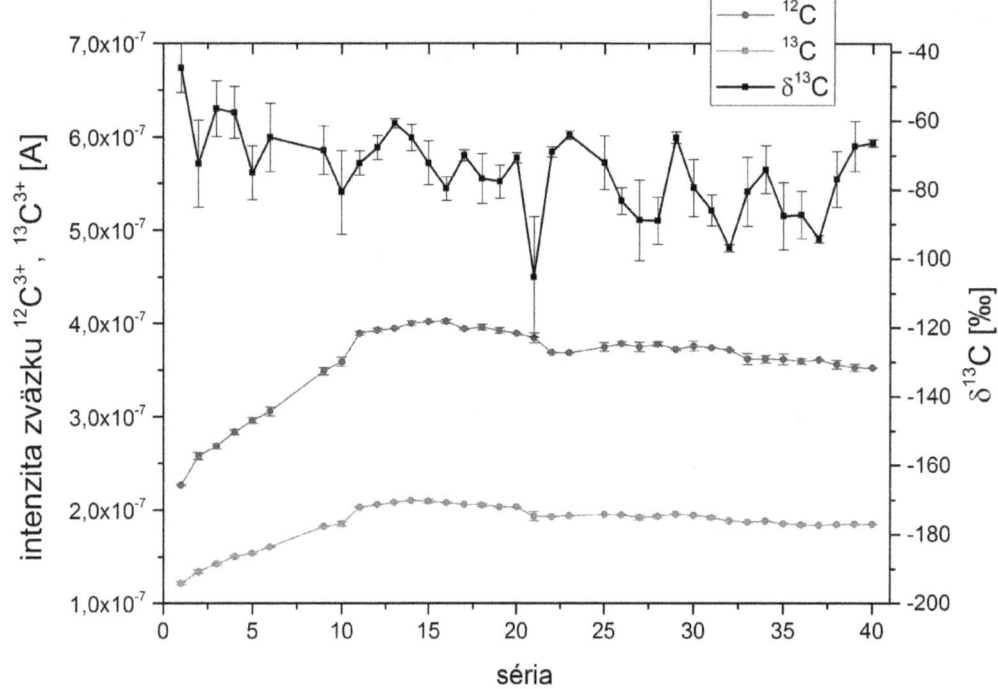

Obr. 5: Priebeh intenzity zväzkov $^{12}C^{3+}$ a $^{13}C^{3+}$ (intenzita ^{13}C je kvôli prehľadnosti vynásobená faktorom 50) a príslušné hodnoty $\delta^{13}C$ pre katódu 23 pri vylepšenej metóde so zmenou magnetického poľa

Namerané hodnoty $\delta^{13}C$ sú uvedené v Tab. 3 a graf priebehu intenzity zväzkov meraných izotopov je na Obr. 5. Namerané hodnoty $\delta^{13}C$ nemôžeme priamo interpretovať, keďže sa nejedná o štandard s presne danou hodnotu pomeru $^{13}C/^{12}C$, ale zhoda medzi jednotlivými katódami je v tomto prípade lepšia ako v predchádzajúcich metódach. Hodnota určená pre katódu 14 sa najviac líši od ostatných, nevedeli sme však určiť čím je to spôsobené, lebo táto katóda sa od ostatných nijako nelíšila.

Na Obr. 5 je vidieť, že v intenzite zväzkov sú menšie výkyvy ako pri prvej metóde, ale väčšie ako pri metóde so zväzkom iónov hmotnosti 25. To je pravdepodobne spôsobené znova tým, že je medzi meraniami pomerne dlhá doba kedy sa čaká na nastavenie magnetického poľa.

5 Záver

Prvé meranie pomeru $^{13}C/^{12}C$, v ktorom sa nezhodovali namerané hodnoty $\delta^{13}C$ pre katódy s tým istým grafitom, viedlo k analýze možných dôvodov týchto rozdielov a následne k navrhnutiu spôsobov ako tieto

katóda	$\delta^{13}C$ [‰]
14	$-60,17 \pm 0,17$
19	$-75,16 \pm 0,32$
23	$-71,62 \pm 0,18$
28	$-78,07 \pm 0,19$
33	$-74,34 \pm 0,17$

Tabuľka 3: Výsledky merania $\delta^{13}C$ grafitu vylepšenou metódou so zmenou poľa

efekty odstrániť.

Metóda využívajúca zväzok iónov s atómovou hmotnosťou 25 nevyžaduje meniť magnetické pole BM magnetu, avšak pomer intenzít zväzkov $^{13}C^{3+}$ a $^{12}C^{3+}$ v tomto prípade nie je priamo rovný pomeru $^{13}C/^{12}C$ vo vzorke, výsledky je potrebné škálovať. Bolo by potrebné overiť túto metódu s použitím aspoň dvoch rôznych štandardov s rôznymi hodnotami $\delta^{13}C$. Namerané pomery naškálovať podľa jedného z týchto štandardov a potom porovnať výslednú hodnotu ďalších štandardov s ich udávanými hodnotami $\delta^{13}C$.

Prvotnú metódu so zmenou magnetického poľa BM sme vylepšili zmenšením intervalu akceptovaných intenzít magnetického poľa tohto magnetu z 0,5 G na 0,03 G a pridaním skriptu, ktorý pole nastavuje presnejšie v menších krokoch ako automatický systém. Dosiahli sme konzistentné hodnoty $\delta^{13}C$ pre katódy s rovnakým grafitom. Princípy použité v tejto metóde sa dajú využiť aj v metóde s hmotnosťou 25 (pole zodpovedajúce tejto hmotnosti by sme vedeli nastaviť presnejšie) a v budúcnosti plánujeme vyskúšať kombináciu týchto dvoch metód.

Na priebehoch intenzít zväzkov (Obr. 4 a 5) je vidieť, že intenzita sa ustáli až po niekoľkých sériách meraní. Preto je lepšie nechať katódu pred začiatkom merania odprašovať v iónovom zdroji aby sa intenzita zväzku stabilizovala.

Poďakovanie

Chcel by som sa poďakovať svojmu školiteľovi RNDr. Miroslavovi Ješkovskému, PhD. za pomoc, odborné vedenie a mnoho cenných rád.

Literatúra

[Kontuľ, 2013] Kontuľ, I. (2013). Príprava grafitových terčov pre AMS analýzu 14C. Bakalárska práca.

[Middleton, 1990] Middleton, R. (1990). *A Negative-Ion Cookbook*. Department of Physics, University of Pennsylvania.

[NIST, 1983] NIST (1983). Standard reference material 4990c oxalic acid certificate. *National Institute of Standards and Technology*.

[Němec et al., 2010] Němec, M., Wacker, L., and Gäggeler, H. (2010). Optimization of the graphitization process at AGE-1. *Radiocarbon*, 52:1380–1393.

[Priller et al., 1997] Priller, A., Golser, R., Hille, P., Kutschera, W., Rom, W., Steier, P., Wallner, A., and Wild, E. (1997). First performance tests of VERA. *Nuclear Instruments and Methods in Physics Research B*, 123:193–198.

[Purser, 1992] Purser, K. H. (1992). A high throughput 14C accelerator mass spectrometer. *Radiocarbon*, 34:458–467.

[Quarta et al., 2004] Quarta, G., D'Elia, M., and Calganile, L. (2004). The influence of injection parameters on mass fractionation phenomena in radiocarbon analysis. *Nuclear Instruments and Methods in Physics Research B*, 217:644–648.

[Steier, 2000] Steier, P. (2000). *Exploring the limits of VERA: A universal facility for accelerator mass spectrometry*. PhD thesis, Universität Wien.

[Stenström et al., 2011] Stenström, K. E., Skog, G., Georgiadou, E., Genberg, J., and Johansson, A. (2011). A guide to radiocarbon units and calculations.

[Stosch, 1999] Stosch, H. G. (1999). *Einführung in die Isotopengeochemie*. Institut für Mineralogie und Geochemie, Universität Karlsruhe.

[Stuiver and Polach, 1977] Stuiver, M. and Polach, H. A. (1977). Discussion: Reporting of 14C data. *Radiocarbon*, 19:355–363.

[Zorko et al., 2010] Zorko, B., Child, D. P., and Hotchkis, M. A. C. (2010). A fast switching electrostatic deflector system for actinide isotopic ratio measurements. *Nuclear Instruments and Methods in Physics Research B*, 268:827–829.

Študentská vedecká konferencia FMFI UK, Bratislava, 2015, p. 132
ISBN 978-1518759055, © 2015 Peter Mészáros

Približná transfer-funkcia kozmologických perturbácií (rozšírený abstrakt)

Peter Mészáros*

Supervisor: Vladimír Balek[†]

Katedra teoretickej fyziky a didaktiky fyziky, FMFI UK, Mlynská dolina 842 48 Bratislava

V reliktovom žiarení sa vyskytujú anizotropie teploty δT[1], ktorých pomer k priemernej teplote pozadia T_0 je funkciou jednotkového vektora v smere pozorovania $\mathbf{l}$. Tieto anizotropie majú pôvod v primordiálnom poinflačnom *newtonovskom potenciáli* Φ^0 a dajú sa zapísať ako

$$\frac{\delta T}{T_0}(\mathbf{l}) = \int \tau(\mathbf{k})\Phi_\mathbf{k}^0 e^{i\mathbf{k}\cdot\mathbf{l}(\eta_r-\eta_0)} \frac{d^3k}{(2\pi)^{3/2}}$$

pričom *transfer-funkcia* $\tau(\mathbf{k})$ sa dá vyjadriť ako

$$\tau(\mathbf{k})\Phi_\mathbf{k}^0 = \left[\frac{1}{4}\delta_{\gamma\mathbf{k}} + \Phi_\mathbf{k} - \frac{3\delta'_{\gamma\mathbf{k}}}{4k^2}\frac{\partial}{\partial\eta_0}\right]_{\eta_r}$$

kde δ_γ je kontrast hustoty energie žiarenia, η_0 je súčasný konformný čas a η_r je čas rekombinácie. Druhý člen transfer-funkcie je za *Sachs-Wolfeov efekt*, a tretí člen je Dopplerovský.

Funcia δ_γ pri známej funkcii Φ sa dá vypočítať riešením Einsteinových rovníc v lineárnej poruchovej teórii,

$$\left(\frac{\delta'_\gamma}{c_s^2}\right)' - \frac{3\mathcal{M}}{\varepsilon_\gamma a}\Delta\delta'_\gamma - \Delta\delta_\gamma = \frac{4}{3c_s^2}\Delta\Phi + \left(\frac{4\Phi}{c_s^2}\right)' - \frac{12\mathcal{M}}{\varepsilon_\gamma a}\Delta\Phi'$$

kde c_s je rýchlosť zvuku, a je škálovací parameter, $\mathcal{M}$ je viskózny koeficient a derivácie sú podľa konformného času. V priblížení, keď vlnové číslo spĺňa $\eta_{eq}^{-1} \gg k \gg \eta_r^{-1}$ (η_{eq} je čas rovnováhy hustoty energie žiarenia a látky), analytický výpočet kontrastu hustoty energie žiarenia dáva

$$\delta_{\gamma\mathbf{k}}(\eta) = -\frac{4}{3c_s^2}\Phi_k(\eta) + A_\mathbf{k}\sqrt{c_s}\cos\left(k\int_0^\eta c_s d\tilde\eta\right)e^{-\left(\frac{k}{k_D}\right)^2}$$

$$A_\mathbf{k} = 4\Phi_\mathbf{k}/3^{3/4}$$

kde k_D je tlmiaci člen zodpovedajúci *Silkovmu tlmeniu*. Tento vzťah je známy zo základnej kozmologickej literatúry[Muchanov, 2005], kde sa odvádza

*meszaros317@gmail.com

[†]balek@fmph.uniba.sk

[1]očistené od dipólové člena spôsobeného Dopplerovým javom a od zdrojov v našej Galaxii

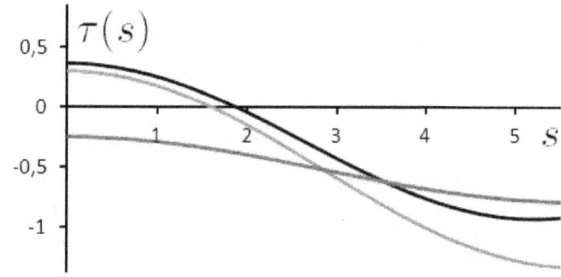

Obr. 1: Závislosť dlhovlnnej časti prvých dvoch členov transfer-funkcie so započítaným Silkovým tlmením od parametra $s = k\eta_*$ kde $c\eta_* = 270Mpc$

zošívaním krátkovlnného riešenia s dlhovlnným v čase blízkom k η_{eq}.

My sme tento postup pozmenili tak, že krátkovlnné a dlhovlnné riešenia sme zošívali až v čase rekombinácie. Vyšlo nám

$$A_\mathbf{k}(\eta_r) = \frac{8}{3}\frac{\Phi_\mathbf{k}(\eta_r)}{\sqrt{c_s(\eta_r)}}\left[\frac{1}{2c_s^2(\eta_r)} - 1\right]$$

čo pre dlhovlnnú časť transfer-funkcie dalo lepšie riešenie, ako pôvodný výpočet. Overili sme to numerickým výpočtom transfer funkcie, pri ktorom sme rovnice pre veličiny Φ a δ_γ riešili priamo bez ďalších priblížení. Približné vzťahy sú pre $s \sim 10$ už nedostatočné.

Na obrázku je porovnanie výsledkov všetkých troch spôsobov výpočtu transfer-funkcie. Čierna čiara je výsledkom numerického výpočtu rovníc, červená čiara je približný vzťah, ktorý sa vyskytuje v literatúre, a zelená čiara je nami modifikovaný približný vzťah.

Literatúra

[Muchanov, 2005] V. Muchanov, Physical Foundations of Cosmology *Cambridge University Press*.

Študentská vedecká konferencia FMFI UK, Bratislava, 2015, pp. 133–138
ISBN 978-1518759055, © 2015 Jana Kačmáriková

Rádionuklidy v potravinách

Jana Kačmáriková*
Školiteľ: Ivan Sýkora+

Katedra jadrovej fyziky a biofyziky, FMFI UK, Mlynska dolina, 842 48 Bratislava

Abstrakt

Životné prostredie je v dnešnej dobe často v centre záujmu hlavne preto, že hladina jeho znečistenia stúpa. V súvislosti s tým rastie aj záujem o sledovanie jeho kvality. Jedným z ukazovateľov je aj koncentrácia rádionuklidov. Mnohé z nich sú neoddeliteľnou súčasťou životného prostredia a môžu byť prírodného alebo umelého pôvodu. Ľudská činnosť môže výrazným spôsobom ovplyvňovať ich koncentrácie. V minulosti hlavným zdrojom uvoľňovania rádionuklidov do životného prostredia bolo testovanie jadrových zbraní, v súčasnosti to je najmä prevádzka jadrových elektrární, prepracovávanie jadrového odpadu a havárie jadrovoenergetických zariadení. Táto práca sa venuje rádionuklidom obsiahnutým v niektorých potravinách, so zameraním sa na hríby pochádzajúce prevažne z lokality Záhorie. Ich koncentrácie sú porovnávané s hodnotami aktivít hríbov z iných časových období a iných lokalít.
Kľúčové slová: Rádionuklidy v hríboch, Rádioaktivita potravín, gama spektrometria

1 Úvod

Rádionuklidy sú neoddeliteľnou súčasťou životného prostredia. V minulosti bola rádioaktivita životného prostredia spôsobená len prirodzenými rádionuklidmi ale teraz v dôsledku širokého využívania rádionuklidov v najrôznejších aplikáciách a hávárií najmä jadrovoenergetických zariadení sú v životnom prostredí aj rádionuklidy ktoré boli vyrobené umelo.

2 Rádionuklidy v prírode

Rádionuklidy sú atómy ktoré sa dokážu samovoľne premieňať, pričom môžu vyžarovať gama žiarenie rôznych energií. V prírode môžeme nájsť takéto atómy ktoré vznikli rôznym spôsobom. Môžu to byť rádionuklidy ktoré vznikli prirodzene v prírode, alebo rádionuklidy ktoré boli vyrobené človekom, teda umelo vytvorené. Prírodné alebo prirodzené rádionuklidy ešte môžeme rozdeliť do dvoch skupín a to na primordiálne rádionuklidy, ktoré vznikli počas prvotnej nukleosyntézy a formovania sa Zeme, a na kozmogénne rádionuklidy, ktoré

vznikajú pri interakcii kozmického žiarenia s prvkami v atmosfére a litosfére. Prírodné rádionuklidy, teda primordiálne a kozmogénne, spolu s antropogénnymi vytvárajú určitú úroveň rádioaktivity ktorá limituje možnosť merania rádioaktivity vzoriek a ktorú nazývame pozadie. V tab. 1. je niekoľko najznámejších prírodných rádionuklidov ktoré tvoria pozadie.

nuklid	polčas premeny	radiácia
^{232}Th	$1{,}4\times10^{10}$ rokov	α
^{238}U	$4{,}5\times10^{9}$ rokov	α
^{235}U	$7{,}0\times10^{8}$ rokov	α
^{40}K	$1{,}3\times10^{9}$ rokov	β, γ
^{87}Rb	$4{,}7\times10^{10}$ rokov	β
^{3}H	12,4 rokov	β
^{7}Be	53 dní	γ
^{10}Be	$2{,}7\times10^{6}$ rokov	β
^{14}C	5730 rokov	β
^{35}S	88 dní	β
^{36}Cl	$3{,}0\times10^{5}$ rokov	β
^{39}Ar	269 rokov	β

Tab. 1.

Prirodzené rádionuklidy sa v prírode nachádzajú len v malom množstve. Niektoré pôvodne prirodzené rádionuklidy sa produkujú aj umelo.

3 Umelé zdroje rádionuklidov

Nájznámejšie umelé teda antropogénne, človekom vytvorené, zdroje rádionuklidov sú jadrové elektrárne a odpad vzniknutý pri skúškach jadrových zbraní. Pri jadrových výbuchoch a haváriách reaktorov uniká aj ^{90}Sr ktoré sa rozpadá na rádioaktívne ^{90}Y a je nebezpečné hlavne kvôli tomu, že sa viaže do kostí namiesto vápnika.

3.1 Havárie

Jadrové explózie vytvárajú širokú škálu rádioaktívnych štiepnych produktov ktorých je 70-160. Niektoré môžu vznikať aj pri neutrónových reakciách s okolitým materiálom.

Najväčšia a najznámejšia havária jadrovej elektrárne bola v roku 1986 v Černobyle na Ukrajine. Príčinou bolo neodborné zaobchádzanie personálu. Hlavným rádioaktívnym znečisťovačom bol ^{131}I, ale keďže má krátky polčas rozpadu, rýchlo sa rozpadol a nahradili ho ^{137}Cs a ^{134}Cs. Tieto rádionuklidy boli zistené vo vzduchu, v pôde a vode. Na obr. 1 je znázornené ako sa pohyboval oblak rádioaktívnych prvkov ktoré unikli z havárie Černobylskej JE.

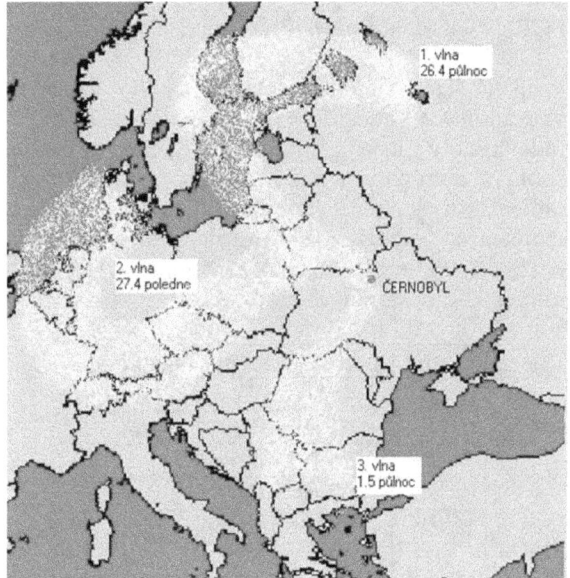

Obr.1 Pohyb rádioaktívnych oblakov z havárie Černobylskej JE po území Európy v prvých dňoch po havárii.

V zasiahnutých oblastiach bola limitovaná konzumácia potravín. Na obr. 2 vidíme príklad dynamiky vývoja výskytu izotopu ^{137}Cs v mlieku u kráv v ukrajinskej oblasti Rovno.

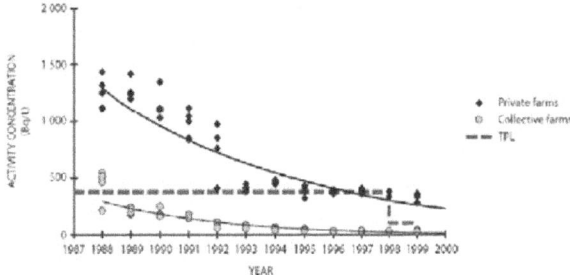

Obr.2 Dynamika aktivít izotopu ^{137}Cs v mlieku kráv z ukrajinskej oblasti Rovno.

^{137}Cs a ^{90}Sr majú veľa produktov štiepenia a ich približne 30 ročný polčas rozpadu ich robí stálymi v prostredí.
Ďalšia katastrofa jadrovej elektrárne sa stala 11. 3. 2011 v Japonsku na jadrovej elektrárni Fukushima. Fukushima je komplex dvoch jadrových elektrární Fukushima Daiichi a Fukushima Daini na japonskom ostrove Honšú. Havária bola spôsobená zemetrasením po ktorom nasledovala vlna tsunami ktorá na reaktoroch jadrovej elektrárne Daiichi poškodila chladenie vodou z oceánu. Reaktory jadrovej elektrárne Fukushima Daini neboli poškodené, ale poškodenie chladenia spôsobilo nutnosť ich odstavenia. Havária jadrovej elektrárne Fukushima nebola taká zničujúca ako pri jadrovej elektrárni v Černobyle. Pri havárii tejto elektrárne bol najväčší problém uskladnenia rádioaktívnej vody z chladenia. Časť menej rádioaktívnej vody po dohode s vládou vypustili do oceánu. Rádioaktívne prvky ktoré sa dostali do okolia boli najmä ^{131}I, ^{134}Cs a ^{137}Cs. Po havárii jadrovej elektrárne Fukushima boli v japonsku stanovené maximálne prípustné hodnoty rádioaktivity v potravinách.

4 Environmentálne procesy

Environmentálne procesy prebiehajú v ekologických cykloch ktoré obsahujú biogeochemické a fyzikálne interakcie. O cykloch rádionuklidov ešte stále nevieme dostatočne veľa aby sme mohli presne predvídať pohyb rádionuklidov v atmosfére a v moriach avšak existuje už viacero modelov ktoré tieto procesy predpovedajú s definovanou úrovňou spoľahlivosti. Príkladom správania sa rádionuklidov v životnom prostredí môže byť ich absorpcia mikroorganizmami žijúcimi vo vode a pôde. ^{14}C sa pomocou mikrobiálnej respirácie dostáva zo vzduchu do pôdy, absorpciou mikroorganizmami sa ^{137}Cs ukladá v hubách, niektoré rastliny obsahujú veľa jódu a v mušliach môžeme nájsť veľa ^{210}Pb a ^{210}Po.

5 Vplyv žiarenia na organizmus

Prirodzená rádioaktivita nie je všade rovnaká. Hodnota prirodzenej rádioaktivity závisí aj od geologického podložia alebo ročného obdobia. Napríklad v zime sú v bytoch väčšie obsahy radónu ako v lete lebo sa tak často nevetrá, koncentrácia radónu sa mení aj počas dňa, vyššie aktivity sú cez deň, v noci dosahujú koncentrácie minimálne hodnoty. Žiarenie s vysokou ionizačnou schpnosťou je rýchlo absorbované a preto jeho vplyv je zanedbateľný pri externom ožiarení.
Napríklad α-žiariče ktoré sú mimo tela nie sú nebezpečné pokiaľ je ich aktivita nie je extrémne vysoká. Naopak žiarenie z γ-žiaričov a vysokoenergetických β-žiaričov prechádza do živého tkaniva a teda predstavuje nebezpečenstvo. Keď sa α-žiarenie dostane do tela, je nebezpečnejšie ako γ-žiarenie, lebo α-častice odovzdávajú veľké množstvo energie na malej vzdialenosti a poškodzujú okolité bunky. Keď ionizujúce žiarenie prechádza cez látku, dochádza k prenosu energie od žiarenia do látky. Ak rovnaké množstvo rozptýlenej energie prejde cez celé telo, je to menej nebezpečné ako keď je všetka energia koncentrovaná do malého objemu. Pri interakcii dochádza k excitácii a ionizácii atómov a molekúl ožiarenej látky. Tieto reakcie nastávajú za menej

ako 10^{-15} s a v biologických tkanivách prebiehajú aj chemické procesy, ktoré prebehnú za menej ako 10^{-6} s, kvôli tomu, že v živých systémoch sa nachádza veľa vody. Ak je absorbovaná dávka celým telom väčšia ako 1Gy, nastávajú aj významné biologické účinky. O tých rozhodujú chemické reakcie prebiehajúce medzi bunkami poškodeného tkaniva. Niektoré biologické účinky sa objavia už počas niekoľkých hodín (akútne efekty) a rôzne genetické mutácie sa prejavia až po niekoľkých rokoch (oneskorené efekty). Najznámejším dôsledkom ožiarenia je rakovina. Tá sa tiež prejaví až po niekoľkých rokoch a rôzne ožiarenie spôsobuje rôzne typy rakoviny. Rakovina môže byť spôsobená aj prirodzenou rádioaktivitou ktorá je síce nízka ale človeka ožaruje nízkymi dávkami po celý život. Poškodenia spôsobené nízkymi absorbovanými dávkami môžu byť, podľa určitých názorov, dedičné (prejavia sa až na potomkoch) alebo somatické. Somatické efekty sa ešte delia na deterministické (predpovedateľné) a stochastické (náhodné). Ožiarenie organizmu môže byť vonkajšie alebo vnútorné. Vnútorné ožiarenie môže byť spôsobené inháláciou (vdychovaním) alebo ingesciou (jedením).

6 Niečo o hubách

Huby (hríby) nepatria ani medzi rastliny ani medzi živočíchy. Huby na rozdiel od rastlín nemajú chlorofyl a teda nemôžu získavať živiny takým spôsobom ako rastliny – premenou CO_2 a vody na cukor. Huby sa živia odumretými rastlinami (niektoré aj živočíchmi), teda heterotrofné – prijímajú živiny z pôdy už v organickej podobe a spracúvajú ich na živiny ktoré potrebujú. To čo poznáme pod pojmom „huba (hríb)" je iba reprodukčný orgán. Hlavným organizmom je podhubie. Podhubie je systém vlákien (hýf) ktoré sa pavučinovo rozrastajú pod zemou.

7 Príprava vzoriek

Ako vzorky sme využili hlavne huby a zeleninu. Huby preto, lebo vďaka rozsiahlemu podhubiu do seba dostávajú veľa rádioaktívnych látok. Nazbierané vzorky sme nakrájali na tenké plátky a vysušili v sušičke FOOD DEHYDRATOR MOS-01. Po vysušení sme vzorky pomleli aby boli čo najjemnejšie a odvážili na váhach s presnosťou na 1 tisícinu gramu. Potom sme odváženú vzorku aj so sáčkom pomocou 30t lisu zlisovali. V tab.2 vidíme priemerné výživové hodnoty hríbov a zeleniny.

hodnoty sú v %	Hríby	Zelenina
Voda	89,2	89,4
Bielkoviny	3,06	2,32
Tuky	0,41	0,28
Cukry	1,09	0,94
Vláknina	1,22	1,20
Popol	0,82	1,00

Tab. 2
(prevzaté z [Škubla, 2006])

8 Meranie

Merali sme pomocou polovodičového HPGe gama detektora s uhlíkovým okienkom od firmy Canberra ktorý sa nachádza v priestoroch laboratória gama spektrometrie KJFB FMFI UK v Bratislave. Relatívna účinnosť detektora je 40%. Energetické rozlíšenie pre energiu 1,33 MeV ^{60}Co je 2,0 keV a pre 122 keV ^{57}Co je 1,1 keV. Detektor sa nachádza v tieniacom kryte ktorého schéma je na obr.3.

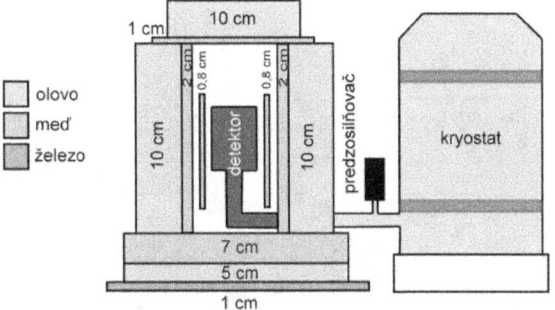

Obr.3 Schéma usporiadania tieniaceho krytu použitého detektora.

Namerané spektrum sme vyhodnocovali pomocou programu Emcaplus. Energie rádionuklidov ktoré nás zaujímali boli 46,5keV pre ^{210}Pb, 661,6keV pre ^{137}Cs a 1460,8keV pre ^{40}K. Pre každý izotop sme odpočítaním pozadia určili čistú plochu pod píkom. Na výpočet sme použili vzťah:

$$A = \frac{S}{\varepsilon . \gamma . m} \ [Bq/kg] \tag{1}$$

Kde S je čistá plocha pod píkom úplnej absorpcie, γ je intenzita čiary, ε je účinnosť detektora pre danú geometriu a m je hmotnosť vzorky v [kg]. Výsledné hodnoty boli korigované na pozadie detektora a porovnávané s minimálnou merateľnou aktivitou detektora (minimálna merateľná aktivita je minimálna úroveň rádioaktivity, ktorú je detektor v daných podmienkach ešte schopný odlíšiť od pozadia detektora).

9 Výsledky

Výsledky našich meraní sú v Tab.3 aj s hmotnosťami vzoriek.

Vzorka/kedy/kde	m [g]	Izotop	Aktivita [Bq/kg]
Hríb smrekový	26,533	210Pb	6.3 ± 3.0
25.8.2014		137Cs	555.2 ± 5.8
Popradské pleso		40K	856.9 ± 13.6
Podhríb žlčový	13,566	210 Pb	189.4 ± 8.8
24.8.2014		137Cs	1,413.6 ± 11.4
Bilkove humence		40K	2,287.6 ± 34.4
Suchohríb žltomä	13,421	210Pb	< 11.2
24.8.2014		137Cs	346.7 ± 3.1
Bilkove humence		40K	1,270.5 ± 18.2
Suchohríb hnedý	15,388	210 Pb	< 19.5
24.8.2014		137Cs	301.4 ± 3.7
Bilkove humence		40K	1,049.5 ± 23.8
Pečiarka perličk.	67,768	210Pb	6.8 ± 2.4
14.8.2014		137Cs	0.9 ± 0.1
BA botanická z.		40K	1,393.3 ± 20.7
Zemiaky	113,69	210 Pb	< 8.1
3.8.2014		137Cs	2.0 ± 0.2
Bilkove humence		40K	608.0 ± 12.7
Bedla vysoká	29,55	210Pb	14.6 ± 4.0
28.8.2013		137Cs	2.1 ± 0.2
Bilkove humence		40K	760.6 ± 12.6
Bedla vysoká	43,455	210 Pb	20.4 ± 3.1
27.9.2014		137Cs	3.1 ± 0.2
Ivachnová		40K	696.0 ± 11.1
Suchohríb hnedý	38,137	210Pb	<11.3
27.9.2014		137Cs	90.9 ± 1.4
Ivachnová		40K	896.6 ± 17.6
Hríb smrekový	51,973	210 Pb	< 9.4
27.9.2015		137Cs	27.9 ± 0.6
Ivachnová		40K	660.5 ± 13.1
Suchohríb hnedý	75,049	210Pb	< 8.4
3.10.2014		137Cs	556.7 ± 6.5
Bilkove humence		40K	949.6 ± 17.5
Masliak kravský	45,807	210 Pb	< 7
4.10.2014		137Cs	521.4 ± 5.3
Bilkove humence		40K	581.1 ± 10.0
Podhríb žlčový	49,868	210Pb	110.7 ± 5.2
4.10.2014		137Cs	715.0 ± 7.4
Bilkove humence		40K	1,142.6 ± 20.3
Podpňovka obyč.	45,113	210 Pb	< 4.7
12.10.2014		137Cs	35.0 ± 1.7
karpaty-Čermák		40K	1,540.4 ± 22.0
mrkva	40,079	210 Pb	< 4
26.7.2014		137Cs	0.2 ± 0.1
Bilkove humence		40K	734.3 ± 10.2
uhorky	14,437	210 Pb	< 7.6
3.8.2014		137Cs	0.3 ± 0.2
Bilkove humence		40K	1,673.4 ± 20.9
Bedla vysoká	57,82	210Pb	39.2 ± 2.9
3.10.2014		137Cs	6.0 ± 0.2
Bilkove humence		40K	1,020.6 ± 15.8
Podpňovka obyč.	61,025	210 Pb	< 9.6
18.10.2014		137Cs	50.8 ± 0.8
Bilkove humence		40K	1,538.2 ± 25.7

Tab.3

Nami namerané hodnoty sme porovnali s výsledkami meraní ktoré boli uskutočnené v roku 2011 pre vzorky hríbov z lokality Považská bystrica. Výsledky týchto meraní sú v tab.4.

Vzorka	Hmotnosť [g]	Izotop	Aktivita [Bq/kg]
Pečiarka dvojvýtrusová	37,759	210 Pb	1,9 ± 0,3
		137Cs	0,3 ± 0,1
		40K	1 448,0 ± 70,1
Rýdzik smrekový	29,266	210 Pb	5,2 ± 0,5
		137Cs	22,7 ± 3,3
		40K	687,4 ± 33,6
Hríb dubový	57,528	210 Pb	2,8 ± 0,3
		137Cs	175,4 ± 25,3
		40K	820,2 ± 39,7
Kozák osikový	38,46	210 Pb	1,4 ± 0,2
		137Cs	2,4 ± 0,4
		40K	909,4 ± 44,6
Kuriatko jedlé	51,069	210 Pb	3,2 ± 0,5
		137Cs	32,6 ± 4,7
		40K	1 374,8 ± 66,7
Bedľa vysoká	41,071	210 Pb	59,3 ± 3,3
		137Cs	3,9 ± 0,6
		40K	980,2 ± 47,8
Plávka	10,194	210 Pb	6,9 ± 1,0
		137Cs	1,1 ± 0,3
		40K	5 363,5 ± 259,7
Hliva ustricová	52,797	210 Pb	2,9 ± 0,3
		137Cs	12,6 ± 1,8
		40K	381,0 ± 18,6
Fukavec	36,636	210 Pb	4,4 ± 0,5
		137Cs	275,5 ± 39,7
		40K	1 287,9 ± 62,4
Podpňovka	21,51	210 Pb	2,4 ± 0,4
		137Cs	4,2 ± 0,7
		40K	1 625,9 ± 79,7
Pôvabnica dvojfarebná	13,824	210 Pb	7,1 ± 1,2
		137Cs	69,7 ± 10,1
		40K	3 167,4 ± 153,7
Kozák brezový	7,78	210 Pb	156,7 ± 8,6
		137Cs	12,4 ± 1,9
		40K	3 020,4 ± 147,4

Tab.4

10 Diskusia

Z porovnania výsledkov vidíme že hríby zo Záhoria obsahujú viac cézia ako hríby z iných lokalít (obr.4), kde je zase viac draslíka (obr.5). Zelenina obsahuje hlavne ^{40}K a hríby s lupeňovou štruktúrou tiež. Dá sa povedať že hríby s rúrkovým hymenofórom majú zvýšenú schopnosť kumulovať prvky z pôdy v porovnaní s hríbami s lupeňovým hymenofórom. Z obr.1 vidíme že oblak rádioaktívnych nuklidov ktoré unikli z jadrovej elektrárne v Černobyle prešiel ponad Záhorie takže zvýšené obsahy cézia v hríboch z tejto lokality sú spôsobené tým, že v čase prechodu rádioaktívnych oblakov ponad toto územie došlo k lokálnym zrážkam.

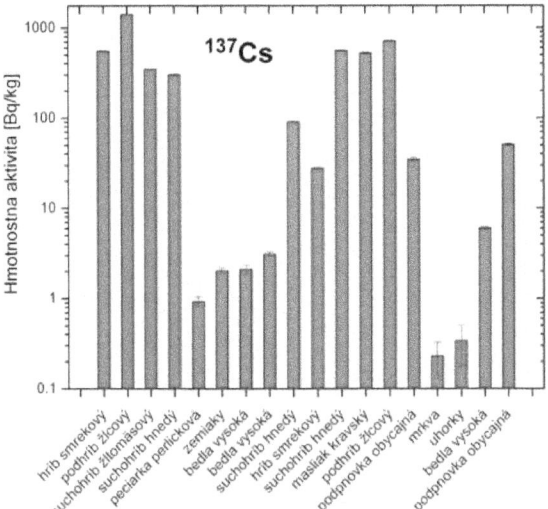

Obr.4

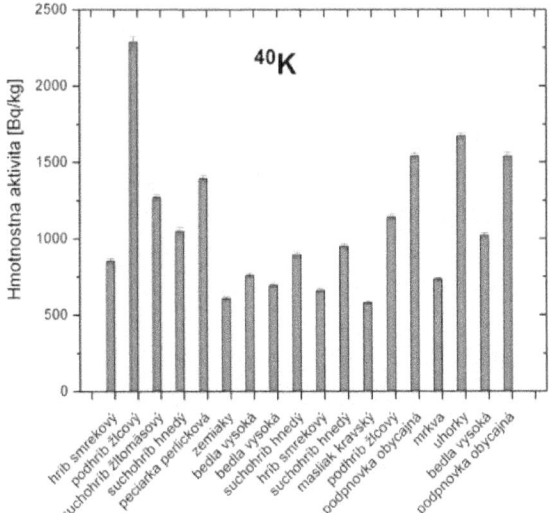

Obr.5

Keďže ^{137}Cs má polčas rozpadu až 30,14 rokov, vytvorená kontaminácia bude v danej lokalite pretrvávať ešte dlho. V meraných vzorkách sme zisťovali aj koncentrácie ^{210}Pb (produkt premeny ^{222}Rn z ^{235}U premenového radu), ktorého čas polpremeny je 22.26 roku preto je zauímavý z rádiohygienického hľadiska. Namerané hodnoty hmotnostých aktivít (obr.6) boli nízke, u väčšiny vyšetrovaných vzoriek sa pohybovali pod detekčným limitom použitého spektrometrického systému.

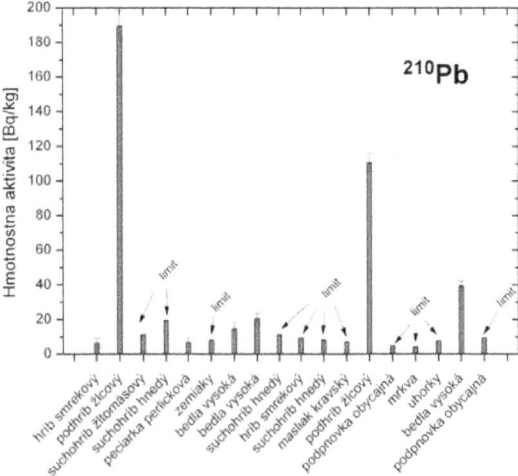

Obr. 6

11 Záver

Práca sa zaoberala meraním radioaktivity vzoriek niektorých druhov potravín. Hodnoty koncentrácií jednotlivých rádionuklidov sa síce dosť výrazne líšili, ale nedosahovali hodnoty, ktoré by mohli ohrozovať zdravie obyvateľstva a viedli by k tomu, aby sme potraviny z týchto oblastí nemohli jesť. Dosiahnuté výsledky však ukázali, že následky havárii jadrových elektrární sú dlhotrvajúce a ešte aj dnes merateľné.

Pre lepší obraz rozloženia rádioaktívnych látok v potravinách by bolo potrebné vyšetriť väčšie množstvo vzoriek zo širšieho okruhu druhov potravín.

Literatúra

[Bowlt, 1994] Bowlt, C. (1994). Environmental radioactivity: measurements and their meaning. In *Contemporary Physics*. ISSN 0010 - 7514, 1994, Vol. 35, No. 6, s. 385-398.

[Ebaid, 2006] Ebaid, Y.Y. (2006). Determination of 210Pb in environmental samples. In *Journal of Radioanalytical and Nuclear Chemistry*, Vol. 270, No.3 (2006) 609–619

[Amiro, 1999] Amiro, B. D. (1999). Frontiers of environmental radioactivity. In *Journal of Radioanalytical and Nuclear chemistry*. ISSN 0236 - 5731, 1999, Vol. 239, No. 1, s. 45-52.

[Bragea and Perju, 2008] Bragea, M., Perju, D. (2008). Influence of Distribution Coefficients on the Transfer of Radionuclides from Water to Geological Formation. In *Chem. Bull. "POLITEHNICA" Univ. (Timişoara)*. Volume 53(67), 1-2, 2008

[Urban, 2012] Urban, R. (2012). Rádionuklidy v životnom prostredí. *Bakalárska práca, Fakulta matematiky, fyziky a informatiky Univerzity Komenského v Bratislave, 51s.*

[Gilmore, 2008] Gilmore, G. R. (2008). Practical gama-ray spectrometry – *2nd Edition*

[Faanhof, 1999] Faanhof, A. (1999). The measurement of natural radioactivity and the impact on humans. *Atomic Energy Corporation of South Africa, Limited, P.O. Box 583, Pretoria 0001, Republic of South Africa*

[Dermek, Pilát, 1974] Dermek, A., Pilát, A (1974) Poznávajme huby. *Slovenská akadémia vied, 256s.*

[Škubla, 2006] Škubla, P. a kol. (2006). Veľká encyklopédia HUBY. *Reader`s Digest Výber, 448s.*

Študentská vedecká konferencia FMFI UK, Bratislava, 2015, pp. 139–148
ISBN 978-1518759055, © 2015 Milan Jurčo

Meranie rozptýleného žiarenia v okolí rádioterapeutického lineárneho elektrónového urýchľovača a protónového synchrotrónu a ich vzájomné porovnanie

Milan Jurčo[1*]
Školiteľ: Jozef Grežďo[2‡]

[1] Katedra jadrovej fyziky a biofyziky, FMFI UK, Mlynská Dolina, 842 48 Bratislava
[2] Oddelenie klinickej fyziky, Onkologický ústav Sv. Alžbety, Heydukova 10, 812 50 Bratislava

Abstrakt

Využívanie rádioterapie na liečbu onkologicky chorých pacientov vyžaduje zabezpečenie dostatočnej radiačnej ochrany pre pracovníkov, ktorí sa výrazne podieľajú na úspešnom procese liečby. V uvedenej práci sa venujeme porovnaniu dvoch rôznych druhov externej rádioterapie (protónovej liečby a megavoltovej rádioterapie pomocou fotónov resp. elektrónov) z hľadiska rozptýleného žiarenia.

Experimentálne merania sme uskutočnili na pracovisku protónovej liečby spoločnosti ZAO "PROTOM" v Protvine v Ruskej federácii a na pracovisku fotónovej (resp. elektrónovej) liečby v Onkologickom ústave Sv. Alžbety v Bratislave (OÚSA). Ako veličinu, prostredníctvom ktorej sme dané porovnanie uskutočnili, sme zvolili príkon priestorového dávkového ekvivalentu $\dot{H}*(10)$ vo viacerých pozíciách na oboch rádioterapeutických pracoviskách. Z hľadiska konkrétnych experimentálnych hodnôt bolo naším cieľom stanovenie $\dot{H}*(10)$ od prítomných druhov ionizujúceho žiarenia na rádovej úrovni.

Výsledky poskytujú odhad radiačného zaťaženia pracovníkov, užitočné sú však aj pri hodnotení rizika pre pacientov a ich sprevádzajúce osoby.

Takisto sa stručne venujeme viacerým aspektom dozimetrie rozptýleného žiarenia na týchto pracoviskách.

Kľúčové slová: Rádioterapia, Protónová terapia, Dozimetria, Rozptýlené žiarenie, Radiačná ochrana

1 Úvod

V súčasnosti v externej rádioterapii (ERT) patrí medzi najrozšírenejšie spôsoby liečby využitie brzdného žiarenia, ktoré vzniká pri interakcii urýchlených elektrónov s terčom. Pre urýchľovanie elektrónov sa využívajú hlavne lineárne urýchľovače. Pri liečbe povrchových lézií je možné využiť priamo aj zväzok urýchlených elektrónov.

Na Slovensku je v súčasnosti 11 pracovísk s lineárnym urýchľovačom.

Nastupujúcim štandardom v mnohých technologicky rozvinutých krajinách sa však pomaly stáva protónová terapia (PT), ktorá na prežiarenie nádorov využíva urýchlený zväzok protónov. Na Slovensku je od roku 2007 budovaný projekt *Protónového terapeutického komplexu* v Ústrednej vojenskej nemocnici v Ružomberku ako prvého pracoviska na Slovensku, ktoré by malo poskytovať protónovú liečbu.

Využitím pokročilých lekárskych technológií v súčasnej ERT akými sú PT, intenzitou modulovaná terapia (IMRT), je možné docieliť efektívnejšie ožarovanie pacientov, znížiť nežiaduce účinky s možnosťou eskalácie dávky do cieľového objemu.

Využitie vysoko energetického ionizujúceho žiarenia (IŽ), ktoré sa využíva v telerádioterapii, spôsobuje kvôli interakcii s vyhladzovacími filtrami, kolimátormi pre tvarovanie zväzku ionizujúcich častíc resp. aj telom pacienta, nárast nežiaducej dávky u pacienta od rozptýleného röntgenového žiarenia, neutrónového a γ-žiarenia.

Z dôvodu nárastu počtu diagnostikovaných nádorových ochorení narastá počet pacientov liečených rádioterapiou vrátane pediatrických pacientov a tým aj predpokladaná doba prežívania pacientov. Výskyt zvýšeného rizika komplikácií u pacienta spojených s jeho ožiarením v minulosti, ktoré zahŕňajú vznik sekundárnej rakoviny spôsobenej nežiaducou dávkou rozptýleného a sekundárneho žiarenia počas ožiarenia, preto nadobúda na váhe. Jeho odhad je preto obzvlášť dôležitý. Zároveň, vystavenie pacienta vplyvu sekundárnych častíc so zvýšenou biologickou účinnosťou (napr. neutróny vznikajúce počas PT) je potrebné minimalizovať na najnižšiu možnú úroveň. [Stolarczyk, 2013]

Okrem nesporných medicínskych výhod, ktoré nová metóda ožarovania pomocou protónového zväzku prináša v porovnaní s metódou fotónových (ozn. X) resp. elektrónových polí predstavujúcich konvenčné spôsoby ERT, je však nutné, pre **komplexné porovnanie** oboch metód, venovať

---

*Jurco6@uniba.sk
‡Jozef.Grezdo@ousa.sk

pozornosť, okrem radiačnej záťaže pacientov, aj **záťaži pracovníkov**. Počas samotného procesu liečby jednotlivých pacientov sú síce vystavení neporovnateľne menšiemu radiačnému zaťaženiu ako pacienti, no riziko pre nich spočíva v dlhodobom kumulovaní dávok počas pracovného vzťahu.

Viaceré novopostavené protónové pracoviská sa zaoberajú úrovňou rozptýleného žiarenia (RŽ) pre zhodnotenie úrovne rizika vzniku sekundárnych následkov po procese ERT u pacienta. Menej pozornosti sa venuje vplyvu RŽ na pracovníkov. Avšak, s priamym porovnaním úrovne RŽ na pracovisku PT s fotónovou terapiou, ako súčasnou konvenčnou terapiou, sme sa zatiaľ v rámci jednej publikácie nestretli.

Tieto skutočnosti poukazujú na význam priameho porovnania spomínaných spôsobov liečby z hľadiska radiačného zaťaženia pracovníkov RŽ pre uvedené liečebné modality.

1.1 Cieľ práce

Vytýčili sme si testovanie niekoľkých hypotéz:
1. Radiačné zaťaženie pracovníkov protónovej terapie so synchrotrónom *Radiance 330* spoločnosti ZAO "PROTOM" je nižšie ako zaťaženie pracovníkov fotónovej (resp. elektrónovej) megavoltovej terapie s lineárnym urýchľovačom *Clinac 2100 C/D* spoločnosti VARIAN.
2. Osoba, ktorá by sprevádzala pacienta počas ožarovania protónovým lúčom pobudnutím pri ňom vo vzdialenosti 1 meter po dobu 5 minút, bola by vystavená prijateľnému zdravotnému riziku z hľadiska absorbovanej dávky.

Za prijateľné zdravotné riziko sme považovali absorbovanie radiačných dávok počas komerčného letu v lietadle podľa [Coderre, 2004], ako aj podľa vlastných experimentálnych výsledkov pomocou dozimetra γ/X žiarenia G10.

2 Lineárny urýchľovač elektrónov v medicíne

Lineárne urýchľovače elektrónov ako zdroj dopadajúcich častíc majú pred izotopickými rádioaktívnymi zdrojmi niekoľko predností:
1. Pomocou lineárnych urýchľovačov je možné získať monoenergetické nabité častice (e⁻) s energiou až do 50 GeV.
2. Po vložení – najčastejšie wolfrámového terčíka – do dráhy elektrónov dochádza k vzniku **brzdného žiarenia** (bremsstrahlung), ktoré sa využíva v ERT. [Usačev, 1982]

3. Urýchľovače môžu zabezpečiť tok nabitých častíc o niekoľko rádov vyšší ako rádioaktívne zdroje.
4. Je možná optimalizácia fluencie z jednotlivých ožarovaných polí.
5. Vznik synchrotrónneho žiarenia spôsobeného urýchľovaním elektrónov na relativistické energie je možné využiť ako tzv. *Free Electron Laser* (FEL) pre biomedicínsky výskum.
6. Zariadenie sme schopní kedykoľvek vypnúť.

Jednou z nevýhod tohto zariadenia je, že pri vytváraní monoenergetického zväzku elektrónov dochádza k interakcii elektrónov s materiálom hlavice – aktivácia hlavice.

Pri vysokých energiách nad 10 MeV môže dochádzať ku (γ, n) reakcii v okolitom materiáli, ktorá vedie k produkcii neutrónov (sekundárnych častíc).

V súčasnej lekárskej praxi sú lineárne urýchľovače elektrónov stále najrozšírenejšie typy urýchľovačov; najčastejšie sa používajú lineárne urýchľovače so statickou vlnou (Obr. 1), ktoré nahradili betatróny a mikrotróny, pretože ponúkali možnosti využívania omnoho vyšších energií brzdného žiarenia. [Florek, 1983]

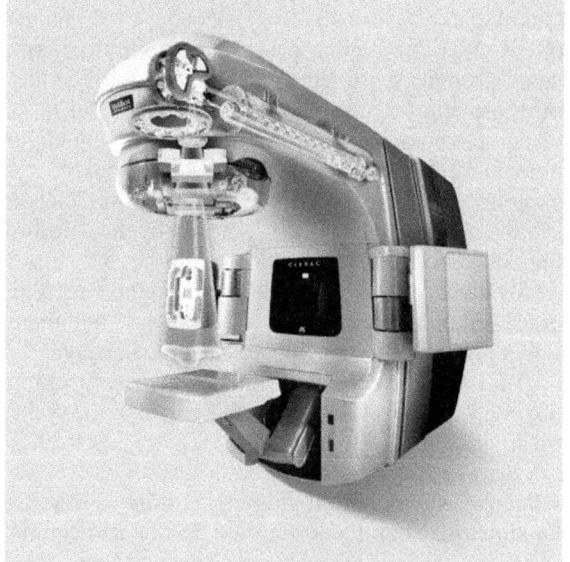

Obr. 1: Lineárny urýchľovač *Varian Clinac 2100 C/D* Zdroj: Varian

Medicínske LINAC-y urýchľujú elektróny na kinetickú energiu od 4 do 25 MeV použitím mikrovlnných rádiofrekvenčných polí na frekvenčnom intervale od 103 do 104 MHz. Elektróny sú urýchľované po priamej trajektórii v urýchľovacích vlnovodoch, v priestore medzi kovovými segmentmi. Vo vnútri týchto segmentov je intenzita elektrického poľa nulová ($E = 0$, $F = 0$), častice (elektróny) sú preto urýchľované len v priestore medzi nimi (Obr. 2). Elektróny na konci svojej dráhy môžu narážať na wolfrámový terč, ktorý je následne zdrojom brzdného žiarenia. [Holá, 2010]

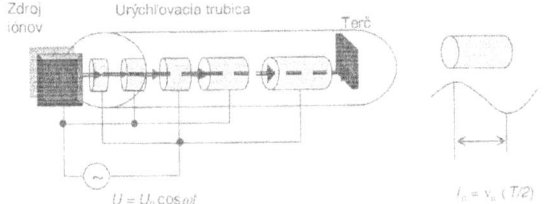

Obr. 2: Schéma princípu urýchľovania častíc lineárnym urýchľovačom. Zdroj: [Holá, 2010]

V našich meraniach sme používali ako zdroj žiarenia vysokofrekvenčné lineárne urýchľovače *Varian Clinac 2100 C/D* s energiou 18 MeV (Obr. 1) a *Clinac 600 C/D* s energiou 6 MeV, ktoré patria celosvetovo medzi najrozšírenejšie typy lineárnych urýchľovačov v ERT nádorových ochorení.

2.1 Kvalita primárneho zväzku

Liečebný zväzok je heterogénny zväzok fotónov vytvorený interakciou urýchlených elektrónov zvyčajne s wolfrámovým terčom. Ide predovšetkým o brzdné žiarenie, aj keď malý podiel (rádovo niekoľko percent) tvorí aj charakteristické röntgenové žiarenie. Tvar spektra tohto žiarenia závisí nielen od kinetickej energie elektrónov, ale aj od zloženia a atómového čísla terča a filtra a v neposlednom rade od usmerňovacieho (kolimačného) zariadenia. Pre klinickú prax nie je podmienkou úplná znalosť energetického spektra, no napriek tomu by pomohla ku lepšiemu pochopeniu a modelovaniu interakcií zväzku žiarenia s materiálom fantómov resp. tkanivami pacientov. [Van Dyjk, 1999]

Frekvencia impulzov zväzku brzdného žiarenia v porovnaní s protónovým zväzkom je o niekoľko rádov vyššia, preto možno považovať žiarenie za kontinuálne hoci v princípe ide takisto o pulzný zväzok.

3 Protónový urýchľovač v medicíne

Predstavenie technológie IMRT (*Intensity Modulated Radiotherapy*) v konvenčnej ERT prinieslo vysokú konformitu. Táto metóda umožňuje zníženie dávky kritických orgánov ležiacich v tesnej blízkosti cieľového objemu (nádoru), a to umožňuje zvýšenie terapeutickej dávky v nádore, čím majú pacienti lepšiu perspektívu do budúcnosti. Avšak, s uvedením IMRT sa technologické možnosti konvenčnej terapie prakticky vyčerpali. Ďalší progres v ERT vieme dosiahnuť zmenou typu častíc, akými sú protóny, neutróny, ťažké ióny a antiprotóny. Každý typ častice má svoj vlastnú závislosť dávky od hĺbky.

Energetické straty častíc, akými sú protóny, sú opísané Bethe-Blochovou formulou, podľa ktorej špecifické straty sú úmerné štvorcu náboja častice (z^2), protónovému číslu látkového prostredia (Z), počtu atómov na jednotkový objem prostredia (N) a nepriamo úmerné štvorcu rýchlosti častice (v^2) podľa vzťahu (1): $dE/dx \sim z^2 Z N / v^2$ (1)
Z danej formuly vyplýva niekoľko dôležitých poznatkov:
1. Ťažké ióny s väčším nábojom majú vyššie špecifické straty energie.
2. V prostredí s vyššou hustotou špecifické straty energie sú vyššie (napr. v kostiach sú vyššie ako v mäkkých tkanivách).
3. Špecifické straty energie sa zvyšujú s poklesom rýchlosti častice.

Liečba protónovým lúčom má pred liečbou pomocou brzdného žiarenia niekoľko predností:
- Mechanizmus straty energie (1) na dráhe je šetrnejší k okolitému zdravému tkanivu približne 2 až 3-krát, zjednodušene možno povedať, že majú inverznú závislosť dávky od hĺbky.
- Vďaka zníženej rádiotoxicite zdravých tkanív možno zvýšiť dávku v nádore, čím sa zvyšuje účinnosť liečby. Zvýšenie dávky v nádore o 10 % môže viesť k zvýšeniu TCP (*Tumour Control Probability*) o 15 až 20 %.
- Elektrický náboj protónov umožňuje kontrolovať ich dráhu magnetickým poľom (aktívne systémy prenosu zväzku resp. *pencil beam scanning*). Možnosť kontroly takisto umožňuje vyvádzanie zväzku protónov do viacerých terapeutických miestností s použitím *gantry*.
- Protóny vykazujú menší laterálny rozptyl, a teda zväzok protónov má presnejšie ohraničenie.

Jednou z nevýhod technológie *pencil beam scanning*, v porovnaní s konvenčnou liečbou urýchľovačom, je výrazne dlhší čas ožarovania nádoru, vďaka impulznému charakteru urýchľovania protónov. Zariadenie pre PT je zároveň finančne náročnejšie najmä v konceptoch s *gantry* systémom.

Aj v prípade tohto zariadenia dochádza pri interakcii protónov s prostredím k jadrovým reakciám, ktoré dávajú vznik RŽ, pričom s rastúcou energiou zväzku nad 10 MeV zohráva čoraz významnejšiu úlohu neutrónová zložka. [Hanula, 2008]

V roku 2015 bolo vo svete v prevádzke 56 centier pre PT pričom do roku 2018 by malo byť v prevádzke 100 takýchto centier. [PTCOG, 2015]

V súčasnej PT existuje viacero konceptov urýchľovania a prenosu zväzku či polohovania pacientov. Dostupné typy protónových systémov sa okrem týchto primárnych charakteristík, zameraných na primárny cieľ zariadenia, odlišujú aj v ďalších smeroch, akými sú viaceré technické, fyzikálne, personálne či ekonomické parametre (napr. elektrický príkon urýchľovača, množstvo operátorov potrebných na prevádzku a pod.). Medzi ne môžeme zaradiť aj úroveň radiačného zaťaženia pracovného personálu, s ktorým sme sa pri popisoch protónových systémov stretli len zriedka.

Pre urýchľovanie protónov sa v súčasnej ERT v prevažnej miere využívajú kruhové urýchľovače – cyklotróny a synchrotróny. Vo vývoji sú aj lineárne urýchľovače protónov o dĺžke 2 m spojené s konceptom otočného *gantry*. [Caporaso, 2011]

Po 1. generácii urýchľovačov sa vývoj 2. generácie začal sústrediť na zmenšenie rozmerov a nákladovosti technológií.

V našich meraniach sme používali ako zdroj vysokoenergetického protónového zväzku synchrotrón *Radiance 330* od spoločnosti ZAO "PROTOM" (Obr. 3). Dôležitou výhodou urýchľovača tohto typu v porovnaní s cyklotrónom je možnosť zmeny energie zväzku počas procesu ožarovania. [Hanula, 2008]

Obr. 3: Synchrotrón pre urýchľovanie protónov
Protom Radiance 330.

4   Rozptýlené žiarenie

Rozptýlené žiarenie (RŽ) je IŽ, ktoré vzniká interakciou vysoko energetického IŽ resp. urýchlených častíc s látkovým prostredím. V prípade urýchľovačov ide predovšetkým o interakcie urýchľovaných častíc:

1. so zvyškovými atómami v urýchľovacej trubici*,
2. s materiálom hlavice urýchľovača,
3. s tieniacim a kolimačným zariadením (MLC, pasívne systémy),
4. s dozimetrickým systémom, s tkanivami pacienta, so stolom,
5. tzv. vyhasínaním aktivovaného materiálu niektorých častí prístroja. [Jurčo, 2014]

RŽ spôsobuje nárast nežiaducej dávky u pacienta a pracovníkov od rozptýleného röntgenového žiarenia, sekundárneho žiarenia (neutrónové žiarenie, γ-žiarenie) a žiarenia z aktivovaného látkového prostredia (predovšetkým γ-žiarenie).

* V praxi sa stretávame s hodnotou počtu približne 10^{10} atómov zvyškového plynu v 1 cm³ objemového priestoru vákuovej trubice.

4.1   Rozptýlené žiarenie pri protónovej terapii

Počas ožiarenia pacient je sám v ožarovacej miestnosti. Táto skutočnosť je v prípade liečby pomocou brzdného alebo RTG žiarenia (napr. megavoltová ERT, kobaltový ožarovač atď.) plne opodstatnená. V prípade PT sa však očakáva značne nižšia úroveň priestorového dávkového ekvivalentu $\dot{H}^*(10)$. Aktívne systémy tvarovania protónového zväzku a neexistencia terča znižujú pravdepodobnosť vzniku jadrových reakcií s následným vznikom RŽ.

Myšlienkou možnej prítomnosti sprievodného personálu (napr. aj rodičov dieťaťa) sa zaoberal [Zielczyński, 1998]. Na túto myšlienku nadviazal [Gryzinski, 2009] v Dzhelepovov Laboratory of Nuclear Problems, JINR v Dubne (Ruská federácia). Vykonali merania rozptýlenej dávky okolo vodného fantómu v ožarovacej miestnosti pre PT (energia protónov bola E = 170 MeV). Pomer priestorového dávkového ekvivalentu a maximálnej absorbovanej dávky vo fantóme bol rovný P_1 = 0.05 mSv/Gy resp. P_2 = 3 mSv/h vo vzdialenosti 0.5 m od fantómu v podmienkach podobných so skutočným prípadom ožarovania pacienta. Efektívny faktor kvality sekundárneho žiarenia bol v okolí fantómu takmer konštantný, jeho hodnota bola rovná $Q^*(10)$ = 3.5 Sv/Gy. Táto hodnota poukazuje na prevládajúcu úlohu neutrónov.

Po prvých meraniach RŽ v okolí synchrotrónu *Radiance 330* v prevádzke [Dobrovodský, 2011] predpokladal prítomnosť γ/X žiarenia s energiou $E_{\gamma/X} \leq 10$ MeV, v prípade neutrónového žiarenia výskyt neutrónov s energiou $E_n \leq E_p$, kde E_p je energia urýchľovaných protónov. Energia γ/X žiarenia od aktivovaných materiálov mala dosahovať hodnoty $E_{\gamma/X} \leq 2$ MeV.

4.2   Neutrónové rozptýlené žiarenie

Ako bolo spomenuté vyššie, radiačnú záťaž spôsobujú aj neutróny – neutrónové žiarenie, ktoré vzniká pri urýchľovaní častíc s energiou nad 10 MeV, teda pri energiách prevyšujúcich väzbovú energiu nukleónu v jadre. Aj tie najmenej energetické neutróny zapríčiňujú u človeka niekoľkokrát väčšie radiačné zaťaženie ako akékoľvek fotónové žiarenie; neutróny so strednými energiami a rýchle neutróny majú až 20-krát väčšie radiačné váhové faktory w_R. [Holá, 2010]

Kvôli vysokej prenikavosti neutrónového žiarenia a vyšším radiačným váhovým faktorom (vyššiemu riziku vzniku sekundárnych malignít) v porovnaní s fotónovým alebo γ-žiarením je dozimetrii tohto druhu IŽ v praxi venovaná značná pozornosť.

Dozimetriu neutrónov vo všeobecnosti sťažuje skutočnosť, že ide o častice s nulovým elektrickým nábojom. V prípade lineárneho urýchľovača elektrónov s energiou E_e = 18 MeV môžeme očakávať výskyt neutrónov s energiou $E_n \leq 18$ MeV, kde E_e je energia urýchľovaných elektrónov, v prípade protónového synchrotrónu s energiou urýchľovaných protónov E_p = 250 ± 0.4 MeV neporovnateľne vyšší počet neutrónov, a to až do energie $E_n \leq 250 \pm 0.4$ MeV. Vysokoenergetické neutrónové polia vyžadujú použitie špeciálnych dozimetrických systémov schopných zaregistrovať tak energetické neutróny. Spoľahlivosť určenia $\dot{H}^*(10)$ neutrónov je potom daná technickými vlastnosťami dostupných dozimetrických systémov. Za perspektívne v tejto oblasti považujeme využitie REM-2 komôr. [Golnik, 2012]

5 Metodika

V našich experimetoch sme používali tkanivovo ekvivalentné detektory RŽ dostupné na jednotlivých terapeutických pracoviskách. Tieto prístroje pracovali s veličinou **príkon priestorového dávkového ekvivalentu** $\dot{H}^*(10)$ s jednotkou Sv/h. Ich základné vlastnosti uvádzame v Tab. 1.

Názov	Detektor IŽ	Typ	Energ. rozsah
Thermo RadEye G10	γ/X	G-M	50 keV – 1.3 MeV
Atomtex DKS-AT1123	γ/X	plast. scintilátor	15 keV – 10 MeV
Doza BDMN-96 + DKS-96N	n	plast. scintilátor	0.025 eV – 10 MeV

Tab. 1: Základná charakteristika použitých detekčných systémov. Maximálna relatívna systematická neistota určenia veličiny u oboch typov bola na úrovni ± 30 %. Maximálna nelinearita odozvy detektora AT1123 pre energiu 10 MeV bola ≈ 0.6. Podrobnejší popis uvádzame v prílohe.

U oboch terapeutických metód sme používali štandardné terapeutické resp. kalibračné podmienky pre daný typ liečby:

N (prot./imp.)	Trvanie pulzu t_p (ms)	Interval doby extrakcie t_{ex} (s)
5 – 8 *10⁸	250 – 350	2

Pre rozptyl terapeutického zväzku sme používali vodný fantóm s objemom 5 litrov.
Pozície merania sme zvolili podľa doby výskytu pracovníkov počas aj mimo procesu ERT. V prípade linacov sme vzhľadom na technické možnosti detektorov neuskutočnili merania v pozíciách ožarovne.

Meranie $\dot{H}^*(10)$ mohlo prebiehať dvomi spôsobmi: v kontinuálnom alebo v pulznom režime. Pri dozimetroch G10 a DKS-96N sme využívali iba kontinuálny režim, pre dozimeter AT1123 sme kombinovali oba režimy, a síce ak bol $\dot{H}^*(10) > 10$ μSv/h, využívali sme na dozimetri AT1123 pulzný režim detekcie. U ostatných dozimetrov tento režim nebolo možné zvoliť.

Hodnoty sme odčítavali z displejov dozimetrov po 2 minútach merania. Počas tohto merania dozimeter vyhodnocoval priemernú hodnotu merania so štatistickou neistotou 1σ. Pre každú pozíciu a energiu zväzku sme meranie opakovali trikrát a z týchto hodnôt urobili priemer.

6 Experimentálne výsledky

6.1 Porovnanie *Radiance 330* s *Clinac 2100 C/D*

V nasledujúcom grafe na Obr. 4 porovnávame úroveň RŽ v pozícii operátorov pre urýchľovač *Radiance 330* (SYNCH) a *Varian Clinac 2100 C/D* s energiou 18 MeV (LINAC1).

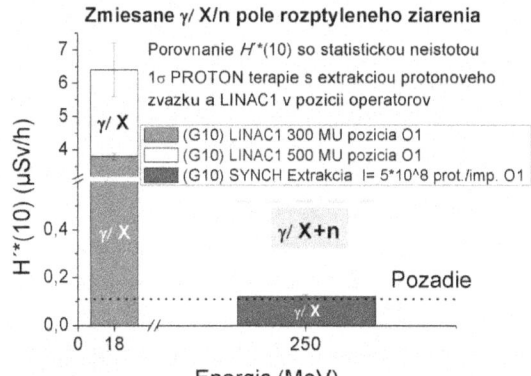

Obr. 4: Závislosť príkonu priestorového dávkového ekvivalentu $\dot{H}^*(10)$ RŽ v pozícii operátora od energie terapeutického zväzku. Hodnoty $\dot{H}^*(10)$ sú rozdelené podľa typu použitého zväzku, ako aj podľa zložiek RŽ. Pre γ/X zložku bol použitý rovnaký dozimeter G10, pre neutrónovú zložku dozimeter DKS-96N. Pre LINAC1 sme nedisponovali dozimetrom neutrónového žiarenia. MU – monitorovacia jednotka.

V grafe na Obr. 5 porovnávame úroveň RŽ v pozícii na konci labyrintu pre urýchľovač *Radiance 330* (SYNCH) a *Varian Clinac 2100 C/D* s energiou 6 a 18 MeV (LINAC1).

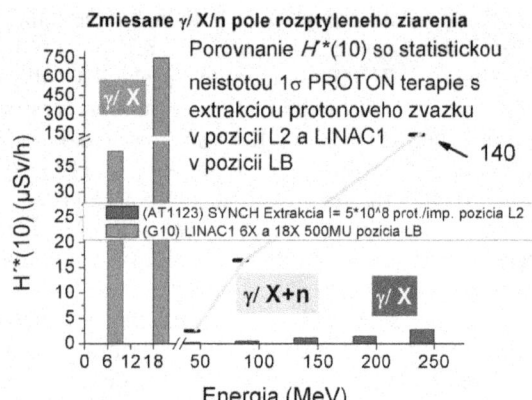

Obr. 5: Závislosť príkonu priestorového dávkového ekvivalentu $\dot{H}^*(10)$ RŽ v pozícii na konci labyrintu od energie terapeutického zväzku. Hodnoty $\dot{H}^*(10)$ sú rozdelené podľa typu použitého zväzku, ako aj podľa zložiek RŽ. Pre γ/X zložku boli použité dozimetre G10 a AT1123, pre neutrónovú zložku dozimeter DKS-96N. Pre LINAC1 sme nedisponovali dozimetrom neutrónového žiarenia. MU – monitorovacia jednotka.

6.2 Porovnanie Radiance 330 s Clinac 600 C/D

V grafe na Obr. 6 porovnávame úroveň RŽ v pozícii na konci labyrintu pre urýchľovač *Radiance 330* (SYNCH) a *Varian Clinac 600 C/D* s energiou 6 MeV (LINAC2).

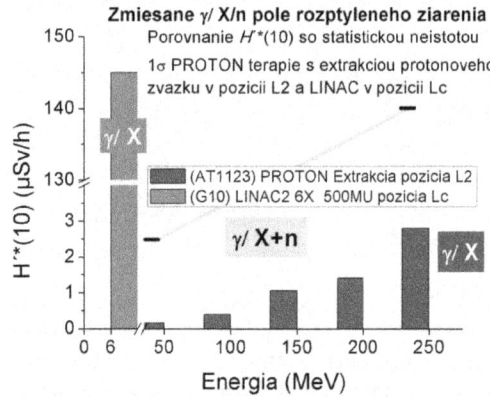

Obr. 6: Závislosť príkonu priestorového dávkového ekvivalentu $\dot{H}^*(10)$ RŽ v pozícii na konci labyrintu od energie terapeutického zväzku. Hodnoty $\dot{H}^*(10)$ sú rozdelené podľa typu použitého zväzku, ako aj podľa zložiek RŽ. Pre γ/X zložku boli použité dozimetre G10 a AT1123, pre neutrónovú zložku dozimeter DKS-96N. Vzhľadom na fyzikálne princípy pre LINAC2 nebolo potrebné merať neutrónové žiarenie. MU – monitorovacia jednotka.

6.3 Pomer zložiek rozptýleného žiarenia pri Radiance 330

V grafe na Obr. 7 ilustrujeme úroveň RŽ v pozícii 1 meter od pacienta (P1) počas ožarovania pre urýchľovač *Radiance 330.*

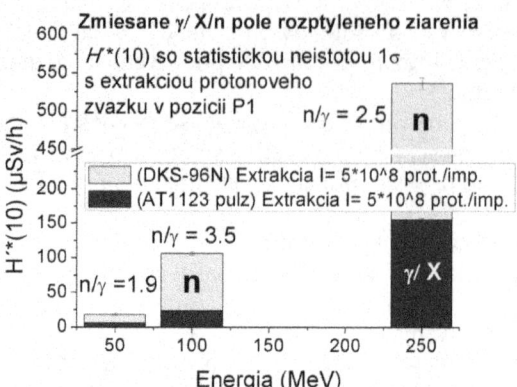

Obr. 7: Závislosť príkonu priestorového dávkového ekvivalentu $\dot{H}^*(10)$ RŽ v pozícii (P1) v ožarovni od energie protónového zväzku. Hodnoty $\dot{H}^*(10)$ sú rozdelené na neutrónovú a γ/X zložku pričom je vyčíslený pomer medzi nimi.

6.4 Porovnanie Clinac 600 C/D s Clinac 2100 C/D

V Tab. 2 porovnávame úroveň RŽ v pozícii na začiatku labyrintu (La) urýchľovača *Varian Clinac 600 C/D* s energiou 6 MeV (LINAC2) a na pozícii operátora (O1) urýchľovača *Clinac 2100 C/D* (LINAC1).

	Energia zväzku [MeV]	Dávková rýchlosť [MU]	Pozícia	$\dot{H}^*(10)$ [μSv/h]
Clinac 600 C/D	6	500	La	7.4 ± 0.5
Clinac 2100 C/D	18		O1	6.4 ± 0.8

Tab. 2: Porovnanie hodnôt $\dot{H}^*(10)$ nameraných na pracovisku lineárnych urýchľovačov elektrónov.

7 Diskusia

7.1 Dostatočnosť použitých detekčných systémov

7.1.1 Pracovisko lineárnych urýchľovačov *Clinac 2100 C/D a 600 C/D*

Pre γ/X zložku RŽ sme predpokladali nedostatočnosť použitého dozimetra G10, nakoľko jeho energetický rozsah bol v rozsahu 50 keV – 1.3 MeV pričom energia brzdného žiarenia dosahovala energiu $E_x \leq 18$ MeV. Na pracovisku lineárneho urýchľovača sme nedisponovali neutrónovým dozimetrom.

Skutočnosť, že stredná energia brzdného žiarenia produkovaného lineárnymi urýchľovačmi sa pohybuje na úrovni 1/3 z maximálnej energie [Mohan, 1985], [Li, 2011], [Sheikh-Bagheri, 2002], ktorá je v prípade urýchľovača elektrónov *Clinac 2100 C/D* približne 18 MeV, však znižuje pravdepodobnosť značného navýšenia našej experimentálnej hodnoty $\dot{H}^*(10)$ neutrónovou zložkou.

Za zmienku stojí porovnanie urýchľovačov *Clinac 2100 C/D (Obr. 5)* a *600 C/D* (Obr. 6) pri energii 6 MeV a dávkovej rýchlosti 500 MU v pozíciách (LB) resp. (Lc), ktoré boli umiestnené približne rovnako na konci labyrintu. Výsledky poukazujú na rádový rozdiel hodnôt a približujú rozdiel medzi primárnym a sekundárnym RŽ.

7.1.2 Pracovisko protónového synchrotrónu Radiance 330

Pre γ/X zložku RŽ sme predpokladali energetické spektrum do 10 MeV podľa [Dobrovodský, 2011]. Na základe našich výsledkov zobrazených na Obr. 7 – z trendu nárastu jednotlivých zložiek RŽ – preto predpokladáme, že pri energii zväzku až do 250 MeV, použitie dozimetra AT1123 s energetickým rozsahom do 10 MeV pre γ/X žiarenie v okolí protónového synchrotrónu pre stanovenie $\dot{H}^*(10)$ **postačovalo** z hľadiska rozsahu, ako aj z hľadiska spektrometrického, keďže pre γ/X žiarenie akejkoľvek energie je radiačný váhový faktor $w_R = 1$. [ICRP, 2007]

Avšak, energetický rozsah do 10 MeV u dozimetra neutrónového žiarenia bol prípade pozícií v ožarovni a na konci labyrintu **nedostatočný**, teda viedol k podhodnoteniu $\dot{H}^*(10)$. V súčasnej radiačnej ochrane je však potrebné brať do úvahy biologickú účinnosť neutrónov podľa ich energie. Pre neutróny s energiou $E_n \geq 10$ MeV je váhový faktor $w_R \leq 5$, teda ich biologická účinnosť je nižšia ako je tomu v prípade neutrónov s energiou $E_n = 1$ MeV, pre ktoré $w_R = 20$. [ICRP, 2007] V prípade pozície operátora predpokladáme kvôli mnohonásobným rozptylom v týchto miestach energiu neutrónového žiarenia $E_n \leq 10$ MeV, a teda dostatočnosť energetického rozsahu použitého systému.

Pre potvrdenie našich predpokladov by bolo potrebné pracovať dozimetrami s priamym spektrometrickým vyhodnotením, v prípade neutrónových polí pri PT, navyše, s dozimetrami vhodnými pre pulzné polia tohto charakteru. V našom experimente sme takýmito systémami nedisponovali.

7.2 Vzťah vyžiarená dávka/zaregistrovaná dávka

Pre vzťah príkonu absorbovanej dávky vo vodnom fantóme a príkonu dávky zaregistrovanej dozimetrami RŽ nám bola na pracovisku poskytnutá empirická formula (2): Dávka (Gy/imp) = $30*10^6$ (eV) $1.6*10^{-16}$. N (počet prot./imp.), podľa ktorej platia nasledovné hodnoty:

N (prot./imp.)	D (Gy/imp.)
$5*10^8$	2.4
$8*10^8$	3.8

Počas výskumu sa nám nepodarilo bližšie objasniť správnosť tejto formule. Prepočet zaregistrovanej dávky vzhľadom na dávku vyžiarenú do pacienta umožňuje priame porovnávanie výsledkov pre rôznu intenzitu zväzku. Pre zistenie tejto informácie je potrebné registrovať absorbovanú dávku v pacientovi pomocou ionizačnej komory umiestnenej v tkanivovo ekvivalentnom (vodnom) fantóme. Počas experimentu sme nedisponovali takýmto zariadením.

7.3 Horné ohraničenie $\dot{H}^*(10)$ v prípade protónovej terapie

V súlade s fyzikálnymi princípmi je možné predpokladať, že úroveň RŽ bude v prípade PT pri aktívnych systémoch tvarovania nanajvýš na úrovni pasívnych systémov. Meranie RŽ pri pasívnom systéme bolo uskutočnené v roku 2009 v Dubne s výsledkami uvedenými v kap. 4.1.

Pre náš prípad PT by z toho pre výsledky v **ožarovni** na Obr. 7 po započítaní neutrónovej zložky vyplýval pri energii 170 MeV horný odhad $\dot{H}^*(10) \leq 3$ mSv/h.

Bez započítania neutrónovej zložky, za predpokladu nedostatočnosti energetického rozsahu použitého dozimetra G10 sme v pozícii (LB) na **konci labyrintu** pri energii 18 MeV lineárneho urýchľovača *Clinac 2100 C/D* namerali približne ¼ z tohto horného odhadu. (Obr. 5)

Za rovnakých predpokladov sme v pozícii (Lc) na **konci labyrintu** pri energii 6 MeV lineárneho urýchľovača *Clinac 600 C/D* namerali približne 1/20 z tohto horného odhadu. (Obr. 6)

7.4 Neistota výsledkov

Uvedené výsledky je potrebné vnímať spolu so systematickou štandardnou neistotou detekčných systémov, ako aj neistotou spojenou s použitím kontinuálnych metód detekcie v pulzných poliach s frekvenciou $f \sim 0.5$ Hz. Výsledky sú uvádzané so štatistickou neistotou 1 σ, ktorá je v porovnaní so systematickou neistotou prakticky zanedbateľná. Vzhľadom na charakteristiku detekcie prístrojov podľa Tab. 1, systematická neistota sa môže pohybovať až do úrovne 30 %. Neistota odozvy detektorov bola zároveň závislá podľa Obr. 8 na energii zaznamenaných častíc. Celková relatívna neistota meraní preto môže dosiahnuť úroveň 70 %.

V prípade **neutrónového žiarenia** do 10 MeV disponujeme relatívne porovnateľnými hodnotami len v prípade PT. Vzhľadom na detekčné prístroje neutrónových polí použitých v našom výskume usudzujeme, že v pozíciách ožarovne a labyrintu sme sa dopustili niekoľkonásobného podhodnotenia hodnôt celkového $\dot{H}^*(10)$ v daných pozíciách ako v prípade PT, tak aj v prípade konvenčnej megavoltovej liečby.

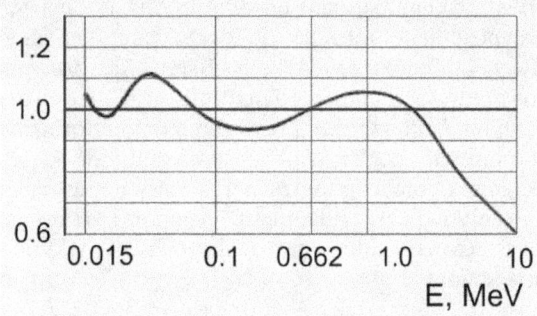

Obr. 8: Závislosť relatívnej odozvy dozimetra AT1123 na $\dot{H}^*(10)$ podľa energie IŽ. Prevzaté z manuálu zariadenia.

Z podhodnotených absolútnych výsledkov prakticky nie je možné vyvodiť jednoznačné závery. Dôvody, ktoré obmedzujú výpovednú hodnotu výsledkov:

- neznáme spektrum energie RŽ neutrónov, čo znemožňuje aplikovať korekcie hodnôt vzhľadom na energiu IŽ,
- nepostačujúce technické parametre použitej prístrojovej techniky pre detekciu neutrónov s $E_n \geq 10$ MeV.

Experimentálne výsledky neutrónových polí pri PT však môžu poslúžiť ako rádový odhad minimálnych hodnôt $\dot{H}^*(10)$ s ohľadom na predpokladané ohraničenie hodnôt podľa kap. 7.3.

8 Záver

Maximálnu hodnotu $\dot{H}^*(10) = 10,1 \pm 0,1$ mSv/h pre neutrónové polia RŽ sme dosiahli v pozícii (P2) vo vzdialenosti 1 meter od kresla pacienta v osi zväzku pri parametroch: energia protónov $E_p = 250 \pm 0.4$ MeV, počet protónov v pulze $N = 5 \times 10^8$, doba trvania pulzu $t_p = 250$ ms, doba medzi dvoma pulzmi $t_{ex} = 2$ s.

Pri rôznych parametroch zväzku urýchľovača: $E_p \in$ [50 MeV, 229 MeV], $N \in$ [2×10^7, 3×10^8], $t_p \in$ [4 ms, 200 ms], rôznej konfigurácii terčových materiálov, ako aj po aplikácii korekčných faktorov z dostupných zdrojov [Dobrovodský, 2011] predpokladal, že pri danej metodike, pre hodnotu príkonu priestorového dávkového ekvivalentu neutrónov v každom meracom bode platí $\dot{H}^*(10) \leq 10$ mSv/h.

Pri danej metodike merania bola podľa Obr. 6 úroveň zmiešaného γ/X/n RŽ pri protónovom synchrotróne v pozícii (L2) na konci labyrintu aspoň taká ako úroveň γ/X zložky RŽ pri lineárnom

urýchľovači *Clinac 600 C/D* (LINAC2) v pozícii (Lc) na konci labyrintu.

Výsledky v Tab. 2 poukazujú na skutočnosť, že v priestore labyrintu urýchľovača *Clinac 600 C/D* sme počas terapeutickej prevádzky s nastavením štandardných kalibračných parametrov ožarovania dosiahli rovnaké hodnoty $\dot{H}^*(10)$ γ/X RŽ v rámci štatistickej neistoty ako v pozícii operátorov urýchľovača *Clinac 2100 C/D*.

Výsledky poukazujú na skutočnosť, že úroveň primárneho (pozícia P1 v ožarovni) γ/X RŽ pri protónovej terapii s energiou 250 MeV (Obr. 7) bola:

- 5-násobne nižšia ako sekundárneho (pozícia LB v labyrinte) γ/X RŽ pri 18 MeV, 500 MU konvenčnej megavoltovej terapii s urýchľovačom *Clinac 2100 C/D* (Obr. 5),
- 4-násobne vyššia ako sekundárneho (pozícia LB v labyrinte) γ/X RŽ pri 6 MeV, 500 MU konvenčnej megavoltovej terapii s urýchľovačom *Clinac 2100 C/D* (Obr. 5),
- na úrovni sekundárneho (pozícia Lc v labyrinte) γ/X RŽ pri 6 MeV, 500 MU konvenčnej megavoltovej terapii s urýchľovačom *Clinac 600 C/D* (Obr. 6).

Po zahrnutí zaznamenanej neutrónovej zložky, úroveň primárneho (pozícia P1 v ožarovni) γ/X/n RŽ pri protónovej terapii s energiou 250 MeV (Obr. 7) bola:

- aspoň na úrovni sekundárneho (pozícia LB v labyrinte) γ/X RŽ pri 18 MeV, 500 MU konvenčnej megavoltovej terapii s urýchľovačom *Clinac 2100 C/D* (Obr. 5).

Okrem uvedených zistení získali sme informáciu aj o relatívnych vzťahoch medzi príkonmi γ/X žiarenia v rôznych pozíciách na oboch pracoviskách, ktoré sme porovnávali.

8.1 Odpovede na hypotézy

Prvou hypotézou nášho výskumu bolo experimentálne preukázať, či môžeme protónovú liečbu pomocou synchrotrónu *Radiance 330* od spoločnosti ZAO "PROTOM" považovať za bezpečnejšiu pre pracovníkov z hľadiska RŽ než liečbu brzdným žiarením pomocou lineárneho urýchľovača *Clinac 2100 C/D* od spoločnosti VARIAN.

Naše experimentálne výsledky na Obr. 4 preukazujú, že radiačné zaťaženie zmiešaným γ/X/n RŽ operátora protónovej terapie so synchrotrónom *Radiance 330* (energia zväzku E_p = 250 MeV, $N = 5 \times 10^8$) je približne o jeden rád nižšie než pri urýchľovači *Clinac 2100 C/D* (energia zv. E_e = 18 MeV, 300 MU).

Druhou hypotézou nášho výskumu bolo experimentálne preukázať, že osoba, ktorá by sprevádzala pacienta počas ožarovania protónovým lúčom pobudnutím pri ňom vo vzdialenosti 1 meter po dobu 5 minút, bola by vystavená prijateľnému zdravotnému riziku z hľadiska absorbovanej dávky. Za prijateľné zdravotné riziko sme považovali absorbovanie radiačných dávok počas komerčného letu v lietadle podľa [Coderre, 2004], ako aj podľa vlastnej experimentálnej hodnoty γ/X žiarenia získanej pomocou dozimetra G10 počas komerčného letu: $\dot{H}^*(10) \sim 2\ \mu\text{Sv/h}$.

Naše výsledky poskytujú informáciu, že v prípade pobytu v pozícii (P1) radiačná záťaž takejto osoby by bola približne v rozsahu $\dot{H}^*(10)/5$ min. [µSv] $\in$ [21; 250], čo je približne rovné 4 až 48 hodinám strávených cestovaním v lietadle – dolný odhad bol stanovený podľa našich experimentálnych výsledkov s predpokladom strednej energie zväzku počas procesu liečby E_p = 170 MeV (Obr. 7), horný odhad podľa radiačného zaťaženia pri protónovej terapii s pasívnym systémom podľa [Gryzinski, 2009] v kap. 4.1 pre E_p = 170 MeV. Tento údaj je v rádovom súlade s našou experimentálnou hodnotou γ/X žiarenia v lietadle $\dot{H}^*(10) \sim 2\ \mu\text{Sv/h}$, nakoľko tu predpokladáme ešte prítomnosť neutrónovej zložky minimálne na úrovni γ/X zložky.

Dosiahnuté výsledky by mali byť vzaté do úvahy v prípade uvažovania umožnenia prítomnosti sprevádzajúcej osoby v ožarovacej miestnosti z rôznych lekárskych alebo psychologických dôvodov. Pri takejto úvahe je však potrebné brať ohľad aj na rôznu biologickú účinnosť rôznych dávkových rýchlostí RŽ.

Výsledky uvedené v tejto práci nie sú použiteľné pre akýkoľvek typ PT ani konvenčnej megavoltovej liečby urýchľovačom, keďže priestorová distribúcia vytvoreného RŽ je výsledkom individuálnych podmienok na pracovisku.

Poďakovanie

Moje osobné uznanie patrí všetkým pracovníkom, vynálezcom a výskumníkom, ktorí sa dennodenne podieľajú na azda najušľachtilejšom využití jadrovej fyziky – rádioterapii. Za možnosť vykonať tento experimentálny výskum v Protvine, RF, ďakujem akad. V. E. Balakinovi a vedeniu FMFI UK.

Literatúra

[Stolarczyk, 2013] Stolarczyk, L. (2013), *Secondary and scattered radiation dosimetry in proton and conventional therapy*, Kraków: The Bronowice Cyclotron Centre, Institute of Nuclear Physics PAN. [17.03.2015] Dostupné online na: http://www.ifj.edu.pl/ccb/en/badania/projekt2.php

[Dobrovodský, 2011] Dobrovodský, J. et al. (2011) *250 MeV protónový synchrotrón ÚVN Ružomberok – prvé dozimetrické charakteristiky*. In: Metrológia a skúšobníctvo: Štúdie a prehľady, č. 3, s. 37 – 44

[IAEA, 2010] IAEA Human Health Series No. 14 (2010): *Planning National Radiotherapy Services: A Practical Tool*. Vienna: International Atomic Energy Agency. ISBN 978-92-0-105910-9

[Usačev, 1982] Usačev, S. et al. (1982). *Experimentálna jadrová fyzika. Bratislava: Alfa*. str. 71

[Florek, 1983] Florek, M. (1983). *Fyzikálne praktikum IV (časť Atómová fyzika a detekcia ionizujúceho žiarenia)*. Bratislava: Univerzita Komenského.

[Holá, 2010] Holá, O. a K. Holý (2010). *Radiačná ochrana: Ionizujúce žiarenie, jeho účinky a ochrana pred ionizujúcim žiarením*. Bratislava: FCHPT STU. ISBN 978-80-227-3240-6

[Van Dyjk, 1999] Van Dyjk, J. (1999) *The modern Technology of Radiation Oncology*. Madison, Wisconsin: Medical Physics Publishing. ISBN 0-944838-38-3

[Zákon č. 345] Zákon č. 345/2006 Z.z. o základných bezpečnostných požiadavkách na ochranu zdravia pracovníkov a obyvateľov pre ionizujúcim žiarením.

[Gryzinski, 2009] Gryzinski, M. A. et al. (2009) *Measurement of Dose Equivalent Fields Near Phantom in the Treatment Room for Proton Therapy in Dubna*. Dubna: SÚJV. č. P16-2009-78

[Zielczyński, 1998] Zielczyński, M. et al. (1998) *Priestorový dávkový ekvivalent v miestnosti protónovej terapie s energiou zväzku 200 MeV*. Dubna: SÚJV. P16-98-346

[ICRP, 2007] *The 2007 Recommendations of the International Commission on Radiological Protection*. ICRP Publication 103. Ann. ICRP 37, pp. 2 – 4.

[Mohan, 1985] Mohan, R., Chui, Ch. a L. Lidofsky. (1985). *Energy and angular distributions of photons from medical linear accelerator*. In: Medical Physics. 12 (5), Sep/Oct, s. 592 – 597. č. 0094-2405-/85/050592-06$01.20

[Sheikh-Bagheri, 2002] Sheikh-Bagheri, D. a D. Rogers. (2002). *Monte Carlo calculation of nine megavoltage photon beam spectra using the BEAM code*. In: Medical Physics, Vol. 29, No. 3, Mar., s. 391 – 402. č. 0094-2405/2002/29/ (3)/391/12/$19.00

[Li, 2011] Li, G. et al. *Photon Energy Spectrum Reconstruction Based on Monte Carlo and*

Measured Percentage Depth Dose in Accurate Radiotherapy. (2011). In: Progress in NUCLEAR SCIENCE and TECHNOLOGY, Vol. 2, Oct., pp.160-164.

[Jurčo, 2014] Jurčo, M. et al. *Dozimetria rozptýleného žiarenia v okolí hlavice lineárneho urýchľovača*. In: Študentská vedecká konferencia FMFI UK, Bratislava, 2014, pp. 203 – 209

[PTCOG, 2015] Particle Therapy Co-Operative Group: Štatistika protónových centier. Dostupné online na: http://www.ptcog.ch/index.php/facilities-in-operation

[Hanula, 2008] Hanula, M. a J. Ružička. (2008). *Proton Therapy of Tumours and Possibilities of Its Introduction in the Slovak Republic*. In: Acta Physica Universitatis Comenianae, Vol XLVIII–XLIX, Number 1&2 (2007–2008) 143–160

[Caporaso, 2011] Caporaso, G. (2011). *Proton Therapy for Cancer: Addresing a Big Problem with a Small Machine*. Livermore: Lawrence Livermore National Lab. Dostupné online na: http://podcast.uctv.tv/vod/22011.mp4

[Golnik, 2012] Golnik, N. et al. (2012). *Recombination chambers of REM-2 type as a detector for H*(10) measurements in stray radiation fields at radiotherapy facilities*. In: World Congress on Medical Physics and Biomedical Engineering, May 26 – 31, 2012, Beijing, China, Vol. 39,1 e-ISBN 978-3-642-29305-4. Dostupné online na: https://books.google.sk/books?id=5R1EAAAAQBAJ&lpg=PA2219&ots=nS9ISHFB6k&dq=Zielczy%C5%84ski%20REM2&hl=sk&pg=PR4#v=onepage&q=Zielczy%C5%84ski%20REM-2&f=false

[Coderre, 2004] Coderre, J. (2004). *22.55 Principles of Radiation Interactions: Background Radiation*. MIT Course Number: 22.55J / HST.560J. Dostupné online na: http://ocw.mit.edu/courses/nuclear-engineering/22-55j-principles-of-radiation-interactions-fall-2004/

Študentská vedecká konferencia FMFI UK, Bratislava, 2015, pp. 149–152
ISBN 978-1518759055, © 2015 Terézia Eckertová

Úvodná štúdia k radónovému prieskumu prameňov v lokalite Veľkého Inovca

Terézia Eckertová[1]
Školiteľ: Monika Müllerová[2]

Katedra jadrovej fyziky a biofyziky, FMFI UK, Mlynská Dolina, 842 48 Bratislava

Abstrakt

Objemová aktivita radónu vo vodách sa mení vo veľmi širokom rozsahu. Práca ŠVK pozostáva z predbežnému prieskumu rádioaktivity prameňov v okolí Veľkého Inovca. Ide o meranie aktivity izotopu ^{222}Rn v siedmich rôznych vzorkách, ktoré sú vo veľkom množstve využívané okolitým obyvateľstvom. Približné umiestnenie týchto tzv. kyseliek je zakreslené na geologickej mape zobrazujúcej podložie.

Kľúčové slová: objemová aktivita, podložie, rozpustnosť

1 Úvod

Radón ako rádioaktívny prvok sa nachádza všade okolo nás, v pôde, v ovzduší a vo vode. Najmä kvôli jeho početnému výskytu v životnom prostredí sa v súčasnosti tejto problematike celosvetovo venuje veľká pozornosť.

Radón, s protónovým číslom 86, ktorý je za bežných podmienok v plynnom skupenstve, je bez farby, chuti a zápachu. Ide o jediný vzácny plyn, ktorý je rádioaktívny. Je rozpustný vo vode a ako inertný plyn vstupuje do reakcie s inými chemickými zlúčeninami len v ojedinelých prípadoch. Zo známych 26 izotopov radónu sa v prírode vyskytujú len tri, a to ^{219}Rn (aktinón), ^{220}Rn (torón) a ^{222}Rn (radón, pod ktorým je označený práve tento izotop). Najstabilnejší z nich je práve ^{222}Rn s dobou polpremeny 3,82 dňa, prislúchajúci do uránového premenného radu.

Spolu so svojimi produktmi premeny sa radí medzi najvýznamnejšie rádionuklidy v ovzduší, keďže spôsobuje približne polovicu z celkovej radiačnej záťaže obyvateľstva [UNSCEAR, 2000]. Medzi jeho dcérske produkty patria izotopy kovov ako ^{218}Po, ^{214}Pb, ^{214}Bi a ^{214}Po, ktoré sa zachytávajú na povrchu látok alebo sa viažu na aerosóly v ovzduší. Ich vdychovaním sa usadzujú v pľúcach, kde ich svojou rádioaktívnou premenou poškodzujú. So vzrastajúcou koncentráciou vdychovaných produktov premeny radónu a rastúcou dĺžkou pobytu v takomto prostredí sa zvyšuje pravdepodobnosť ochorenia na rakovinu pľúc [Cabáneková, Nikodemová, 2013].

2 Výskyt ^{222}Rn v prírode

^{226}Ra, z ktorého rádioaktívnou alfa premenou vzniká ^{222}Rn, je prvok nachádzajúci sa vo väčšine nerastov. Rôzne druhy hornín však obsahujú rôzne množstvo rádia. Koncentrácia radónu je preto podmienená geologickou stavbou a pôdnym podložím daného miesta. Medzi horniny s najvyšším množstvom radónu všeobecne patria geologicky staré horniny obsahujúce granit a k najnižším zas miesta tvorené z vápencových sedimentov [Gulášová, 2006].

2.1 Únik radónu do prostredia

Jedine radón je zo svojho premenného radu v plynnom stave, preto má možnosť uniknúť z pevnej hmoty a dostať sa do pôdneho vzduchu v póroch, z ktorých je ďalej transportovaný na povrch a do atmosféry. Tento proces uvoľňovania z pôdnej štruktúry sa odborne nazýva emanácia [Böhm, 2007].

To, ako ďaleko sa častica dostane pôdou je podmienené nielen dobou polpremeny radónu ale aj druhom horniny, teda jej pórovitosťou, zložením, vlhkosťou a teplotou. S rastom teploty sa emanačná schopnosť zväčšuje, s rastom vlhkosti horniny alebo pôdy naopak klesá [Smetanová, 2007].

2.2 Radón vo vode

Rádioaktivita vody vo všeobecnosti závisí od druhu podložia ktorým preteká. Čím je v okolitej hornine viac zásob ^{226}Ra, tým viac bude obohacovať vodu o ^{222}Rn. Počet rádioaktívnych premien rádionuklidu na jednotku objemu za jednotku času udáva objemová aktivita, jednotka Bq/m^3. Vody s objemovou aktivitou radónu pod 200 Bq/l sa nepokladajú za rádioaktívne. Pod touto hodnotou hovoríme len o vodách, ktoré majú nízku objemovú aktivitu (pod 20 Bq/), mierne zvýšenú (od 20 do 50

[1] terka6@gmail.com
[2] Monika.Mullerova@fmph.uniba.sk

Bq/l), zvýšenú (od 50 do 200 Bq/l) a vysokú objemovú aktivitu (nad 200 Bq/l).

Skutočnosť, či je voda tečúca alebo stojatá, výrazne ovplyvňuje množstvo rozpusteného radónu vo vode. V stojatej vode sa nehybné atómy radónu nakumulujú, čím sa zvýši jej koncentrácia. Naopak, pre rýchle tečúce vody majú atómy ^{222}Rn pri veľkom premiešavaní šancu uniknúť do ovzdušia a znížiť tak ich koncentráciu v tekutine[Paučová, 2013].

Na rádioaktivitu podzemných vôd má vplyv aj počasie. Dažďové kvapky alebo vrstva snehu dokážu upchať póry v pôde a zamedziť unikanie radónu do atmosféry [Blahušiak, 2010].

Vody obsahujúce radón podľa ich miesta výskytu delíme na štyri typy od tých najrádioaktívnejších na:

- Studené, slabo mineralizované, (teplota pod 20°C a celková mineralizácia do 1 g/l). Vyskytujú sa v magmatických horninách.
- Termálne vody vyskytujúce sa v miestach tektonických zlomov.
- Karbonátové vody nasýtené CO_2 s rôznou mineralizáciou a s vysokým obsahom rádia, vystupujúce z rôznych hĺbok po tektonických zlomoch [Daniel, Lučivjanský, Stercz a kol., 1996].
- Vody tečúce cez usadeniny ílu a travertínu.

3 Metodika práce

Vzorky vôd z jednotlivých prameňov sme zbierali do plastových 0,33 - 0,5 l fliaš. Konkrétne odbery sa uskutočnili v dňoch od 22.3. - 29.3. 2015 počas víkendov, pričom samotná analýza vzoriek bola uskutočňovaná v laboratóriách KJFB FMFI UK.

Pre zmeranie aktivity radónu, ktorý je alfa žiarič, sme použili na to najvhodnejšie scintilačné komôrky Lucasovho typu, ktorých vnútorné steny sú pokryté luminescenčnou vrstvou ZnS(Ag).

Najprv sme do komôrky previedli radón prítomný v 7 ml vody. Po dosiahnutí radiačnej rovnováhy medzi radónom a jeho produktmi premeny, t.j. po 4 hodinách sme ju pripojili k scintilačnej sonde a registrovali sme počet impulzov od vzorky.

4 Výsledky a diskusia

Výsledky jednotlivých meraní sú spracované do Tab. 1. Zloženie podložia s jednotlivými prameňmi je znázornené na geologickej mape Štátneho geologického ústavu Dionýza Štúra na Obr. 1 [GUDS].

	Teplota [°C]	Prietok [l/min]	OAR [Bq/l]	Neistota [Bq/l]
Kyselka v jarkoch	8,7	2,52	14,8	1,09
Kyselka v Krásnej doline	7,1		7,9	0,79
Prameň pod Palúchom	6,7	1,19	80,6	3,53
Prameň v potôčiku	8,4		26,2	1,4
Dolná Kyslá	7,1		3,39	0,46
Horná Kyslá	8,1		5,45	0,58
Prameň Patrovce v Zádvorí	7,6	3,61	28,9	1,51

Tab. 1: Objemová aktivita radónu (OAR) v meraných prameňoch, ich teplota a prietok

Väčšina prameňov z oblasti Veľkého Inovca [zoznam prameňov] patrí medzi silne železité vody (preto označenie kyselky) a celoročne veľmi studené a slabo mineralizované. Podložie územia tvoria premenené horniny, najmä svory a pararuly. Typom horniny, ktorá sa na danom území nachádza patrí Veľký Inovec k oblastiam so stredným radónovým rizikom.

Zvýšenú objemovú aktivitu ^{222}Rn sme namerali pre jeden prameň a to pre Prameň pod Palúchom. Z daných prameňov je to najvyššie umiestnený prameň (966 mnm) nachádzajúci sa na hrebeni pohoria približne 800 m vzdialený od vrchu Inovec. Je využívaný najmä prechádzajúcimi turistami. Vzorka bola odobratá v čase, kedy okolitá pôda bola úplné premočená od topiaceho sa snehu, čo mohlo koncentráciu radónu v podzemných vodách navýšiť. Keďže rozpustnosť radónu rastie s klesajúcou teplotou vody, zvýšenú aktivitu u tohto prameňa môže spôsobovať aj jeho nízka teplota.

Mierne zvýšenú objemovú aktivitu ^{222}Rn sme namerali pre Prameň v potôčiku a pre Prameň Patrovce v Zádvorí. Jedná sa o dve dosť líšiace sa vody, z ktorých je jedna pomerne rýchlo tečúca a druhá stojatá, s rozdielnou teplotou a na danom území aj značne od seba vzdialené. Nachádzajú sa však na rovnakom type podložia a obsah radónu v nich je veľmi podobný.

Pre ostatné vody sme namerali nízku objemovú aktivitu. Najnižšiu nameranú objemovú aktivitu mali vody Horná a Dolná Kyslá, ktoré sú od seba vzdialené 10 m, nachádzajúce sa na úplne inom type podložia,

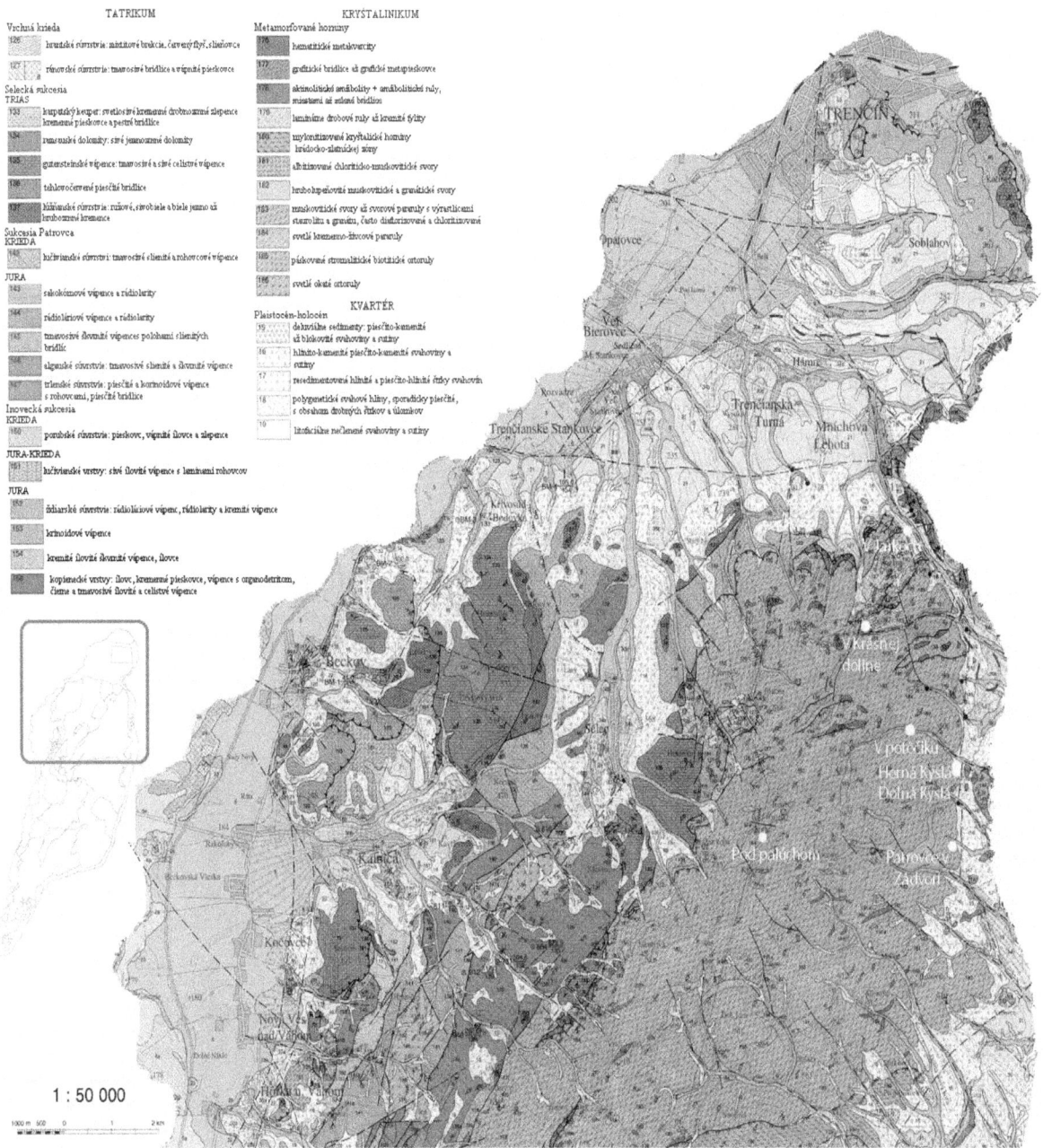

Obr 1: Geologická mapa Veľkého Inovca [GUDS]

piesčito-kamenitých svahovinách, ktoré svojou štruktúrou zamedzujú premiestňovaniu a unikaniu radónu z látky, v ktorej vznikol.

5 Záver

Namerali sme objemovú aktivitu radónu siedmich prameňov Veľkého Inovca, najmä jeho východnej časti. Vzhľadom na malé zmapované územie je množstvo radónu vo vodách veľmi rozdielne, z čoho sa dá usúdiť, že jeho koncentrácia nezáleží tak od geografickej polohy ako najmä od podložia, na akom sa pramene nachádzajú.

Z geologickej mapy na Obr.1 vidíme, že analyzované vzorky sa nachádzali na troch typoch hornín. Na premenených horninách (Kryštalinikum), na horninách z obdobia Kvartéru a tie patriace do tektonickej jednotky Tatrikum. Vody s najvyššou nameranou objemovou aktivitou prislúchajúce do triedy so zvýšenou a mierne zvýšenou objemovou aktivitou boli nájdené práve na metamorfovaných horninách ako svory a pararuly.

Avšak množstvo rozpusteného radónu vo vodách nezávisí len od typu pôdy ale aj od vedľajších faktorov ako teplota či množstvo zrážok. Pre presnejšie zanalyzovanie rádioaktivity prameňov by bolo potrebné viacero meraní v dlhšom časovom rozpätí.

Zo získaných hodnôt však môžeme dospieť k záveru, že vyšetrované pramene z lokality Veľkého Inovca nepatria medzi rádioaktívne a aj ich vyššia resp. nižšia objemová aktivita môže byť zapríčinená aktuálnych stavom pôdy, počas ktorej sa dané vzorky odoberali.

Poďakovanie

Chcela by som sa poďakovať najmä svojej školiteľke Monike Müllerovej za jej ochotu a pomoc pri meraní a spracovávaní výsledkov.

V neposlednom rade moja vďaka patrí aj tým, ktorí mi pomohli pri nájdení prameňov.

Literatúra

[Blahušiak, 2010] Blahušiak P. (2010). Radón a jeho variácie v rôznych médiách: Bakalárska práca. Bratislava: FMFI UK 2010

[Böhm, 2007] Böhm R. (2007), Radón a jeho produkty premeny: http://www.skola.sk/podporovane-projekty/fyzika-okolo-nas/files/Radoslav_Bohm_Radon.doc (28.3.2015)

[Cabáneková, Nikodemová, 2013] Cabáneková H., Nikodemová D. (2013). Usmerňovanie ožiarenia obyvateľstva radónom v pobytových priestoroch. Bratislava: Fakulta verejného zdravotníctva Slovenská zdravotnícka univerzita, 2013. 9 - 12 s.

[Daniel, Lučivjanský, Stercz a kol, 1996] Daniel J., Lučivjanský L., Stercz M. a kol, (1996). Geochemický atlas Slovenska, časť 4: Prírodná rádioaktivita hornín. Bratislava: Geologická služba Slovenskej republiky, 1996.

[Gulášová, 2006] Gulášová Ž. (2006), Metódy merania objemovej aktivity ^{226}Ra a ^{222}Rn vo vodách: Diplomová práca. Bratislava: FMFI UK 2006.

[Paučová, 2013] Paučová V. (2013). Možnosti stanovenia rádionuklidov z vodných roztokov významných z hľadiska radiačnej ochrany: Dizertačná práca. Bratislava: PriF UK, 2013.

[Smetanová, 2007] Smetanová I. (2007). Sledovanie zmien objemovej aktivity ^{222}Rn vo vode z vrtov v Astronomickom a geofyzikálnom observatóriu UK v Modre-Piesky: Rigorózna práca. Bratislava: FMFI UK, 2007.

[UNSCEAR, 2010] - http://www.unscear.org/ (6.4.2015)

[GUDS] - http://www.geology.sk/new/sk/node/1027 (4.4.2015)

[zoznam prameňov] - http://www.sazp.sk/slovak/struktura/ceev/DPZ/pramene/tn/zoznam_tn_okres.html (4.4.2015)

Študentská vedecká konferencia FMFI UK, Bratislava, 2015, p. 153
ISBN 978-1518759055, © 2015 Libor Kmeť

Stanovenie koncentrácie rádionuklidov v meteorite Viedeň (rozšírený abstrakt)

Libor Kmeť[1]*

Školiteľ: Ivan Sýkora[2]‡

Katedra jadrovej fyziky a biofyziky, FMFI UK, Mlynská Dolina, 842 48 Bratislava

Táto práca sa zaoberá výpočtom účinnosti detektora pri meraní meteoritu a stanovení koncentrácie rádionuklidov v ňom.

Meteority sú veľmi cenné geologické vzorky, ktoré predstavujú vzorky planetárnych telies. Poskytujú nám informácie o rozmanitom spektre planetárneho materiálu rozptýleného po celej vnútornej slnečnej sústave. Najstaršie meteority sú pozostatky z prvotných geologických procesov v Slnečnej sústave pred 4.6 miliardami rokov. Štúdium radiačnej histórie týchto objektov môže prispieť k pochopeniu zmien kozmického žiarenia.

Na meranie sme použili detektor PGT s objemom 285 cm^3 umiestnenom v nízkopozaďovom tieniacom kryte. Výpočet účinnosti detektora sme urobili pomocou programového balíka GEANT 3.

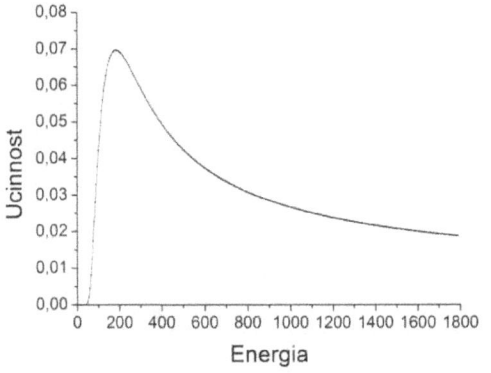

Obr. 1: Modelovaná účinnosť v peaku úplnej absorpcie PGT detektora

Meraný meteorit pochádzal z Viedne a mal hmotnosť 36,174g, rozmery 3,8 x 3,8 x 2 cm a hustotu 2,88 g/cm^3.

Meteorit mal tvar dvoch zložených guľových odsekov. Tvar sme nahradili dvomi polguľami plochou stranou otočenými smerom k sebe. Polomer sme určili tak, aby objem meteoritu zodpovedal reálnemu objemu meteoritu.

V meteorite Viedeň sme zisťovali prítomnosť kozmogénnych rádionuklidov ^{60}Co a ^{26}Al, aj primordiálnych rádionuklidov ^{40}K, ^{232}Th a ^{226}Ra. Iné kozmogénne rádionuklidy sme v meteorite neidentifikovali, pretože väčšina z nich má krátku dobu polpremeny.

Rádionuklid	^{226}Ra	^{232}Th	^{40}K
Hmot. A [Bq/g]	2,7E-03	3,3E-04	4,5E-03
Chyba [Bq/g]	5,8E-05	4,6E-05	3,7E-04

Tab. 1: Primordiálne rádionuklidy

Rádionuklid	^{60}Co	^{60}Co	^{26}Al
Energia [keV]	1173,24	1332,5	1808,63
Hmot. A [Bq/g]	1,6E-04	1,0E-04	5,9E-04
Chyba [Bq/g]	3,1E-05	3,2E-05	3,4E-05

Tab. 2: Kozmogénne rádionuklidy

Prítomnosť kozmogénneho rádionuklidu ^{26}Al potvrdzuje že sa jedná o extraterestriálny objekt. Tento rádionuklid má polčas premeny 7,17E+05 rokov a je veľmi dobre merateľný. ^{60}Co potvrdzuje, že na zem spadol pred menej než 50 rokmi, nakoľko ^{60}Co má dobu polpremeny 5,27 roka.

Literatúra

[GEANT] Detector Description and Simulation Tool, CERN Geneva, 1993.

[www.lpi.usra.edu] http://www.lpi.usra.edu/science/kring/epo_web/meteorites/origin.html.

[C. Bowlt] - Environmental radioactivity: Measurements and their meaning, Contemporary Physics, 35:6, 385-398, 1994.

*   libor.kmet@gmail.com

‡   sykora@fmph.uniba.sk

Študentská vedecká konferencia FMFI UK, Bratislava, 2015, p. 154
ISBN 978-1518759055, © 2015 Veronika Palušová

Meranie hĺbkových profilov ^{222}Rn a CO$_2$ v pôde
(rozšírený abstrakt)

Veronika Palušová[1]
Školiteľ: Monika Müllerová[2]

Katedra jadrovej fyziky a biofyziky, FMFI UK, Mlynská Dolina, 842 48 Bratislava

Radón ^{222}Rn je bezfarebný inertný plyn. Pôvod radónu je terestriálny a vzniká rádioaktívnou premenou rádia. Ako vzácny plyn chemicky nereaguje s inými zložkami atmosféry. Radón je rozpustný vo vode a neviaže sa na aerosóly. Jeho dobou polpremeny je porovnateľný s dobou života niektorých krátko žijúcich znečisťovadiel v atmosfére, ako napríklad NO$_x$, SO$_2$, CO alebo O$_3$. Táto časová škála je tiež porovnateľná s množstvom aspektov dynamiky v atmosfére, preto je radón užitočným stopovačom v prírode [Zahorowski, 2004].

Oxid uhličitý (CO$_2$) je plyn bez farby a zápachu a je bežnou súčasťou atmosféry. Oxid uhličitý sa nachádza vo väčšom množstve v pôdnom vzduchu v porovnaní s atmosférou. Koncentrácie CO$_2$ v pôde závisia od jej vlhkosti a teploty. Oxid uhličitý sa z pôdy uvoľňuje a tento proces je nazývaný pôdna respirácia [Holý, 2000].

Na meranie hĺbkových profilov radónu boli do požadovanej hĺbky do pôdy vsunuté oceľové tyče, cez ktoré bol nasatý pôdny vzduch do scintilačných komôrok Lucasovho typu [Holý, 2000]. Objem komôrky je 125 ml a objemové aktivity radónu boli merané detektorom s relatívnou odchýlkou 3%.

Na meranie hĺbkových profilov CO$_2$ v pôdnom vzduchu bola použitá metóda absorpcie CO$_2$ v roztoku NaOH [Holý, 2000]. Do zeme bola zasunutá oceľová tyč na odoberanie vzorky pôdneho vzduchu, ktorý prechádza cez dve bublačky s 0,5 M roztokom NaOH. Absorpcia CO$_2$ v roztoku NaOH je popísaná nasledovne:

$$2NaOH + CO_2 \rightarrow Na_2CO_3 + H_2O$$

NaCO$_3$ je ďalej vyrážaný pomocou BaCl$_2$ nasledovne:

$$Na_2CO_3 + BaCl_2 \rightarrow BaCO_3 + 2NaCl.$$

Vyrážaný BaCO$_3$ je ďalej filtrovaný a vysušený. Z hmotnosti BaCO$_3$ môžeme získať koncentráciu CO$_2$ v pôdnom vzduchu ako:

$$c_{CO_2} = \frac{M_1}{\eta V} q,$$

kde M$_1$ je hmotnosť BaCO$_3$ získaná z prvej bublačky, q je hmotnosť CO$_2$ v 1g BaCO$_3$ (q=0,224), V je objem presatého vzduchu a $\eta = 1 - \frac{M_2}{M_1}$ je účinnosť absorpcie CO$_2$ v NaOH roztoku prvej bublačky, kde M$_2$ je hmotnosť BaCO$_3$ získaná z druhej bublačky.

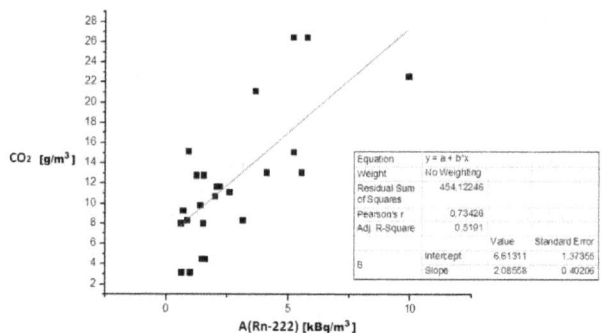

Obr. 1: Vzťah koncentrácie CO$_2$ a aktivity ^{222}Rn v pôdnom vzduchu.

Bola urobená séria 6 meraní hĺbkových profilov ^{222}Rn a CO$_2$, pričom každé meranie trvalo v rozsahu 5-7 dní. Na obrázku č.1. je znázornená korelácia medzi nameranými dátami ^{222}Rn a CO$_2$ v rôznych hĺbkach. Rozsah meraného CO$_2$ sa pohyboval medzi 3 - 26 g/m^3 a ^{222}Rn medzi 0,5 - 10 kBq/m^3. Ukázalo sa, že testovaná metóda je vhodná pre získavanie reprezentatívnych dát o koncentrácií CO$_2$ v pôdnom vzduchu.

Literatúra
[Zahorowski, 2004] ZAHOROWSKI, W. et al., Ground based radon-222 observations and their application to atmospheric studies. Journal of Environmental Radioactivity 2004, vol. 76, pp. 3 – 33.
[Holý, 2000] HOLÝ, K., MATOŠ, M., STANYS, T., HOLÁ, O., POLÁŠKOVÁ, A., BOSÁ, I., Testing of the ^{222}Rn as a Tool for Determination of CO$_2$ Exhalation Rates from the Soil. Zborník 2. Banskoštiavnické dni 2000, Banská Štiavnica 6. – 7. 10. 2000, pp. 124-138.

[1] v.palusova@gmail.com
[2] Monika.Mullerova@fmph.uniba.sk

Študentská vedecká konferencia FMFI UK, Bratislava, 2015, p. 155
ISBN 978-1518759055, © 2015 Pavol Blahušiak

Radón vo vybraných termálnych kúpeľoch v krajinách V4 – predbežné výsledky (rozšírený abstrakt)

Pavol Blahušiak[1]
Školiteľ: Karol Holý[1]

[1]Katedra jadrovej fyziky a biofyziky, FMFI UK, Mlynská Dolina, 842 48 Bratislava

Krajiny Vyšehradskej skupiny sú bohaté na termálne pramene. Kúpeľné zariadenia s balneoterapiou možno zaradiť medzi pracoviská so zvýšenou koncentráciou radónu v ovzduší. Slovenská legislatíva stanovuje smerné hodnoty pre radónové koncentrácie v termálnych kúpeľoch. Podľa nariadenia vlády SR vyšetrovacia úroveň objemovej aktivity radónu (OAR) v ovzduší je 400 Bq.m^{-3} a smerná hodnota OAR ukladajúca potrebné vykonanie opatrení je na úrovni 1000 Bq.m^{-3}, navyše nariadenie vlády ukladá povinnosť dozimetrickej kontroly pracovníkov nachádzajúcich sa v takomto prostredí [1].

Ročná efektívna dávka pracovníkov presahujúca 1 mSv/rok je podľa platnej legislatívy postačujúcou podmienkou na pravidelnú dozimetrickú kontrolu. Pracovníkov s takouto ročnou efektívnou dávkou klasifikuje ako radiačných pracovníkov kategórie B, resp. radiačných pracovníkov kategórie A ak ročná efektívna dávka presahuje 6 mSv/rok [2].

V súčasnej dobe sú termálne kúpele veľmi rozšíreným artiklom vo všetkých krajinách V4 a teda, radiačná ochrana personálu pracujúceho s geotermálnymi vodami je veľmi aktuálna, čo súvisí aj s tým, že európska smernica z decembra 2013 ukladá povinnosť zaoberať sa zvýšenými koncentráciami ^{222}Rn a tvoriť akčné plány pre radón v krajinách V4 [3]. Termálne vody používané pri vodoliečbe v kúpeľoch sú významný zdroj radónu.

Na meranie OAR v termálnych vodách sme použili štandardnú vákuovú emanometrickú metódu so 125 ml Lucasovou scintilačnou komorou, pričom vzorky vôd sú odoberané ponorením 1 l sklenenej fľaše do vody alebo pomocou plastového lievika a silikónovej trubice.

Z našich meraní termálnych vôd, sme získali niekoľko extrémnych hodnôt OAR. Spolu sme pravidelne odoberali vzorky vôd zo 40 rôznych zdrojov. Objavili sme 8 zdrojov s OAR vyššou ako 100 Bq.l^{-1} a jeden s OAR nad 200 Bq.l^{-1}.

Spolu s OAR vo vodách sme monitorovali aj OAR v ovzduší kúpeľných zariadení. K dispozícii sme mali tri druhy stopový detektorov. Anglické NRPB, čo bol vlastne CR39 plastický film umiestnený v antistatickom puzdre. Ďalej maďarské Raduety s CR39 plastickým filmom, ktoré umožňujú merať súčasne radón aj torón. Tretím typom boli české RamaRn-y, v ktorých bol

umiestnený film KODAK 115 na dne difúznej komory.

Výsledky z prvej etapy meraní OAR v ovzduší získané pomocou RamaRn detektorov v krajinách V4 uvádzame na obr.1. Najväčší výskyt OAR v kúpeľných zariadeniach bol zistený v rozsahu od 50 do 400 Bq.m^{-3}. Celkovo sme objavili 4 miestnosti s OAR vyššou ako 1000 Bq.m^{-3}, z čoho tri sa nachádzajú na Slovensku.

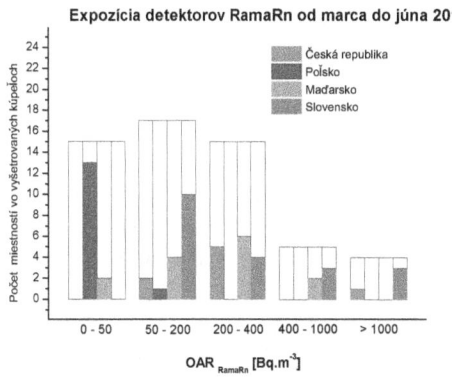

Obr. 1: Medzinárodné porovnanie výsledkov z prvej expozície detektorov typu RamaRn.

Literatúra

[1] Nariadenie vlády SR č. 345/2006 Z. z. o bezpečnostných požiadavkách na ochranu zdravia pracovníkov a obyvateľov pred ionizujúcim žiarením

[2] Vyhláška MZ SR č. 528/2007 Z. z. o požiadavkách na obmedzenie ožiarenia z prírodného žiarenia

[3] Smernica rady 2013/59/Euratom, ktorou sa stanovujú základné bezpečnostné normy ochrany pred nebezpečenstvami vznikajúcimi v dôsledku ionizujúceho žiarenia

Študentská vedecká konferencia FMFI UK, Bratislava, 2015, p. 156
ISBN 978-1518759055, © 2015 Attila Moravcsík

Štúdium ročných variácií radónu a torónu v pobytových priestoroch v lokalite s vysokým pôdnym radónovým rizikom
(rozšírený abstrakt)

Karol HOLÝ [1*], Attila MORAVCSÍK [1+], Monika MÜLLEROVÁ [1×]

[1] *Katedra jadrovej fyziky a biofyziky, Fakulta matematiky, fyziky a informatiky, Univerzita Komenského, Bratislava*

Najväčší podiel na ožiarení človeka, asi 80%, majú prírodné zdroje žiarenia a z nich najvýznamnejším zdrojom je radón a jeho produkty premeny (50%). Radón (222Rn) bol organizáciou IARC (International Agency for Research on Cancer) klasifikovaný ako karcinogénna látka [IARC 2001]. Organizácia WHO v roku 2009 vydala štúdiu, podľa ktorej riziko vzniku rakoviny pľúc narastá lineárne s dobou expozície a určila referenčnú úroveň pre radón 100 Bq/m^3 [WHO 2009]. Avšak stále je problémom presné určovanie efektívnych dávok od radónu v dôsledku nedostatku dlhodobých meraní radónových úrovní v obytných domoch a na pracoviskách.

Podľa smernice rady EÚ 2013/59/EURATOM je potrebné v členských krajinách EÚ realizovať národné akčné plány na riešenie dlhodobých rizík vyplývajúcich z ožiarenia radónom. Ich realizácia bude vyžadovať koordinované postupy v rámci členských štátov EU. V rámci krajín V4 (Česká republika, Maďarsko, Poľsko a Slovensko) vzišla iniciatíva na harmonizáciu meraní radónu v pobytových priestoroch, ktorá bola finančne podporená Vyšehradským fondom.

V tejto práci prezentujeme výsledky meraní radónu a torónu v pobytových priestoroch v lokalite s vysokým pôdnym radónovým rizikom, ktoré boli získané v rámci riešenia spomínaného projektu.

Merania sme uskutočnili v lokalite obce Záhorská Bystrica, ktorá sa nachádza približne 10 km severne od Bratislavy na úpätí Malých Karpát a na južnom okraji Záhorskej nížiny. Približne 85 % rozlohy obce sa nachádza v oblasti vysokého pôdneho radónového rizika stanoveného podľa metodiky opísanej v práci [DANIEL 1996].

Radón a torón sme monitorovali v 30 rodinných domoch V danej lokalite bol zistený len 1 dom, v ktorom priemerná ročná hodnota OAR presiahla smernú hodnotu 400 Bq/m^3 stanovenú nariadením vlády SR č.345/2006. Až v 53 % domov boli zistené priemerné ročné OAR pod 100 Bq/m^3. Vplyv podložia a použitého stavebného materiálu na OAR v monitorovaných domoch nepresiahol úroveň 8 %.

Najväčší vplyv na OAR v domoch mal rok ich výstavby. Pre domy postavené pred rokom 2000 boli OAR približne o 60 % vyššie v porovnaní s domami postavenými po roku 2000. OAR vo väčšine miestností vykazovala sezónnu zmenu s minimom v období jún–september. OAT prakticky nevykazovali sezónne variácie. Bol zistený vysoký pomer OAR/OAT približne rovný 2,8, čo je v súlade s údajmi publikovanými v iných prácach [STEWART 2009].

Literatúra

[IARC 2001] *IARC Monographs on the evaluation of carcinogenic risks to* human, vol.78, part2, Lyon: IARCPress, 2001.

[WHO 2009] World Health Organization, 2009 *WHO handbook on indoor radon, a public health perspective.* Geneva: World Health Organization, 2009.

[DANIEL 1996] DANIEL, J. et al. 1996. Geochemický atlas Slovenska časť IV, Prírodná rádioaktivita hornín, Ministerstvo životného prostredia Slovenskej republiky, sekcia geológie a prírodných zdrojov, Bratislava, 1996.

[STEWART 2009] STEWART, H. 2009. Radon, thoron and their progeny in Lancaster PA homes. International Symposium Las Vegas, 2008.

Táto práca bola finančne podporená Medzinárodným vyšehradským fondom (projekt č. 21120293), Vedeckou grantovou agentúrou Ministerstva školstva SR a SAV (VEGA projekt č. 1/0143/14) a Univerzitou Komenského v Bratislave (Grant mladých č. UK/43/2014).

[*] Karol.Holy@fmph.uniba.sk
[+] attila.moravcsik00@gmail.com
[×] Monika.Mullerova@fmph.uniba.sk

Študentská vedecká konferencia FMFI UK, Bratislava, 2015, pp. 157–163
ISBN 978-1518759055, © 2015 Katarína Kolníkova

Fluorescenčné zmeny moču vyvolané karcinómom močového mechúra

Katarína Kolníková[1]*
Školiteľ: Milan Zvarík[1+], Libuša Šikurová[1]

[1] Katedra jadrovej fyziky a biofyziky, FMFI UK, Mlynská Dolina, 842 48 Bratislava

Abstrakt

Skorá diagnostika onkologických ochorení je veľmi dôležitým faktorom v rámci zahájenia adekvátnej terapie a samozrejme aj vo zvyšujúcej sa šanci na vyliečenie. Súčasným trendom v medicíne je preto zavádzanie nových metód, pomocou ktorých je rakovina u pacienta zaznamenaná už v jej najrannejších štádiách.

Cieľom predkladanej práce je hľadanie zmien vo fluorescencii moču zdravých dobrovoľníkov a onkologických pacientov s karcinómom močového mechúra (C67). Spracovávali sme moč pacientov a pacientok s diagnostikovanou rakovinou v porovnaní s kontrolnými skupinami zdravých mužov a žien. Vcelku teda do analýz vstupovali štyri skupiny vzoriek.

Každá vzorka moču bola analyzovaná 11 krát, a to pri postupnom riedení destilovanou vodou, pričom pomer moču vo vzorke ku celkovému objemu vzorky stúpal od riedenia $1:2^0$ až k $1:2^{10}$. Merali sme synchrónne fluorescenčné spektrá moču s konštantným rozdielom vlnových dĺžok medzi excitáciou a emisiou $\Delta\lambda=70nm$ [Zvarík et al., 2013]. Pri vyhodnocovaní fluorescencie moču sme zistili zmeny vo fluorescenčnom páse excitovanom v oblasti 330-360 nm. Oblasť vykazovala rozdielne fluorescenčné charakteristiky. Našli sme štatisticky významný (p<0,01) pokles v intenzite fluorescencie píku 330nm u všetkých skúmaných onkologických pacientov s rakovinou močového mechúra oproti zdravým kontrolám. Tiež sme našli štatisticky významný (p<0,02) pokles v intenzite fluorescencie píku 330nm u onkologicky pacientok oproti zdravým ženám. Tento pokles mohol byť spôsobený zníženou koncentráciou kyseliny 4-pyridoxínovej v moči.

Aby zistené zmeny vo fluorescencii moču boli potvrdené, a mohli tak v budúcnosti slúžiť na rýchlu a neinvazívnu detekciu nádorového ochorenia, je nutné súbor analyzovaných vzoriek moču rozšíriť.

Kľúčové slová: karcinóm močového mechúra, fluorescencia, moč, synchrónne spektrum, kyselina 4-pyridoxínová

1 Úvod

Onkologické ochorenia sú rozšírené po celom svete. Z väčšiny druhov sa človek vylieči veľmi ťažko, ak vôbec. Samotnú rakovinu opisujeme ako abnormálny rast buniek, pričom nádor môže vzniknúť z ktorejkoľvek bunky organizmu, ktorá podlieha deleniu [Nečas et al., 2009]. Tumor môže byť benígny (nezhubný) alebo malígny (zhubný, spôsobujúci rakovinu). Rast benígneho nádoru má pomalú tendenciu a nádor sa nešíri po tele. Je ohraničený, väčšinou obalený. Malígny nádor rapídne rastie, ovplyvňuje okolité zdravé tkanivo (lokálne invaduje) a ľahko sa šíri do iných častí tela (metastázuje) cez cievny alebo lymfatický systém. Nie je presne ohraničený, často je neobalený a nepohyblivý voči okoliu [Stejskal, 2001]. Rakovinu klasifikujeme na základe pôvodu alebo miesta prvého výskytu v tele. Pôvod rozlišujeme podľa tkaniva alebo tekutiny, z ktorých pochádzajú rakovinotvorné bunky (histologické delenie). Je známych zopár základných kategórií klasifikácie podľa pôvodu vzniku: karcinóm – zhubný nádor v epiteliálnom tkanive (rakovina žalúdka), sarkóm – zhubný nádor v spojivovom tkanive (nádor na kosti), lymfóm – tumor v lymfatických uzlinách, v mozgu a hrudníku (Hodgkinov lymfóm) a leukémia – rakovina kostnej drene, či myelóm – nádor v plazmatických bunkách kostnej drene [Stejskal, 2001].

V súčasnosti neexistuje žiaden univerzálny test, ktorým by sa dala diagnostikovať rakovina. Na jej stanovenie je potrebných niekoľko po sebe nasledujúcich testov. Účinnosť liečby je však podmienená skorou a správnou diagnostikou, ako aj určením rozsahu rakoviny. Ak sa rakovina zistí v skorom štádiu, šance na vyliečenie pacienta sa výrazne zvyšujú. Existujú tri hlavné smery diagnostiky: biopsia, zobrazovacie metódy a biochemické nálezy založené na špecifických

---

* kolnikova.katarina@gmail.com
+ zvarikmilan@gmail.com

markeroch tumoru [Zvarík, 2012]. V súčasnosti sa však ako pomerne spoľahlivá a najmä lacná javí byť neinvazívna fluorescenčná metóda skúmania telových tekutín ako je tomu napríklad pri rakovine močového mechúra, prostaty, obličiek a semenníkov, kde objektom záujmu sú zložky moču podliehajúce fluorescencii. Tieto formy rakoviny patria medzi najčastejšie genitourinárne (GU) neoplazmy. V rannom štádiu, kedy je liečba najúspešnejšia, sa však klinické príznaky veľmi nevyskytujú. V roku 2008 bolo celosvetovo zaznamenaných viac ako 1,6 milióna nových prípadov GU rakoviny, čo je po rakovine pľúc druhý najčastejší typ rakoviny [Jéronimo, Henrique, 2014]. Častým symptómom rakoviny močového mechúra je hematúria, teda výskyt krvi v moči, avšak tá sa zvyčajne vyskytuje neskoro a je to nešpecifický príznak. Pacienti s podozrením na rakovinu močového mechúra podstupujú cystoskopiu (endoskopické vyšetrenie), invazívny zákrok, ktorý sa vykonáva aj ako štandardná metóda na pozorovanie poliečebných stavov [Jéronimo, Henrique, 2014].

Rakovinu močového mechúra v súčasnosti diagnostikujeme rôznymi mikroskopickými (mikrobiologické a cytologické vyšetrenie moču), inštrumentálnymi (cievkovanie, endoskopia), alebo zobrazovacími technikami (urografia, cystografia, USG, MRI, CT, PET Scan), ale zároveň sa zavádzajú do praxe aj vyšetrenia markerov a fluorescenčné diagnostické metódy. Tieto sú zatiaľ vo fáze výskumu, a preto sú takéto vyšetrenia ešte doplnené o „klasické" vyššie spomenuté metódy. Vyšetrenia markerov v moči majú vo všeobecnosti vyššiu senzitivitu (hlavne v skorých štádiách rakoviny) a nižšiu špecificitu ako pri vyšetrovaní cytológiou. Avšak čo sa týka finančných nákladov, cena testov na markery sa pohybuje od 10 do 600 USD, zatiaľ čo za cytológiu je to zhruba 57 USD [Konety, 2006]. V súčasnosti patrí 22-proteín jadrovej matrix (NMP22) a kyselina hyalurónová spolu s hyaluronidázou k markerom s najvyššou senzitivitou, predstavujúcou 60-100%, pričom ich špecificita sa pohybuje v intervale 64-89% v závislosti od štádia rakoviny [Konety, 2006, Xylinas et al., 2014].

Diagnostika rakoviny močového mechúra na základe fluorescencie je známa už od roku 1976 [D´Hallewin et al., 2002]. Pacientovi bol podaný hematoporfyrín (2 mg/kg intravenózne) a po 24 hodinách vykonaná cystektómia. Histologická vzorka od onkologického pacienta vykazovala jasne červenú fluorescenciu pod UV svetlom v porovnaní so žiadnou fluorescenčnou činnosťou u zdravého človeka. Okrem hematoporfyrínu bol použitý aj hypericín (hydroxylovaný fenantroperylenchinón)

[D´Hallewin et al., 2002], pri podaní ktorého sa opäť objavila červená fluorescencia postihnutej oblasti. Červená autofluorescencia bola pozorovaná aj pri iných typoch rakoviny. Merania červenej a zelenej fluorescencie v podozrivých tkanivách boli navrhnuté ako užitočná detekcia rakoviny v jej skorom štádiu [Nakanishi et al., 2007]. Nakanishi s kolektívom detegovali abnormálne lézie aj inak ako poklesom zelenej autofluorescencie, a to jasným červeným, tmavo červeným, alebo hnedým svetlom [Nakanishi et al., 2007]. V malígnom tkanive na rozdiel od benígneho sledovali vzrast koncentrácie porfyrínu a zároveň jasnejšiu červenú autofluorescenciu. Z tohto zistenia vyniesli špekuláciu, že vyššia jasnosť je práve kvôli zvýšenej hladine porfyrínových derivátov. Deriváty porfyrínu v malígnom tkanive fluoreskujú pri zhruba 630 nm, zatiaľ čo zdravé tkanivá fluoreskujú pod úrovňou 630 nm [Nakanishi et al., 2007].

Huang s kolektívom skúmali fluorescenčnou spektroskopiou moč potkanov, konkrétne pozorovali tri potenciálne rakovinové biomarkery-tryptofán (TRP), izoxantopterín (ISO) a xantopterín (XAN). Potkany boli rozdelené do 4 skupín: zdravé potkany- kontrolná skupina, s rakovinou močového mechúra v skorom štádiu, v pokročilom štádiu a v neskorom štádiu [Huang et al., 2013].

Tryptofán je esenciálna aminokyselina in vivo, ktorej metabolizmus sa zvyšuje pri aktivácii zápalovej reakcie a imunitného systému. Pteríny sú deriváty pteridínov. XAN a ISO patria medzi hlavné zložky pterínových zlúčenín. Tieto zlúčeniny sú dôležitými kofaktormi pri prebiehaní bunkového metabolizmu, pretože ten je odlišný v normálnej zdravej somatickej bunke a v malígnej bunke. V malígnej bunke je koncentrácia pterínov oveľa vyššia ako v zdravej. Monitorovaním koncentrácií týchto biomarkerov (TRP, ISO, XAN) v moči sa dá celkom ľahko sledovať priebeh alebo stav onkologického ochorenia. Rovnako sa dá využiť na predikciu prognózy tumoru a relapsu [Huang et al., 2013].

Huang s kolektívom merali synchrónne fluorescenčné spektrá moču pri $\Delta\lambda = 70$ nm. TRP, ISO a XAN analyzovali pri vlnových dĺžkach 275 nm, 325 nm, 400 nm, v tomto poradí. Rôzne štádiá rakoviny pritom mali podložené z histopatologickej analýzy vzoriek močového mechúra potkanov. Výsledky porovnali so zdravou kontrolnou skupinou a zistili, že koncentrácia biomarkerov má rôzny priebeh v skorom, pokročilom a neskorom štádiu rakoviny. Tryptofán vyhlásili za možný biomarker rakoviny močového mechúra v skorom štádiu, izoxantopterín ako biomarker pokročilého a neskorého štádia a xantopterín ako biomarker skorého a neskorého štádia. Avšak na potvrdenie potenciálnych biomarkerov rakoviny močového mechúra z ľudského moču sú nutné ďalšie štúdie [Huang et al., 2013].

Fluorescenčná analýza moču sa v súčasnosti skúma ako perspektívna možnosť neinvazívnej a skorej diagnostiky rakovinových ochorení. Cieľom predkladanej práce je zaznamenať fluorescenčné spektrá metabolitov moču zdravých jedincov a onkologických pacientov, ktorým bola stanovená diagnóza karcinóm močového mechúra. Moč je mnohozložková tekutina, preto budú v práci používané synchrónne fluorescenčné spektrá, ktoré sú vhodné práve na analýzu mnohozložkových zmesí bez nutnosti riešenia problémov súvisiacich s úpravou vzoriek. Jednotlivé vzorky budú postupne riedené destilovanou vodou, aby sme zistili fluorescenčné vlastnosti moču v závislosti od jeho koncentrácie.

2 Materiál a metódy

2.1 Materiál

Získane vzorky moču sme rozdelili do štyroch skupín. V každej skupine bol určený priemerný vek pacientov, resp. dobrovoľníkov spolu s 95% konfidenčným intervalom (CI), budeme písať „priemerný vek ± CI". CI bol vypočítaný zo smerodajnej odchýlky vekov daných skupín a 5% intervalu spoľahlivosti.

Prvú skupinu tvoria tzv. kontroly žien, teda vzorky od zdravých dobrovoľníčok. Tie zahrňujú 27 vzoriek od zdravých žien vo veku od 26 do 78. Priemerný vek 53 ± 7 rokov.

Druhou skupinou sú kontroly mužov, teda vzorky od zdravých dobrovoľníkov. K dispozícii sme mali 4 takéto vzorky od zdravých mužov vo veku od 27 do 60 rokov. Priemerný vek je 40 ± 14 rokov.

Tretia skupina je tvorená onkologicky chorými pacientkami. Týchto pacientok bolo 7, vo veku od 57 do 76 rokov. Priemerný vek je 63 ± 5 rokov.

Posledná, štvrtá skupina, sú onkologicky chorí pacienti. Skupina zahrňuje 15 mužov vo veku od 32 do 85 rokov. Priemerný vek je 65 ± 7 rokov.

Pacientom (aj ženám aj mužom) bol diagnostikovaný karcinóm močového mechúra C67, podľa Medzinárodnej klasifikácie chorôb MKCH 10- SK- 2013. Všetkých 22 vzoriek pochádza od pacientov liečených v Univerzitnej nemocnici s poliklinikou Bratislava - Petržalka, Antolská, Nemocnica sv. Cyrila a Metoda na urologickom oddelení. Manipulácia so vzorkami všetkých 4 kategórii bola schválená etickou komisiou Univerzitnej nemocnice s poliklinikou Bratislava, Nemocnica sv. Cyrila a Metoda, Antolská, z dňa 21.11.2013. Vzorky nám boli dodané vďaka

spolupráci s MUDr. Borisom Kollárikom, Urologické oddelenie ÚNB Antolská 11.

Moč po odobratí (pri izbovej teplote 25°C ± 1°C) bol centrifugovaný po dobu 5 minút, pri relatívnom odstredivom zrýchlení 3000g a teplote 4°C. Následne sa uchovával v mrazničke pri -20°C. Vzorky môžu byť uskladnené v mrazničke aj po dobu niekoľkých dní, nemusia byť analyzované v deň odberu. Porovnaním spektier vzoriek, ktoré boli namerané ihneď a po 1 mesiaci sa zistilo, že spektrá boli totožné [Zvarík, 2012]. Každú vzorku (supernatant) sme analyzovali 11 krát, a to pri postupnom riedení vzorky destilovanou vodou. Prvá nameraná vzorka bola neriedená (1:1, resp. $1:2^0$), postupne sme riedili vzorku od $1:2^1$ až k hodnote $1:2^{10}$ (objem moču vo vzorke k celkovému objemu vzorky). Riedenie teda prebiehalo geometrickým radom $1:2^n$, kde n vyjadruje poradie riedenia. Zistili sme tak fluorescenčné vlastnosti moču v závislosti od koncentrácie danej vzorky. Merali sme pri teplote 22°C ± 1°C, v kyvete o objeme 100 µl, s excitačnou dráhou 5 mm a emisnou dráhou 1 mm.

2.2 Metódy

Merali sme synchrónne fluorescenčné spektrá (SFS) moču s konštantným rozdielom vlnových dĺžok medzi excitáciou a emisiou $\Delta\lambda = 70$ nm v rozmedzí excitačných vlnových dĺžok 250 – 550 nm. Rozdiel vlnových dĺžok $\Delta\lambda = 70$ nm sme zvolili zámerne. SFS zachytáva fluorescenciu látky skrz excitačno-emisnú maticu. Veľkosť rozdielu pritom značí, ktorými oblasťami vlnových dĺžok sa bude cez excitačno- emisnú maticu prechádzať. Meraním sa ukázalo, že práve pri tomto rozdiele prechádzali spektrá cez hlavné excitačno- emisné píky [Zvarík, 2012].

3 Výsledky

Pre každú vzorku sme zaznamenali SFS moču pri $\Delta\lambda= 70$ nm. Snímaný moč bol riedený postupným pridávaním destilovanej vody do vzorky. Začínali sme s riedením 1:1 (100% koncentrovaný moč) a skončili pri riedení 1:1024, pričom sme sa riadili geometrickým radom. Zistili sme správanie sa moču v troch sledovaných oblastiach píkov 280, 350, 450 nm. Ukážka SFS moču je na grafe 1. V každom spektre sme sledovali tri oblasti fluorescencie, ozn.: pík 280 nm, pík 350 nm, pík 450 nm.

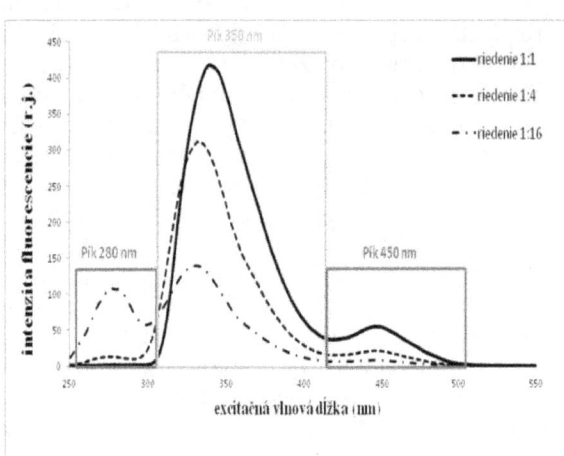

Graf 1: Synchrónne fluorescenčné spektrá pre rôzne riedenie moču (Δλ = 70 nm).

Graf 1 vyjadruje závislosť intenzity fluorescencie (IF) od vlnovej dĺžky excitácie. Stručne popíšeme charakter SFS moču pri jednotlivých skupinách.

Skupina zdravých žien
pík 280 nm
- pri riedení 1:1 sa pík nevyskytuje, potom IF vzrastá až dosiahne maximum pri riedení 1:64 a následne opäť klesá
- je pozorovaný efekt vnútorného filtra
pík 350 nm
- IF dosahuje maximum pri neriedenom moči, riedením klesá a zároveň pozorujeme posun do kratších vlnových dĺžok (z 360 do 330 nm)
- maximálna IF bola pri riedeniach dosahovaná v rozmedzí excitačných vlnových dĺžok od 330 do 360 nm
- sledujeme široký fluorescenčný pás, ktorý môže odpovedať rôznym fluorescenčným látkam
pík 450 nm
- maximum IF dosiahnuté pri riedení 1:1, potom klesá až nastáva zánik

Skupina zdravých mužov
pík 280 nm
- pri riedení 1:1 sa pík neprejavil
- rovnako ako u skupiny zdravých žien, aj tu pozorujeme najskôr nárast IF so vzrastajúcim riedením až kým nie je dosiahnuté maximum, potom IF klesá
- maximum bolo dosiahnuté pri riedení 1:64
pík 350 nm
- sledujeme fluorescenčný pás
- maximum IF pri riedení 1:2, pozorovaný efekt vnútorného filtra

- zároveň je pozorovaný posun do kratších vlnových dĺžok (od 360 do 330 nm)
pík 450 nm
- podobne ako u skupiny zdravých žien, maximum IF je dosiahnuté už pri 100% koncentrovanom moči, následne IF klesá

Skupina onkologicky chorých žien
pík 280 nm
- pri riedení 1:1 sa pík nevyskytol
- IF dosiahla maximum pri riedení 1:32, následne bol zaznamenaný pokles
pík 350 nm
- pozorovaný fluorescenčný pás
- maximum IF pri riedení 1:1, následným riedením nastal pokles IF
pík 450 nm
- píky sa neobjavili, bola slabá IF

Skupina onkologicky chorých mužov
pík 280 nm
- pri riedení 1:1 sa pík neobjavil
- maximum IF pri riedení 1:32, ďalším riedením bol sledovaný pokles IF
pík 350 nm
- fluorescenčný pás
- maximum IF pri riedení 1:1, potom pokles
pík 450 nm
- maximum IF pri riedení 1:1, potom pokles

Z dôvodu nízkeho počtu vzoriek zdravých mužov (4), nebolo možné túto skupinu štatisticky vyhodnotiť a porovnať so skupinou zdravých žien. V literatúre [Zvarík, 2012, Masilamani et al., 2010] sa neuvádzajú delenia diagnostických skupín podľa pohlavia pre vyhodnocovanie fluorescencie moču. Preto kvôli lepšej štatistickej výpovednej hodnote sme ďalej vzorky zatriedili do 2 skupín: onkologicky chorí pacienti (O) a kontrolná skupina zdravých dobrovoľníkov (K).

3.1 Porovnanie fluorescenčných parametrov moču onkologicky chorých pacientov a zdravých dobrovoľníkov

Zo získaných SFS moču sme zaznamenali a porovnali polohu píku 350 nm a porovnali sme IF pri sledovaných troch oblastiach pre skupinu O-onkologicky chorí pacienti a kontrolnú skupinu K-zdraví dobrovoľníci. Signifikantný fluorescenčný rozdiel medzi IF skupiny O a K pri 280 nm a 450 nm a ako aj rozdiel v polohe píku 350 nm pre O a K skupinu nebol nájdený. Inak to bolo pri porovnaní IF píku 350 nm. Uvádzame preto iba tieto výsledky.

Na Obr. 1 je porovnaná IF píku 350 nm skupiny O a K. Porovnávali sme IF najskôr neriedeného moču (Obr. 1(a)) a potom IF riedeného 1:16 moču (Obr. 1(b)).

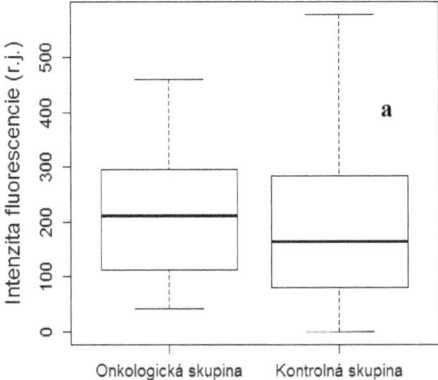

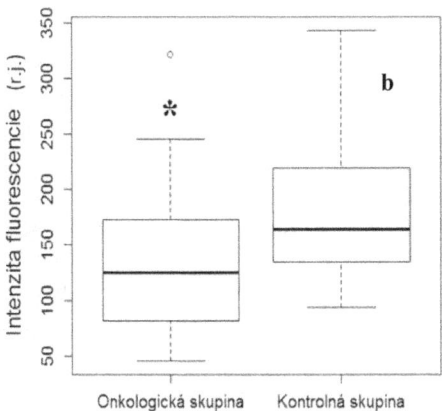

Obr.1: Intenzita fluorescenčného píku 350 nm pri excitácii 330 až 360 nm pre O a K skupinu, a) neriedený moč, p = 0,37, b) moč riedený 1:16, p = 0,0063. * symbol označuje významnú štatistickú zmenu IF moču medzi O a K.

Pri porovnaní IF fluorescenčného pásu 350 nm neriedeného moču sme nezaznamenali signifikantnú fluorescenčnú zmenu. Hodnota pravdepodobnosti bola p = 0,37. Avšak, pri riedenom moči 1:16 sme takúto zmenu zachytili. Hodnota pravdepodobnosti pri excitácii 330 nm pri riedení moču 1:16 skupiny O a K bola p = 0,0063, čo je štatisticky významná fluorescenčná zmena medzi O a K.

3.2 Porovnanie fluorescenčných parametrov moču onkologicky chorých pacientok a zdravých dobrovoľníčok

Skupina zdravých žien obsahovala vyšší počet vzoriek (27) ako skupina zdravých mužov (4). Uvádzame preto aj porovnanie SFS moču skupiny onkologicky chorých žien a zdravých dobrovoľníčok.

Pri píkoch 280 a 450 nm sme nenašli rozdiel v IF porovnaných skupín. Zmena polohy píku 350 nm (fluorescenčného pásu excitácie 330 až 360 nm) pri neriedenom resp. riedenom moči taktiež nebola signifikantná.

Na Obr. 2 je porovnanie IF pri excitácii 330 nm skupiny onkologických žien a skupiny zdravých dobrovoľníčok. Porovnávali sme moč pri riedení 1:16.

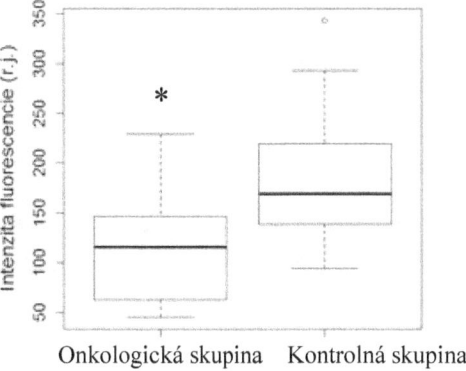

Obr. 2.: Intenzita fluorescencie pri excitácii 330 nm, riedený moč 1:16, skupina onkologicky chorých žien a zdravých dobrovoľníčok. Hodnota pravdepodobnosti p = 0,019, významná štatistická zmena, označená symbolom *.

V skupine onkologických pacientok bol zaznamenaný významný pokles IF pri excitácii 330 nm a riedení 1:16. Hodnota pravdepodobnosti bola p = 0,019.

4 Diskusia

Moč, podobne ako krv, je tekutina, ktorá odzrkadľuje mnohé metabolické procesy v tele. Na rozdiel od odberu krvi, odber moču je neinvazívny. Jeho fluorescenčné vlastnosti boli preskúmané a zachytené v mnohých prácach. Boli priradené fluorescenčné látky k daným fluorescenčným píkom zdravého moču [Leiner et al., 1987], ale boli preskúmané aj odlišnosti fluorescencie moču zdravých a chorých jedincov [Zvarík et al., 2013,

Masilamani et al., 2010, Dubayová et al., 2003]. Skúmanie fluorescencie moču môže prispieť ku včasnej a rýchlej diagnostike napríklad onkologických ochorení.

Zaznamenávali sme synchrónne fluorescenčné spektrá moču (SFS), ktoré sú vhodné na analýzu mnohozložkových zmesí bez nutnosti riešenia problémov súvisiacich s úpravou vzoriek [Tóthová, Sádecká, 2010]. Keďže skupinu zdravých mužov tvorili iba 4 muži, nebolo adekvátne vyvodiť štatistický záver pre túto skupinu. Pri štatistickom spracovaní sme sa preto pozerali na skupiny z hľadiska zdravotného stavu a nedelili sme ich na pohlavia. Aj v súlade s preštudovanou literatúrou sa nenachádzajú rozdelenia podľa pohlavia [Masilamani et al., 2010, Dubayová et al., 2003]. Pracovali sme so skupinou onkologicky chorých pacientov O a skupinou zdravých dobrovoľníkov K. Boli pozorované tri oblasti SFS moču. Pík 280, 350 a 450 nm. Pri píku 350 nm sme pozorovali zmenu jeho polohy v oblasti excitácie od 360 do 330 nm v závislosti od riedenia moču.

Pík 280 nm fluoreskoval najsilnejšie až pri vysokom zriedení moču. Dôvodom bol pravdepodobne efekt vnútorného filtra. Preto sme sa pri porovnávaní píku 280 nm u O a K skupiny zamerali na riedenie 1:128. Je pravdepodobné, že IF bola spôsobená indoxyl- sulfátom, hlavným metabolitom tryptofánu [Leiner et al., 1987].

Maximálna IF indoxyl- sulfátu bola nameraná pri vysokom riedení aj v práci [Perinchery et al., 2010]. Indoxyl sulfát s veľkou pravdepodobnosťou dosahuje maximum IF pri excitačnej vlnovej dĺžke 290 nm a emisnej vlnovej dĺžke 380 nm [Leiner et al., 1987].

Pík 350 nm dosahoval pri našom meraní maximum pri neriedenom moči 1:1. Postupným riedením IF klesala a posúvala sa do kratších vlnových dĺžok. Posun je pravdepodobne spôsobený prítomnosťou veľkého počtu fluorofórov v tejto oblasti a ich podobnými fluorescenčnými vlastnosťami.

Pri neriedenom moči fluoreskujú hlavne fluorofóry kedy je poloha excitačného maxima v oblasti 350 - 370 nm a emisného maxima v oblasti 440 - 490 nm. Sú to látky: kynerenín, biopterín, neopterín, 3- hydroxykynurenín, 5- hydroxykynurenín. Riedením sa IF znižuje a poloha excitačného maxima sa posúva do oblasti 320 - 330 nm, kde prevládajú fluorofóry ako kyselina 4- pyridoxínová, xantín, kyselina 3- hydroxyantranilová a kyselina 5- hydroxyantranilová [Leiner et al., 1987].

IF pri riedenom moči 1:16 (oblasť excitácie 320 - 330 nm) bola u skupiny O významne znížená (p = 0,0063). Dôvodom mohla byť znížená koncentrácia kyseliny 4- pyridoxínovej (hlavný metbaolit pyridoxal- 5- fosfátu) v moči pacientov,

ktorá je pravdepodobne najsilnejší flurofor pre túto oblasť. Dosiaľ neboli publikované analogické výsledky pre pacientov s C67. Deficit vitamínu B6 v krvi bol zaznamenaný pri rôznych typoch karcinómov, napríklad pri karcinóme pľúc [Tsao et al., 2007].

Excitačné maximum kyseliny 4 – pyridoxínovej sa dosahuje pri 317 nm a emisné maximum pri 420 – 425 nm [Leiner et al., 1987]. Pri karcinóme prsníka bola zistená nižšia koncentrácia pyridoxal- 5- fosfátu v plazme, čo môže mať vplyv na koncentráciu kyseliny 4 – pyridoxínovej v moči [Potera et al., 1977].

IF pri riedenom moči 1:16 bola porovnaná aj u skupiny K a O s ohľadom na ženské pohlavie. Zaznamenali sme štatisticky významný pokles IF pri excitácii 330 nm u onkologických pacientok (p = 0,019). Opäť mohlo ísť o kyselinu 4– pyridoxínovú.

Z vyhodnotených fluorescenčných spektier pík 450 nm vykazoval najmenšiu fluorescenciu. Pri našich výsledkoch sme zaznamenávali pokles IF pri skupine O na rozdiel od skupiny K. Pokles IF bol spôsobený pravdepodobne oxidovanými flavínmi. Autor Kortum s kolektívom [Kortum et al., 1996] zaznamenali úbytok IF v malígnom tkanive pri excitačnej vlnovej dĺžke 500 nm spôsobený pravdepodobne oxidovanými formami flavínov. Avšak Potera s kolektívom [Potera et al., 1977] nachádzajú vyššie IF flavínov v moči pacientov s malígnym onkologickým ochorením.

Porovnali sme skupiny O a K bez ohľadu na pohlavie a následne sme porovnali O a K skupinu iba pre ženské pohlavie. Výsledky nepriniesli iné zistenia, ako keď sme vzorky nedelili na pohlavia. Aby sme však overili, že vo fluorescencii moču medzi ženami a mužmi nie je rozdiel, potrebovali by sme zvýšiť počet sledovaných jedincov.

5 Záver

V práci boli premerané synchrónne fluorescenčné spektrá moču (SFS) pri konštantnom rozdiele vlnových dĺžok excitácie a emisie $\Delta\lambda = 70$ nm zdravých a chorých jedincov, ktorým bol diagnostikovaný karcinóm močového mechúra. Vyhodnotili sme spektrá na základe 2 kritérií, a to zdravotného stavu bez ohľadu alebo s ohľadom na pohlavie jedincov. Porovnali sme skupinu onkologických pacientov O s kontrolnou skupinou K a potom sme porovnali opäť skupinu O a K, ale zamerali sme sa len na ženské pohlavie.

Zo SFS sme zistili, že nám všetky vzorky poskytovali 3 významné oblasti fluorescencie, a to píky pri vlnových dĺžkach excitácie 280, 350 a 450 nm. Zdravé aj choré vzorky vykazovali navzájom podobné charakteristiky pri vlnových dĺžkach excitácie 280 a 450 nm. Nájdené rozdiely v spektrálnych fluorescenčných parametroch neboli signifikantné, hodnota pravdepodobnosti prekračovala hladinu významnosti 0,05.

Oblasť excitácie od 330 do 360 nm (pík 350 nm) vykazovala rozdielne fluorescenčné charakteristiky: Našli sme štatisticky významný (p = 0,0063) pokles v IF píku 330 nm u onkologických pacientov s karcinómom močového mechúra oproti zdravým kontrolám. Tento pokles mohol byť spôsobený zníženou koncentráciou kyseliny 4- pyridoxínovej.

Komparáciou skupín žien trpiacich na karcinóm močového mechúra a zdravých žien sme zistili podobné výsledky ako v skupinách, kde sme vzorky nedelili podľa pohlavia. Tiež sme našli štatisticky významný (p = 0,019) pokles v IF píku 330 nm u onkologicky chorých žien oproti zdravým kontrolám. Analogicky ako u skupiny O bez ohľadu na pohlavie, aj v tomto prípade pokles IF mohol byť spôsobený zníženou hladinou kyseliny 4- pyridoxínovej v moči pacientok.

Aby zistené zmeny vo fluorescencii moču mohli v budúcnosti slúžiť na rýchlu a neinvazívnu detekciu nádorového ochorenie, potrebujeme zväčšiť súbor analyzovaných vzoriek moču.

Literatúra

[Zvarík et al., 2013] Fluorescence characteristics of human urine from normal individuals and ovarian cancer patients. *In Neoplasma,* 60 (2013) 533–537.
[Nečas, E. et al., 2009] Obecná patologická fyziologie. *Univerzita Karlova, Karolinum.* 378pp.
[Stejskal, 2001] Obecná patologie v poznámkách. *Univerzita Karlova, Nakladatelství H&H Vyšehradská s.r.o., Jinočany.* 164 pp.
[Zvarík, M. 2012] Zmeny vo fluorescencii metabolitov v moči pacientov s nádorovým ochorením voči zdravým jedincom. *Dizertačná práca, Katedra biofyziky, Fakulta matematiky, fyziky a informatiky, Univerzita Komenského, Bratislava.* 136 pp.
[Jerónimo, C., Henrique, R., 2014] Epigenetic biomarkers in urological tumors: A systematic review. *In Cancer Letters* 342 (2014) 264- 274.
[Konety, B.R. , 2006] Molecular markers in bladder cancer: A critical appraisal. *In Urologic Oncology: Seminars and Original Investigations* 24 (2006) 326-337.
[Xylinas, E. et al, 2014] Urine markers for detection and surveillance of bladder cancer. In *Urologic Oncology: Seminars and Original Investigations* 32 (2014) 222-229.

[D' Hallewin, M-A., et al. 2002] Fluorescence Detection of Bladder Cancer: A Review. *In European Urology* 42 (2002) 417-425.
[Nakanishi, K. et al. 2007] Color auto-fluorescence from cancer lesions: Improved detection of central type lung cancer. *In Lung Cancer* 58 (2007) 214-219.
[Huang L. et al., 2013] Simultaneous determination of three potential cancer biomarkers in rat urine by synchronous fluorescence spectroscopy. *In Spectrochimica Acta Part A: Molecular and Biomolecular Spectroscopy* 120 (2013) 595-601.
[Masilamani et al., 2010] Cancer detection by native fluorescence of urine. *In Journal of Biomedical Optics* 15 (2010).
[Dubayová, K., et al. 2003] Diagnostic monitoring of urine by means of synchronous fluorescence spektrum. *In Journal of Biochemical and Biophysical Methods* 55 (2003) 111-119.
[Leiner et al., 1987], M.J.P., HUBMANN, M.R., WOLFBEIS, O. S. The Total Fluorescence of Human-Urine. *In Analytica Chimica Acta* 198 (1987) 13-23.
[Tóthová, Sádecká, 2010] Princípy a využitie synchrónnej fluorescencie pri analýze mnohozložkových vzoriek. *In Chemické Listy* 104 (2010) 778- 783.
[Perinchery M., et al., 2010] The influence of indoxyl sulfate and ammonium on the autofluorescence of human urine. *In Talanta* 80 (2010)1269-1276.
[Potera C. et al. 1977] Vitamin B_6 deficiency in cancer patients. *In The American Journal of Clinical Nutrition* 30 (1977) 1677-1679.
[Kortum R.R., et al., 1996] Quantitative optical spectroscopy for tissue diagnosis. *In Annu. Rev. Phys. Chem.* 47 (1996) 555-606.
[Tsao, S-M. et al. 2007] Oxidant stress and B vitamins status in patients with non-small cell lung. *In Nutrition and cancer* 59 (2007) 8-13. 33-537.

Študentská vedecká konferencia FMFI UK, Bratislava, 2015, pp. 164–175
ISBN 978-1518759055, © 2015 Marek Tatarko

Vývoj akustického biosenzora na detekciu koncentrácie a aktivity proteáz

Marek Tatarko[*]
Školiteľ: Tibor Hianik[‡]

[1] Fakulta matematiky, fyziky a informatiky, FMFI UK, Mlynská Dolina, 842 48 Bratislava

Abstrakt

Určovanie koncentrácie a aktivity proteáz je dôležitým ukazovateľom kvality v potravinárskom priemysle. Preto je potrebné navrhnúť a otestovať senzor, ktorý by dokázal s dostatočnou citlivosťou zaznamenať štiepenie proteínov špecifickými proteázami a umožnil odlíšiť ich aktivitu od pôsobenia nešpecifických proteáz. V tejto práci sme navrhli akustický senzor na princípe kremenných kryštalických mikrováh (QCM), ktorý umožnil skúmať aktivitu proteázy plazmínu na imobilizovanej vrstve kazeínu. V experimentoch, v ktorých boli použité rôzne koncentrácie plazmínu, sme potvrdili citlivosť vyvinutého senzora. Jeho špecifickosť sme otestovali aplikáciou na vrstvu kazeínu iných proteáz - trombínu a trypsínu.

Úvod

Štúdium funkcie biologických molekúl a ich detekcia je jedným z hlavných cieľov biofyzikálneho výskumu. Pochopenie procesov, ktoré ich menia a ktoré samé vykonávajú sa stalo prioritou pre potravinársky priemysel, farmáciu a medicínu. Práve proteíny sú biomolekuly s najširšou paletou využitia a ponúkajú nespočetné možnosti ich štúdia. Jedným z efektívnych spôsobov štúdia vlastností proteínov sú biosenzory. Pomocou vytvorenia citlivých vrstiev na povrchu a použitia moderných fyzikálnych metód je možné vytvoriť veľmi citlivé zariadenie na sledovanie aktivity proteínov na povrchoch.

Na štúdium aktivity proteínov boli vyvinuté mnohé metódy. Zväčša sa jednalo o kalorimetrické alebo elektrochemické metódy, ktoré síce umožňovali veľmi citlivú detekciu, ale výsledky boli niekedy ťažko interpretovateľné, a v niektorých prípadoch aj nepresné alebo nesprávne. Preto sa mnohé výskumné tímy zaoberajú tvorbou senzorov, ktoré by umožnili získanie presnejších výsledkov a zároveň by dovolili sledovať niekoľko rôznych charakteristík súčasne.

Potencionálne úspešným by v tomto smere mohli byť biosenzory založené na akustickej metóde detekcie. Kremenný piezokryštál rozkmitaný vysokofrekvenčným napätím slúži ako účinný prevodník zmien na jeho povrchu spojených s chemickými alebo afinitnými interakciami. Akustická metóda merania strižných kmitov piezokryštálu (TSM) je citlivá na zmeny hmotnosti a povrchovej viskozity vrstiev, pripravených na jeho povrchu. Podporné vrstvy v tomto prípade pozostávajú z molekúl, ktoré sa jedným koncom viažu na zlatú vrstvu naparenú na piezokryštáli, a druhý koniec po aktivácii obsahuje napríklad voľnú amino-reaktívnu skupinu.

Jedným z atraktívnych systémov, ktoré je možné študovať pomocou TSM metódy sú serínové proteázy. Medzi tieto proteázy patria plazmín, trypsín a trombín. Mechanizmus ich štiepenia je podobný, avšak každý ma rôznu afinitu k substrátu štiepenia. Je preto výhodne študovať ich proteolytickú funkciu na imobilizovanom proteínovom substráte. Takýmto substrátom môže byť aj kazeínová vrstva, ktorej degradácia pod vplyvom plazmínu a trypsínu už bola preukázaná, avšak

[*] mtatarko1@gmail.com
[‡] tibor.hianik@fmph.uniba.sk

doposiaľ nebola študovaná pomocou akustickej metódy. V prvej časti práce sme sa preto venovali analýze proteolytického štiepenia kazeínovej vrstvy proteázami.

1. Súčasný stav problematiky

1.1 Význam detekcie proteínov a sledovanie ich aktivity

1.1.1 Charakteristika proteínov a proteáz

Proteíny majú nezastupiteľnú úlohu v organizme. Podieľajú sa na stavbe a ochrane buniek, katalýze metabolických reakcií, replikácii DNA, odpovedi buniek na podnety a umožňujú bunkovú komunikáciu (Lodish a spol., 2004). Preto je veľmi dôležité pre pochopenie týchto funkcií sledovať a vyhodnocovať aktivitu proteínov a zmeny, ktoré vyvolávajú.

Významnú úlohu v systéme proteínov majú proteázy. Sú to enzýmy, ktoré vykonávajú proteolýzu, štiepenie proteínov. Proces začína katabolizmom proteínov za hydrolýzy peptidových väzieb spájajúcich jednotlivé aminokyseliny štiepeného peptidového reťazca. Proteázy sa vyvinuli do rôznych tried a rodín, ktoré majú rozdielny mechanizmus štiepenia, avšak výsledný produkt môže byť totožný.

Proteázy sú rozdelené podľa mechanizmu štiepenia do 6 základných skupín: serínové protázy (so serínovým alkoholom), treonínové proteázy (so sekundárnym alkoholom treonínu), cysteínové proteázy (s cysteínovou tiolovou skupinou), aspartátové proteázy (s karboxylovou skupinou aspartátu), proteázy kyseliny glutámovej (s karboxylovou skupinou glutamátu) a metaloproteázy (s inkorporovaným kovom) (Rawlings a spol., 2010).

1.1.2 Serínové proteázy

Práve serínovým proteázam bol venovaný intenzívny výskum, keďže sa podieľajú na najzákladnejších procesoch štiepenia v organizme. Štiepia peptidové väzby pomocou serínu, ktorý slúži ako nukleofilná aminokyselina ich aktívneho miesta. Výrazným štruktúrnym znakom serínových proteáz sú 2 domény - β-barely, ktoré sú k sebe najbližšie na aktívnom mieste. Serínové proteázy sa delia na ďalšie podskupiny, nadrodiny, ktorých je celkovo 16. Ich spoločným prvkom je pôvod, ktorý je pozorovateľný na ich štrukturálnom usporiadaní. Nadrodiny sa delia do 3 väčších skupín: skupina P obsahujúca zmes rodín nukleofilnej triedy, skupina S, ktorú tvoria čisto serínové proteázy a skupina nezaradených proteáz. Každá nadrodina má niekoľko rodín, ktorých spoločným znakom je evolučná spojitosť, podobná trojrozmerná štruktúra, funkcia a výrazná sekvenčná zhoda (Hedstorm, 2002).

Ďalšie delenie serínových proteáz je závislé na špecifickosti k substrátu, ktorý štiepia. Trypsínu podobné proteázy oddeľujú peptidové väzby za pozitívne nabitými aminokyselinami (lyzín a arginín), chymotrypsínu podobné proteázy štiepia stredné až veľké hydrofóbne časti reťazca (tyrozín, tryptofán a fenylalanín), elastáze podobné proteázy štiepia za rovnakých podmienok ako predchádzajúce dve skupiny (preferujúc alanín, glycín a valín) a subtilisilínu podobné proteázy štiepia proteíny v prokaryotických bunkách (Ovaere a spol., 2009).

1.2 Štiepenie kazeínu plazmínom

1.2.1 Plazmín

Plazmín je serínová proteáza prítomná v krvi, kde degraduje množstvo proteínov krvnej plazmy, vrátane krvných zrazenín (fibrinolýza). Okrem rozkladu fibrínu pôsobí v rôznych iných systémoch. Aktivuje kolagenázy, mediátory komplementárneho systému a oslabuje stenu Grafovho folikulu, čím navodzuje ovuláciu. Medzi jeho štiepiace substráty patria fibrín, fibrinektín, trombospondín, laminín, von Willebrandov faktor a kazeín.

Plazminogén, primárne sa vyskytujúci neaktívny prekurzor sa vplyvom kalikreiínu, faktora XII, urokinázových (uPA) a tkanivových (tPA) plazminogénových aktivátorov mení na aktívnu formu plazmín. V tomto plazmínovom systéme je inhibícia spôsobená vlastnými plazminogénovými inhibítormi, ale aj ako negatívna spätná väzba na tvorbu plazmínu.

Štruktúra plazminogénu pozostáva zo 7 domén. Okrem domény chemotrypsínu podobnej serínovej proteáze na C-konci molekuly obsahuje na N-konci Pan Apple doménu spolu s 5 Kringle doménami (KR). Tieto časti zabezpečujú uzavretú štruktúru plazminogénu a viazanie lyzínových častí substrátov.

Plazminogén po podrobení sa röntgenovej analýze kryštalickej štruktúry jeho zavretej formy odhaľuje, že PA a SP domény udržujú úzku konformáciu pomocou interakcie cez Krindlovu formáciu (Law a spol., 2012). Dôležité ióny chlóru udržujú štruktúru pomocou premostenia PAp/KR4 a SP/KR2.

Plazmínový systém má hlavnú proteázovú aktivitu v mlieku a je napojený na kazeínové micely a mliečne lipidové membrány. Koncentrácie zložiek systému sa zvyšujú v pokročilom období laktácie a ich maximálne koncentrácie sú dosiahnuté až v nelaktačnom období, kedy prestupujú enzýmy z krvi do mlieka. Plazmínová aktivita sa po získaní mlieka z tkaniva reguluje tepelnými procesmi. Pri ochladení pod telesnú teplotu je inhibovaný proces premeny plazminogénu na plazmín a pomocou pasterizácie pri 72°C po 15 sekundách klesne plazmínová aktivita o 10 – 17%. Na jej takmer úplne zastavenie počas skladovania je potrebné mlieko zohriať až na 120°C počas 15 minút (Aslam a Hurley, 1997).

Uvedené vlastnosti plazmínu motivovali vývoj mnohých metód sledovania jeho aktivity. Niekoľko kolorimetrických metód bolo zamerných na detekciu plazmínu a látok spojených s jeho aktivitou, ako napríklad urokináza a vaskulárny aktivátor. Fluorometrický test bol vyvinutý na zistenie aktivity plazmínu vo vzorke sĺz pacientov trpiacich očnými chorobami ako mikrobiálna keratitída, vred rohovky, herpetická infekcia a v dôsledku poškodenia oka. Metóda dokázala vykonať rýchlu (5 – 10 minút) a citlivú (0,6 U/l) detekciu aktivity plazmínu a rozlišovať medzi pacientmi a kontrolou (Tervo a spol., 1994). Ďalšia podobná metóda zahrňovala meranie fluorescencie β-naptolu uvoľneného z α-N-metyl-α-N-tosyl-I-lyzín β-naptol esteru počas štiepenia palzmínom. Na tomto základe bol vytvorený aj fluorometrický test sledujúci premenu plazminogénu na plazmín (Bell a spol., 1974). Tieto metódy skúmajúce aktivitu plazmínu boli použité aj na skúmanie a porovnávanie mikrobiálnych fibrínolytických enzýmov (Kotb, 2013).

Okrem uvedených klasických metód bol vyvinutý aj elektrochemický a optický senzor. Elektrochemická detekcia ponúka veľmi citlivú detekciu enzymatického štiepenia i pri malej koncentrácii vzorky (analytu). Imobilizovaný peptidový substrát bol modifikovaný ferrocénom. Kapilárnou elektroforézou bola zaznamenaná redukcia píku ferrocénu. Analýza plazmínovej aktivity porovnávala voltamogramy aj s prídavkom imobilizovaného merkaptohexanolu. Vyšší prídavok plazmínu spôsobil výraznejšiu redukciu anódových a katódových píkov voltamogramu. Limit detekcie (LOD) bol stanovený na 0,56 nM plazmínu. Alternatíva uvedeného postupu bola použitá na sledovanie plazmínovej aktivity v mlieku. Relatívne zmeny prúdu boli menšie ako v prostredí fosfátového tlmivého roztoku, avšak pri zvyšovaní koncentrácie plazmínu bolo možné sledovať podobné zmeny (Castillo a spol., 2015).

1.2.2 Kazeín

Kazeín je bežne sa vyskytujúci fosfoproteín, ktorý tvorí 30% všetkých bielkovín v ľudskom mlieku a až 80% v kravskom mlieku (Kunz a Lonnerdal, 1990). Pozostáva z pomerne vysokého množstva prolínových zvyškov, ktoré neinteragujú a neobsahuje žiadne disulfidické mostíky. Preto má kazeín nevýraznú terciárnu štruktúru. Je slabo rozpustný vo vode, keďže celkovo pôsobí hydrofóbne. V mlieku sa nachádza ako suspenzia kazeínových miciel, ktoré sú klasickým micelám podobné iba v tvare a vlastnosti hydrofilnej externej vrstvy, ale ich vnútro je vysoko hydratované. Stabilita kazeínu v micélach je udržiavaná vápnikovými iónmi a hydrofóbnymi interakciami. Bolo navrhnutých niekoľko modelov tejto formácie (Dalgleish, 1998). Najviac popísaný je model niekoľkých podmiciel, ktoré na periférii držia vyššia depozícia κ-kazeínu (Walstra, 1979). Ďalší model navrhuje štruktúru fibríl, ktoré prepájajú kazeíny (Holt, 1992). Aktuálny model navrhuje dvojité prepojenia medzi molekulami kazeínu za vzniku gélu (Home, 1998). Všetky modely však pokladajú kazeínové micely za koloidné častice tvorené z kazeínových agregátov obalených rozpustným κ-kazeínom.

Izoelektrický bod kazeínu je 4,6, čo ho pri pH mlieka (6,6) robí negatívne nabitým. Čistý izolovaný proteín je nerozpustný v neutrálnom roztoku solí, ale rozpúšťa sa v alkalických roztokoch a v roztokoch istých soli, ako napríklad oxalát sodný a octan sodný. Enzým trypsín môže hydrolyzovať kazeínový peptón s obsiahnutým fosfátom za formovania organického adhezíva.

β-kazeín je najviac náchylný na degradáciu plazmínom, aj keď jeho ďalšie varianty ako as-kazeín sa v jeho prítomnosti rozkladajú menej a κ-kazeín s ďalšími mliečnymi proteínmi (α-laktalbumín a β-laktobulín) sú voči jeho proteolytickej aktivite odolné. Fragmenty rozloženého kazeínu môžu spôsobiť stratu príchute, horkosť mlieka a znižujú viskozitu, čo spôsobuje v mliečnych výrobkoch takých ako sú syry lepšiu rozťažnosť a ľahšie topenie. Horkosť sa prejavuje najmä u produktov ako UHT (ultra-heat treatment) mlieko, smotana a syr (Bastian a Brown, 1995).

1.3 Trypsín

1.3.1 Charakteristika trypsínu

Trypsín je pankreatická serínová proteáza so substrátovou špecificitou na pozitívne nabitý lyzín a lyzínové a arginínové vedľajšie reťazce. Enzým je vylučovaný exokrinnými bunkami pankreasu do dvanástnika tenkého čreva, kde sa podieľa na trávení bielkovín.

Trypsín bol prvýkrát popísaný v roku 1876 Wilhelmom Kuhnenom, ktorý rozlíšil jeho aktivitu od pepsínu na základe optimálneho pH. Izolovaný bol až v roku 1930, krátko po predchádzajúcom objave spôsobu kryštalizácie pepsínu (Norothrop a Kunitz, 1930). V roku 1974 bola zistená jeho trojrozmerná štruktúra, tvoriac tak základ pre vznik rodiny S1 serínových endopeptidáz. V ďalších rokoch bol výskum trypsínu zameraný na určenie úlohy jednotlivých aminokyselín v jeho štruktúre. Pribudli aj aplikačné objavy, ako napríklad podiel mutácií Arg117His trypsínu ako príčiny dedičnej pankreatitídy. Ďalšie aplikácie sa týkali vývoja protokolov pre bunkové a tkanivové kultúry, identifikáciu proteínov za pomoci sekvenčných techník, ako ukazovateľ dysfunkcie tkaniva pankreasu kvôli patologickým stavom akými sú cystická fibróza a chronická pankreatitída. Trypsín má aj dôležitú úlohu v modeli rozkladu chrupavky pri osteoartróze (Wang a spol., 2008).

Prekurzorom trypsínu je trypsinogén. Ten je aktivovaný odstránením koncového hexapeptidu za výťažku jednoreťazcového β-trypsínu. Nasledujúca limitovaná autolýza produkuje ďalšie aktívne formy charakterizujúce sa viazaním dvoch a viacerých peptidových reťazcov disulfidickými väzbami. Výsledkom sú α-trypsín, s dvoma reťazcami, β-trypsín, s jedným reťazcom. Obidve formy sa odlišujú tepelnou stabilitou (Bartunik a spol., 1989).

Dôležitou časťou štruktúry trypsínu je slučka medzi aminokyselinami na 185. a 193. mieste, ktorá má vplyv na špecificitu, aj keď nedochádza k jej priamemu kontaktu so substrátom. Vysoko afinitné miesto viažuce vápnikový katión je potrebné pre dostatočnú stabilitu molekuly a zabraňuje jej autolýze, keďže ďalšia slučka medzi aminokyselinami 143-151 je flexibilná v molekule trypsínu a jeho prekurozore.

Pankreas produkuje dve formy trypsínu, dominantný katiónový a minoritný anionový. Obidve formy majú ďalšie alternatívne spôsoby štruktúry. Dominantný jednovláknový β-trypsín obsahuje spomínanú samorozkladajúcu slučku, ktorej pôsobením vzniká α-trypsín, forma s jedným medzivláknovým rozdelením. Ďalšou autolýzou sa tvorí Ψ-trypsín, forma s dvoma medzivláknovými rozdeleniami (Fehlhammer a Bode, 1975).

1.3.2 Aktivita a inhibícia trypsínu

Trypsín ako serínová proteáza má rovnaký mechanizmus štiepenia ako ďalšie serínové proteázy. Avšak aj cez široké spektrum proteínov, ktoré štiepi, má trypsín istú úroveň špecifickosti. Prítomnosť aspartátu 189 na dne aktívneho miesta štiepenia je hlavným determinantom jeho štiepenia pozitívne nabitých substrátov. Okrem tejto vlastnosti, hydrofóbne steny aktívneho miesta vytvárajú vyhovujúce prostredie pre dlhé alifatické a nerozvetvené súčasti arginínových a lyzínových postranných reťazcov. Oproti tomu iná serínová proteáza, ako napríklad chemotrypsín, obsahuje širšie a nenabité časti aktívneho miesta a preferuje veľké hydrofóbne

a aromatické postranné reťazce (Appel, 1986).

Aktivita serínových proteáz ako trypsín musí byť organizmom správne regulovaná tak, aby nedochádzalo k štiepeniu kontaktných tkanív a zároveň k spomaleniu ich aktivity natoľko, že by spôsobili silný antinutričný efekt. Tieto látky je možné izolovať z krvnej plazmy (α_1-antitrypsín), ale aj externých zdrojov ako hovädzí pankreas (aprotinín), vaječné bielko (ovomucín) a sójové bôby. Okrem znižovania aktivity trypsínu medzi aplikácie inhibítorov trypsínu patrí aj ich úloha onkomarkera.

2. Ciele práce

Cieľom tejto práce je vytvorenie proteínových vrstiev na povrchoch zložených z kazeínu . Pomocou akustickej metódy založenej na meraní strižných kmitov piezokryštálu bude študované štiepenie kazeínu plazmínom a trypsínom.

3. Materiály a metódy

K splneniu stanovených cieľov sme v predkladanej práci použili akustickú metódu kremenných kryštalických mikrováh, pomocou ktorej sme študovali molekulové interakcie na povrchoch.

3.1 Aplikácia QCM

QCM senzor pozostáva z tenkej doštičky kremeňa zrezaného AT-rezom s okrúhlymi elektródami na oboch stranách kryštálu. Akustické vlny sú generované aplikáciou vysokofrekvenčného napätia na elektródy. QCM pracujú ako rezonátory v takmer čistom strižnom móde, preto sa nazývajú TSM senzory.

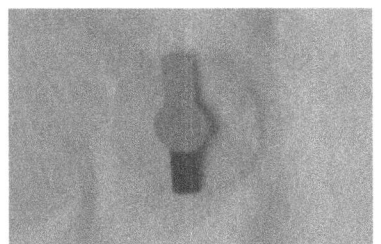

Obr. 3.1 TSM senzor – kremenný kryštál zrezaný pod AT-uhlom so zlatými elektródami na oboch stranách.

Rezonančné frekvencie senzora sú nepriamo závislé od hrúbky kryštálu. Zvyčajne majú základné módy rezonančnej frekvencie od 5 – 30 MHz. Kryštály s vyššími frekvenciami operujú v overtónoch. Niektoré senzory majú hrúbku len 1 µm. Sú pripravené opatrným lisovaním a pre mechanickú stabilitu sú kmity kryštálu limitované len na oblasť elektród.

Základným javom pre celú triedu mikrosenzorov na báze akustických vĺn, je zmena rezonančnej frekvencie spôsobená zmenou hmotnosti na povrchu prevodníka. Táto gravimetrická metóda slúži k sledovaniu adsorbcie tenkých vrstiev a dovoľuje tvorbu senzorov aj na absorpciu plynov a pár použitím správne vybraných materiálov na pokrytie povrchu. Tie musia byť k plynu chemicky aktívne.

V istom rozsahu hmotností frekvenčný posun Δf lineárne závisí od zmeny hmotnosti Δm nezávisle od vlastností materiálu. Citlivosť pomeru týchto zmien je proporcionálna f^2. Pre výraznejšiu adsorbciu, senzory stratia gravimetrický režim a frekvenčný posun sa stane funkciou hmotnosti a viskoelastických vlastností vrstvy.

TSM senzory môžu pracovať aj v tekutine. V tomto prípade je frekvenčný posun funkciou hustoty a viskozity tekutín. To umožňuje použitie TSM rezonátora na štúdium vlastnosti tekutín. Okrem toho, citlivosť na zmeny hmotnosti a viskozity v tekutinách
je možné výhodne kombinovať. TSM senzory pokryté biochemicky aktívnymi vrstvami môžu byť použité pre biochemickú analýzu v roztokoch. Svoje uplatnenie našli v chemických, biomedicínskych a enviromentálnych výskumoch.

3.2 Meracia zostava QCM

Aby spomínaná QCM metóda mohla fungovať, je potrebné zostaviť prietokový systém, ktorý by umožňoval kontinuálnu aplikáciu roztokov a vzoriek. Ústrednou súčasťou nami použitého QCM zariadenia je kruhový kremenný kryštál (International Crystal Manufactoring (ICM), USA) s naparenou vrstvou zlata na oboch stranách s rezonančnou frekvenciou 8 MHz. Kryštál s imobilizovanou vrstvou je umiestnený v prietokovej cele, ktorá pozostáva z dvoch častí, z ktorých jedna obsahuje zlaté elektródy, napojiteľné na zlaté vrstvy kryštálu. Plastový materiál cely a hadičiek zabraňuje interakcii so vzorkou. Stálosť rýchlosti prietoku v priebehu meraní bola zabezpečovaná digitálnou pumpou Genius Plus 2011 (Kent Scientific, USA), na ktorú bola nasadená vymeniteľná injekčná striekačka o objeme 20 ml. Rýchlosť prietoku počas merania bola vždy konštantná – 50 µl/min.

Rozkmitanie kryštálu vysokofrekvenčným napätím a snímanie signálu prebiehalo pomocou vektorového analyzátora Agilent 8712ES (Agilent Technologies, USA) (Obr. 3.6). Softvérové vybavenie počítača pozostávalo z programu Sens (Rybár a Grman, 2006), ktoré umožňovalo v reálnom čase sledovať zmeny rezonančnej frekvencie a dynamického odporu vzorky.

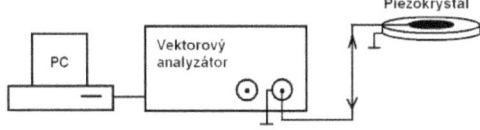

Obr. 3.2 Schéma experimentálneho zariadenia na meranie charakteristík akustického senzora pomocou vektorového analyzátora (Šnejdárková a spol., 2008).

3.3 Použité chemikálie

Na prípravu roztokov bola použitá deionizovaná voda (R>15 MΩ.cm, Purelab Classic-UV (ELGA, UK)). Všetky chemikálie boli čistoty p.a.: TRIS (tris(hydroxymetyl)aminometán, M_h = 121,1 g/mol), fosfátový pufor (Phosphate Buffered Saline tablets, pH 7,4) boli zakúpené v Sigma Aldrich (Nemecko), NaCl (M_h =58,44 g/mol) , KCl (M_h = 74,55 g/mol), $MgCl_2$ (M_h = 95,21 g/mol), $CaCl_2$ (M_h = 110,98 g/mol), etanol (M_h= 46,07 g/mol), amoniak (M_h = 17,03 g/mol), peroxid vodíka (M_h = 34,017, g/mol, H_2O_2, 30%), kyselina chlorovodíková (HCl, 1M) (Slavus, Slovensko).

V experimentoch boli použité tlmivé roztoky:

PBS – 1 tableta rozpustená v 200 ml deionizovanej vody (0,01 M $NaHPO_4$/ 0,01 M NaH_2PO_4, 2,7 mM KCl, 0,137 M NaCl, pH 7,4)

TRB – trombínový tlmivý roztok (20 mM Tris, 140 mM NaCl, 1mM $CaCl_2$, 1mM $MgCl_2$, 5mM KCl, pH 7,4)

Na prípravu amino-reaktívnej vrstvy biosenzora boli použité:

11-merkaptoundekánová kyselina (MUA, M_h = 218,36 g/mol, 99%), hydrochlorid, N-(3-dimetylaminopropyl)-N´-etylkarbodiimid (EDC, M_h = 191,7 g/mol, EC 247-361-2), N-hydroxysukccinimid (NHS, M_h = 115,09 g/mol, EC 228-001-3), etanolamín (M_h = 61,08 g/mol, 99%, EC 205-483-3).

Na prípravu kazeínovej vrstvy a jej štiepenie boli použité:

β-kazeín z kravského mlieka (M_h = 24 944 g/mol), plazminogén z hovädzej plazmy (> 2 U/mg, M_h=92 000 g/mol, EC 232-641-9), trypsín z hovädzieho pankreasu (7 500 BAEE U/mg, M_h =23 000 g/mol, EC 232-650-8) (Sigma Aldrich, Nemecko).

Plazminogén bol aktivovaný zmiešaním 275 µl plazminogénu z hovädzej plazmy (2,5 mg/ml) s 125 µl urokinázy (Merck, Nemecko) (10 kU/ml). Po približne 25 minútach bol vytvorený roztok plazmínu s koncentráciou 1 µM, ktorý bol po nariedení na požadovanú koncentráciu ihneď aplikovaný do prietoku senzora.

3.4 Príprava kazeínovej vrstvy

V experimentoch sme použili kremenné kryštály s naparenými zlatými vrstvami, ktoré slúžili ako pracovná elektróda na prípravu kazeínovej vrstvy. Pred samotným meraním bolo potrebné zlatú elektródu vyčistiť.

Kryštál sme dôkladne čistili v roztoku zásaditej pirane (5:1:1 destilovaná voda, peroxid vodíka, amoniak). Potom sme kryštál premyli etanolom a vysušili prúdom dusíka. Takto pripravený kryštál sme uložili do teflónovej inkubačnej cely.

Príprava vzoriek: Na kryštál umiestnený do teflónovej cely sme na jednu stranu elektródy naniesli kyselinu merkaptoundekánovú (MUA) rozpustenú v etanole v koncentrácii 2 mM. Roztok sme nechali inkubovať 18 hodín pri laboratórnej teplote (22 °C). Po inkubácii sme elektródu dôkladne premyli etanolom, vodou a jemne osušili prúdom dusíka. Po vizuálnej kontrole elektródy sme ju umiestnili do prietokovej meracej cely tak, aby vrstva MUA bola v kontakte s prietokom.

Merací proces: Kremenný kryštál modifikovaný vrstvou MUA sme na začiatku merania premývali vodou. Sledovali sme hodnoty rezonančnej frekvencie (Δf_s) a dynamického odporu (ΔR_m) do ustálenia rovnováhy. Po ustálení sme aplikovali roztok 20 mM EDC a 50 mM NHS, ktorý sme nechali v prietoku približne 20 minút. Kryštál sme po tejto aplikácii premyli vodou, aby sa z povrchu senzora odstránili nenaviazané molekuly a po ustálení oboch parametrov bola voda nahradená tlmivým roztokom PBS. Na takto pripravenú amino-reaktívnu vrstvu sme mohli pridať 1 mg/ml β-kazeínu. Po 30 min. aplikácie β-kazeínu sme premytím cely tlmivým roztokom PBS ukončili prípravu kazeínovej vrstvy. Na takto pripravené vrstvy sme pridali plazmín v koncentračnom rozsahu 1, 2, 5, 10 a 20 nM. Každá aplikácia plazmínu bola na novej kazeínovej vrstve.

4. Výsledky a diskusia

4.1. Štiepenie kazeínu

Kryštál s imobilizovanou vrstvou MUA sme vložili do meracej prietokovej cely a premyli povrch senzora deionizovanou vodou s konštantnou rýchlosťou 50 µl/min. Po ustálení hodnôt rezonančnej frekvencie f_s a dynamického odporu R_m sme aplikovali zmes 20 mM EDC a 50 mM NHS. Tieto látky umožnili modifikáciu voľných koncov inkubovanej MUA amino-reaktívnou skupinou, ktorá je potrebná na naviazanie proteínov prostredníctvom ich aminoskupín. Na obrázku 4.1. je uvedená kinetika zmien rezonančnej frekvencie a dynamického odporu počas chemickej modifikácie vrstvy MUA a tvorby kazeínovej vrstvy.

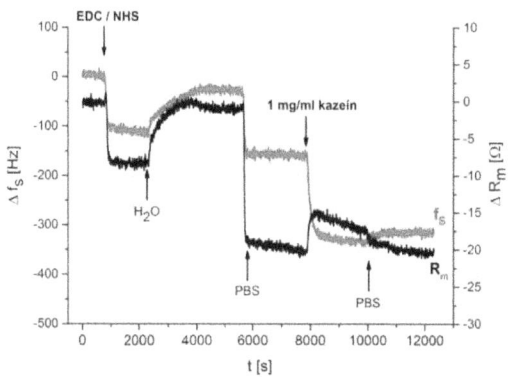

Obr. 4.1 Kinetika zmien rezonančnej frekvencie a dynamického odporu počas formovania kazeínovej vrstvy v prietokovom systéme

Z obrázku môžeme vidieť, že po kontakte EDC a NHS s vrstvou klesla jeho rezonančná frekvencia f_s o -107 ± 13,8 Hz a dynamický odpor R_m o -7,0 ± 3,6 Ω. Tieto zmeny môžeme pripísať rýchlemu viazaniu molekúl EDC, resp. NHS na karboxylovú skupinu na voľnom konci uhlíkového reťazca MUA. Predpokladáme, že kvôli nadbytku voľných molekúl došlo aj k ich usadzovaniu, pretože po výmene roztoku za destilovanú vodu nastal pomalý návrat f_s a R_m k pôvodným hodnotám. Po ustálení hodnôt je viditeľný celkový rozdiel rezonančnej frekvencie Δf_s = -25,4 ± 9,7 Hz. Celková zmena odporu záležala od jeho prvotného poklesu, a tak v prípadoch malého prvotného poklesu bola celková zmena kladná a nová hodnota dynamického odporu R_m bola vyššia ako pôvodná. To dokazuje naviazanie EDC, resp. NHS na voľné konce molekuly, pretože sa imobilizované reťazce stávajú dlhšími a spôsobujú vyšší odpor v prúdení. Po aktivácii vrstvy bolo potrebné zmeniť deionizovanú vodu za PBS, prostredie s neutrálnym pH, ktoré umožňuje optimálne fungovanie použitých organických molekúl. Pokles frekvencie o viac než 120 Hz bol spôsobený prítomnosťou iónov v roztoku, ktoré menia jeho hustotu, vlastnosti vrstvy MUA, čo ovplyvňuje interakciu vrstvy s okolitým prostredím. V konečnom dôsledku po

výraznom poklese oboch veličín dochádza
k ich ustáleniu. Takto pripravená vrstva
amino-reaktívnej MUA umožnila
naviazanie kazeínu. Ten bol aplikovaný
ako roztok s koncentráciou 1 mg/ml. Jeho
pridanie spôsobilo výrazný pokles Δf_s = -
203,2 ± 11,0 Hz sprevádzaný rastom
dynamického odporu ΔR_m = 6,8 ± 0,9 Ω.
Kazeín je pomerne veľkou molekulou
v porovnaní s NHS a EDC. Pozorovaný
pokles frekvencie je dôkazom prírastku
hmotnosti, ktorú spôsobilo naviazanie
kazeínu na povrch. Nakoľko sa jedná
o pomerne veľkú molekulu, ktorá môže
tvoriť nehomogénne micely, dochádza
k silnej interakcii s vodným prostredím, čo
vedie k rastu povrchovej viskozity a rastu
dynamického odporu. Avšak nie všetok
aplikovaný kazeín sa naviaže na MUA
vrstvu. Časť kazeínu sa nenaviazala a bola
vyplavená prúdom PBS, o čom svedčí aj
jemný nárast f_s po výmene kazeínu za
tlmivý roztok. Celkovo tak dodanie
kazeínu spôsobilo zmenu frekvencie Δf_s =
-192,2 ± 12,9 Hz.

Na pripravenú kazeínovú vrstvu
boli aplikované proteázy plazmín, trypsín
a trombín. V prvej sade experimentov sme
sa venovali štiepeniu kazeínovej vrstvy
plazmínom. Zásobný roztok plazmínu bol
aktivovaný a mal koncentráciu 1 μM,
ktorý sme tesne pred meraním rozriedili na
našu požadovanú koncentráciu. Použité
koncentrácie boli 1 nM, 2 nM, 5 nM, 10
nM a 20 nM. Prídavok plazmínu mal
za následok nárast f_s. Keďže plazmín
štiepil kazeín, fragmenty boli odnášané
prietokom a znižovalo sa zaťaženie
kryštálu. Názorná ukážka priebehu
štiepenia kazeínovej vrstvy 5 nM
plazmínom je uvedená na obr. 4.2.

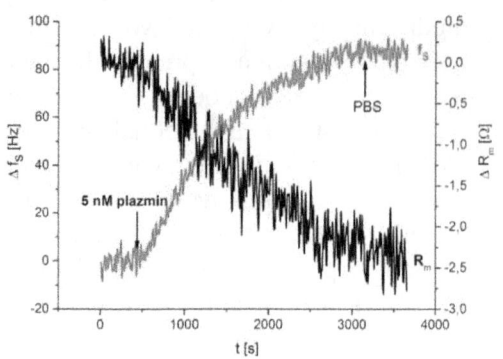

Obr. 4.2 Kinetika zmien rezonančnej
frekvencie a dynamického odporu počas
štiepenia kazeínovej vrstvy 5 nM
plazmínom.

Pre sledovanie proteolytickej
aktivity trypsínu sme použili rovnaký
koncentračný rozsah 1 nM, 2 nM, 5 nM, 10
nM a 20 nM. Aj v prípade trypsínu sme
pozorovali nárast f_s a pokles R_m.

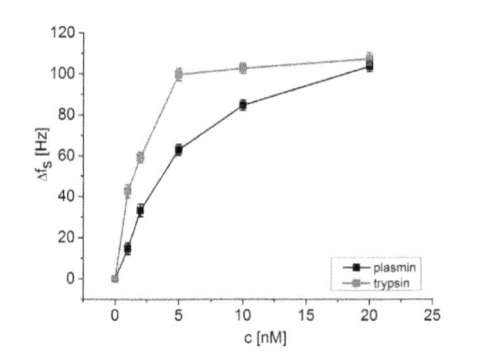

a)

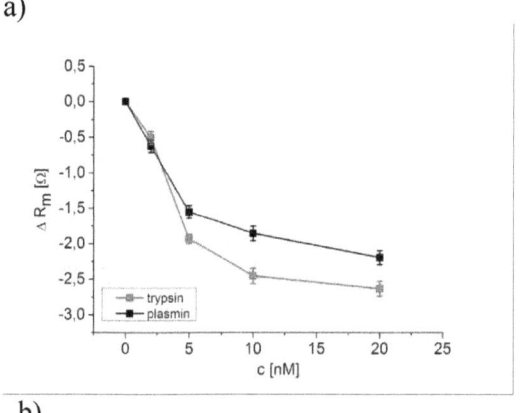

b)

Obr. 4.3 Kinetické zmeny a) f_s a b) R_m
počas aplikácie plazmínu a trypsínu na
vrstvu kazeínu v koncentračnom rozsahu 0
- 20 nM.

Pre rovnaké koncentrácie sme zaznamenávali odlišné odozvy a rýchlosť týchto zmien bola tiež rozdielna. Na Obr. 4.3 sme porovnali celkové zmeny f_s a R_m v dôsledku aplikácie plazmínu a trypsínu v rovnakom rozsahu koncentrácií. Pridanie 5 nM trypsínu spôsobilo porovnateľnú odozvu f_s ako pridanie 20 nM plazmínu. Použitie vyšších koncentrácií trypsínu nespôsobilo väčšie zmeny sledovaných veličín a nárast frekvencie pri týchto vzorkách zodpovedal približne polovičnej zmene, ktorá nastala pri naviazaní kazeínu. Predpokladáme, že táto hodnota zodpovedá úplnému rozštiepeniu všetkých trypsínom rušených peptidových väzieb.

Trypsín spôsobil porovnateľne nižšie odozvy v R_m, ako plazmín. Môžeme to vysvetliť špecificitou k štiepiteľným miestam. Kým plazmín štiepi kazeín presne na 2 miestach, v prípade trypsínu je zrejme týchto miest viac a predpokladáme, že sú štiepené postupne, podľa ich prístupnosti proteázam. Vrstva kazeínu je stále celkom rigidná, aj keď väčšina jej koncových fragmentov sa odtrháva.

Všetky poklesy nad 2 nM koncentráciou bolo možné fitovať exponenciálnou rovnicou, ktorá bola zadefinovaná podľa všeobecného fitu exponenciálnej rovnice.

$$F = f_0 + A_1(e^{-k\,(t-\,t_0)}) \qquad (4.1)$$

Tento fit sa ukázal byť vhodnejší ako zvyčajný niekoľkočlenný fit štiepenia serínových proteáz, ktorý sa pôvodne zdal vhodnejší kvôli 3 krokom ich štiepiaceho mechanizmu (Nádaždy, 2014), ale tieto fity mali veľké odchýlky. Takto fitované priebehy štiepenia bolo možné podrobiť derivácii a získať tak kinetiku zmien rezonančnej frekvencie pre rýchlosť štiepenia.

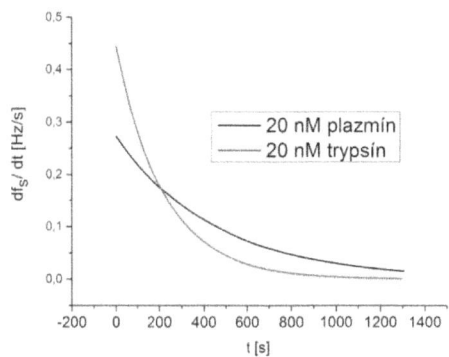

Obr. 4.4 Kinetika rýchlosti zmien rezonančnej frekvencie pre štiepenie kazeínovej vrstvy plazmínom a trypsínom pre 20 nM proteáz.

Ako môžeme vidieť na Obr. 4.4, rýchlosť zmeny rezonančnej frekvencie pre trypsín bola väčšia v porovnaní s plazmínom. Keďže bol tento proces limitovaný konečným množstvom štiepeného plazmínu, rýchlosť sa postupne znižovala, až nakoniec klesla na nulovú hodnotu. Musíme však poznamenať, že vlastnosti obidvoch proteáz závisia od teploty, pH a iónovej sily roztoku. Preto pre porovanie ich aktivity sú potrebné ďalšie štúdie.

Okrem týchto experimentov sme analyzovali nešpecifickú interakciu kazeínovej vrstvy s trombínom. Pridanie trombínu v koncentrácii 20 nM spôsobilo podstatne menšiu zmenu akustických veličín f_s a R_m v porovnaní s ostatnými proteázami. Nezaznamenali sme však nárast f_s a pokles R_m, naopak, frekvencia začala mierne klesať (asi o 9 Hz) a odpor stúpať (1,5 Ω), akoby dochádzalo k naväzovaniu trombínu na povrch. Po premytí povrchu tlmivým roztokom došlo k desorbcii trombínu. Trombín je totiž úzko špecifická serínová proteáza a neštiepi kazeín. Na obr. 4.5 je na ukážku znázornená kinetika zmien veličín f_s a R_m po pridaní 20 nM trombínu na kazeínovú vrstvu.

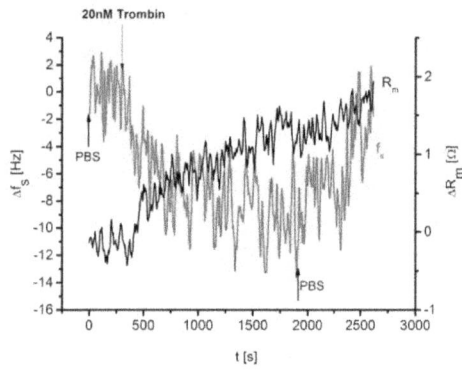

Obr.4.5 Zmeny rezonančnej frekvencie a dynamického odporu počas interakcie kazeínovej vrstvy s 20 nM trombínom.

Záver

Detekcia proteínov a sledovanie ich aktivity pomocou akustickej metódy založenej na meraní strižných kmitov piezokryštálu (TSM) predstavuje efektívny spôsob, ktorý umožňuje skúmať vlastnosti proteínov i v oblasti nM koncentrácií. Proteíny nemusia byť nijako modifikované a je možné pozorovať ich aktivitu a interakcie takmer v prirodzenom prostredí. Takýto model senzora by našiel výhodné využitie v potravinárskom a farmaceutickom priemysle.

Keďže proteíny sú molekuly s mnohými funkciami, pre každú existuje niekoľko možných spôsobov detekcie. Pre serínové proteázy je to možnosť sledovania vlastností substrátu, ktorý štiepia. Rozloženie náboja okolo ich aktívneho miesta spôsobuje, že aj keď mechanizmus degradácie peptidovej väzby je rovnaký, každý ma trochu inú afinitu k cieľovej degradovanej molekule a dokonca ju môže štiepiť aj na rozličných miestach.

Naša štúdia sa zamerala na štiepenie vrstvy β-kazeínu, ktorý sme pomocou aktivovanej podpornej vrstvy MUA imobilizovali na povrch zlatých elektród kremenného kryštálu. Pôsobenie proteázy plazmínu, o ktorej je známe, že štiepi kazeín a spôsobuje tak zmenu v chuti mlieka a jeho textúre, viedlo k výrazným zmenám akustických veličín. Prejavilo sa to v kinetike zmien rezonančnej frekvencie a dynamického odporu. Porovnaním zmien akustických veličín sme pozorovali vyššie odozvy rastu frekvencie a zníženia odporu so zvyšujúcou sa koncentráciou plazmínu. Ako alternatívu pre tento model sme na kazeínovej vrstve sledovali aj proteolytickú aktivitu trypsínu. Táto proteáza, vylučovaná z pankreasu do tráviacej dutiny štiepi viacero bielkovín, medzi ktoré patrí aj kazeín. Aplikáciou rovnakých koncentrácií sme zaznamenali výraznejšie a rýchlejšie zmeny v hodnotách rezonančnej frekvencie v porovnaní s plazmínom. Od koncentrácie 5 nM trypsínu sme však zaznamenali rovnaké zmeny rezonančnej frekvencie, čo nasvedčuje, že už pri tejto koncentrácii nastalo zrejme kompletné rozštiepenie všetkých degradovateľných fragmentov kazeínu. Pre otestovanie špecifickosti senzora sme ešte aplikovali serínovú proteázu trombín, ktorá by nemala kazeín vôbec degradovať. Absencia nárastu rezonančnej frekvencie, poklesu dynamického odporu a náznaky usadzovania trombínu boli úspešným dôkazom tejto nešpecifickej reakcie.

Tieto výsledky nám potvrdili citlivosť a špecificitu TSM biosenzora pre štúdium vlastností imobilizovaných proteínových vrstiev a poslúžia pri ďalšom výskume, na vývoj výkonných biosenzorov v potravinárstve a farmácií.

Poďakovanie

Táto práca bola finančne podporená programom cezhraničnej spolupráce EÚ Maďarská republika – Slovenská republika, projekt MILKSENS, číslo projektu HUSK/1101/1.2.1.

Literatúra

ASLAM, M.- HURLEY, W.L. 1997. Proteolysis of milk proteins during involution of the bovine mammary gland´.

Journal of Diary Science 80 (9), s. 2004-2010.

ASLAM, M.- HURLEY, W.L. 1998. Peptides generated from milk proteins in the bovine mammary gland during involution. *Journal of Diary Science 81 (3)*, s. 748- 755.

CASTILLO, G.- PRIBRANSKY, K.- MEZO, G.- KOCSIS, L.- CSAMPAI, A.- NEMETH, K.- KERESZTES, Z.- HIANIK, T. Electrochemical and photometric detection of plasmin by specific peptide substrat. *Electroanalysis 27,* s. 789- 798.

HEDSTORM, L. 2002. Serine protease mechanism and specificity. *Chem Rev. 102 (12),* s. 4501 – 4524.

HIANIK, T. – OSTATNA, V. – ZAJACOVA, Z. – STOIKOVA, E. – EVTUGYN, G. 2004. Detection of aptamer–protein interactions using QCM and electrochemical indicator methods. *Bioorg. Med. Chem. Lett. 15, s. 291.*

LAW, R. H.- CARADOC-DAVIES, T.- COWIESON, N.- HORVATH, A. J.- QUEK, A.J.- ENCARNACAO, J. A.- STEER, D.- COWAN, A.- ZHANG, Q.- LU, B.G.- PIKE, R. N.- SMITH, A. I.-

COUGHLIN, P. B. 2012. The X-ray crystal structure of full-length human plasminogen. *Cell Reports 1(3),* s. 185-190.

LODISH, H.- BERK, A.- MATSUDAIRA, P.- KAISER, C.- KRIEGER, M.- SCOTT, M.- ZIPURSKY, L.- DARNELL, J. 2004. Molecular cell biology. 5. rozšírené vyd., *WHFreema.,*

KOTB, E. 2013. Activity assesment of microbial fibrinolytic enzymes. *Applied microbiology and Biotechnology 97 (15)*, s. 6647 – 6665.

OVAERE, P.- LIPPENS, S.- VANDENABEELE, P. 2009, The emerging roles of serine protease cascades in the epidermis. *Trends in Biochemical Science 43 (9),* s. 453 – 463.

RAWLINGS, N.- BARETT, A.- BATEMAN, A. 2010. MEROPS: the peptide database. *Nucleid Acids Res.28,* s. 227- 233.

WANG, G.- XU, C. 2008. Pancreatic secretory trypsin inhibitor: More than trypsin inhibitor. *World Journal of Gastrointestinal Pathophysiology. 1 (2),* s. 85 – 90.

Študentská vedecká konferencia FMFI UK, Bratislava, 2015, pp. 176–180
ISBN 978-1518759055, © 2015 Samuel Hollý

Jednoduchá optická metóda približného určenia magnetického momentu magnetozómov

Samuel Hollý[1]*
Školiteľ: Melánia Babincová[1]

[1] Katedra jadrovej fyziky a biofyziky, FMFI UK, Mlynská Dolina, 842 48 Bratislava

Abstrakt

Pri liečbe rakovinových metastáz a iných neoperovateľných stavov sa používajú cytostatiká s výraznými negatívnymi vedľajšími účinkami. Magnetozómy – magnetické častice približne sférického tvaru v intervale veľkostí od 10 nm do niekoľkých µm – poskytujú možnosť zníženia vedľajších účinkov cytostatík ich naviazaním a cieleným transportom. Jedným z dôležitých parametrov popisujúcich odozvu magnetickej častice na magnetické pole je jej magnetický moment. V tejto práci predstavujeme jednoduchú optickú metódu približného určenia magnetického momentu magnetických častíc pomocou bežného mikroskopu a voľne dostupného softvéru ImageJ.
Kľúčové slová: magnetozómy, magnetický moment, mikroskop, ImageJ

1 Úvod

Liečba nádorových ochorení v súčasnosti pozostáva z troch „pilierov“: chemoterapia, rádioterapia a chirurgická terapia. Pri liečbe metastáz alebo iných neoperovateľných stavov sa používajú cytostatiká, ktoré však majú výrazné vedľajšie účinky ako napríklad neutropénia, trombocytopénia, hnačka, zvracanie a zápal slizníc [Garcia-Carbonero, Supko, 2002].

Magnetozómy sú magnetické častice približne sférického tvaru v intervale veľkostí od 10 nm do niekoľkých µm. Vznikajú reakciou železitých a železnatých solí, pričom produktom reakcie je kryštalický magnetit Fe_3O_4. Magnetozómy sa najčastejšie vyskytujú suspendované v kvapalnom médiu (voda alebo olej) – magnetická kvapalina. Magnetozómy vo forme magnetickej kvapaliny musia byť pokryté vrstvou surfaktantu, ktorý bráni ich zhlukovaniu generovaním elektrostatického alebo stérického odporu [Chomoucka et al., 2010].

Magnetozómy poskytujú možnosť zníženia vedľajších účinkov cytostatík na dvoch úrovniach. Prvou z nich je naviazanie cytostatika na transportnú magnetickú štruktúru a cielený transport [Cengeli et al., 2008]. Druhou je indukcia apoptózy alebo nekrózy pomocou magnetickej hypertermie.

Magnetozómy sú schopné pohybovať sa v smere gradientu magnetického poľa, čo umožňuje cielený transport cytostatika pomocou magnetického poľa iba k cieľovým nádorovým bunkám [Babincova et al., 2008]. Na efektivitu magnetických častíc ako cielených prenášačov vplývajú viaceré faktory, medzi ktoré patria sila a geometria aplikovaného magnetického poľa, hĺbka a vaskularizácia cieľového tkaniva, a fyzikálno-chemické vlastnosti samotných magnetozómov [Chomoucka et al., 2010]. Jedným z dôležitých parametrov popisujúcich odozvu magnetickej častice na magnetické pole je jej magnetický moment.

Uvažujme magnetozóm pohybujúci sa vo viskóznom médiu vplyvom vonkajšieho magnetického poľa **B**. Na magnetozóm pôsobí magnetická sila F_m, ktorej veľkosť v smere osi y môžeme vyjadriť

$$F_m = m\frac{dB}{dy} \tag{1}$$

kde m je veľkosť magnetického momentu častice.

Na časticu pohybujúcu sa vo viskóznom médiu pôsobí trecia sila. Za predpokladu, že častica je sférická, homogénna a má hladký povrch, pričom sa v médiu pohybuje takou rýchlosťou, že prúdenie kvapaliny okolo nej je laminárne, je veľkosť trecej sily F_s charakterizovaná Stokesovou rovnicou

$$F_s = 6rv\pi\eta \tag{2}$$

kde η je dynamická viskozita nosnej kvapaliny, r je polomer častice a v je rýchlosť častice.

Pre magnetickú časticu pohybujúcu sa rovnomerne vo viskóznom médiu v dôsledku pôsobenia vonkajšieho magnetického poľa teda platí

$$F_m = F_s \tag{3}$$

$$m\frac{dB}{dy} = 6rv\pi\eta \tag{4}$$

* samuel.holly@gmail.com

Pri známom polomere magnetických častíc, známej dynamickej viskozite nosnej kvapaliny a známej závislosti indukcie vonkajšieho magnetického poľa od vzdialenosti od jeho zdroja, môžeme zmeraním rýchlosti jednotlivých magnetozómov určiť ich magnetický moment.

2 Materiály a metódy

Autori [Häfeli et al., 2005] predstavili vo svojej práci optickú metódu určenia magnetoforetickej mobility magnetických mikročastíc pomocou invertovaného mikroskopu. V našej práci navrhneme modifikáciu tejto metódy pre bežný mikroskop a použijeme ju na určenie magnetického momentu magnetozómov suspendovaných v kvapalnom médiu.

Pre naše experimenty sme ako zdroj vonkajšieho magnetického poľa použili NdFeB magnet cylindrického tvaru s priemerom 4 mm a výškou 5 mm. Remanentná magnetizácia magnetu bola 1 T. Priebeh magnetickej indukcie cylindrického magnetu pozdĺž osi prechádzajúcej stredmi jeho kruhových plôch (kvôli konzistentnosti s ďalšími výpočtami budeme túto os označovať y, viď obr. 1) sme aproximovali vzťahom

$$B(y) = B_r \left(\frac{y + L}{\sqrt{(y+L)^2 + R^2}} - \frac{y}{\sqrt{y^2 + R^2}} \right) \quad (5)$$

kde B_r je remanentná magnetizácia magnetu, L je jeho výška a R jeho polomer [Camacho et al., 2013]. Priebeh magnetického poľa pozdĺž osi magnetu podľa vzťahu (5) je na obrázku 1. Priebeh gradientu magnetického poľa pozdĺž osi magnetu je na obrázku 2.

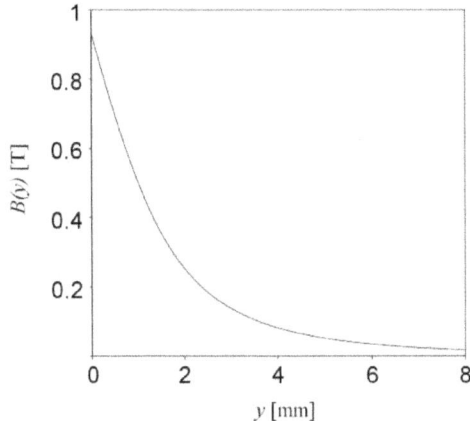

Obr. 1: Priebeh magnetického poľa v smere osi cylindrického magnetu s priemerom 4 mm, výškou 5 mm a remanentnou magnetizáciou 1 T podľa vzťahu (5).

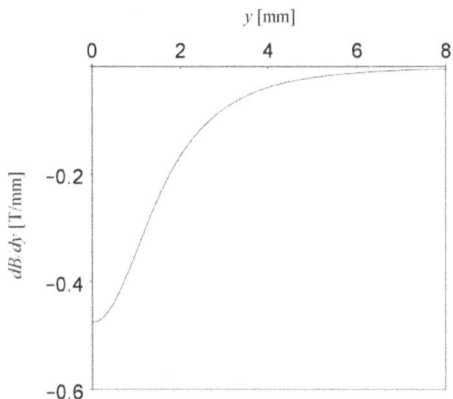

Obr. 2: Priebeh gradientu magnetického poľa v smere osi cylindrického magnetu s priemerom 4 mm, výškou 5 mm a remanentnou magnetizáciou 1 T podľa vzťahu (5).

Schéma usporiadania experimentu je na obr. 3. Magnetické častice suspendované v 15 µl nosnej kvapaliny sme umiestnili na podložné sklíčko a prikryli krycím sklíčkom. Podložné sklíčko bolo vyvýšené tak, aby os magnetu ležala v rovine vzorky. Magnet bol umiestnený v dostatočne veľkej vzdialenosti od vzorky, aby bol vplyv ním generovaného poľa na magnetozómy zanedbateľný.

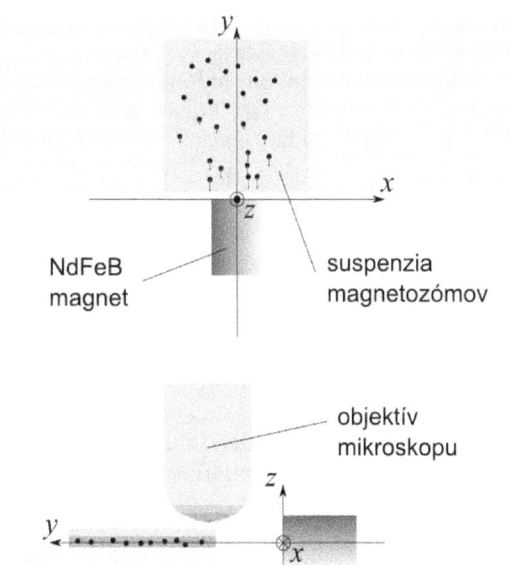

Obr. 3: Schéma usporiadania experimentu.

Pri experimente sme použili mikroskop Motic DM-0902 so zabudovanou CCD kamerou. Snímky sme získavali pri zväčšení 100x. Na vizualizáciu obrazu a získanie videa sme použili softvér Motic Images Plus 2.0.

Obraz sme pred samotným meraním kalibrovali pomocou vzorky, na ktorej bol umiestnený čierny bod s priemerom 200 µm. Týmto spôsobom sme stanovili rozmer jedného pixelu na 0,9 μm pri rozlíšení 1280x1024.

Na začiatku merania sme zosnímali krátku sekvenciu (5 až 10 sekúnd) bez aplikovania vonkajšieho magnetického poľa, aby sme boli schopní odčítať rýchlosť magnetozómov bez vplyvu magnetického poľa, keďže magnetozómy sa pohybovali v dôsledku prúdenia nosnej kvapaliny. Potom sme umiestnili magnet do dostatočne malej vzdialenosti, aby bol vplyv magnetického poľa na pohyb magnetozómov jasne viditeľný. Zosnímali sme dlhšiu sekvenciu (25 až 50 sekúnd). magnetického poľa na pohyb magnetozómov jasne viditeľný. Zosnímali sme dlhšiu sekvenciu (25 až 50 sekúnd).

Získané video sme ďalej spracovávali pomocou programu ImageJ. Trajektórie jednotlivých magnetozómov sme analyzovali manuálne pomocou dodatočného pluginu MTrackJ. V našich experimentoch sme skúšali použiť plugin pre automatické sledovanie častíc MTrack2, ktorý sa však neosvedčil pre naše potreby. Súčasťou procesu analýzy je v tomto prípade prahovanie, pre ktoré sme neboli schopní nájsť vhodnú hodnotu prahu tak, aby sme oddelili šum v obraze od samotných častíc. Ďalším problémom bolo komplikované spracovanie výstupných dát.

Plugin MTrackJ nám umožnil manuálne zaznačiť polohy častíc v za sebou nasledujúcich snímkach.

Zo získaných polôh jednotlivých častíc sme vypočítali vertikálnu zložku okamžitej rýchlosti častice v_y ako podiel zmeny y-súradnice danej častice medzi dvoma po sebe nasledujúcimi snímkami a času trvania jednej snímky. Čas trvania jednej snímky bol 0,08 sekundy a určili sme ho ako prevrátenú hodnotu FPS (Frames per second), ktorú nám program ImageJ určil z nášho videa. Okamžité rýchlosti jednotlivých častíc bez vplyvu vonkajšieho magnetického poľa (driftovú rýchlosť) sme spriemerovali, rovnako ako okamžité rýchlosti častíc pod vplyvom magnetického poľa. Z rozdielu týchto hodnôt sme určili priemerný magnetický moment magnetozómov podľa vzťahu (4).

Na náš experiment sme použili SiMAG-Silanol mikročastice (Chemicell GmbH, SRN) s priemerom 1 μm. Častice pozostávajú z maghemitového jadra, pokrytého vrstvou SiO_2 na zvýšenie biokompatibility. Funkcionalizácia častíc je možná cez terminálne –SiOH skupiny (obr. 4).

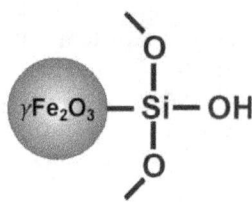

Obr. 4: Štruktúra SiMAG-Silanol mikročastice.

3   Výsledky a diskusia

Optickou metódou sme určili magnetický moment SiMAG-Silanol mikročastíc. Keďže častice sa v dôsledku prúdenia nosnej kvapaliny pohybovali aj bez prítomnosti magnetu, určili sme najskôr rýchlosť tohto pohybu (driftovú rýchlosť) v smere osy y ako priemernú hodnotu rýchlostí 23 sledovaných častíc. y-zložku driftovej rýchlosti častice sme určili ako priemer y-zložiek okamžitých rýchlostí častice. Získané rýchlosti spolu so strednou hodnotou sú zobrazené na obr. 5. Chybové úsečky majú dĺžku 1 SD.

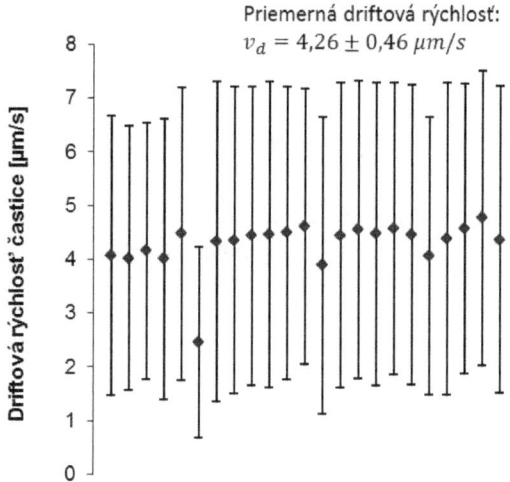

Obr. 5: y-zložky driftových rýchlostí 23 analyzovaných častíc v dôsledku prúdenia nosnej kvapaliny (voda) bez aplikovania vonkajšieho magnetického poľa.

Priemerná driftová rýchlosť častíc v smere osi y bola 4,26±0,46 μm/s.

Priemernú magnetoforetickú rýchlosť v smere osi y sme určili ako priemer y-zložiek magnetoforetických rýchlostí 26 častíc. y-zložku magnetoforetickej rýchlosti častice sme určili ako priemer y-zložiek okamžitých rýchlostí častice. Vzdialenosť vzorky od povrchu magnetu bola 4 mm. Nosnou kvapalinou bola voda (dynamická viskozita η=1,002×10E-3 Pa.s pri 20°C). Obrázok 6 ukazuje priemerné magnetoforetické rýchlosti 26 analyzovaných častíc spolu s priemernou hodnotu magnetoforetickej rýchlosti. Chybové úsečky majú dĺžku 1 SD.

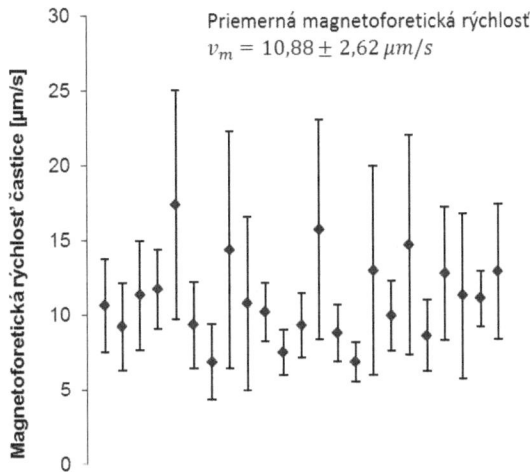

Obr. 6: *y*-zložky magnetoforetických rýchlostí 26 analyzovaných častíc spolu s priemernou hodnotou magnetoforetickej rýchlosti.

Priemerná magnetoforetická rýchlosť v_m v smere osi *y* bola $v_m = 10{,}88 \pm 2{,}62$ µm/s.

Rozdiel rýchlostí $v = v_m - v_d = 6{,}6 \pm 2{,}66$ µm/s sme použili na výpočet magnetického momentu častíc podľa vzťahu (4). Hodnotu gradientu magnetického poľa dB/dy v meracej vzdialenosti (4 mm) sme určili z derivácie vzťahu (5) na -39,62 T/m a vzhľadom na typickú dráhu častíc (rádovo desiatky µm) sme ju považovali za konštantu. Vypočítaný magnetický moment častíc je uvedený v tabuľke 1.

Magnetický moment [Am²]
$(3{,}15 \pm 1{,}27) \times 10^{-15}$

Tab. 1: Vypočítaný magnetický moment SiMAG-Silanol mikročastíc.

Priemerný magnetický moment SiMAG-Silanol mikročastíc $m = (3{,}15 \pm 1{,}27) \times 10$E-15 A.m² sme porovnali s výsledkami práce [Häfeli et al., 2005], v ktorej autori podobnou optickou metódou určovali magnetoforetickú rýchlosť mikročastíc použitím invertovaného mikroskopu. Pohyb mikročastíc pod vplyvom externého poľa v kapiláre obdĺžnikového prierezu bol automaticky analyzovaný. Pre SiMAG-Silanol mikročastice s priemerom 0,5 µm bola získaná hodnota magnetizácie 3,82×10E-15 A.m² na jednu časticu, čo je v zhode s nami zistenou hodnotou. Experimentálne určenú hodnotu magnetického momentu sme porovnali s hodnotou

efektívneho magnetického momentu vypočítaného podľa vzťahu

$$m_{ef} = V_p \rho_p M_s$$

kde kde $V_p = 4/3\pi r^3$ je objem častice, $\rho_p = 2{,}25$ g/cm³ je hustota častice udávaná výrobcom a M_s je saturačná magnetizácia [Babinec et al., 2010], pre maghemit $M_s \sim 80$ A.m²/kg. Hodnota magnetického momentu 1 µm častice vypočítaná podľa vzťahu (6) $m_{ef} = 9{,}42 \times 10$E-14 A.m² je takmer o dva rády väčšia než hodnota získaná našou metódou.

Vysvetlením je, že výrobca udáva ako rozmer častice jej hydrodynamický priemer, ktorý zahŕňa nielen priemer maghemitového jadra, ale aj hrúbku povrchovej vrstvy SiO₂. Podľa údajov získaných od výrobcu je priemer jadra iba 150 – 180 nm. Po dosadení polomeru $r = 90$ nm a hustoty maghemitu $\rho_p = 4{,}86$ g/cm³ bol vypočítaný magnetický moment $m_{ef} = 1{,}19 \times 10$E-15 A.m², ktorý rádovo zodpovedá nami nameranej hodnote.

Magnetický moment jednotlivých magnetitových nanočastíc s priemerom 20 nm bol určený aj metódou MFM (z angl. „Magnetic Force Microscopy") na hodnotu $m = 1{,}72 \pm 0{,}53 \times 10$E-18 A.m² [Sievers et al., 2012]. Keďže podľa vzťahu (6) magnetický moment závisí od tretej mocniny polomeru častice, po prepočítaní na veľkosť nami študovaných častíc má magnetický moment hodnotu rádovo ~ 10E-15 A.m^2, čo opäť zodpovedá našim výsledkom.

Vylepšenie metódy by mohlo spočívať v určení skutočného priebehu magnetického poľa NdFeB magnetu pomocou magnetickej sondy namiesto aproximácie vzťahom (5).

Literatúra

[Garcia-Carbonero, Supko, 2002] Garcia-Carbonero R., Supko J. G. (2002). Current perspectives on the clinical experience, pharmacology, and continued development of the camptothecins. *Clinical Cancer Research*, 8(3):117–134.

[Chomoucka et al., 2010] Chomoucka J. et al.(2010). Magnetic nanoparticles and targeted drug delivering. *Pharmacological Research.*, 62:144–149.

[Cengeli et al., 2008] Cengelli F., Grzyb J. A., Montoro A., Hofmann H., Hanessian S., Juillerat-Jeanneret L. (2008). Surface-Functionalized Ultrasmall Superparamagnetic Nanoparticles as Magnetic Delivery Vectors for Camptothecin. *ChemMedChem.*, 4(6):988–997.

[Babincova et al., 2008] Babincova M., Altanerova V., Altaner C., Bergemann C., Babinec P. (2008). In Vitro Analysis of Cisplatin

Functionalized Magnetic Nanoparticles in Combined Cancer Chemotherapy and Electromagnetic Hyperthermia. *IEEE Transactions on NanoBioscience*, 7(1):15–19.

[Häfeli et al., 2005] Häfeli U. O. et al. (2005). Optical method for measurement of magnetophoretic mobility of individual magnetic microspheres in defined magnetic field. *Journal of Magnetism and Magnetic Materials*, 239:224–239.

[Camacho et al., 2013] Camacho J. M., Sosa V. (2013). Alternative method to calculate the magnetic field of permanent magnets with azimuthal symmetry. *Revista Mexicana de Física*, 59(E):8–17.

[Babinec et al., 2010] Babinec P., Krafčík A., Babincová M., Rosenecker J. (2010). Dynamics of magnetic particles in cylindrical Halbach array: implications for magnetic cell separation and drug targeting. *Medical & biological engineering & computing.*, 48(8):745–753.

[Sievers et al., 2012] Sievers S. et al (2012). Quantitative Measurement of the Magnetic Moment of Individual Magnetic Nanoparticles by Magnetic Force Microscopy. *Small*, 8(17):2675–2726.

Študentská vedecká konferencia FMFI UK, Bratislava, 2015, pp. 181–186
ISBN 978-1518759055, © 2015 Oľga Harmathová

Nové možnosti analýzy aminokyselín pomocou iónovej pohyblivostnej spektrometrie

Oľga Harmathová[1]*
Školiteľ: Martin Sabo[1]‡

[1] Katedra experimentálnej fyziky, FMFI UK, Mlynská Dolina, 842 48 Bratislava

Abstrakt

V príspevku sú prezentované dve nové možnosti analýzy aminokyselín využitím metódy iónovej pohyblivostnej spektrometrie (IMS). Prvá možnosť ponúka analýzu kvapalných vzoriek zavedením novej technológie vstrekovania vzorky do IMS spektrometra označovanej Direct liquid sampling (DLS-IMS). Touto technológiou boli analyzované vybrané aminokyseliny v rôznych roztokoch a spoľahlivosť novej technológie bola overená porovnaním získaných výsledkov s výsledkami uvedenými v literatúre. Túto technológiu sme overili aj pre dipeptidy glycín-alanín a aspartam. Druhá možnosť analýzy predstavuje kombináciu dvoch metód: tenkovrstvovej chromatografie (TLC) s iónovou pohyblivostnou spektrometriou (IMS), označované ako TLC-IMS. Prostredníctvom TLC-IMS boli úspešne detegované jednotlivé aminokyseliny ako aj odseparované zložky zmesí aminokyselín.

Kľúčové slová: Iónová pohyblivostná spektrometria, aminokyseliny, aspartame, glycín-alanín, tenkovrstvová chromatografia

1 Úvod

Aminokyseliny sú základné stavebné komponenty proteínov, nevyhnutných pre stavbu a funkčnosť buniek živých organizmov. Mnoho ochorení sa spája s poruchou syntézy alebo metabolizmu určitej aminokyseliny. V klinickej medicíne sa na stanovovanie aminokyselín využívajú najčastejšie metódy založené na ich absorpcii žiarenia v ultrafialovej oblasti, ich reakcie so špecifickými činidlami alebo imunologické techniky. Všetky uvedené metódy sú však relatívne drahé a časovo náročné. Práve preto má význam analyzovať aminokyseliny využitím iónovej pohyblivostnej spektrometrie, ktorá je rýchlejšia, dostatočne citlivá a lacnejšia ako v súčasnosti používané metódy.

2 Teoretický úvod

Iónová pohyblivostná spektrometria (IMS) je analytická metóda založená na princípe rôznej pohyblivosti iónov v elektrickom poli a driftovom nosnom plyne. Schéma aparatúry je zobrazená na obrázku 1. Pozostáva z troch majoritných častí: ionizačného zdroja, reakčnej komory a driftovej trubice, na ktorej konci je umiestnený detektor [Sabo, 2010].

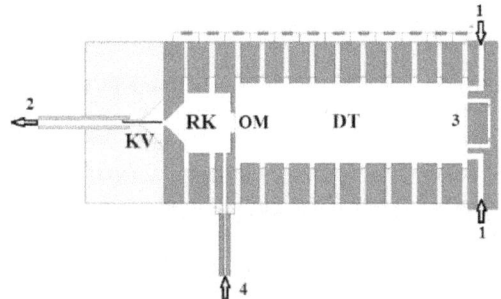

Obr. 1: Schéma aparatúry: 1–vstup pre driftový plyn, 2–výstup driftového plynu, 3–detektor, 4–vstup pre vzorku, korónový výboj (KV), reakčná komora (RK), ovládacia mriežka (OM), driftová trubica (DT).

Vzorka v plynnej fáze je vstrekovaná do reakčnej komory, kde podlieha ionizácii interakciou s reakčnými iónmi vytvorenými v iónovom zdroji. Existujú rôzne typy iónových zdrojov. Často sa využíva korónový výboj. Medzi reakčnou komorou a driftovou trubicou je umiestnená ovládacia mriežka, ktorá v pravidelných časových intervaloch prepúšťa isté kvantum iónov do driftovej trubice. Z mikroskopického hľadiska sú elektrickým poľom urýchľované ióny v driftovej trubici neustále brzdené zrážkami s neutrálnymi molekulami proti prúdiaceho driftového plynu a následne opätovne urýchľované. Makroskopicky ióny nadobúdajú konštantnú rýchlosť, ktorá úzko súvisí s použitým elektrickým poľom podľa vzťahu (1):

$$v = K.E \qquad (1)$$

*   oliharmathova@gmail.com
‡   martin.sabo@gmail.com

kde v je rýchlosť iónu, E je intenzita elektrického poľa a K je konštanta charakteristická pre konkrétny ión označovaná ako pohyblivosť iónu. Po úprave dostaneme vzťah (2) pre pohyblivosť:

$$K = (L^2)/U.t_D \qquad (2)$$

kde L je dĺžka driftovej trubice, U je napätie a t_D je čas, za ktorý prejde ión driftovou trubicou. Tento vzťah však nezohľadňuje dva dôležité faktory ovplyvňujúce pohyb iónu akými sú tlak a teplota. Preto sa experimentálne využíva vzťah (3), ktorý v sebe zahŕňa korekciu na uvedené faktory a počíta sa tzv. redukovaná pohyblivosť K_0:

$$K_0 = K.273.p/1010.T \qquad (3)$$

kde K je pohyblivosť, teplota 273 K a tlak 1010 mbar predstavujú štandardné podmienky, p je tlak a T teplota počas experimentu. Pohyblivosť iónov je podmienená ich veľkosťou, hmotnosťou, nábojom a tvarom. V súvislosti s používaným driftovým plynom sú dôležitými parametrami ovplyvňujúcimi pohyblivosť iónov tzv. zrážkový prierez a polarizovateľnosť molekúl driftového plynu [Eiceman and Karpas, 2005].

2.1 TLC

Tenkovrstvová chromatografia (TLC) je separačná metóda založená na prítomnosti stacionárnej a mobilnej fázy a rôznej afinity jednotlivých zložiek zmesi k týmto fázam. Stacionárnu fázu tvorí tenká vrstva silikagélu naneseného na hliníkovej platničke a mobilnú fázu predstavujú rôzne roztoky. Hlavným parametrom je polarita fáz a vzorky na základe ktorej separácia nastáva. Proces začína aplikovaním roztoku vzorky na tzv. štartovacie miesto dlhého pásika stacionárnej fázy. Ten sa vloží do kadičky s mobilnou fázou, ktorá postupuje vplyvom kapilárnych síl po celej dĺžke pásika a nesie so sebou rozpustené zložky zmesi. V určitej vzdialenosti od štartovacieho miesta sa jednotlivé zložky vplyvom afinity naviažu na stacionárnu fázu, čím sa zo zmesi odseparujú. Pokiaľ nie sú jednotlivé zložky farebné, použije sa roztok, ktorý chemicky vzorku pozmení aby bolo viditeľné miesto, na ktorom sa zložka absorbovala. Ďalšou možnosťou vizualizácie je použitie UV lampy. Hlavným faktorom úspešnej separácie je vhodná voľba stacionárnej a mobilnej fázy na základe fyzikálno-chemických vlastností zložiek skúmanej zmesi [Cheng, Huang and Shiea, 2011].

3 Experiment

IMS spektrometer používaný v experimentoch bol skonštruovaný v laboratóriu Univerzity Komenského v Bratislave, na fakulte matematiky, fyziky a informatiky, katedra experimentálnej fyziky. Model spektrometra je zobrazený na obrázku 2a. Zdrojom reakčných iónov je korónový výboj vytvorený elektródami v geometrii hrot –

rovina. Reakčná komora má dĺžku 1.5 cm a driftová trubica má dĺžku 11.05 cm. Konkrétne parametre IMS spektrometra boli nastavené rôzne pri analýze aminokyselín technológiou DLS-IMS a metódou TLC-IMS. Základné nastavenia IMS spektrometra počas experimentov sú zhrnuté v Tabuľke 1.

Tabuľka 1. Parametre IMS spektrometra.

	DLS	TLS
Intenzita elektrického pola v driftovej trubici	583 V/cm	583 V/cm
Teplota v driftovej trubici	318 K	346 K
Tlak v driftovej trubici	500 mbar	500 mbar
Pulz na ovládacej mriežke	10 µs	30 µs
Prietok driftového plynu	1 l/min.	700 ml/min.
Driftový plyn	okolitý vzduch	okolitý vzduch
Dopand	-	amoniak, 2 ml/min.
Nasávanie vzorky	600 ml/min.	700 ml/min.
Mód IMS	pozitívny	pozitívny

Aminokyseliny a dipeptidy skúmané v uvedenej práci boli zakúpené od spoločnosti Sigma Aldrich. Používané rozpúšťadlá boli deionizovaná voda a metanol. Roztoky aminokyselín boli pripravené s koncentráciou 1 mg/ml a následne riedené podľa potrieb pre konkrétne meranie. Finálna koncentrácia je uvedená individuálne pre každé namerané spektrum.

3.1 DLS-IMS

Technológia vstrekovania kvapalných vzoriek direct liquid sampling (DLS) je založená na prítomnosti spreja pozostávajúceho z troch kapilár. Model spreja DLS je zobrazený na obrázku 2b. Prvou kapilárou preteká vzorka v kvapalnej fáze, pričom prietok touto kapiláru je regulovateľný priamo počas merania v rozsahu 20-200 µl/min. Druhá kapilára privádza do spreja atmosférický vzduch rýchlosťou 0.9 l/min s teplotou 296 K, ktorý chráni prvú kapiláru pred prehriatím. Treťou kapilárou je privádzaný horúci vzduch s teplotou 680 K, ktorý zabezpečuje odparovanie kvapalnej vzorky. Výsledkom je vznik prúdu kvapiek s teplotou

480 K, ktorý je namieraný priamo proti kapiláre nasávajúcej vzorku do IMS spektrometra.

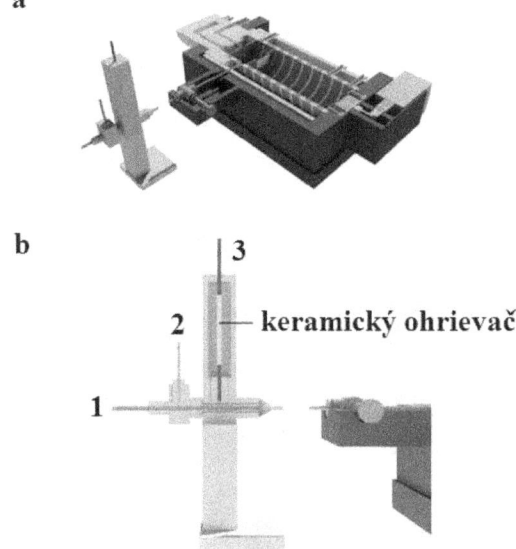

Obr. 2: a. Model IMS spektrometra s DLS sprejom.
b. Model spreja pre DLS.

3.2 TLC-IMS

Klasická TLC chromatografia je výborná separačná metóda, avšak nedokáže objasniť štruktúru zložiek zmesi. To je nevýhodou pri analýze zloženia zmesi s neznámymi zložkami. IMS spektrometria je zasa výborná analytická metóda schopná identifikovať molekuly na základe ich správania sa v elektrickom poli a driftovom nosnom plyne, avšak pri zmesiach tvorených molekulami s veľmi blízkymi hodnotami redukovaných pohyblivostí môžu byť jednotlivé zložky v spektre nedetekovateľné. Práve preto kombinácia oboch metód TLC-IMS ponúka silný analytický nástroj pre separáciu a identifikáciu rôznych zmesí. Experiment prebiehal nasledovne: pripravená kvapalná zmes bola odseparovaná použitím TLC chromatografie a pre vizualizáciu odseparovaných zložiek zmesi bola použitá IMS spektrometria. Stacionárna fáza bola tvorená chromatografickým papierom pozostávajúcim z tenkej vrstvy silikagélu na hliníkovej platničke. Zakúpená bola od spoločnosti Sigma Aldrich. Mobilnú fázu predstavovala kombinácia roztokov: chlorofom, metanol a voda v rôznych pomeroch. Po separácii sa nechal papier s odseparovanými zložkami zmesi vysušiť a následne bol zafarbený ceruzkou na tmavo pre lepšie odparovanie použitím laseru. Na desorpciu bol použitý zelený laser s výkonom 1W. Zafarbený papier bol umiestnený

na stolček s krokovým posunom, pričom vzdialenosť medzi miestom, v ktorom dopadal laser a kapilárou nasávajúcou odparované molekuly bola ~1 cm. Ako dopand bol v IMS spektrometri použitý amoniak. Krokovým posunom stolčeka s rýchlosťou 0.6 mm/s boli z papiera odparované a detegované jednotlivé odseparované zložky zmesi. Takto sa podarilo stanoviť polohu jednotlivých zložiek na papieri a prostredníctvom redukovaných pohyblivostí určiť ich identitu. Usporiadanie experimentu je fotograficky zaznamenaná na obrázku 3.

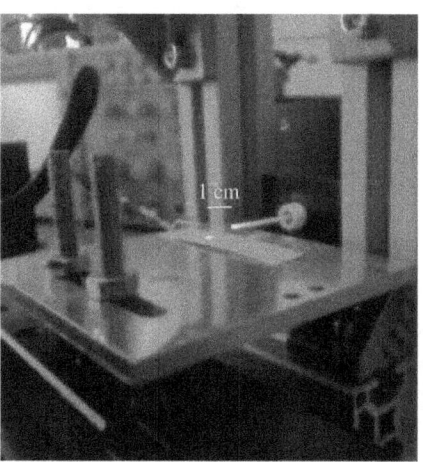

Obr. 3: Usporiadanie experimentu TLC-IMS.

4 Výsledky a diskusia

4.1 DLC-IMS

Počiatočné experimenty boli navrhnuté k otestovaniu novej technológie direct liquid samplig (DLS). Ako biologické vzorky boli zvolené aminokyseliny glycín (Gly), serín (Ser), izoleucín (Ile), leucín (Leu) a fenylalanín (Phe) pre ich dostatočné preskúmanie používaním IMS spektrometra s technológiou ESI a teda existujú mnohé databázy s hodnotami driftových časov a redukovaných pohyblivostí vhodných pre porovnávanie. Použitím DLS bolo nameraných spolu 189 spektier aminokyselín, pričom boli testované rôzne prietoky vstrekovania vzoriek do IMS spektrometra v rozsahu 20-100 µl/min. a rôzne koncentrácie roztokov aminokyselín s cieľom optimalizácie nastavení. Vybrané spektrá zvolených aminokyselín s ich driftovými časmi sú graficky zobrazené na obrázku 4. Každá z aminokyselín vykazovala najlepšie spektrum pri použití iného prietoku a v inej koncentrácii. Prietoky a koncentrácie odpovedajúce spektrám z grafu na obrázku 4 sú zhrnuté v tabuľke 2. Ďalej sú

Tabuľka 2. Mólové hmotnosti (MW) a redukované pohyblivosti (K₀) nameraných aminokyselín použitím technológie DLS bez špecifického driftového plynu porovnané s hodnotami získanými technológiou ESI pri použitom driftovom plyne N₂.

Aminokyselina	MW	prietok (μl/min.)	koncentrácia (mg/ml)	K_0 (cm²/V.s) okolitý vzduch, DLS	K_0 (cm²/V.s) N₂, ESI, Asbury and Hill (2000)
Gly	75.07	80	0.5	**1.86**	1.96
Ser	105.09	60	0.4	**1.78**	1.81
Iso	131.17	100	0.1	**1.62**	1.63
Leu	131.17	80	0.1	**1.61**	1.62
Phe	165.19	80	0.3	**1.51**	1.5

v tabuľke uvádzané mólové hmotnosti aminokyselín a ich získané redukované pohyblivosti porovnané s hodnotami nameranými technológiou ESI. Ich porovnaním vidíme relatívne malé odchýlky, pričom najväčší podiel na vzniknutých odchýlkach má použitý driftový plyn N₂, zatiaľ čo v našom prípade bol nasávaný ako driftový plyn okolitý vzduch. Použitím DLS-IMS boli získané redukované pohyblivosti aj dvoch izomérov Leu a Ile. Rozdiel medzi oboma hodnotami bol 0.01. Zvýšiť by sa dal napríklad použitím špeciálneho driftového plynu. Detekčné limity pre jednotlivé aminokyseliny sú uvedené v tabuľke 3.

Tabuľka 3. Detekčné limity aminokyselín.

	Gly	Ser	Ile	Leu	Phe
LOD	22ng/s	60ng/s	9ng/s	6ng/s	17ng/s

deionizovanej vode je vidieť na spektrách fenylalanínu zobrazených na obrázku 5b. Ako bolo overené hmotnostnou spektrometriou je tento posun dôsledkom klastrovania molekúl aminokyselín s molekulami rozpúšťadla. V prípade fenylalanínu rozpusteného v metanole bol pozorovaný aj dimér $M_2.H^+$. Redukované pohyblivosti prislúchajúce zdetegovaným molekulám sú uvedené v spektrách na obrázku 5.

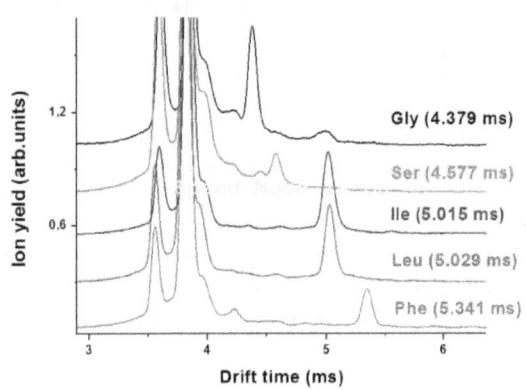

Obr. 4: Spektrá aminokyselín s nameranými driftovými časmi použitím DLS-IMS.

DLS-IMS na rozdiel od ESI-IMS nevyžaduje žiadne špecifické rozpúšťadlo pre vzorky, čím umožňuje sledovať vplyvy rôznych rozpúšťadiel na biomolekuly a ich pohyblivosť v podmienkach driftovej trubice. V našom prípade bol pozorovaný vplyv metanolu ako rozpúšťadla na aminokyseliny. Spektrá leucínu rozpusteného v deionizovanej vode a v metanole sú zobrazené na obrázku 5a. V prípade Leu v metanole je zjavný posun smerom doprava, teda k vyšším hodnotám driftového času. Rovnako posun doprava pri použití metanolu ako rozpúšťadla oproti

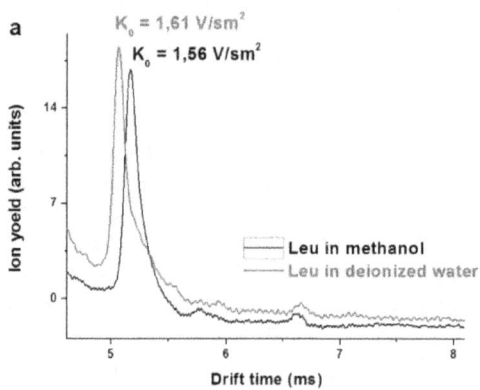

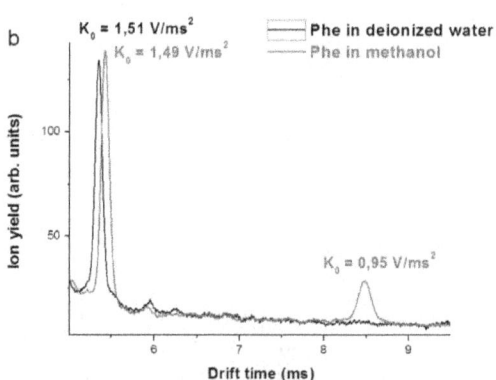

**Obr. 5: a. Spektrá Leu rozpusteného v metanole a v deionizovanej vode.
b. Spektrá Phe rozpusteného v metanole a v deionizovanej vode.**

Pre otestovanie DLS-IMS na analýzu väčších molekúl boli vybrané dipeptidy aspartam a glycín-alanín. Nameraných bolo spolu 58 spektier pre aspartam a 35 spektier pre glycín-alanín. Vybrané spektrá oboch dipeptidov sú graficky znázornené na obrázku 6. Na spektre glycín-alanínu sú pozorovateľné dva výrazné píky. Prvý pík sa nachádza na mieste s driftovým časom 4.92 ms s prislúchajúcou redukovanou pohyblivosťou 1.65 cm^2/V.s a druhý pík odpovedá driftovému času 5.18 ms s prislúchajúcou redukovanou pohyblivosťou 1.56 cm^2/V.s. Domnievame sa, že prvý pík patrí protonizovanému dipeptidu glycín-alanínu M.H$^+$, zatiaľ čo druhý pík je zrejme výsledkom klastrovania dipeptidu s amoniakom za vzniku NH$_4^+$.M. Na spektre aspartamu sú zjavné taktiež dva píky, prvý s driftovým časom 5.35 ms a s redukovanou pohyblivosťou 1.51 cm^2/V.s zodpovedá fenylalanínu, ktorý bol analyzovaný v predchádzajúcich experimentoch a druhý pík s driftovým časom 6.68 ms a s redukovanou pohyblivosťou 1.21 cm^2/V.s odpovedajúci protonizovanému aspartamu M.H$^+$. Aspartam sa skladá z metanolu a dvoch aminokyselín fenylalanínu a kyseliny asparágovej. Prítomnosť fenylalanínu v spektre je dôsledok termolability dipeptidu, ktorý sa vplyvom vysokej teploty v DLC spreji rozpadá na jednotlivé zložky.

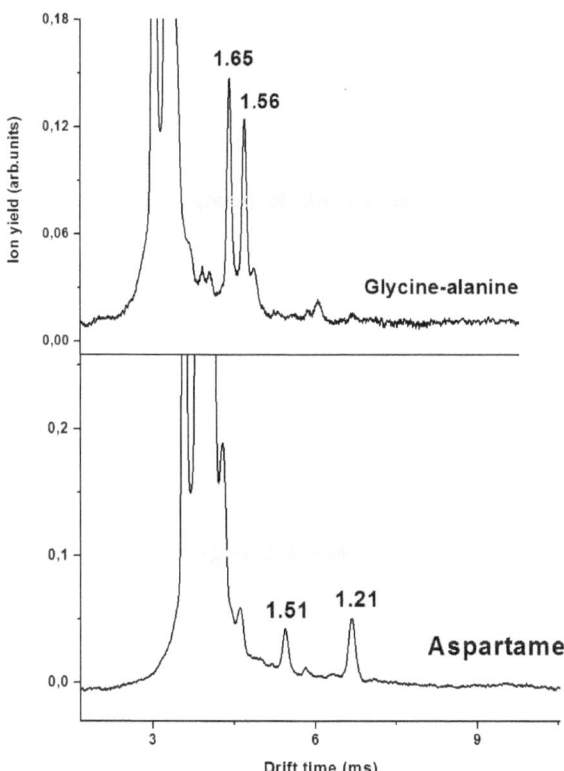

Obr. 6: Spektrá dipeptidov s ich redukovanými pohyblivosťami.

Detekčné limity pre oba dipeptidy sú nasledovné: pre glycín-alanín 35 ng/s a pre aspartam 160 ng/s.

4.2 TLC-IMS

Metódou TLC-IMS boli analyzované dve zmesi aminokyselín. Prvá zmes sa skladala z izoleucínu a prolínu a druhá zmes z izoleucínu a alanínu. V prvom priblížení boli testované rôzne stacionárne a mobilné fázy s cieľom optimalizácie experimentu. Testované boli dva typy stacionárnej fázy: prvý typ predstavoval chromatografický papier pozostávajúci z tenkej vrstvy silikagélu na hliníkovej platničke bez úprav, teda s polárnym povrchom a druhý typ predstavoval tento papier po úpravách vedúcich k zmene povrchu na nepolárny. Modifikácia povrchu sa však ukázala ako nevhodná, pretože vykazovala zhoršenú detekciu jednotlivých zložiek odseparovaných zmesí. Preto sme ďalej ako stacionárnu fázu používali papier bez úprav. Testované mobilné fázy pozostávali z chloroformu, metanolu a vody v rôznych pomeroch. Ako najvhodnejší sa zistil pomer CHCl$_3$:CH$_3$OH:H$_2$O=1.5:1.2:0.3 ml. Po separácii zmesi metódou TLC boli jednotlivé zložky detegované v IMS spektrometri prostredníctvom laserovej desorpcie. Získané spektrá sú zobrazené na obrázku 7 pre zmes izoleucínu s prolínom a na obrázku 8 pre zmes izoleucínu s alanínom. Veľkou výhodou kombinácie TLC-IMS je ich vzájomné vyvažovanie nedostatkov. Zatiaľ čo TLC hoci je schopná odseparovať zložky zmesi, nie je schopná neznáme zložky identifikovať. IMS dokáže vďaka určeniu pohyblivostných konštánt identifikovať jednotlivé zložky, avšak ak majú veľmi podobnú hodnotu driftového času sú v spektre ako zmes nerozlíšiteľné. Použitím TLC-IMS je možné takéto zložky najprv odseparovať a následne ich detegovať.

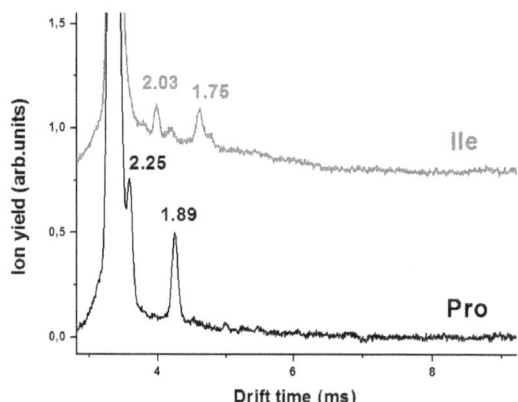

Obr. 7: Spektrá zobrazujú odseparované zložky zmesi izoleucínu s prolínom.

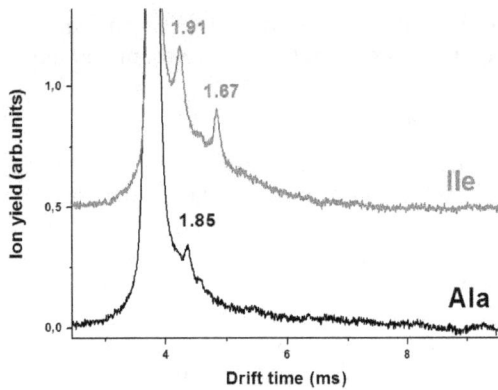

Obr. 8: Spektrá zobrazujú odseparované zložky zmesi izoleucínu s alanínom.

5 Zhrnutie

V práci sú prezentované dve nové možnosti analýzy aminokyselín: DLS-IMS a TLC-IMS. DLS-IMS bolo úspešne otestované pre detekciu niekoľkých aminokyselín ako aj pre dipeptidy glycín-alanín a aspartam. Medzi hlavné výhody DLS-IMS oproti ESI-IMS je možnosť analyzovať vzorky v rôznych nešpecifických rozpúšťadlách a sledovať tak vplyv rozpúšťadiel na vzorku. Uvedené sú spektrá dvoch aminokyselín rozpustených v dvoch rôznych rozpúšťadlách: v deionizovanej vode a v metanole. Posun doprava na spektrách v prípade metanolu bol vyhodnotený ako dôsledok solvatácie. Metódou TLC-IMS boli odseparované a analyzované dve rôzne zmesi aminokyselín. Vďaka kombinácii separačnej metódy s analytickou metódou TLC-IMS ponúka široké spektrum možností analýzy rôznych neznámych zmesí. V ďalších experimentoch sa plánujeme venovať optimalizáciám rôznych signifikantných faktorov s cieľom vylepšiť obe predstavené metódy DLC-IMS ako aj TLC-IMS a zároveň testovať ďalšie možnosti aplikácie uvedených metód pre rôzne biomedicínske oblasti.

Poďakovanie

Projekt bol podporený agentúrou APVV projektom APVV-0733-11.

Literatúra

[Sabo, 2010] Sabo, M. (2010). *Iónová pohyblivostná a hmotnostná spektrometria.* Dizertačná práca. Bratislava: FMFI UK.

[Eiceman and Karpas, 2005] Eiceman, G.A., Karpas, Z., (2005). *Ion mobility spectromety,* 2end ed., CRC Press.

[Cheng, Huang and Shiea, 2011]. Cheng, S.C., Huang, M.Z., Shiea, J. (2011). *Thin layer chromatography/mass spectrometry.* Journal of Chromatography A, 1218. 2700-2711.

Študentská vedecká konferencia FMFI UK, Bratislava, 2015, pp. 187–191
ISBN 978-1518759055, © 2015 Veronika Šubjaková

Štúdium interakcie molekulových majákov a proteínov pomocou rezonančného prenosu energie a elektrónov

Veronika Šubjaková[1][*][†]

Školiteľ: Tibor Hianik[1][‡]

[1] Katedra jadrovej fyziky a biofyziky, FMFI UK, Mlynská Dolina, 842 48 Bratislava

Abstrakt

Aptaméry sú jednoniťové oligonukleotidy s vybranými sekvenciami, ktoré sa vyznačujú špecifickou selektivitou voči určitým molekulám. Aptamér možno skonštruovať vo forme molekulárneho majáka. Jeden z koncov majáka je modifikovaný fluorescenčnou značnou a na druhom konci sa nachádza zhášač fluorescencie. Bez cieľovej molekuly je intenzita fluorescencie blízka k nule, nakoľko emitované svetlo je absorbované zhášačom. K tomu javu dochádza pomocou prenosu energie (FRET) alebo elektrónov (PET). Dodanie cieľovej molekuly vedie ku konformačným zmenám aptaméra a nárastu intenzity fluorescencie.

V našej práci študujeme interakciu molekulárnych majákov na báze aptamérov a proteínu pre vytvorenie biosenzora na detekciu trombínu. Molekulárny maják v roztoku aj imobilizovaný na zlatý povrch vykazoval nárast intenzity fluorescencie s rastúcou koncentráciou trombínu.

Kľúčové slová: aptamér, molekulárny maják, fluorescencia, trombín

1 Úvod

Proteíny sú neodmysliteľnou súčasťou každého ľudského organizmu. Podieľajú sa na dôležitých životných procesoch. Avšak ich zvýšené alebo znížené množstvo v ľudskom organizme môže byť signálom rôznych ochorení. Preto ich včasná detekcia môže predísť vážnym ochoreniam. Je tu potreba vyvíjať biosenzory, ktoré dokážu špecificky detekovať už malé zmeny v koncentráciách proteínov. Biosenzor obsahuje receptor, ktorý dokáže selektívne rozpoznať cieľovú molekulu. Práve takýmto receptorom môžu byť aptaméry, jednoniťové úseky deoxyribonukleovej kyseliny (DNA) alebo ribonukleovej kyseliny (RNA) s vybranými sekvenciami, ktoré sa vo vodnom roztoku skladajú do sekundárnej alebo terciálnej štruktúry, pričom formujú väzbové miesto pre cieľovú molekulu. V porovnaní s protilátkami sa aptaméry vyznačujú zvýšenou flexibilitou a možnosť syntézy *in vitro*. Okrem ich využitia v biosenzoroch môžu byť použité aj na cielený prenos liečiv.

Aptaméry môžu byť modifikované rôznymi funkčnými skupinami. Pri modifikácii fluorescenčnými značkami môžu byť použité na detekciu proteínov pomocou merania zmeny fluorescencie. V našej práci sme sa zamerali na štúdium interakcie aptamérov vo forme molekulárneho majáka (obr.1) s trombínom prostredníctvom merania zmien intenzity fluorescencie v dôsledku elektrónového prenosu medzi guaninovými bázami a fluorescenčnou značkou TAMRA (karboxyltetrarodamín) [Wang et al., 2008] a prenosu energie medzi fluoresceínom a TAMRAou.

Trombín je Na^+ aktivovaná serínová proteáza, ktorá hrá dôležitú úlohu v zrážaní krvi. Je to aktívna forma protrombínu. Hlavnou funkciou trombínu je meniť rozpustný fibrinogén na nerozpustný fibrín. Okrem toho katalyzuje množstvo ďalších reakcií súvisiacich s koalugáciou. Výraznejšie kladne nabité heparínové väzbové miesto trombínu je zodpovedné za antikoagulačné funkcie. Vysoká koncentrácia trombínu vedie k tvorbe krvných embólii, ktoré ohrozujú ľudské životy a takisto sa jeho zvýšené množstvo vyskytuje pri niektorých typoch rakoviny

1.1 Aptaméry

Ako sme uviedli, aptaméry vysoko špecificky viažu cieľovú molekulu. Tento výsledok bol dosiahnutý prostredníctvom opakovaných cyklov výberu a zosilnenia *in vitro*. Táto metóda pre selekciu aptamérov je známa ako SELEX (Systematic Evolution of Ligands by EXponential enrichment) [Tuerk and Gold, 1990] [Ellington and Szostak, 1990].

V metóde SELEX obsahuje knižnica najčastejšie sekvencie o dĺžke 20 až 80 nukleotidov, pričom základ priméru je tvorený 18 až 21 nukleotidmi. Tie sú inkubované s cieľovou molekulou. Nenaviazané molekuly sú oddelené od

---

[*] subjakov@gmail.com

[‡] tibor.hianik@fmph.uniba.sk

naviazaných a následne sú oligonukleotidy rozmnožené pomocou polymérnej reťazovej reakcie a slúžia ako obohatená knižnica pre ďalšie cykly. Aptaméry dokážu viazať širokú škálu molekúl, zahrňujúc malé molekuly, proteíny vírusy a celé bunky. Okrem toho začínajú nahradzovať protilátky, preto sú niekedy označované aj ako chemické protilátky. Majú množstvo výhod v porovnaní s protilátkami. Sú menšie, ich molekulová hmotnosť je 5 až 15 kDa a môžu byť prístupné pre oblasti, ktoré sú problematické pre imunoglobíny. Sú ľahko a reprodukovateľne syntetizované a nenáročné na uskladnenie [Mascini, 2009].

Kvôli vysokej rozmanitosti molekulových tvarov všetkých možných sekvencií nukleotidov majú aptaméry širokú škálu využitia na detekciu bielkovín, sacharidov, lipidov alebo malých molekúl v klinickej diagnostike a terapii [Centi et al., 2007]. Ich výhodou sú malé rozmery, nízke výrobné náklady a biokompabilita. Keďže krv je bohatá na obsah nukleáz, ktoré podporujú štiepenie aptamérov, musia byť pre terapeutické účely modifikované. Ich hlavná výhoda v porovnaní s protilátkami je ich syntéza *in vitro*, kým protilátky sa tvoria *in vivo*. Taktiež sú vhodné pri tvorbe biosenzorov pre svoju špecifickosť a možnosti modifikácie bez narušenia ich funkcie. Môžu byť imobilizované na pevný povrch pridaním rôznych chemických skupín a tým sa opäť rozširuje ich škála využitia. Sú stabilné v širšom rozmedzí pH a teploty, čo umožňuje ich opakované použitie.

1.2 Molekulárne majáky

Aptaméry môžu byť ľahko modifikované rôznymi skupinami ako napríklad fluorescenčými značkami. Molekulárne majáky (MB z angl. Molecular Beacon) sa najčastejšie vyskytujú v tvare slučky alebo v tvare duplexu. Detekovať cieľovú molekulu môžeme dvoma spôsobmi, tzv. signál „on,, mód a „off,, mód. [Tan et al., 2004]

Klasický maják má tvar slučky (obr. 1), kde jeden koniec je modifikovaný fluorofórom a druhý zhášačom fluorescencie. Naviazanie molekuly vedie ku konformačným zmenám aptaméra, vzdialeniu jeho koncov a nárastu intenzity fluorescencie. Tento spôsob detekcie, kedy vzrastá signál po interakcii aptaméra s cieľovou molekulou sa nazýva „on,, mód. Pri „off,, móde je detekcia spojená s poklesom signálu spôsobeným priblížením fluorescenčnej značky k zhášaču fluorescencie v dôsledku konformačných zmien aptaméra indukovaných naviazaním cieľovej molekuly [Wang et al., 2011]

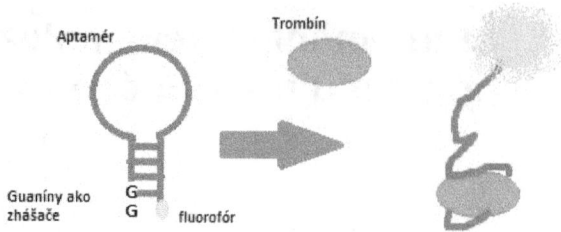

Obr. 1: Schematické znázornenie interakcie molekulárneho majáku v tvare slučky a trombínu

1.3 FRET a PET

Fluorescenčný rezonančný prenos energie (FRET) je fyzikálny jav, pri ktorom dochádza k prenosu energie medzi donorom a akceptorom nežiarivou dipól-dipólovou interakciou. Aby jav nastal, musí sa emisné spektrum fluorofórového donorového farbiva prekrývať s excitačným spektrom akceptorového farbiva, fluorofóry musia byť v tesnej blízkosti v rozmedzí 1-100 nm a ich dipólové momenty súhlasne orientované.

Prvým krokom FRET je absorpcia energie molekulou donora, výsledkom je jej excitácia zo základného stavu S_0^D do excitovaného singletového stavu, S_1. Niekoľko excitovaných stavov je vhodných, avšak vibračná relaxácia do S_1^D je rýchlejšia vnútornou konverziou, a preto zabezpečuje väčšinu emisie. Rozdielny energetický stav je možný pre excitovaný donor, ktorý zahŕňa spontánnu emisiu a nežiarivý prechod. Ak je vhodný akceptor v tesnej blízkosti, potom nastane nežiarivý prechod medzi donorom a akceptorom. Tento prenos zahŕňa rezonanciu singlet-singletovým elektrónovými prechodmi dvoch fluorofórov, ktorá je generovaná emisiou prechodu dipólového momentu donorovej molekuly a absorpčným prechodom dipólového momentu akceptora. Účinnosť FRET a vzdialenosť medzi molekulami je určená daným donor-akceptorovým párom (obr. 2). [Valeur, 2001]

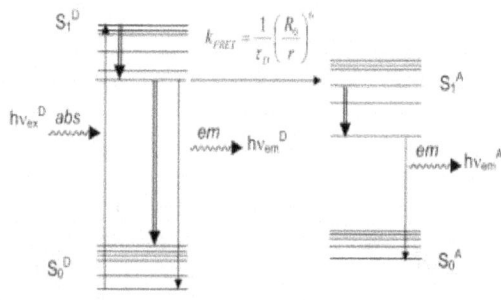

Obr. 2: Schéma Jablonského diagramu pre FRET [Clima, 2007]

Fotoindukovaný elektrónový prenos (PET) je jav, pri ktorom dochádza k prenosu elektrónu medzi donorom a akceptorom. Efektívna vzdialenosť môže byť pod 1 nm. Molekula v excitovanom stave je silnejšie oxidačné alebo redukčné činidlo ako molekula v základnom stave. Princíp PET ukazuje obr.3. [Ward, 1997].

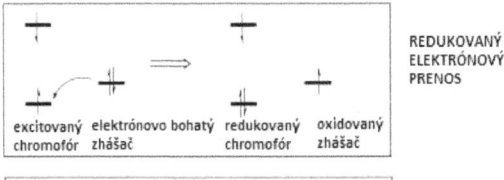

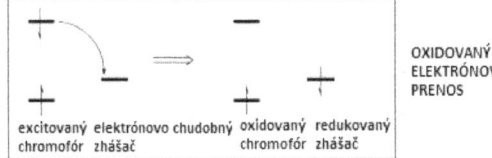

Obr. 3: Schéma elektrónového prenosu [Ward, 1997]

Interakcia fluorofórov a DNA báz je tiež prevádzaná cez PET. Výrazné zhášanie fluorofóru TAMRA je v prítomnosti guanínových báz. [Wang et al., 2008] [Qu et al., 2009].

2 Materiály a metódy

2.1 Použité chemikálie a materiály

Aptaméry selektívne pre trombín
- 5´-S-S- GGGTTGGTGTGGTAACC-TAMRA-3´ (TBA_GT)
- 5´-S-S-TTT-Fluorescein-GGTTGGTGTGGTAACC- TAMRA-3´ (TBA_FT)

Boli syntetizované a dodané od spoločnosti Thermo Fisher (USA). Rozpustené boli TE púfri, pH 7,6
- HEPESr (4-(2-hydroxyethyl)-1-piperazineethanesulfonic acid) 10 mM, pH 7,4
- Trombínový pufor (TBB); pH 7,4 (140 mM NaCl, 5 mM KCl,1 mM $CaCl_2$, 1 mM $MgCl_2$, 20 mM Tris)
- Trombín
- Hovädzí sérový albumín (BSA)
- TE pufor ; pH 7,6 (10 mM TRIS and 1 mM EDTA)
- tris(2-carboxyethyl)phosphine (TCEP)
- 6-merkapto-1-hexanol (MCH)
- Hydroxid draselný (KOH)
- Peroxid vodíka (H_2O_2)
- Etanol, metanol, acetón, isopropyl alkohol a MilliQ voda

Všetky ostatné chemikálie boli zakúpené od spoločnosti Sigma Aldrich (USA)
Zlaté platničky (5 nm Cr and 100nm Au) boli zakúpené od spoločnosti Evaporated metal films corporation (USA).

2.2 Čistenie zlatého povrchu

Zlaté platničky boli čistené v UV čističi (UVO Cleaner 42, Jelight Company Inc., USA) po dobu 20 minút. Potom boli sonikované postupne v acetóne, metanole, isopropyl alkohole a v roztoku 50 mM KOH a H_2O_2 (1:1).

2.3 Imobilizácia aptaméru na zlatý povrch

Aptamér bol na očistený zlatý povrch naviazaný cez disulfidovú skupinu. Pred samotnou aplikáciou aptaméru na povrch boli aptaméry zahriate na teplotu 90°C po dobu 10 minút a následne aklimatizované na izbovú teplotu. TCEP bol použitý ako činidlo pre rozbitie disulfidových väzieb. Aptaméry boli zriedené na koncentráciu 200 nM v pracovných púfroch 10 mM HEPES alebo TBB pH 7,4 a pridané na zlatý povrch. Inkubácia bola uskutočnená pri izbovej teplote po dobu 16 hodín. Potom bol povrch opláchnutý deionizovanou vodou a vysušený dusíkom. Následne ošetrený 1mM MCH kvôli zaplneniu prázdnych miest na zlatom povrchu, kde sa nenaviazal aptamér.

Fluorescečné merania boli uskutočnené na fluorometri Fluorolog Jobin Yvon (fl3-2t22, USA) pri izbovej teplote v Oak Ridge National Labs, CNMS (Center for Nanophase Material Sciences), USA.

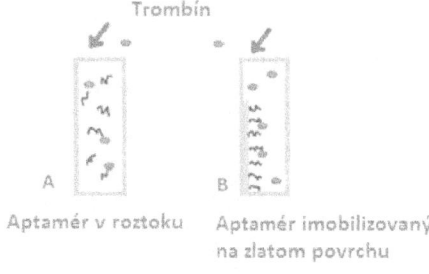

Obr. 4: Schématické znázornenie detekcie trombínu. Aptamér v roztoku (A) a aptamér imobilizovaný na zlatom povrchu (B)

3   Výsledky a diskusia

V našej práci sme pracovali s dvoma aptamérmi TBA_GT and TBA_FT selektívnych pre trombín. TBA_GT sme excitovali vlnovou dĺžkou 544 nm a emisné maximum malo vlnovú dĺžku 578 nm a TBA_FT vlnovou dĺžkou 495 nm a emisné maximá sa nachádzali pri 514 nm a 578 nm. Pre experimenty v roztoku sme používali pravouhlú detekciu a v prípade experimentov so zlatými platničkami sme použili priamu detekciu. Pracovali sme v pracovných púfroch 10mM HEPES, 10mM HEPES+ 50mM KCl (HKCl) a TBB pufor.

3.1   Aptamér v roztoku

Z obr.5 je vidieť, že aptamér TBA_GT je selektívny pre trombín, s rastúcou koncentráciou trombínu lineárne rastie intenzita fluorescencie, kým pre BSA nedochádza k nárastu. Intenzity. Limit detekcie (LOD) pre TBA_GT pre σ=3 je 0,11 nM na intervale 0-100 nM

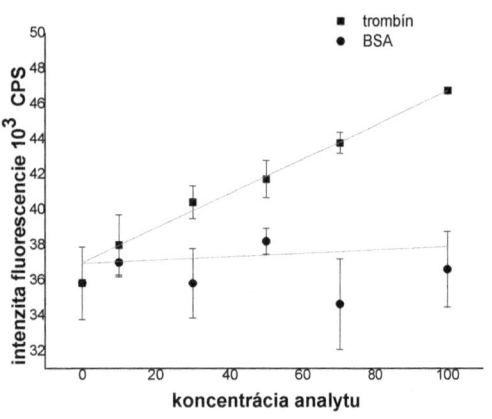

Obr. 5: Intenzita fluorescencie pre TBA_GT aptamér (200 nM) v závislosti od rôznych koncentrácií trombínu a BSA. Merania boli uskutočnené v pracovnom púfri 10 mM HEPES, pH 7,4 exc. 544 nm a em. 580 nm, počet meraní n=3

Pre aptamér TBA_FT sme pozorovali prenos energie po pridaní trombínu (obr. 6) pre emisné maximum pre TAMRA došlo k nárastu intenzity fluorescencie, kým pre fluoresceín k poklesu. Okrem toho fluoresceín bol v čase nestabilný a dochádza k poklesu intensity v závislosti od času.

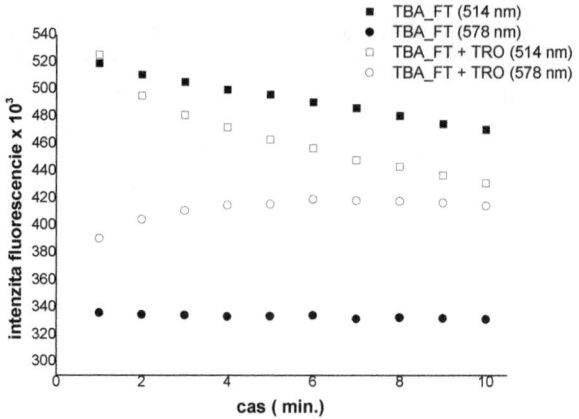

Obr. 6: Intenzita fluorescencie TBA_FT 200 nM a komplex TBA_FT + Trombínu v HKCl púfri pre emisné maximá 514 and 578 nm. , exc. vln. dĺžka 495 nm, štrbina 4 nm, integr. čas 1s

3.2   Aptamér imobilizovaný na zlatom povrchu

Aptamér TBA_GT s koncentráciou 200nM bol imobilizovaný na zlatom povrchu (10x2,52 mm). Trombín bol postupne pridávaný a detekovaný (obr.4B). Draslíkové ióny podporujú tvorbu G-quadruplexu trombínového aptaméru. Ako vidíme aj na obr.7 pre pufor s vyššou koncentráciou draslíkových iónov je intenzita fluorescencie vyššia, aj detekčný limit aptamér v HKCl je vyšší D=0,148 nM, kým pre TBB je LOD=0,227 nM na rozmedzí 0-16 nM.

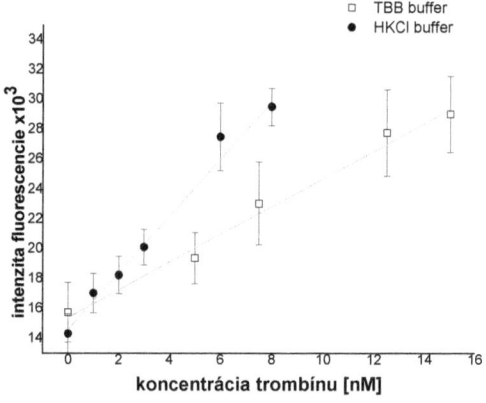

Obr. 7: Intenzita fluorescencie pre 200nM TBA_GT na zlatom povrchu v rôznych pufroch (štrbina: 4 nm, integr. čas: 1s. exc. 544 nm a em. 580 nm), Počet meraní n=3

Avšak fluorescenčné metódy sú veľmi citlivé, pri detekcii trombínu pomocou aptamérov je ich detekčný limit na úrovni jednotiek pikomolov [Wang et al., 2011].

4 Záver

V našej práci sme sa snažili vytvoriť biosensor na báze aptaméru na detekciu trombínu pomocou zmien intenzity fluorescencie cez FRET a PET mechanizmy. Fluorescenčné metódy sa ukazujú ako veľmi citlivé pre detekciu trombínu, kde sme dosiahli detekčný limit na úrovni 110 pikomolov pre voľný aptamér v roztoku, a 148 pikomolov pre aptamér imobilizovaný na zlatom povrch za podpory draslíkových iónov

Poďakovanie

Táto práca vznikla vďaka finančnej podpore projektu European Commission pod číslom 7 FP (project No. PIRSES-GA-2010-269182) a CNMS user project (Proposal No. CNMS2014-033).

Literatúra

[Centi et al., 2007] Centi S., Tombelli S., Minunni M. and Mascini M (2007). *Aptamer-based detection of plazma protein by an electrochemical assay coupled to magnetic beads*. Anal. Chem. 79: 1466-1473

[Clima, 2007] Clima L. (2007) *Application of a new Fluorescence Resonance Energy Transfer (FRET) system in synthetic DNA*. Dissertation, Freiburg

[Ellington and Szostak, 1990] Ellington, A.D., Szostak, J.W. (1990). *In vitro selection of RNA molecules that bind specific ligands*. Nature 346: 818–822

[Mascini, 2009] Mascini M. (2009). *Aptamers in bioanalysis*. Hoboken: J. Wiley & Sons

[Qu et al., 2009] Qu P., Chen X., Zhou X., Li X. and Zhao X.(2009) *Fluorescence quenching of TMR by guanosine in Oligonucleotides*. Sci China Ser B-Chem 52: 1653-1659

[Tan et al., 2004] Tan W., Wang K. And Drake T.J. (2004). *Molecular beacon*. Current Opinion in Chemical Biolog 547–553

[Tuerk and Gold, 1990] Tuerk C., Gold L (1990). *Systematic evolution of ligands by exponen tial enrichment: RNA ligands to bacteriophage T4 DNA polymerase*. Science 249: 505–510.

[Valeur., 2001] Valeur B. (2001) *Molecular Fluorescence Principles and Applications*. Wiley-VCH Verlag GmbH

[Wang et al., 2008] Wang W.J, Chen C.L, Qian M.X. a Zhao X.S.(2008). *Aptamer biosensor for protein detection based on guanine-quenching*. Sens Actuators B 129: 211—217.

[Wang et al., 2011] Wang R.E., Zhang Y., Cai J., Cai W. a Gao T. (2011) *Aptamer-based fluorescent biosensors*. 18: 4175-4184.

[Ward, 1997] Ward M. (1997). *Photo-induced electron and energy transfer in non-covalently bonded supramolecular assemblies*. Chem. Soc. Rev. 26:365-375

Študentská vedecká konferencia FMFI UK, Bratislava, 2015, p. 192
ISBN 978-1518759055, © 2015 Matúš Maťko

Thrombin binding aptamer- gold nanoparticles conjugates as colorimetric sensor for detection of thrombin (Abstract)

Matúš Maťko[1*]

Supervisor: Gabriela Castillo[1†]

Katedra jadrovej fyziky a biofyziky, FMFI UK, Mlynská dolina 842 48 Bratislava

Abstract: In this work, we focus on the development of a colorimetric sensor for detection of thrombin based on conjugates composed of gold nanoparticles (AuNPs) and thrombin binding aptamer (TBA). Thrombin is a protein with a key role in process of blood coagulation. The blood level of thrombin may be increased in some pathological conditions. Therefore, sensors for thrombin based on aptamers might become a convenient tool to satisfy clinical demand for simple, non invasive and sensitive means of monitoring blood levels of thrombin.

TBA used in this work displays specific binding to fibrinogen binding site of thrombin and it contains an additional thymine linker dT15 for facilitating the anchoring to AuNPs. Characterization of AuNPs and AuNPs-TBA conjugates, effect of salts (NaCl, KCl) on their aggregation, as well as thermodynamic properties of the conjugates were examined by UV-VIS spectroscopy, dynamic light scattering, laser Doppler velocimetry and transmission electron microscopy. Furthermore, evaluation of sensor response to thrombin was carried out by UV-VIS spectroscopy based on the changes of optical properties of the conjugates caused by the aggregation effect induced by salts. Specificity of the sensor was verified by testing bovine serum albumin (BSA) in the same range of concentrations and conditions used for thrombin.

Keywords: gold nanoparticles, aptamer, thrombin, colorimetric sensor

---

[*]mamoatma@gmail.com
[†]gabriela.castillo@fmph.uniba.sk

Študentská vedecká konferencia FMFI UK, Bratislava, 2015, p. 193
ISBN 978-1518759055, © 2015 Iveta Pavlová

Úloha nanoštruktúr pri liečbe reumatoidnej artritídy (abstrakt)

Iveta Pavlová*

Školiteľ: Melánia Babincová†

Katedra jadrovej fyzika a biofyziky FMFI UK, Mlynská dolina, 842 48 Bratislava

Cieľom práce je pripraviť stabilné nanoštruktúry—lipozómy, magnetolipozómy so zabudovaným steroidným antireumatikom s cieľom eliminovať jeho bočné negatívne účinky na zdravé tkanivo. V práci budú sledované fyzikálnochemické vlastnosti použitých nanoštruktúr, vplyv vysokofrekvenčného poľa na permeabilitu a fluiditu ich membrány, stanovenie percentuálnej úspešnosti zabudovania a uvoľnenia liečiva, vplyv nehomogénneho magnetického poľa na cielený transport magnetolipozómov v meraniach in vitro a in vivo, ako aj určenie magnetického momentu nanočastíc. Z merania fyzikálnych vlastností synoviálnej tekutiny a hodnôt koeficientu viskozity bude stanovený stupeň zápalového procesu v kĺbe.

Kľúčové slová: hydrokortizón, lipozóm, magnetozóm.

*ivetapavlova99@gmail.com
†melania.babincova@fmph.uniba.sk

Študentská vedecká konferencia FMFI UK, Bratislava, 2015, pp. 194–206
ISBN 978-1518759055, © 2015 Richard Cimerman

Štúdium procesov produkcie a uskladnenia tepla s využitím materiálov s fázovou premenou

Richard Cimerman[1]*
Školiteľ: Marcela Morvová[1‡]

[1] Katedra astronómie, fyziky Zeme a meteorológie, FMFI UK, Mlynská Dolina, 842 48 Bratislava

Abstrakt

V predkladanom príspevku sa zaoberáme opisom princípov jednotlivých komponentov systému slúžiaceho na výskum v oblasti produkcie a uskladnenia tepla, ktorý sa aktuálne buduje a dokončuje v laboratóriu Oddelenia fyziky životného prostredia na Fakulte matematiky, fyziky a informatiky Univerzity Komenského v Bratislave. Tento systém pozostáva z troch uskladňovačov tepla naplnených uskladňovacím materiálom vlastnej výroby, z jedného uskladňovača tepla naplneného vodou, pričom ako zdroje tepla sú použité najmä vákuové slnečné tepelné kolektory, ale aj teplo z pyrolýzy a elektrolýzy. Príspevok je zameraný na produkciu tepla slnečnými tepelnými kolektormi, pričom ostatné zdroje tepla sú stručne opísané. Porovnané sú aj rôzne metódy a procesy uskladnenia tepla, pričom dôraz je kladený na použitie materiálov s fázovou premenou, ktoré umožňujú využívať uskladnenie tepla v ich fázovej premene. V príspevku porovnávame aj správanie sa uskladňovacieho materiálu vlastnej výroby využívajúceho fázovú premenu bez a s pridaným aditívom, ktorý redukuje stratifikáciu jednotlivých zložiek uskladňovacieho materiálu po niekoľkých vybíjacích a nabíjacích cykloch. Okrem opisu samotného systému sú v práci vypočítané aj očakávané teoretické energetické zisky solárnych tepelných kolektorov na základe meteorologických modelov a odmeraných údajov v priebehu roka a tiež prvé namerané výsledky počas prvého mesiaca činnosti slnečných tepelných kolektorov.

Kľúčové slová: uskladnenie tepla, materiály s fázovou premenou, slnečné tepelné kolektory, obnoviteľné zdroje energie.

1 Úvod

V poslednom období zaznamenávajú obnoviteľné zdroje energie (ďalej už len „OZE") veľký rozmach po celom svete. Súvisí to najmä s hľadaním energetických riešení v súlade s trvalo udržateľným rozvojom. Popri diskusii o výrobe a spotrebe elektrickej energie je pre spoločnosť (najmä v oblasti stredných a vyšších zemepisných šírok)

dôležitá aj diskusia o výrobe a spotrebe tepelnej energie. Ako všetky iné riešenia, aj OZE majú svoje nedostatky. Ich najväčším nedostatkom sú najmä fluktuácie v dodávkach energií, ktoré sú spojené s náhlymi a častými zmenami meteorologických prvkov, ako sú najmä vietor a slnečné žiarenie. Tento nedostatok sa čiastočne dá odstrániť použitím vhodných uskladňovačov (akumulátorov) energie, ktoré znižujú rozdiely medzi dodávanou a odoberanou energiou, ale tiež zvyšujú výkon a spoľahlivosť energetických systémov a rozvodov siete.

Medzi uskladňovače (akumulátory) energie môžeme zaradiť aj uskladňovače tepla, ktorých výskum a vývoj v poslednom období vo svete napreduje, pričom snahou je vyvinúť systémy používajúce moderné technológie a materiály, ktoré by mohli byť konkurencie schopné a teda aj potenciálne komerčne využiteľné. Je však jasné, že ani OZE s uskladňovacími systémami nie sú jediným konečným riešením energetickej budúcnosti našej spoločnosti. Snahou tejto práce je však pomocou spojenia „prírode blízkych" zdrojov tepla s jeho následným uskladnením na neskoršie použitie naznačiť, že aj výskum v tejto oblasti OZE má opodstatnené miesto a v budúcnosti môže v regionálnom meradle zohrať významnú úlohu.

2 Uskladnenie tepla

Pojem uskladnenia tepla by sme mohli zadefinovať, ako proces, kedy tepelno-akumulačný materiál je zaradený do systému medzi zdroj tepla a odber tepla, pričom tento materiál je schopný zmenou svojej vnútornej energie alebo zmenou svojho skupenstva uskladniť určité množstvo tepla. Samotný uskladňovací systém môže byť navrhnutý na rôzne časové intervaly: od niekoľkých minút pre kombinovaný ohrev teplej úžitkovej vody (ďalej už len „TUV"), cez hodiny pre kúrenie bežnými zdrojmi tepla, až po mesiace pri využití dlhodobého (tzv. sezónneho) uskladnenia.

Medzi najdôležitejšie výhody a dôvody uskladňovania tepla patrí:
- vyrovnávanie rozdielov medzi energetickými odberovými špičkami a odberovými minimami,

* richard.cimerman@gmail.com
‡ marcela.morvova@fmph.uniba.sk

- potenciál uskladňovačov tepla slúžiť ako záložný zdroj energie,
- umožnenie opätovného využitia tzv. odpadového tepla [Cimerman, 2014], ktoré by sa v mnohých prípadoch bez systémov uskladnenia tepla nedalo opätovne využiť,
- samostatnosť a nezávislosť dodávok tepla od dovozu fosílnych palív,
- v prípade uskladnenia solárnej energie uskladnenie energie, ktorá je „zadarmo",
- zmierňovanie teplotných výkyvov v administratívnych či obytných budovách,
- znižovanie spotreby fosílnych palív, znižovanie nárastu globálneho oteplovania.

V zásade môže byť teplo uskladnené viacerými spôsobmi:

- ako zmena vnútornej energie uskladňovacieho materiálu vo forme tzv. citeľného tepla (najčastejšie sa používa voda, príp. rôzne kamene),
- ako zmena skupenstva uskladňovacieho materiálu vo forme tzv. latentného tepla, čo je teplo, ktoré je potrebné danému materiálu bez zmeny jeho teploty dodať, aby materiál zmenil svoje skupenstvo (používajú sa tzv. materiály s fázovou premenou),
- vo forme termochemickej energie rôznych chemických reakcií,
- vo forme sorpcie vodnej pary v hygroskopických látkach,
- kombináciou viacerých možností.

V praxi sa najčastejšie stretávame s využívaním uskladnenia tepla vo forme citeľného a latentného tepla, resp. ich kombináciou, pričom najčastejšie sa využíva fázový prechod tuhá látka – kvapalina. Pre celkové uskladnené teplo v takomto systéme platí:

$$Q = m \int_{T_i}^{T_p} c_{\text{tuh}}(T)\mathrm{d}T + ml_t + m \int_{T_p}^{T_f} c_{\text{kvap}}(T)\mathrm{d}T \ . \quad (1)$$

kde m je hmotnosť uskladňovacieho materiálu, $c_{\text{tuh}}(T)$ je merná tepelná kapacita tuhej fázy materiálu, $c_{\text{kvap}}(T)$ je merná tepelná kapacita kvapalnej fázy materiálu, l_t je merné latentné (skupenské) teplo topenia daného materiálu, T_i je počiatočná teplota, T_f je konečná teplota materiálu a T_p je teplota, pri ktorej nastáva fázový prechod. Z rovnice (1) vidíme, že prvý a tretí člen zodpovedá celkovému uskladnenému citeľnému teplu a druhý člen zodpovedá celkovému uskladnenému latentnému teplu. Je teda zrejmé, že pri použití kombinácie uskladnenia citeľného a latentného tepla sa dokáže uskladniť viac tepla, ako len pri samotnom uskladnení citeľného tepla, ako to dokumentuje aj Obr. 1.

Celá podstata uskladňovania tepla takouto metódou spočíva teda v tom, že za predpokladu nulových strát všetko teplo, čo do uskladňovacieho materiálu počas tzv. nabíjania systému vložíme pri

jeho roztopení, získame späť počas tzv. vybíjania systému pri jeho tuhnutí.

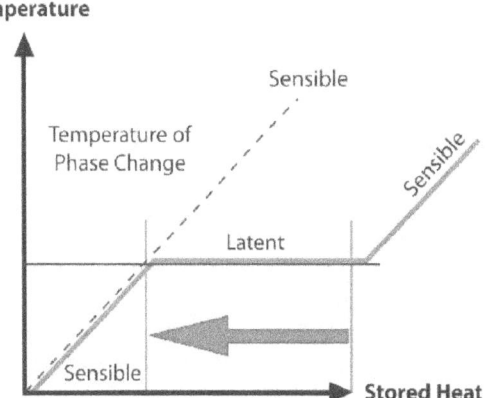

Obr. 1: Porovnanie množstva uskladneného citeľného a latentného tepla [savEnrg, 2015].

2.1 Materiály s fázovou premenou

Materiály s fázovou premenou (ďalej už len „PCMs" z angl. „Phase change materials") spravidla uskladňujú až 5 – 14 krát viac tepla na jednotku objemu [Sharma et al., 2009], oproti obyčajným uskladňovačom citeľného tepla. Medzi najdôležitejšie charakteristiky PCMs pre praktické účely patria najmä: veľká hodnota latentného tepla, vhodná teplota prechodu z intervalu pracovných teplôt, dobrá tepelná vodivosť, netoxickosť, nekorozívnosť, chemická stabilita a dostupnosť [Dinçer and Rosen, 2011]. Základné delenie PCMs je na organické a anorganické. Medzi organické PCMs patria parafíny, estery, mastné kyseliny a alkoholy, do anorganických PCMs zaraďujeme hydráty solí a kovy. Komerčne najpoužívanejšími PCMs sú parafínové vosky a niektoré hydráty solí.

Parafínové vosky sú z chemického hľadiska kryštalické zmesi uhľovodíkov, ktoré sa získavajú destiláciou nafty. Ich chemický vzorec vo všeobecnosti vieme vyjadriť ako C_nH_{2n+2}, kde číslo n predstavuje počet uhlíkov v reťazci, pričom pre parafínové vosky platí n>15. Teplota topenia parafínových voskov sa vo väčšine prípadov pohybuje v intervale 23 – 64°C [Thirugnanam and Marimuthu, 2013]. Kľúčovou vlastnosťou parafínových voskov je pomerne veľká hodnota ich latentného tepla, ktorá je v priemere rovná 200 kJ/kg. resp. 150 MJ/m^3 [Farid et al., 2004]. Medzi najdôležitejšie nežiaduce vlastnosti parafínových voskov patrí ich mierna horľavosť, no najmä nízka tepelná vodivosť v priemere približne 0,2 W/(mK) [Farid et al., 2004].

Hydráty solí sú zmesi anorganických solí a vody tvoriace typické kryštalické tuhé látky. Ich všeobecný chemický vzorec je $AB.nH_2O$, kde AB predstavuje anorganickú soľ a číslo n udáva počet molov vody v zmesi. Pri topení sa hydrát soli zmení na hydrát s menším počtom molov vody alebo na jeho dehydratovanú formu. Hydráty solí sú veľmi atraktívne pre praktické účely vďaka ich pomerne veľkému latentnému teplu v priemere približne 350 MJ/m^3 a tiež vďaka pomerne dobrej tepelnej vodivosti v priemere približne 0,5 W/(mK) [Farid et al., 2004]. Kľúčovou nevýhodou hydrátov solí, ktorá výrazne obmedzuje ich praktické využívanie, je skutočnosť, že pri ich rozpúšťaní často dochádza k procesu, kedy uvoľnených n molov vody nestačí na rozpustenie 1 molu soli a preto sa stáva výsledný roztok nasýteným pri teplote topenia a v dôsledku väčšej hustoty soli ako roztoku sa táto soľ usádza na dne uskladňovača a pre ďalší proces rekombinácie s vodou, teda pri tuhnutí zmesi, je už ďalej nepoužiteľná.

Vyššie spomenuté nežiaduce vlastnosti parafínových voskov či hydrátov solí však vieme vhodnými metódami úplne alebo čiastočne eliminovať. Zlepšenie tepelnej vodivosti uskladňovacieho materiálu (najmä parafínových voskov) môžeme dosiahnuť pridaním rôznych aditív do PCMs s veľkou tepelnou vodivosťou (napr. prímesi hliníka, železa, grafitu, ...) alebo vložením kovovej výstuže (napr. mriežky) do PCMs a pod. Najvyužívanejšou metódou zlepšenia pracovných vlastností PCMs je tzv. mikrokapsulácia PCMs, teda zapuzdrenie PCMs do malých, väčšinou sférických puzdier (granúl) tenkou vrstvou umelého syntetického materiálu (napr. polyméru). Týmto opatrením sa zmenší reaktivita PCM s vonkajším okolím, dosiahne sa väčšia kontrola objemových a iných fyzikálnych zmien vlastností PCM a taktiež sa môže dosiahnuť väčšia tepelná vodivosť PCM, ak sa priestor medzi granulami vyplní napr. vodou.

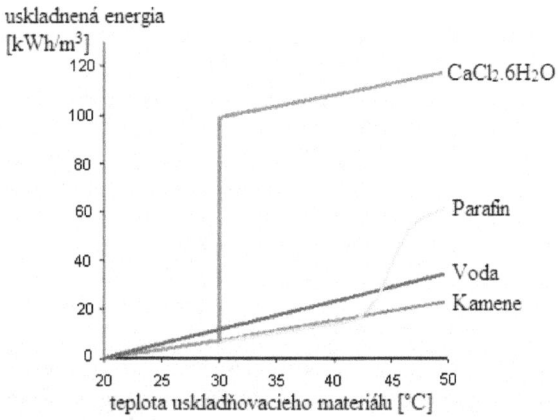

uskladnená energia [kWh/m^3]

Obr. 2: Porovnanie uskladneného tepla na m^3 pre vybrané materiály [TZB, 2003].

V Tab. 1 uvádzame prehľad niektorých používaných parafínových voskov a hydrátov solí s ich základnými vlastnosťami.

materiál	teplota topenia [°C]	merné latent. teplo topenia [kJ/kg]	tepelná vodivosť [W/(mK)]
parafíny			
$C_{18}H_{38}$	28	200 - 245	0,148 (kvap. pri 20°C)
$C_{20}H_{42}$	38	238	-
$C_{30}H_{62}$	66	-	-
hydráty solí			
$Na_2SO_4.$ $10H_2O$	32	254	0,554 (tuhé skup.)
$Ba(OH)_2.$ $8H_2O$	78	265 - 280	0,653 (kvap. pri 86°C)
$MgCl_2.$ $6H_2O$	117	165 - 169	0,57 (kvap. pri 120°C)

Tab. 1: Vybraté používané PCMs s ich základnými vlastnosťami [Farid et al., 2004] a [Sharma et al., 2009].

3   Produkcia tepla

V našom uvažovanom systéme, ktorý podrobnejšie opíšeme v ďalšej časti, považujeme za celoročný zdroj tepla trubicové vákuové slnečné tepelné kolektory a ako doplnkové zdroje tepla uvažujeme teplo z pyrolýzy a teplo z elektrolýzy.

3.1   Trubicové vákuové slnečné tepelné kolektory

Hustota energie dopadajúca kolmo na hornú hranicu atmosféry na jednotkovú plochu za jednotku času je daná tzv. solárnou konštantou (1,367 kW/m^2) [Kittler and Mikler, 1986]. Pri prechode zemskou atmosférou sa slnečné žiarenie v rámci jeho spektra nerovnomerne pohlcuje (na niektorých plynných zložkách vzduchu a na atmosférických aerosóloch) a tiež rozptyľuje (jednak na samotných molekulách vzduchu, ale aj na drobných vodných kvapkách, ľadových kryštálikoch, prachových časticiach, a pod.). Atmosféra tak spôsobí nielen oslabenie slnečného žiarenia, ktoré dopadne na zemský povrch, ale aj zmenu jeho spektrálneho charakteru. Taktiež dochádza aj k odrazu slnečného žiarenia od zemského povrchu, orografie či okolitých objektov a na základe toho rozoznávame tri zložky globálneho žiarenia na zemskom povrchu: priame, difúzne a odrazené slnečné žiarenie. Priame slnečné žiarenie je reprezentované zväzkom paralelných slnečných lúčov prichádzajúcich priamo od Slnka bez zmeny smeru, pričom difúzne (alebo tiež rozptýlené) slnečné žiarenie dopadá na zemský povrch zo všetkých smerov oblohy v dôsledku spomínaného rozptylu. Pre slnečnú tepelnú energetiku je však dôležité celkové globálne žiarenie dopadajúce na myslenú plochu, pričom zastúpenie priameho, difúzneho aj odrazeného žiarenia v tomto globálnom žiarení sa výrazne časovo mení predovšetkým vplyvom oblačnosti, stupňa znečistenia ovzdušia a zmien albeda (odrazivosti) zemského povrchu v priebehu roka. Okrem spomenutých atmosférických a poveternostných podmienok na produkciu energie slnečnou tepelnou energetikou vplýva aj geografická poloha daného miesta (zemepisná šírka, nadmorská výška) či samotná poloha daného miesta (sklon myslenej roviny). Sklon myslenej plochy je pre tepelnú energetiku najkľúčovejší, pričom od neho závisí aj pomerové zastúpenie priameho a difúzneho žiarenia v celkovom globálnom žiarení dopadnutého na myslenú plochu. Najväčší výkon priameho slnečného žiarenia sa dosahuje pri jeho kolmom dopadne na myslenú plochu, veľkosť difúzneho žiarenia klesá s rastúcim sklonom myslenej plochy a veľkosť prípadného odrazeného žiarenia od okolitého povrchu a objektov naopak rastie s rastúcim sklonom myslenej plochy.

V rámci slnečnej tepelnej energetiky rozoznávame 2 základné typy tepelných slnečných kolektorov: ploché (planárne) a trubicové vákuové slnečné kolektory. Základné rozdiely medzi nimi sú v účinnosti a cene. Kým ploché slnečné kolektory sú vďaka svojej cene pomerne rozšírené aj so svojimi pomerne veľkými stratami, vákuové trubicové slnečné kolektory majú oveľa účinnejšiu konverziu slnečnej energie na teplo, sú však drahšie a preto ich popularita narastá len pomaly.

Trubicové vákuové kolektory sa rozdeľujú na kolektory s priamym prúdením média v trubiciach a na kolektory bez priameho prúdenia média v trubiciach. Ďalej sa zameriame na druhý spomenutý typ trubicových vákuových kolektorov, ktorých princíp činnosti je nasledovný. Samotná kolektorová plocha je zložená z niekoľkých samostatných sklenených trubíc, ktoré sú ukotvené v spoločnej hlavici, cez ktorú prúdi teplonosné médium (napr. voda, nemrznúca zmes). Každá jedna trubica sa skladá z dvoch sklenených koncentrických trubíc, teda jedna sa nachádza vsunutá v druhej a z priestoru medzi nimi je vysatý vzduch, čo výrazne znižuje straty tepla vyžarovaním (Obr. 3). Vo vnútornej trubici je umiestnený hliníkový plech tmavomodrej až čiernej farby (vysoko selektívna absorpčná vrstva), ktorý je výborným absorbátorom tepla, pod ktorým sa nachádza uzavretá medená rúrka obsahujúca uhľovodík vyparujúci sa pri nízkych teplotách (cca 25°C) [Lorenzini, Biserni and Flacco, 2010]. Pri osvietení Slnkom sa tento uhľovodík zohrieva až vyparuje, následne stúpa nahor pozdĺž celej trubice na jej koniec do medeného výmenníka, ktorý je

ukotvený (vsunutý) v spomenutej hlavici. Prúdiace médium cez túto hlavicu ochladzuje medené výmenníky trubíc, ktoré sú v spoločnom tepelnom kontakte natoľko, že uhľovodík kondenzuje a odovzdáva svoje latentné teplo prúdiacemu médiu, ktoré sa tým ohrieva. Skondenzovaný uhľovodík následne klesá naspodok trubice a celý proces sa opakuje.

Výhod vákuových trubicových kolektorov oproti iným slnečným tepelným kolektorom je niekoľko:

- 360° tvar absorbéra poskytuje najväčší možný zberný povrch, čo umožňuje zachytávať priame aj difúzne slnečné žiarenie čo najefektívnejším spôsobom aj počas zamračených dní.
- Rýchlejší štart celého procesu pri nižších teplotách, spoľahlivá činnosť aj pri -30°C, keďže trubice pracujú so špeciálnym pracovným médiom.
- Každá jedna sklenená trubica funguje nezávisle od ostatných – v prípade poškodenia jednej trubice činnosť systému nie je pozastavená.
- Vďaka valcovému tvaru trubíc kolektor vystavuje slnečnému žiareniu rovnakú plochu počas celého dňa a jeho výkon sa neznižuje kvôli malému uhlu dopadu slnečného žiarenia ako je to v prípade plochých tepelných kolektorov.

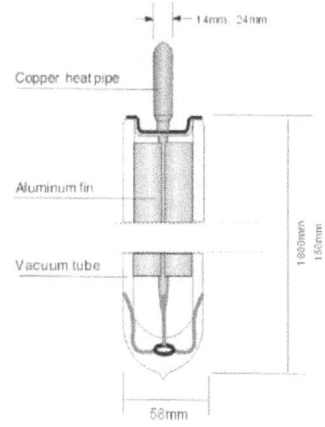

Obr. 3: Zloženie sklenenej trubice [EnergiaSlnka, 2012].

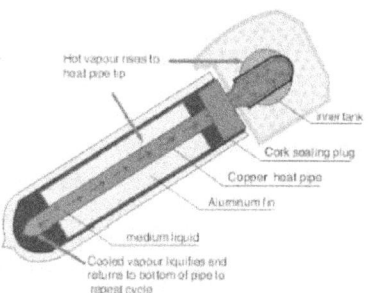

Obr. 4: Princíp činnosti trubicových vákuových slnečných tepelných kolektorov [EnergiaSlnka, 2012].

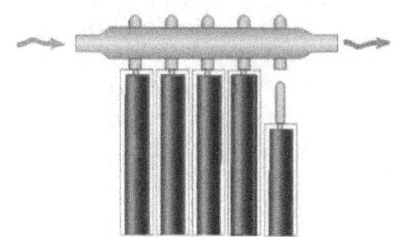

**Obr. 5: Princíp ohrevu prúdiaceho média
[EnergiaSlnka, 2012].**

**Obr. 6: Trubicové vákuové slnečné tepelné
kolektory.**

3.2 Teplo z pyrolýzy

Pyrolýza je termický rozklad organických materiálov bez prístupu kyslíka zo vzduchu, pričom materiál sa ohrieva nad medzu termickej stability prítomných organických zlúčenín (približne 400 - 800°C), čo vedie k ich štiepeniu až na stále nízkomolekulárne produkty (H_2, CO, CO_2, CH_4) a tuhý zvyšok (napr. drevené uhlie). Chladenie spalín vznikajúcich pri pyrolýze môže byť zabezpečené tepelnými výmenníkmi v systéme, v ktorých prúdi voda, ktorá sa následne ohrieva.

3.3 Teplo z elektrolýzy

Elektrolýza je elektrochemický proces, pri ktorom dochádza k rozdeleniu molekúl vody na dve zložky – molekulárny vodík a kyslík, vplyvom spotrebovávania elektrickej energie. Elektrolýza tak výhradne slúži na produkciu vodíka, z ktorého sa neskôr môže energia znovu späť získavať. Vodík teda zohráva dôležitú úlohu akumulátora energie, teda energonosiča. Za bežných podmienok (teploty a tlaku) je elektrolýza exotermický proces, pričom toto vznikajúce teplo kvôli chladeniu celého systému môže byť zo systému odvádzané napríklad chladiacim okruhom s prúdiacou vodou. Účinnosť elektrolýzy, teda procesov konverzie elektrickej energie na vodík a kyslík, je nepriamo úmerná naloženému elektrickému napätiu na elektrolýznom článku. Veľkosť naloženého napätia závisí aj od vzdialenosti elektród, pričom v našom prípade je táto vzdialenosť relatívne veľká (približne 38 cm), z čoho vyplýva väčší elektrický odpor samotného elektrolytu medzi elektródami a teda použitie

väčšieho elektrické napätia, čím však dôjde k zníženiu účinnosti výroby vodíka a kyslíka. Preto v našich podmienkach očakávame pomerne nízku účinnosť elektrolýznych procesov s pomerne veľkou produkciou tepla.

4 Systém produkcie a uskladnenia tepla

Celý systém produkcie a uskladnenia tepla sa postupne buduje v laboratóriu Oddelenia fyziky životného prostredia na Fakulte matematiky, fyziky a informatiky Univerzity Komenského v Bratislave. V čase napísania tohto príspevku bol skompletizovaný na približne 80 %. Systém sa nachádza v samotnom laboratóriu a vedľajšom skleníku, pričom vybudovanie tohto systému má za cieľ nasledovné:

- Štúdium efektívnosti a využiteľnosti trubicových vákuových slnečných kolektorov v reálnych podmienkach.
- Štúdium možností a efektívnosti systému sezónneho uskladňovania tepla na neskoršie využitie (napr. z leta do zimy).
- Štúdium správania sa systému kombinácie získaného slnečného tepla s jeho následným uskladnením v priebehu celého roka.
- Vykurovanie skleníka získaným a uskladneným teplom v zimných mesiacoch.
- Uskladnenie a opätovné využitie odpadového tepla zo systému výroby vodíka – elektrolýzy.
- Chladenie plynných produktov pyrolýzy pred vstupom do výbojového čistiaceho zariadenia a opätovné využitie takto získaného tepla.

4.1 Komponenty systému

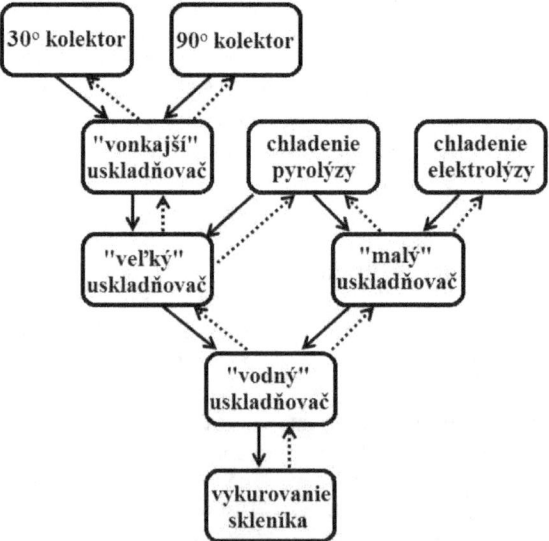

**Obr. 7: Bloková schéma zapojenia jednotlivých
komponentov do systému produkcie
a uskladnenia tepla.**

Celý systém pozostáva z nasledujúcich základných komponentov (Obr. 7):

- 4 uskladňovače tepla, z toho 3 uskladňovače využívajúce kombináciu uskladnenia citeľného tepla a latentného tepla vo fázovom prechode uskladňovacieho materiálu a 1 vodný uskladňovač, využívajúci pomerne veľké uskladnenie citeľného tepla vo vode vďaka jej veľkej mernej tepelnej kapacite 4,18 kJ/(kg.K).
- 2 vákuové trubicové slnečné tepelné kolektory, každé z nich pozostávajúce z 30 sklenených trubíc, umiestnených so sklonom 30° a 90°.
- Chladiaci okruh pyrolýzneho systému a elektrolyzéra.
- Vykurovací okruh skleníka s 8 radiátormi.
- Prepojovacie potrubia, armatúry a príslušenstvo (expanzné nádoby, regulačné ventily, obehové čerpadlá, odvzdušňovacie a bezpečnostné ventily).

Podrobnejšiu schému zapojenia jednotlivých komponentov do systému spolu s rozmiestnením všetkých meracích príslušenstiev teploty, tlaku a prietoku uvádzame v Prílohe 1.

3 zo 4 uskladňovačov tepla sa nachádzajú v laboratóriu („malý", „veľký" a „vodný"), jeden sa nachádza v skleníku („vonkajší"). „Malý" a „veľký" sú naplnené parafínovým voskom s pridanými aditívami na zlepšenie vlastností uskladňovacieho materiálu, pričom „vonkajší" uskladňovač plníme parafínovými granulami vlastnej výroby (Obr. 8) opäť s rôznymi pridanými aditívami. Použitý komerčný parafínový vosk je v skutočnosti zmesou viacerých parafínov s parametrami uvádzanými výrobcom: teplota prechodu 52 - 60°C, hustota 800 – 830 kg/m³, merná tepelná kapacita 2,14 – 2,9 kJ/(kgK), merné latentné teplo topenia 200 – 220 kJ/kg.

Obr. 8: Používaný uskladňovací materiál vlastnej výroby čiernej farby, ktorú mu dodávajú pridané aditíva.

Nami navrhnuté, odskúšané a uskutočnené vylepšenie vlastností uskladňovacieho materiálu, teda komerčného parafínového vosku, je v pridaní 2 hlavných aditív. Prvé pridané aditívum zvyšuje tepelnú vodivosť uskladňovacieho materiálu a druhé aditívum slúži na výrobu spomínaných granúl a zároveň čiastočne redukuje stratifikáciu jednotlivých zložiek uskladňovacieho materiálu vplyvom ich rozdielnych hustôt po jeho nabíjacích

a vybíjacích cykloch, ako to dokumentujú aj Obrázky 9 a 10.

Obr. 9: Vzorka uskladňovacieho materiálu len s pridaným prvým aditívom (7 hm. %) bez pridaného druhého aditíva po jednotlivých roztopeniach označených číslami nad jednotlivými obrázkami. Viditeľná je výrazná stratifikácia jednotlivých zložiek materiálu.

Obr. 10: Vzorka uskladňovacieho materiálu s pridaným prvým (7 hm. %) aj druhým aditívom po jednotlivých roztopeniach označených číslami nad jednotlivými obrázkami. Viditeľná je čiastočná redukcia stratifikácie jednotlivých zložiek materiálu.

Parametre nami používaných uskladňovačov uvádzame v nasledujúcej Tab. 2.

	objem [m³]	odhad uskladneného tepla		celkový odhad uskladneného tepla	
		citeľné [MJ]	latentné [MJ]	[MJ]	[kWh]
„veľký"	0,675	66,16	92,63	158,8	44,11
„malý"	0,177	17,21	24,1	41,31	11,48
„vonkajší"	0,841	82,03	114,84	196,9	54,69
„vodný"	0,524	131,4	-	131,4	36,5

Tab. 2: Parametre nami používaných uskladňovačov.

Do budúcnosti plánujeme z materiálu, ktorým sú plnené „malý" a „veľký" uskladňovač postupne vyrobiť rovnaké parafínové granule ako v prípade „vonkajšieho" uskladňovača, aby sme tiež čiastočne predišli spomínanej stratifikácii.

Obr. 11: „Vonkajší" uskladňovač umiestnený v skleníku spolu s panelom meracích príslušenstiev teploty, tlaku a prietoku.

Trubicové vákuové tepelné slnečné kolektory firmy Solarvolt Plus, s.r.o. sú umiestené na skleníku (Obr. 12), pričom oba kolektory pozostávajú z 30 sklenených trubíc. Jedny sú umiestnené so sklonom 30°, druhé sú kolmé, teda so sklonom 90°. Tieto sklony sme volili zámerne tak, aby sme mohli porovnávať rôznu produkciu tepla týmito kolektormi počas celého roka, pričom v zime by mali dominovať zvislé kolektory a v lete kolektory s 30° sklonom.

Ako teplonosné médium v kolektorových okruhoch používame teplonosnú kvapalinu Solaren P Plus -30°C. Technické parametre nami používaných kolektorov uvádzame v Tab. 3.

sklo	borosilikátové
vákuum	$< 5.10^{-3}$ Pa
koeficient absorpcie	$> 0,92$
koeficient emisie	$< 0,08$
denná účinnosť (leto)	$\geq 55\%$
denná účinnosť (zima)	$\geq 42\%$
maximálny tlak	12 barov
životnosť	> 15 rokov
celková efektívna plocha	$2*2,96$ m^2

Tab. 3: Základné charakteristiky nami používaných trubicových vákuových slnečných tepelných kolektorov [EnergiaSlnka, 2012].

Oba kolektory sú polypropylénovými potrubiami s izoláciou napojené na medené výmenníky tvaru špirál vo „vonkajšom" uskladňovači. Pri tomto uskladňovači sa nachádza panel s meracím príslušenstvom teploty, tlaku a prietoku (Obr. 11). Teplotu meriame na vstupe aj na výstupe medeného výmenníka, preto vieme spolu s údajom o prietoku teplonosného média cez výmenník vypočítať množstvo tepla, ktoré sa uskladňovaciemu materiálu odovzdalo podľa vzťahu:

$$Q = V \int_{T_i}^{T_f} \rho(T)c(T)\mathrm{d}T \quad , \qquad (2)$$

kde c(T) je merná tepelná kapacita teplonosného média, pričom ju predpokladáme konštantnú pre daný rozsah teplôt s hodnotou 3,61 kJ/(kg.K), V je objem pretečeného teplonosného média, ktorý určujeme zo spomenutého prietoku cez výmenník, $\rho(T)$ je hustota teplonosného média, ktorú tiež predpokladáme ako konštantnú s hodnotou 1025 kg/m^3, T_i je teplota na vstupe a T_f teplota na výstupe z výmenníka. Veľkosť prietoku vieme regulovať buď prepnutím výkonu obehových čerpadiel, ktoré sa nachádzajú v každom okruhu alebo regulačným ventilom, ktorý sa nachádza tesne pred prietokomerom.

Obr. 12: Zvislé a sklonené trubicové vákuové slnečné tepelné kolektory umiestnené na skleníku.

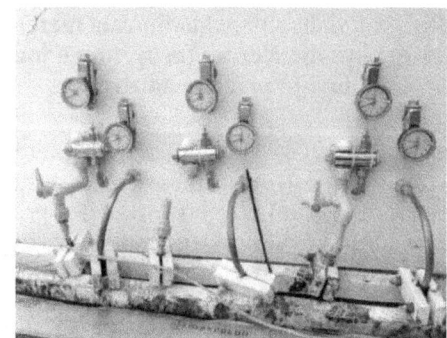

Obr. 13: Meranie teploty, tlaku a prietoku s regulačným ventilom.

Vo „vonkajšom" uskladňovači sú umiestnené celkovo 4 výmenníky tepla, dva z nich, ako sme už uviedli, slúžia na nabíjanie uskladňovača teplom z kolektorov, tretí výmenník plánujeme využiť v budúcnosti na nabíjanie uskladňovača teplom získaným tepelným čerpadlom a štvrtý výmenník bude slúžiť na vybíjanie uskladňovača, pričom bude prepojený s vnútorným „veľkým" uskladňovačom (bloková schéma systému na Obr. 7). Toto prepojenie je zámerné a bude slúžiť na to, aby v lete pri dostatočnom množstve tepla získaného kolektormi sme nadbytočné teplo mohli „presúvať" z jedného uskladňovača ďalej do ďalšieho uskladňovača, čím budeme modelovať čerpanie teplej úžitkovej vody v domácnostiach pri súbežnom nabíjaní a vybíjaní uskladňovača. Tento vnútorný „veľký" a rovnako aj vnútorný „malý" uskladňovač však primárne slúžia na uskladňovanie tepla získaného z pyrolýzy, pričom dochladzovanie týchto teplonosných okruhov je zabezpečené zapojením „vodného" uskladňovača za „veľký" aj „malý" uskladňovač (Obr. 7). Primárna funkcia tohto „vodného" uskladňovača je vo vykurovaní skleníka, konkrétne 8 radiátorov, ktoré sú umiestnené v skleníku, počas zimných mesiacov. „Malý" uskladňovač však okrem toho slúži aj na uskladňovanie odpadového tepla zo systému elektrolýzy slúžiaceho na výrobu vodíka (Obr. 7). Na všetkých týchto spomenutých okruhoch sú umiestnené alebo v blízkej dobe plánujeme umiestniť rovnaké meracie príslušenstvo, ako sme umiestnili aj pri „vonkajšom" uskladňovači. Správnym rozmiestnením jednotlivých meracích prvkov budeme schopní počas celkovej budúcej prevádzky systému mať podrobný prehľad o tom, koľko tepla z akého zdroja odoberáme a koľko tepla ktorému uskladňovaču dodávame, prípadne odoberáme. Ako teplonosné médium v práve opísaných okruhoch plánujeme použiť zmes teplonosnej kvapaliny Solaren P Plus -30°C a destilovanej vody.

Na všetkých okruhoch sa samozrejme nachádzajú aj ďalšie základné komponenty teplárenských systémov a to konkrétne: expanzné nádoby, ktoré slúžia na vyrovnávanie tlakových rozdielov, ktoré vznikajú pri tepelnej rozťažnosti teplonosného média; obehové čerpadlá s voliteľným výkonom 55 / 70 / 100 W; napúšťacie a odvzdušňovacie ventily a pod.

4.2 Výpočet odhadu produkcie tepla slnečnými kolektormi na základe meteorologických modelov a odmeraných údajov

Aby sme ešte pred samotným spustením prevádzky slnečných tepelných kolektorov získali orientačný náhľad, koľko tepla môžeme približne v priebehu celého roka nimi získať, spravili sme nasledovné dva výpočty. Prvý vychádzal z online databázy slnečného žiarenia PVGIS (z angl. Photovoltaic Geographical Information System), ktorá bola vybudovaná pre Európsku komisiu s cieľom prispieť k implementácii OZE v Európskej únii [PVGIS, 2010]. Táto databáza vychádza z klimatologických dát homogenizovaných pre Európu a je kombináciou meraných a modelových údajov, pričom dokáže na základe určených geografických súradníc lokality vypočítať priemerné denné sumy dopadajúceho globálneho žiarenia pre danú lokalitu nielen však na horizontálnu plochu, ale aj na ľubovoľne orientovanú (sklonenú) plochu. Výpočet vychádzajúci z tejto databázy budeme v ďalšom nazývať „modelovým výpočtom". Druhý výpočet vychádzal z priemerných mesačných súm globálneho žiarenia na horizontálnu plochu G_{hor} nameraných na stanici Bratislava, Koliba v rokoch 1991 – 2010 [Hrvoľ et al., 2013]. Tieto mesačné sumy na horizontálnu plochu sme prepočítali na sklonené plochy so sklonom 30° a 90° použitím vzťahu:

$$G_\alpha = (G_{hor} - D_{hor})K_i + D_{hor}\cos^2\frac{\alpha}{2} + AG_{hor}\sin^2\frac{\alpha}{2} \ , (3)$$

kde α predstavuje sklon myslenej plochy, G_{hor} a G_α globálne žiarenie dopadajúce na horizontálnu resp. sklonenú plochu pod uhlom α, D_{hor} predstavuje difúzne žiarenie dopadajúce na horizontálnu plochu, A je albedo (odrazivosť) povrchu a K_i je koeficient prepočtu priameho slnečného žiarenia z horizontálnej plochy na plochu sklonenú. Prvý člen v rovnici (3) teda predstavuje príspevok priameho slnečného žiarenia, druhý člen príspevok difúzneho slnečného žiarenia a tretí člen príspevok odrazeného slnečného žiarenia na sklonenú plochu pod uhlom α. Hodnoty difúzneho žiarenia dopadajúceho na horizontálnu plochu D_{hor} sme pomocou odmeraných údajov G_{hor} prepočítali podľa vzťahu [Hrvoľ, 1991]:

$$D_{hor} = G_{hor}\left[1 - \left(1 - \frac{D_0}{G_0}\right)r\right][1 - (1 - r)rk] \ , \ (4)$$

kde D_0 a G_0 predstavuje difúzne resp. globálne žiarenie za bezoblačnej oblohy, r je relatívny slnečný svit daný podielom skutočného (nameraného) slnečného svitu k efektívne možnému slnečnému svitu (resp. astronomickému slnečnému svitu) a k predstavuje tzv. koeficient ročnej doby. Požadované hodnoty koeficientov prepočtu K_i pre každý mesiac sme použili z publikácie [Hrvoľ, 1996], pomer D_0/G_0 pre lokalitu Bratislava, Koliba spolu s hodnotami koeficientov ročnej doby k pre daný mesiac z publikácie [Hrvoľ, 1991] a hodnoty relatívneho slnečného svitu sme počítali na základe [Hrvoľ, 2015 a] a [Hrvoľ, 2015 b].

V Grafe 1 uvádzame porovnanie modelových výpočtov s nameranými hodnotami priemerných mesačných súm globálneho žiarenia dopadajúcich na horizontálnu plochu pre lokalitu Bratislava, Koliba z rokov 1991 – 2010 [Hrvoľ et al., 2013]. Na základe Grafu 1 vidíme, že tieto modelové výpočty mesačných súm globálneho žiarenia na horizontálnu plochu sú s nameranými hodnotami globálneho žiarenia na horizontálnu plochu vo veľmi dobrej korelácii.

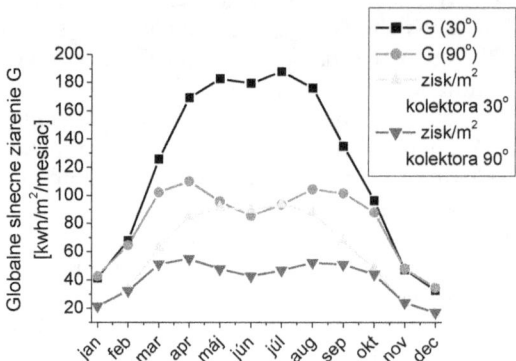

Graf 2: Porovnanie modelových mesačných súm dopadajúceho globálneho slnečného žiarenia G na jednotkovú plochu so sklonom 30° a 90° s odhadovaným energetickým ziskom na 1 m² kolektorov pri účinnosti 50 % pre Bratislavu.

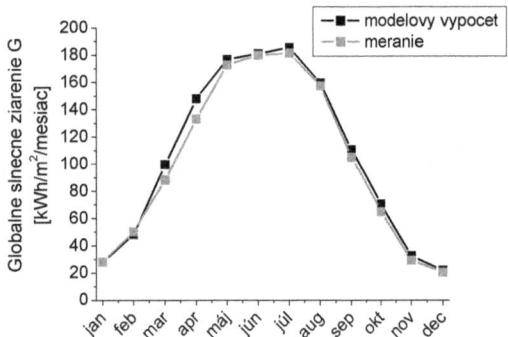

Graf 1: Porovnanie modelových mesačných súm dopadajúceho globálneho slnečného žiarenia na horizontálnu plochu pre lokalitu 48°9'3" N a 17°4'6" E (Bratislava, FMFI UK) s nameranými priemernými mesačnými sumami dopadajúceho globálneho žiarenia na horizontálnu plochu pre Bratislavu, Kolibu z rokov 1991 – 2010.

V Grafe 2 uvádzame modelové výpočty mesačných súm globálneho žiarenia na sklonené južné plochy so sklonom 30° a 90° spolu s odhadovaným energetickým ziskom na jednotku plochy sklonených kolektorov pri ich strednej 50 % účinnosti.

V nasledujúcom Grafe 3 uvádzame prepočítané mesačné sumy globálneho žiarenia na sklonené južné plochy so sklonom 30° a 90° z nameraných priemerných mesačných súm globálneho žiarenia dopadajúcich na horizontálnu plochu pre lokalitu Bratislava, Koliba z rokov 1991 – 2010 [Hrvoľ et al., 2013] aj spolu s odhadovaným energetickým ziskom na jednotku plochy sklonených kolektorov pri ich strednej 50 % účinnosti. V porovnaní s Grafom 2 vidíme, že odhadované energetické zisky sú pre prepočítavané hodnoty z reálne nameraných hodnôt menšie, ako hodnoty počítané z meteorologických a klimatologických online modelov. V rámci nasledujúcej celoročnej prevádzky kolektorových okruhov budeme okrem iného študovať, ku ktorým odhadom energetických ziskov sa viac priblížime.

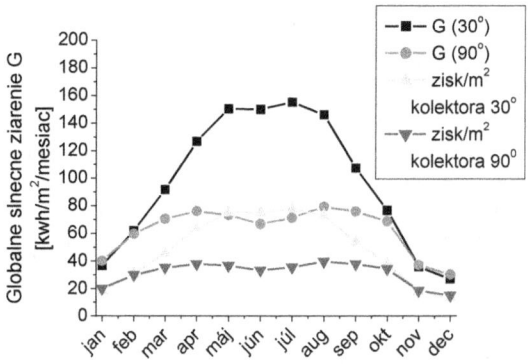

Graf 3: Porovnanie prepočítaných mesačných súm dopadajúceho globálneho slnečného žiarenia G na jednotkovú plochu so sklonom 30° a 90° z nameraných mesačných súm dopadajúceho žiarenia na horizontálnu plochu s odhadovaným energetickým ziskom na 1 m² kolektorov pri účinnosti 50 % pre Bratislavu.

4.3   Namerané údaje

Nakoľko je systém produkcie a uskladnenia tepla spustený zatiaľ len v prvotnej prevádzke po dobu približne jedného mesiaca, uvedieme len niekoľko reprezentatívnych údajov, ktoré sme za ten čas získali. „Vonkajší" uskladňovač, na ktorého výmenníky sú pripojené slnečné kolektory, ešte nemáme do plna naplnený uskladňovacím materiálom, ktorý sa stále priebežne vyrába. Z tohto dôvodu sú rozdiely v teplotách na vstupoch a výstupoch výmenníkov pomerne malé. V nasledujúcich grafoch uvádzame príklad priebehu teplôt teplonosného média počas dňa pre deň bez priameho slnečného žiarenia (Graf 4) a pre slnečný deň s priamym slnečným žiarením (Graf. 5).

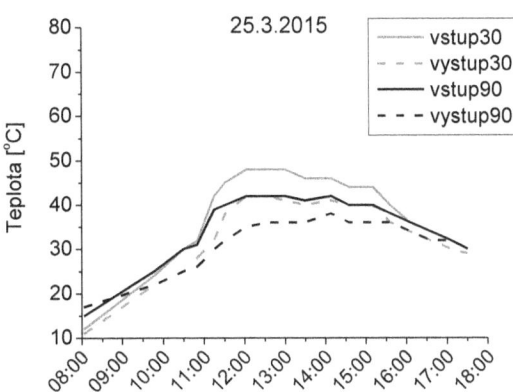

Graf 4: Denný priebeh teploty teplonosného média v kolektorových okruhoch 25.3.2015 na vstupe a výstupe tepelných výmenníkov vo „vonkajšom" uskladňovači pre 30° a 90° sklonené kolektory. Celý deň stredná a vysoká oblačnosť, prevaha difúzneho žiarenia, bez priameho slnečného žiarenia.

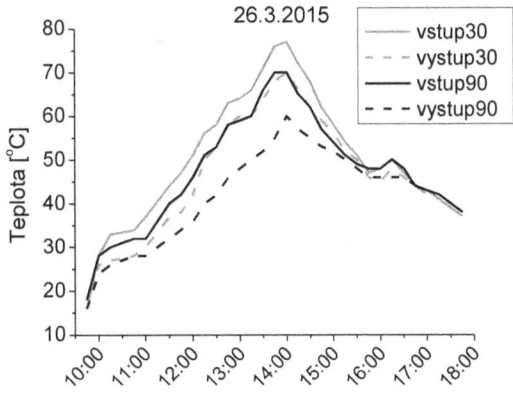

Graf 5: Denný priebeh teploty teplonosného média v kolektorových okruhoch 26.3.2015 na vstupe a výstupe tepelných výmenníkov vo „vonkajšom" uskladňovači pre 30° a 90° sklonené kolektory. Celý deň premenlivá stredná a vysoká oblačnosť, prevaha priameho slnečného žiarenia.

Z týchto grafov je jasne viditeľné, že väčšie teploty (aj keď rozdiel nie je relatívne veľký) sa dosiahli v oboch prípadoch na výstupe kolektora (teda na vstupe do výmenníka) s 30° sklonom. V Grafe 4 vidíme, že počas výraznej celodennej prevahy difúzneho žiarenia boli výkony oboch kolektorov rovnomernejšie (teda bez väčších výkyvov v teplotách), čo v prípade Grafu 5 tvrdiť nemôžeme, kde dominovalo celý deň priame slnečné žiarenie, ktoré dokonca spôsobilo aj mierny nárast teploty v kolektorových okruhoch po 16:00 hodine, kedy už Slnko pomaly strácalo na intenzite.

Údaje v Grafoch 6 a 7 boli získané počas dní s veľmi premenlivým počasím. Teploty teplonosného média v kolektorových okruhoch počas hustej oblačnosti alebo dažďa dosahovali hodnoty v intervale 20 - 25°C, avšak v oboch prípadoch sa počasie okolo 14:00 zlepšilo, oblačnosť sa prieriedila, čo malo za následok pomerne prudký nárast teploty a vznik viacerých teplotných píkov (maxím).

Za zmienku v Grafoch 6 a 7 stojí aj fakt, že po približne 17:30 začína mierne dominovať teplota teplonosného média na výstupe z výmenníkov, čiže teplota teplonosného média vracajúceho sa do kolektorov, z čoho jasne vidíme, že uskladňovač sa v priebehu dňa zohrial natoľko, že k večeru už mal vyššiu teplotu, ako teplonosné médium zohrievané priamo kolektormi.

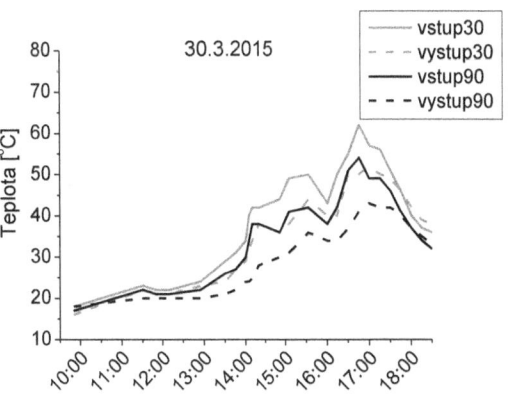

Graf 6: Denný priebeh teploty teplonosného média v kolektorových okruhoch 30.3.2015 na vstupe a výstupe tepelných výmenníkov vo „vonkajšom" uskladňovači pre 30° a 90° sklonené kolektory. Celé doobedie nízka oblačnosť a dážď, poobede premenlivá oblačnosť a priame slnečné žiarenie.

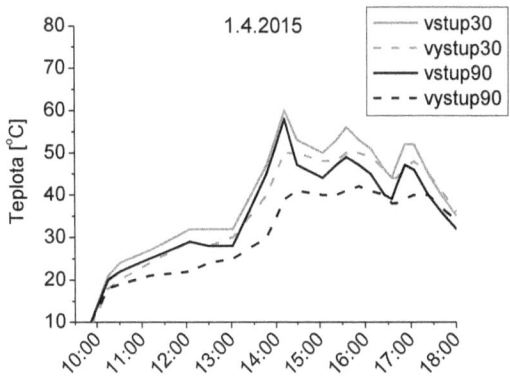

Graf 7: Denný priebeh teploty teplonosného média v kolektorových okruhoch 1.4.2015 na vstupe a výstupe tepelných výmenníkov vo „vonkajšom" uskladňovači pre 30° a 90° sklonené kolektory. Doobeda dážď, poobede premenlivá oblačnosť a prehánky (dokonca aj snehové).

V Grafe 8 uvádzame príklad dňa s celodennou hustou nízkou oblačnosťou a dažďovými prehánkami.

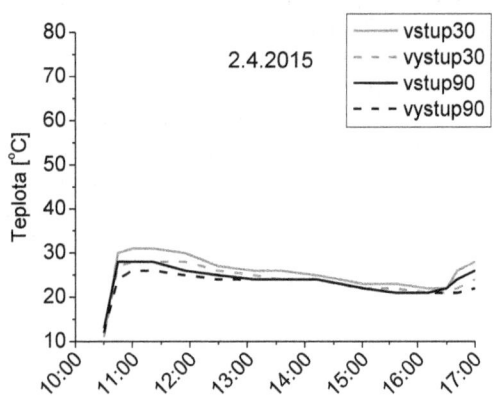

Graf 8: Denný priebeh teploty teplonosného média v kolektorových okruhoch 2.4.2015 na vstupe a výstupe tepelných výmenníkov vo „vonkajšom" uskladňovači pre 30° a 90° sklonené kolektory. Celý deň nízka oblačnosť a prehánky.

Na základe meraní počas celého apríla 2015 (až na víkendy a sviatky) použitím vzťahu (2) sme vypočítali energetické tepelné zisky slnečných kolektorov (Graf 9) a priemerné denné tepelné výkony slnečných kolektorov (Graf 10) na základe dôb prevádzok kolektorov počas týchto dní. Z týchto grafov jasne vidíme, že približne do polovice apríla väčší tepelný zisk dosahoval paradoxne kolektor s 90° sklonom, čo bolo zapríčinené väčším množstvom uskladňovacieho materiálu pri výmenníku napojeného práve na kolektor s 90° sklonom, keďže ten sa stále priebežne vyrába, čo zapríčinilo, že teplo obsiahnuté teplonosným médiom z kolektora sa mohlo odovzdávať uskladňovaciemu materiálu na väčšej ploche tepelného výmenníka. A keďže vo vzťahu (2) pre výpočet získaného tepla kolektormi vstupuje rozdiel teplôt na vstupe a výstupe výmenníka, je jasné, prečo kolektor s 90° sklonom dosiahol väčšie energetické zisky počas týchto dní. Približne v polovici apríla sa do „vonkajšieho" uskladňovača doplnilo ďalšie množstvo uskladňovacieho materiálu, čím sa množstvo tohto materiálu pri oboch výmenníkoch v uskladňovači vyrovnalo, čo zapríčinilo začiatok dominancie kolektora s 30° sklonom. Z meteorologického hľadiska bol apríl 2015 viac slnečný ako upršaný, vďaka čomu sme dosiahli pomerne dobré tepelné zisky v priebehu celého apríla až na pár upršaných dní, kedy tepelné zisky boli oveľa menšie (2.4., 8.4., 28.4.). Počas 14 z 19 meracích dní, kedy teplota v kolektorových okruhoch presiahla 60°C, sa uskladňovací materiál začal postupne topiť, čo

zväčšilo energetické tepelné zisky hlavne kolektora s 30° sklonom, keďže s ním sa počas celého apríla dosahovali vyššie teploty na jeho výstupe (až do 81°C). Nakoľko v súčasnosti stále nie je „vonkajší" uskladňovač naplnený uskladňovacím materiálom úplne do plna, po jeho naplnení očakávame ešte väčšie priemerné denné tepelné zisky.

Za zmienku stojí aj fakt, že obehové čerpadlá v oboch kolektorových okruhoch boli počas uvedených aprílových dní zapnuté v režime výkonu 55 W, z čoho vyplýva, že počas 10 hodín činnosti spotrebujú 550 Wh elektrickej energie, čo je 0,55 kWh elektrickej energie. Z Grafu 9 však vidíme, že kolektory počas všetkých aprílových dní, až na deň 28.4., vyrobili viac energie, ako 0,55 kWh. Z toho vyplýva, že s výnimkou jedného dňa sme počas všetkých prevádzkových dní v apríli viac energie vyrobili ako spotrebovali.

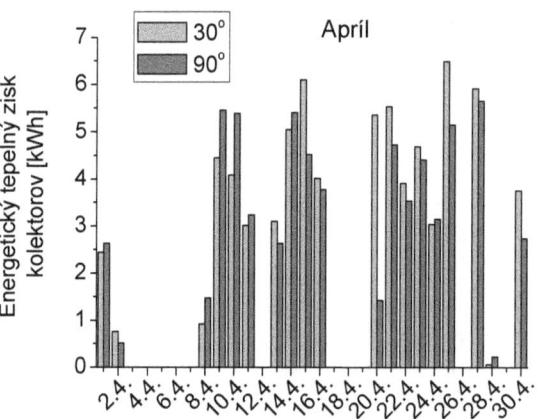

Graf 9: Denné energetické tepelné zisky (bez odrátania spotrebovanej elektrickej energie na pohon obehových čerpadiel) 30° a 90° sklonených slnečných kolektorov pre merané dni počas apríla 2015 na 6 m² ich celkovej efektívnej plochy.

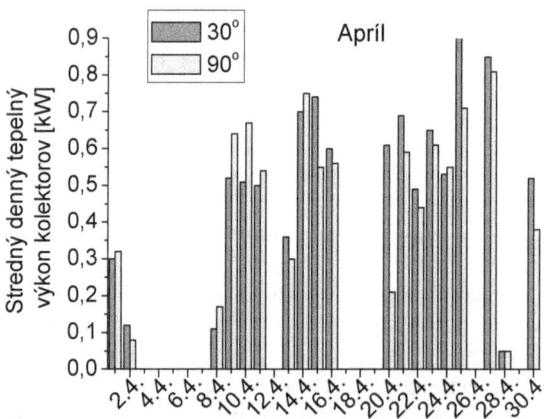

Graf 10: Stredné denné tepelné výkony 30° a 90° sklonených slnečných kolektorov pre merané dni počas apríla 2015.

V nasledujúcom Grafe 11 uvádzame vypočítané stredné tepelné nabíjacie aj vybíjacie výkony pre dva dni, v ktorých časť dňa slúžila na nabíjanie „vonkajšieho" uskladňovača a časť na vybíjanie. 28.4. bol upršaný deň, energetický tepelný zisk bol preto malý a uskladňovač sa preto použil na modelové vybíjanie zvyškového tepla uskladneného z predošlého dňa. 30.4. bola situácia iná: ráno, kým slnečné kolektory ešte neboli osvetlené priamym slnečným žiarením sme opäť zvyškové uskladnené teplo v uskladňovači z predošlého dňa použili na modelové vybíjanie, pričom po osvetlení kolektorov sa začal uskladňovač opäť nabíjať. Nenulové vybíjacie výkony uskladňovača preto dokazujú, že aj napriek nedokončenému vrchnému krytu uskladňovača (nakoľko, ako už bolo spomenuté, sa uskladňovací materiál stále vyrába) si uskladňovač cez noc zachoval časť naakumulovaného tepla z predchádzajúceho dňa.

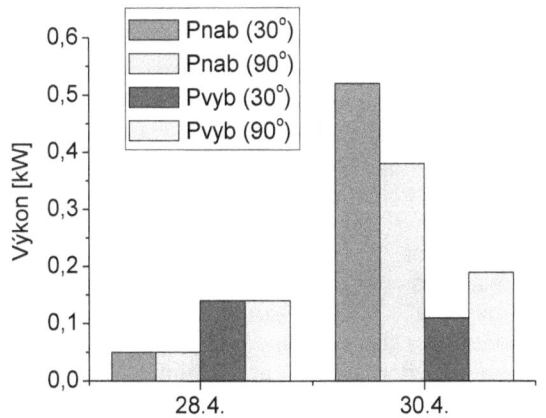

Graf 11: Stredné denné tepelné nabíjacie výkony 30° a 90° sklonených slnečných kolektorov a vybíjacie výkony „vonkajšieho" uskladňovača pre okruhy s 30° a 90° sklonenými slnečnými kolektormi pre vybrané dni.

Na záver je ešte potrebné upozorniť na jednu skutočnosť. Na prvý pohľad by sa mohlo zdať, že teplonosné médium prúdiace v kolektorových okruhoch, ktoré prechádzajú potrubiami cez skleník do výmenníkov vo „vonkajšom" uskladňovači, sa nezohrieva práve činnosťou kolektorov, ale teplým vzduchom v samotnom skleníku. Toto zdanie však môžeme spoľahlivo vylúčiť vďaka vhodnej izolácii týchto potrubí a tiež samotným sledovaním priebehu teplôt v skleníku, pričom môžeme skonštatovať, že teplota vzduchu v skleníku bola vždy minimálne o polovicu nižšia, ako maximálna teplota teplonosného média prúdiaceho od kolektorov do uskladňovača (napr. za upršaného dňa teplota teplonosného média dosiahla maximálne 25°C, pričom v skleníku sme mali 12°C; naopak počas jasného dňa teplonosné médium sa zohrialo

na maximálne 81°C, pričom v skleníku teplota vzduchu jemne presiahla 30°C).

5 Záver

Opísali sme jednotlivé komponenty, metódy a princípy využívané v práve budovanom a dokončovanom systéme produkcie a uskladnenia tepla. Po úplnom dokončení a sprevádzkovaní systému plánujeme systém naplno využívať a zbierať jednotlivé údaje počas jeho celoročnej prevádzky.

Ešte pred samotným začiatkom budovania tohto systému samotný skleník spolu s laboratóriom, v ktorých systém budujeme, prešli dôležitou rekonštrukciou, ktorá výrazne zlepšila ich tepelno-izolačné vlastnosti. Konkrétne išlo o výmenu stien a strechy skleníka a tiež zateplenie okien laboratória minerálnou vlnou. Týmto sme okrem iného docielili minimalizáciu tepelných strát z priestorov slúžiacich na štúdium možností a efektívnosti procesov uskladnenia tepla.

Na základe prvých nameraných a v príspevku uvedených dát môžeme skonštatovať, že trubicové vákuové slnečné tepelné kolektory majú svoj opodstatnený význam aj počas dní bez výraznejšieho priameho slnečného žiarenia (Graf 4), kedy teplota teplonosného média na ich výstupe dosahovala hodnotu 48°C, čo je dostatočná teplota na prípravu teplej úžitkovej vody v domácnostiach. Už v marcových dňoch s výraznou dominanciou priameho slnečného žiarenia (Graf 5) začína byť potenciál získateľnej energie zo slnečného žiarenia tak veľký (teplota na výstupe kolektorov dosiahla 78°C), že bez dlhodobejšieho uskladnenia tohto tepla by ho nebolo možné plne využiť. Na základe tohto počas letných mesiacov očakávame, že význam sezónneho uskladnenia slnečného tepla výrazne vzrastie.

V príspevku sme uviedli aj spracované namerané údaje z celého apríla 2015. Počas aprílovej prevádzky sme dokopy oboma kolektormi získali približne 140 kWh tepelnej energie na cca 6m² ich efektívnej plochy, čo vychádza približne 23,3 kWh na 1 m² ich efektívnej plochy. Podľa Grafu 3 však v apríli možno reálne očakávať približne až 100 kWh na 1m² efektívnej plochy kolektorov s 30° a 90° sklonom pri ich 50 % účinnosti. Vidíme teda, že sme počas apríla dosiahli približne štvrtinu z maximálne dosiahnuteľných tepelných ziskov. Tento dosť výrazný rozdiel môžeme prisúdiť najmä skutočnosti, že z 30 aprílových dní boli kolektory v prevádzke len 19 dní. Ak teda uvažujeme, že 23,3 kWh/m² sme získali za 19 dní, z toho dostaneme, že za jeden aprílový deň v priemere sme získali približne 1,23 kWh/m² oboch kolektorov. Podľa Grafu 3 na jeden deň pre apríl dostávame približne 3,33 kWh/m² oboch kolektorov. Z toho vyplýva, že ak by sme merali tepelné zisky kolektorov úplne každý aprílový deň, dosiahli by sme celkovo nie jednu štvrtinu, ale približne jednu tretinu z teoretického maximálneho aprílového tepelného zisku. Ďalší rozdiel od teoretických maximálnych ziskov môžeme prisúdiť ďalšej skutočnosti, a to konkrétne, že priame ožiarenie kolektorov začínalo v apríli len po 11:00 kvôli tieneniu vedľajšej budovy fakulty, čím sa nám nepodarilo zachytiť väčšinu doobedňajšieho slnečného tepla.

Po úplnom naplnení a dokončení „vonkajšieho" uskladňovača očakávame nielen väčšie tepelné zisky kolektorov (keďže viac tepla z kolektorov sa bude môcť odovzdať väčšiemu množstvu uskladňovacieho materiálu), ale aj väčšie vybíjacie výkony uskladňovača, ako sme uviedli v Grafe 11.

Poďakovanie

Poďakovanie patrí najmä mojej školiteľke doc. RNDr. Marcele Morvovej, PhD. za jej vedenie a neoceniteľné nápady pri realizácii celého projektu a taktiež všetkým kolegom z Oddelenia fyziky životného prostredia, menovite: Michalovi Amenovi, Vladimírovi Chudobovi, Jánovi Kováčovi, Ľubomírovi Staňovi a Júlii Miškovičovej, bez ktorých by bola realizácia celého projektu takmer nemožná.

Ďakujem aj RNDr. Jánovi Hrvoľovi, CSc. za jeho ochotu, pomoc a poskytnutie potrebných meteorologických údajov.

Literatúra

[Cimerman, 2014] Cimerman, R. (2014). Štúdium procesov uskladnenia tepla s využitím materiálov s fázovou premenou. Bakalárska práca. Bratislava: FMFI UK, 2014.

[Dinçer and Rosen, 2011] Dinçer, I. and Rosen, M. A. (2011). Thermal energy storage: systems and applications. Chichester (UK): John Wiley & Sons. ISBN 978-0-470-97073-7.

[EnergiaSlnka, 2012] Katalóg solárnych technológií 2012. (cit. marec 2015). Online dostupné na: http://energiaslnka.sk/img/produkty/solarne_ter malne_technologie/solarne_termalne_technologi e.pdf

[Farid et al., 2004] Farid, M. M., et al. (2004). A review on phase change energy storage: materials and applications. *Energy Conversion and Management*, vol. 45: 1597 – 1615.

[Hrvoľ, 1991] Hrvoľ, J. (1991) Eine neue beziehung für die Berechnung der monatlichen durchschnittssummen der diffusen Strahlung. *Acta Meteorologica Universitatis Comenianae*, vol. 19: 3 – 14. ISBN: 80-08-01055-X.

[Hrvoľ, 1996] Hrvoľ, J. (1996) Irradiation of south oriented surfaces by direct solar radiation. *Acta Meteorologica Universitatis Comenianae*, vol. 25: 17 – 25.

[Hrvoľ et al., 2013] Hrvoľ, J., Gera, M., Horecká, V. and Mikulová, K. (2013). Global solar radiation on the territory of Slovakia for the period 1951 – 2010. *Acta Meteorologica Universitatis Comenianae*, vol. 38: 43 – 64. ISBN: 978-80-223-3517-1.

[Hrvoľ, 2015 a] Hrvoľ, J. (2015) Daily and monthly astronomic sunshine durations for latitude 48°. Bratislava: FMFI UK, 2015. Osobná komunikácia.

[Hrvoľ, 2015 b] Hrvoľ, J. (2015) Mesačné a ročné sumy trvania slnečného svitu v hod. v Bratislave pre obdobie 1991 - 2010. Bratislava: FMFI UK, 2015. Osobná komunikácia.

[Kittler and Mikler, 1986] Kittler, R. and Mikler, J. (1986). Základy využívania slnečného žiarenia. Bratislava: Veda. ISBN: 71-013-86.

[Lorenzini, Biserni and Flacco, 2010] Lorenzini, G., Biserni, C. and Flacco, G. (2010) Solar thermal and biomass energy. Southampton: WIT press. ISBN: 978-1-84564-147-4.

[PVGIS, 2010] Photovoltaic Geographical Information System. (cit. február 2015). Online dostupné na: http://re.jrc.ec.europa.eu/pvgis/

[savEnrg, 2015] Sensible heat versus latent heat. (cit. február 2015). Online obrázok dostupný na: http://rgees.com/images/LHvsSH.jpg

[Sharma et al., 2009] Sharma, A., et al. (2009). Review on thermal energy storage with phase change materials and applications. *Renewable and Sustainable Energy Reviews*, vol. 13: 318 – 345.

[Thirugnanam and Marimuthu, 2013] Thirugnanam , C. and Marimuthu, P. (2013). Experimental Analysis od Latent Heat Thermal Energy Storage using Paraffin Wax as Phase Change Material. *International Journal of Engineering and Innovatve Technology*, vol. 3, issue 2: 372 – 376. ISSN: 2277-3754.

[TZB, 2003] Porovnání akumulace latentního tepla s akumulací citelného tepla. (cit. február 2015). Online obrázok na: http://www.tzb-info.cz/docu/clanky/0014/001482o1.gif

Študentská vedecká konferencia FMFI UK, Bratislava, 2015, pp. 207–220
ISBN 978-1518759055, © 2015 Ľubomír Staňo

Návrh, konštrukcia a štúdium vlastností malej horizontálnej veternej turbíny

Ľubomír Staňo[1]
Školiteľ: Marcela Morvová[2]

Katedra astronómie, fyziky Zeme a meteorológie FMFI UK, Mlynská Dolina, 842 48 Bratislava

Abstrakt

Táto práca je venovaná návrhu, konštrukcii a štúdiu horizontálnej veternej turbíny bez použitia mechanického prevodu. Je zameraná najmä na vlastný návrh jednotlivých komponentov systému, opierajúci sa o dostupnú literatúru, vrátane rotora turbíny, alternátora, regulačného a meracieho zariadenia a systému uskladnenia elektrickej energie prostredníctvom akumulátorovej batérie a následne na technologický postup pri jeho výrobe. Za účelom kvantifikovania parametrov zostrojenej turbíny, najmä energetickej účinnosti, bola zabezpečená digitalizácia meraných veličín so zberom dát do PC. Výkon turbíny bol porovnaný so záznamom o rýchlosti vetra z anemometra inštalovaného na rovnakom mieste, na základe čoho bola vytvorená výkonová charakteristika turbíny. Údaje boli štatisticky spracované a vyhodnotil sa potenciál výroby energie pre rôzne rýchlosti vetra a stanovené bolo aj približné kumulatívne množstvo elektrickej energie, ktoré možno za generovať.
Kľúčové slová: veterná energia, horizontálna veterná turbína, alternátor axiálnej konštrukcie, obnoviteľné zdroje energie.

Úvod

Vietor je prejavom transformácie slnečného žiarenia na kinetickú energiu pohybujúcej sa hmoty. Tepelný výkon meniaci sa na energiu prúdiaceho vzduchu predstavuje len asi 1-2% sumárneho výkonu žiarenia Slnka na Zemský povrch [8], napriek tomu v absolútnych číslach až 10^{15}W [1]. V skutočnosti je to asi 100 krát viac, ako je celosvetová spotreba energie našej civilizácie vo všetkých formách. Konverzia takejto formy energie na elektrickú je zvládnutá už dlhé storočia prostredníctvom vetrených turbín (ďalej len VT) rôznych typov.

Pole vetra je veľmi nerovnomerné najmä v dôsledku všeobecnej cirkulácie, klimatického pásma, reliéfu krajiny atď. V prízemnej vrstve atmosféry (do 50m) nad otvoreným reliéfom krajiny narastá rýchlosť vetra zhruba logaritmicky, preto je dôežité zvážiť umiestnenie VT v čo najväčšej výške nad okolitým terénom, ktorý spôsobuje turbulentné trenie a výrazne znižuje rýchlosť vetra najmä v niekoľkých metroch nad povrchom. V zastavanej oblasti je situácia odlišná, pretože môžu vznikať miesta, napr. medzi budovami, kde dochádza k zosilneniu vetra vďaka lievikovému efektu [8]. Nerovnomerný prejav vetra, ako je vo všeobecnosti známe, pôsobí výrazné komplikácie pri jeho praktickom využití. Sú potrebné sofistikované regulačné a riadiace systémy, ktoré fluktuácie výkonu eliminujú formou uskladnenia, prípadne transformáciou na vhodné energonosné palivo. Na druhej strane je výhodou, že vietor sa či už vo väčšej, alebo menšej intenzite vyskytuje takmer všade, čo z neho robí po priamom slnečnom žiarení globálne najdostupnejší, trvalo udržateľný obnoviteľný zdroj energie [8].

1 Horizontálne veterné turbíny

Horizontal axis wind turbine (HAWT) je typ VT s osou rotácie smerujúcej horizontálne. Od VT s vertikálnou osou otáčania sa líšia v typických parametroch popísaných nižšie. Ich výhodou je, že vzhľadom na plochu prierezu dosahujú väčšie výkony. Základný princíp je veľmi podobný – vietor prúdi na lopatky turbíny, pričom spolu s nimi roztáča aj os, s ktorou je spojený generátor elektrickej energie, či už priamo, alebo pomocou prevodovky. Fyzikálny princíp, ktorý je za samotnou interakciou vzduchu s lopatkou je podstatne odlišný. Zatiaľ čo pri vertikálnych veterných turbínach VAWT ide väčšinou o čisto tlakové účinky (existujú aj vztlakové VAWT – Darrieusova VT), turbíny typu HAWT využívajú princíp vztlaku, pričom určitá jeho zložka pôsobí v smere pohybu lopatky, kolmo na os otáčania, čím na osi generuje moment sily. Princípy hydrodynamiky, resp. aerodynamiky, ktoré sa uplatňujú pri generácii vztlaku veľmi dobre fundujú pri laminárnom prúdení. Podstatnou nevýhodou HAWT je narúšanie vztlaku pri turbulentnom charaktere prúdenia vzduchu.

---

[1] Lubomir.stano.11@gmail.com
[2] Marcela.morvova@fmph .uniba.sk

1.1 Energia vetra a energetická účinnosť turbín

Kinetická energia vzduchovej hmoty, ktorá pretečie cez *účinnú plochu* A rýchlosťou v za jednotku času je daná ako

$$P_W = \tfrac{1}{2}\rho A u^3 \qquad (1)$$

Podstatnú úlohu zohráva teda hustota vzduchu ρ, ktorá je o tri rády menšia, ako hustota vody. Aby nedochádzalo k narúšaniu kontinuity toku vzduchu cez turbínu, nemôže sa v nej odovzdať celá kinetická energia. Z teórie vyplýva, že optimálny výkon sa dosahuje, keď rýchlosť na výstupe turbíny dosahuje 1/3 hodnoty na jej vstupe (*Betzova podmienka*)

$$u_{out} = 1/3u \ \text{ a } \ u_1 = 2/3 \ u \qquad (2a)$$

kde u_1 je rýchlosť na turbíne. Energetická účinnosť je z definície daná pomerom výkonu reálne odoberaného turbíne k teoretickému limitu danému vzťahom (1).

$$\frac{Ptot}{P_W} = \frac{\tfrac{1}{2}c_p \rho A u^3}{\tfrac{1}{2}\rho A u^3} = c_p \qquad (2b)$$

Koeficient účinnosti c_p je potom vyjadrením, akú časť energie možno turbínou vetra odobrať.

Dá sa ďalej odvodiť *Betzov limit* pri splnení (2a), $c_{p(Betz)} = 0,59$, čo je maximálny teoretický limit koeficientu účinnosti.

1.2 Profil lopatky rotora

Účinnosť zachytenia energie vzduchu, ktorý prúdi cez účinnú plochu turbíny A - *(swept area)* je veľmi závislí na *rotačnej frekvencii* f a to tým viac, čím je počet lopatiek rotora menší. Ako sa mení rotačná frekvencia, mení sa úmerne *obehová rýchlosť lopatiek* v pri danej vzdialenosti od rotačnej osi r a tým aj *relatívna rýchlosť vzduchu* u_α voči nim, čo má rozhodujúci význam (obr. 1).

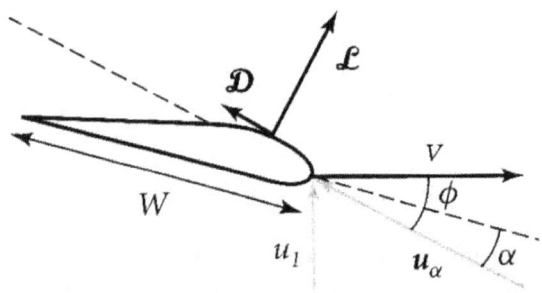

Obr. 1: Bilancia síl na aerodynamickom profile lopatky horizontálnej veternej turbíny

Keďže *vztlaková sila L,* ktorá vzniká obtekaním profilu lopatky je vždy kolmá na u_α, uhol Φ medzi v a u_α je dôležitý, nakoľko zložka *$Lsin\Phi$* je rovnobežná s rýchlosťou v a teda len táto zložka vztlaku sa podieľa na vytváraní momentu sily, ktorá turbínu roztáča. Z obr.1 vidno, že pre uhol Φ platí:

$$tg\Phi = \frac{u_1}{v} \qquad (3)$$

Pri malej rýchlosti, nízkych otáčkach, resp. pri rozbehu je pomer hybnosti odovzdanej turbíne vzhľadom na celkovú hybnosť vzduchu, ktorá pretečie cez plochu A malý, jednak kvôli tomu, že nie sú splnené podmienky na generáciu vztlaku a jednak preto, že účinok tlaku na profil je zanedbateľný. V skutočnosti jediným parametrom pri konkrétnom profile lopatky, ktorý vplýva na veľkosť vztlakovej sily okrem samotnej rýchlosti vetra je *uhol nábehu* α. Pretože α (uhol medzi u_α a tetivou lopatky) je pri rozbehu veľmi veľký, vzduch obteká profil z čelnej strany a na opačnej dochádza k turbulencii, čím je vztlak znemožnený. Za takýchto podmienok je veľký aj uhol Φ, avšak možno si všimnúť, že so zväčšujúcim sa uhlom Φ sa zväčšuje užitočná zložka vztlaku. Z toho vyplýva, že existuje obežná rýchlosť v pre daný úsek dr profilu lopatky, kedy je nábehový uhol optimálny pre dosiahnutie maximálnej užitočnej zložky vztlaku. Jej moment je

$$M = \int_{r}^{r+dr} Lsin\Phi(r)dr$$

Malý krútiaci moment pri rozbehu je najväčšou nevýhodou vztlakových typov turbín pri malých rýchlostiach vetra. Pri zrýchlení na otáčky na ktoré sú lopatky navrhnuté sa uhol nábehu optimalizuje a turbína má vtedy najväčší záber, preto je dôležité pri návrhu hľadieť na previazanosť parametrov, ktoré vplývajú na efektívne odoberanie výkonu. Prakticky sa uhol nábehu optimalizuje priebežne naklápaním lopatiek podľa aktuálnych otáčok, čo je najúčinnejší spôsob, ako maximalizovať výkon pri nízkych rýchlostiach vetra. Spravidla sa však uplatňuje len pri väčších výkonových zariadeniach nad 10kW [9].

1.3 Rýchlosť vetra a rýchlosť rotácie

TSR (Tip Speed Ratio - λ), teda pomer *obvodovej rýchlosti lopatiek* v_t k rýchlosti vetra u je základným parametrom v konštrukcii VT, ktorý hovorí o maximálnych otáčkach, na ktorých sa ustáli po dosiahnutí rovnováhy síl pri danej rýchlosti vetra turbína s polomerom R .

$$\lambda = \frac{v_t}{u} = \frac{2\pi R f}{u} \qquad (4)$$

uhol Φ možno potom využitím (3) a (4) spolu s Betzovou podmienkou $u_1=2u/3$ vyjadriť ako:

$$tg\,\Phi = \frac{2R}{3r\lambda} \qquad (5)$$

Zo vzťahu (5) vidno, že pre fixný bod vo vzdialenosti r je Φ len funkciou λ, preto TSR je rozhodujúcim parametrom v konštrukcii VT vztlakových typov. Aby sa zachovala optimálna hodnota nábehového uhla pri rovnovážnych otáčkach po celej dĺžke lopatky s meniacim sa r (tg$\Phi \approx 1/r$), uhol medzi tetivou lopatky a rovinou rotácie, v ktorej leží vektor rýchlosti v musí vykazovať tzv. *stúpanie*. Uhol stúpania je pritom daný (viď obr. 1) ako

$$\theta = \Phi - \alpha \qquad (6)$$

pričom optimálna hodnota nábehového uhla sa udáva 4 až 5° [9]. Najväčší vztlak pri rozbehu z nulových otáčok ($\Phi = \pi/2$) je teda pri báze rotora, kde je uhol stúpania maximálny.

1.4 Závislosť účinnosti od TSR

Po odčítaní strát dôsledkom odporu vzduchu D bude výkon roztáčajúci turbínu redukovaný na

$$P = \int_{v(0)}^{v(R)} L sin\Phi\,(1 - g\lambda)dv \qquad (7)$$

Kde g = D/L (obr. 1) je *pomer odporových a vztlakových účinkov síl*. Pochopiteľne, *g* nemá analytické vyjadrenie a najčastejšie sa určuje počítačovou simuláciou [1]. Uviedli sme, že maximálny teoretický výkon P_{betz} vyplývajúci z Betzovej limity je úmerný koeficientu $c_{p(Betz)}$. Tento je v reálnych podmienkach zmenšený vplyvom trenia o faktor, ktorý vystupuje vo vzťahu (7), čím znižuje maximálny účinnostný koeficient pre turbínu s parametrami λ a g, čo je vyjadrené vzťahom (8) a graficky znázornené na obr.2.

$$c_{p(max)} = (1 - g\lambda)c_{p(Betz)} \qquad (8)$$

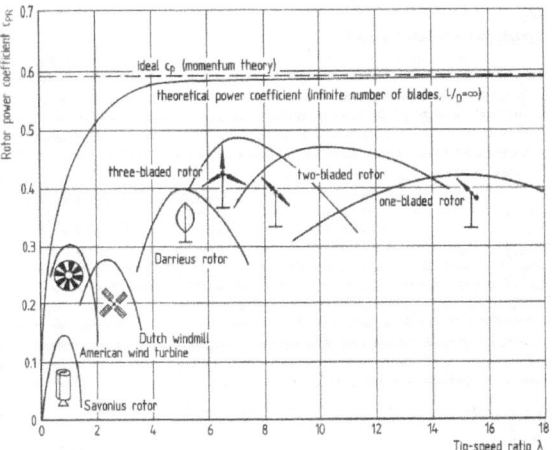

Obr. 2: Závislosť koeficientu c_p od λ pre rôzne VT

Inak povedané, pre každú turbínu existuje maximum v závislosti c_p od hodnoty TSR a parameter, ktorý ju ovplyvňuje najviac, je práve parameter g.

2 Elektrické generátory axiálnej konštrukcie

Vo veternej energetike sa používajú rôzne typy elektrických generátorov. Najčastejšie sa jedná o *trojfázové stroje*, ktoré sa vyznačujú hladším a vyrovnanejším chodom, spravidla sú efektívnejšie, keďže v ich konštrukcii je uplatnená geometria, ktorá maximálne využíva indukčný tok v priestore vinutia [4], [6], [7]. Indukčný tok môže byť budený pomocou elektromagnetov, ako je to napr. u *asynchrónnych* generátorov, alebo pomocou permanentných magnetov u *synchrónnych* generátorov *PMSG* (Permanent Magnet Synchronous Generator) [5]. Na rozdiel do častejšie používaných asynchrónnych generátorov majú PMSG nevýhodu a síce, frekvencia a výstupné napätie sú odvodené od ich rotačnej rýchlosti. Inými slovami, vo veternej energetike sú menej výhodné v tom, že ich prepojenie napr. s distribučnou sieťou el. energie je o čosi zložitejšie a naopak, sú výhodnejšie pre izolované systémy, pretože nevyžadujú externé napájanie. Asynchrónne generátory naopak sú schopné meniť indukčný tok nezávisle na otáčkach, magnetizujúci prúd sa odoberá zo siete s konštantnou frekvenciou, pričom za pomoci elektroniky možno prispôsobiť budenie nezávisle na otáčkach tak, aby frekvencia generovaného napätia bola v zhode s frekvenciou siete. Je to typ generátora, ktorý je inštalovaný vo väčšine zariadení vysokých a stredných výkonov. Vinutie generátora je spravidla statické, takže sa jedná o tzv. bezkartáčové prevedenie, ktoré je z hľadiska prevádzky spoľahlivejšie [10].

Špeciálnu skupinu generátorov PMSG tvoria alternátory axiálnej konštrukcie (PM AFG – Permanent Magnet Axial Flux Generator), ktoré sú charakteristické tým, že indukčný tok cez priestor statora od zdroja magnetického poľa – magnetov, je rovnobežný s osou rotácie. Magnety sú uložené na dvoch planparalelných kovových diskoch, medzi ktorými sa nachádza vinutie statora (obr.3). Feromagnetické disky napevno spojené s osou rotácie majú funkciu magnetického skratu medzi susednými magnetmi opačnej polarity. Možno tak dosiahnuť vysokú intenzitu MP v smere rotačnej osi bez nutnosti sýtenia cievok feromagnetickým jadrom, ktoré zvyšuje elektrodynamické brzdenie pri chode naprázdno resp. pri rozbehu a má na svedomí parazitný výkon vo forme *ohmického ohrevu*. Preto pri správne navrhnutom a použitom stroji sa jedná o najúčinnejší spôsob transformácie mechanickej energie na elektrickú [10].

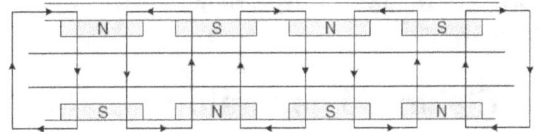

Obr. 3: Tok vektora magnetickej indukcie v AFG medzi diskami rotora s magnetmi

Aj keď AFG môže byť jednofázový, najčastejšie používané sú trojfázové alternátory z už spomínaných dôvodov. Okrem toho, trojfázový alternátor možno zapojiť aj ako jednofázový, čo poskytuje určitú flexibilitu pri jeho použití.

Každú fázu môže tvoriť ľubovoľný počet cievok podľa toho, aké má byť výsledné napätie pri nominálnych otáčkach a ako sú nastavené ostatné parametre, napr. indukčný tok, počet pólov rotora atď., vďaka čomu existuje výrazná voľnosť pri návrhu vinutia pre konkrétne použitie alternátora [2]. Nezávisle na tom, koľko cievok je sériovo vo fáze zapojených, pre trojfázové alternátory je typický pomer počtu cievok k počtu magnetov na jednom disku rotora 3/4, resp. k počtu magnetov orientovaných rovnakou polaritou na disku 3/2. To preto, že keďže sú magnety zoradené so striedajúcou sa polaritou, na to, aby vznikla 1 perióda požadovaného striedavého napätia, musia cez každú z cievok prejsť 2 indukčné toky opačnej polarity a fázy sú navzájom posunuté o fázový uhol $2/3\pi$.

3   Návrh a konštrukcia veternej turbíny

3.1   Rotor turbíny

V projekte je použitý trojlopatkový rotor vlastnej výroby. Generátor elektrickej energie, ktorý je priamo prepojený s turbínou, má na ňu brzdné účinky. *Štartovacia rýchlosť vetra* (cut-in wind speed - u_c) je rýchlosť, kedy rotor turbíny dosahuje pracovné otáčky, na ktoré je navrhnutý systém generácie elektrickej energie. Pri vopred stanovenom polomere turbíny R existuje s ohľadom na hodnotu TSR, typickú pre daný typ turbíny, a požadovanú u_c hodnota voľnobežných otáčok, tj. prahová (štartovacia) hodnota otáčok f_c, pri ktorých dôjde k aktivovaniu brzdných účinkov alternátora navrhnutého na túto frekvenciu.

$$f_c = \frac{\lambda u_c}{2\pi R} \qquad (9)$$

V systéme, ktorý používame, ako je vysvetlené neskôr, sa táto hodnota mení v závislosti od napätia

akumulátorovej batérie. Za vhodne zvolenú hodnotu u_c považujeme priemernú rýchlosť. Pre potreby nášho projektu sme využili dlhodobý záznam rýchlostí vetra na meteorologickej stanici FMFI UK. Dlhodobé priemerné rýchlosti vetra v okolí fakulty sa pohybujú v závislosti od ročného obdobia od 2,7 do 3,1ms^{-1} [3]. Ak by sme u_c volili prinízke vzhľadom na λ, odpovedajúce otáčky rotora by nepostačovali na kompenzáciu výkonu odobraného alternátorom a turbína by sa spomalila. Rýchlosť sme pri návrhu volili u_c = 3m/s. Podľa vzťahu (9) bola určená hodnota f_c = 3,18Hz.

Pre trojlopatkové turbíny sa hodnota λ pohybuje väčšinou od 6 do 10. Vzhľadom k tomu, že optimalizácia profilu lopatiek je technologicky veľmi náročná a vyrábali sme ich bez použitia špeciálnej techniky, neočakávame aerodynamicky dokonalý profil, preto uvážením vzťahu (8) sme pre zachovanie maximálneho c_p pri návrhu uvažovali dolný odhad λ=6. Využitím vzťahov (5) a (6) sme určili uhol θ pozdĺž lopatky (α=5), pričom polomer turbíny (dĺžku lopatky) sme zvolili R = 0,9m.

r (m)	theta (°)	W (mm)	h (mm)
0,1	0,0	100,0	16,7
0,2	21,4	93,3	15,6
0,3	13,3	86,7	14,4
0,4	8,9	80,0	13,3
0,5	6,2	73,3	12,2
0,6	4,3	66,7	11,1
0,7	3,0	60,0	10,0
0,8	2,0	53,3	8,9
0,9	1,2	46,7	7,8

Tab. 1: Návrh profilu lopatky (parameter W je šírka lopatky, ktorej je prispôsobená hrúbka profilu h tak, aby W/h ≈ 6)

Samotné lopatky sú vyrobené zo smrekového dreva, ktoré sa dobre opracováva, je ľahké a pružné, vhodné na tento účel.

3.2   Alternátor

V našom projekte sme použili trojfázový alternátor vlastnej výroby. Ide o alternátor axiálnej konštrukcie s permanentnými neodýmovými magnetmi. Je navrhnutý ako trojfázový, kde každú z troch fáz tvoria tri sériovo zapojené cievky pod vzájomným uhlom 120°. Dosahuje sa tak sčítanie indukovaného napätia na jednotlivých cievkach fázy. Rozmery rotora a statora navrhnutého alternátora sú na schéme nachádzajúcej sa v prílohe1.

3.2.1 Rotor alternátora

K dispozícii sme mali permanentné magnety zo zlúčeniny neodýmu, železa a bóru (NdFeB) s magnetizáciou N45 rozmerov 30x12x5mm. Magnetické póly sú situované na plochách 30*12mm. Ich prítlačná sila v kontakte je 8,5kg. Rozmiestnenie magnetov na disku je na obrázku 4. Susedné magnety majú opačnú orientáciu polarity, aby sa dosiahlo požadované budenie striedavého napätia. Na disk z oceľovej zliatiny hrúbky 5mm sú prilepené epoxidovým lepidlom.

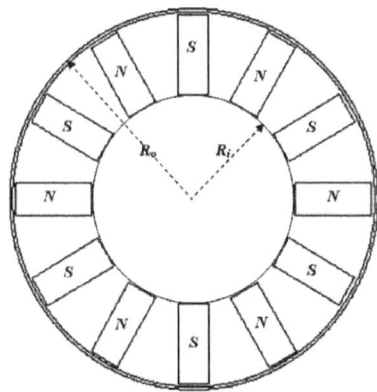

Obr. 4: Rozloženie magnetov na disku rotora
R_o=100mm, R_i=70mm

Po umiestnení magnetov sme oba disky spojili pomocou závitový tyčí, ktoré umožňujú nastavenie ich vzájomnej vzdialenosti. Výsledná prítlačná sila diskov je na úrovni niekoľko desiatok kg. Vzduchovú medzeru medzi protiľahlými magnetmi sme nastavili s ohľadom na predbežnú hrúbku statora na 12mm (obr.4). Meraním pomocou teslametra sa ukázalo, že intenzita MP v priestore statora je 0,5T. Na základe získanej hodnoty f_c pre rotor turbíny sme následne navrhli vinutie statora.

3.2.2 Stator alternátora

Uvážením rýchlosti kružnicového pohybu magnetov $v_m = 2\pi f_c r_m$, ktoré vytvárajú zmenu indukčného toku, možno vypočítať celkové indukované napätie na fáze U_i, ak magnety rotora sú umiestnené vo vzdialenosti r_m = 8cm od osi rotácie. Pôdorys cievky je navrhnutý tak, aby jej vnútorný rozmer korešpondoval s dĺžkou magnetu l=3cm a magnetický indukčný tok, ktorý poskytujú magnety cez pôdorys cievky bol maximálny.

$$U_i = 3U_{ic} = 3\frac{-\Delta\varphi}{\Delta t} = -3NBl2\pi r_m f_c \quad (10)$$

Na základe toho sme určili počet závitov jednej cievky N pre U_i = 14V. Počet závitov dáva cievkam konečnú hrúbku 8mm a šírku 15mm po celom obvode. Hrúbka použitého vodiča je kompromisom medzi výškou z neho navinutých cievok

s potrebným počtom závitov (minimalizácia vzduchovej medzery medzi magnetmi statora) a minimalizáciou celkového odporu vinutia (pre dosiahnutie minimálneho stratového výkonu).

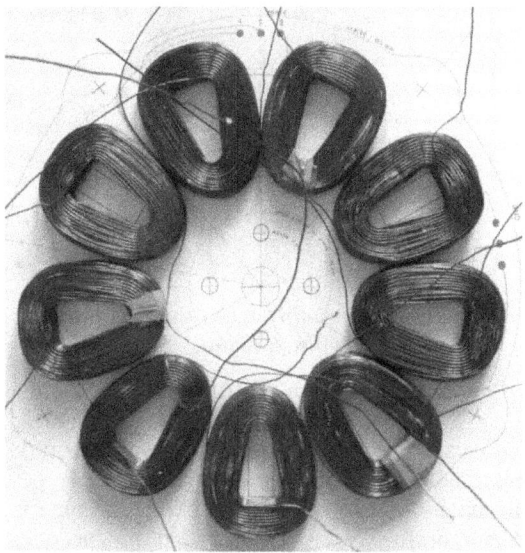

Obr. 5: Rozloženie cievok vo vinutí statora pred zalievaním do epoxidovej obálky

Po navinutí všetkých cievok boli tie prislúchajúce jednotlivým fázam navzájom sériovo prepojené a všetky spolu zaliate do obálky z kompozitu epoxidovej živice a skleného vlákna, ktorej konečné hrúbka je 10mm. Terminály fáz boli vyvedené pre neskoršie pripojenie kontaktov. Samostatne sú vyvedené aj GND kontakty, čo umožňuje prípadnú zmenu v plánovanom zapojení fáz do hviezdy na zapojenie do trojuholníka. V zapojení do hviezdy sú fázy zapojené akoby paralelne, takže dochádza k sčítaniu prúdov generovaných v jednotlivých fázach.

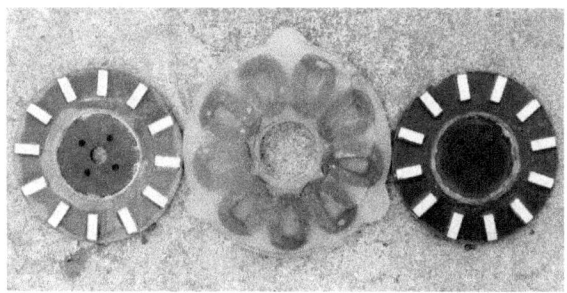

Obr. 6: Disky rotora so statorom zaliatym v kompozite pred zložením

3.2.3 Testovanie a kalibrácia

Dôležitým parametrom v charakteristike alternátora je napätie generované naprázdno v závislosti od otáčok. Po zložení alternátora sme urobili meranie na osciloskope za účelom overenia teoreticky vypočítaného napätia, ktoré má byť generované pri otáčkach f_c.

Obr. 7: Meranie napäťového signálu pomocou osciloskopu

Na jednu otáčku rotora s 12 magnetmi sa na vinutí jednej fázy generuje 6 periód striedavého signálu (6 kladných a 6 záporných polarít znamená 6 pólový generátor). Frekvencia napätia je teda pevne viazaná na otáčky a je 6 násobkom otáčok rotora v Hz. Z grafu časovej závislosti tak možno odčítať okrem amplitúdy aj otáčky, pri ktorých sa dosiahlo dané napätie.

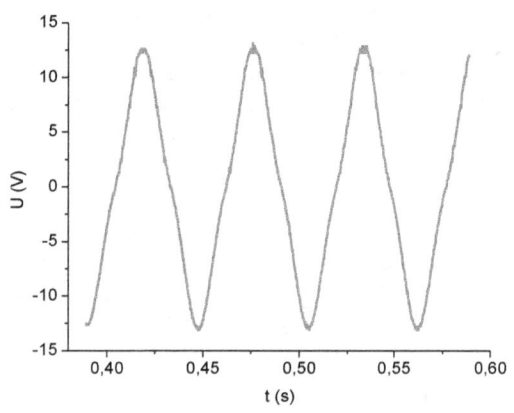

Obr. 8: Nameraný priebeh napätia s amplitúdou 12,5V na 1 fáze pri otáčkach rotora 2,4Hz

Keďže v systéme budeme ďalej využívať jednosmerné napätie, za výstupy fáz sú pripojené Graetzové mostíky. Za nimi sa už jednosmerným voltmetrom meria priamo efektívna hodnota napätia po usmernení na jednu polaritu (schéma zapojenia je v prílohe 2). Pre porovnanie bol zmeraný aj usmernený signál jednej fázy. Všetky fázy vykazujú rovnaký tvar priebehu napätia a aj rovnaké amplitúdy pri daných otáčkach. Meranie usmerneného signálu so zapojením všetkých fáz ukázalo lineárnu závislosť napätia od otáčok s koeficientom 3,78V/Hz, resp. 0,063V/1rpm (obr. 9). Očakávaných 14V je tak generovaných pri otáčkach 3,7Hz, čo oproti hodnote uvažovanej pri návrhu f_c=3,18Hz predstavuje odchýlku 16%. 12V sa dosahuje pri 3,3Hz (200rpm). Je to spôsobené

tým, že pri výpočte sa uvažuje s amplitúdami, zatiaľ čo po usmernení sa jedná o efektívnu hodnotu, ktorú ale vopred nebolo možné zistiť, pretože napätie alternátora jednoznačne nemá harmonický priebeh a museli by sme použiť komplexnejší model a metódu výpočtu.

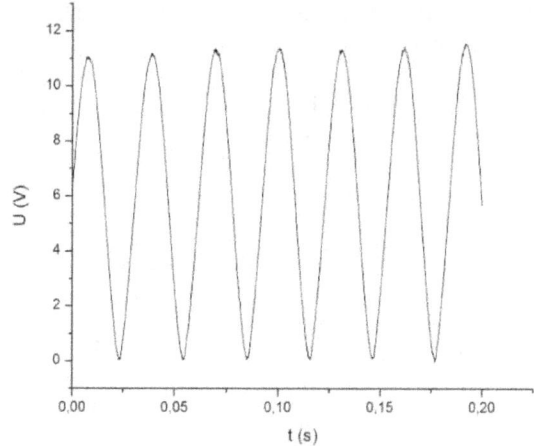

Obr. 9: Usmernený signál z 1 fázy s amplitúdou 11V pri otáčkach 2,4Hz

Dodatočná napäťová strata je zapríčinená polovodičovou súčiastkou. Pri harmonickom priebehu je efektívna hodnota $1/\sqrt{2}$ amplitúdy. Pri troch fázach sa ale usmernené napätia prekrývajú, takže efektívna hodnota je vyššia. Tak ako všetky polovodičové súčiastky, usmerňovacie diódy vykazujú napäťovú stratu, preto priamka posunutá smerom nadol o približne 0,5V.

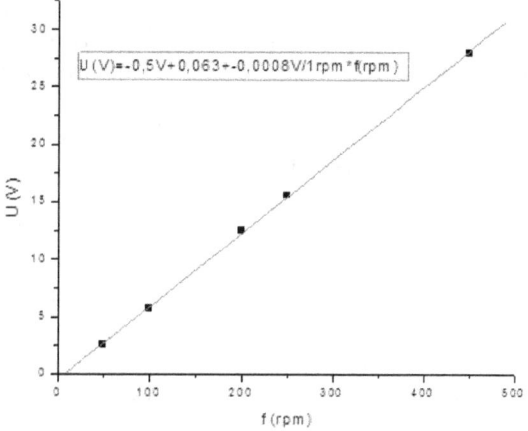

Obr. 10: Napätie naprázdno v závislosti od otáčok na výstupe usmerňovačov po usmernení všetkých troch fáz

Maximálny užitočný výkon, ktorý sa dá získať závisí od napätia použitého systému. Keď je prúd I odoberaný pri napätí U, užitočný výkon je P=U*I. Maximálny prúd (teda aj maximálny výkon pri danom napätí) determinuje nominálne prúdové zaťaženie vodiča, ktoré je priamoúmerné jeho prierezu. Celkový elektrický odpor vinutí spôsobuje ohmické straty na vinutí Pv, ktoré súvisia s odoberaným prúdom ako $Pv=Rv*I^2$. To znamená, že pomer medzi užitočným a parazitným Joulovým ohrevom sa mení s odoberaným prúdom a s jeho nárastom sa znižuje účinnosť premeny mechanickej energie na užitočnú elektrickú prácu ako $1/I$.

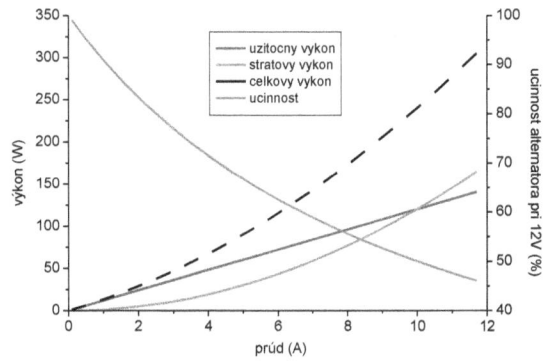

Obr. 11: Užitočný výkon P, teoreticky určený stratový výkon Pv a účinnosť alternátora η_a ako funkcia odoberaného prúdu pri 12V.

rozmer magnetov	30x12x5	mm
počet párov magnetov	12	
polomer disku rotora Ro	100	mm
šírka vzduchovej medzery	12	mm
magnetická indukcia	0,5	T
počet fáz	3	
počet závitov jednej fázy	600	
priemer vodiča vinutia	0,8	mm
odpor vinutia jednej fázy	3,6	Ω
nominálny prúd vinutia	3,8	A
nominálny prúd alternátora	11,4	A
frekvencia U_i pri 200rpm	20	Hz
maximálny výkon pri 12V	140	W
hmotnosť vinutia	1,08	kg
celková hmotnosť	7	kg

Tab. 2: technické parametre alternátora

4 Elektronické riadenie a meranie

4.1 Uskladnenie energie a regulácia

Výkon turbíny je v čase kvôli poveternostným podmienkam veľmi nerovnomerný, dôsledkom čoho nemožno energiu využívať na úrovni malého systému priamo. V našom systéme je použité uskladnenie energie v dvoch paralelne zapojených 12V akumulátorových batériách na báze olova a kyseliny sírovej, každá s kapacitou 90Ah, spolu poskytujú teda kapacitu 180Ah, resp. 2,16 kWh.

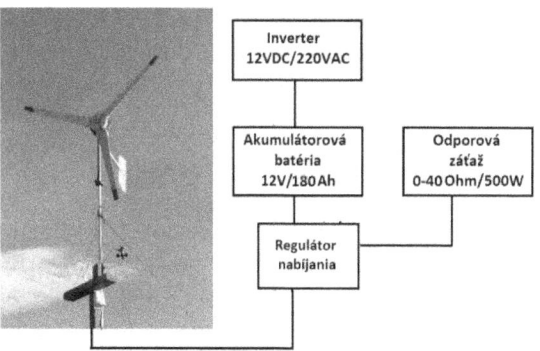

Obr. 12: Bloková schéma systému využitia el. energie

Aby bol zabezpečený optimálny režim nabíjania pre dosiahnutie maximálnej životnosti batérie a zisku pri následnom vybíjaní, je na reguláciu použitý elektronický obvod, ktorého schéma sa nachádza v prílohe 2. Hlavným prvkom regulátora je elektromechanický stýkač, ktorého úlohou je viesť usmernený prúd z alternátora buď do batérie, alebo v čase jej plného nabitia do náhradnej odporovej záťaže, ktorá má funkciu elektrodynamickej brzdy. Základom riadenia spínača je obvod 555, v ktorom sú využité integrované komparátory. Na ne sú privedené komparačné napätia odvodené od stabilizovaného napätia 5V. Invertujúce vstupy komparátorov sledujú pomocou napäťového deliča napätie batérie. Pre optimálne cyklovanie nabíjania olovených akumulátorov je vhodné udržiavať napätie medzi 12 až 14V, (krátkodobo maximálne však až 14.7 V). Nižšie z napätí (v tomto prípade 12V) určuje spodnú hranicu, pri ktorej sa má pri vybíjaní batérie externou záťažou prepnúť relé na kladný pól batérie, teda do polohy „nabíjanie". Do polohy „odporová záťaž" (uvedením stýkača do aktívneho stavu) sa prepne v prípade, že napätie batérie presiahne napätie maximálne (napr.14 V). Tlačidlami bez aretácie možno medzi stavmi meniť v prípade, že sa napätie nachádza v danom intervale. Elektronický obvod ako celok je navrhnutý tak, aby vznikol hysterézny efekt, teda aby po zapojení turbíny po poklese napätia batérie pod 12V existoval interval napätí, kde zotrvá stýkač až do významného nárastu napätia nad hodnotu 14V (stav plného nabitia). Podbitie záťažou pod 11V je chránené priamo meničom DC/AC 12V/230V–300W. Ten sa používa na elektronickú generáciu periodického striedavého napätia 50Hz z jednosmerného napätia batérie, ktoré je potom využiteľné pre väčšinu spotrebičov. V prípade, že sa energia využíva priamo (12 V spotrebiče), je potrebná dodatočná ochrana proti podbitiu.

4.2 Meranie výkonu a rýchlosti vetra

Aktuálny výkon dodávaný alternátorom do batérie sme merali ako súčin napätia na batérii a prúdu, ktorý cez batériu pretekal. Analógové napäťové signály sa spracúvajú cez AD prevodník s mikrokontrolerom s rozhraním, ktorý je prepojený cez COM port s počítačom s programovým vybavením pre čítanie sériových dátových vstupov. AD prevodník meria vstupné napätia v rozsahu 5V s presnosťou 5/1024V (8 bit), preto sme použili napäťový delič. Prúd sa počíta z napäťového spádu na malom odpore 15mΩ, ktorý je 20krát zosilnený pomocou operačného zosilňovača tak, že merateľný rozsah je 16A. Vstupy prevodníka majú ochranu proti prepätiu Zenerovými diódami.

Obr.13: Anemometrický senzor značky DAVIS inštalovaný na stožiari VT

Pre koreláciu výkonu s rýchlosťou vetra boli rovnako digitalizované merania pomocou senzora s bezdrôtovým spojením s meteorologickou stanicou Vantage Pro2 od firmy DAVIS, ktorá má cez dataloger zabezpečený zber dát do PC. Hodnoty o rýchlosti a smere vetra sú pridruženým softvérom pred uložením do pamäte spriemerované cez minútové intervaly.

5 Výkonové charakteristiky turbíny

Fluktuácie rýchlosti vetra podstatne komplikujú, ak nie znemožňujú presnú koreláciu výkonu s rýchlosťou vetra. Keďže turbína má určitú zotrvačnosť, tak ako vlastné meranie rýchlosti vetra pomocou anemometra je jej výkon akýmsi spriemerovaním cez isté časové intervaly, ktoré ale nie sú pri všetkých rýchlostiach rovnaké z dôvodov rozoberaných v časti o aerodynamike profilu lopatky. Preto sme kalibráciu turbíny robili pri ustálenej rýchlosti vetra. Rýchlosť reakcie turbíny na zmenu rýchlosti vetra je mimoriadne zložité presne kvantifikovať, aj keď existujú štúdie rozoberajúce tento problém [9]. Na presnú kalibráciu VT by sme preto potrebovali veterný tunel s presne definovanými podmienkami. Meranie otáčok pod hodnotou fc je možný len pri stabilnej rýchlosti vetra, pretože turbína na ne nie je konštruovaná a reaguje veľmi pomaly. Ak sú však

fluktuácie rýchlosti z intervalu okolo $u_c = 3,4m/s$, (čo bolo stanovené z nameraných údajov ako štartovacia rýchlosť) a turbína už má potrebné otáčky pre optimálny vztlak, jej reakcia sa dramaticky mení. Vtedy sú pomerne účinne zachytené aj fluktuácie rýchlosti na úrovni sekundy, pričom túto skutočnosť možno pozorovať na prudkom náraste prúdu. Tieto merania preto môžeme považovať za relatívne presnejšie, ako tie pri menších rýchlostiach.

Obr. 14: Výsledný vzhľad turbíny

Za dôležité ešte pokladáme uviesť, že pri podmienkach stabilnej rýchlosti vetra sa turbína roztáčala už pri rýchlosti 2m/s, čo by nebolo možné s použitím alternátora s jadrom vo vinutí, pretože moment sily na nepohybujúci sa rotor HAWT je aj pri veľkých rýchlostiach vetra malý a rozbeh je možný len pri dostatočne malom statickom odpore, ktorý v našom prípade tvorí len odpor ložiska. Celá konštrukcia s ložiskom alternátora, chvostom pre natáčanie turbíny, usmerňovacími mostíkmi a hallovým senzorom otáčok je umiestnený na ložisku umožňujúcom otáčanie okolo vertikálnej osi podľa smeru vetra (obr. 15). Usmernené napätie je prenesené cez dvojpólový rotačný kontakt.

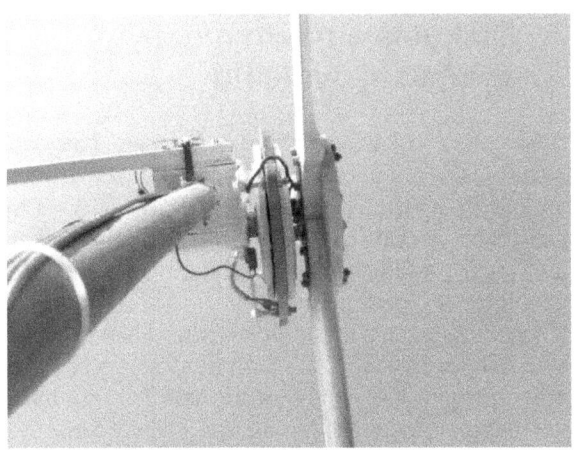

Obr. 15: Nosná konštrukcia alternátora s pripojeným rotorom, umiestnená na ložisku s vertikálnou osou otáčania a rotačným kontaktom

Užitočný výkon bol meraný ako súčin napätia na batérii a nabíjacieho prúdu. Napätie a prúd boli pri kalibrácii zberané s vzorkovacou frekvenciou 3s. S rovnakou frekvenciou bola zapisovaná aj rýchlosť vetra. Následne každej rýchlosti vetra bol priradený štatistický súbor meraných výkonov, ktorý bol spriemerovaný. Výsledkom je kalibračná krivka, ktorá sa nachádza v prílohe 4 a jej zdrojové údaje v prílohe 3.

Z meraných prúdov bol určený stratový výkon P_v a zároveň celkový elektrický výkon P_{tot} odoberaný turbíne. Z hodnôt P_{tot} bol stanovený koeficient účinnosti turbíny c_p podľa vzťahu (2b). Vidno, že pri rýchlosti nad 5 m/s dochádza k nasýteniu, čo znamená, že turbína dosahuje optimálne otáčky pre maximalizáciu vztlaku. Zaujímaví je tiež pomer celkového elektrického výkonu vzhľadom na Betzov limit P_{tot}/P_{betz}, ktorý dosahuje hodnoty $\approx$ 44%. Je to hodnota c_p vydelená hodnotou $c_{p(betz)}$ = 0,59. Energetická účinnosť η je pomerom výkonu P/Pw^3, v idealizovanom prípade predstavuje súčin koeficientu účinnosti turbíny c_p a účinnosti alternátora η_a. Zatiaľ čo c_p charakterizuje samotnú turbínu a prenos energie vetra na mechanický pohyb, celková energetická účinnosť charakterizuje systém ako celok a zahŕňa podstatne viac stratových javov, ako sme pri výpočte c_p uvažovali, takže na rozdiel od hodnoty η, ktorú možno považovať za pomerne presnú (je určená priamo pomerom užitočného elektrického výkonu relatívne k energii vetra), metóda, ktorú sme použili na výpočet c_p je len približná. V skutočnosti existujú dodatočné ohmické straty na elektrických kontaktoch, vo vedení od VT k miestu odberu, trenie v ložiskách atď., takže výkon odobratý turbíne a tým aj c_p je väčší a neodpovedá teda presne elektrickému výkonu alternátora. Pretože účinnosť alternátora výrazne klesá pri vyšších prúdoch, je pozorované maximum η=17% pri rýchlosti vetra 5,5m/s

---

a výkone P = 48W. Vyššie rýchlosti, ako 8m/s boli zaznamenané, avšak len ako nárazy, preto sme ich z dôvodu možných nepresností z výpočtov vylúčili. Možno však spomenúť, že nominálny výkon bol zaznamenaný pri náraze 12m/s. Otáčky pri nominálnom výkone sa pri použitom type alternátora menia so záťažou, preto nemá zmysel ich uvádzať.

polomer rotora	[m]	0,9
účinná plocha rotora	[m2]	2,5
výška osi rotácie nad terénom	[m]	8,5
pomer obvodovej rýchlosti	-	5,8
koeficient účinnosti turbíny	-	0,26
štartovacia rýchlosť vetra	[m/s]	3,4
štartovacie otáčky (12V)	[ot./min]	200
maximálna rýchlosť vetra	[m/s]	12
nominálny výkon	[W]	140
maximálna účinnosť systému	[%]	17

Tab. 3: Výsledné parametre skonštruovanej VT

6 Záznamy o rýchlosti a vetra

V našich podmienkach sa vyskytuje vietor relatívne turbulentný, keďže turbína je situovaná na mieste, kde v okolí sa nachádza množstvo objektov vyšších, ako výška, v ktorej sa nachádza os turbíny. Inštalácia je osadená 20m od JV rohu budovy F2 ,dôsledkom čoho je vietor V a SV smerov v podstate nevyužiteľný. Optimálne podmienky sú pri južnom prúdení, kde je fluktuácia rýchlosti oveľa menšia, ako v prípade vetra východných smerov. Približne 30m Z až SZ sa nachádza rad vyšších stromov s výškou okolo 10 až 12m, čo taktiež ovplyvňuje charakter vetra z tohto smeru.

Umiestnenie turbíny a okolitých objektov je vidieť na obrázkoch v prílohách 5 až 10.

Meranie rýchlosti vetra bolo uskutočnené v čase od 27.3.2015 00:00 do 2.4.2015 17:00. Z anemometrických údajov sme získali priemernú rýchlosť vetra 2,61m/s a vytvorený bol taktiež histogram, ktorý udáva početnosť rýchlostí v hodinách, z celkovej dĺžky merania 160h (obr.14). Vyhodnotený bol tiež odhad množstva vyprodukovanej energie vo Wh v tomto období využitím kalibračnej závislosti v prílohe2. Celkovo za necelý týždeň vyšla zhruba 1kWh (tab. 4), pričom ale pri interpretácii treba brať do úvahy, že na výpočet sme použili minútové priemery rýchlosti, preto ide len o približný odhad.

u (m/s)	čas (min)	čas (h)	P (W)	E (Wh)
0	425	7,083	0	0,0
0,4	582	9,700	0	0,0
0,9	644	10,733	0	0,0
1,3	706	11,767	0	0,0
1,8	1019	16,983	0	0,0
2,2	1197	19,950	0	0,0
2,7	1271	21,183	0	0,0
3,1	1019	16,983	0	0,0
3,6	814	13,567	4	54,3
4	635	10,583	9	95,3
4,5	459	7,650	20	152,6
4,9	329	5,483	31	170,0
5,4	223	3,717	45	167,3
5,8	156	2,600	56	146,4
6,3	76	1,267	70	88,7
6,7	52	0,867	81	70,2
7,2	18	0,300	95	28,5
7,6	14	0,233	110	25,7
8	5	0,083	120	10,0
		160,733		1008,8

Tab. 4: Vyhodnotená dĺžka trvania jednotlivých rýchlostí vetra a priradené vypočítané energie

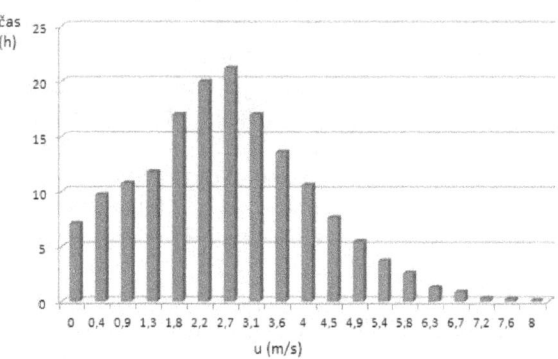

Obr.16: Histogram početnosti rýchlostí vetra v hodinách

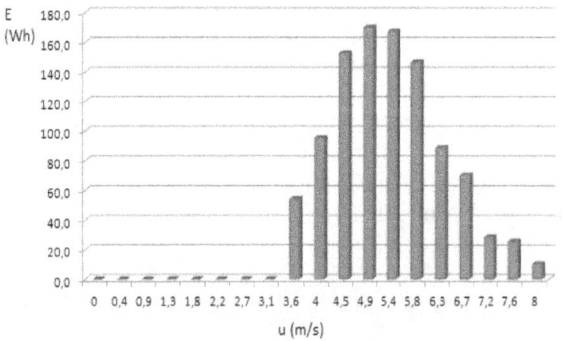

Obr.17: Potenciál generovania el. energie pri jednotlivých rýchlostiach vetra

7 Diskusia a návrh možných vylepšení systému

Na základe získaných výsledkov možno povedať, že turbína je pre alternátor mierne predimenzovaná, pretože pri vyšších rýchlostiach vetra nad 12m/s sa presahuje maximálny výkon daný nominálnou prúdovou zaťažiteľnosťou vinutia, preto bude v budúcnosti potrebné uvažovať aj o vhodnom type mechanickej, napr. odstredivej brzdy. Navyše, ako sme sa presvedčili aj teoretickými výpočtami znázornenými na obr.11, alternátor má pri max. výkone malú účinnosť na úrovni 50%. Možno tiež poznamenať, že tepelný výkon alternátora pri výkonnejších zariadeniach možno odoberať a vhodne využiť. Problém nízkeho maximálneho výkonu možno riešiť za daných podmienok asi jediným spôsobom a to zvýšením napätia systému z 12 na 24V. Takáto zmena by ale bola na úkor zvýšenia štartovacej rýchlosti vetra, čo v našom prípade nie je vhodné. Riešenia, ako zvýšiť generované napätie pri zachovaní rýchlosti vetra sú dve:

- Zámenou magnetov rotora
- Použitie turbíny s menším polomerom

Výmena magnetov za dvojnásobne silenejšie prichádza do úvahy v rámci malých úprav. Zvýšil by sa tak indukčný tok, čím by sa dosiahlo aj požadované zvýšenie napätia. Pri 24 V by alternátor dosahoval dvojnásobný max. výkon 280W a výkon 140W by generoval s účinnosťou 76%. Druhá alternatíva je o niečo invazívnejšia. Znamenala by skrátenie lopatiek rotora, prípadne výrobu celkom novej turbíny. Použitie lopatiek s dĺžkou 70cm by sa podľa výpočtov prejavil na znížení štartovacej rýchlosti z 3,4 na 2,6m/s. Keďže sa zmenší referenčný príkon na plochu daný Betzovou limitou, zároveň by sa dalo očakávať aj zvýšenie celkovej energetickej účinnosti.

8 Záver

V projekte boli využité informácie o dlhodobo meraných rýchlostiach vetra, ktoré poslúžili ako referencia pre návrh rotora turbíny a prispôsobeného alternátora ako systému na generáciu elektrickej energie pre konkrétnu lokalitu. Podkladom pre konštrukciu alternátora bola dostupná odborná literatúra technického charakteru, vďaka ktorej sme mohli navrhnúť a dimenzovať vlastné zariadenie. Na skonštruovanom alternátore sme vykonali merania zamerané na diagnostiku napäťového signálu. Trojlopatkový rotor na princípe vztlaku, rovnako vlastnej konštrukcie, bol v spolupráci s generátorom testovaný a kalibrovaný na výkon v závislosti od rýchlosti vetra. V rámci vyhodnocovania sme stanovili koeficient účinnosti turbíny vzhľadom na odoberaný výkon a celkovú energetickú účinnosť systému. Súčasťou práce bolo tiež navrhnutie a skonštruovanie regulácie uskladňovacieho systému a zabezpečenie merania rôznych veličín, vrátanie rýchlosti vetra. Po nazbieraní dostatočného množstva dát o veterných pomeroch v danej lokalite je v rámci ďalšieho výskumu plánovaná konštrukcia VAWT, ktorá poslúži ako subjekt pri posudzovaní vlastností rôznych typov VT v rámci rovnakých veterných podmienok. V plánovanej konštrukcii sa rovnako počíta s použitím prispôsobeného alternátora axiálnej konštrukcie. Navrhnuté a čiastočne rozpracované je tiež alternatívne uskladnenie elektrickej energie s vyhladzovacím medzistupňom vo forme vysokokapacitných kondenzátorov, využitím elektrolýzy vody a vodíka ako energonosného paliva v spolupráci s palivovým článkom typu PEM, ktorý umožňuje spätnú regeneráciu elektrickej energie z uskladneného vodíka.

Zoznam Literatúry

[1] ANDREWS J., JELLEY N., *Energy science - principles, technologies and impacts*, Oxford univ. Press, 2007. ISBN: 978-0-19-928112-1

[2] BUMBY J.R., MARTIN R., *Axial-flux permanent-magnet air-cored generator for small-scale wind turbines, IEE Proc.-Electr. Power Appl.*, Vol. 152, No. 5, 2005.

[3] CHUDOBA V., *Štúdium možností návrhu, konštrukcie a využitia vertikálnych veterných ružíc v podmienkach Bratislavy*, Bakalárska práca , 2013.

[4] HOSSEINI S. M., MIRSALIM M. A., MIRZAEI M., *Design, Prototyping, and Analysis of a Low Cost Axial-Flux Coreless Permanent-Magnet Generator*, IEEE Trans. on magnetics, vol. 44, NO. 1, 2008. s. 75-80

[5] CHALMERS B.J., WU W., *An axial-flux, premanent-magnet generator for a gearless wind energy system*, IEEE Trans. on Energy Conv., vol. 14, No. 2, 1999. s. 251 - 257

[6] CHAN T. F., LAI L. L., *An Axial-Flux Permanent-Magnet Synchronous Generator for a Direct-CoupledWind-Turbine System*, IEEE Trans. on energy conv., vol. 22, No. 1, 2007.

[7] MORADY H., AFJEI E. , *Analysis of brushless DC generator incorporating an axial field coil*, Energy Conversion and Management, vol. 52, 2011. s. 2712–2723

[8] MORVOVÁ M., *Princípy metód a využitie obnoviteľných zdrojov energie*, Knižničné a editačné centrum FMFI UK, 2008. ISBN: 978-80-89186-28-0

[9] WRIGHT A.K. , WOOD D.H., *The starting and low wind speed behaviour of asmall horizontal axis wind turbine*, Journal of Wind Engineering and Industrial Aerodynamics, vol. 92, 2004. s. 1265–1279

[10] WANG R. J., KAMPER M. J., *Calculation of Eddy Current Loss in Axial Field Permanent-Magnet Machine With Coreless Stator*, IEEE Trans. on energy conv., vol. 19, NO. 3, 2004. s. 532 – 538

Prílohy

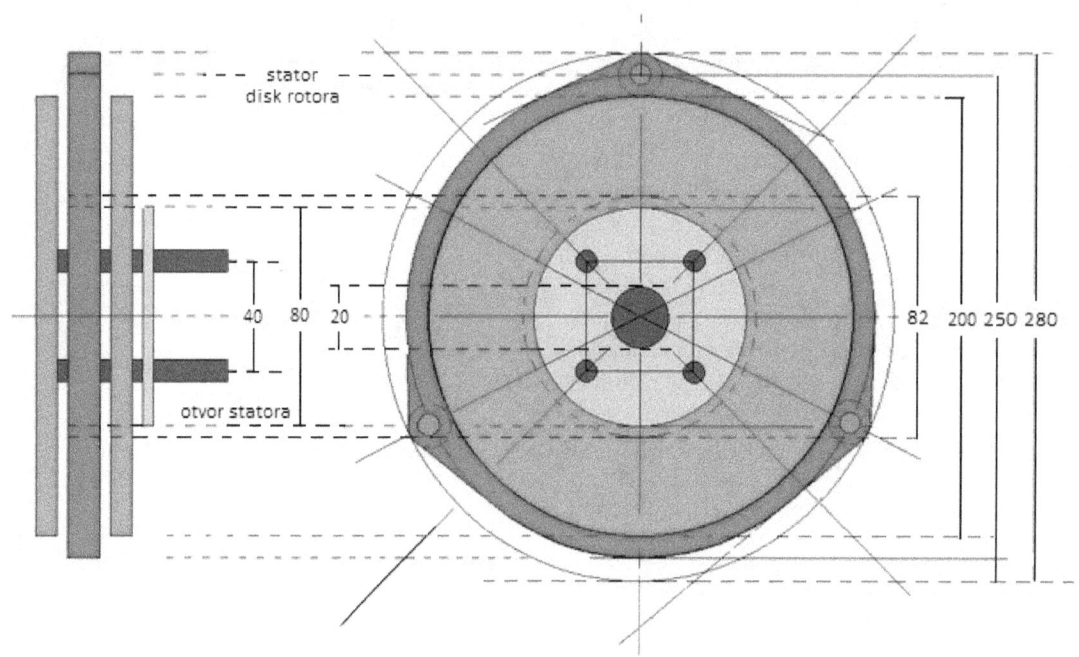

Príloha 1: Schéma a rozmery v mm navrhnutého alternátora

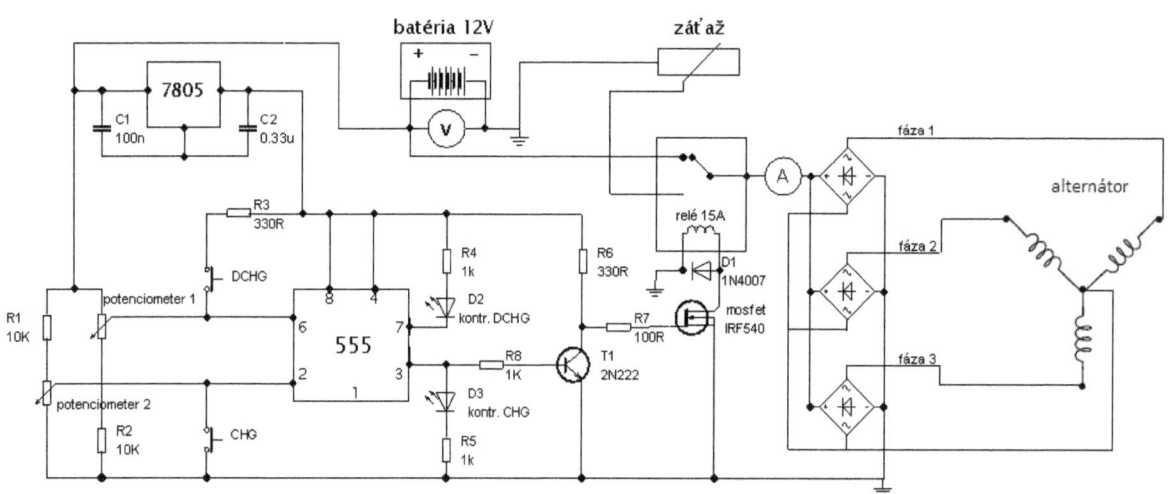

Príloha 2: Elektronická schéma regulácie nabíjania batérie

u(m/s)	I (A)	U (V)	P (W)	Pv (W)	Ptot	P(betz) (W)	Ptot/P(betz)	cp	η[%]
0	0	12,7	0,0	0,0	0,0	0,0	0,00	0,00	0
0,5	0	12,7	0,0	0,0	0,0	0,1	0,00	0,00	0
1	0	12,7	0,0	0,0	0,0	1,0	0,00	0,00	0
1,5	0	12,7	0,0	0,0	0,0	3,4	0,00	0,00	0
2	0	12,7	0,0	0,0	0,0	8,1	0,00	0,00	0
2,5	0	12,7	0,0	0,0	0,0	15,9	0,00	0,00	0
3	0	12,7	0,0	0,0	0,0	27,5	0,00	0,00	0
3,5	0,2	12,8	2,6	0,0	2,9	43,6	0,07	0,04	3
4	0,7	13,2	9,2	0,6	10,9	65,1	0,17	0,10	8
4,5	1,5	13,3	20,0	2,7	24,9	92,7	0,27	0,16	13
5	2,5	13,4	33,5	7,5	44,8	127,2	0,35	0,21	16
5,5	3,6	13,5	48,6	15,6	69,6	169,3	0,41	0,24	**17**
6	4,5	13,6	61,2	24,3	92,3	219,8	0,42	0,25	16
6,5	5,5	13,7	75,4	36,3	119,9	279,5	0,43	0,25	16
7	6,6	13,7	90,4	52,3	152,6	349,1	0,44	**0,26**	15
7,5	7,8	13,8	107,6	73,0	192,3	429,4	0,45	0,26	15
8	8,7	13,8	120,1	90,8	223,9	521,1	0,43	0,25	14

Príloha 3: Tab. nameraných a vypočítaných parametrov turbíny pre rôzne rýchlosti vetra

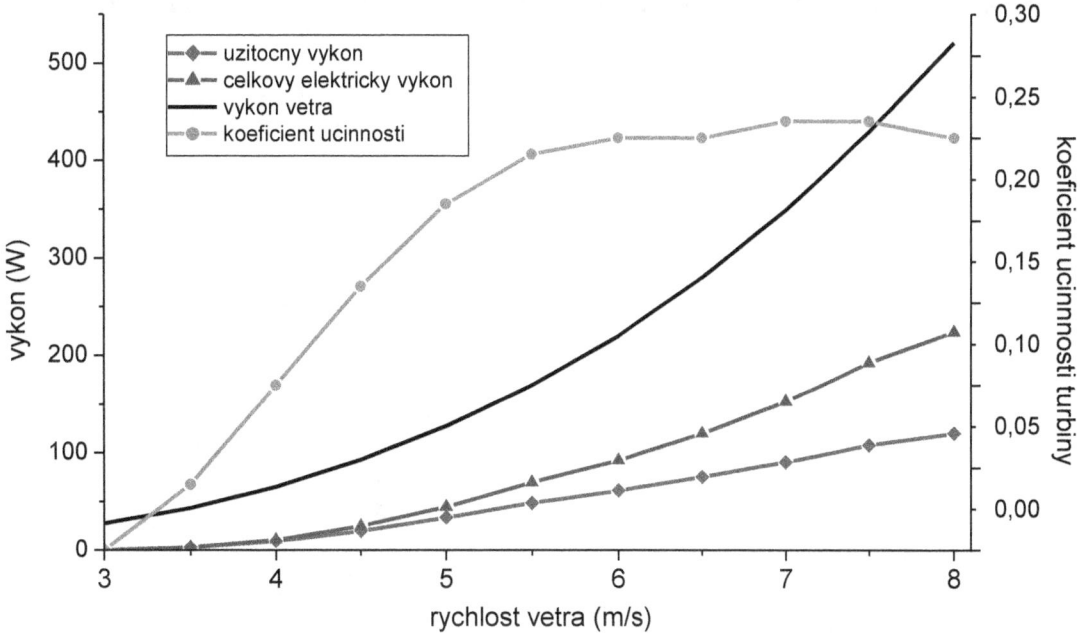

Príloha 4: Kalibračná závislosť odoberaného P, celkového P_{tot} výkonu, výkonu podľa betzovej limity P_{betz} a koeficientu účinnosti turbíny od rýchlosti vetra

Pr. 5 – Pohľad na turbínu Z

Pr. 6 – Pohľad na turbínu SZ

Pr. 7 – Pohľad na turbínu JV

Pr. 8 – Pohľad na turbínu JZ

Pr. 9 – Pohľad na turbínu J

Pr. 10 – Pohľad na turbínu V

Študentská vedecká konferencia FMFI UK, Bratislava, 2015, pp. 221–224
ISBN 978-1518759055, © 2015 Dušan Mészáros

Ionizácia molekulových klastrov pentakarbonylu železa elektrónovým zväzkom.

Dušan Mészáros[1*]
Školiteľ: Peter Papp[1‡]

[1] Katedra experimentálnej fyziky, FMFI UK, Mlynská Dolina, 842 48 Bratislava

Abstrakt

Interakcie elektrónov s molekulami a molekulovými klastrami patria v súčasnosti k študovaným problematikám. Medzi významné procesy patria interakcie nízko-energetických elektrónov (s kinetickou energiou od 0 do niekoľko desiatok eV) s molekulami. Experimentálne zariadenie určené na štúdium takýchto procesov, ktoré je inštalované na KEF, FMFI UK, je založené na princípe skrížených zväzkov elektrón/molekula. Supersonický zväzok molekulových klastrov je tvorený adiabatickou expanziou plynnej zmesi argón/vzorka do vákua. V reakčnej časti experimentu sa už vytvorený klaster molekúl križuje s elektrónovým lúčom vytvoreným trochoidálnym elektrónovým monochromátorom, pomocou ktorého dokážeme vyprodukovať úzky zväzok elektrónov s dobre definovanou kinetickou energiou. Vďaka tomu dokážeme pomocou tohto experimentu určiť energetickú bilanciu ionizačných a s nimi súvisiacich disociatívnych reakcií. Produkty týchto reakcií sú analyzované pomocou kvadrupólového hmotnostného analyzátora.

V predkladanej práci sme sa venovali optimalizácii klastrového experimentu a nové nastavenia sme úspešne otestovali na ionizácii molekulových klastrov pentakarbonylu železa Fe(CO)$_5$ v argónovom plyne. Merania tohto typu na molekule Fe(CO)$_5$ doteraz neboli publikované a sú významné z hľadiska moderných nanotechnologických postupov založených na princípe depozície pomocou elektrónového zväzku. Jednou z takýchto techník je aj Focused Electron Beam Induced Deposition, pre ktorú je molekula Fe(CO)$_5$ často využívaná ako prekurzor na depozíciu atómov Fe.

1 Experiment

Experimentálne zariadenie inštalované na KEF, FMFI UK [Ingolfsson et al., 1996] je schematicky zobrazené na Obr. 1. Aparatúra pozostáva z dvoch samostatných komôr na Obr. 1 oddelených hrubou čiarou, expanznej a reakčnej. Z napúšťacieho systému sa dostáva vzorka zmiešaná s nosným plynom cez 80 μm širokú dýzu (nozzle) do expanznej komory (tlak ~10^{-6} mbar), kde sa

pri supersonickej expanzii schladí a vytvorí rozbiehavý zväzok molekulových klastrov. Z nich je priestorovo selektovaná len tá časť, ktorá môže prejsť cez skimér (skimmer) lievikovitého tvaru do reakčnej komory. V reakčnej komore klastrový lúč koliduje s elektrónovým lúčom generovaným trochoidálnym elektrónovým monochromátorom (elektron monochromator) [Stamatovic and Schulz, 1970]. Ten je na Obr. 1 zobrazený ako sústava navzájom odizolovaných elektród s malými otvormi v strede každej elektródy, pomocou ktorých vieme vytvoriť dobre definovaný monochromatický elektrónový lúč. Pri strete klastrového a elektrónového lúča môže dôjsť k ionizácii a k následnej fragmentácii pokiaľ majú elektróny dostatočnú energiu. Vo všeobecnosti môžeme tieto procesy zapísať nasledovne v poradí pre ionizáciu molekuly, fragmentáciou molekuly, tvorbu ionizovaného klastra a ionizovaného klastra s molekulovým fragmentom:

$$M + e^- \rightarrow M^+ + 2e^-$$
$$\rightarrow (M\text{-}X)^+ + X + 2e^-$$

$$(M)_n + e^- \rightarrow (M)_n^+ + 2e^-$$
$$\rightarrow (M\text{-}X)_n^+ + X + 2e^-$$

kde M reprezentuje molekulu, X neutrálny fragment a e$^-$ elektrón, (M)$_n$ n-početný molekulový klaster a podobne.

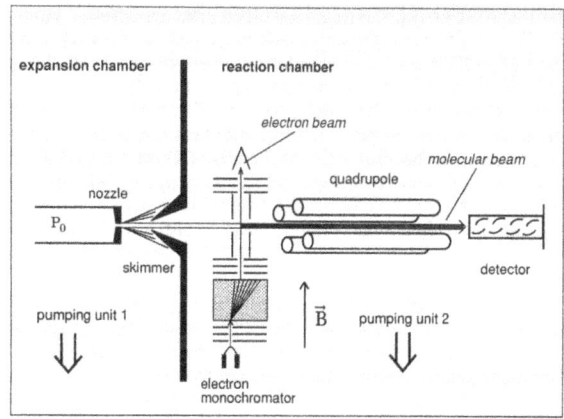

Obr. 1: Schéma experimentálneho zariadenia [Illenberger and Momigny, 1992].

---

*dudu.wow@gmail.com
†papp@fmph.uniba.sk

Kladné fragmenty sú potom vťahované do kvadrupólového hmotnostného analyzátora (quadrupole), ktorý je na Obr. 1 znázornený štyrmi rovnobežnými tyčami a je zakončený elektrónovým násobičom signálu (detector). Pomocou kvadrupólového hmotnostného analyzátora dokážeme vyselektovať kladný fragment s určeným pomerom hmotnosti a náboja označovaný m/z.

Experimentálne zariadenie dokáže pracovať v dvoch módoch. Prvý mód pozostáva zo zafixovanej energie elektrónov a mení sa m/z na kvadrupólovom hmotnostnom analyzátore, takto získame hmotnostné spektrum, ktoré je znázornené na Obr. 2-4. Druhý mód spočíva v zafixovanom m/z na kvadrupóle a mení sa energia elektrónov, týmto spôsobom sa dajú merať účinné prierezy reakcií.

2   Optimalizácia

Optimalizácia experimentu spočívala vo výmene dýzy z ~50 µm na 80 µm a usmernení klastrového zväzku na skimér, cez dve diery v reakčnej časti monochromátora, medzi ktorými sa stretáva klastrový lúč s elektrónovým, až na vstup iónovej optiky kvadrupólového hmotnostného analyzátora. Ako pokusnú vzorku sme použili acetónový plyn v argóne, pre ktorú sú známe klastre až do 15 acetónov [Tzeng et al., 1989]. Pred optimalizáciou (Obr. 2) sme dokázali namerať najviac trojnásobný acetónový klaster (Ac_3^+, $(CH_3–CO–CH_3)_3^+$, m/z 174) a k nemu prislúchajúci fragment $(Ac-CH_3)Ac_2^+$ m/z 159. Intenzita týchto klastrov a ich fragmentov však bola príliš malá na to, aby sa s takouto informáciou dalo ďalej pracovať a určiť napríklad prahové energie.

Po optimalizácii sa nám podarilo namerať (Obr. 3) až deväťnásobné acetónové klastre (Ac_9^+, $(CH_3–CO–CH_3)_9^+$, m/z 522) a k nemu prislúchajúci fragment $(Ac-CH_3)Ac_8^+$ m/z 507, pričom intenzita tohto píku bola porovnateľná s intenzitou píku trojnásobného klastra z merania pred optimalizáciou (Obr. 2). Na spektre z Obr. 3 môžeme vidieť, že trojnásobný klaster bol oveľa intenzívnejší ako v spektre pred optimalizáciou (Obr. 2).

Na Obr. 2 môžeme vidieť protonizované klastre acetónu, ktoré vznikajú za prítomnosti minimálne dvoch molekúl acetónu v klastri a po ionizácii dochádza k prenosu H^+ z jednej molekuly na druhú, pričom vznikne AcH^+ s m/z 59. Protonizovaný klaster sme predtým namerali aj pre Ac_2H^+. Na Obr. 3 však protonizované acetónové klastre nevidíme, a to je spôsobené horšou rozlišovacou schopnosťou hmotnostného spektrometra, t.j. napríklad píky na m/z 174 a 175 sa zliali dokopy a tak ich nevieme rozlíšiť. Prítomnosť protonizovaných produktov v tomto prípade môžeme len predpokladať na základe predchádzajúcich meraní a bolo by ich treba overiť novými meraniami pri omnoho

lepšej rozličovacej schopnosti hmotnostného analyzátora.

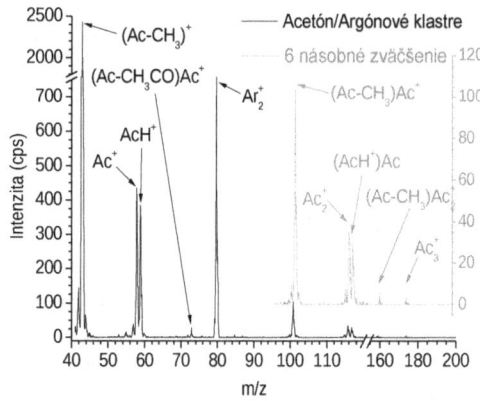

Obr. 2: Hmotnostné spektrum acetónových klastrov v argóne merané pri E_{kin} elektrónov ~70 eV (pred optimalizáciou).

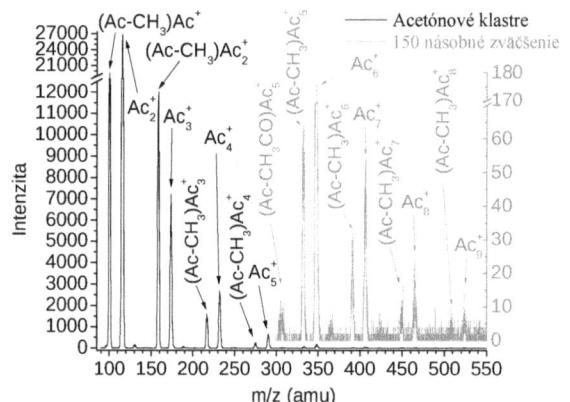

Obr. 3: Hmotnostné spektrum acetónových klastrov v argóne merané pri E_{kin} elektrónov ~100 eV (po optimalizácii).

3   Pentakarbonyl železa Fe(CO)$_5$

Na optimalizovanom experimentálnom zariadení sme uskutočnili merania na klastroch pentakarbonylu železa, ktorý je zaujímavý z hľadiska súčasných nanontechnológií, akými je aj FEBID [Utke et al., 2008]. Na Obr. 4 vidíme namerané hmotnostné spektrum klastrov Fe(CO)$_5$ v argónovom nosnom plyne pri hmotnostnej rozlišovacej schopnosti identickej pre merania acetónových klastrov po optimalizácii. Horšia rozlišovacia schopnosť nám znemožňuje jednoznačne určiť pôvod fragmentov v prípadoch kde dochádza k zhode hmotností produktov. Ide o atomárne Fe (56 amu) a hmotnosť dvoch ligandov CO (2x28 amu). Tie by sme mohli rozlíšiť z izotopu železa Fe (54 amu). Napríklad pík na m/z 252 môže pozostávať z dvoch fragmentov $Fe_2(CO)_5^+$ a

$Fe(CO)_7^+$. Ak by pík pozostával iba z $Fe_2(CO)_5^+$, tak by sme videli na Obr. 4 na m/z 250 izotopovú stopu približne 12% výšky píku na m/z 252. Vzhľadom na to, že sme nemali takú dobrú rozlišovaciu schopnosť, aby sme videli dané dva píky oddelene, nedokážeme jednoznačne posúdiť aký produkt sa na danom m/z nachádza. Môže sa jednať o ktorýkoľvek z nich, no taktiež tam môžu byť oba súčasne. Ak by sme zlepšili rozlišovaciu schopnosť, tak by sme stratili časť signálu, a tým pádom by sme nemuseli vidieť pík na m/z 250, čo by mohlo viesť k mylnej interpretácii, že tento produkt pozostáva čiste z $Fe(CO)_7^+$. Rovnako to platí pre všetky píky v spektre na Obr. 4. Analýza produktov pomocou izotopov si vyžaduje ďalšiu optimalizáciu aparatúry, ktorá by viedla k vyšším signálom klastrových iónov v spektre.

Spektrum na Obr. 4 je v zhode s predošlou prácou o elektrónmi indukovanej ionizácii a následnej disociácii molekúl $Fe(CO)_5$ [Lacko et al., 2015], podobným experimentom ako je prezentovaný v tejto práci ibaže bez klastrovej časti. V spomínanom článku vidíme na spektre silné píky hlavne pri oddeľovaní ligandu CO, čo presne zodpovedá aj časti spektra na Obr. 4. Avšak na spektre v práci [Lacko et al., 2015] vidieť aj iné produkty zrážok, ktoré sa nachádzajú medzi dvomi intenzívnymi píkmi, napríklad pri ionizácii sa rozbila väzba medzi CO a vnikol tak fragment $FeC(CO)_2^+$, $FeC(CO)^+$, FeC^+, alebo aj fragment FeO^+. Tieto produkty boli zaznamenané aj v našich meraniach, ale nie sú zobrazené na Obr. 4. Časť spektra zodpovedajúca fragmentom $Fe(CO)_5$ pod m/z 100 neuvádzame na Obr. 4 pre lepšiu ilustráciu píkov z klastrovej časti spektra. Je nutné podotknúť, že neboli zaznamenané žiadne nové fragmenty v spektre $Fe(CO)_5$, ktoré by pochádzali z klastrov.

Najintenzívnejšími píkmi aj v prezentovanom klastrovom spektre (Obr. 4) sú fragmenty $Fe(CO)_2^+$ a $Fe(CO)_4^+$, ktoré môžeme vidieť na hmotnostiach m/z 112 a 168. Ďalej v spektre vidíme samotný $Fe(CO)_5^+$ na m/z 196, $Fe(CO)_3^+$ na m/z 140. Menej intenzívne píky reprezentujú klastrovú informáciu. Vzdialenosť dvoch susedných píkov je 28 amu, čo reprezentuje stratu jedného ligandu (CO). Pík na m/z 532 je najväčší nameraný fragmentovaný klaster $(Fe(CO)_5)_3^+$-$(CO)_2$, je to trojnásobný klaster bez dvoch ligandov (CO). Podobne ako aj v práci [Lacko et al., 2015] aj v klastrovom experimente sú dominantnými črtami fragmenty vznikajúce postupnou disociáciou CO ligandov. Ako sme už naznačili vyššie, o 28 amu menej na m/z 504 sa nachádza ďalší klastrový fragment $(Fe(CO)_5)_3^+$-$(CO)_3$. Podobným postupom sa dopracujeme ku klastrom, ktoré vznikajú stratou všetkých 5 ligandov CO za vzniku $(Fe(CO)_5)_3^+$-$(CO)_5$, a napokon až k samotnému klastru dvoch molekúl $(Fe(CO)_5)_2^+$. Produkty, ktoré nie je možné vidieť v molekulárnom spektre (podobne ako bol protonizovaný

acetón a jeho klastre), sa vyskytujú v spektre vždy 28 amu nad celým násobkom molekulovej hmotnosti. Ide o naviazanie jedného ligandu na kladne nabité $Fe(CO)_5^+$, alebo $(Fe(CO)_5)_2^+$. Vďaka takémuto procesu sme zaznamenali píky na m/z 224 a 420.

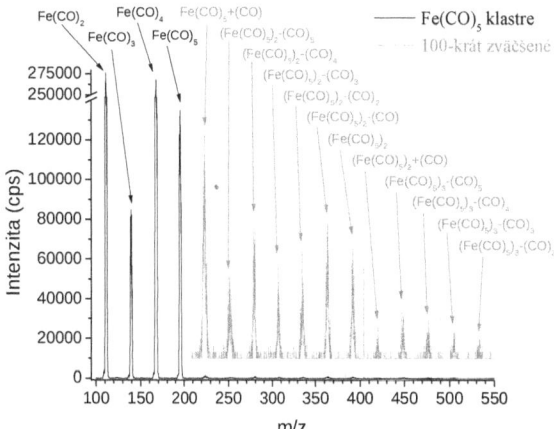

Obr. 4: Hmotnostné spektrum klastrov pentakarbonylu železa v argóne merané pri E_{kin} elektrónov ~100 eV.

4 Záver

Podarilo sa nám optimalizovať experimentálne zariadenie, čo viedlo k výrazne lepším výsledkom. Dosiahli sme porovnateľné výsledky na acetónovom plyne v argóne ako boli v minulosti publikované. Úspešne sme ho otestovali na klastroch $Fe(CO)_5$ v argóne. Najväčší nameraný klaster zodpovedá trom molekulám $Fe(CO)_5$ bez dvoch ligandov CO. Ukázali sme, že disociácia CO ligandov z $Fe(CO)_5$ je dominantná aj klastrovému spektru. Fragmenty, ktoré vznikajú disociáciou CO ligandu, sa v klastroch nenachádzajú. Ďalšie vylepšenia aparatúry budú viesť k lepším signálom, a teda aj k meraniu prahových energií navrhovaných procesov.

Literatúra

[Ingolfsson et al., 1996] Ingolfsson, O., Weik, F., and Illenberger, E. (1996). The reactivity of slow electrons with moleculesat different degrees of aggregation: gas phase, clusters and condensed phase. *Int. J. Mass. Spectrom.*, 155: 1–68.

[Stamatovic and Schulz, 1970] Stamatovic, A., and Schulz, G. J. (1970). Characteristics of the trochoidal electron monochromator. *Rev. Sci. Instrum.*, 41: 423–427.

[Illenberger and Momigny, 1992] Illenberger, E., and Momigny, J. (1992). Gaseous molecular ions: an introduction to elementary processes induced by ionization. *Topics in physical chemistry; Vol. 2*, Springer-Verlag Berlin Heidelberg.

[Tzeng et al., 1989] Tzeng, W. B., Wei, S., and Castleman, Jr., A. W. (1989). Multiphoton ionization of acetone clusters: metastable unimolecular decomposition of acetone cluster ions and the influence of solvation on intracluster ion-molecule reactions. *J. Am. Chem. Soc.*, 111: 6035–6040.

[Utke et al., 2008] Utke, I., Hoffmann, P., and Melngailis, J. (2008), Gas-assisted focused electron beam and ion beam processing and fabrication, *J. of Vac. Sci. & Tech. B*, 26: 1197-1276.

[Lacko et al., 2015] Lacko, M., Papp, P., Wnorowski, K., et al. (2015), Electron-induced ionization and dissociative ionization of iron pentacarbonyl molecules, *Eur. Phys. J. D*, 69: 84.

Študentská vedecká konferencia FMFI UK, Bratislava, 2015, pp. 225–229
ISBN 978-1518759055, © 2015 Matúš Sámel

Zdroj elektrónov pri atmosférickom tlaku

Matúš Sámel*
Školitelia: Michal Stano† a Štefan Matejčík‡

[1] Katedra experimentálnej fyziky, FMFI UK, Mlynská Dolina, 842 48 Bratislava

Abstrakt

Elektrónové delá sú zariadenia bežne používané na produkciu iónov v hmotnostnej spektrometrii. Za cieľom ionizácie pri atmosférickom tlaku sme vyvinuli zdroj nízkoenergetických elektrónov, ktorý pracuje na princípe prechodu elektrónov z vákua cez tenkú Si_3N_4 membránu do atmosféry.
Kľúčové slová: Elektrónové delo, elektrónový zväzok, Si_3N_4 nanomembrána

1 Úvod

Elektrónové delá (ED) sú zariadenia používané na generovanie elektrónových zväzkov, používané v mnohých aplikáciách, ako napríklad zdroj iónov v hmotnostnej spektrometrii, zdroj elektrónov v elektrónovej mikroskopii či na elektrónové zváranie a mnohé iné. ED generujú elektróny vo vákuu, ktoré po prechode do atmosféry interagujú so vzduchom cez rôzne ionizačné a excitačné reakcie a postupne sa termalizujú. Najbežnejší zdroj elektrónov pri atmosférickom tlaku je fotoemisia elektrónov z katódy ožarovanej UV svetlom vhodnej vlnovej dĺžky [1]. Nedávno, bolo vyvinuté ED založené na prechode keV elektrónov z vákua do atmosféry cez 300 nm hrubú keramickú membránu [2-4]. Takéto ED sú vhodná náhrada rádioaktívnych iónových zdrojov založených na β- rozpade a mohli by byť použité tiež v iónovej pohyblivostnej spektrometrii alebo iných analytických metódach pri atmosférickom tlaku (napr.: fluorescenčná spektroskopia, ...) [5].

V článku prezentujeme podobný, nami vyvinutý, nerádioaktívny zdroj elektrónov pri atmosférickom tlaku, ktorý by umožnil prenos elektrónov s nižšími energiami ako sú prezentované v článkoch [2-4]. Prenos je umožnený použitím trikrát a dvakrát tenšej Si_3N_4 nanomembrány (100 a 150 nm hrubých), ktoré prepustia dostatočné množstvo elektrónov s energiami iba 3 a 3,6 keV do vzduchu, kde produkujú merateľný iónový prúd o veľkosti 0,01 μA.

2 Experimentálne zapojenie

Experiment sa skladá z dvoch podstatných častí a) vákuové ED, b) detektor malých prúdov. Prvá časť sa v princípe skladá z vlasového filamentu, cylindrickej elektródy a anódy, na ktorú je prilepená Si_3N_4 membrána s hrúbkou 100 alebo 150 nm a priečnou plochou 1x1 mm² (štvorcový tvar). Na obrázku 1 je schéma experimentálnej sústavy s elektrickým zapojením.

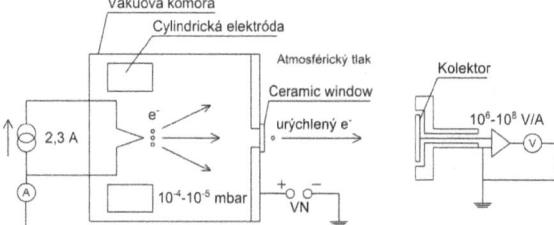

Obr. 1: Schéma merania s elektrickým zapojením

Filament bol žeravený prúdom 2,3 A, čo viedlo k jeho zohriatiu na teplotu okolo 2600 K a k termickej emisii elektrónov. Tieto elektróny sú následne urýchľované smerom k anóde pripojenej k vysokonapäťovému (VN) zdroju. V strede anódy je vyvŕtaná dierka s priemerom 1,5 mm a z atmosférickej strany sme na ňu prilepili Si_3N_4 membránu. Na obrázku 2 je zobrazená anóda s membránou, cez ktorú dobre vidieť svetlo zo žeraveného filamentu. Úlohou cylindrickej elektródy okolo filamentu (Obrázok 3) je fokusovať tok elektrónov na membránu. Elektróny s dostatočnou kinetickou energiou dokážu prejsť z vákua cez Si_3N_4 membránu do vzduchu pri atmosférickom tlaku a ionizovať ho. Podľa [3] je penetračná hĺbka 10 keV elektrónov vo vzduchu maximálne 2 mm. Preto na tienený kolektor, umiestnený vo vzdialenosti 3 cm od membrány, dopadajú hlavne kladné ióny produkované ionizačnými zrážkami s elektrónmi. Sekundárne elektróny vzduchu sú priťahované späť k anóde.

---

*   msgraniar@gmail.com
†   stano@neon.dpp.fmph.uniba.sk
‡   matejcik@fmph.uniba.sk

Obr. 2: Fotografia anódy s nanomembránou

Obr. 3: Fotografia filamentu s cylindrickou elektródou

3 Meranie

Pre realizáciu a zachovanie reprodukovateľnosti experimentu je potrebné dodržať niekoľko nasledujúcich podmienok. Pre samotné uskutočnenie experimentu je nevyhnutné udržiavanie tlaku vo vákuovej komore v intervale 10^{-4} až 10^{-5} mbar, ktoré jednak zabezpečuje, že na vzdialenosti medzi filamentom a Si_3N_4 membránou nedochádza k žiadnym ionizačným zrážkam, vďaka čomu môžeme generovaný elektrónový zväzok prakticky považovať za monoenergetický. Ďalším podstatným významom nízkeho tlaku je životnosť volfrámového filamentu, ktorý by pri takejto teplote vo vzduchu pri atmosférickému tlaku okamžité prehorel. Pre zachovanie reprodukovateľnosti meraní je podstatné, aby cez filament tiekol rovnaký žeraviaci prúd, pretože priamo od neho závisí emisný prúd, ktorý zas určuje meraný iónový prúd cez kolektor. V skratke, so zvyšovaním žeraviaceho prúdu filamentu rastie aj meraný iónový prúd cez kolektor. Rovnako podstatnou podmienkou je dodržanie nemennej polohy kolektora, ktorý má priemer iba 2 cm, a teda silno závisí od priestorového uhla, pod ktorým naň môžu dopadať vytvorené kladné ióny. V ideálnom prípade by mala os keramickej membrány prechádzať kolmo cez stred kolektora. Vzdialenosť stredu kolektora

a membrány by mala byť čo najmenšia, aby kolektor pozbieral čo najväčší prúd, avšak nie príliš malá, aby elektróny urobili maximálny počet ionizačných zrážok (t. zn. väčšia ako 2 mm), alebo aby došlo k prierazu vo vzduchu čo by mohlo poškodiť prúdový zosilňovač pripojený na kolektor (t. zn. väčšia ako 1 cm pri elektrickom poli 30 kV/cm).

Princíp merania je pomerne jednoduchý. V prvom kroku nastavíme na VN zdroji určite konštantné napätie. Podľa obrázku 1 potom bude na kolektor dopadať odpovedajúci iónový prúd, ktorý potečie do prúdového zosilňovača, ktorý zároveň konvertuje prúd na napätie vždy v násobkoch desiatky do 10^{-9} A na 1 V. Súčasne cez ampérmeter pripojený medzi zemou a prúdový zdroj tečie prúd, ktorý odpovedá práve emisnému prúdu, chýbajúcemu v obvode v dôsledku termickej emisie z povrchu filamentu. V ďalšom kroku znova zmeníme napätie na VN zdroji a nasledovné sa opakuje.

Aby sme zefektívnili a spresnili merania, pomocou freeware softvéru Visual Studio sme naprogramovali prevodník značky NI USB-6008, ktorý je vďaka svojim analógovým výstupom schopný riadiť VN zdroj a zároveň merať a ukladať spomínané veličiny.

4 Výsledky

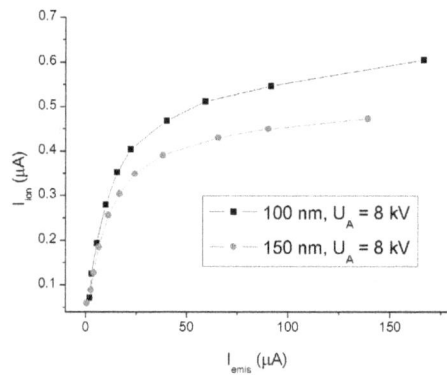

Obr. 4: Závislosť iónového prúdu od emisného prúdu z filamentu pre dve hrúbky Si_3N_4 membrán

Obrázok 4 zobrazuje závislosť iónového prúdu dopadajúceho na kolektor v závislosti od emisného prúdu z volfrámového filamentu pre 100 a 150 nm hrubé Si_3N_4 membrány. Počas oboch meraní bolo na VN zdroji nastavených konštantných 8 kV a vzdialenosť medzi membránou a kolektorom bola 4 cm. Dôvod prezentovania tohto merania je poukázať na silnú závislosť iónového prúdu od emisného prúdu. Preto je potrebné, aby sa pri všetkých meraniach emisný prúd líšil čo najmenej, inak porovnávané výsledky nemajú žiadnu výpovednú hodnotu. Obidve závislosti majú podobný priebeh. Rozdiely medzi nimi sú principiálne vysvetlene pri nasledujúcom obrázku. Venujme sa teraz samotnému priebehu kriviek. Vidíme, že pri nízkych emisných prúdoch je nárast iónového prúdu veľmi strmý, ale ako sa dostávame k vyšším emisným prúdom (v okolí hodnoty 30 μA), začína iónový prúd postupne saturovať a strmosť krivky klesá. Nakoniec, pri vysokých emisných prúdoch (nad 60-70 μA), sa iónový prúd začne meniť konštantne s emisným prúdom, no s omnoho nižšou strmosťou. Takýto charakteristický priebeh je pravdepodobne spôsobený postupným nabíjaním povrchu keramickej membrány, respektíve vznikom priestorového náboja v jej blízkosti. Významným prínosom tohto merania, je fakt, že pre dosiahnutie maximálneho iónového prúdu, z čo najnižšieho emisného prúdu, je výhodné nastaviť hodnotu emisného prúdu v okolí bodu, v ktorom začne strmosť nameranej krivky klesať. Preto boli nasledujúce merania zrealizované pri emisných prúdoch v intervale medzi 25 až 30 μA pre $U_A = 8$ kV. Šírka intervalu je zapríčinená veľkou citlivosťou emisného prúdu na zmenu žeraviaceho prúdu cez filament, ktorým je emisia spôsobená. Ďalšou výhodou nižších emisných prúdov je zvyšovanie životnosti keramickej membrány, ktorá sa pri dopadne vyšších prúdoch rýchlejšie opotrebúva, až môže úplne prasknúť.

Na záver upozorňujeme, že všetky nasledujúce merania boli uskutočnené pri vzdialenosti 3 cm medzi kolektorom a keramickou membránou, preto sú namerané iónové prúdy vyššie, aj napriek nižším emisným prúdom.

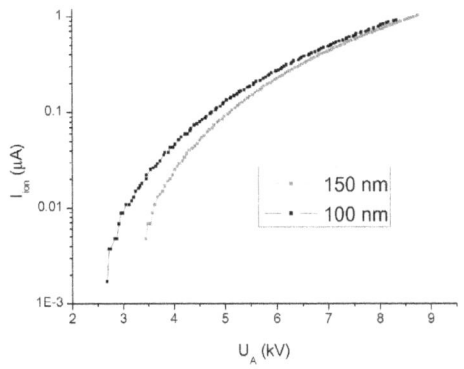

Obr. 5: Závislosť iónového prúdu od urýchľovacieho napätia pre keramické membrány dvoch hrúbok

Na obrázku 5 sú znázornené výsledné závislosti meraných iónových prúdov od nastavovaného urýchľovacieho napätia U_A pre keramické membrány dvoch hrúbok, 100 a 150 nm. Vďaka semi-logaritmickej škále môžeme veľmi dobre vidieť, pri akej hodnote napätia začnú cez membránu prechádzať elektróny. Podľa očakávania platí, že ak použijeme tenšiu z membrán dokážeme vytvoriť iónový prúd 0,01 μA už pri napätiach U_A o

viac ako 0,5 kV nižších. Konkrétne, takýto prúd pre 100 nm membránu odpovedá napätiu $U_A = 3$ kV, zatiaľ čo pre 150 nm membránu až $U_A = 3{,}6$ kV. Ďalší priebeh oboch závislostí má rovnaký rastúci charakter, čo nás uspokojuje, pretože obidve membrány majú rovnaké chemické zloženie, akurát rozdielnu hrúbku. S rastúcim napätím sa rozdiel medzi krivkami postupne zmenšuje. To je s najväčšou pravdepodobnosťou spôsobené faktom popísaním v knihe [6]. V princípe ide o jav vyskytujúci sa napríklad v transmisnej elektrónovej mikroskopii, ktorý umožňuje nejakému zlomku dopadajúcich elektrónom prejsť cez tuhý materiál nejakej hrúbky, bez ohľadu na energiu a smer pohybu elektrónov po prechode, iba v závislosti od energie dopadajúcich elektrónov a niektorých zväčša materiálových konštánt (napr.: protónové číslo, atómová hmotnosť, hustota materiálu, ...). Ak teda majú elektróny dostatočnú energiu, sú schopné prejsť cez tuhý materiál, v ktorom sa uskutočňujú rôzne rozptylové procesy elektrónov s atómami materiálu (s jeho elektrónmi aj jadrami), čo spôsobuje straty ich kinetickej energie a ich vychyľovanie do rôznych uhlov. A rovnako ako v našom experimente platí, že s rastúcou energiou dopadajúcich elektrónov rastie aj počet prenesených elektrónov a klesajú energetické straty v materiáli. Preto sú pri vyšších energiách iónové prúdy pre obe hrúbky takmer rovnaké. Avšak protichodným procesom je skracovanie životnosti membrány pri naložení vyšších napätí, čo vedie až k jej prasknutiu, preto je výhodnejšie používať zväzok s nižšou energiou elektrónov.

Uspokojivým výsledkom experimentu je, že už pri napätiach v tesnom okolí 5 kV dosahuje veľkosť iónového prúdu desatinu μA (Presnejšie pri napätiach $U_A = 4{,}7$ a 5,1 kV pre tenšiu a hrubšiu membránu), čo je pokrok, nakoľko v článku [3] prezentujú, že pri použití 300 nm hrubej Si_3N_4 membrány dosiahli iba polovičný iónový prúd pri napätí až $U_A = 8{,}6$ kV. Navyše poznamenajme, že podiel elektrónových prúdov týchto experimentov bude ešte o niečo väčší, vzhľadom k tomu, že elektróny s takmer polovičnou energiou sú schopné vykonať iba polovicu ionizačných zrážok vo vzduchu, a teda aby iónové prúdy boli rovnaké, elektrónový prúd cez tenšiu membránu by mal byť dvakrát väčší, respektíve elektróny po prechode cez 300 nm hrubú membránu by museli stratiť energiu rovnú rozdielu ich počiatočných energií. Ktorý z uvažovaných záverov je pravdivý ukáže až ďalší výskum, v ktorom sa chceme zamerať práve na meranie elektrónového prúdu prechádzajúceho cez membránu. Na to je však potrebné vytvoriť rovnaké vákuum v priestore za membránou, čo znemožňuje pripojenie kladného VN zdroja na anódu, ale je nutné skonštruovať tzv. "plávajúci" prúdový zdroj, ktorým by sme na filamente a cylindrickej elektróde okolo dokázali nastavovať záporný vysoký potenciál do 10 kV voči uzemnenej anóde. Takýto experiment by nám navyše umožnil meranie energetického rozdelenia elektrónov po prechode. Naše aktuálne úsilie je venované, práve konštrukcii takéhoto zdroja. Ďalšou výhodou znižovania energií elektrónov v zväzku je samozrejme znižovanie energetickej spotreby zariadenia, ale aj zvyšovanie životnosti membrány. Výhodou je taktiež zúženie energetického rozdelenia prenesených elektrónov, ktoré však vyplýva zo znižovania hrúbky membrány, a teda znižovania počtu rozptylových procesov v nej. Každopádne znižovaním počtu týchto procesov zvyšujeme presnosť analytických meraní. Inak povedané, čím monoenergetickejší zväzok, s čo najnižšou energiou, sme schopní vytvoriť, tým presnejšie poznáme častice spôsobujúce reakcie v skúmanom médiu, ktorým následne môžeme detailnejšie porozumieť a presnejšie ich popísať.

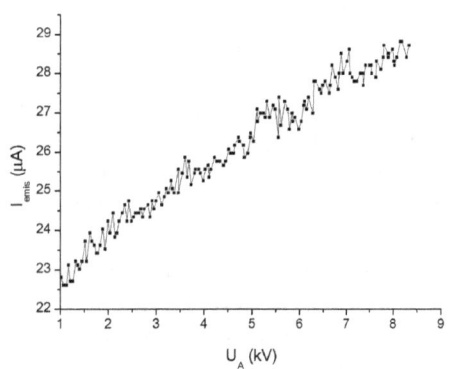

Obr. 6: Závislosť emisného prúdu z filamentu voči urýchľujúcemu napätiu

Na obrázku 6 je zobrazené ako sa mení emisný prúd z filamentu žeraveného konštantným prúdom zo zdroja počas celého merania, pri zmene urýchľovacieho napätie. Graf je zaujímavý tým, že aj napriek takýmto nízkym poliam, konkrétne do 5 kV/cm (vzdialenosť elektród je 2 cm), vidíme očividný nárast emisného prúdu pri zvyšovaní napätia U_A. Jav nazývaný emisia elektrickým poľom alebo aj studená emisia (z angl. cold emission), sa objavuje až pri poliach rádovo aspoň 10^6 V/cm [7]. Avšak základným predpokladom tejto teórie je nízka teplota, aby bola vylúčená termická emisia, čo nie je náš prípad. Preto tento jav popisuje iná teória, tzv. Schottkyho emisia, ktorá okrem dostatočnej tepelnej energie elektrónov na prekonanie výstupnej práce z kovu, uvažuje aj znižovanie výstupnej práce vplyvom vytvoreného elektrického poľa [8]. Vytvorené elektrické pole, by síce stále malo mať nízku intenzitu na akýkoľvek

merateľný vplyv na experiment, avšak vďaka hrotovému tvaru filamentu (viď. Obrázok 3) je intenzita poľa v okolí hrotu omnoho vyššia a jav je prakticky pozorovateľný. Podobný proces sa odohráva pri vzniku korónového výboja v okolí elektródy s malým polomerom krivosti.

5 Záver

Cieľom práce bola prezentácia niekoľkých experimentálnych meraní, sústredených na výskum nami skonštruovaného elektrónového dela, ktoré by sme v budúcnosti chceli aplikovať ako zdroj ionizácie pri atmosférickom tlaku pre hmotnostnú spektrometriu, alebo ako náhradu rádioaktívnych β-žiaričov, používaných ako zdroj keV elektrónov v iónovej pohyblivostnej spektrometrii.

Skonštruované ED pracuje na princípe prechodu elektrónov s dostatočnou energiou z vákua do vzduchu cez 100 a 150 nm hrubú Si_3N_4 membránu s plošnými rozmermi 1x1 mm^2. V článkoch [2-4] autori prezenujú ED pracujúce na rovnakom princípe, ale s použitím až 300 nm hrubej Si_3N_4 membrány rovnakých plošných rozmerov. Hlavným prínosom a aj výsledkom tohto článku je zníženie energetickej hranice prechodu elektrónov cez membránu a dosiahnutie vyšších iónových prúdov pri rovnakých urýchľovacích napätiach U_A. Konkrétne sme namerali iónový prúd rovný 0,1 µA pri napätiach $U_A = 4,7$ a 5,1 kV pre 100 a 150 nm hrubú membránu. Ďalšou výhodou použitia tenších membrán pravdepodobne bude vytvorenie monoenergetickejšieho zväzku elektrónov po prechode, to však ukáže až nasledujúci výskum. V článku na Obrázku 6 sme taktiež odmerali vplyv elektrického poľa na veľkosť emisného prúdu z volfrámového filamentu spôsobený tzv. Schottkyho emisiou.

Naše aktuálne úsilie je venované konštrukcii prúdového zdroja "plávajúceho" na vysokom napätí, ktoré by nám umožnilo priame meranie prenesených elektrónových prúdov ako aj energetické rozdelenie zväzku za membránou.

Poďakovanie

Chcel by som poďakovať svojim školiteľom Prof. RNDr. Štefanovi Matejčíkovi, DrSc. a RNDr. Michalovi Stanovi, PhD., ako aj všetkým ostatným, za poskytnutú odbornú pomoc pri uskutočnení tohto experimentu.

Literatúra

[1] de Urquijo-Carmona, J. (1983). Ion mobilities and clustering in SF6 at high pressures. *J. Phys. D: Appl. Phys.*, 16:1603-1609.

[2] Gunzer, F., Ulrich, A., and Baether, W. (2010). A novel non-radioactive electron source for ion mobility spectrometry. *Int. J. Ion Mobil. Spec.*, 13:9-16.

[3] Cochems, P., Langejuergen, J., Heptner, A., and Zimmermann, S. (2012). Towards a miniatured non-radioactive electron emitter with proximity focusing. *Int. J. Ion Mobil. Spec.*, 15:223-229.

[4] Cochems, P., Runge, M., and Zimmermann, S. (2014). A current controlled miniaturized non-radioactive electron emitter for atmosferic pressure chemical ionization based on thermionic emission. *Sensors and Actuators*, A206:165-170.

[5] Ulrich, A., Heindl, T., Krucken, R., Morozov, A., Skrobol, C., Weiser, J. (2009). Electron beam induced light emission. *Eur. Phys. J. Appl. Phys.*, 47:22815 p1-p4.

[6] Reimer, L. *Scanning electron Microscopy. Physics of image formation and microanalysis*. Berlin, Heildelberg: Springer Berlin Heidelberg, 1985. ISBN: 9783662135624. pages 57-125.

[7] Fowler, R., H., and Nordheim, L. (1928). Electron emission in intense electric fields. *Proceedings of the Royal Society of London. Series A, Containing papers of a Mathematical and Physical character*, 119:781 p173-p181.

[8] Modinos, A. (1938). *Field, thermionic and secondary electron emission spectroscopy*. Boston, MA: Springer US, 1984. ISBN 9781475714487. pages 18-21.

Študentská vedecká konferencia FMFI UK, Bratislava, 2015, pp. 230–235
ISBN 978-1518759055, © 2015 Michaela Malásková

Nové možnosti detekcie bojových látok v kvapalinách s využitím iónovej pohyblivostnej spektrometrie

Michaela Malásková[1]*
Školiteľ: Martin Sabo[1]‡

[1] Katedra experimentálnej fyziky, FMFI UK, Mlynská Dolina, 842 48 Bratislava

Abstrakt

Táto práca sa bude venovať problematike iónovej pohyblivostnej spektometrie (IMS) určenej na detekciu vzoriek výbušnín v kvapalinách. V prvom experimente boli kvapaliny v spektrometri analyzované použitím zariadenia liquid sampling (LS) vyvinutom v našom laboratóriu. Týmto zariadením sme schopní analyzovať rôzne druhy tekutín bez špeciálnej prípravy roztokov. Túto technológiu sme úspešne otestovali pre detekciu výbušnín 2,4,6-trinitrotoluene (TNT), cyclo-tetramethylen-trinitrate (RDX), penta-erythritol-tetranitrate (PETN), C4 a SEMTEX rozpustených v metanole a oleji. Druhou skúmanou technológiou je implementácia electrospray ionizácie (ESI) do IMS. Tento nový ionizačný zdroj sme taktiež úspešne otestovali pre detekciu výbušných látok.

Kľúčové slová: iónová pohyblivostná spektrometria, liquid sampling, electrospray ionizácia, výbušné látky

1 Úvod

IMS sa už po mnoho desaťročí využíva ako pomerne jednoduchá a rýchla metóda detekcie výbušných látok, chemických zbraní aj organických zlúčenín [1]. IMS pracuje na princípe separácie nabitých častíc v homogénnom elektrickom poli na základe ich hmotnosti a priestorovej geometrie [2]. Aktuálnym trendom v oblasti IMS je zmenšovanie zariadenia, zvyšovanie citlivosti, vývoj nových iónových zdrojov a efektívnych vaporizačných technológií. Naše predchádzajúce práce sa zaoberali desorpciou tuhých vzoriek z povrchov pomocou termálnej a laserovej desorbcie [3,4]. V prípade vzoriek výbušnín rozpustených v kvapalinách však tieto techniky nie sú dostatočne efektívne. Umožnenie skenovania kvapalných vzoriek, napríklad na letiskách môže uľahčiť prácu bezpečnostým zložkám a predísť tak útokom extrémistických organizácií. V minulosti sa na analýzu takýchto vzoriek využívala technológia Stir-bar sorptive extraction (SBSE). Princíp tejto technológie spočíva vo vstrebávaní látok z roztoku so zachovaním objemu. Táto technológia je však pre analýzu kvapalín časovo náročná. Ďalšiou možnosťou analyzácie kvapalín v IMS je metóda ESI. ESI funguje na princípe priamej ionizácie kvapalných vzoriek ešte pred ich vstupom do IMS. Táto metóda je veľmi užitočná najmä pri analýze biomolekúl a molekúl s veľkými hmotnosťami. [5] Problémov ktoré so sebou prináša implementácia ESI do IMS je hneď niekoľko. V prvom rade, ak nie je zabezpečené vyhrievanie vzorky v regióne pred otváracou mriežkou, vzorka sa nevyparuje efektívne a ionizácia častíc je tým pádom náročnejšia. Vyhrievanie umožní lepšie vyparovanie vzorky a následnú ionizáciu častíc. Ďalším faktorom, ktorý zapríčiňuje rozširovanie píkov je, že pri prúdení veľkých množstiev kvapaliny do IMS sa kvapalina nestíha vypariť v celom objeme ešte pred vstupom do driftovej trubice IMS spektrometra. Posledným faktorom ktorý zapríčinil, že sa ESI dlho nevyužíval ako iónový zdroj pre IMS boli komplikácie s privádzaním elektrického potenciálu na hrot ihly elektrospreja. Riešením bolo vyhrievanie vzorky ako aj spektrometra a používanie nepriameho prúdenia v IMS. S vyhrievaním vzorky ale prichádzali ďalšie komplikácie. Príliš vysoké teploty spôsobovali, že sa látky vyparovali už v ihle ESI. Tu sa na jednej strane usádzali a spôsobili ucpávanie ihly a na druhej strane, pokiaľ sa kvapalina vyparila už v ihle, neprichádzalo k ESI, ale coronaspray ionizácii [6]. Riešenie poskytlo chladenie ihly ESI, ktoré zabránilo vyparovaniu kvapaliny už v ihle. Ihla bola taktiež elektricky izolovaná, vďaka čomu mohli na ihlu privádzať vyššie napätie a tým sa zlepšila stabilita elektrospreja [7].

V našom laboratóriu sme vyvinuli metódu liquid sampling, ktorou boli kvapaliny zahrievané a ich pary boli nasávané do reakčej komory IMS, kde prichádzalo k ionizácii. Ďalšou metódou, ktorú momentálne vyvíjame a testujeme je ESI.

2 Teoretický úvod

IMS spetrometer pozostáva z troch hlavných častí, ktorými sú iónový zdroj, reakčná komora a driftová trubica. Základným princípom fungovania IMS je tvorba iónov v iónovom zdroji, ich reakcia so vzorkou v reakčnej komore, kde sa

* michaela.malaskova@gmail.com
‡ martin.sabo@gmail.com

tvoria nové ióny. Tieto sú ovládacou mriežkou v krátkych intervaloch prepúšťané do driftovej trubice, v ktorej sú odseparované v homogénnom elektrickom poli a na detektor na konci driftovej trubice prichádzajú s rôznymi driftovými časmi. Na základe týchto časov a parametrov v trubici vieme určiť pohyblivosť pomocou vzťahu:

$$k = L_d^2/(U * t_d) \quad (1)$$

kde L_d je dĺžka driftovej trubice, U napäťový spád na driftovej trubici a t_d je čas driftu. [1]

Pre naše potreby zavádzame pojem redukovaná pohyblivosť. Táto je veličinou nezávislou od tlaku a teploty v IMS a je určená vzťahom:

$$k_0 = k * (T_0/T) * (p/p_0) \quad (2)$$

kde T_0 je rovná 273 K, T je teplota driftového plynu, p_0 je 101 kPa a p tlak driftového plynu. [1]

V prvej časti mojej práce bol ako iónový zdroj použitý korónový výboj (CD) v geometrii hrot - rovina. Z hľadiska polarity môžeme iónové reakcie rozdeliť na reakcie kladných a záporných iónov. Prúdenie plynu cez DC bolo opačné ako je pohyb nabitých častíc [8]. V našom experimente sme pracovali so zápornými iónmi, ktoré vznikali reakciami:

$$e^- + O_2 + O_2 \rightarrow O_2^- + O_2 \quad (3)$$
$$O_2^-(H_2O)_n + H_2O \rightarrow O_2^-(H_2O)_{n+1} \quad (4)$$

V druhej časti sme ako iónový zdroj používali electrospray. V tomto prípade sme nechávali nabitú kvapalinu prúdiť z ihly do IMS. Medzi hrotom ihly a vstupom do IMS tak vznikala špička tvorená aerosólmi, z ktorej do IMS prúdili nabité častice. [5]

3 Experiment

CD-IMS bol v prvom experimente použitý v spojení s liquid sampling technológiou (obrázok č. 1). Korónový výboj v geometrii hrot - rovina bol pripojený na zdroj vysokého napätia, pričom na hrote bolo privádzané napätie 10,7 kV a na rovinu 8,5 kV. Doba otvorenia mriežky bola 10 μs. Intenzita elektrického poľa v driftovej trubici bola 583 V/cm. Driftová trubica bola vyhriata na 386 K a jej dĺžka bola 11,05 cm. Aby sme zabránili vstupu neutrálov z korónového výboja do reakcií, prúdil driftový plyn opačným smerom ako prúdili ióny. Ako driftový plyn sme používali filtrovaný vzduch prúdiaci 1 l/min. Reakčná komora bola kvôli stabilizácii dopovaná zmesou filtrovaného vzduchu a 150 μl/min parami CCl_4 a nasávanie vzorky bolo 0,6 l/min. Operačné parametre IMS sú uvedené v tabuľke č. 1.

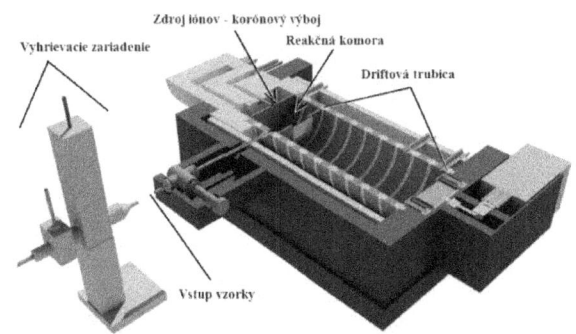

Obrázok č. 1: CD-IMS s technológiou liquid sampling.

Dĺžka driftovej trubice	11,05 cm
Intenzita elektrického poľa	583 V/cm
Teplota v IMS	345 K
Tlak v IMS	500 mbar
Doba otvorenia mriežky	10 μs
Frekvencia otváracej mriežky	50 Hz
Prúdenie driftového plynu	1 l/min
Prúdenie vzorky	0,6 l/min

Tabuľka č. 1: Operačné parametre CD-IMS.

Technológiou liquid sampling bola vzorka vyhrievaná a vstrekovaná do reakčnej komory IMS pumpou (Kent Scientific) s prietokom od 20 do 200 μl/min. Prierez zariadením LS môžeme vidieť na obrázku č. 2. Vzorka vstupovala do zariadenia kapilárou 1. Kapilárou 2 bol do zariadenia napúšťaný vzduch, ktorý slúžil na chladenie kapiláry 1 a umožňoval nám kontrolovať teplotu a zabrániť tak vyparovaniu vzorky priamo v zariadení LS. Kapilárou 3 bol napúšťaný vzduch, ktorý prechádzal výhrevom a ohrieval vzorku na teplotu 480 K. Tekutina tak po prechode zariadením LS vstupovala do nasávania do reakčnej komory vo forme mikro kvapiek.

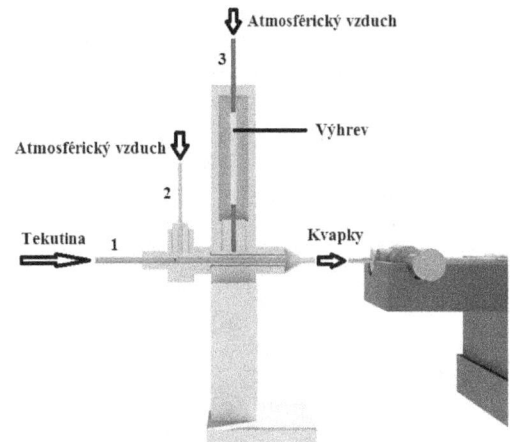

Obrázok č. 2: Prierez vyhrievacím zariadením.

Limity detekcie v tomto prípade nepredstavujú najmenšiu koncentráciu výbušnín akú sme schopní zadetekovať ale množstvo vzorky vstrekovanej do IMS za jednu sekundu.

Vzorky výbušnín TNT, RDX, PETN, SEMTEX and C4 s čistotou do 99% boli dodané ministerstvom obrany Slovenskej republiky. Vzorky boli navážené a rozpustené v prípade TNT v metanole a v prípade RDX, PETN, C4 a SEMTEX-u v acetóne a metanole. V prípade analýzy v nafte boli 2 mg výbušnín namočené v nafte na 2 dni.

Obrázok č. 4: Fotografia ESI pri vstupe do IMS.

ESI-IMS použitý v druhej časti experimentu sa líšil od CD-IMS. IMS bol postavený z 12 kruhových nerezových elektród, elektricky izolovaných teflónovými krúžkami. Elektródy boli prepojené sériou odporov, pričom posledná elektróda bola pripojená na zem. Prvý odpor v sériovom zapojení mal hodnotu 20 MΩ a všetky ostatné 5 MΩ. Týmito odpormi bolo zabezpečené homogénne elektrické pole v driftovej trubici IMS. Okolo IMS bol rovnomerne omotaný výhrevný drôt, ktorý nám umožnil stabilne regulovať teplotu v IMS. V IMS bola odstránená časť reakčnej komory a pred otváracou mriežkou bola ponechaná len krátka časť určená na prispôsobenie teploty iónov prúdiacich z ESI. Driftová trubica bola týmto predĺžená na 14 cm. Ako zariadenie ESI sme použili pozmenené vyhrievacie zariadenie z prvej časti experimentu, no v tomto prípade sme na kapiláru 1 privádzali napätie 11,7 kV. Na detekciu výbušnín je najvhodnejšie použitie záporného ESI, pričom hlavnou prúdiacou kvapalinou bol metanol s chloroformom v rôznych pomeroch. Na vstup do IMS bolo privádzané napätie 9,5 kV a týmto potenciálovým rozdielom prichádzalo k ionizácii vzorky ešte pred vstupom do IMS. Driftový plyn v IMS bol atmosférický vzduch, ktorý prúdil proti smeru iónov z ESI. Vďaka tomuto opačnému prúdeniu sme nemuseli vyhrievať IMS ako v iných experimenoch. [9] Ďalšou výhodou, ktorú toto opačné prúdenie prináša je, že IMS v takejto konfigurácii nepotrebuje desolvačný región, slúžiaci na vyparovanie vzorky. Ostatné parametre spektrometra sú v tabuľke č. 2.

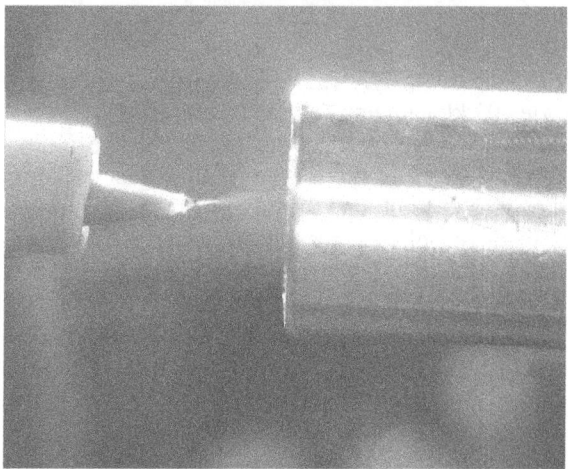

Obrázok č. 5: Fotografia ESI.

Dĺžka driftovej trubice	14 cm
Intenzita elektrického poľa	697 V/cm
Teplota v IMS	328 K
Tlak v IMS	990 mbar
Doba otvorenia mriežky	200 µs
Frekvencia otváracej mriežky	50 Hz
Prúdenie driftového plynu	700 ml/min
Prúdenie vzorky	13 µl/min

Tabuľka č. 2: Operačné parametre ESI-IMS.

4 Výsledky a diskusia

4.1 Výsledky LS-IMS

Pri použití LS-IMS pre vzorky v metanole môžeme na obrázku 6a) vidieť spektrum pre roztok 4µg/ml TNT, 10 µg/ml RDX, 10 µg/ml PETN pri prietoku 40 µl/min. V tomto spektre identifikujeme pík s redukovanou pohyblivosťou 2,27 $cm^2V^{-1}s^{-1}$, ktorý priraďujeme klastrom $Cl^-.(CH_4O)_n$, ktoré vznikajú dopovaním reakčnej komory parami chloridu uhličitého a reakciami iónov Cl^- s molekulami metanolu. Ďalej môžeme pozorovať píky odpovedajúce výbušninám, pre TNT je to pík iónov $(TNT-H)^-$ vznikajúci protónovou abstrakciou, pre RDX klaster $Cl^-.RDX$ a pre PETN klaster $Cl^-.PETN$ s redukovanými pohyblivosťami 1,54 $cm^2V^{-1}s^{-1}$, 1,48 $cm^2V^{-1}s^{-1}$ a 1,24 $cm^2V^{-1}s^{-1}$.

Obrázok č. 3: Fotografia ESI-IMS.

Pri analýze plastickej trhaviny C4 môžeme na obrázku 6b) pozorovať pík Cl⁻.RDX s redukovanou pohyblivosťou 1,48 cm²V⁻¹s⁻¹. Keďže C4 je trhavina na báze RDX, dosiahli sme požadovanej odozvy spektrometra. Pre SEMTEX založený na báze PETN môžeme na obrázku 6c) identifikovať pík Cl⁻.PETN s redukovanou pohyblivosťou 1,24 cm²V⁻¹s⁻¹. Tieto výsledky dobre korešpondujú s pohyblivosťami dosiahnutými v predchádzajúcich prácach. [4] LOD dosiahnuté pre vzorky výbušnín rozpustených v metanole boli 840 pg/s pre TNT, 2 ng/s pre RDX, 1,7 ng/s pre PETN, 1,4 ng/s pre C4 a 2,2 ng/s pre SEMTEX.

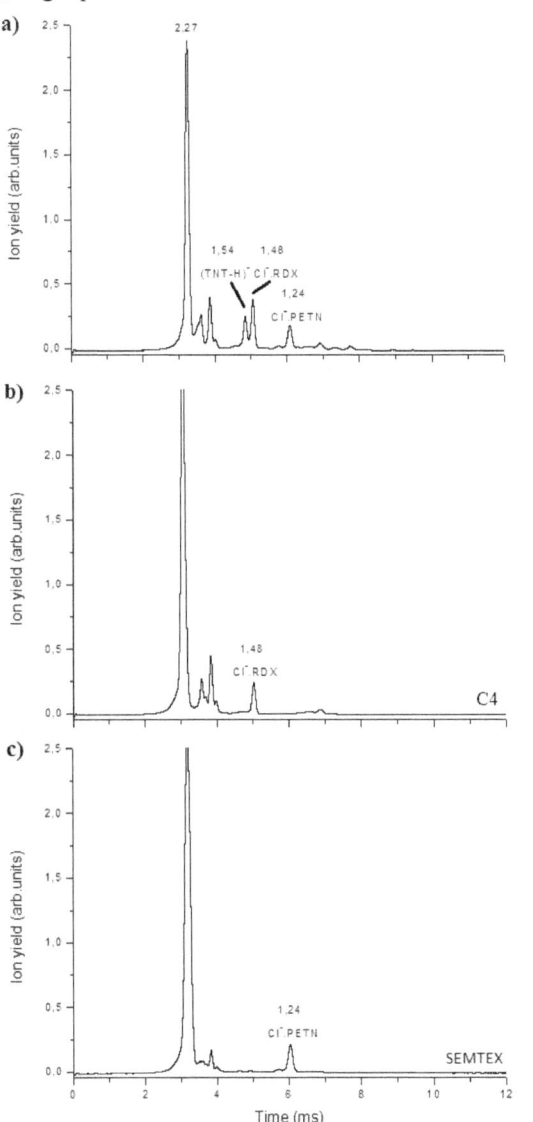

Obrázok č. 6: a) spektrum pre roztok TNT, RDX a PETN, b) spektrum pre C4, c) spektrum pre SEMTEX.

Pri detekcii výbušnín v nafte sme zmiešali malé množstvo nafty v ktorom boli výbušniny namočené s metanolom a takúto vzorku sme podrobili analýze. Na obrázku 7a) môžeme

pozorovať zmenu spektra pre reakčné ióny a to z redukovanej pohyblivosti 2,63 cm²V⁻¹s⁻¹ na 2,35 cm²V⁻¹s⁻¹. Takúto výraznú zmenu pripisujeme klastrovaniu iónov Cl⁻, ktoré sa prejavuje pri použití rôznej rýchlosti prúdenia vzorky. Ďalej môžeme pozorovať dva nové ióny s redukovanou pohyblivosťou 1,09 cm²V⁻¹s⁻¹ a 0,99 cm²V⁻¹s⁻¹, ktoré pripisujeme odozve IMS na naftu.

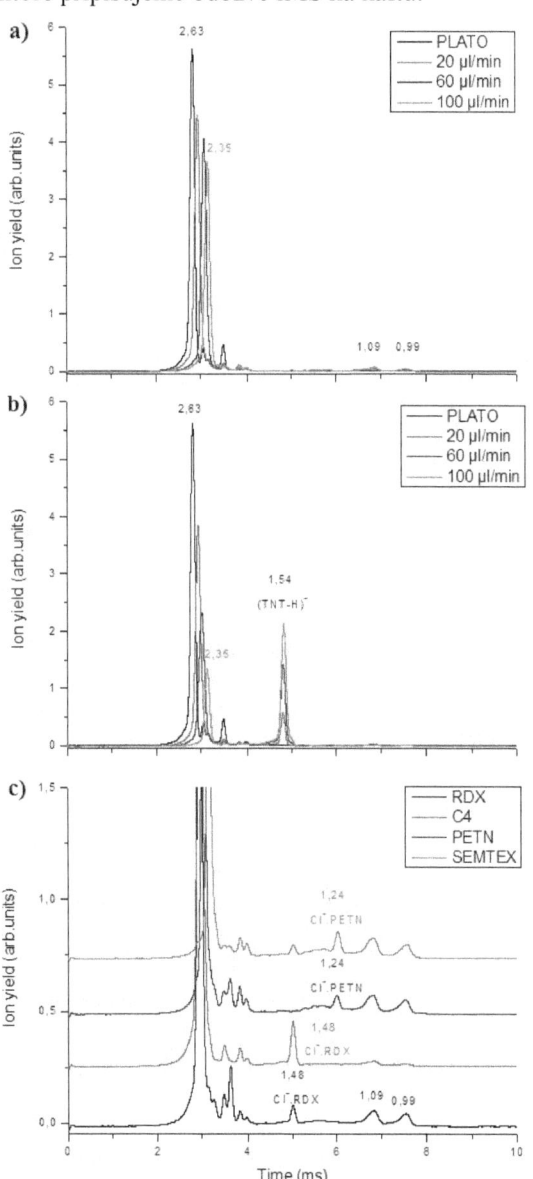

Obrázok č. 7: a) zmena spektra s reakčnými iónmi pri rôznej rýchlosti prúdenia vzorky, b) zmena spektra vzorky obsahujúcej TNT, c) detekcia RDX, PETN, C4 a SEMTEXu z oleja.

Na obrázku 7b) vidíme, že pozícia píku pre (TNT-H)⁻ sa so zmenami prúdenia kvapaliny nemení. Analýze výbušnín rozpustených v nafte sme podrobili aj RDX, PETN, C4 a SEMTEX. Dosiahnuté LOD boli 1,7 ng/s pre TNT, 100 ng/s pre RDX, 100 ng/s pre PETN, 33 ng/s pre C4 a 56 ng/s pre SEMTEX. V tabuľke č. 3 môžeme vidieť zhrnutie všetkých dosiahnutých LOD. Môžeme si všimnúť, že výsledky pre TNT v metanole a nafte sa nelíšia až o toľko ako pri ostatných výbušninách. Toto pripisujeme tomu, že TNT sa na rozdiel od ostatných výbušnín v nafte úplne rozpustilo, zatiaľ čo ostatné látky sa rozpustili len čiastočne. Taktiež si môžeme všimnúť, že LOD pre RDX a PETN rozpustené v nafte sú horšie ako pre trhaviny C4 a SEMTEX, ktoré sú zložené práve z týchto výbušnín. Predpokladáme preto, že ďalšie látky, nachádzajúce sa v týchto trhavinách pozitívne prispievajú na ich rozpúšťanie v nafte.

	TNT	RDX	PETN	C4	SEMTEX
	ng/s	ng/s	ng/s	ng/s	ng/s
Metanol	0,84	2	1,7	1,4	2,2
Olej	1,7	100	100	33	56

Tabuľka č. 3: LOD dosiahnuté pri použití CD-IMS s LS.

4.2 Výsledky ESI-IMS

Pri analýze TNT pomocou ESI-IMS sme dostali spektrum zobrazené na obrázku 8a), na ktorom môžeme vidieť pokles intenzity píku s redukovanou pohyblivosťou 1,54 $cm^2V^{-1}s^{-1}$ odpovedajúci iónom (TNT-H)⁻. Ďalej môžeme pozorovať píky s redukovanou pohyblivosťou 2,05 $cm^2V^{-1}s^{-1}$ a 1,85 $cm^2V^{-1}s^{-1}$, ktoré sa nachádzajú aj v spektre pre RDX na obrázku 8b). Tieto dva píky budú pravdepodobne pochádzať zo základného roztoku metanolu a chloroformu v ktorom boli obe výbušniny rozriedené a implikové do ESI-IMS rýchlosťou 13 µl/min. Tieto ako aj ďalšie ióny zo spektra pre RDX s pohyblivosťami 1,3 $cm^2V^{-1}s^{-1}$, 1,05 $cm^2V^{-1}s^{-1}$ a 1,01 $cm^2V^{-1}s^{-1}$ budeme musieť podrobiť dodatočnej analýze pomocou hmotnostného spektrometra (MS), ktorý nám pomôže identifikovať tieto ióny na základe ich pomeru hmotnosti k náboju. Pri detekcii TNT sme dosiahli LOD 11 pg/s čo je takmer o dva rády lepší výsledok ako pri proužití CD-IMS so vzorkovaním LS, kde bol dosiahnutý LOD 840 pg/s.

Pri analýze RDX sme schopní na spektre zachytiť až 5 nových píkov, pričom vieme identifikovať ióny s pohyblivosťou 1,43 $cm^2V^{-1}s^{-1}$ ako Cl-.RDX a s pohyblivosťou 1,35 $cm^2V^{-1}s^{-1}$ ako (RDX-H)- [10]. Ďalej sa domnievame, že pík s pohyblivosťou 1,3 $cm^2V^{-1}s^{-1}$ odpovedá iónom RDX⁻, ale tento ako aj ostatné neidentifikované ióny v spektre, ktoré pripisujeme klastrovaniu, budeme musieť podrobiť analýze MS.

Na obrázku 8c) môžeme vidieť ako zmena teploty vplýva na spektrum pre RDX. Zmena intenzity píkov nám potvrdzuje že prichádza k silnému klastrovaniu. Predpokladáme, že so zvyšovaním teploty sa kvapky rozpadávajú a sú opačným prúdením z IMS odfukované

efektívnejšie. Kvôli tomuto sa môžeme domnievať, že základné ióny s pohyblivosťami 2,05 $cm^2V^{-1}s^{-1}$ a 1,85 $cm^2V^{-1}s^{-1}$ pochádzajúce z roztoku metanolu a chloroformu kvôli zvyšovaniu teploty postupne zanikajú. So zánikom týchto iónov teda klesá aj intenzita píku Cl⁻RDX a prichádza k nárastu iónov RDX⁻.

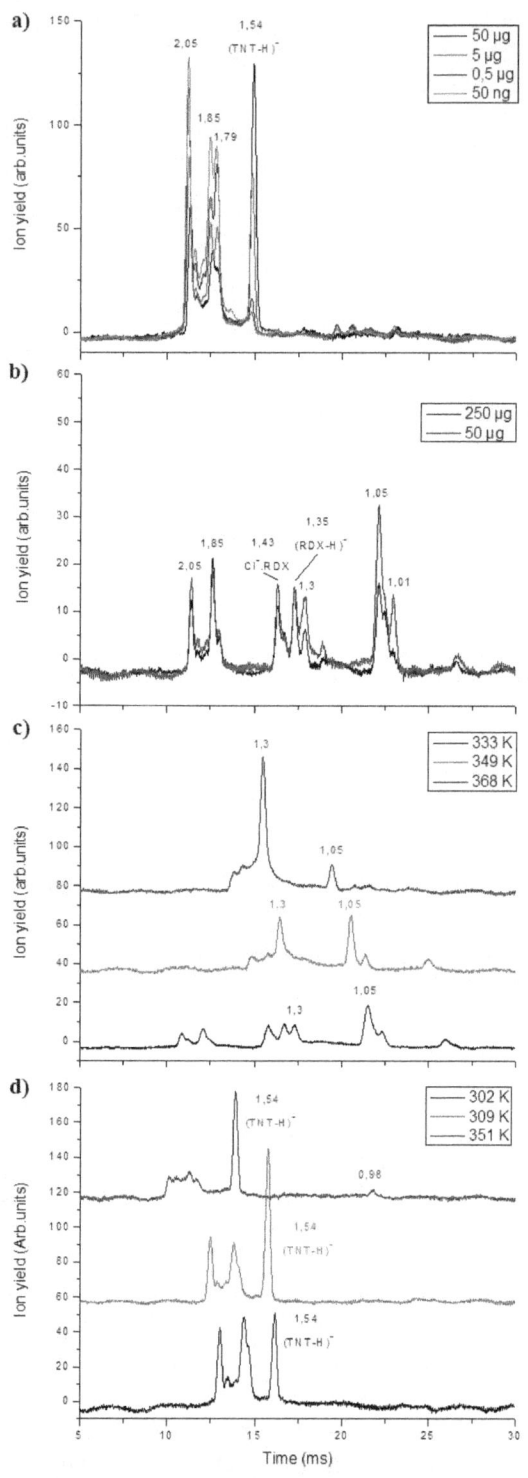

Obrázok č. 8: a) spektrum pre TNT, b) spektrum pre RDX, c) vplyv zmeny teploty na spektrum pre RDX, d) vplyv zmeny teploty na spektrum pre TNT.

Rovnaký efekt straty základných iónov s pohyblivosťami 2,05 $cm^2V^{-1}s^{-1}$ a 1,85 $cm^2V^{-1}s^{-1}$ s rastom teploty môžeme pozorovať aj na obrázku 8d) pre analýzu TNT. Toto by malo potvrdiť naše hypotézy, no všetky tieto tvrdenia budeme musieť overiť ďalším výskumom, keďže ide o novú technológiu vyvinutú v našom laboratóriu a problematika prebiehajúcich procesov nám ešte nie je známa.

5 Záver

V tejto práci sme predstavili dve nové technológie pre detekciu výbušných látok z kvapalných vzoriek. Prvou technológiou LS-CD-IMS sme úspešne detekovali všetkých päť nám dostupných výbušnín TNT, RDX, PETN, C4 a SEMTEX a určili sme detekčné limity pri detekcii z metanolu ako aj z oleja. Druhou technológiou ESI-IMS sme dosiahli detekčný limit 11 pg/s pre TNT. V najbližšej dobe sa budeme venovať podrobnejšej analýze vzoriek výbušnín pomocou ESI-IMS aj identifikácii iónov pomocou hmotnostného spektrometra.

Poďakovanie

Táto práca bola podporená Slovenskou agentúrou pre výskum a vývoj, projektom APVV-0733-11. Poďakovanie taktiež patrí Ministerstvu obrany a Ministerstvu vnútra Slovenskej republiky za spoluprácu.

Literatúra

[1] **G.A.Eiceman and Z.Karpas.** *Ion mobility spectrometry.* 2005. 0-8493-2247-2

[2] **M.Sabo and Š.Matejčík.** *Corona Discharge Ion Mobility Spectrometry with Orthogonal Acceleration Time of Flight Mass Spectrometry for Monitoring of Volatile Organic Compounds.* Analytic chemistry, 2012

[3] **M.Sabo, M.Malásková and Š.Matejčík.** *Ion mobility spectrometry–mass spectrometry studies of ion processes in air at atmospheric pressure and its application to thermal desorption of 2,4,6-trinitrotoluene.* Plasma sources sci. Technol., 2013

[4] **M.Sabo, M.Malásková and Š.Matejčík.** *Laser Desorption with Corona Discharge Ion Mobility Spectrometry For Direct Surface Detection of Explosives,* Analyst, 2014

[5] **J.B.Fenn.** *Electrospray wings for molecular elephants,* Nobel lecture, 2002

[6] **Ch.B.Shumate and H.H.Hill, Jr.** *Coronaspray Nebulazation and Ionization of Liquid Samples for Ion mobility Spectrometry,* Anal. Chem., 1989

[7] **D.Wittmer, Y.H.Chen, B.K.Luckenbill and H.H.Hill, Jr.** *Electrospray ionization ion mobility spectrometry,* Anal. Chem., 1994

[8] **M.Sabo, J.Matúška, Š.Matejčík.** *Specific O_2^- generation in corona discharge for ion mobility spectrometry.* Talanta, 2011

[9] **G.R.Asbury, J.Klasmeier, H.H.Hill, Jr.** *Analysis of explosives using electrospray ionization/ion mobility spectrometry (ESI/IMS),* Talanta, 1999

[10] **Z.Lichvanová, M.Sabo and Š.Matejčík.** *The study of thermal decomposition of RDX by corona discharge - ion mobility spectrometer - mass spectrometer,* International journal of Ion mobility spectrometry accepted manuscript

Študentská vedecká konferencia FMFI UK, Bratislava, 2015, pp. 236–246
ISBN 978-1518759055, © 2015 Michal Bodík

Reduction of graphene oxide by non-thermal atmospheric pressure hydrogen plasma

Michal Bodík [*]

Supervisor: Richard Krumpolec[†]

Comenius University, Department of Experimental Physics, Mlynská Dolina, 842 48 Bratislava

Abstract

In our work we present fast and low-temperature graphene oxide (GO) reduction method operating at atmospheric pressure. GO films were prepared by modified Hummers method and deposited on Si/SiO_2 substrates by modified Langmuir Schaefer method. GO layers were characterised by Atomic Force Microscopy (AFM) to determine quality of such layers. Next we used Diffuse Coplanar Surface Barrier Discharge (DCSBD) to generate non-isothermal atmospheric plasma in pure hydrogen to reduce GO at room temperature.

X-ray photoelectron spectroscopy (XPS) was used to determine the level of reduction. The comparison between the plasma-reduced GO samples, non-reduced sample and the sample reduced by commonly used reduction technique was done. Thermal vacuum annealing was chosen as a commonly used reduction technique. Extremely short reduction times (~ 5 s) in hydrogen DCSBD plasma led to the similar level of GO reduction as obtained after the thermal annealing for 30 minutes. AFM revealed the etching of GO layer in hydrogen plasma if longer exposure times were applied.

Keywords: DCSBD, non-thermal plasma, hydrogen plasma, graphene oxide, reduced graphene oxide, atmospheric pressure plasma

1 Introduction

Graphene is a very promising material because of its unique physical and mechanical properties and its potential practical applications vary from high-frequency electronics to biomedical applications [Ferrari et al., 2015]. One of the biggest issue is large scale production of graphene suitable for industry. In this work we present a new method how to produce graphene from reduction of graphene oxide (GO) by atmospheric plasma generated by Diffuse Coplanar Surface Barrier Discharge (DCSBD). This method is suitable for in-line processing of materials [Černák et al., 2009] and can by scaled up.

1.1 DCSBD

Generation of plasma at atmospheric pressure attracts much attention because of its low cost and ability to create highly reactive species. Without need of any expensive and time-consuming vacuum equipment atmospheric pressure plasma is very good candidate for in-line industry processing [Černák et al., 2009]. However at atmospheric pressure conditions plasma tents to thermalize so it can damage temperature sensitive materials (e. g. textiles, plastics, etc.). One of the main problems in generation of atmospheric plasma is to somehow prevent thermalization.

Černák and his co-workers has developed a source of thin layer of non-thermalized plasma (on the order of 0.1 mm) operating at atmospheric pressure [Černák et al., 2009]. This plasma source belongs to so-called Dielectric Barrier Discharges (DBDs) and is called Diffuse Coplanar Surface Barrier Discharge (DCSBD). DCSBD contains parallel strip-like electrode system embedded in dielectric Al_2O_3 (Fig.1). Plasma is generated by sinusoidal high frequency high-voltage ($\sim$10–50 kHz, up to 20 kV peak to peak).

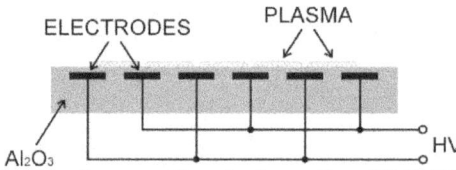

Fig. 1: Cross-sectional schematics of DCSBD electrode system arrangement [Černák et al., 2009].

DCSBD plasma itself consists of numerous H-shaped microdischarges which shape changes with different gas in the system (Fig.2). Density of microdischarges is controlled by applied power and resulting plasma power density can be as high as ~ 100 W/cm^3.

---

[*] Michal.Bodik@gmail.com
[†] Richard.Krumpolec@fmph.uniba.sk

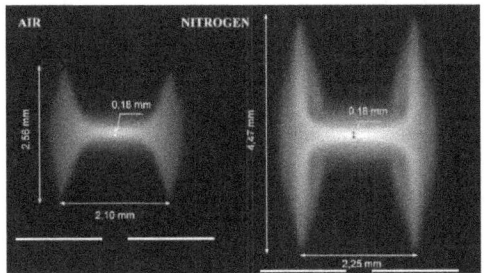

Fig. 2: Images of H-shaped microdischarges in air and nitrogen [Černák et al., 2009].

Resulting plasma is macroscopically homogeneous (Fig.3), low-temperature (one can touch plasma with bare hand) and can operate at various gases such as N_2, O_2 as well as H_2 [Prysiazhnyi et al., 2014] without need of any modifications [Černák et al., 2009].

Fig. 3: Photo of DCSBD operating at 400 W in ambient air.

1.2 Graphene

Since its discovery in 2004 [Novoselov et al., 2004] graphene has attracted superior attention due to his unique properties. It is one atom thin layer of carbon atoms ordered in hexagonal lattice (Fig. 4) with a carbon-carbon distance of 0.142 nm. It was the first two-dimensional material and after graphene scientists has discovered large number of different 2D materials with different properties [Nicolosi et al., 2013] with most recently discovered phosphorene [Liu et al., 2014]. Together with its unique properties and his beginning of 2D material research Geim and Novoselov has been awarded Nobel Prize in physics in 2010 [The Royal Swedish Academy of Sciences, 2010].

Fig. 4: Atomic structure of graphene.

1.2.1 Graphene properties

Graphene has unique properties due to its unusual 2D nature. Density of graphene is around 0.7 mg/m^2 so it is extremely light. At the same time mechanical strength of graphene is extremely high. Its Young's modulus is measured to be around 1 TPa [Lee et al., 2008]. Graphene also has very good electrical properties. Its charge carrier mobility has been measured to be more than 100 000 cm^2/Vs at room temperature and 10^6 cm^2/Vs at liquid helium temperature [Mayorov et al., 2011]. In monolayer graphene charge carriers resemble relativistic massless Dirac particles and simultaneously graphene is zero-gap semiconductor with linear electronic structure near Fermi level [Novoselov et al., 2005]. Also thermal conductivity of graphene is around 10 times better than copper's. Thermal conductivity was measured to be approximately 5000 W/m K [Baladin et al., 2008]. Within all of these characteristics graphene is optically transparent and absorbs only 2.3 % of the light intensity [The Royal Swedish Academy of Sciences, 2010].

Because of graphene's unique combination of physical and mechanical properties its use is possible in almost every field of industry. From fast electronics, energy storage and strong, conductive composites to flexible electronics, sensors and biomedical applications graphene is considered as promising material for the future [Ferrari et al., 2015].

1.2.2 Graphene production

In 2004 graphene was firstly exfoliated by mechanical exfoliation from highly oriented pyrolytic graphite (HOPG). Geim and Novoselov used adhesive tape to remove graphite layers from HOPG and transferred them to SiO_2 substrate [Novoselov et al., 2004]. Statistically some of these layers were monolayer graphene and they were first to localize them. This method generates perfect, defectless graphene but is suitable only for research purposes because of its small dimensions and statistically-like production.

Today most popular way how to prepare high-quality monolayer graphene is Chemical Vapour Deposition (CVD) [Bae et al., 2010]. In this method hydrocarbon gas is injected into vacuum chamber, where growth substrate (mostly copper) is prepared. After decomposition of hydrocarbon gas carbon atoms nucleate on substrate and then grow into large domains. Multiple graphene domains on substrate cover the whole substrate to form polycrystalline film of mostly monolayer graphene. Size and density of graphene domains depends on the pressure and temperature in CVD chamber. This process takes place at temperatures in the order of several hundred degrees Celsius. This method is scalable and graphene layers with dimensions of several tens of centimetres has been successfully produced [Bae et al., 2010], but still takes place in depressurized CVD chamber at high temperature.

Another scalable way to produce graphene is so called liquid exfoliation [Paton et al., 2014]. This method requires solvent with similar surface energy that that of graphene to prevent restacking of exfoliated graphene flakes. Mostly used solvents are N-Methyl-2-Pyrrolidone and Dimethylformamide, where both are polar solvents with relatively high boiling point. Exfoliation from graphite is assisted either by high-shear mixer or ultrasound and solvent prevents re-aggregation of graphene layers. This method can provide defect-free graphene but with small dimensions. Quality of such product can be improved by centrifugation, which can remove multilayer graphene flakes, but yield of monolayer graphene is extremely low.

There are several other ways to produce graphene such as epitaxial growth on SiC, molecular beam epitaxy, etc. [Ferrari et al., 2015].

1.3 Graphene oxide

Another suitable method is production of graphene via graphene oxide (GO). Graphite can be oxidised by chemical way. Mostly used way is so-called Modified Hummers method [Hummers and Offeman, 1958]. This oxidation method use mixture of sulphuric acid, sodium nitrate and potassium permanganate and these strong chemicals disrupts sp^2-bonded network and introduce epoxide and hydroxyl groups (Fig. 5). This addition to otherwise perfect 2D structure induces larger separation between monolayer sheets and subsequent sonication (or stirring, thermal expansion, etc.), separates individual GO flakes [Ferrari et al., 2015]. GO became amphiphilic and can be redispersed in polar solvents such as water or alcohols so in comparison with liquid phase exfoliation processing of GO is easier. GO itself has several new applications in comparison with traditional graphene, for example in organic solar cells [Yun et al., 2011] or biomedicine [Chung et al., 2013].

After exfoliation GO can be reduced to give graphene. Main drawback is that reduced GO (rGO) is defective and loses its unique electrical properties (Fig. 5). But rGO can be still used in applications where its electrical properties are not so important, such as hybrids [Qiu et al., 2015] or flexible organic solar cells [Kymakis et al., 2013], etc.

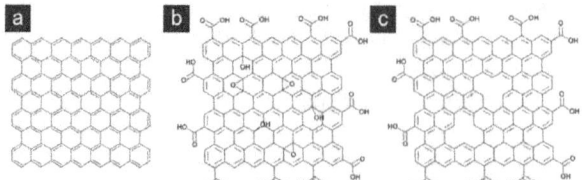

Fig. 5: Structure of (a) graphene, (b) GO and (c) rGO [Cote et al., 2011].

There are several ways to reduce GO. Most popular and efficient way is to reduce GO chemically but the duration of most of them is several hours up to few days [Chua and Pumera, 2013].

Very common way how to reduce GO is by thermal annealing [Huh, 2011]. This way results in effective reduction of oxide groups with partial reconstructure of graphene lattice, but requires temperatures up to 2000°C [Huh, 2011]. This way is not suitable for all kinds of substrates and its use is limited by this factor.

Other types of reduction are so-called low-temperature reduction and consist of laser annealing reduction [Trusovas et al., 2012], microwave assisted reduction [Liang et al., 2012] and plasma reduction in different gases [Kim et al., 2013], [Qiu et al.,2015].

2 Experiment

2.1 GO layers preparation

GO was produced by modified Hummers method [Hummers and Offeman, 1958] from expanded graphite purchased from SGL Carbon Group. Resulting GO powder was dissolved in deionized (DI) water in concentration of 2 mg/ml and exfoliated by ultrasonication in ultrasonic bath for approximately 45 minutes. This solution was then centrifuged in order to increase the quality of GO solution. First we centrifuged our GO solution at 8000 rpm for 40 minutes. Then we dissolve precipitate in fresh DI water by bath sonication and proceeded to second centrifugation at 6000 rpm for 25 minutes. Again the precipitate was dissolved in DI water by bath sonication and centrifuged at

4000 rpm for 25 minutes. Then the precipitate was dissolved in mixture of Methanol and DI water with ratio 5:1 and centrifuged at 2500 rpm for 10 minutes. After this we have bath sonicated the supernatant for 5 minutes. We repeated this centrifugation step until there is no sedimentation of material, and then we raised rotation speed to 3500 rpm while we repeated the same procedure as for 2500 rpm. After there's no visible sediment we raised rotation speed to final run at 6000 rpm. Resulting supernatant of GO in mixture of methanol and DI water contains flakes with relatively uniformly distributed dimensions within the range of few micrometers.

Since GO flakes are dissolved in DI water and methanol mixture further processing is possible with any of regular procedures such as spin-coating, dip-coating, spraying, etc. But for large-scale homogeneous deposition onto various substrates so called Modified Langmuir-Schaefer deposition (modified LS deposition) is used in this work (Fig. 6). This technique can in general provide better coverage of nanomaterials over large areas than above mentioned techniques [Šiffalovič et al., 2012]. Modified LS deposition takes place in so called Langmuir-Blodgett trough in which a substrate is immersed. Our material is dropped by syringe onto the surface of liquid subphase.

Basic principle is that material cannot sink into the subphase and solvent in which it was dispersed can quickly evaporate or mix with subphase. After introduction of material movable barriers start to approach each other and by doing so continuously limit area on which our material floats. In this way we can prepare closed layers of molecules, nanoparticles and also graphene and GO. After our layer is closed we start slow removal of subphase. Substrate immersed in subphase will "collect" closed layer of material after liquid level is low enough. This way we can easily transfer material dissolved in liquid homogeneously on desired substrate.

more hydrophobic so they can easily float on water [Shih et al., 2011].

To determine level of closing of our layer we have monitored change of surface pressure of liquid surface by Wilhelmy plate. This way we can monitor surface pressure as a function of area and determine if GO layer is already closed to form homogeneous layer.

We carefully dropped our GO solution on water and waited 20 minutes until methanol will evaporate and GO flakes will settle on surface. Then we start closing barriers at constant speed (15 cm^2/min) until surface pressure reached approximately 20 mN/m where layer is expected to be nearly closed.

After reaching desired surface pressure we have slowly removed subphase so GO layer can slowly attach to 1 cm^2 Si/SiO$_2$ substrate which was immersed in subphase. This way we obtained homogeneously deposited layer of our GO on Si/SiO$_2$ substrate.

2.2 Reduction of GO layers

We reduced our GO layers by hydrogen plasma generated by DCSBD. To do so, we introduced pure H$_2$ gas into the DCSBD reactor (Fig. 7) and subsequently turned on plasma. To eliminate any possible problems resulting in presence of oxygen in our reactor, the volume of reactor chamber was firstly "washed" by nitrogen to get rid of oxygen. We did so by injecting volume of nitrogen that is approximately 50 times of the volume of our reactor chamber. After filling the chamber with pure nitrogen, the reactor chamber was filled with hydrogen. The plasma treatment was done at flow regime. After the experiment, the chamber was again nipped by pure nitrogen for 3 - 5 minutes.

For security reasons we added small "chimney" on the other side of our reactor for controlled combustion of escaping hydrogen (Fig. 8).

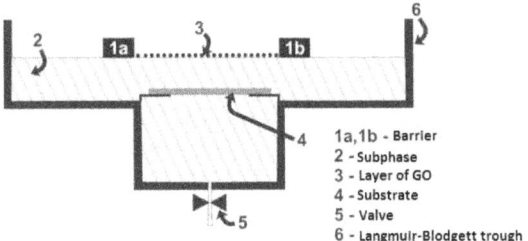

1a, 1b - Barrier
2 - Subphase
3 - Layer of GO
4 - Substrate
5 - Valve
6 - Langmuir-Blodgett trough

Fig. 6: The scheme of the modified LB trough.

In our case subphase is DI water with small addition of HCl in order to alternate the pH of DI water. Resulting pH of DI water was approximately 4. This step is crucial for deposition of GO, because lowering the pH causes protonation of edge carboxyl groups and GO sheets became

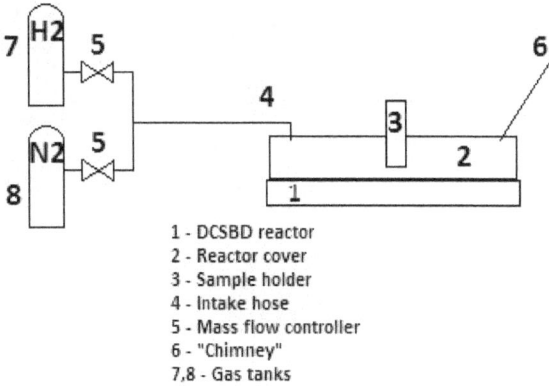

1 - DCSBD reactor
2 - Reactor cover
3 - Sample holder
4 - Intake hose
5 - Mass flow controller
6 - "Chimney"
7, 8 - Gas tanks

Fig. 7: Schematic representation of experimental equipment.

After injection of hydrogen into the reactor chamber we ignited hydrogen escaping from "chimney" and turned on DCSBD plasma. The plasma treatment was done at flow regime. During all experiments the hydrogen flow was constant and controlled by mass flow controllers at 200 ml/min.

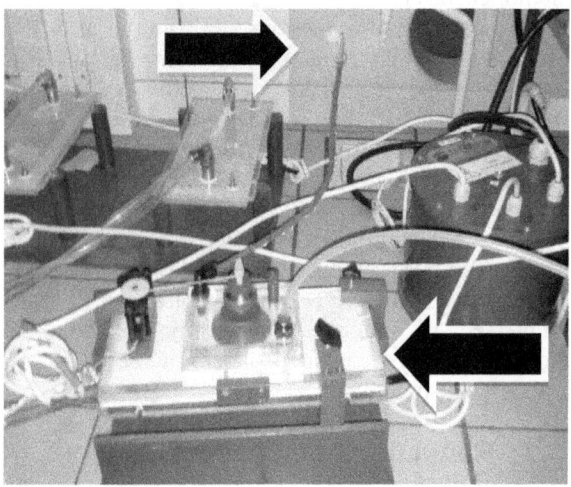

Fig. 8: Photo of DCSBD reactor (arrow pointing to the left) with hydrogen burning at the end of the "chimney" (arrow pointing to the right).

Power supplied to DCSBD system was held constant at 100 W and the resulting surface power density of the DCSBD was ~ 1.5 W/cm^2 during all experiments. Total working volume of reactor is approximately 300 ml and area of plasma is approximately 60 cm^2 (Fig. 9).

The samples were plasma treated at distance of 0.15 mm from the DCSBD electrode surface. All samples were treated in dynamic regime (samples were slowly rotating) to provide homogeneous plasma treatment.

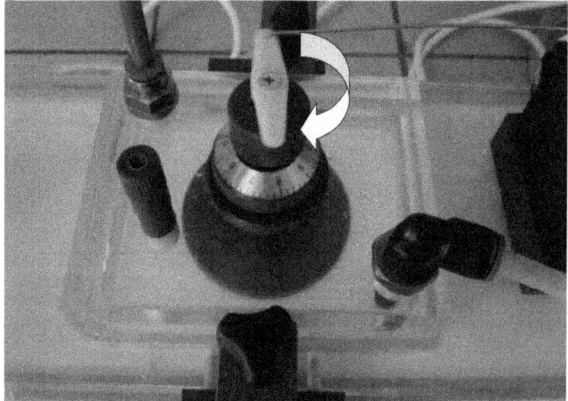

Fig. 9: Close look to DCSBD reactor with burning hydrogen plasma. Arrow shows the rotation of sample holder.

After desired period of plasma treatment DCSBD is turned off and hydrogen injection is also

turned off. Before removal of treated sample another "washing" with nitrogen is introduced in order to safely remove all hydrogen from our reactor. After removal of hydrogen from reactor, small fire at the end of our "chimney" dies down. This signals that we can safely open reactor without any risk of hydrogen escaping into the air.

One sample was thermally reduced to determine the effectivity of plasma treatment in comparison to conventional reduction methods. Thermal annealing took place in a depressurized vacuum chamber (p ≈ 10^{-6} mbar) at 900°C for 30 minutes.

3 Analytical methods

3.1 Atomic Force Microscopy

We used Atomic Force Microscopy (AFM) to determine quality of our prepared GO layers and to determine the macroscopic effect of hydrogen plasma to GO.

In our case we used Dimension Edge Scanner from BrukerNano. We have measured in tapping mode with commercial TESPA cantilevers (BrukerNano). These cantilevers have nominal radius of curvature around 8 nm and resonance frequency around 300 kHz. Sampling of images was set to 512x512 points.

3.2 X-ray Photoelectron Spectroscopy

To determine chemical composition and level of oxidation of GO we used X-ray Photoelectron Spectroscopy (XPS) measurements.

The XPS analyses were done on the ESCALAB 250Xi (ThermoFisher Scientific Inc., UK) spectrometer. The XPS apparatus was equipped with Al Ka monochromated X-ray source (1486.6 eV). High-resolution spectra were acquired with a pass energy of 50 eV and an energy step of 0.1 eV. The photoelectron spectra were recorded at take-off angle 90° and referenced to the peak of aliphatic C-C bonds at 284.5 eV. The spectra calibration, processing and fitting routines were done using Avantage software.

4 Results

4.1 Modified LS deposition

To safely state that we have a layer of GO which covers most of the substrate we need to reach surface pressure during deposition approximately 20 mN/m. Fig. 10 shows typical LB curve during our experiment.

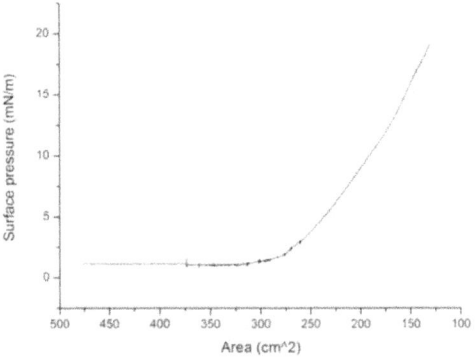

Fig. 10: Typical curve measured during deposition of GO.

4.2 XPS

Fig. 13 – Fig. 18 correspond to XPS results of plasma treated samples.

The surface carbon bonds were investigated through the deconvolution of C 1s signal of XPS spectra. The captured C 1s line was deconvoluted to 3-components (Fig. 13 – Fig. 17) at binding energies 284.8 eV; 286.8 eV and 288.6 eV (peaks A, B, C) and attributed to C–C/C–H, C–O and O–C=O bonds, respectively.

In the case of thermally annealed sample a new peak starts to play a role in deconvolution (Fig. 18). Peak D corresponds to sp^3 hybridized C-C bond. Tab. 1 shows the values of Peak B/Peak A and Peak C/Peak A ratio, where the height of particular peaks were taken into account.

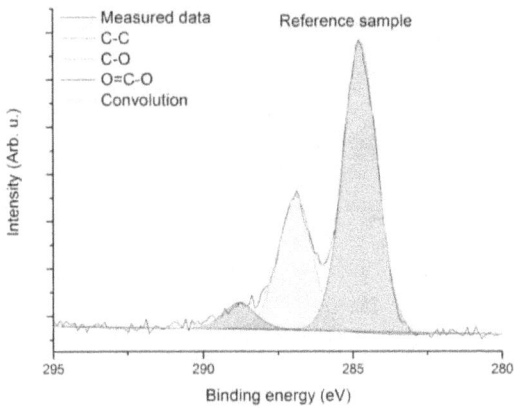

Fig. 13: XPS result of reference (non-treated) sample with corresponding fitted peak.

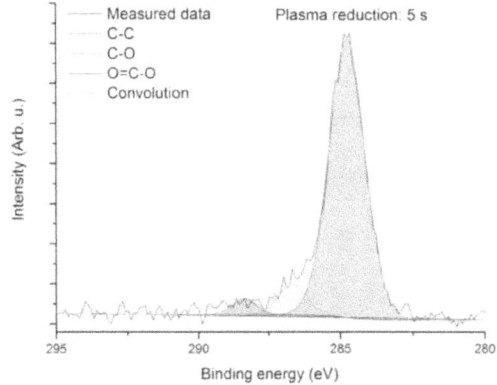

Fig. 14: XPS result of the sample reduced in hydrogen plasma for 5 s.

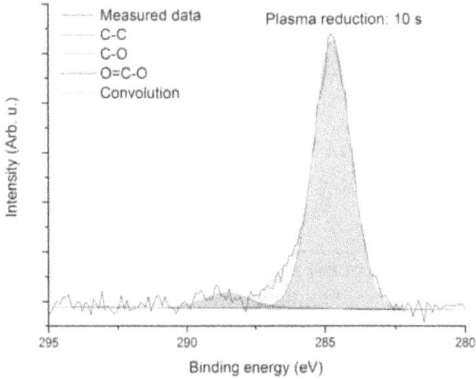

Fig. 15: XPS result of the sample reduced in hydrogen plasma for 10 s.

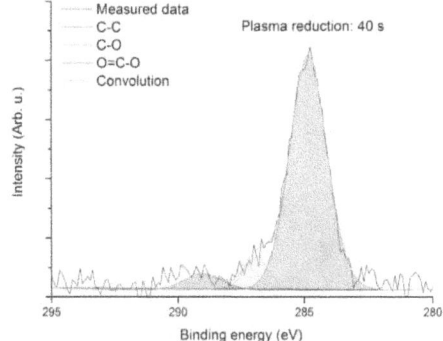

Fig. 16: XPS result of the sample reduced in hydrogen plasma for 40 s.

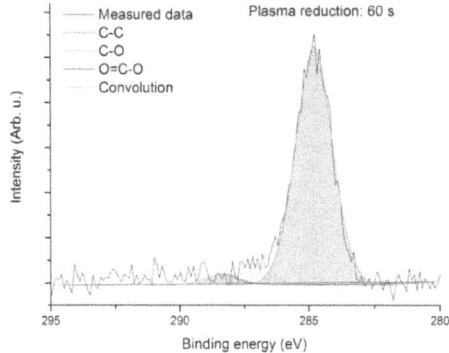

Fig. 17: XPS result of the sample reduced in hydrogen plasma for 60 s.

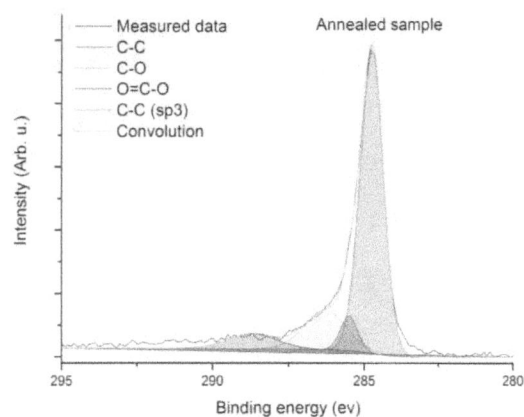

Fig. 18: XPS result of sample thermally annealed in vacuum at 900°C for 30 min.

	C-O/C-C	O=C-O/C-C
Ref	**0,46**	**0,09**
5 s	**0,11**	**0,06**
10 s	**0,11**	**0,06**
40 s	**0,14**	**0,07**
60 s	**0,09**	**0,05**
Annealed	**0,13**	**0,05**

Tab. 1: Ratio between peaks found in deconvolution of experimental curve.

4.3 AFM

AFM images were taken to evaluate macroscopic effect of hydrogen plasma on GO layers. AFM image of each sample was taken before (Fig. 19 – Fig. 23) and after plasma treatment (Fig. 24 – Fig. 27). In case of reference and annealed sample no changes of GO layers were observed.

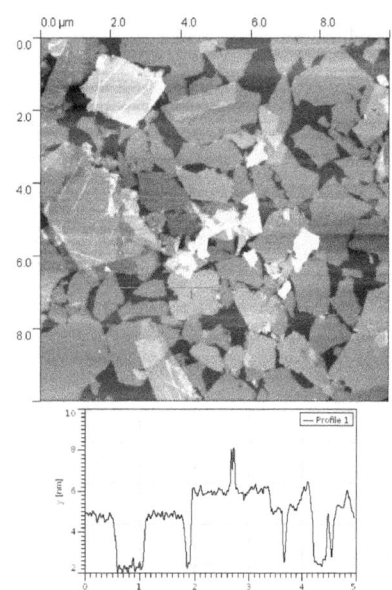

Fig. 19: AFM image of GO layer before 5 s plasma treatment with corresponding height profile.

Fig. 21: AFM image of GO layer before 10 s plasma treatment with corresponding height profile.

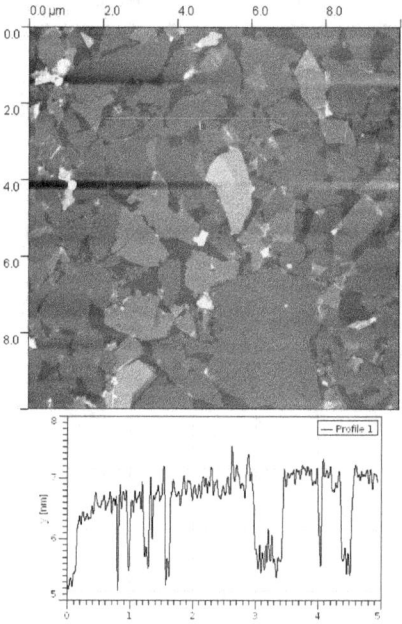

Fig. 22: AFM image of GO sample before 40 s treatment with corresponding height profile.

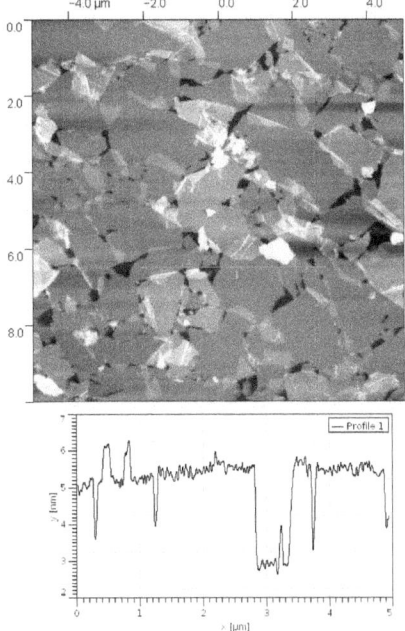

Fig. 23: AFM image of GO layer before 60 s plasma treatment with corresponding height profile.

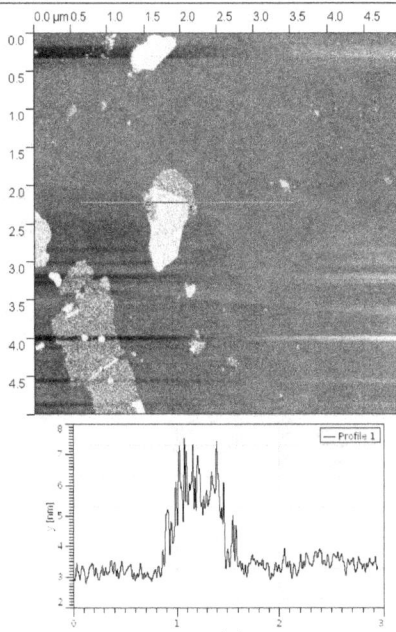

Fig. 25: AFM image of GO layer after 10 s plasma treatment with corresponding height profile.

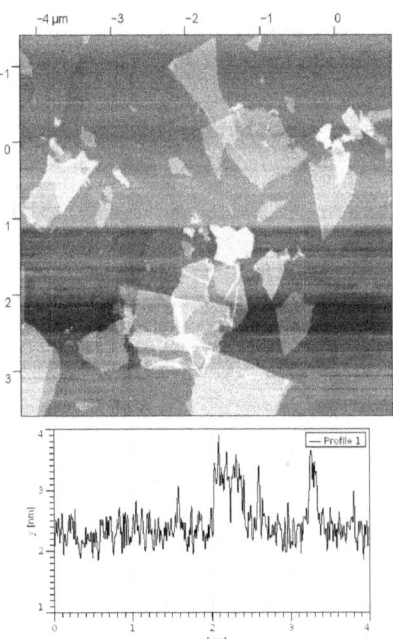

Fig. 24: AFM image of GO layer after 5 s plasma treatment with corresponding height profile.

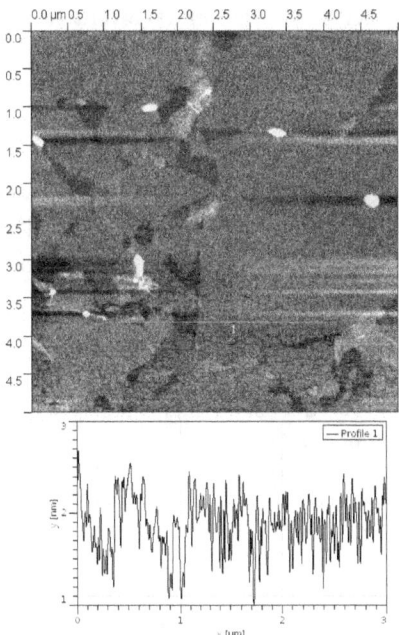

Fig. 26: AFM image of GO layer after 40 s plasma treatment with corresponding height profile.

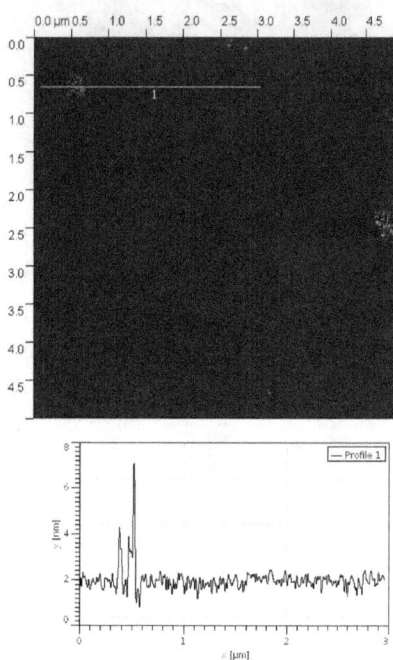

Fig. 27: AFM image of GO layer after 60 s plasma treatment with corresponding height profile.

Discussion

From AFM images we can clearly see successful deposition of thin GO layer. Typical height of monolayer GO is approximately 1 nm [Cote et al., 2011], and in our case heights from 1 nm up to 2 nm dominates over the whole sample while lateral dimensions are decimals of micrometres up to few micrometres. From this we can say that we have successfully deposited high-quality GO, which is mostly monolayer.

XPS measurements confirmed presence of carbon bonds. In our case the most frequent bond was a bond with binding energy 284.8 eV. This binding energy corresponds to sp^2 hybridized C-C bond. Second most frequent bond was bond with binding energy approximately 286 eV which is commonly connected with C-O bonding. Third bond was found to be at binding energy around 289 eV and attributed to O=C-O bond. In the case of untreated sample the ratio between C-O bond and C-C bond was measured to be 0.46 and ratio between O=C-O and C-C was revealed to be 0.08. From these results we can state that our GO is highly oxidized and approximately half of carbon atoms are bonded with oxygen atoms.

After thermal annealing we observed decrease of ratio between C-O/C-C to approximately one half of starting value. This corresponds to partial reduction of GO as proposed in [Huh, 2011], while O=C-O/C-C ratio stayed almost unchanged. In the case of

thermal annealing we were able to locate one new peak from deconvolution of measured data. This peak at binding energy 285.5 eV is commonly connected with sp^3 hybridized C-C bond [Jackson and Nuzzo, 1995]. Presence of this bond confirms statement, that oxidizing of graphene disrupts sp^2 bonding and introduces also sp^3 bonded carbons.

All samples reduced by hydrogen plasma showed similar behaviour. In all cases calculated ratio between C-O and C-C bond was decreased to approximately 0.1. Best result was obtained with sample treated for 60 s in hydrogen plasma, where the ratio between C-O and C-C bonds was decreased from 0.46 to 0.09.

The change of ratio between O=C-O/C-C bonds were most visible in case of thermally annealed sample and sample reduced by plasma for 60 s. The decrease of this ratio was approximately 45%. In case of plasma reduction for 5 s this decrease was approximately 33%.

From XPS results we can also observe a decrease of signal intensity with prolonging treatment time. This effect is caused by plasma etching of carbon in hydrogen [Xie et al., 2010]. AFM showed observable decrease in GO coverage after plasma treatment. This effect is stronger with prolonging treatment time. After 5 s treatment plasma etched approximately 50% of GO flakes. After 60 s GO layer is no longer observed and only small carbon-containing islands are present.

From these results we can confirm high efficiency of hydrogen plasma reduction of GO. Highly reactive hydrogen atoms are capable of breaking C-O bonds by creating bonds with oxygen atoms. This mechanism is well known in case of chemical reduction of GO [Chua and Pumera, 2013].

Conclusion

In this work we have successfully prepared GO layers on Si/SiO$_2$ substrates and used low-temperature hydrogen plasma generated at atmospheric pressure to successfully reduce GO.

Presence of GO layer was confirmed by AFM measurements.

We have used XPS measurements to determine the level of reduction by looking at C 1s XPS signal. We have detected presence of sp^2 hybridized C-C bond, sp^3 hybridizes C-C bond, C-O bond and O=C-O bond which are expected for GO. The decrease of C-O/C-C ratio was also observed. This decrease was from initial value 0.46 to resulting value ≈ 0.1 in all cases. GO reduced by thermal annealing in vacuum showed similar decrease of C-O/C-C ratio that sample reduced by hydrogen plasma for 5 s. Decrease of O=C-O/C-C ratio from initial value of 0.09 to final value 0.05 (in case of sample reduced by plasma for 60 s) to 0.07 (sample reduced in plasma for 40 s) is also observed.

From this results we can state that atmospheric-pressure hydrogen plasma reduction of GO was as efficient as commonly used thermal annealing. On top of this low-temperature plasma reduction takes place in atmospheric pressure while thermal annealing is held in vacuum. This difference is very important for potential industry application.

Along with these results we have observed a decrease of intensity of C 1s peak, which was caused by hydrogen etching of carbon atoms in case of longer treatment times. AFM measurements confirmed decrease of GO coverage over our substrate. These results suggest that in our case plasma reduction times were set significantly longer than needed for reduction and carbon etching took place.

In comparison with different reduction techniques that take from several minutes up to few days, low-temperature atmospheric plasma reduction showed significant decrease of oxygen groups after only 5 s treatment time. This is significant decrease of treatment time and is crucial for potential application in mass production.

As seen from our results, treatment times shorter than 5 seconds can possibly be achieved with similar efficiency as thermal annealing in vacuum.

Acknowledgments

I would like to thank my supervisor RNDr. Richard Krumpolec for his great help and fruitful discussion about the results. Also I would like to thank RNDr. Monika Stupavská, PhD. from Faculty of Natural Sciences of Masaryk University in Brno for XPS measurements. My thanks also goes to Slovak Academy of Sciences for offering me a place to work with this wonderful material graphene and the whole collective at department of plasma physics at Comenius University for creating very good working atmosphere.

This work is the result of the project implementation: ITMS 26240220002 and ITMS 2622020004 supported by the Research & Development Operational Programme funded by the ERDF.

References

[Ferrari et al., 2015] Ferrari A. C. et al. (2015), Science and technology roadmap for graphene, related two-dimensional crystals, and hybrid systems, *Nanoscale*, 7:4598.

[Černák et al., 2009] Černák M., Černáková Ľ., Hudec I., Kováčik D. and Zahoranová A. (2009), Diffuse coplanar surface barrier discharge and its application for in-line processing of low-

added-value materials, *The European physical journal – Applied physics*, 47:22806.

[Prysiazhnyi et al., 2014] Vadym Prysiazhnyi, Antonín Brablec, Jan Čech, Monika Stupavská, and Mirko Černák. (2014) Generation of large-area highly-nonequlibrium plasma in pure hydrogen at atmospheric pressure. *Contrib. Plasma Phys.*54, No. 2:138 – 144.

[Novoselov et al., 2004] Novoselov K. S., Geim A. K., Morozov S. V., Jiang D., Zhang Y., Dubonos S. V., Grigorieva I. V. and Firsov A. A. (2004), Electric field in atomically thin carbon films, *Science*, 306:666.

[Nicolosi et al., 2013] Nicolosi V., Chhowalla M., Kanatzidis M. G., Strano S. M. and Coleman J. N. (2013), Liquid exfoliation of layered materials, *Science*, 340:6139.

[Liu et al., 2014] Liu H., Neal A. T., Zhu Z., Xu X., Tománek D. and Ye P. D. (2014), Phosphorene: An unexplored 2D semiconductor with high hole mobility, *ACS Nano*, 8:4033.

[The Royal Swedish Academy of Sciences, 2010] Class for Physics of the Royal Swedish Academy of Sciences (2010), Scientific background on the Nobel Prize in Physics 2010.

[Mayorov et al., 2011] Mayorov A. S., Gorbachev R. V., Morozov S. V., Britnell L., Jalil R., Ponomarenko L. A., BlakeP., Novoselov K. S., Watanabe K., Taniguchi T. and Geim A. K. (2011), Micormeter-scale ballistic transport in encapsulated graphene at room temperature, *Nano Letters*, 11:2396.

[Lee et al., 2008] Lee Ch., Wei X., Kysar J. and Hone J. (2008) Measurement of the Elastic Properties and Intrinsic Strength of Monolayer Graphene, *Science*, 321:385.

[Novoselov et al., 2005] Novoselov K. S., Geim A. K., Morozov S. V., Jiang D., Katsenelson M. I., Grigorieva I. V., Dubonos S. V. and Firsov A. A. (2005), *Nature*, 438:197.

[Baladin A. A., Ghosh S., Bao W., Calizo I., Tewekdebrhan D., Miao F. and Lau Ch. N. (2008), Superior thermal conductivity of single-layer graphene, *Nano Letters*, 8:902.

[Bae et al., 2010] Bae S. et al. (2010), Roll-to-roll production of 30-inch graphene films for transparent electrodes, *Nature Nanotechnology*, 5:574.

[Paton et al., 2014] Paton K. R., et al. (2014), Scalable production of large quantities of defect-free few-layer graphene by shear exfoliation in liquids, *Nature Materials*, 13:624.

[Hummers and Offeman, 1958] Hummers W. S. and Offeman R. E., (1958), Preparation of graphitic oxide, *J. Am. Chem. Soc.*, 80:1339.

[Yun et al., 2011] Yun J.-M., Yeo J.-S., Kim J., Jeong H.-G., Kim D.-Y., Noh Y.-J., Kim S.-S., Ku B.-Ch. And Na S.-I. (2011), Solutionprocessable reduced graphene oxide as a novel alternative to PEDOT:PSS hole transport layers for highly efficient and stable polymer solar cells, *Andvanced materials*, 23:4923.

[Chung et al., 2013] Chung Ch., Kim Y.-K., Shin D., Ryoo S.-R., Hong B. H and Min D.-H.. (2013), Biomedical applications of graphene and graphene oxide, *Accounts of chemical research*, 46:2211.

[Qiu et al., 2015] Qiu T., Liang M., Ning J., Wang B., Li X. and Zhi L., (2015), Hydrogen reduced graphene oxide/metal grid hybrid film: towards high performance transparent conductive electrode for flexible electrochromic devices, *Carbon*, 81:232.

[Kymakis et al., 2013] Kymakis E., Savva K., Stylianakis M. M., Fotakis C. and Stratakis E. (2013), Flexible organic photovoltaic cells with in situ nonthermal photoreduction of spin-coated graphene oxide electrodes, *Adv. Funct. Mat.*, 23:2742.

[Cote et al., 2011] Cote L. J., Kim J., Tung V. C., Luo J., Kim F. and Huang J., Graphene oxide as surfactant sheets, *Pure and Applied Chemistry*, 83:95.

[Chua and Pumera, 2013] Chua K. CH. and Pumera M. (2013), Chemical reduction of graphene oxide: a synthetic chemistry viewpoint, *Chem. Soc. Rev*, 43:291.

[Huh, 2011] Huh S. H. (2011), Thermal Reduction of Graphene Oxide, *Physics and Applications of Graphene -Experiments*, Dr. Sergey Mikhailov (Ed.), ISBN: 978-953-307-217-3, InTech.

[Trusovas et al., 2012] Trusovas R., Ratautas K., Račiukaitis G., Barkauskas J., Stankevičiene I., Niaura G. and Mažeikiene R. (2012), Reduction of graphene oxide to graphene with laser irradiation, *Carbon*, 52:574.

[Liang et al., 2012] Liang Q., Hsie S. A. and Wong Ch. P., Low-Temperature Solid-State Microwave Reduction of Graphene Oxide for Transparent Electrically Conductive Coatings on Flexible Polydimethylsiloxane (PDMS), *Chem. Phys. Chem.*, 16:3700.

[Kim et al., 2013] Kim M. J., Jeong Y., Sohn S., Lee S. Y., Kim Y. J., Lee K., Khang Y. H. and Jang J.-H., (2013), Fast and low-temperature reduction of graphene oxide films using ammonia plasma. *AIP Advances*, 3:012117.

[Šiffalovič et al., 2012] Šiffalovič P., Majková E., Jergel M., Vegso K., Weis M. and Luby Š. (2012), Self-assembly of nanoparticlees at solid and liquid surfaces, *chapter in "Smart Nanoparticle Technology" edited by Abbass Hashim*, ISBN 978-953-51-0500-8, InTech

[Shih et al., 2011] Shih Ch.-J., Lin S., Sharma R., Strano M. S. and Blankschtein D. (2011),

Understanding the pH-dependent behaviour of Graphene Oxide aquaeous solutions: A comparative experimental and Molecular Dynamics Simulations study, *Langmuir*, 28:235.

[Jackson and Nuzzo, 1995] Jackson S. T., Nuzzo R. G. (1995), Determining hybridization differences for amorphous carbon from the XPS C 1s envelope, *Applied Surface Science*, 90:195.

[Xie et al., 2010] Xie L., Jiao L. and Dai H. (2010), Selective etching of graphene edges by hydrogen plasma, *J. Am. Chem. Soc.*, 132:14751.

Študentská vedecká konferencia FMFI UK, Bratislava, 2015, pp. 247–252
ISBN 978-1518759055, © 2015 Jakub Maxa

Štúdium účinku neizotermickej plazmy na zmáčavosť a adhézne vlastnosti BOPP fólií

Jakub Maxa[*]
Školiteľ: Dušan Kováčik [‡]

Katedra experimentálnej fyziky, FMFI UK, Mlynská Dolina, 842 48 Bratislava

Abstrakt

Práca porovnáva účinnosť dvoch rôznych zdrojov neizotermickej plazmy pri generovanej atmosférickom tlaku (DCSBD a priemyselnej koróny) na úpravu povrchových vlastností BOPP fólií, pri nastavení rovnakej plošnej hustoty príkonu. Na opracovaných fóliách boli potom vykonané povrchové analýzy: meranie kontaktného uhlu, tape pell test a SEM.

Kľúčové slová: BOPP, priemyselná koróna, DCSBD, kontaktný uhol, SEM, tape peel test

1 Úvod

1.1 Polymérne materiály

Polymérne materiály zaujali silné postavenie v širokom spektre priemyselnej výroby. Napríklad skúmaný polypropylén má široké uplatnenie v automobilovom priemysle, zdravotníctve, potravinárstve, výrobe elektrospotrebičov. Najčastejšie vyrábané polyméry patria do skupiny termoplastov, napríklad polyetylén, polypropylén a polyvinylchlorid. Za široké uplatnenie vďačia svojej lacnej a rýchlej výrobe, dobrým mechanickým vlastnostiam, odolnosti voči chemikáliám a elektroizolačným vlastnostiam. Termoplasty sa dajú po vytuhnutí znova tvarovať a taviť, preto sú dobre spracovateľné. Majú však nízku voľnú povrchovú

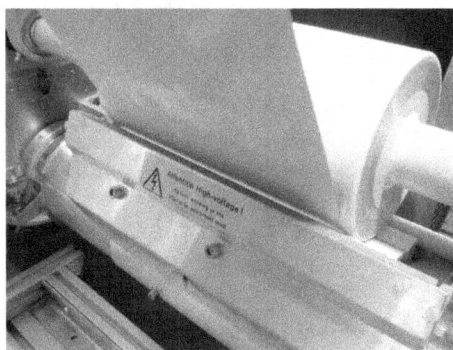

Obr. 1: Pohľad na horiaci výboj priemyselnej koróny firmy Ahlbrandt System.

energiu. Preto majú zlé adhézne vlastnosti, sú hydrofóbne a majú problémy s potlačou. Tieto problémy sa snažia riešiť rôzdne povrchové úpravy.

2 Experiment

Pri experimente bola použitá tzv. cigaretová fólia z biaxiálne orientovaného polypropylénu (BOPP). Označenie "cigaretová" znamená, že sa bežne používa pri balení tabakových výrobkov. Fólia bola poskytnutá firmou Chemosvit, a. s., Svit, na fólii neboli vykonané žiadne predchádzajúce povrchové úpravy. Vlastnosti fólie boli: hrúbka 25 µm, plošná hmotnosť 22.8 g/m^2, pevnosť v ťahu 270 MPa, ťažnosť 150%, koeficient trenia 0.3. Plazmová povrchová úprava prebiehala vo vzduchu pri atmosférickom tlaku.

2.1 Priemyselná koróna „Ahlbrandt System"

Objemový dielektrický bariérový výboj je označovaný aj ako priemyselná koróna. Výboj prebieha medzi dvoma elektródami, pričom aspoň jedna z nich je oddelená od výbojového priestoru dielektrickou bariérou (Obr. 1) s medzielektródovou vzdialenosťou 1-2 mm. Po privedení dostatočne vysokého napätia na elektródy dochádza k vzniku

Obr. 2: Celkový pohľad na zariadenie generujúce priemyselnú korónu od firmy Ahlbrandt System.

[*]kubodubo@gmail.com
[‡]kovacik@fmph.uniba.sk

veľkého množstva mikrovýbojov, ktoré horia v priestore medzi elektródami. Dielektrická bariéra však zachytáva nabité častice, dochádza teda v daných miestach na nej ku akumulácii elektrického náboja. Tým sa vytvorí elektrické pole opačnej polarity ako na elektródach, čo zastaví prebiehajúci výboj skôr ako dôjde k termalizácii plazmy. Pre pokračovanie výboja je potrebná zmena polarity napätia na elektródach, preto je priemyselná koróna napájaná zdrojom vysokého striedavého napätia. Nakoľko sú mikrofilamenty horiaceho výboja kolmé na opracovávanú vzorku, môže dochádzať k jej prepaľovaniu na miestach vzniknutých mikrovýbojov, k tzv. pinholingu, čo spôsobuje nežiadúce poškodzovanie opracovávaného materiálu, predovšetkým v prípade teplocitlivých materiálov. Priemyselná koróna sa už niekoľko desaťročí viac-menej úspešne používa na povrchovú aktiváciu polymérnych fólií, u ktorých sa vyžaduje úprava povrchu pred ďalším spracovaním, resp. použitím. Pre opracovanie vo vzduchu BOPP fólie bolo použité komerčné zariadenie firmy Ahlbrandt System, ktoré je zachytené na Obr. 2. Toto zariadenie generuje objemový dielektrický bariérový výboj a umožňuje jednostrannú ako aj obojstrannú úpravu fólií rozmeru A4. Pri plazmovej úprave BOPP fólií bolo zariadenie používané v režime jednostrannej úpravy, príkon výbojovej jednotky bol 375 W. Rozmery generovaného „plazmového poľa" boli 21 cm x 7 cm, generovaná plazma teda mala plošnú hustotu príkonu 2,6 W/cm². Príkon zariadenia bol zvolený na dosiahnutie rovnakej plošnej hustoty príkonu ako pri úprave vzoriek DCSBD pri príkone 400 W.

2.2 Difúzny   koplanárny   povrchový bariérový výboj (DCSBD)

Na opracovanie BOPP fólií bolo okrem priemyselnej koróny použité aj zariadenie, v ktorom ako zdroj plazmy slúžil koplanárny výboj. Difúzny koplanárny povrchový bariérový výboj (DCSBD) je generovaný pomocou optimalizovaného elektródového systému, ktorého principiálna schéma je znázornená na Obr. 3. Elektródy sú umiestnené vo vnútri rovinného alebo cylindricky zakriveného dielektrika (Al₂O₃, 96%) v blízkosti jeho povrchu (~0,6 mm) Výboj prebieha podobným mechanizmom ako pri objemovom DBD. Nabité častice sa zachytia na dielektriku a oslabia elektrické pole elektród. Výbojka je napájaná zdrojom vysokého striedavého napätia (Um ~12 kV, ~ 15 kHz). Po privedení dostatočného napätia sa plazma zapáli na povrchu dielektrika v

podobe mikrovýbojov v tvare písmena H, kde je zreteľný filament v priestore medzi dvoma susednými pásikovými elektródami a dve oblasti difúznej plazmi nad elektródami. Takéto mikrovýboje sa „pohybujú" po dielektriku. So zvyšovaním privádzaného príkonu sa zväčšuje hustota mikrovýbojov, narastá podiel difúznej plazmy v porovnaní s filamentárnou, vďaka čomu sa plazma javí ako makroskopicky homogénna, a zaručuje väčšiu homogenitu povrchovej úpravy

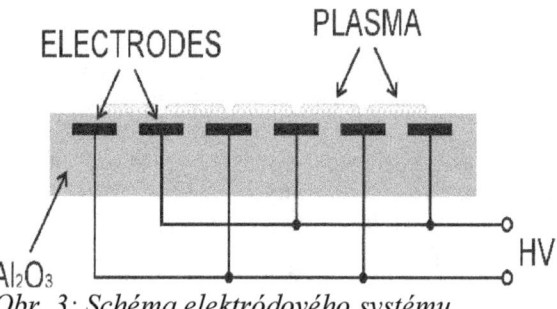

Obr. 3: Schéma elektródového systému DCSBD.

rovinných, prípadne flexibilných materiálov. Na rozdiel od plazmy generovanej priemyselnou korónou mikrovýboje horia rovnobežne s opracovávaným materiálom, preto nedochádza k poškodeniu materiálu (tzv. pinholingu. v prípade textilných materiálov). Plazma DCSBD sa vyznačuje výbornými vlastnosťami [Černák et al., 2009][Šimor et al., 2002] z hľadiska jej využitia pre povrchové úpravy materiálov [Odrášková et al., 2008][Lux et al., 2013][Hanusová et al., 2015] [Hergelová et al., 2015],[Homola et al., 2012].

Obr. 4: Celkový pohľad nareaktor umožňujúcii úpravu rovinných a flexibilných A4 vzoriek generujúci DCSBD plazmu.

Vzorky BOPP fólií boli opracované reaktorom na Obr. 4, v ktorom ako zdroj plazmy bol použitý DCSBD výboj v rovinnom usporiadaní. Podobne ako pri opracovaní fólií priemyselnou korónou úprava bola realizovaná vo vzduchu, príkon dodávaný do výboja bol 400 W. Generovaná plazma pokrývala v prípade DCSBD výboja plochu dielektrickej platničky s rozmermi 19,5 cm x 8 cm, čo implikuje rovnakú plošnú hustotu príkonu 2,6 W/cm² ako v prípade priemyselnej koróny. Z dôvodu porovnania účinnosti obidvoch plazmových zdrojov boli aj v prípade úpravy pomocou DCSBD zvolené rovnaké časy expozície fólií v plazme 1 s, 3 s, 5 s a 10 s. Použitý reaktor umožňoval prisatie BOPP fólie k pracovnej doske pomocou rotačnej olejovej vývevy, optimálna vzdialenosť medzi keramikou DCSBD výboja a fóliou bola nastavená pomocou mikrometrického posuvu na hodnotu 0,3 mm. Nastavená rýchlosť pohybu výbojky ponad fóliu zodpovedala času opracovania 1 s pre jeden prechod výbojky. Dlhšie časy opracovania boli dosiahnuté viacnásobným prechodom výbojky ponad fóliu. Plazmou opracované vzorky boli následne študované rovnakými povrchovými analýzami ako v prípade úpravy priemyselnou korónou.

3 Povrchové analýzy

3.1 Meranie kontaktného uhlu

Zmenu povrchových vlastností, najmä povrchovej energie možno najrýchlejšie sledovať meraním kontaktného uhlu vody. Kontaktným uhlom rozumieme uhol medzi rozhraním tuhej látky a kvapky a rozhraním kvapky a vzduchu (Obr. 5). Pri meraniach bolo použité zariadenie SEE system od firmy Advex Instruments. Toto zariadenie nasníma kvapku kvapnutú na vzorku a následnou počítačovou analýzou určí kontaktný uhol. Prístrojom sme nasnímali kontaktný uhol destilovanej vody. Objem kvapiek bol 2µl. Na určenie hodnoty kontaktného uhlu sme odmerali dvanásť kvapiek. Potom sme z merania vyradili najväčšiu a najmenšiu hodnotu a zo zvyšných hodnôt sme určili aritmetický priemer.

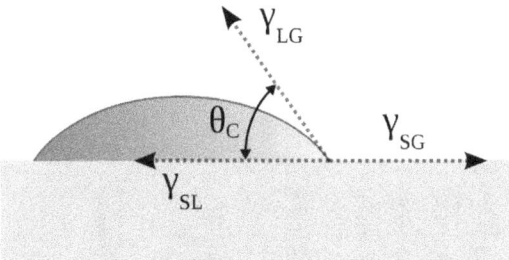

Obr. 5: Schématické znázornenie kvapky na povrchu pevnej látky, príslušných povrchových energií a kontaktného uhla.

3.2 Študovanie adhéznych vlastností „tape peel testom"

Na posúdenie adhéznych vlastností povrchu BOPP fólií po opracovaní plazmou bola použitá metóda "tape peel test". Meranie prebiehalo na prístroji Instron 4301, ktorý umožňoval merať silu potrebnú na odlepenie lepiacej pásky od BOPP fólie. Príprava vzoriek spočívala v dôkladnom nalepení pásky na študovanú fóliu, aby sa eliminovala prítomnosť vzduchovej bubliny v lepenom spoji, ktorá by ovplyvnila výsledok merania fluktuáciami. Pre lepšie priľnutie bola páska k fólii pritlačená pomocou valčeka. Takto pripravená vzorka sa odstrihla od zvyšnej fólie a upevnila do meracieho prístroja ako je znázornené na Obr. 6, ktoré umožňovalo počas merania odlepenie pásky pod uhlom 90°. Softvérové vybavenie umožňovalo počas celého merania zaznamenávať silu, ktorá bola potrebná na oddelenie pásky od fólie v dĺžke 60 mm. Silia pripadajúca na prých a posledných 10 mm sa do výslednej hodnoty nezapočítavala. Na výpočet priemernej sily sa používal integrál z prostredných 4 cm. Rýchlosť odťahu bola 10 mm/min, lepiaca páska bola široká 19 mm. Pre každú vzorku sme uskutočnili 3 merania, z ktorých sme vypočítali aritmetický priemer sily a výsledok sme ohodnotili priemernou odchýlkou.

Obr. 6: Zariadenie Instron 4301 počas merania "tape peel testu"

3.3 Skenovací elektrónový mikroskop (SEM)

Skenovací elektrónový mikroskop (SEM) vysiela vysoko-energetický elektrónový lúč na povrch skúmaného materiálu. Tým sa generujú viaceré typy signálov, odrazené elektróny, sekundárne emitované elektróny a fotóny a iné. Tie nám umožňujú zistiť topografiu povrchu, chemické zloženie, prípadne jeho kryštalickú štruktúru. Na určenie zmien topografie sa používa signál elektrónov pochádzajúcich zo sekundárnej emisie elektrónov, ktorý nám umožňuje zaostriť obraz morfológie povrchu vzorky s vysokým rozlíšením. Aby sme mohli takéto meranie uskutočniť je potrebné skúmanú vzorku pokoviť, napr. tenkou vrstvičkou zlata , ktorá zaistí vodivé spojenie povrchu vzorky s podložkou, a tak odvádzať elektrický náboj tvorený dopadajúcimi elektrónmi, ktorý by ovplyvnil nasnímaný obraz. Pri meraní bol použitý mikroskop TESCAN Mira3.

4 Výsledky meraní

4.1 Meranie kontaktného uhlu vody

Meraním kontaktného uhlu sa zistilo jeho zmenšenie pri oboch typoch opracovania (Obr. 7). Pri opracovaní priemyselnou korónou sa dosiahlo najmenšieho uhlu pri opracovaní po dobu 5s, ale už pri opracovaní trvajúcom 1s sa dosahujú podobné hodnoty. Rozdiel medzi 1s a 3s je v rámci štandardnej odchýlky.

Po opracovaní DCSBD sa kontaktný uhol stále zmenšoval s pribúdajúcim časom. Po 1 s opracovaní je zlepšenie nepatrné, ale použitím dlhších časov je zmenšenie kontaktného uhlu lepšie ako pri koróne. Na rozdiel od koróny, ktorá mala pomerne malú odchýlku, pri vzorkách opracovaných DCSBD je odchýlka pomerne veľká, čo svedčí o nehomogenite tohto opracovania. Pre zistenie, či má povrchová úprava vplyv aj na neopracovávanú stranu, sa odmeral jej kontaktný uhol, nie však pre všetky časy opracovania, len pre 1 s a 10 s. Vplyv opracovania na neopracovávanú stranu je minimálny. Síce dochádza k zmenšeniu kontaktného uhlu, no len minimálne. Z priemernej odchýlky vidno, že k zapáleniu výboja z druhej strany dochádza len na niekoľkých miestach, a aj to len s nepatrným účinkom. Pre zistenie starnutia úpravy sme odmerali kontaktný uhol vody po týždni od opracovania (Obr. 8). Starnutie sa prejavilo na vzorkách opracovaných korónou dosť jasným

zvýšením kontaktného uhlu, pričom najväčší efekt bol pri vzorke, ktorá bola opracovaná 5s a mala najmenšiu hodnotu uhlu hneď po opracovaní.

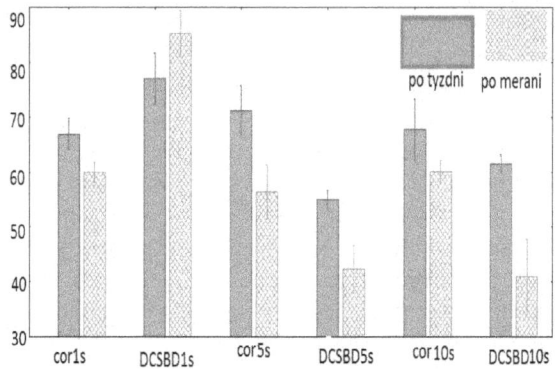

Obr. 8: Graf starnutia kontaktného uhlu vody BOPP fólie po týždni od opracovania DCSBD výbojom.

4.2 Tape peel test

Merania, ktorých výsledky graficky znázorňuje Obr. 9, prebiehali v dvoch časových intervaloch: 20 h a týždeň po opracovaní. Skúmaním adhézie vzoriek opracovaných korónou sa zistilo, že sila potrebná na oddelenie lepiacej pásky od fólie sa neustále zväčšovala s narastajúcim časom opracovania, až pri dĺžke opracovania 10 s je nemerateľná, nakoľko sa páska pri sile blížiacej sa 3 N začína trhať a lepidlo sa skôr odlepuje od pásky ako od fólie. Pri opracovaní DCSBD sme namerali najväčšiu hodnotu sily pri 5 s opracovaní, pri predĺžení času na 10 s už dochádza k značnému poklesu adhézie. Tak možno predpokladať, že predlžovaním času nad určitú hodnotu dochádza k preexponovaniu materiálu a vlastnosti sa už ďalej nezlepšujú, ale naopak sa prudko zhoršujú.

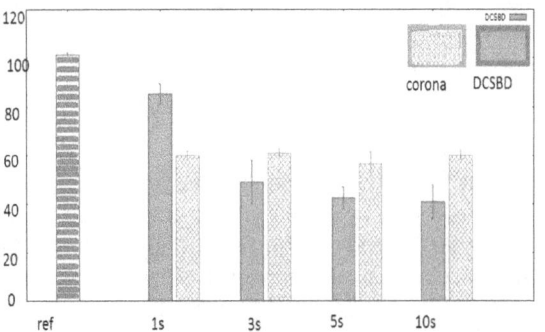

Obr. 7: Graf závislosti kontaktného uhlu po opracovaní BOPP fólie priemyselnou korónou a DCSBD výbojom.

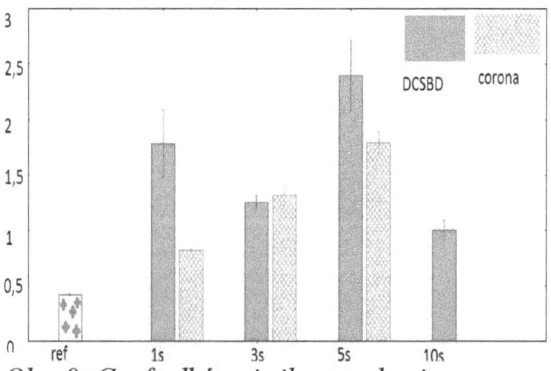

Obr. 9: Graf adhéznej sily potrebnej na oddelenie 19 mm hrubej lepiacej pásky od BOPP fólie opracovanej priemyselnou korónou a DCSBD výbojom.

Narozdiel od opracovania korónou dostávame po opracovaní DCSBD väčšiu priemernú odchýlku, čo svedčí o nehomogenite tohto opracovania. Vzhľadom na to, že odchýlka je najväčšia pri 1 s opracovaní, možno predpokladať, že s narastajúcim časom sa homogenita zvyšuje.

4.3 SEM

SEM analýza nám poskytla snímky povrchu plazmou opracovaných BOPP fólií pri rôznych podmienkach, ktoré sme následne porovnali.

Taktiež sme porovnali vnímky povrchu týchto vzoriek so snímkami referenčnej vzorky.

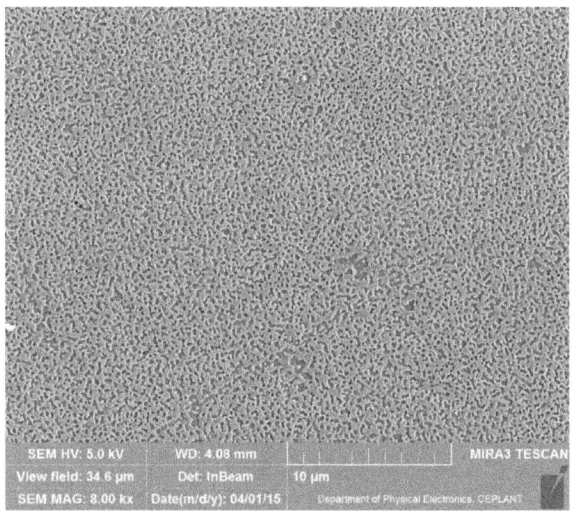

Obr. 10: SEM snímka povrchu BOPP fólie opracovanej priemyselnou korónou 10 s, zväčšenie 8000 x.

Najviac nás zaujímala snímka povrchu vzorky opracovanej priemyselnou korónou počas 10 s, kde bolo vidieť rozdiel aj voľným okom (Obr. 10). Ak porovnáme snímky opracované priemyselnou korónou s opracovaním DCSBD (Obr. 11), tak jasne vidieť, že opracovanie pomocou DCSBD je oveľa šetrnejšie k povrchu fólie.

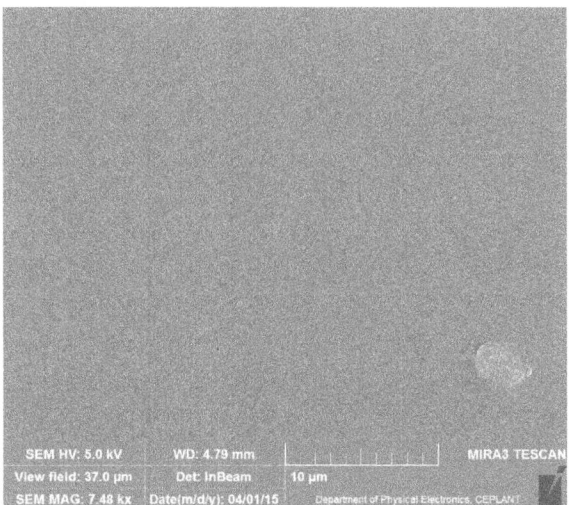

Obr. 11: vzorka opracovaná 10 s DCSBD pri 7,48 kx zväčšení

Analýzou SEM snímok vzoriek, ktoré boli opracované priemyselnou korónou, je vidieť, že pôvodne hladký povrch BOPP fólií sa postupne s predlžujúcim časom expozície v plazme poškodzuje.

5 Diskusia

Ak porovnáme účinok opracovania DCSBD plazmy a priemyselnej koróny na zmenu povrchových vlastností BOPP fólií je možné vidieť, že pri použití DCSBD dosahujeme nižšie kontaktné uhly vody ako po opracovaní priemyselnou korónou. Taktiež je opracovanie DCSBD šetrnejšie k skúmanej fólii, čo ukázali snímky zo SEM. Po analýze týchto snímkov vidieť jasnú štruktúru poškodenia na vzorkách opracovaných priemyselnou korónou, ktorá po 10 s opracovaní bola pozorovateľná voľným okom ako zahmlenie fólie. Toto poškodenie spôsobilo zdrsnenie povrchu fólie čo sa prejavilo na lepších adhéznych vlastnostiach takto opracovanej fólie. Pri opracovaní DCSBD výbojom sa po všetkých stránkach ukázal ako najvýhodnejší čas opracovania 5 s. Pri predlžovaní času už dochádza k preexponovaniu povrchovej úpravy a vlastnosti sa zhoršujú. Vzhľadom na dosť veľký časový rozostup medzi časmi opracovania 5 s a potom až 10 s by bolo vhodné skúmať vlastnosti aj vplyv plazmovej úpravy s časom expozície z intervalu 5 – 10 s, aby sme zistili ideálny čas takejto úpravy. Opracovaním DCSBD plazmou sme, ale dostávali dosť vysokú štandardnú odchýlku, čo svedčí o nehomogenite takéhoto opracovania. Po sledovaní starnutia úprav sa ukázalo, že vplyv povrchových úprav na hodnoty kontaktného uhla s pribúdajúcim časom klesá, pričom najväčší pokles nastal po 10 s opracovaní DCSBD. Za všestranne najvhodnejšiu úpravu možno označiť 5 s opracovanie DCSBD, ale najlepšie adhézne vlastnosti dosahujeme použitím priemyselnej koróny, avšak na úkor šetrnosti danej úpravy.

Poďakovanie

Chcel by som poďakovať môjmu školiteľovi Dušanovi Kováčikovi za pomoc a konzultácie pri písaní tejto práce. Taktiež chcem poďakovať laboratóriu CEPLANT na Masarykovej Univerzite, za možnosť využiť pri plazmovej úprave priemyselnú korónu a realizáciu SEM analýzy a taktiež pracovníkom Ústavu polymérov SAV za pomoc pri meraní „tape peel test". Tento výskum bol podporený projektom ITMS 26240220042 financovaným ERDF.

Literatúra

[Černák et al., 2009] M .Černák, Ľ. Černáková, I. Hudec, D. Kováčik, A. Zahoranová, EPJ: Appl. Phys.47 (2009) 22806

[Šimor et al., 2002] M. Šimor, J. Ráhel', P. Vojtek, A. Brablec, M.Černák, Appl. Phys. Lett. 81 (2002)2716

[Černák et al., 2011] M. Černák, D. Kováčik, J. Ráhel', P. St'ahel, A. Zahoranová, J. Kubincová, A. Tóth,L'. Černáková, Plasma Phys. Control. Fusion 53 (2011) 124031

[Odrášková et al., 2008]M. Odrášková, J. Ráhel', A. Zahoranová, R. Tiňo, M. Černák, Plasma Chem. Plasma Process 28 (2008) 203–211

[Lux et al., 2013]Ch. Lux, Z. Szalay, W. Beikircher, D. Kováčik, H. K. Pulker, Eur. J. Wood Prod. (2013) 71 539–549

[Hanusová et al., 2015] J. Hanusová, D. Kováčik, M. Stupavská, M. Černák, I. Novák, Open Chem. 13 (2015) 382–388

[Hergelová et al., 2015] B. Hergelová, A. Zahoranová, D. Kováčik, M. Stupavská, M. Černák, Open Chem. 13 (2015) 564–569

[Homola et al., 2012] T. Homola, J. Matoušek, V. Medvecká, A. Zahoranová, M. Kormunda, D. Kováčik, M. Černák, Appl. Surf. Sci. 258 (2012) 7135– 7139

Študentská vedecká konferencia FMFI UK, Bratislava, 2015, pp. 253–257
ISBN 978-1518759055, © 2015 Tomáš Žiško

Analýza bahna vo vodných nádržiach susediacich s ropnými rafinériami Azerbajdžanu pomocou IMS-oaTOFMS spektrometrie

Tomáš Žiško[*]
Školiteľ: Martin Sabo[1†]

[1] Katedra experimentálnej fyziky, FMFI UK, Mlynská Dolina, 842 48 Bratislava

Abstrakt

V tejto práci sme sa zaoberali použitím iónovej pohyblivostnej spektrometrie (IMS) a hmotnostnej spektrometrie (MS) na analýzu bahna z vodných zdrojov v blízkosti ropných vrtov. Analyzovaná vzorka bola zmesou daného bahna a vody. Pri jednotlivých meraniach bolo využívané vyhrievanie vzorky a rozdielne prietoky pár zo vzorky. Dáta boli vyhodnotené prostredníctvom IMS a MS spektier. Podarilo sa nám zaregistrovať päť kontaminantov a z toho jeden presne identifikovať, a to ako dimér amoniaku $NH_4^+(NH_3)$.

Kľúčové slová: Iónová pohyblivostná spektrometria, bahno, reakčné ióny, hmotnostná spektrometria.

1 Úvod

Azerbajdžanská republika sa nachádza na juhovýchod od Kaukazu a susedí s Ruskom, Gruzínskom, Tureckom, Iránom a Arménskom. Azerbajdžan je jeden z najstarších producentov ropy na svete. Práve ropa a jej ťažba je z politického, ekonomického a historického hľadiska jeden z najdôležitejších faktorov v tejto krajine. Ťažba ropy je sústredená do oblastí Kaspického mora a Apšeronského polostrova, predovšetkým v okolí hlavného mesta Baku. [Ciarreta and Nasirov, 2011] Pri ťažbe ropy však môže dochádzať k silnému znečisteniu okolitého životného prostredia. K následkom znečistenia pôdy ropou patrí napríklad zmena hodnoty pH, vytvorenie anaeróbneho prostredia, eliminácia močiarnej vegetácie, či zmena iných chemických vlastností. [Ying et al., 2013] Kontaminácia v oblastiach blízko vodných zdrojov v dnešnej dobe však môže byť závažný problém, vzhľadom na predpokladaný trend týkajúci sa nedostatku pitnej vody. Z tohto dôvodu je vhodné pravidelne kontrolovať a analyzovať pôdu, vodu, či bahno z blízkosti vodných zdrojov, ktorým môže hroziť takéto znečistenie. Bahno sa zvyčajne vytvára v blízkosti vodných zdrojov alebo po daždi a je zmesou vody, hliny a kalu. K bežným kontaminantom patria cement (Ca^{++}), soľ alebo

slaná voda (Na^+, Cl^-), rozpustné uhličitany ($HCO3^-$, $CO3^-$) a siričitany (HS^-, S^-). [PetroWiki, 2014] V tejto práci sa budeme venovať analýze možného zloženia nám poskytnutej vzorky bahna z okolia Azerbajdžanských ropných vrtov pomocou IMS (Ion mobility spectrometry) a ToFMS (Time of flight mass spectrometry) [Matejčik and Sabo, 2012]. Iónová hmotnostná spektrometria (ďalej len IMS) je analytická metóda využívaná na identifikáciu zionizovaných molekúl látky v plynnej fáze na základe ich pohyblivosti. Najčastejšie je IMS využívaná vo vojenskom a bezpečnostnom sektore na detekciu rozličných bojových látok (napr. výbušniny) alebo drog. V kombinácii s hmotnostnou spektrometriou alebo vysoko-výkonovou kvapalnou chromatografiou, však môže byť IMS použitá aj na laboratórne účely [Eiceman et al., 2014]. IMS zariadenia sú vyrábané v rozličných veľkostiach v závislosti od ich následného využitia a sú schopné pracovať v rozličných podmienkach. Medzi hlavné výhody IMS patrí schopnosť pracovať pri atmosférickom tlaku, ako aj pri vákuu. Ďalšími výhodami sú vysoká citlivosť, rýchla odozva, pomerne jednoduchá konštrukcia a teda aj nízka cena. Hlavnou nevýhodou IMS pri práci pri atmosférickom tlaku je prítomnosť vodných pár, ktoré následne môžu vytvárať klastre. Tento problém je možné odstrániť, či minimalizovať pomocou molekulárnych sít alebo vyhrievania IMS. Ďalšou nevýhodou je komplikovaná identifikácia iónov, kvôli obmedzenej databáze iónov. IMS spektrometer sa skladá z troch hlavných segmentov: iónový zdroj, reakčná komora, driftová trubica. V iónovom zdroji vznikajú ióny, ktoré sú následne usmernené pomocou homogénneho elektrického poľa do reakčnej komory, kde dochádza k reakcii so vzorkou a vznikajú tak nové ióny. Najčastejšie používanými iónovými zdrojmi sú rádioaktívne izotopy, korónový výboj a electrospray [Eiceman et al., 2014]. Rádioaktívne zdroje nepotrebujú externé napájanie, čo je ich najväčšou výhodou v porovnaní s ostatnými možnosťami. Často používané rádioaktívne zdroje ionizácie sú trícium, [241]Am a [63]Ni. Hlavnou nevýhodou sú nutnosť zvýšených bezpečnostných opatrení a obmedzenia týkajúce sa

---

[*] Zisko.tomas@gmail.com
[†] Martin.sabo@gmail.com

dostupnosti. Hlavnou výhodou ionizácie použitím electrospray technológie je možnosť analyzovať vzorky s pomerne veľkou hmotnosťou. Táto metóda však zlyháva pri analýze rôznych zmesí. [Eiceman et al., 2014]

2 Experiment

V našej práci využívame ionizáciu pomocou korónového výboja, ktorý síce potrebuje vonkajší zdroj napätia, no je možné s ním dosiahnuť väčšiu citlivosť a pri jeho používaní nehrozí vystavenie radiácii. Avšak pri použití korónového výboja ako iónového zdroja je nutné zamedziť vstupu neutrálnych častíc, vznikajúcich v koróne, do reakčnej komory. Tento problém je možné eliminovať opačným prúdením ionizačného plynu ako je smer prúdenia iónov. Vzniknuté ióny sú následne vedené na koniec reakčnej komory, kde je umiestnená ovládacia mriežka (shutter grid). Shutter grid sa dokáže otvoriť na veľmi krátky čas, čo umožňuje prepúšťanie iónov do driftovej trubice v určitých balíkoch. Mriežka shutter gridu pozostáva z rovnobežných vodivých vlákien, pričom párne vlákna sú vzájomne vodivo prepojené a nepárne vlákna tiež. Privedením rovnakého napätia na párne aj nepárne vlákna sa shutter grid javí pre ióny ako otvorený a po privedení rozdielnych napätí ako zatvorený. V driftovej trubici sú ióny odseparované na základe ich pohyblivosti k počas toho, ako sú vedené pomocou elektrického poľa na senzor na konci trubice [Eiceman et al., 2014]. Vzťah vyjadrujúci pohyblivosť iónov vyjadrili v o svojej práci Ravercomb a Mason [Revercomb and Mason, 1975]:

$$k = \left(\frac{3q}{16n\Omega}\right) * \left(\frac{2\pi}{K_b T m_r}\right)^{1/2} \tag{1}$$

kde n je koncentrácia neutrálneho plynu, K_b je Boltzmanova konštanta, T je absolútna teplota plynu, Ω je zrážkový prierez pre zrážku iónu s molekulou driftového plynu a m_r je redukovaná hmotnosť:

$$m_r = \frac{m * M}{m + M} \tag{2}$$

Pohyblivosť určená experimentálne je [Revercomb and Mason, 1975]:

$$k = \frac{L_D^2}{U t_D} \tag{3}$$

kde L_D je dĺžka driftovej trubice, U je napäťový spád a t_D je čas driftu. Z dôvodu rozdielnych teplôt a tlakov v laboratóriách je častejšie využívaná redukovaná pohyblivosť vyjadrená vzťahom (6):

$$k_0 = k \frac{T_0 p}{T p_0} \tag{4}$$

kde $T_0 = 273,16$ K, T je teplota driftového plynu, p_0 je atmosférický tlak a p je tlak driftového plynu. IMS spektrometer použitý v našom experimente pozostáva z 8 kruhových elektród z nerezovej ocele oddelených teflónovými krúžkami. V driftovej trubici je zabezpečené homogénne elektrické pole pomocou deviatich 5 MΩ odporov. Napäťový spád pozdĺž IMS driftovej trubice bol 435 V.cm⁻¹. Merania prebiehali v reverznom móde prúdenia plynu, čo v praxi znamená, že výpusť driftového plynu je umiestnená za korónový výboj (viď. Obr.1). Ako driftový plyn bol použitý vzduch čistený pomocou molekulových sít (Agilent). Za takýchto podmienok sa primárne tvoria ióny O_2^+, N_2^+, N_3^+, $O_2^+(H_2O)$, NO_2^+, $NO_2^+(H_2O)$, ktoré po reakcii s vodnými parami vytvárajú protónované vodné klastre $H_3O^+(H_2O)_n$. Teplota IMS počas merania bola 332 K a tlak bol na úrovni atmosférického tlaku. Ako ionizačný zdroj bol použitý korónový výboj s kladnou polaritou a s geometriou hrot-rovina. Na hrot elektródy bolo privedené napätie 12,9 kV a na rovinnú elektródu 8,55 kV, čo odpovedá potenciálovému rozdielu 4,35 kV. Pri jednotlivých experimentoch bol korónový prúd 10 μA až 20 μA. Rozdiel v korónových prúdoch vznikol, aby sme boli schopný zakaždým udržať rovnaké nastavenia experimentu, a aby nám pri tom korónový výboj aj naďalej horel. Mriežka shutter gridu bola vyrobená z wolfrámových vlákien vzdialených od seba 0,5 mm a dĺžka jedného pulzu bola 40 μs. Z dôvodu spresnenia analýzy vzorky bol IMS spektrometer prepojený s ToF hmotnostným spektrometrom (viď. Obr.1). V priestore pred iónovou optikou bolo tvorené vákuum použitím rotačnej pumpy, v priestore s push elektródou a v driftovej trubici bolo vytvorené vákuum vyššieho rádu pomocou dvoch turbo-molekulárnych púmp.

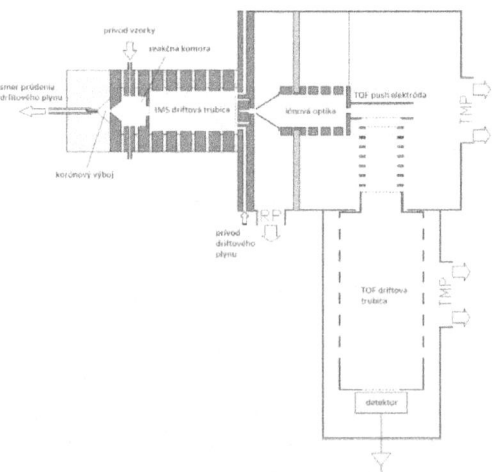

Obr.1 Schématické zobrazenie IMS a ToF-MS spektrometra

Vzorka bola zakaždým pripravená z 2 ml bahna a 2 ml vody. Aby sme zabezpečili dostatočné množstvo pár zo vzorky počas merania, použili sme nosný plyn, ktorý prúdil priamo cez kontajner so vzorkou. Prietok driftového plynu (ďalej len ako DG) bol 1 l/min, prietok pár zo vzorky (ďalej len ako SG) bol 0,01 l/min a v prípade použitia nosného plynu a dopantu prietok (daľej len ako CG) bol v rozsahu 0,01 l/min až 0,025 l/min. Vzorka bola umiestnená v sklenenom kontajneri cylindrického tvaru. Nádoba so vzorkou bola vyhrievaná pomocou výhrevných telies. Vyhrievanie vzorky počas experimentov prebiehalo v rozsahu 299 K až 357 K. Kvôli nízkym prietokom vzorky sme považovali teplotu vstupných pár za rovnakú ako bola teplota nádoby. Na snímanie teploty vzorky počas merania sme použili digitálny merač teploty.

U_N [kV]	U_P [kV]	I_{cor} [μA]	p [mbar]
8,55	12,9	10-20	997-1015
T [K]	DG [l/min]	SG [l/min]	CG [l/min]
332	1	0,01	0-0,025

Tab.1 Zhrnutie základných parametrov meraní

3 Výsledky a diskusia

3.1 Reakčné ióny

Vďaka zapojeniu IMS v reverznom móde a s kladným korónovým výbojom sa tvorili hlavne reakčné ióny $H_3O^+(H_2O)_n$. Na obrázku 2 je IMS spektrum pozadia (bez vzorky), ktoré bolo tvorené iónmi s redukovanou pohyblivosťou $k_0 = 2,32$ cm^{2}V^{-1}s^{-1} určenou podľa vzťahov (3) a (4). Hmotnostné spektrum zobrazené na obrázku 3 nám hovorí, že sa jedná o dve rôzne zlúčeniny, konkrétne o $H_3O^+(H_2O)_2$ s pomerom m/z=55 Da a $H_3O^+(H_2O)_3$ s pomerom m/z=73 Da.

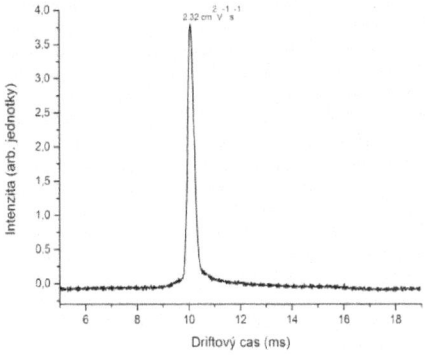

Obr.2 IMS spektrum pozadia

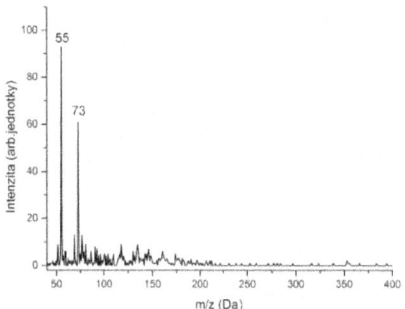

Obr.3 MS spektrum pozadia

3.2 Analýza vzorky bahna

Vzorku pripravenú z 2 ml bahna a 2 ml vody sme analyzovali tromi spôsobmi. Na obrázku 4 je výsledné IMS spektrum pre meranie pri teplote vzorky 296 K (23°C). Vidíme tri píky, z toho jeden ($k_0 = 2,32$ cm^{2}V^{-1}s^{-1}) predstavuje hlavné reakčné ióny a zvyšné dva, $k_0 = 2,21$ cm^{2}V^{-1}s^{-1} a $k_0 = 2,07$ cm^{2}V^{-1}s^{-1}, predstavujú látky vo vzorke. Z hmotnostného spektra zobrazeného na obrázku 5 vieme povedať, že zlúčeniny obsiahnuté vo vzorke majú m/z=76 Da, m/z=94 Da a m/z=116 Da.

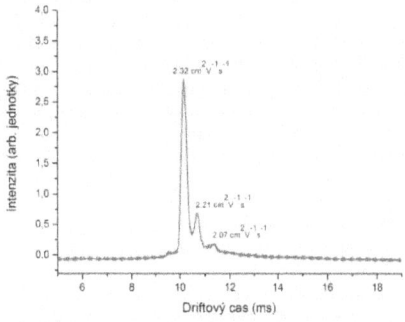

Obr.4 IMS spektrum vzorky bahna pri teplote 296K

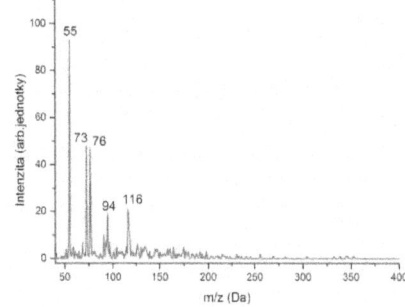

Obr.5 MS spektrum vzorky bahna pri teplote 296K

Druhým spôsobom analýzy vzorky bolo jej postupné vyhrievanie a následné zostrojovanie spektier pre jednotlivé teploty. Na obrázku 6 sú zobrazené spektrá pre teploty 303 K (30°C), 323 K

(50°C) a 343K (70°C). Všetky tri spektrá majú zdanlivo rovnaké píky a líšia sa iba v registrovanej intenzite. Pík predstavujúci ióny s k_0=2,35 cm^{2}V^{-1}s^{-1} opäť reprezentuje reakčné ióny a ióny s m/z=77 Da. Práve ióny s pomerom m/z=77 Da zapríčinili posunutie píku oproti predošlému IMS spektru (Obr.4). Pík predstavujúci ióny s k_0=2,49 cm^{2}V^{-1}s^{-1} reprezentuje dimér amoniaku NH$_4^+$(NH$_3$) s m/z=35 Da. Pík s k_0=2,28 cm^{2}V^{-1}s^{-1} zastupuje ióny s m/z=95 Da, 117 Da, 134 Da.

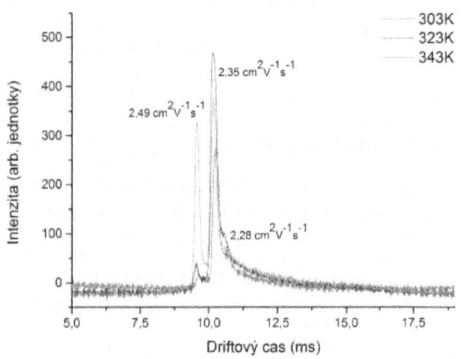

Obr.6 IMS spektrá pre rôzne teploty vzorky

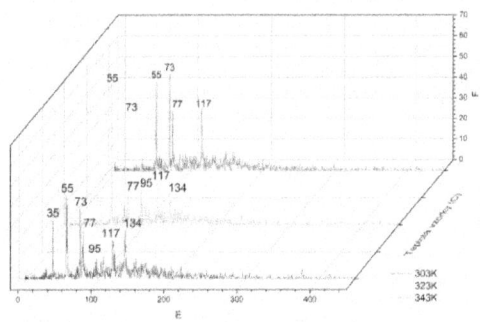

Obr.7 MS spektrá pre rôzne teploty vzorky

Posledným spôsobom bolo vyhriatie vzorky na teplotu 348K (75°C) a následne meranie pre dva rôzne SG prietoky, konkrétne SG=0,015 l/min a SG=0,025 l/min. Výsledné spektrum (Obr.8) je veľmi podobné vzhľadom na spektrá pre rôznu teplotu (Obr.8). Znova sme registrovali píky s k_0=2,49 cm^{2}V^{-1}s^{-1} a s k_0=2,32 cm^{2}V^{-1}s^{-1}. Ďalej sme zaznamenali píky zastupujúce ióny s pohyblivosťou k_0=2,18 cm^{2}V^{-1}s^{-1} a k_0=2,10 cm^{2}V^{-1}s^{-1}. Zatiaľ sa nám nepodarilo presne identifikovať jednotlivé látky v našej vzorke. Vzhľadom na to, že bahno pochádza s okolia ropných vrtov alebo rafinérií, môžeme predpokladať, že nami zaznamenané zlúčeniny budú rozličné uhľovodíky (ako napr. C$_8$H$_6$S, C$_8$H$_7$N a podobne) a zlúčeniny, alebo klastre amoniaku (NH$_3$). Vo všetkých spektrách sa nachádzajú rovnaké alebo podobné píky, z čoho možno usúdiť, že ich detekcia nebola náhodná alebo

ovplyvnená poruchami, či technickými nedokonalosťami IMS a MS spektrometrov.

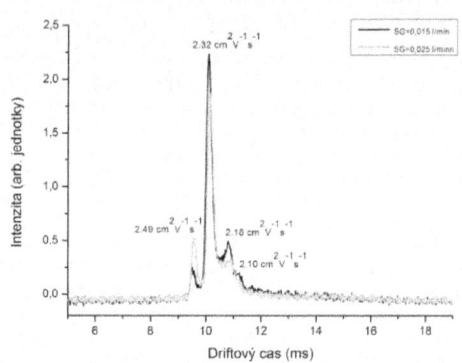

Obr.8 IMS spektrá pri 348K pre rôzne SG

4   Záver

V tejto práci sme analyzovali zloženie vzorky bahna pochádzajúceho z oblastí ropných vrtov a rafinérií využitím IMS a ToF-MS spektrometrie. Podarilo sa nám zaregistrovať niekoľko zlúčenín, z ktorých sa nám podarilo identifikovať dimér amoniaku NH$_4^+$(NH$_3$). Zvyšné zlúčeniny s pomermi m/z rovnými 77 Da, 95 Da, 117 Da a 134 Da sa nám nepodarilo presne identifikovať.

Poďakovanie

Projekt bol podporený agentúrou APVV projektom APVV-0733-11.

Literatúra

[Ciarreta and Nasirov, 2011] Ciarreta, A. and Nasirov, S. (2011). Analysis of Azerbaijan Oil and Gas Sector.

[Eiceman et al., 2014] Eiceman, G.A., Karpas, Z. and Hill, H.H. (2014). Ion mobility spectrrometry third edition. 13: 978-1-4398-5998-8.

[Ying et al., 2013] Ying, W., Jiang, F., Qianxin, L., Xianguo, L., Xiaoyu, W. and Guoping W. (2013). Effects of Crude Oil Contamination on Soil Physical and Chemical Properties in Momoge Wetland of China., 11769-013-0641-6.

[Revercomb and Mason, 1975] Revercomb, H. E., Mason, E. A. (1975). Theory of plasma chromatography/gaseous electrophoresis., *Anal. Chem.*

[PetroWiki, 2014] 17. 03 2015. Online (2013). Mud contamination, http://petrowiki.org/Mud_contamination.

[Matejčik and Sabo, 2012] Matejčik, Š., Sabo, M. (2012). Corona discharge ion mobility spectrometry with orthogonal acceleration time of flight mass spectrometry for monitoring of volatile organic compounds. *Anal.Chem* 5327-5334.

Študentská vedecká konferencia FMFI UK, Bratislava, 2015, p. 258
ISBN 978-1518759055, © 2015 Peter Matus

Plazmová polymerizácia OFCB pri atmosférickom tlaku (rozšírený abstrakt)

Peter Matus *
Školiteľ: Anna Zahoranová ‡

Katedra experimentálnej fyziky, FMFI UK, Mlynská Dolina, 842 48 Bratislava

Aplikácia nízkoteplotnej plazmy na povrchy materiálov má široké využitie: aktivácia povrchov, čistenie a dekontaminácia povrchov a taktiež vytváranie tenkých vrstiev na povrchoch plazmovou polymerizáciou (PP). Pri plazmovej polymerizácii hrá kľúčovú úlohu neizotermická plazma, ide o veľmi reaktívne prostredie, pri ktorom teplota v [K] elektrónov býva o niekoľko rádov vyššia ako je teplota iónov, ktorá je približne rovnaká ako teplota neutrálnych častíc. Za chemické reakcie v takejto plazme sú zodpovedné kolízie elektrónov s ťažkými neutrálnymi časticami a iónmi. Teplotu plazmy určuje do prevažnej miery teplota neutrálnych častíc a iónov, v nízkoteplotnej plazme je ich teplota malá a preto nemôžu poškodiť povrch substrátov, na ktorých prebieha PP [Krumpolec et al., 2013].

Ako zdroj nízkoteplotnej plazmy sa použil Difúzny koplanárny povrchový bariérový výboj (DCSBD), ktorý bol napájaný generátorom vysokofrekvenčného striedavého napätia. Výhodou DCSBD je schopnosť generovať makroskopicky homogénnu neizotermickú plazmu pri atmosférickom tlaku. Plazmu v DCSBD tvorí veľmi vysoký počet rýchlo sa pohybujúcich filamentov, ktoré trvajú 10 ns - 100 ns, plazma horí v tenkej vrstve vysokej 0,3 mm a je ideálnym zdrojom pre rôzne plazmové technológie zaoberajúce sa homogénnou povrchovou úpravou materiálov v kontinuálnom režime [Černák et al., 2009].

Cieľom práce bolo skúmanie vzniku tenkej vrstvy CF_n polyméru vytvorenej pomocou PP na rôznych substrátoch. Proces PP závisí od mnohých parametrov, napríklad pomer monoméru a nosného plynu, prietok plynu, príkon dodaný do plazmy, doba počas ktorej prebieha PP a umiestnenie vzorky. Ako prekurzor na PP sa použil oktafluorocyklobután (C_4F_8) v kombinácii s nosným plynom - dusíkom (N_2), ktorý podporuje zapálenie výboja a generovanie plazmy, keďže C_4F_8 je elektronegatívny plyn.

Experiment prebiehal v reaktore ktorý sa napúšťal zmesou N_2 a C_4F_8. v danom pomere 5:1 a zmes opúšťala reaktor cez výstup napojený na digestor, týmto spôsobom sme zabezpečili kontinuálne čerpanie. Reaktor sme nechali napúšťať N_2 a následne sme zapálili výboj, pričom príkon bol 300 W. Postupne sme pridávali OFCB a nastavili prietok na 6 l/min v pomere 5:1. Ako substráty, na ktorých sa deponoval monomér sa použili laboratórne podložné sklíčka a kremík o veľkosti 1 cm x 1 cm. Vzorky sa pripevnili na vozík, ktorý bol umiestnený nad DCSBD vo výške 0,3 mm a bolo ním možné rovnomerne pohybovať, čím sa zabezpečila rovnomerná depozícia monoméru na povrch vzoriek. Časy depozície boli 30 s, 60 s a 90 s. Vplyv rôznych časov depozície a použitých substrátov na prítomnosť funkčných skupín C-F a charakter tenkej vrstvy na substráte sa skúmal pomocou diagnostických metód Fourier Transform Infrared Spectroscopy (FTIR), Scaning Electron Microscopy (SEM), Energy - dispersive X - ray spectroscopy (EDX) a metódou merania kontaktných uhlov.

Literatúra

[Krumpolec et al., 2013] Krumpolec R., Zahoranová A., Matus P., Černák M. (2013), Fabrication of Hydrophobic Films from OFCB Monomer by Plasma Polymerization at Atmospheric Pressure, *WDS'13 Proceedings of Contributed Papers, Part III, p.155–160, 2013.*

[Černák et al., 2009] Černák M., Černáková Ľ., Hudec I., Kováčik D. a Zahoranová A. (2001), Diffuse coplanar surface barrier discharge and its application for in-line processing of lowadded-value materials, *The European physical journal – Applied physics,* 47:22806.

[Matus, 2014] Matus P. (2014), Štúdium možností plazmovej polymerizácie prekurzoru OFCB s využitím DCSBD plazmy pre depozíciu vrstiev pri atmosférickom tlaku. *Bakalárska práca, Bratislava: FMFI UK 2014.*

---

*   peter.matus111@gmail.com
‡   zahoranova@fmph.uniba.sk

Študentská vedecká konferencia FMFI UK, Bratislava, 2015, p. 259
ISBN 978-1518759055, © 2015 Pavol Nechaj

Numerická predpoveď prachových búrok a hodnotenie jej úspešnosti
(rozšírený abstrakt)

Pavol Nechaj[1,2]*
Školitelia: Martin Gera[1†], Juraj Bartok[2‡]

[1] Katedra astronómie, fyziky Zeme a meteorológie, FMFI UK, Mlynská Dolina, 842 48 Bratislava
[2] MicroStep-MIS, Čavojského 1, 841 04 Bratislava 4

Cieľom tejto práce je spracovať problematiku prachových búrok a ich numerickej predpovede a analyzovať úspešnosť predpovedí konkrétneho nastavenia predpovedného numerického modelu na reálnych prípadoch prachových búrok v minulosti.

V prvej časti (teoretickej) sa autor venuje definícii pojmov prach a piesok, režimov pohybu častíc vplyvom vetra ako aj WMO typizácii prachových situácií vychádzajúc z [Kok et al., 2012]. Takisto tu opisuje rôzne typy a lokality prachových častíc po celom svete. Dôležitým teoretickým podkladom tejto práce je aj [Atmospheric dust, 2014] obsahujúci popis synoptických situácií vedúcich k prachovým búrkam a ich negatívnych účinkov na dohľadnosť, ľudské zdravie, pôdy, či energetickú a hydrologickú bilanciu.

Jednou z oblastí, kde prachové búrky významne ovplyvňujú spoločnosť, je Arabský polostrov. Druhá časť práce obsahuje stručnú geografickú a klimatickú charakteristiku Arabského polostrova, vychádzajúc o. i. z [Lapin and Tomlain, 2001] ako úvod k použitiu numerického modelu vyladeného na predpoveď prachových búrok práve v tomto regióne.

Tretia časť popisuje použitý numerický model [WRF User's Guide, 2015] jednak vo všeobecnosti (dynamika modelu – prognostické a diagnostické riadiace rovnice, fyzikálne parametrizácie), ale aj konkrétne - zvolené nastavenia modelu a fyzikálne parametrizácie používané v MicroStep-MIS. Súčasne s meteorologickým modelom sa začal používať modul WRF-Chem, ktorý popri predpovedi meteorologických polí umožňuje simulovať aj chemické deje v atmosfére. Autor stručne popisuje tento modul a jeho nastavenie pre výpočet a predpoveď koncentrácií prachových častíc.

Ďalšia časť vymenúva rôzne zdroje a typy údajov použitých na hodnotenie úspešnosti predpovedí daného modelu. Jednak ide o modelové dáta (samotné predpovede, ale aj reanalýzy) a potom o reálne dáta (satelitné snímky, správy METAR a staničné merania).

Záverečná piata časť obsahuje podrobný popis a priebeh jednej prachovej búrky v oblasti Dubaja z februára 2012. Vychádza z popisu synoptickej situácie, ktorá k prachovej búrke viedla. Uvádza relevantné merania, satelitné snímky (Dust RGB produkt) aj reanalýzy (najmä pole vetra) a ich porovnanie s vypočítanými (a vizualizovanými) predpovednými údajmi o prízemnom vetre (čo je jeden z najdôležitejších parametrov pri predpovedi prachových búrok) a koncentrácii prachových častíc v špecifickej výške (500 m) znázorňujúcimi približnú polohu prachovej búrky.

Táto práca je časťou autorovej diplomovej práce a vznikla v spolupráci so spoločnosťou MicroStep-MIS, ktorá umožnila autorovi prístup k vstupným údajom a výpočtovým kapacitám, za čo jej patrí úprimné poďakovanie.

Literatúra

[Kok et al., 2012] Kok, J. F., Parteli, E. J. R., Michaels, T. I., and Bou Karam, D. (2012). *The physics of wind-blown sand and dust.* Rep. Prog. Phys. 75 106901.

[Atmospheric dust, 2014] Atmospheric dust. (2014). [online]. [13.10.2014] Dostupné na internete: http://www.nrlmry.navy.mil/CLIMATOLOGY/pages/comet/at_dust/index.htm

[Lapin and Tomlain, 2001] Lapin, M. and Tomlain, J. (2001). *Všeobecná a regionálna klimatológia.* Bratislava : Univerzita Komenského v Bratislave. ISBN 80-223-1433-1.

[WRF User's Guide, 2015] 31. User's Guide for the Advanced Research WRF (ARW) Modeling System Version 3.6. (2015). [online]. [1.4.2015] Dostupné na internete: http://www2.mmm.ucar.edu/wrf/users/docs/user_guide_V3/contents.html

* nechaj1@uniba.sk
pavol.nechaj@microstep-mis.sk
† mgera@fmph.uniba.sk
‡ juraj.bartok@microstep-mis.sk

Študentská vedecká konferencia FMFI UK, Bratislava, 2015, pp. 260–264
ISBN 978-1518759055, © 2015 Eva Mészárosová

Vyučovanie základov programovania v jazyku Python

Eva Mészárosová*
Školiteľ: Monika Tomcsányiová‡

Katedra základov a vyučovania informatiky, FMFI UK, Mlynská Dolina, 842 48 Bratislava

Abstrakt

Na vyučovanie základov programovania na stredných školách na Slovensku sa používajú rôzne programovacie jazyky. V súčasnosti pozorujeme nový trend, v ktorom sa do popredia dostáva jazyk Python. V článku hľadáme odpoveď na otázku, či je Python vhodný programovací jazyk pre všetkých žiakov na strednej škole. Popisujeme úvodné kurzy programovania na dvoch stredných školách a na dvoch univerzitách na Slovensku a v zahraničí, ktoré prebiehajú v jazyku Python. Skúmame postupnosti preberaných tém z výukových materiálov týchto kurzov, pričom sa sústredíme na ich porovnanie s učebnicou programovania pre stredné školy, ktorá sa v súčasnosti používa na Slovensku. Výsledkom analýzy výukových materiálov sa snažíme vyšpecifikovať prvotné poradie tém pre metodiku vyučovania základov programovania v jazyku Python pre stredné školy.

Kľúčové slová: vyučovanie programovania, programovací jazyk Python, výukové materiály

1 Úvod

V súčasnosti je k dispozícii veľké množstvo programovacích jazykov, preto je často kladenou otázkou, ktorý programovací jazyk je najvhodnejší na vyučovanie základov programovania pre všetkých žiakov na SŠ. Súčasný trend ukazuje, že čoraz viac univerzít prechádza pri vyučovaní základného kurzu programovania na programovanie v jazyku Python. Majú na tento trend vyučovania v jazyku Python zareagovať aj stredné školy? Je Python vhodný programovací jazyk pre všetkých žiakov na strednej škole?

Kurz základov programovania majú aj na stredných školách v Anglicku a na niektorých už prešli na vyučovanie programovania v jazyku Python, dokonca aj v Česku a v Maďarsku. V súčasnosti používajú jazyk Python na vyučovanie programovania už aj na niektorých stredných školách na Slovensku. Toto vyučovanie však prebieha buď celkom bez učebníc a metodík, alebo podľa učiteľom vytvorených vlastných metodík.

2 Výber programovacieho jazyka

Výber prvého programovacieho jazyka je veľmi dôležitý z hľadiska získania správnych programovacích návykov žiakov ako aj pre osvojenie vhodných algoritmov. Prvý programovací jazyk bude mať vplyv na úspešnosť žiakov v algoritmizácii a navrhovaní riešenia problémov, pozri [Atteq et al., 2014]. Štátny vzdelávací program obsahuje tematický okruh *Postupy, riešenia problémov, algoritmické myslenie*. Obsahový štandard tohto okruhu obsahuje okrem algoritmov, rozboru problému, programu a ladenia aj vlastnosti programovacieho jazyka ako syntax, spustenie programu a logické chyby. Podľa výkonového štandardu by žiaci mali dokázať riešiť problémy pomocou algoritmov a mali by byť schopní zapísať ich pomocou príkazov programovacieho jazyka. Mali by tiež rozumieť hotovým programom, analyzovať problém, navrhnúť algoritmus riešenia problému a overiť správnosť algoritmu, pozri [ŠPÚ, 2008].

Mnoho odborníkov vo svojich článkoch porovnáva a hodnotí programovacie jazyky. Uvádzajú rôzne kritériá pre voľbu prvého programovacieho jazyka pre úvodné kurzy programovania. Ku kritériám patria napríklad aj priamočiarosť a priehľadnosť kódu, kvalitné a voľne dostupné vývojové prostredie, nadväznosť pri vyučovaní programovania na základnej, strednej a vysokej škole a kvalitné metodiky, ktoré sú potrebné pre vyučovanie. Zelle [Zelle, 2015], Grandell [Grandell et al., 2006], Ateeq [Atteq et al., 2014], Krpan a Bilobrk [Krpan and Bilobrk, 2011] a mnoho ďalších odborníkov sa vo svojich výskumoch zaoberajú touto tematikou. V uvedených publikáciách porovnávajú rôzne programovacie jazyky s jazykom Python, napríklad Javu a C++, pričom jazyk Python uvádzajú ako najvhodnejší jazyk pre úvodné kurzy programovania. Okrem toho sa zmieňujú o pozitívnych výsledkoch z kurzov základov programovania v jazyku Python, ktoré prebiehajú v inštitúciách kde pôsobia.

---

* meszarosova@fmph.uniba.sk
‡ tomcsanyiova@fmph.uniba.sk

3 Programovací jazyk Python

Programovací jazyk Python bol vytvorený v roku 1989 a jeho autorom je Guido van Rossum. Je to interpretovaný programovací jazyk vyvíjaný ako open source projekt. Podporuje objektovo orientované, procedurálne a funkcionálne programovanie. Python je multiplatformový jazyk, to znamená, že program napísaný v tomto jazyku sa dá vo všeobecnosti spustiť v operačných systémoch Windows, Linux a unixových systémoch, ako napríklad Mac OS X, so skoro úplnou podporou štandardnej knižnice a knižníc tretích strán, jednoduchým prekopírovaním zdrojových súborov.

Veľké pozitívum jazyka Python je ľahká **čitateľnosť kódu**. Odsadenie častí kódu má vlastný význam – označuje sa tým blok príkazov a práve preto je užívateľ nútený k písaniu čitateľného kódu. Jazyk umožňuje mnoho spôsobov štrukturalizácie kódu, je na užívateľovi, ktorý spôsob si zvolí – táto vlastnosť umožňuje učiteľom, aby si sami mohli zvoliť, v rámci možností, poradie tém.

Jedna z výhod jazyka je aj množstvo existujúcich **knižníc**, ktoré sú voľne dostupné, avšak ich používanie nie je vôbec povinné. Začiatočníci nemusia poznať knižnice a ich funkcie a vlastnosti, aby sa naučili základy programovania. Mnoho kurzov základov programovania integruje do učiva knižnice postupne. Najdôležitejšími knižnicami pre učiteľov môžu byť grafické knižnice `tkinter`, generovanie náhodných hodnôt `random`, a korytnačia grafika `turtle`, ktoré umožňujú vytvárať pre žiakov atraktívne a zaujímavé úlohy.

Výhodou pre žiakov je aj to, že jazyk Python neslúži výhradne na didaktické účely, ale môžu sa neskôr pomocou neho uplatniť v praxi, keďže sa využíva v mnohých odvetviach informatiky.

V jazyku Python je atypická práca s **premennými**. Pri priradení hodnoty do premennej sa priradí referencia na danú hodnotu, ďalšie priradenie zmení priradenú referenciu. Typ premennej nedeklarujeme, počas behu programu sa môže zmeniť typ ich priradenej hodnoty.

Stoffová a Czakóová, pozri [Stoffová and Czakóová, 2012], uvádzajú, že vyučovanie programovania na gymnáziách prebieha najmä v programovacom jazyku Pascal, v prostredí Delphi a Lazarus, a na stredných odborných školách v jazyku C, pričom v súčasnosti čoraz viac univerzít a stredných škôl prechádza na jazyk Python. Zatiaľ však nie sú známe učebnice programovania v jazyku Python pre stredné školy na Slovensku, práve preto učitelia používajú materiály stiahnuté z internetu alebo si vytvárajú vlastné materiály.

Za hlavné rozdiely v syntaxi jazyka Pascal a Python sa považujú:

- V jazyku Pascal (Delphi/Lazarus) sa označujú konce príkazov bodkočiarkou, v jazyku Python je zvykom písať každý príkaz do nového riadku.

- Bloky príkazov sa v Pascale označujú príkazmi begin a end, v jazyku Python sú bloky príkazov určené odsadením, pričom pred blokom príkazov sa uvádza dvojbodka na konci predchádzajúceho príkazu (if, for, while, def).

- V jazyku Pascal deklarujeme typy premenných, v Pythone sa typy premenných nedeklarujú.

4 Kurzy základov programovania

V našom výskume sme vyhľadávali základné kurzy programovania na stredných a vysokých školách, ktoré používajú Python. Ďalej uvedieme a z pohľadu preberaných tém porovnáme dva kurzy z vysokých škôl a dva zo stredných škôl.

4.1 Massachusetts Institute of Technology

Kurz Introduction to Computer Science and Programming je základný kurz programovania, ktorý vedie prof. John Guttag na MIT. Kurz je určený pre študentov, ktorí nemajú takmer žiadnu alebo len minimálnu skúsenosť s programovaním. Obsah kurzu je zameraný na porozumenie riešenia problémov z informatického hľadiska. Ich cieľom je, aby študenti získali všeobecný prehľad a základné zručnosti riešenia informatických problémov (computational problem solving). Z obsahového hľadiska je jeho kniha spracovaná pomerne detailne a na konci každej jej časti sú uvedené príklady, v ktorých však viditeľne prevláda matematický kontext. [Guttag, 2013]

4.2 FMFI Univerzity Komenského v Bratislave

Vyučovanie úvodného kurzu programovania pre študentov v odbore aplikovaná informatika na Fakulte matematiky, fyziky a informatiky UK v Bratislave prebieha v jazyku Python (verzia 3.4.1) už druhý školský rok. Kurz vyučuje RNDr. Andrej Blaho, PhD. a prednášky a cvičenia sú zverejnené na [Blaho, 2015]. Jednotlivé prednášky sú rozsiahle a témy v nich sú rozpracované podrobne. Po obsahovej stránke sú prednášky spracované pomerne podrobne. Sú však skôr orientované na vysvetlenie detailu jazyka a ukážku jednoduchého použitia nejakého základného príkazu. Úlohy z cvičení sú potom orientované na využitie naučených príkazov pri riešení jednoduchých aj zložitejších algoritmických problémov.

4.3 ŠpMNDaG v Bratislave

V Škole pre mimoriadne nadané deti a Gymnáziu sa vyučujú základy programovania v jazyku C. Ako pokračovanie vyučovania programovania sa už štvrtý rok žiaci následne oboznámia aj s jazykom Python. Vyučuje sa podľa materiálu vytvoreného pánom učiteľom Belanom, ktorý napísal internú učebnicu, pozri [Belan, 2013], pre žiakov svojej školy. Jeho učebnica je určená pre žiakov, ktorí už prešli úvodným kurzom programovania v jazyku C, a jazyk Python je pre nich už v poradí druhý vyšší programovací jazyk. Zrejme aj práve kvôli tomu sa autor v učebnici dlho nezaoberá vysvetľovaním základných pojmov programovania. Zaujímavosťou je, že autor uvádza najprv príklad a až potom vysvetlenie danej tematiky na príklade, pričom učebnica obsahuje relatívne málo úloh na precvičenie (1-4 úlohy). Text učebnice a výkladu je vtipný a pre žiakov určite veľmi pútavý. Po obsahovej stránke učebnica obsahuje požadované pojmy a termíny zo ŠVP.

4.4 Stredná odborná škola v Kiskunlacháza, Maďarsko

Na tejto strednej škole vyučujú základy programovania pre žiakov na informaticky zameraných odboroch. Žiaci sa oboznamujú so základmi programovania najprv v jazyku Python, neskôr sa učia aj Javascript a zoznámia sa aj s PHP. Učitelia na tejto škole si vytvorili interné materiály pre programovanie v jazyku Python, pričom využili učebnicu pre OOP v Jave [Angster, 2003] a [Downey, 2012]. Materiály vytvorené kolektívom učiteľov z tejto školy sú rozdelené na štyri polroky (štyri dokumenty) [Peto et al., 2015], pričom v prvom polroku sa zaoberajú úvodom do programovania, v druhom polroku prácou s grafickou plochou. Pre účely nášho výskumu stačí, ak sa sústredíme na analýzu prvých dvoch častí z uvedených materiálov. Tieto materiály sú prispôsobené zameraniu školy. Po obsahovej stránke sú tieto výučbové materiály spracované analogicky a väčšinou pomocou príkladov. Najprv je však vždy uvedený nový pojem alebo termín s vysvetlením a neskôr príklad ako ukážka. Po každej téme sú uvedené skupiny úloh na precvičenie novej tematiky. Ako zaujímavosť knihy by som uviedla, že príklady majú väčšinou matematický kontext a počas niekoľkých tém sa príklady opakujú a gradujú – prevažuje téma bankovníctva.

4.5 Učebnica Informatika pre stredné školy: Programovanie v Delphi a Lazaruse

V rámci pilotnej štúdie k nášmu výskumu sme zrealizovali prieskum medzi učiteľmi na Slovensku, ktorí učia informatiku na gymnáziách alebo stredných odborných školách vo väčších mestách. Z ich odpovedí vyplynulo, že na vyučovanie programovania väčšinou používajú práve túto učebnicu [Blaho, 2012]. Učebnica bola vydaná v roku 2012, a je už druhým upraveným vydaním, ktoré je schválené Ministerstvom školstva SR. Z obsahového hľadiska pokrýva všetky dôležité témy, pojmy a koncepty zo ŠVP. Z didaktického hľadiska je učebnica spracovaná detailne s vhodnými ilustratívnymi príkladmi použitia. Výklad je doplnený príkladmi a tiež ilustráciami a po každej časti sú uvedené úlohy na precvičenie nového učiva.

5 Poradie tém v spomínaných kurzoch programovania

V predchádzajúcej kapitole sme opísali štyri kurzy programovania a ich materiály. Analýzou uvedených materiálov sme získali poradie tém v jednotlivých kurzoch a v existujúcej učebnici programovania pre stredné školy.

Z porovnania poradí tém v kurzoch sme dostali nasledujúce fakty: Kurzy v Pythone začínajú úvodom do jazyka Python a vývojového prostredia IDLE, pričom hneď v úvode sa zaoberajú vytvorením premenných a priraďovaciemu príkazu. Práca s grafickou plochou sa objavuje len v kurze z FMFI – v ďalších kurzoch/materiáloch preberajú grafickú plochu a prácu s grafikou buď medzi poslednými témami alebo sa týmto témam vôbec nevenujú. Podmienené príkazy prebrali v kurzoch MIT, FMFI UK a KSzI na druhom mieste hneď za úvodom do jazyka a premennými, pričom v kurze na FMFI UK sa táto téma prebrala až po príkazoch grafickej plochy. For-cykly a while-cykly väčšinou preberali za sebou v rôznom poradí, výnimkou je kurz z FMFI UK, kde sa najprv prebrali for-cykly, potom podmienky a logické výrazy a až na šiestom mieste sa zaoberali cyklami while.

Uvedomujeme si, že uvádzané kurzy nie sú určené pre rovnaké cieľové skupiny, keďže v ďalšom našom výskume sa budeme venovať všeobecno-vzdelávaciemu predmetu informatika a miestu programovania v ňom. S touto cieľovou skupinou čiastočne korešponduje učebnica Informatika pre stredné školy: Programovanie v Delphi a Lazaruse (v ktorej sa však objavujú aj témy k maturite) a kurz strednej odbornej školy v Kiskunlacháza v Maďarsku. Pre náš výskum je však dôležité aj to, aby sme získali prehľad o existujúcich výukových materiáloch a poradí preberaných tém.

Z poradia preberaných tém v uvedených kurzoch s ohľadom na potreby a požiadavky učiteľov, ale aj s ohľadom na možnosti a špecifiká jazyka Python, začneme postupne navrhovať poradie tém pre metodiku vyučovania základov programovania v jazyku Python pre stredné školy. Zatiaľ sme sa rozhodli a zvolili sme prvé tri témy: premenné, grafická plocha, for-cyklus.

Aj napriek tomu, že napr. v kurze MIT sa grafická plocha neobjavuje vôbec, z prieskumu a rozhovorov, ktoré sme zrealizovali s učiteľmi informatiky sme zistili, že väčšina učiteľov preferuje vyučovanie programovania práve na úlohách, ktoré sú graficky zaujímavé. Učitelia to zdôvodňovali tým, že pre žiakov je grafická spätná väzba omnoho motivujúcejšia ako textová, a úlohy, v ktorých sa využíva kreslenie do grafickej plochy sú pre žiakov atraktívne. Je teda žiaduce, aby sa téma, ktorá sa venuje grafickej ploche vyučovala na niektorej z prvých vyučovacích hodín programovania. Po téme grafická plocha navrhujeme v našej postupnosti tém zaradiť do vyučovania tému, v ktorej sa na grafických úlohách využije riadenie programu pomocou for-cyklu. Pomocou opakovania a zmenou, resp. využívaním riadiacej premennej cyklu, môžu žiaci kresliť rôzne grafické objekty a umiestňovať ich na grafickú plochu. Takto pripravené úlohy môžu byť navrhnuté tak, že majú gradáciu a žiaci sa pri ich riešení dôkladne oboznámia s využitím for-cyklov

6 Záver

„Programovanie je náročné, ale my by sme sa mali snažiť o to, aby nebolo ťažšie, než je treba." (John M. Zelle)

Pri vyučovaní programovania na strednej škole sa chceme sústrediť na vyučovanie algoritmov, rozvoj schopnosti riešenia problémov a žiakov chceme naučiť hlavne kompetencie, ktoré využijú neskôr v ďalšom štúdiu a v praxi. Nesústreďujeme sa teda na vyučovanie programovacieho jazyka, ale na vyučovanie základov programovania. Jazyk, ktorý je vhodný pre tento účel musí umožniť žiakom a učiteľom sa sústrediť na algoritmy a získané kompetencie bez toho, aby zaťažoval svojou syntaxou a komplikovaným programátorským prostredím žiakov a učiteľov. Programovací jazyk Python síce nespĺňa všetky požiadavky učiteľov a odborníkov na prvý programovací jazyk, ale spĺňa najviac z nich v porovnaní s ostatnými jazykmi. Problém s programovacím jazykom Python je hlavne v nedostatku metodík a učebníc pre stredné školy v slovenskom jazyku.

Predmetom nášho ďalšieho výskumu bude, aké témy jazyka Python sú vhodné pre všetkých žiakov strednej školy a aké úlohy sú vhodné na vyučovanie týchto tém. Pri výbere tém budeme sledovať, aby sme nimi pokryli obsahový štandard ŠVP ISCED 3A, pozri [ŠPÚ, 2008]. Už teraz vidíme, že samotné poradie tém sa nemusí (a zrejme ani nebude) veľmi

líšiť od poradia tém v učebnici Informatika pre stredné školy: Programovanie v Delphi a Lazaruse, pozri [Blaho, 2012], keďže sme presvedčení, že poradie navrhnuté v tejto učebnici je pre didaktické účely vyhovujúce a odvíja sa od tradície vo vyučovaní programovania na Slovensku. Jazyk Python a niektoré jeho špecifiká však môžu do značnej miery ovplyvniť výber a formuláciu jednotlivých úloh tej-ktorej témy.

V článku sme popísali štyri kurzy programovania a ich výukové materiály. Poradie tém v týchto materiáloch sme porovnali navzájom a tiež s poradím tém z učebnice, pozri [Blaho, 2012], ktorú používa väčšina učiteľov na vyučovanie základov programovania na stredných školách. Pre náš ďalší výskum sme spravili prvé závažné rozhodnutie: navrhnúť metodiku na vyučovanie programovania pre stredné školy v jazyku Python tak, že jednou z prvých tém, s ktorou sa žiaci stretnú, bude grafická plocha a možnosti kreslenia v nej. Ďalším naším výskumom budeme zisťovať, ako toto prvotné rozhodnutie ovplyvní poradie ďalších tém v našej metodike a na akých úlohách sa budú žiaci oboznamovať s konceptmi, ktoré vyžaduje ŠVP ISCED 3A.

Literatúra

[Atteq et al., 2014] Atteq, M., Habib, H., Umer, A., Rehman, M. Ul. (2014). C++ or Python? Which One to Begin With: A Learners Perspective. In *International Conference on Teaching and learning in Computing and Engineering, IEEE*, ISBN 978-1-4799-3592-5/14.

[ŠPÚ, 2008] Štátny pedagogický ústav (2008). Štátny vzdelávací program, Informatika – príloha ISCED 3A. Bratislava.

[Zelle, 2015] Zelle, John M. (2015). Python as a First Language. Department of Mathematics, Computer Science, and Physics Wartburg College [online]. [cit. 2015-02-03]. Dostupné na: <http://mcsp.wartburg.edu/zelle/python/python-first.html>

[Grandell et al., 2006] Grandell, L., Peltomäki, M., Back, R. J., Salakoski, T. (2006). *Why complicate things?: introducing programming in high school using Python*, Proceedings of the 8th Australasian Conference on Computing Education, pages 71-80.

[Krpan and Bilobrk, 2011] Krpan, D., Bilobrk, I. (2011). Introductory programming languages in higher education. Proceedings of the 34th International Convention. IEEE.

[Stoffová and Czakóová, 2012] Stoffová, V., Czakóová, K. (2012). Propedeutika programovania a nová školská reforma, In

Journal of Technology and Information Education, Časopis pro technickou a informační výchovu, 3/2012, vol. 4, issue 3, ISSN 1803-537X.

[Guttag, 2013] Guttag, John V. (2013). Introduction to Computation and Programming Using Python (Spring 2013 Edition). Massachusetts Institute of Technology. Cambridge: Press, 55 Hayward Street, MA 02142. ISBN 978-0-262-51963-2.

[Blaho, 2015] Blaho. A. (2015). *Programovanie v Pythone* [online]. [cit. 2015-02-03]. Dostupné na: <http://python.input.sk/>.

[Belan, 2013] Belan, A. (2013). *PYTHON*, učebný text pre septimu osemročného gymnázia. Bratislava, [online]. [cit. 2015-02-03]. Dostupné na: <www.smnd.sk/anino/moje/Python.pdf>.

[Angster, 2003] Angster, E. (2003). Objektumorientált tervezés és Programozás, *JAVA*. 3. vyd. Martonvásár: Akadémiai Nyomda. ISBN 963-00-6263-1.

[Downey, 2012] Downey, A. (2012). Think Python, How to Think Like a Computer Scientist. O´Reilly Media, Inc. 1005 Gravenstein Highway Nort, Sebastopol. ISBN 978-1-449-33072-9.

[Peto et al., 2015] Peto, L. et al. (2015). Bevezetés a Python programozásba (Informatikai szakközépiskola – 10. évfolyam) [online]. [cit. 2015-02-03]. Dostupné na: <http://szerver2.lacszki.sulinet.hu/tananyag/infor matika/python.pdf>.

[Peto et al., 2015] Peto, L. et al. (2015). Bevezetés a Python Tkinter programozásába (Informatikai szakközépiskola – 10. évfolyam) [online]. [cit. 2015-02-03]. Dostupné na: <http://szerver2.lacszki.sulinet.hu/tananyag/infor matika/tkinter.pdf>.

[Blaho, 2012] Blaho, A. (2012) Informatika pre stredné školy: Programovanie v Delphi a Lazaruse. 2 vyd. Prešov: Polygraf print, spol. s.r.o. ISBN 978-80-10-02308-0.

[Mészárosová and Tomcsányiová, 2015] Mészárosová, E., Tomcsányiová, M. (2015) Vyučovanie základov programovania v jazyku Python na niektorých SŠ a VŠ. Zborník z konferencie DIDINFO 2015, Univerzita Mateja Bela, Banská Bystrica, ISBN 978-80-557-0852-2.

Študentská vedecká konferencia FMFI UK, Bratislava, 2015, pp. 265–269
ISBN 978-1518759055, © 2015 Ivana Ochodničanová

Einsteinove hádanky ako prostriedok na rozvoj logického myslenia

Ivana Ochodničanová[1]*
Školiteľ: Peter Vankúš [2]‡

Katedra algebry, geometrie a didaktiky matematiky, FMFI UK, Mlynská Dolina, 842 48 Bratislava

Abstrakt

V tomto príspevku sa venujeme logike a logickému mysleniu, ako aj jeho rozvoju na druhom stupni ZŠ. V prvej časti práce objasníme pojmy ako logika, logické myslenie a taktiež sa venujeme kognitívnemu rozvoju dieťaťa podľa Piageta i teoretickým východiskám súvisiacich s logikou a matematickými predstavami. Následne zameriame pozornosť na to, akým spôsobom čo najlepšie rozvíjať logické myslenie na 2. stupni ZŠ. Druhá časť príspevku je zameraná na realizáciu didaktickej aktivity zameranej na rozvoj logického myslenia prostredníctvom zaujímavých logických úloh − Einsteinových hádaniek, ktoré u žiakov vzbudzujú zvedavosť a aktivizujú ich vnútornú motiváciu.

Kľúčové slová: logika, logické myslenie, logická úloha, Einsteinove hádanky

1 Úvod

Logické myslenie je jedna z najvýznamnejších predispozícii, ktorou žiak môže disponovať.

Je to schopnosť dôsledne postupne správne myslieť a pri tomto myslení postupovať smerom od všeobecného ku konkrétnemu a obrátene. Taktiež je vyjadrené schopnosťou narábať s abstraktnými symbolmi a číslami.

V minulosti sa tvrdilo, že štúdium niektorých cudzích jazykov prispieva k rozvoju logického myslenia. To isté by sme mohli povedať aj o iných predmetoch ako dejepis, či slovenský jazyk. Všetky tieto tvrdenia môžeme považovať za rovnako pravdivé alebo nepravdivé, keďže každá aktivita človeka môže prispieť k rozvoju jeho logického myslenia. Prirodzene, niektoré aktivity majú lepšie predispozície rozvíjať logické myslenie ako iné. [Hejný, 1987] Z tohto pohľadu má matematika lepšie predispozície k rozvoju logického myslenia ako ostatné predmety, čo by sa malo využívať vo vyučovaní matematiky v čo najväčšej miere. Domnievame sa, že najlepšou koncepciou vyučovania logiky na základnej škole sú logické

hádanky, úlohy a paradoxy, ktoré u žiakov vzbudzujú zvedavosť. Dokonca i Albert Einstein povedal: *„Najkrajšia vec, ktorú môžeme objaviť, je záhada."*

Cieľom tejto práce je navrhnúť spôsob rozvoja logického myslenia na 2. stupni ZŠ pomocou logických hlavolamov − Einsteinových hádaniek.

2 Logika a logické myslenie

Logika je charakterizovaná ako vedná disciplína, ktorá skúma, aké argumenty platia, zaoberá sa postupmi, ako odlíšiť platné argumenty od neplatných argumentov. Logika spolu s logickým myslením je súčasťou nášho života, aj keď každý jeden z nás ju využíva tak trochu inak. Isté predispozície logického myslenia dostávame už pri narodení, je len na nás, ako sme schopní ho rozvíjať. [Zouhar, 2008] Ak v bežnej komunikácii použijeme pojem „to je logické", zvyčajne tým chceme povedať, že je to jasné, samozrejmé, že nepoznáme dôvod, prečo by to tak nemalo/nemohlo byť. Že daný výrok/situácia sa dá pochopiť, prípadne pri menšom uvažovaní sa príde na to, že je pravdivý. V takomto prípade slovo logický má viac synoným ako napr. správny, opodstatnený, rozumný, samozrejmý, evidentný, pravdivý,... . [Zouhar, 2008]

2.1 Rozvoj logického myslenia podľa Piageta

Prvé prejavy logického myslenia sa vyskytujú u dieťaťa už asi v dvoch rokoch. Je veľmi dôležité vedieť, v akom štádiu rozvoja logického myslenia sa dieťa nachádza, aby sme vedeli vhodne zvoliť logické úlohy. Piaget uvádza štyri základné etapy, ktorými každé dieťa prechádza.

1. **Senzomotorické štádium** − trvá od narodenia po dobu asi dvoch rokov. V tomto štádiu si dieťa svoje myšlienkové operácie úzko spája s činnosťou, ktorú práve vykonáva. Jeho konanie je iba reflexné. S osvojením si reči sa dieťa dostáva na

---

* ochodnicanova.ivana@gmail.com
‡ peter.vankus@gmail.com

úroveň predpojmového myslenia. [Fontana, 2003]. V tomto štádiu dieťa nie je schopné skutočných logických operácií.

2. **Predoperačné štádium** – trvá od dvoch do siedmich rokov. Piaget rozdelil toto štádium na dve subštádiá:

   a) **Predpojmové štádium** – v kognitívnom vývoji dieťaťa medzi druhým a štvrtým rokom sa čoraz viac presadzujú symbolické činnosti. Na základe týchto symbolov si vie dieťa danú činnosť predstaviť bez toho, aby ju vykonávalo.

   b) **Intuitívne štádium** – medzi štvrtým a šiestym rokom sa dieťa dostáva z predpojmového myslenia na úroveň názorného myslenia. Hlavné kognitívne štruktúry, ktoré dieťa uplatňuje, sú egocentrizmus, centrácia, inverzibilita. Dieťa vníma všetko zo svojho subjektívneho hľadiska, preto nie je schopné byť vo svojom myslení logické, kritické a realistické. [Fontana, 2003]

3. **Štádium konkrétnych operácií** – trvá od siedmich do jedenástich rokov a podľa Piageta až v tomto štádiu je dieťa schopné skutočných logických operácií. Myslenie dieťaťa sa tu spája s konkrétnou udalosťou, teda aby ju vyriešilo, musí ju mať aspoň raz prežitú.

4. **Štádium formálnych operácií** – od dvanástich rokov. V tomto štádiu sa myslenie dieťaťa môže stále odlišovať od myslenia dospelého, ale začína sa mu podobať povahou. Dieťa už nepotrebuje konkrétnu skúsenosť a dokáže formulovať hypotézy a dedukovať z výsledkov. Vzniká hypoteticko-deduktívne usudzovanie. [Fontana, 2003]

3   Vyučovanie logiky na ZŠ

Podľa Štátneho vzdelávacieho programu cieľom matematiky na 2. stupni ZŠ je, aby žiak získal schopnosť používať matematiku vo svojom budúcom živote. Matematika má rozvíjať žiakovo logické a kritické myslenie, schopnosť argumentovať a komunikovať a spolupracovať v skupine pri riešení problémov. Žiak ju spoznáva ako súčasť ľudskej kultúry a dôležitý nástroj pre spoločenský pokrok. Podľa obsahového a výkonového štandardu by mali žiaci v tematickom okruhu **Logika, dôvodenie a dôkazy** rozvíjať svoju schopnosť logicky argumentovať, usudzovať, hľadať chyby v usudzovaní a argumentácii, presne sa vyjadrovať a formulovať otázky. Myslíme, že najlepším konceptom ako vyučovať logiku na ZŠ je forma logických úloh a hádaniek, ktoré u žiakov aktivizujú ich vnútornú motiváciu a touto zábavnou formou u nich vzbudíme aj záujem o matematiku.

3.1   Einsteinove hádanky

Logické myslenie treba u žiakov trénovať, upevňovať a rozvíjať logickými úlohami.

Logická úloha – je typ úlohy, kde k jej vyriešeniu stačí dôjsť logickou úvahou s použitím len základných jazykových a matematických znalostí.

Logická úvaha – spôsob myslenia, za pomoci ktorého je možné nájsť správny postup riešenia, vyvodzovať závery z daných informácií, poznatkov a myšlienok.

Jednou z alternatív logických úloh sú Einsteinove hádanky. V týchto hádankách nie je potrebné nič počítať, pri ich riešení sa však vyžaduje dôkladná pozornosť a sústredenosť, schopnosť porovnávať a zároveň triediť veci a javy, teda uvažovať.

Tzv. Einsteinova hádanka je nezvyčajná, no nenáročná hádanka, ktorá sa pripisuje Albertovi Einsteinovi. V pôvodnej Einsteinovej hádanke bolo 5 národností, kde každý býval v dome inej farby, niečo pil, fajčil cigarety nejakej značky a choval nejaké zviera. Spolu teda máme 5 národností, 5 farieb domu, 5 nápojov, 5 značiek cigariet a 5 domácich zvierat. Tieto hádanky sú ľahké pre tých, čo majú radi podobné hlavolamy a tiež Sudoku, pretože logický postup je analogický.

Teraz uvedieme originálne znenie Einsteinovej hádanky:

1. Je 5 domov, každý inej farby, každý dom má svoje umiestnenie.
2. V každom dome býva jedna osoba inej národnosti.
3. Každý majiteľ domu uprednostňuje určitý nápoj, fajčí určitú značku cigariet a chová určité zviera.
4. ŽIADNA z týchto 5 osôb nepije rovnaký nápoj, nefajčí rovnaké cigarety, ani nechová rovnaké domáce zviera.

Viete, že:

- Brit žije v červenom dome.
- Švéd chová psa.
- Dán pije rád čaj.
- Nemec fajčí cigarety Rothmanns.
- Nór býva v prvom dome.
- Majiteľ zeleného domu pije kávu.
- Fajčiar cigariet Winfield pije rád pivo.
- Majiteľ žltého domu fajčí cigarety Dunhill.
- Osoba, ktorá fajčí Pall Mall, chová papagája.
- Muž, ktorý býva v prostrednom dome, pije mlieko.
- Fajčiar cigariet Marlboro býva vedľa toho, kto chová mačku.
- Muž, ktorý chová koňa, býva vedľa toho, ktorý fajčí Dunhill.
- Nór býva vedľa modrého domu.
- Fajčiar cigariet Marlboro má suseda, ktorý pije vodu.

- Zelený dom stojí naľavo od bieleho domu

<u>Otázka: Kto chová rybičky?</u>

4 Využitie Einsteinových hádaniek vo vyučovaní matematiky

V tejto časti príspevku opíšeme priebeh prieskumu, ktorý sme realizovali prostredníctvom Einsteinových hádaniek. Prieskum sme uskutočnili na vybranej základnej škole v Bratislave. K dispozícii sme mali triedu, kde bolo 15 žiakov vo veku 13–14 rokov (8. ročník). Ako sme už vyššie poznamenali, toto obdobie je najvhodnejšie na rozvoj logického myslenia, keďže podľa Piageta žiaci sú už v štádiu formálnych operácií a ich myslenie nie je limitované konkrétnou prežitou udalosťou. Využili sme na to 5 vyučovacích hodín matematiky v priebehu jedného týždňa. Na začiatku sme každému žiakovi rozdali jednu logickú hádanku, ktorá bola typovo podobná pôvodnej Einsteinovej hádanke, len bola o niečo jednoduchšia, pretože pozostávala len z troch ľudí, ktorí mali určité tri vlastnosti. Žiaci riešili úlohu bez akéhokoľvek návodu od učiteľa. Hádanka mala túto formuláciu:

Hádanka č.1: ZÁHRADKÁRI
1. Sú traja záhradkári, každý má iné meno.
2. Každý pochádza z inej oblasti Slovenska a pestuje iné ovocie.
3. ŽIADEN z týchto záhradkárov nemá rovnaké meno, nepochádza z tej istej oblasti Slovenska a nepestuje rovnaké ovocie.

Viete, že:
- Naľavo od záhradkára z Liptova je ten, kto má na záhrade slivky.
- Gabriel pestuje na záhrade hrušky.
- Maroš je zo Spiša.
- Roman nepestuje jablká.
- Záhradkár v strede má hrušky.

<u>Otázka: Ktorý záhradkár je z Oravy a čo pestuje?</u>

Záhradkár			
Ovocie			
Pôvod			

Po vyzbieraní výsledkov učiteľom sme zisťovali správnosť odpovedí. Z 15 bolo správnych 7, čiže percentuálna úspešnosť bola 46.6 %. Zo siedmich správnych výsledkov mali správnu odpoveď 4 chlapci a 3 dievčatá. V druhej etape sme žiakom rozdali ďalšie logické hádanky, ktoré riešili za pomoci učiteľa. Aby sme žiakom uľahčili riešenie,

poskytli sme im v rámci zadania tabuľku. Na začiatku sme im dali stručné inštrukcie, nech ju začnú doplňovať od toho, čo vedia určite doplniť, pretože niektoré umiestnenia v tabuľke sa dajú doplniť ľahšie ako iné, a teda na začiatku nepoužiteľné informácie môžu preskočiť a následne sa k nim potom vrátiť. V priebehu daného týždňa žiaci vyriešili asi 10 analogických logických hádaniek. Uvádzame niekoľko hádaniek, ktoré žiaci riešili počas vyučovacích hodín matematiky:

Hádanka č.2: KNIHOŽRÚTI
1. Je skupina 5 čitateľov, každý má iné meno.
2. Majú radi knihy rôznych žánrov a od iných spisovateľov.
3. Každý preferuje inú väzbu a iné miesto na čítanie.
4. ŽIADEN z týchto čitateľov nemá rovnaké meno, nemá rád knihu rovnakého žánru a rovnakého spisovateľa, rovnakú väzbu, ani rovnaké miesto na čítanie.

Viete, že:
- Bernard rád číta knihy plné humoru.
- Človek, ktorý rád číta na záhrade, používa čítačku e-kníh.
- Knihy v koženej väzbe má najradšej niekto, kto číta pri cestovaní.
- Katka číta rada knihy na dovolenke.
- Erik Stone je obľúbeným spisovateľom toho čitateľa, ktorý je v strede.
- Človek, ktorý číta knihy v mäkkej väzbe, neznáša Sarah Moore.
- Romantická literatúra je to pravé pre Stanislavu.
- Ten, kto číta na počítači, nečíta detektívky ani romantiku.
- Chris Levise nepíše scifi ani fantasy.
- V kuchyni číta niektorá zo žien.
- Ania Bolden je spisovateľka, ktorú číta Gustáv.
- John Cadlens píše humoristické romány.
- Katka je napravo od človeka, ktorý číta scifi.
- Rudolf nečíta v práci.
- Stanislava je medzi dvomi mužmi.
- Tvrdá väzba sa páči niekomu, kto nemá v láske Johna Cadlensa.
- Medzi autorov scifi patrí Erik Stone.
- Katka nemá rada knihy Chrisa Levisa.
- Prvý človek číta pri cestovaní.
- Človek, ktorý má rád Aniu Bolden, nečíta na počítači.

<u>Otázka: Kto z nich si rád prečíta dobré fantasy?</u>

Meno				
Žáner				
Miesto				
Spracovanie				
Spisovateľ				

Hádanka č.3 : PLANÉTY

1. Vedľa seba je 5 odlišných planét.
2. Každá má iné pomenovanie, inú atmosféru, politické zriadenie, veľkosť a taktiež má každá z nich iný počet mesiacov.
3. ŽIADNA z týchto planét nemá rovnaké pomenovanie, atmosféru, politické zriadenie, veľkosť, ani rovnaký počet mesiacov.

Viete, že:

- Planéta s menom Plumatan má atmosféru zloženú hlavne z kyslíka.
- Anarchia vládne na stredne veľkej planéte.
- Až 6 mesiacov má tá planéta, ktorá susedí s planétou s tromi mesiacmi.
- Drobná planéta sa nachádza na kraji.
- Planéta Tyraxor je obývaná bytosťami, ktoré podporujú otrokárstvo.
- Dusíkovú a CO_2 atmosféru majú dve susedné planéty.
- Jediný mesiac má niektorá veľkosťou nadpriemerná planéta.
- Kapitalistická spoločnosť je tam, kde sa nenachádza veľa vodíka alebo dusíka.
- Mungala má 3 mesiace.
- Metánová atmosféra dala život bytostiam žijúcim v utópii.
- Ani jedna okrajová planéta nie je nadpriemerná svojou veľkosťou.
- Sahra je vodíková planéta.
- Metán sa nachádza na planéte, ktorá má nepárny počet mesiacov.
- Pri planéte s jedným mesiacom sú dve planéty, ktoré majú dohromady 8 mesiacov.
- Varamen je veľká planéta a je zároveň väčšia ako stredne veľká Mungala.
- Druhá planéta má 3 mesiace a susedí s planétou s 5 mesiacmi.
- Drobná planéta má 2 mesiace.
- Prvá planéta nesie názov Tyraxor.
- Drobná planéta nie je otrokárska.
- CO_2 sa nachádza na planéte susediacej s planétou Sahra.

Otázka: Na ktorej planéte je feudalizmus?

Meno					
Atmosféra					
Zriadenie					
Veľkosť					
Mesiace					

Hádanka č.4 : OSTROVY

1. Je skupina 5 ostrovov patriacich rôznym krajinám.
2. Každá má svoje zaujímavosti, vegetáciu a možnosti ubytovania.
3. ŽIADEN z týchto ostrovov nepatrí rovnakej krajine, nemá rovnaké zaujímavosti, vegetáciu, ani rovnaké možnosti ubytovania.

Viete, že:

- Na strednom ostrove rastú kvety.
- Taliansku patrí ostrov, na ktorom je hrad.
- Milionári prichádzajú na ostrov s hotelom.
- Ubytovanie na výskumnej stanici majú vedci.
- Hrad je na tom ostrove, na ktorom nie je hotel ani penzión.
- Ostrov, ktorý patrí Francúzku, navštevujú rybári.
- Turisti chodia na ostrov, na ktorom nerastie borovica.
- Zelenina rastie na ostrove so sopkou.
- Anglicku patrí ostrov s peknou plážou.
- Turisti navštevujú ostrov, na ktorom sú chatky.
- Obilie rastie na ostrove, ktorý nepatrí Anglicku ani Francúzku.
- Armádni dôstojníci prichádzajú na druhý ostrov.
- Prvý ostrov má ubytovňu, ale nemá hrad.
- Vedci, chodia na ostrov, na ktorom sa našlo UFO.
- Ostrov patriaci Rusku nie je posiaty palmami.
- Jazero je súčasťou ostrova s ubytovňou.
- Nemecku patrí ostrov s kvetmi.
- Ostrov s hotelom nesusedí s ostrovom, na ktorom je UFO.
- Na ostrov patriaci Anglicku nechodia turisti ani milionári.
- Ostrov s borovicami je prvý alebo posledný.

Otázka: Ktorý má akých návštevníkov a na ktorom ostrove sú palmy?

Návštevník					
Rastliny					
Zaujímavosť					
Štát					
Ubytovanie					

Na poslednej vyučovacej hodine matematiky v danom týždni sme znalosti žiakov overili podobnou logickou úlohou ako na začiatku prieskumu.

Po vyhodnotení výsledkov poslednej úlohy sme zistili, že percentuálna úspešnosť žiakov vzrástla o takmer 15 %, čo sme aj očakávali, nakoľko sme sa podobným hádankám venovali celý týždeň. Zmena nastala v tom, že tentokrát prevyšoval väčší počet správnych odpovedí u dievčat ako u chlapcov. Okrem toho sa nám potvrdil veľmi dôležitý záver, že tieto logické hádanky aktivizujú u žiakov vnútornú motiváciu, pretože si podobné úlohy začali sami vyhľadávať, dokonca i vyžadovať od učiteľa, aby im doniesol aj budúcu hodinu ďalšie hádanky. Na základe dosiahnutých výsledkov si myslíme, že je nevyhnutné venovať sa rozvoju logického myslenia i touto hravou formou.

5 Záver

V tomto príspevku sme sa sme sa venovali úlohám typu Einsteinovej hádanky ako prostriedku na rozvoj logického myslenia. Tieto hádanky sme využívali na piatich vyučovacích hodinách matematiky. Zaznamenali sme nárast úspešnosti v riešeniach žiakov. Pozorovali sme veľký záujem žiakov o tieto úlohy a taktiež vnútornú motiváciu na ich riešenie. V ďalšej práci sa budeme venovať Einsteinovým hádankám, ako aj viacerým didaktickým aktivitám, ktoré rozvíjajú logické myslenie žiakov, pôsobia motivačne, teda aj vzbudzujú záujem žiakov o matematiku.

6 Literatúra

[Hejný,1990] Hejný, M.: Teória vyučovania matematiky 2, Bratislava, Slovenské pedagogické nakladateľstvo, 1990.

[Fontana, 2003] Fontana D.: Psychologie ve školní praxi, Bratislava, Portál, 2003.

[Zouhar, 2008] Zouhar, M.: Základy logiky pre spoločenské a humanitno – vedné odbory, Bratislava, Veda, 2008.

[Gubanová, 2012] Gubanová, A.: Rozvoj logického myslenia detí predškolkého veku. (Bakalárska práca) Nitra: PedF UKF, 2012.

Štátny pedagogický ústav: Štátny vzdelávací program, MATEMATIKA, Príloha ISCED 2, 2010.

[Hoferek, 2003] Hoferek S.: Einsteinove hádanky, Greenie knižnica, knihy.rs-design.sk

Študentská vedecká konferencia FMFI UK, Bratislava, 2015, pp. 270–275
ISBN 978-1518759055, © 2015 Katarína Sroková, Imrich Gulai

Využitie didaktickej hry na propedeutiku vektorov

Imrich Gulai[1]*   Katarína Sroková[2]†

Školiteľ: Zbyněk Kubáček[2]‡

[1] KDPV, PriF UK, Mlynská Dolina, 842 48 Bratislava
[2] KAGDM, FMFI UK, Mlynská Dolina, 842 48 Bratislava

Abstrakt

V príspevku predstavujeme návrh didaktickej hry, ktorá má slúžiť ako propedeutika k vyučovaniu vektorov. Hra je určená pre žiakov deviateho ročníka základnej školy, ideálne v rámci celku Kartézska súradnicová sústava. Pomocou tejto hry sa pokúšame u žiakov vytvoriť intuitívnu predstavu o tom, ako sa vektory sčítavajú, rozkladajú do daných smerov, ako vypočítať veľkosť vektora a ako sa vektor násobí číslom. Zaradenie hry do vyučovania sme testovali na ZŠ s MŠ Za kasárňou, v práci uvádzame výsledky nášho pozorovania.

Kľúčové slová: Orientovaná úsečka, Vektor, Skladanie vektorov, Rozkladanie vektorov, Didaktická hra, Kartézska súradnicová sústava

1 Didaktická hra

Práca sa zameriava na vyučovanie operácií s orientovanými úsečkami na základnej škole. Cieľom práce je predstaviť žiakom orientované úsečky a niektoré základné operácie s nimi.

Ako vyučovaciu metódu sme zvolili didaktickú hru. Didaktická hra sa definuje ako „*Analógia spontánnej činnosti detí, ktorá sleduje (pre žiakov nie vždy zjavným spôsobom) didaktické ciele.*" [Průcha et al., 1998]. Naším cieľom pri predstavení tejto hry žiakom bude, aby sa žiaci zoznámili s orientovanými úsečkami, ich skladaním, rozkladaním, vedeli vypočítať ich dĺžku zo súradníc.

Hru sme si zvolili aj preto, aby existovala motivácia, ktorá žiakov dostatočne zaujme. Nepredpokladáme, že by žiakov dostatočne motivoval fakt, že poznatok ešte niekedy využijú. Hra dá žiakom prirodzenú motiváciu vyhrať. „*Hry môžu zapájať žiakov veľmi intenzívne do výučby a prinútiť ich k takému sústredeniu, aké sa nedá dosiahnuť pomocou žiadnej inej metódy.*" [Petty, 1996]. Petty tiež uvádza, že fakt, že žiaci vnímajú vyučovanie ako zábavné, je jedným z hlavných faktorov motivácie, ktorá následne vedie k lepšiemu učeniu sa. Veríme, že vďaka našej hre sa u žiakov vytvoria poznatky o orientovaných úsečkách aspoň na intuitívnej úrovni.

2 Motivácia a ciele

Na tomto mieste zodpovieme prirodzenú otázku – prečo sme vymysleli práve takúto didaktickú hru a čo sa ňou snažíme dosiahnuť.

Myšlienka vznikla z pozorovania, že v prvom ročníku na strednej škole na hodinách fyziky sa žiaci učia pojem vektora a vektorovej veličiny. Vektory znázorňujú orientovanými úsečkami a zavádzajú operácie sčítania a odčítania vektorov, rozklad vektora do určených smerov, násobenie vektora číslom, výpočet veľkosti vektora, skalárny a na niektorých školách možno aj vektorový súčin. Fyzika potrebuje, aby žiaci ovládali tieto operácie, zároveň však nemá dostatok času venovať sa téme podrobne. Z tohto dôvodu neskôr vznikajú problémy s pochopením vektorových veličín a vektorov celkovo.

Hra, ktorú predstavujeme v tejto práci, by mala slúžiť ako možnosť pre prvý kontakt žiakov s orientovanými úsečkami. Pojem „vektor" nepovažujeme za potrebné zavádzať. Žiaci v hre pracujú s orientovanými úsečkami, pričom využívajú rozklad do určitých smerov (pri vyhýbaní sa prekážkam), počítanie veľkosti orientovanej úsečky (pri zisťovaní dĺžky kroku pomocou Pytagorovej vety), násobenie úsečky číslom.

Teda táto hra môže pomôcť žiakom pri chápaní vektorov vo fyzike, rovnako by mohla pomôcť aj ako úvod do analytickej geometrie, ktorá sa vyučuje spravidla v treťom ročníku stredných škôl.

Didaktické ciele, ktoré sledujeme touto hrou, sa dajú formulovať takto:

- Žiak vie použiť Pytagorovu vetu na výpočet dĺžky orientovanej úsečky v rovine, ak pozná jej súradnice, resp. súradnice začiatočného a koncového bodu.
- Žiak vie vynásobiť orientovanú úsečku prirodzeným číslom.
- Žiak vie rozložiť orientovanú úsečku do určitých smerov.
- Žiak vie vytvoriť kratšiu cestu z jedného bodu do druhého zložením dvoch orientovaných úsečiek do jednej.

---

*   imrich.gulai@gmail.com

†   KSrokova@gmail.com

‡   Zbynek.Kubacek@fmph.uniba.sk

3 Zaradenie

Žiaci sa s témou vektorov prvýkrát stretnú na hodinách fyziky v prvom ročníku stredných škôl . Vyskytuje sa v tematickom celku Sila a pohyb. Témy, ktoré sa priamo týkajú vektorov sú znázornenie sily vektorovou úsečkou, vektorová veličina, skladanie síl, rozklad sily na zložky s danými smermi. Východiskom ku výstavbe pojmu vektor je príslušný matematický aparát. Súčasti aparátu, ktoré sa stihnú prebrať pred zavedením spomínaných pojmov sa zavádzajú na druhom stupni základných škôl. Základnou jednotkou sú geometrické útvary úsečka, polpriamka a priamka a meranie dĺžky úsečky. Daná téma je zaradená do tematického celku Geometria a odporúčaná je pre piaty ročník. Počas základnej školy sa ešte okrem toho stihne vystavať kartézska súradnicová sústava, ktorá je dôležitým prvkom, nakoľko zavádza prvýkrát smery. Žiaci sa s danou témou stretávajú väčšinou v deviatom ročníku základných škôl. Téma patrí do tematického celku Vzťahy – grafické znázorňovanie závislostí.

Propedeutika témy vektorov by mohla byť zaradená do deviateho ročníka za tému kartézska súradnicová sústava vo forme didaktickej hry, ktorá by mala za cieľ sledovať a napĺňať témy pohyb po vektoroch v kartézskej súradnicovej sústave a naivnú predstavu skladania vektorov.

4 Metodické pokyny

Je vhodné túto hru zaradiť do deviateho ročníka na základnej škole, potom, čo sa už žiaci zoznámia s kartézskou súradnicou sústavou. Na hru potrebujeme časovo jednu až dve vyučovacie hodiny.

Ako bude vyzerať vyučovacia hodina?

Plán vyučovacej hodiny		
Žiak by mal pred hodinou vedieť:	Použiť kartézsku súradnicovú sústavu v procedurálnych úlohách	
	Použiť Pytagorovu vetu v konceptuálnych úlohách	
	Rysovať úsečky	
Cieľ hodiny:	Zaviesť pojem orientovanej úsečky. Predstaviť žiakom prácu s orientovanými úsečkami ako propedeutiku k vektorom.	
Metódy:	Didaktická hra	
Časový harmonogram hodiny		
Vysvetlenie pojmu „orientovaná úsečka"	5 min	
Zoznámenie sa s didaktickou hrou	10 min	
Realizácia hry	25 min	
Spätná väzba, zhrnutie	5 min	

Na jednotlivé časti hodiny sa teraz pozrime podrobnejšie.

4.1 Vysvetlenie pojmu orientovaná úsečka

Žiaci sa v predchádzajúcom vzdelávaní s pojmom „orientovaná úsečka" nestretli. Preto musíme tento pojem ešte pred predstavením našej hry zaviesť. Orientovanú úsečku zavedieme ako úsečku, pri ktorej vieme určiť, z ktorého bodu vychádza (počiatočný bod) a do ktorého bodu smeruje (koncový bod). Orientovanú úsečku budeme znázorňovať pomocou šípky. S pojmom vektor nepracujeme.

4.2 Zoznámenie sa s didaktickou hrou

V tejto časti žiakom rozdáme herné plány, figúrky a kocky, predstavíme herný plán a pravidlá hry. Je vhodné, aby sme niekoľko ťahov názorne predviedli na tabuľu. Zodpovieme aj na prípadné otázky žiakov k pravidlám hry.

4.3 Realizácia hry

Rozdelíme žiakov do skupín po dvoch alebo štyroch žiakoch a necháme ich hrať. Sledujeme, ako pri hre uvažujú, prípadne ich navedieme k poznatku, ktorý chceme vytvoriť. Ukážkovú hodinu opisujeme v časti Testovanie hry – pozorovanie.

Žiaci by mali prísť na to, že:
- Na výpočet dĺžky kroku musia použiť Pytagorovu vetu;
- Nemusia znovu používať Pytagorovu vetu, ak je úsečka iba dvakrát dlhšia (násobenie veľkosti úsečky číslom);
- Ak nemôžu prejsť na želané miesto jednou úsečkou kvôli prekážke, môžu prekážku obísť tak, že použijú dve orientované úsečky, ktoré na seba nadväzujú;
- Cesta je najkratšia, ak použijú jednu orientovanú úsečku, ktorá ide priamo z jedného bodu do druhého.

4.4 Spätná väzba, zhrnutie

Žiakov sa na konci hodiny spýtame, ako sa im hra páčila. Ak nám ostane čas, môžeme s nimi zopakovať, čo je orientovaná úsečka a ako vypočítame jej veľkosť. Ak sa budeme téme venovať viac času (napríklad dve vyučovacie hodiny), ukážeme aj skladanie a rozkladanie orientovaných úsečiek vo všeobecnosti.

5   Herný plán

Herný plán pozostáva z 20x20 políčok, ktoré majú bielu, modrú, červenú alebo zelenú farbu. Na pláne sú hrubou čiarou vyznačené steny, cez ktoré sa nedá prechádzať. Súradnice jednotlivých bodov, po ktorých sa hráči posúvajú, môžeme určiť pomocou úsečiek na dolnej a pravej časti herného plánu. Nami navrhnuté rozloženie herného plánu je viditeľné na Obr. 1.

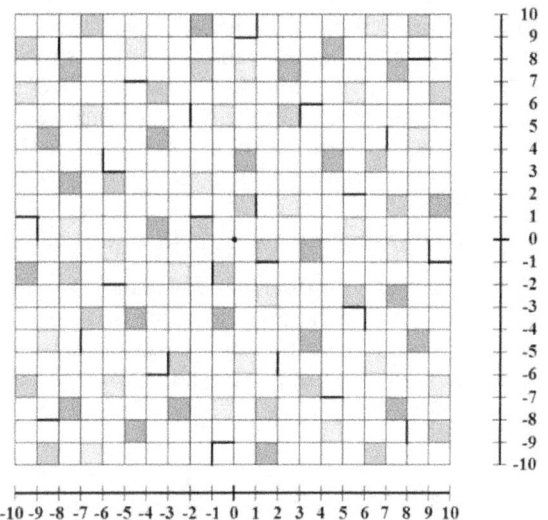

Obrázok 1 - Herný plán

6   Pravidlá hry

Súčasti hry:
- herný plán 20x20 polí
- 4 figúrky
- hracia kocka s farbami (hracia kocka má tri farby – modrú, zelenú, červenú, plochy na kocke oproti sebe majú rovnakú farbu)
- hracia kocka s číselnými hodnotami
- pravítko
- pravidlá hry

Počet hráčov: 2/4

Cieľ hry:
Cieľom hry je dostať sa na miesto, na ktorom sa nachádza súper.

Systém hry:
Hráči začínajú v protiľahlých rohoch hracieho poľa, pohybujú sa po bodoch v rovine, teda po priesečníkoch čiar. Každý hráč pred svojím ťahom hodí farebnou kockou aj kockou s číslami. Farba, ktorá padne, označuje polia na hracej ploche, cez ktoré hráč v danom ťahu nesmie prechádzať (pozri časť Farebné polia). Číslo, ktoré padne, určuje maximálnu dĺžku, ktorú môže hráč v danom ťahu prejsť (pozri časť Kroky). Vyhráva hráč, ktorý sa dostane na miesto súpera (teda ho vyhodí). V prípade hry štyroch hráčov hrajú všetci proti všetkým, vyhráva ten hráč, ktorý ostane v hre ako posledný.

Kroky:
Krok predstavuje orientovaná úsečka, ktorá musí vychádzať z rohu a končiť v rohu jedného zo štvorčekov na hracej ploche. Hráči kreslia orientované úsečky a posúvajú sa po nich dopredu. Hráč v jednom ťahu môže vykonať ľubovoľný počet krokov, ktorých celková dĺžka (dĺžka sa určuje podľa jednotiek zobrazených na mierke na kraji hracej plochy) nesmie presiahnuť hodnotu, ktorá padla na hracej kocke.

Farebné polia:
Na hernom pláne sa nachádzajú modré, zelené, červené a biele polia. Cez biele polia sa dá prechádzať vždy. Hráč má v jednom ťahu zakázaný prechod poľami zafarbenými práve jednou farbou (tou, ktorá mu padla pri hode farebnou kockou). V ďalšom ťahu sa farba mení. Hráč môže prechádzať popri poliach a tiež stáť v rohu farebného poľa.

Steny:
Hrubo vyznačené čiary predstavujú steny. Hráčova úsečka nemôže prechádzať cez stenu, ani viesť priamo popri stene, môže ale prechádzať cez roh, v ktorom stena končí.

7   Testovanie hry – pozorovanie

„Toto sa mi nezdá - je to ľahké a baví ma to. Hrám to dobre? " Žiačka 9.D

Navrhnutú hru sme chceli vyskúšať v praxi, aby sme si overili, či sa naše predpoklady o jej vplyve na vedomosti a záujem žiakov potvrdia. Vhodnou príležitosťou pre nás bola pedagogická prax, vďaka ktorej sme vedeli hru vyskúšať priamo u deviatakov, konkrétne v triede 9.D na ZŠ s MŠ Za kasárňou. V triede bolo 18 žiakov, teda hralo deväť dvojíc. V tomto úseku zachytíme priebeh hodiny, na ktorej žiaci hrali.

Ako väčšina nových aktivít, aj táto sa stretla s počiatočnou nevôľou žiakov. Nakoniec sa však žiaci zhodli, že ak si majú vybrať medzi lineárnymi funkciami a hrou, vyberú si hru, teda sa nám podarilo vytvoriť istú ilúziu dobrovoľného výberu, takže sa žiaci sústredili. Po rozdaní plánikov, figúrok a kociek nasledovalo vysvetlenie pravidiel, opis jednotlivých políčok a podobne, pričom žiakom sa hra zdala zo začiatku komplikovaná. K úplnému pochopeniu pravidiel prišlo, keď sme na tabuli ukázali niekoľko ťahov. Žiaci si vtedy uvedomili, že sa hrá na sieti, nie na políčkach. S nepochopením pravidiel sme sa stretli iba u jednej žiačky, ktorá si myslela, že cieľom hry je dostať sa do protiľahlého rohu, nie chytiť protihráča.

Počas vysvetľovania pravidiel sa vyskytli otázky k pravidlám hry: Či sa dá ísť cez rohy farebných políčok a cez rohy, kde sú steny, a či sa dá ísť po hrane farebných políčok. Odpovede na tieto otázky sú uvedené v pravidlách, avšak s výskytom otázok treba počítať. Potrebná je aj kontrola, či všetci hrajú podľa správnych pravidiel, čo sa dialo aj v našej 9.D, kým žiaci hrali. Na jednu partiu žiaci potrebujú približne 10 minút.

Pozorovali sme, že prvú hru žiaci hrajú veľmi „priamočiaro", teda nesnažia sa skrývať za farebné políčka, uhýbať a podobne. Taktizovanie sa objavilo neskôr, až pri ďalších partiách. Veľmi pekné bolo sledovať, že žiakov hra začala naozaj baviť, čo aj dávali patrične najavo (napríklad výrokom uvedeným pod nadpisom tejto kapitoly), niektorí nechápali, kde je v hre skrytá matematika. Treba mať pripravené dostatočné množstvo farebných plánikov, u nás farebné plániky ku koncu hodiny došli, mali sme ešte čiernobiele, tie si ale žiaci ochotne vyfarbili a hrali ďalej. Niektorí si dokonca vypýtali plánik mailom, aby mohli hrať aj inokedy. Hodina prebehla vo veľmi príjemnej atmosfére, žiaci boli spokojní, ku koncu hodiny sa niektorí prestali na plániku naháňať a začali si kresliť obrázky (stále však podľa pravidiel).

Z uvedeného sa dá konštatovať, že časť nášho zámeru – zaujať a motivovať žiakov – sa podarilo zrealizovať veľmi úspešne. Pozrime sa ešte na to, či hra splnila aj naše pôvodné didaktické ciele. V Metodických pokynoch, v časti Realizácia hry uvádzame, na čo by mali žiaci počas hrania prísť. Z hľadiska nášho pozorovania môžeme zhodnotiť:

- Na výpočet dĺžky kroku musia použiť Pytagorovu vetu – žiaci na to prišli vďaka zdôrazneniu, že dĺžka po uhlopriečke je iná, ako po stene a že steny sú na seba kolmé;
- Nemusia znovu používať Pytagorovu vetu, ak je úsečka iba dvakrát dlhšia (násobenie veľkosti úsečky číslom) – niektorí žiaci si napísali dĺžku uhlopriečky nabok (1,41), prípadne si vypísali, koľko políčok vedia najviac prejsť krížom pri hodení jednotlivých čísel na kocke;
- Ak nemôžu prejsť na želané miesto jednou úsečkou kvôli prekážke, môžu prekážku obísť tak, že použijú dve orientované úsečky, ktoré na seba nadväzujú – toto sme pozorovali často, hlavne keď sa už žiaci snažili schovávať a taktizovať, snažili sa voliť čo najkratšiu obchádzku;
- Cesta je najkratšia, ak použijú jednu orientovanú úsečku, ktorá ide priamo z jedného bodu do druhého – toto si žiaci uvedomili ako jednu z prvých vecí.

Žiaci použili všetky matematické a myšlienkové operácie, ktoré sme očakávali, a teda môžeme konštatovať, že sa nám stanovené didaktické ciele v tejto hre podarilo splniť.

Jediným prekvapením bol pre nás fakt, že žiaci nepotrebovali figúrky, stačilo im, ak si zobrali fixky rôznej farby.

Niekoľko ukážok odohratých partií s rozborom uvádzame v ďalšej kapitole.

8 Rozbor vybraných odohratých partií

Obrázok 2 zobrazuje hru dvoch žiakov, z ktorých jeden používal zelenú a druhý oranžovú fixku. Konce orientovaných úsečiek označovali bodkami, nie šípkami, keďže na našej skúšobnej hodine sme orientované úsečky nezaviedli.

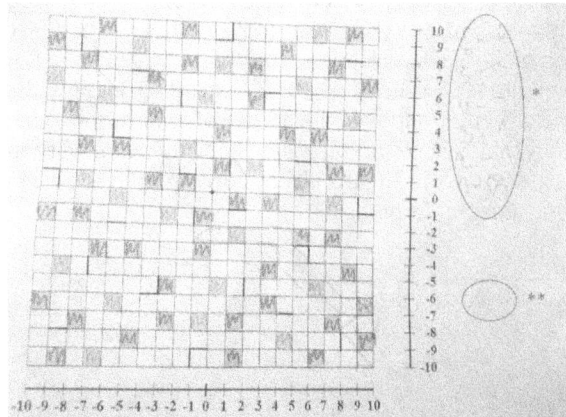

Obrázok 2 – príklad hry s vytvorenou legendou
*hod kockou/maximálny počet krokov po uhlopriečke
**približná hodnota odmocniny z 2

Táto hra bola zaujímavá tým, že napravo od hracieho plánu si žiaci vypísali jednotlivé dĺžky krokov po uhlopriečke pre hodnoty, ktoré mohli padnúť na hracej kocke, a tiež dĺžku uhlopriečky jedného štvorčeka. Nakoľko sa daná dvojica bála experimentov v prvom kole, využívali len uhlopriečky štvorcov a situáciu si uľahčili spomínanou legendou.

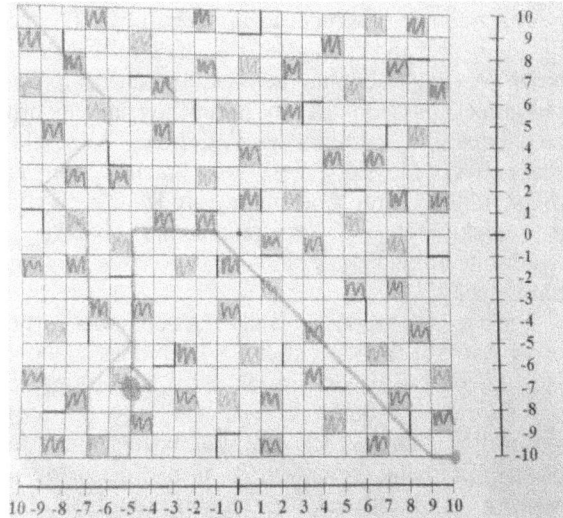

Obrázok 3 - príklad priamej hry

V ďalšej odohranej partii ide o priamu hru. Ako je viditeľné i na obrázku 3, žiaci pri hre taktizovali minimálne, snažili sa dobehnúť nepriateľa čo najskôr a nedbali príliš na to, že sa vystavujú nebezpečenstvu. Na hernom pláne vyznačili víťaza veľkou machuľou ružovej farby. Danú dvojicu hra uchvátila a vypýtali si aj ďalšie herné plány.

Tretia partia sa vyznačuje tým, že sa žiaci nesnažili len chytiť toho druhého, ale zároveň aj kryť seba. Ako je vidieť aj na obrázku 4, žiaci boli počas tejto hry nerozhodní. Pred konečným krokom zopárkrát nakreslili orientovanú úsečku, po ktorej by sa chceli vydať, pred dokončením ťahu si však krok rozmysleli a vybrali sa inou cestou. Počas hry odznela otázka na upresnenie pravidiel, či sa môžu orientované úsečky križovať. Nakoľko to pravidlá nezakazujú, odpoveď bola kladná. Okrem toho sme si všimli, že ak hrajú obaja hráči rovnakou farbou a navyše to je modré alebo čierne pero, tak sa hra stáva neprehľadnou.

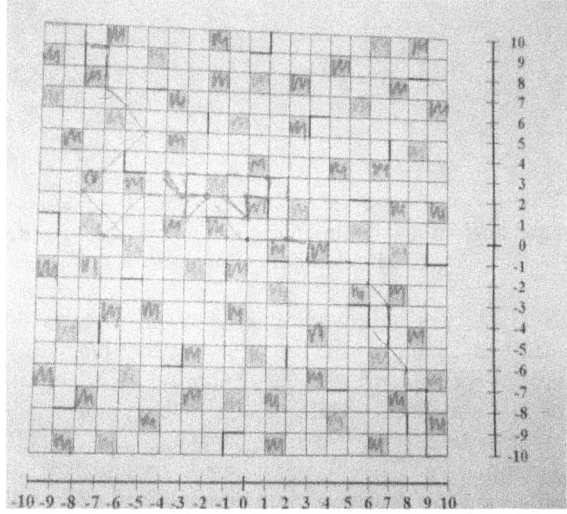

Obrázok 4 - príklad taktizujúcej hry

V žiadnej z predchádzajúcich ukážok sme nevideli prechod uhlopriečkou obdĺžnika. Takto môže vzniknúť dojem, že žiaci prechádzali iba uhlopriečkami jednotlivých štvorčekov, a tým hru zjednodušili a nesplnili všetky didaktické ciele. Pravdou však je, že v niektorých hrách sa potreba prejsť uhlopriečkou obdĺžnika prirodzene vyskytla a v niektorých nie. Prostredníctvom obrázku 5 uvádzame príklad hry, v ktorej žiaci používali aj tieto uhlopriečky.

Piata a zároveň posledná ukážka odohranej partie je vysoko špecifická. Odohrala ju dvojica žiakov, ktorí chceli hru osviežiť a tak si pridali originálne pravidlo, že sa budú naháňať tak, aby pri tom vytvorili obrázok. Dôležité je však poznamenať, že ostatné pravidlá dodržovali a aj naďalej hádzali kockami. Ako je to vidieť aj na obrázku 6, podarilo sa im vytvoriť hrad a raketu. Keďže zazvonilo, snažili sa hru ukončiť štandardným spôsobom, teda chytením toho druhého. Máme dôvod predpokladať, že keby nezazvonilo, tak by na plániku pravdepodobne vznikli aj ďalšie motívy.

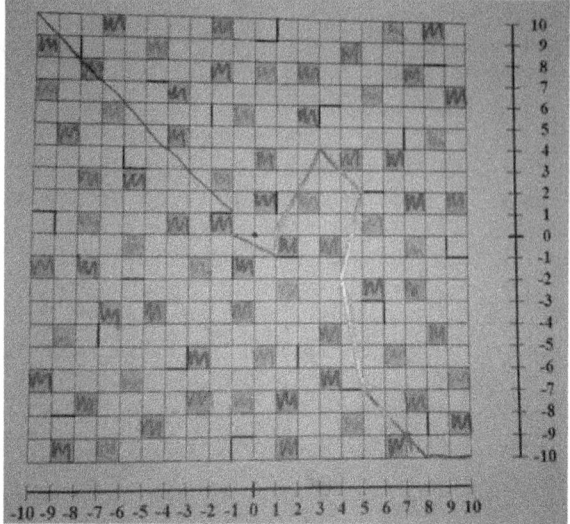

Obrázok 5 - príklad hry, kde žiaci použili aj pohyb po uhlopriečke obdĺžnika

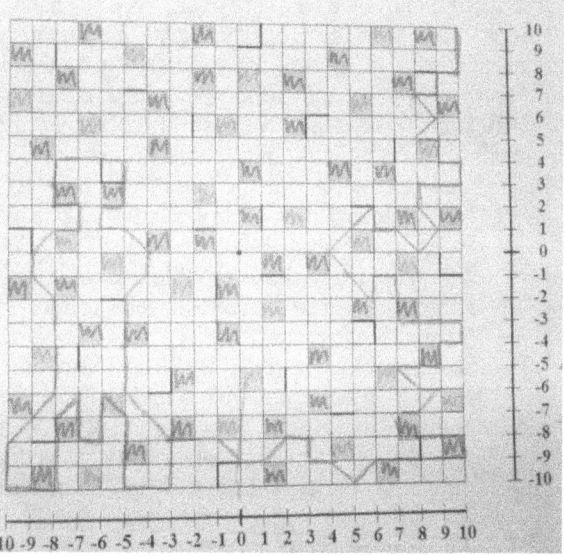

Obrázok 6 - kreatívna hra

9 Záver

Vytvorili a otestovali sme typ didaktickej hry, ktorá má slúžiť ako nástroj na vytvorenie prvých predstáv o orientovaných úsečkách, od ktorých v ďalších ročníkoch vieme prejsť k vektorom. Operácie, ktoré sme pomocou hry zavádzali, bolo skladanie a rozkladanie orientovaných úsečiek, násobenie orientovanej úsečky číslom, výpočet dĺžky úsečky v rovine zo známych súradníc pomocou Pytagorovej vety. V práci sme navrhli, ako by mohla vyzerať vyučovacia hodina, na ktorej sa žiaci stretnú s touto hrou, a tento model sme overili v jednej triede u žiakov deviateho ročníka. Hra mala úspech a stanovené didaktické ciele sa nám podľa našich pozorovaní podarilo splniť.

Poďakovanie

Touto cestou by sme sa chceli poďakovať nášmu vedúcemu, doc. Kubáčkovi, za trpezlivosť a rady pri tvorbe tejto didaktickej hry.

Osobitná vďaka patrí Miriame Šelcovej, ktorá nám poskytla priestor a žiakov na otestovanie hry.

A v neposlednom rade chceme poďakovať aj žiakom 9.D triedy na ZŠ Za Kasárňou v Bratislave za ich trpezlivosť pri vysvetľovaní pravidiel a strpenie drobných nedostatkov v pravidlách.

Literatúra

[Petty, 1996] Petty, G.: Moderní vyučování. Praha : Portál, 1996, ISBN 80-7178-070-7.

[Průcha et al., 1998] Průcha, J. – Walterová, E. – Mareš, J.: Pedagogický slovník. Praha : Portál, 1998, ISBN 80-7178-252-1.

ŠPÚ: Štátny vzdelávací program - matematika, príloha ISCED 2, Bratislava, 2010. Dostupné na: <http://www.statpedu.sk/files/documents/svp/2st zs/isced2/vzdelavacie_oblasti/matematika_isced 2.pdf> [15.03.2015 16:00]

ŠPÚ: Štátny vzdelávací program - fyzika, príloha ISCED 3A, Bratislava, 2009. Dostupné na: <http://www.statpedu.sk/files/documents/svp/gy mnazia/vzdelavacie_oblasti/fyzika_isced3.pdf> [15.03.2015 16:00]

[Vankúš, 2012] Vankúš, P.: Didaktické hry v matematike. Bratislava : KEC FMFI UK, 2012, ISBN 978-80-8147-002-8.

Študentská vedecká konferencia FMFI UK, Bratislava, 2015, pp. 276–280
ISBN 978-1518759055, © 2015 Silvia Bažíková

Reálne úlohy na hodine matematiky u žiakov SOŠ

Silvia Bažíková*
Školiteľ: Zbyněk Kubáček[‡]

Katedra matematickej analýzy a num. Matematiky, FMF1 UK, Mlynská dolina, 842 48 Bratislava

Abstrakt

Cieľom našej práce je ukázať, ako sa dá matematika vyučovať na SOŠ pomocou úloh z reálneho života. Našim zámerom je vyhľadať a priblížiť žiakom situácie z reálneho života. Prostredníctvom príkladov vychádzajúcich priamo zo životnej skúsenosti chceme ukázať prirodzenú spojitosť životnej reality a matematiky, a tak napomôcť pri formovaní pozitívneho vzťahu k matematike. V úvode príspevku sa zaoberáme, kde všade sa stretávame s reálnymi úlohami. V ďalšej časti rozoberáme, dôležitosť motivácie na hodine matematiky. V závere príspevku opíšeme konkrétne vyučovacie hodiny na SOŠ.

Kľúčové slová: reálne úlohy, motivácia, kontext, žiak, SOŠ

1 Úvod

Vyučovanie matematiky má slúžiť predovšetkým pre život. Nielen každodenné rozhodovanie sa, kde a čo nakúpiť, ale aj závažné rozhodnutia, v akej oblasti sa vzdelávať, aké povolanie si vybrať, ako naložiť so svojimi peniazmi, prečo a ako poistiť, vyžadujú čoraz viac schopnosti nájsť, spracovať, posúdiť a použiť kvantitatívne informácie. Matematika má svoje využitie aj v plne jednoduchých, bežných situáciách, kde si to ani neuvedomujeme. Používame ju pri varení, hraní hier, stávkach, vysádzaní kvetov,... je ukrytá i v umení – hudbe, mozaikách, v dielach výtvarných umelcov. Jednoducho je univerzálna a všadeprítomná.

Matematika nás obklopuje v každodennom živote a riešiť matematickú úlohu neznamená len vybrať si z nejakej zbierky matematických úloh jedno alebo niekoľko zadaní a vyriešiť ich, ale riešiť vzniknuté problémy (úlohy) v našom reálnom živote, v rôznych situáciách, pomocou známych matematických metód. Ak si všimneme svet okolo nás, problémy a situácie, ktoré nás obklopujú, uvedomíme si, že matematika je samozrejmou súčasťou nášho života a užitočným partnerom pri riešení rôznych úloh v bežných situáciách.

„Na čo nám to v živote bude?" To je otázka, ktorú si položí každý zúfalý žiak na hodine matematiky. Odpoveď žiaka po pokazenej písomke alebo odpovedi obsahuje len jeden veľmi jasný, ale unáhlený záver - matematika je nám nanič. S touto odpoveďou sa pri rozumnom uvažovaní nedá súhlasiť nedá, a preto treba nájsť iné závery.

Je to aj otázka, ktorú počul asi každý učiteľ na hodine matematiky. Dostala som ju aj ja, a tak som sa rozhodla, že žiakom dám na ňu odpoveď a ukážem im, kde všade sa môžu s matematikou stretnúť.

2 Kde všade sa stretávame s reálnymi úlohami?

Úlohy s reálnym kontextom, resp. z reálneho života sa nachádzajú v slovenských učebniciach matematiky pre 2. stupeň základnej školy Žabka-Černek a učebniciach pre gymnáziá Kubáček. Musíme podotknúť, že učebnice a zbierky matematiky pre stredné odborné školy neexistujú alebo sú zastarané (s výnimkou zbierok k učebniciam pre gymnáziá a SOŠ od autorského kolektívu pod vedením Tomáša Hechta pochádzajú ešte spred roku 1989) a vzhľadom na zmeny, ktoré v obsahu vyučovania matematiky nastali v poslednom desaťročí, nevyhovujú dnešným osnovám. Učiteľ je tak nútený sám si vytvárať počas školského roka tzv. „učebnicu alebo zbierku úloh". Na Slovensku knihy, literatúru s danou tematikou, zameraním nájdeme zatiaľ v malom množstve a to spravidla pre žiakov 2. stupňa základných škôl. Podľa našich zistení existujú tieto: Kubáček, Černek, Žabka, 2008, Šedivý, 2007, Šedivý, Fulier, 2004, Bálint, Kuzma, 2009,2010.

S kontextovými úlohami sa slovenskí žiaci môžu stretnúť v medzinárodnej štúdii PISA. „Jej cieľom je zistiť úroveň pripravenosti 15-ročných žiakov a študentov členských a partnerských krajín OECD na ich občiansky a profesionálny život. Slovné spojenie matematická gramotnosť v slovníku štúdie PISA vyjadruje schopnosť prakticky, v reálnych životných situáciách aplikovať vedomosti z matematiky. Matematická gramotnosť je schopnosť jedinca rozpoznať a pochopiť úlohu matematiky vo svete, robiť zdôvodnené rozhodnutia, používať a zaoberať sa matematikou spôsobmi, ktoré

---

* silvia.bazikova@gmail.com
‡ zbynek.kubacek@fmph.uniba.sk

zodpovedajú potrebám jeho života ako konštruktívneho, zaujatého a rozmýšľajúceho občana" [Koršnáková, 2004].

3 Motivácia na hodine matematiky

Školské vyučovanie má zásadný význam pre rozvoj osobnosti žiaka, lebo rozhodujúcim spôsobom ovplyvňuje jeho pracovné a spoločenské uplatnenie. Deti si v školskom vzdelávaní osvojujú nové poznatky, získavajú nové zručnosti a návyky, rozvíjajú logické, funkčné, kritické a kombinatorické myslenie, upevňujú si vôľové vlastnosti, učia sa objavovať a tvoriť.

Aby sme tieto úlohy mohli plniť a splniť, je potrebné rešpektovať a využívať psychologické zvláštnosti vývoja dieťaťa. Teda žiaka motivovať k plneniu cieľov, ktoré pred neho výchovnovzdelávací proces kladie.

Keďže v školskej praxi matematiku učíme predovšetkým prostredníctvom úloh, musíme im venovať náležitú pozornosť, pretože sú dôležitý motivačný činiteľ. Objaviteľský prístup pri získavaní nových poznatkov a radosť zo samostatne vyriešenej úlohy posilňujú pozitívny vzťah žiaka k matematike.

Popri „klasických" úlohách v zbierkach učiteľ by mal využívať úlohy, ktoré urobia vyučovanie matematiky zábavnejším a radostnejším.

Optimálna situácia nastane, ak žiak prijme úlohu za svoju a rieši ju ako svoj vlastný problém. Žiak prestáva riešiť úlohu pod vonkajším tlakom, interiorizácia úlohy mu vytvára predpoklady pre originálne riešenie.

K motivácii neprispieva len vhodne zvolený problém či otázka, ale tiež dôraz na proces „dělání matematiky" – podle F. Kuřinu (2002) je nutné „ soustavně ukazovat, jak matematika vzniká a jak pomáhá člověku řešit otázky, které jsou pro něho aktuální, někdy dokonce životně důležité". Dôležité je aj zdôrazňovanie toho, ako sa k matematickým poznatkom dostávame, na úkor podávaných hotových poznatkov. M. Kubíková uvádza tento autentický výrok žiaka: „My se matematiku neučíme, my ji děláme." Pokiaľ bude učiteľ naopak sústavne vyvolávať dojem, že v matematike ide predovšetkým o zapamätanie pravidiel a vzorčekov, je vysoko pravdepodobné, že žiaci vnútorne motivovaní nebudú. Treba ale dodať, že problematika motivácie je nesmierne komplikovaná a nedá sa vytvoriť obecne platný návod, ako žiakov správne motivovať. Nejde len o samotné úlohy, ale o celé prostredie, klímu triedy, ktoré učiteľ spolu so žiakmi na hodinách matematiky vytvárajú" [Hošpesová, 2007].

Vo vyučovaní matematiky je veľmi dôležité vytvoriť vhodnú komunikačnú klímu (zosúladená motivácia, otvorený dialóg, úspešná činnosť, ľudská spolupráca, spontánne porozumenie). Cieľom je pripraviť zmenu v kvalite psychiky žiaka (zdvihnutie sebadôvery vo vlastné schopnosti žiaka, zvýšenie túžby po poznaní, vyšší stupeň rozvoja myslenia, zapamätanie ako dôsledok porozumenia, zážitok úspechu vlastným pričinením, dialogická stratégia, spätná väzba aj pre žiakov, možnosť klásť otázky).

4 Konkrétne príklady

V príspevku opíšeme štyri vyučovacie hodiny, ktoré sme odučili na SOŠ. Zamerali sme sa na žiakov 1.ročníka študijného odboru manažment regionálneho cestovného ruchu.

Pri výbere vhodných úloh sme hľadali vzťahy s inými predmetmi, hlavne s geografiou (to je druhý predmet, ktorý na škole vyučujem), pretože medzipredmetové vzťahy sú dnes štandardnou súčasťou štátnych vzdelávacích programov.

Štátny vzdelávací program pre vyššie sekundárne vzdelávanie (ISCED 3C) uvádza: *Proces vzdelania smeruje k tomu, aby žiaci:*
- *získali schopnosť používať matematiku vo svojom budúcom živote ...*
- *prostredníctvom medzipredmetových vzťahov a prierezových tém by mali spoznať matematiku ako súčasť ľudskej kultúry aj ako dôležitý nástroj pre spoločnosť.*

Predmet geografia ponúka veľa zaujímavých matematických úloh, s ktorými sa stretneme v bežnom reálnom živote. Sú to napríklad témy mierka mapy, čas, vrstevnice alebo čítanie grafov.

Pri týchto úlohách žiaci budú využívať aj poznatky, ktoré nadobudli na základnej škole.

4.1 Premena jednotiek dĺžky

Nejeden žiak si pod premenou jednotiek predstavuje hodinu typu: „12 metrov koľko je centimetrov, 0,007 kilometrov koľko je milimetrov,...? ".

Hodina s reálnymi úlohami na SOŠ môže vyzerať nasledovne. Na hodinu som si priniesla mapy rôznych dĺžok. Každý žiak dostal mapu s inou mierkou. So sebou mali kalkulačku, pravítko. Žiakov som rozdelila do skupín a každá skupina dostala príklad:
1. Aká je skutočná vzdialenosť medzi Trnavou a Bratislavou? (km, m)
2. Aká je skutočná vzdialenosť medzi B. Štiavnicou a Ružomberkom? (km, m)

3. Aká je skutočná vzdialenosť medzi Ružomberkom a Žilinou? (km, m)
4. Aká je skutočná vzdialenosť medzi Bratislavou a Košicami (km, m)

Žiaci merali, premieňali, každý pracoval samostatne, ako môžeme vidieť na Obr. 1.

Obr. 1: Premena jednotiek.

Niektorým žiakom to nedalo a opýtali sa ma: „Ale tá vzdialenosť na mape nie je priamka, ako to máme odmerať?". Jeden vykríkol: „pomocou šnúrky". Nechcela som, aby merali pomocou šnúrky, tak som im povedala, aby vzdialenosť namerali vzdušnou čiarou.

Žiaci pochopili, že ak chcú zistiť skutočnú vzdialenosť, potrebujú k tomu mierku mapy. Pri úlohe sa najviac sústredili na to, či správne zistia skutočnú vzdialenosť a pritom si ani neuvedomovali, že premieňajú jednotky dĺžky. Žiaci si výsledky v skupine navzájom skontrolovali a zistili, že majú menšie odchýlky. Vysvetlili si to hneď tým, že mapy sú skreslené a čím je väčšia mierka, tým je vzdialenosť nepresnejšia.

4.2 Premena jednotiek obsahu

Na začiatku hodiny som sa žiakov opýtala, ako by vypočítali rozlohu vodnej nádrže Liptovská Mara. Jeden žiak odpovedal, že by si odmeral obvod a pomocou neho si vypočíta obsah. Ostatní mu zatlieskali, tak nám to aj predviedol.

Povedal nám, že obvod je 42 cm, dosadím do vzorca

$$o = 2 \Pi \ r, \ \text{čiže}$$
$$r = 42/2 \Pi$$
$$r = 6,7$$

Keď mám polomer dosadím do vzorca:

$$S = \Pi r^2$$
$$S = 3,14. \ 6,7^2.$$

Dvaja žiaci povedali, že by sme to mohli vyrátať aj pomocou štvorčekového papiera. Tak som každému žiakovi rozdala atlas, pauzák, štvorčekový papier. Ich úlohou bolo vypočítať rozlohu kraja, ktorý si vyberú sami. Žiaci pracovali samostatne. Keď mali porátané štvorčeky, ako môžeme vidieť na Obr. 2, začali rátať, aká je rozloha v skutočnosti. Nad mapou mali žiaci napísanú skutočnú rozlohu kraja. Skontrolovali si a zistili, že majú iný výsledok. Jeden žiak sa rozhodol vysvetliť riešenie. Na tabuľu písal, ak 1cm na mape je v skutočnosti 1 000 000 cm = 100 km, tak potom 1 cm x 1 cm na mape je v skutočnosti 100 km x 100 km, čiže 1 cm^2 v skutočnosti je 10 000 km^2. No a koľko máš štvorčekov, krát 10 000 km^2.

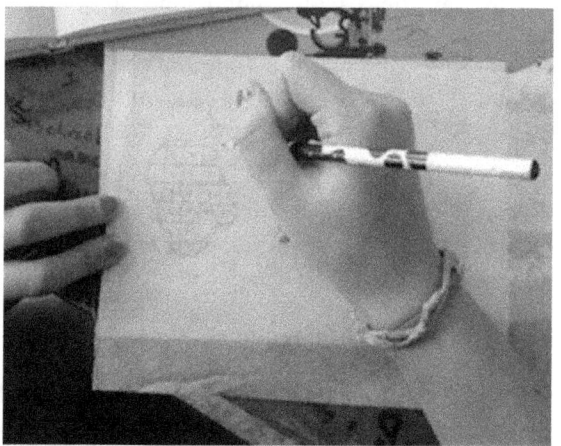

Obr. 2: Premena jednotiek.

4.3 Pytagorova veta

Téma vyučovacej hodiny mala názov Pytagorova veta. Nechcela som však robiť „klasický" prístup: „Máme pravouhlý trojuholník ABC. Strana a = 5cm, strana b = 6 cm. Vypočítajte stranu c".

Pytagorovu vetu som sa rozhodla precvičiť pomocou vrstevníc. Treba ale myslieť nato, že jedna vyučovacia hodina je málo na dané učivo. Na prvej vyučovacej hodine som so žiakmi rozobrala, čo je vrstevnica a ako sa znázorňuje a na druhej hodine sme počítali vzdialenosť z nadmorskej výšky A do nadmorskej výšky B pomocou Pytagorovej vety.

Pomôcky, ktoré sme potrebovali na hodinách: pravítko, ceruzku, kalkulačka.

Na prvej vyučovacej hodine som k názornej ukážke vrstevníc využila Zemepisné cvičenia pre 6. ročník z roku 1958, pozri Obr. 3. Úlohou žiakov bolo priradiť jednotlivé vrstevnicové plány k tvarom jednotlivých vrchov, ktoré sa nachádzali pod nimi. Žiaci s tým nemali problém.

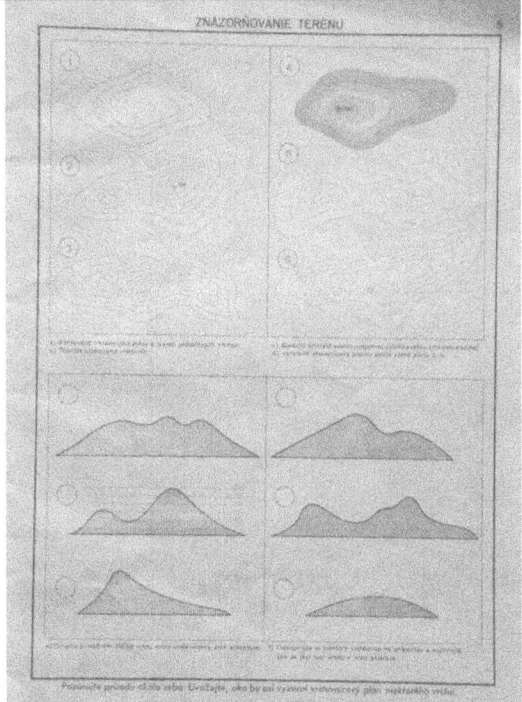

Obr. 3: Ukážka vrstevníc.

Potom si žiaci mali sami nakresliť vrstevnicu (a samozrejme k vrstevnici nesmie chýbať mierka). Ich úlohou bolo znázorniť terén svojich vrstevníc, ako môžeme vidieť na Obr. 4.

Pri tejto úlohe žiaci si precvičili zostrojenie grafu, zároveň čítanie z grafu a naučili sa, čo je vrstevnica a ako sa znázorňuje.

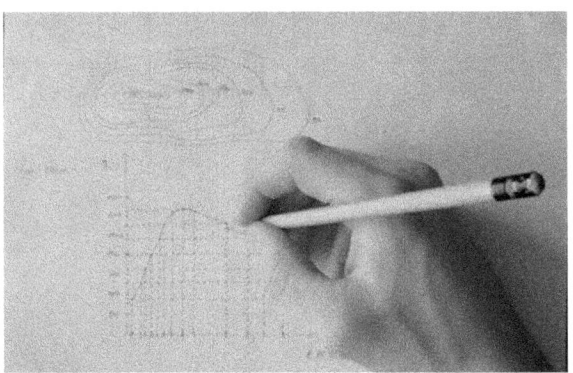

Obr. 4: Zostrojenie vrstevnice.

Na druhej vyučovacej hodine mali žiaci za úlohu zistiť, akú skutočnú vzdialenosť prejdú z nadmorskej výšky 350 metrov na vrchol kopca (toho svojho - ideálneho). Prvý nápad žiakov bolo vypočítať vzdialenosť pomocou Pytagorovej vety cez jeden pravouhlý trojuholník, ako môžeme vidieť na Obr.5.

Obr. 5: Výpočet vzdialenosti.

Nápad dobrý, ale to by trasu až tak nekopírovalo. Ako sa na to žiaci pozerali zistili, že presnejšie to bude vypočítať pomocou tých malých trojuholníkov Obr.6, a potom ich sčítať, ako na Obr.7.

V tejto úlohe žiaci využili nielen Pytagorovu vetu, ale aj premenu jednotiek.

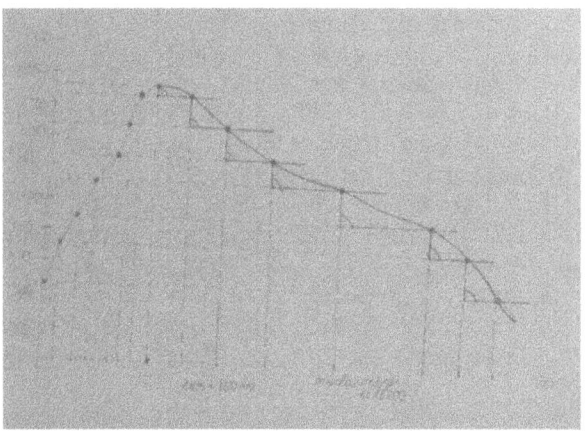

Obr. 6: Výpočet vzdialenosti.

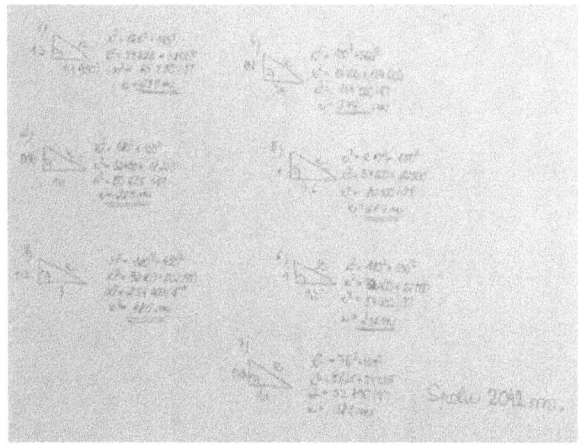

Obr. 7: Výpočet vzdialenosti.

5 Záver

Cieľom príspevku bolo ukázať, že opakovanie matematiky v prvom ročníku na SOŠ môže byť zábavnejšie a aj prínosnejšie pre žiakov. Na konkrétnych príkladoch sme chceli ukázať, ako možno motivovať žiakov na hodine matematiky. Chceli sme, aby žiaci získali konkrétnu predstavu, kde sa s jednotlivými poznatkami a postupmi v živote stretnú a hlavne, že viaceré z nich aj sami využijú v praxi.

Poďakovanie

Touto cestou by som sa chcela poďakovať môjmu školiteľovi docentovi Kubáčkovi, za pomoc, odborné vedenie, pripomienky a čas, ktorý mi venoval pri písaní mojej práce.

Literatúra

[Hejný, M. et al., 1990] teória vyučovania matematiky 2. Bratislava: SPN.

[Hejný, M., kuřina, F., 2009] Dítě, škola a matematika. Praha: Portál.

[Hošpesová, A., Stehlíková, N., Tichá, M. et al., 2007] Cesty zdokonalovaní kultury vyučování matematice. České Budějovice.

[Koršnáková, P., 2004] PISA-MATEMATIKA ÚLOHY 2003. Bratislava: Štátny pedagogický ústav.

[Kubáček, Z., Kosper, F., 2004] matematická gramotnosť správa 2003. Bratislava: Štátny pedagogický ústav.

Študentská vedecká konferencia FMFI UK, Bratislava, 2015, p. 281
ISBN 978-1518759055, © 2015 Lucia Čulenová

Skúsenosti a postrehy z vyučovania programovania v prostredí Scratch

Lucia Čulenová[1]
Školiteľ: Monika Tomcsányiová[2]

Katedra základov a vyučovania informatiky, FMFI UK, Mlynská Dolina, 842 48 Bratislava

Abstrakt

V práci som vyhľadala a zanalyzovala dostupné materiály na vyučovanie programovania pre žiakov na 2. stupni ZŠ. Zisťovala som, na ktorých základných školách sa začalo používať prostredie Scratch a aké aktivity robia žiaci v tomto prostredí. Pre prostredie Scratch som navrhla programátorské aktivity, ktoré v súčasnosti testujem na krúžku programovania za základnej škole.

Kľúčové slová: Scratch, programovanie, vyučovacie témy, programátorské aktivity.

1 Úvod

Programovacie prostredie Scratch som si zvolila najmä preto, že v ňom vidím potenciál, ktorý umožní zaujať väčšinu žiakov a nielen tých, ktorí majú záujem o programovanie. Ľahkosť ovládania prostredia dovoľuje deťom rýchlo a jednoducho vytvárať rôzne projekty, ako napríklad animácie, virtuálne pohľadnice alebo dokonca aj jednoduchšie hry.

2 Postupnosť tém pre Scratch

Pri zostavovaní vhodnej postupnosti tém vyučovania programovania v prostredí Scratch som pracovala najmä so ŠVP ISCED 2 pre informatiku. Inšpirovala som sa aj rozložením tém, ktoré boli navrhnuté pre prostredie Imagine Logo. Najprv som navrhla určitú postupnosť tém, ale v priebehu testovania na krúžku programovania som zistila, že niektoré témy nie sú vhodne zaradené. Preto som témy následne preusporiadala do terajšej podoby. Aktuálna postupnosť tém je v prílohe dokumentu.

3 Krúžok programovania

V súčasnosti vediem krúžok programovania na základnej škole v Brodskom. Do krúžku je zapísaných 14 chlapcov z piateho až deviateho ročníka, pričom niektorí žiaci sú šikovnejší a majú záujem o programovanie. Na iných som počas realizácie krúžku videla, že nemajú zvýšený záujem o programovanie. Na základe svojich doterajších pozorovaní môžem povedať, že žiaci pri práci uprednostňujú, ak im materiály dávam v podobe vytlačených pracovných listov. Na každom pracovnom liste sa nachádza teória spolu so zadaním problému, ktorý sa chystáme riešiť. Tiež sa mi osvedčilo za vykonanú prácu dávať žiakom odmeny v podobe odznakov, ktoré máme vystavené na nástenke v počítačovej učebni. Tieto odznaky ich viacej motivujú pri práci. Na konci každej hodiny zadám žiakom nepovinnú domácu úlohu, za ktorú môžu taktiež získať odmenu. Domáca úloha slúži na precvičenie preberanej látky a zvyčajne sa podobá na zadanie riešené v škole.

4 Záver

Z testovania svojich zadaní a pripravených úloh som zistila, že žiaci uprednostňujú programovanie hier, ktoré si môžu následne sami otestovať. Na konci každého krúžku im dávam desať minúť voľného času, aby sa so svojimi výtvormi mohli zahrať, poprípade pochváliť zlepšeniami, ktoré veľmi radi z vlastnej iniciatívy do zadaní dopĺňajú. Deti v tomto veku sú veľmi zvedavé a kreatívne a programovanie im dáva možnosť na vlastnú sebarealizáciu, ako aj priestor na ich malé experimenty. Je len na učiteľovi ako veľmi dokáže u detí túto tvorivosť podporiť a ďalej rozvíjať.

Literatúra

[Blaho a Kalaš, 2007] Blaho, A. a Kalaš, I. Tvorivá informatika. 1. zošit z programovania. Bratislava: SPN - Mladé letá, 2007, S. 6-39, ISBN: 80-10-01223-7.

[stránka prostredia] Scratch – vymysli, programuj, zdieľaj, dostupné online: https://scratch.mit.edu/

[ŠVP, 2008] Štátny vzdelávací program, INFORMATIKA. 2008. Príloha ISCED 2, dostupné online: http://www.statpedu.sk/files/documents/svp/2stzs/isced2/vzdelavacie_oblasti/informatika_isced2.pdf.

---

[1] culenova.lucka@gmail.com
[2] tomcsanyiova@fmph.uniba.sk

Študentská vedecká konferencia FMFI UK, Bratislava, 2015, p. 282
ISBN 978-1518759055, © 2015 Ľuboš Jaroš

Úlohy pre programátorské súťaže Imagine Logo Cup a Scratch Cup

Ľuboš Jaroš[1]
Školiteľ: Monika Tomcsányiová[2]

Katedra základov vyučovania informatiky, FMFI UK, Mlynská Dolina, 842 48 Bratislava

Abstrakt

Vo svojej práci som preskúmal niektoré úlohy z programátorskej súťaže Imagine Logo Cup, pozri [1]. Keďže v súčasnosti je pre žiakov na základnej škole dostupné prostredie Scratch, pozri [2], ktoré sa javí ako veľmi atraktívne, hľadal som súvislosti medzi metódami naprogramovania úloh zo súťaže v prostredí Scratch. Aby mohli žiaci riešiť rovnaké zadania aj v novej súťaži Scratch Cup, vyhľadám a navrhnem také úlohy, ktoré sa budú dať podobne vyriešiť v prostredí Imagine Logo a aj v prostredí Scratch.

Úvod

Scratch Cup je nová programátorská súťaž, v školskom roku 2013/14 sa konal jej pilotný ročník. Predpokladáme, že po určitom čase táto súťaž nahradí existujúcu súťaž Imagine Logo Cup, ktorá má za sebou už 17 ročníkov. Scratch Cup preto vzniká ako súťaž pre rovnakú vekovú kategóriu a sú v nej úlohy, ktoré majú veľmi podobný charakter ako súťažné úlohy pre Imagine Logo Cup. Obe súťaže sú určené najmä žiakom, ktorí majú záujem o programovanie. Žiaci počas 90 minút riešia tri súťažné úlohy. Prvá úloha je venovaná kresleniu čiarami pomocou postavy. V druhej úlohe je potrebné navrhnúť konkrétny scenár. Tretia úloha je komplexný program, v ktorom žiaci preukážu svoje znalosti a schopnosti naprogramovať zložitejšie zadania - napríklad jednoduchú hru.

Prvé dve súťažné úlohy by mali dokázať vyriešiť aj žiaci, ktorí absolvovali len povinný predmet informatika v rozsahu danom Štátnym vzdelávacím programom pre ISCED2.

1   Súťažné úlohy

Na ilustráciu som si zvolil niekoľko úloh, ktorých riešenie sa v prostrediach podstatne líši, kvôli rôznym obmedzeniam prostredia Scratch. Úloha *Nápoje Íha vždy uhasia tvoj smäd!* vyžaduje pri svojom riešení, aby program reagoval na udalosti myši **priKliknutí**, **priŤahaní** a **priPustení**. Prostredie Scratch z nich dokáže reagovať iba na udalosť *pri_kliknutí_na_mňa*, a preto treba žiakov na riešenie takéhoto typu úloh naučiť pracovať

s podmienkami, resp. naučiť ich chápať posielanie správ medzi postavami. Ďalším typom prístupu riešenia niektorých súťažných úloh v Imagine Logo Cup bolo vypĺňanie už nakreslených objektov. V prostredí Scratch úplne chýba takýto príkaz a nie je možné nakreslené objekty prefarbovať. Preto napr. nakreslenie plochy v úlohe *Človeče* budú žiaci v prostredí Scratch riešiť opečiatkovaním postáv s kostýmami, ktoré musia vopred nakresliť.

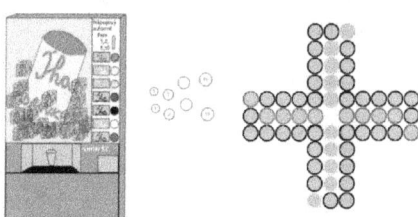

Obr. 1: Úlohy súťaže Imagine Logo Cup: Nápoje Íha vždy uhasia Tvoj smäd! (vľavo), Človeče. (vpravo)

Prostredie Scratch má, rovnako ako prostredie Imagine Logo, údajovú štruktúru zoznam, takže úlohy, v ktorých je potrebné uchovávať si údaje, sa budú dať riešiť veľmi podobne v oboch prostrediach.

Záver

Skúmaním súťažných úloh súťaže Imagine Logo Cup, ich riešení v prostredí Imagine a následným riešením v prostredí Scratch som určil spoločné aj rozdielne prístupy v riešení niektorých súťažných zadaní z minulých ročníkov súťaže Imagine Logo Cup. Takýmto postupom som zistil, aké úlohy sú vhodné ako **spoločné súťažné úlohy** pre obe prostredia. Takúto úlohu potom navrhnem ako spoločné zadanie do oboch tohtoročných súťaží Imagine Logo Cup aj Scrtach Cup.

Literatúra

[1] Stránka Imagine Logo Cup, dostupné 7.4.2015 na internete:
http://edi.fmph.uniba.sk/~tomcsanyiova/ImagineLogoCup/index.php

[2] Stránka Scratch Cup, dostupné 7.4.2015 na internete:
http://edi.fmph.uniba.sk/~tomcsanyiova/ScratchCup/

[1] hohenhaimwolf@gmail.com
[2] tomcsanyiova2@fmph.uniba.sk

Študentská vedecká konferencia FMFI UK, Bratislava, 2015, p. 283
ISBN 978-1518759055, © 2015 Natália Kováčová

Rozbor vybraných úloh informatickej súťaže iBobor pre nevidiacich žiakov základnej školy (rozšírený abstrakt)

Natália Kováčová*
Školiteľ: Ľudmila Jašková[2‡]

[1] Katedra základov a vyučovania informaiky, FMFI UK, Mlynská Dolina, 842 48 Bratislava
[2] Katedra základov a vyučovania informaiky, FMFI UK, Mlynská Dolina, 842 48 Bratislava

Súťaž iBobor sa v ostatných rokoch stala neodmysliteľnou súčasťou informatiky na mnohých školách v 30 krajinách sveta. Nie všetci žiaci sa jej však môžu zúčastniť. Ide najmä o žiakov s rôznymi typmi zdravotného postihnutia. Už niekoľko rokov sa venujeme výskumu v oblasti výučby informatiky pre nevidiacich žiakov ZŠ. Domnievame sa, že aj v prípade nevidiacich žiakov je nesmierne dôležité rozvíjať algoritmické myslenie. Keďže súťaž iBobor ponúka žiakom množstvo úloh zameraných na rozvoj algoritmického myslenia, rozhodli sme sa preskúmať možnosti sprístupnenia tejto súťaže nevidiacim žiakom. Úlohy, ktoré sme pre túto kategóriu žiakov zvolili, vznikli úpravou úloh určených pre bežných žiakov. V príspevku popíšeme niektoré z nich a vysvetlíme úpravy, ktoré bolo nevyhnutné vykonať, aby boli úlohy vhodné pre nevidiacich. Na základe analýzy žiackych riešení porovnáme úspešnosť intaktných a nevidiacich žiakov. Zamyslíme sa nad rôznymi faktormi, ktoré majú vplyv na úspešnosť nevidiacich žiakov a navrhneme odporúčania pre tvorbu vhodných úloh.

Úlohy sme vyberali zo sady úloh, ktoré boli v školskom roku 2014/2015 určené pre žiakov kategórie Bobríci a Benjamíni. Najprv sme vybrali tie, ktoré sa dali použiť pre nevidiacich bez zmeny. Takých však nebolo veľa. Niekoľko ďalších úloh bolo potrebné mierne upraviť, pretože obsahovali dôležitú informáciu vo forme obrázku, čo je v prípade nevidiacich žiakov neprípustné.

Jednou z nami upravených úloh je aj úloha o číselnom hadovi. V pôvodnom zadaní sa had vytvára z farebných kociek. Obrázok 1 ilustruje pôvodné znenie úlohy.

Z toho dôvodu, že zadanie bolo vizuálne zamerané, sme pre nevidiacich zvolili hada, ktorý pozostával z čísel. Tiež sme pre lepšiu zrozumiteľnosť použili kratšieho číselného hada.

Vytvorili sme nasledujúce zadanie:

Janka je veľká výmyselníčka a rozhodla sa pre svojho brata Ivka vytvoriť číselného hada. Najskôr poskladala svojho hada takto:

7,9,1,3,5,8.

Potom začala vytvárať nového číselného hada pre Ivka. Zobrala číslo z ľavého (Ľ) alebo z pravého (P) konca svojho hada. Toto číslo vždy dala na pravý koniec nového hada. Po umiestnení všetkých čísel vznikol pre Ivka takýto had:

8,5,7,3,1,9.

Ako brala Janka čísla z pôvodného hada?

A. P, P, Ľ, Ľ, P, P

B. Ľ, Ľ, P, P, Ľ, P

C. P, P, Ľ, P, P, Ľ

D. Ľ, P, P, Ľ, P, P

Odpoveď:

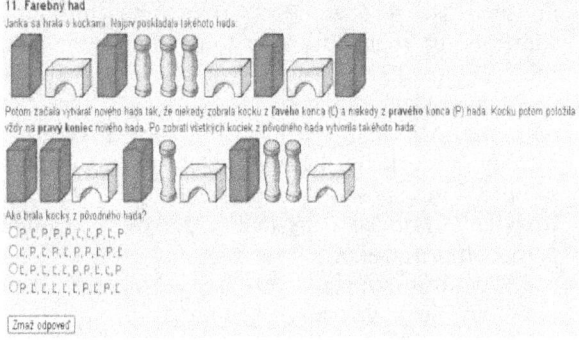

Obr. 1: Pôvodné zadanie úlohy Farebný had.

Literatúra

JAŠKOVÁ, Ľ., KOVÁČOVÁ, N. Prvé skúsenosti s realizáciou súťaže iBobor pre nevidiacich žiakov druhého stupňa ZŠ, Zbornik z konferencie DIDINFO 2015, Univerzita Mateja Bela, Banská Bystrica, v tlači

* kovacova.naty@gmail.com
‡ jaskova@fmph.uniba.sk

Študentská vedecká konferencia FMFI UK, Bratislava, 2015, p. 284
ISBN 978-1518759055, © 2015 Ivona Demčáková

Ako na kritické myslenie
(rozšírený abstrakt)

Ivona Demčáková[1]*
Školiteľ: Barbora Kamrlová[1‡]

[1] KAGDM, FMFI UK, Mlynská Dolina, 842 48 Bratislava

Cieľom tejto práce je uviesť informácie o kritickom myslení v matematike a jeho možnostiach rozvoja na hodinách matematiky.

Rozvíjanie kritického myslenia je jednou zo základných úloh, ktoré majú učitelia. „Princíp kritického myslenia je založený na tom, aby sa zaujalo stanovisko k nejakej myšlienke, téme, názoru, tvrdení, ktoré sa nás dotýka resp. dotýka študenta. Aby sme naučili študentov kriticky myslieť, tak to musíme začať praktizovať aj na vyučovacích hodinách." [Kosturková, 2011]

Jedným z predpokladov rozvoja kritického myslenia žiakov na hodinách matematiky je, že učitelia by mali mať potrebné zručnosti, ktoré môžu byť použité pri výučbe kritického myslenia [Matthews, 2010]. Ak chceme, aby učitelia rozvíjali kritické myslenie svojich žiakov, musíme ich naučiť využívať správne metódy. Najlepšia možnosť je začať počas prípravy na ich budúce povolanie na vysokej škole.

Najprv by sme mali uviesť definíciu kritického myslenia. Ennis ho definoval nasledovne: Kritické myslenie je primerané a reflexívne myslenie zamerané na rozhodovanie o tom, čomu veriť a čo robiť. [Ennis, 1998]

Máme viac možností ako rozvíjať kritické myslenie. Môžeme využiť metódy, ktoré kopírujú metódy vedeckého bádania a tak môžu žiakom priblížiť aj spôsob práce skutočných vedcov. Rozvíjať kritické myslenie žiakov môžeme pomocou metód ako:

- brainstorming,
- myšlienková mapa,
- voľné písanie,
- sokratovský rozhovor,
- I.N.S.E.R.T,
- kladenie otázok,
- problem solving,
- riadené čítanie s diskusiou,
- prípadová štúdia,
- pexeso (hľadanie párov na základe sémantických vzťahov).

Veľkým prínosom pri rozvoji kritického myslenia je využitie metódy učíme sa navzájom. Zaujímavými a netradičnými metódami sú tvorba a riešenie tajničiek, šifrovačky či rôzne varianty hier.

Pre lepšie pochopenie súčasných študentov učiteľstva matematiky sme vytvorili dotazník, ktorým zisťujeme informácie o ich strednej škole a matematike. Zisťujeme, aké metódy používali ich učitelia matematiky a niekoľkými otázkami sa venujeme aj vyučovaniu matematiky na vysokej škole a kritickému mysleniu. Študenti boli oslovení mailom, kde sa nachádzal aj odkaz na dotazník.

Kritické myslenie pre nich znamená pozrieť sa na problém zo všetkých hľadísk. Študenti učiteľstva matematiky tiež priznali, že hodiny matematiky na strednej školy sú prevažne zamerané na riešenie príkladov a zvládnutie testov.

Tiež sme vytvorili druhý dotazník, ktorí vypĺňali učitelia matematiky z celého Slovenska. V dotazníku sledujeme ich postoje ku kritickému mysleniu a k možným spôsobom jeho rozvoja. Pýtali sme sa ich aj na skupinovú prácu, pretože práca v skupinách rozvíja kritické myslenie.

Z odpovedí respondentov nám vyplýva, že si učitelia uvedomujú dôležitosť kritického myslenia ale zároveň priznávajú, že žiacke vedomosti z matematiky sú vo veľkej miere iba naučené naspamäť. Učitelia chápu kritické myslenie v matematike ako hľadanie riešení problémov, logické argumentovanie, spôsob objavovania vedomostí a zručností a vedia, že to nie je len reprodukovanie „poučiek". Súčasné učebnice matematiky podľa učiteľov neposkytujú dostatok námetov na rozvoj kritického myslenia.

Literatúra

[Ennis., 1998] Ennis, R. 1998. Is Critical Thinking Culturally Biased? In *Teaching Philosophy*. Roč. 21. č. 1. 1998. s. 15-33. ISSN 0145-5788.

[Kosturková, 2011] Kosturková, M. 2011. Rozvoj kritického myslenia u študentov vysokých škôl, In. *Medzinárodná vedecká elektronická konferencia pre doktorandov, vedeckých pracovníkov a mladých vysokoškolských učiteľov* Prešov 2011. s. 526–536.

[Matthews, 2010] Matthews, R. – Lally, J. 2010. *The Thinking Teacher's Toolkit. Critical Thinking, Thinking Skills and Global Perspective.* Londýn: Continuum Books, 2010. 199 s. ISBN 978-1-4411-2571- 2.

---

* ivona.demcakova@gmail.com
‡ bkamrlova@gmail.com

Študentská vedecká konferencia FMFI UK, Bratislava, 2015, p. 285
ISBN 978-1518759055, © 2015 Kristína Budzelová

Počítadlo – detská hračka?
(rozšírený abstrakt)

Kristína Budzelová[1]*
Školiteľ: Barbora Kamrlová[1‡]

[1] Katedra algebry, geometrie a didaktiky matematiky, FMFI UK, Mlynská Dolina, 842 48 Bratislava

Cieľom práce je oboznámiť čitateľov s počítadlom, ako školskou pomôckou využiteľnou na hodinách matematiky na 2. stupni základnej školy.

Každé dieťa, či dospelý pozná počítadlo. Je to školská pomôcka niekoľko storočí stará, ale aj napriek tomu má, hlavne v oblasti aritmetiky, nesmiernu cenu.

Je veľa spôsobov, ako naučiť deti rozumieť číslam a vedieť ich používať. Niektoré sú zábavné, iné nie. Počítadlo, ako školská pomôcka je pre deti atraktívna, či už z vizuálneho hľadiska (obsahuje farebné guľôčky), alebo preto, že prinesie zmenu do bežnej vyučovacej hodiny. Pre učiteľa, ktorý by chcel počítadlo používať, sa naskytne problém nízkej dostupnosti slovenských publikácií k tejto problematike. Preto bolo mojou snahou vytvoriť manuál, v ktorom sa čitateľ krok po kroku oboznámi so základným narábaním s počítadlami. Na názorných príkladoch sú vysvetlené algoritmy používané pri sčítaní a odčítaní.

Manuál je vytvorený pre dva typy počítadiel. Prvý typ je japonský Soroban, ktorý je založený na 5-kovej sústave. Druhý typ je školské počítadlo, ktoré je založené na 10-tkovej sústave. Voľba počítadiel bola z jednej strany subjektívnou voľbou ovplyvnenou mojimi sympatiami a z druhej strany ide o možnosť porovnať počítadlá, ktoré sú založené na používaní dvoch rôznych číselných sústav.

Počítanie s počítadlom nie je len jednoduché presúvanie korálikov. Je to proces, ktorý aktivizuje obe hemisféry mozgu. Taktiež rozvíja viacero schopností, ako napríklad schopnosť koncentrovať sa, riešiť problémy, vytvárať mentálne obrazy. Ďalej rozvíja kreativitu a zlepšuje priestorové schopnosti, všeobecné matematické schopnosti, pracovnú a zlučovaciu pamäť. Osobitný dôraz sa kladie na vytváranie mentálnych obrazov, s ktorými je spojená tvorba mentálneho abakusu a teda abstrahovanie. Je to fáza, kedy sa prestane používať fyzické počítadlo. Deti si najprv vytvoria vizuálny obraz počítadla a potom presúvajú koráliky na ich mentálnom abacuse presne tak, ako by to bolo na skutočnom počítadle.

Práca s počítadlom je spojená s aritmetikou a počtovými operáciami. Štátny vzdelávací program (ISCED2, 2010) pre druhý stupeň základných škôl zahrňuje aritmetiku a počtové operácie v tematickom okruhu čísla, premenná a počtové výkony s číslami.

Konkrétne uplatnenie počítadla podľa obsahu tematického celku v 5. a 6. ročníku základnej školy (ISCED2, 2010):

5.ročník:
- Násobenie a delenie prirodzených čísel v obore do 10 000
- Vytvorenie oboru prirodzených čísel do a nad milión
- Počtové výkony s prirodzenými číslami

6.ročník:
- Počtové výkony s prirodzenými číslami
- Desatinné čísla. Počtové výkony (operácie) s desatinnými číslami

Využitie počítadla v aritmetike je obrovské. Počítanie s počítadlami nekončí pri sčítaní a odčítaní, práve naopak, tu sa ešte len začína. S počítadlami sa dá efektívne a rýchlo násobiť, deliť, umocňovať a odmocňovať čísla. Na počítadle je možné zvoliť si vlastnú číselnú sústavu a počítať v nej.

Mojím ďalším cieľom je rozpracovať túto tému hlbšie a následne aplikovať počítanie s počítadlom do vyučovacieho procesu a analyzovať rozvoj kognitívnych schopností u slovenských detí.

Literatúra

[Štátny vzdelávací program, ISCED 2, Matematika, Bratislava : ŠPU, 2010.]

[Budzelová, K. 2014. *Počítadlo ako pomôcka pri príprave učiteľov matematiky*: bakalárska práca. Bratislava: Univerzita Komenského, 2014.]

* kika.budzelova@gmail.com
‡ bkamrlova@gmail.com

Študentská vedecká konferencia FMFI UK, Bratislava, 2015, p. 286
ISBN 978-1518759055, © 2015 Tatiana Sirotová

Zlomky v histórií a chyby pri ich vyučovaní (rozšírený abstrakt)

Tatiana Sirotová[1*]
Školiteľ: Barbora Kamrlová[1†]

[1] Najlepší inštitút, FMFI UK, Mlynská Dolina, 842 48 Bratislava

V dnešnej dobe má mnoho žiakov problémy pri počítaní so zlomkami. Pri zlomkoch je dôležité si uvedomiť, že nie všetci žiaci preferujú rovnaký spôsob reprezentácie poznatkov. V našej práci sledujeme rôzne typy reprezentácie podľa Leshovho modelu [Lesh, 2003]. V tomto modeli sa ukazuje, ako reálne situácie, manipulatívne aktivity, verbálne reprezentácie, abstraktné symboly a písomné záznamy navzájom prepojené umožňujú uchopenie matematických konceptov, a to podľa individuálnych typových preferencií.

V súčasnosti je vo svete aktuálnych mnoho projektov, pre našu prácu je najzaujímavejší americký projekt **The Rational Number Project**. Pokiaľ ide o rôzne typy reprezentácií a hľadanie zdrojov pre tieto typy, v rámci manipulatívnych aktivít, ako aj verbálnych reprezentácií a reálnych situácií nás zaujímali napríklad dejiny zlomkov.

V histórii bola práca so zlomkami zložitejšia aj vďaka tomu, že nemali také jednoduché označovanie čísel, ako máme teraz. Snažili si prácu uľahčiť rôznymi spôsobmi. My sme zatiaľ v práci predstavili, ako s nimi počítali Egypťania [Vetter, 1923] a Rimania.

Egypťania používali dlho iba kmeňové zlomky. Mali veľmi prepracovaný systém práce, ale používali aj veľa tabuliek. Zdvojnásobenie čísla tvorilo základ nie len pre násobenie, ale aj pre delenie. Náročnejšie bolo sčítanie zlomkov, využívali pri ňom pomocnú jednotku. Pri sčítaní niekoľkých zlomkov si najmenší zlomok položili rovný jednej a ostatné vyjadrili pomocou tohto zlomku, používali na to aj zmiešané čísla.

Rimania mali svoju jednotku **As**, pôvodne to bola medená minca, ktorá sa delila na 12 **uncií,** tie sa delili na 4 **sicílie,** atď. Počítanie pomocou takéhoto systému nebolo vôbec zložité. Násobenie uncií bolo omnoho náročnejšie, malo mnoho pravidiel.

Tieto dva historické prístupy môžu učiteľom obohatiť zdroje v rámci rozšírenia jednotlivých typov ich reprezentácií podľa Lesha [Lesh, 2003]. Tým sa zvyšuje pravdepodobnosť osvojenia a pochopenia konceptu zlomkov u detí.

Pri vyučovaní zlomkov dochádza k mnohým chybám zo strany učiteľov pri vysvetľovaní a pri ich pochopení zo strany žiakov. Niektorým sme sa v práci už venovali a navrhli sme aj metódy, ktoré môžu byť učiteľom nápomocné.

Pre ilustráciu tu môžeme spomenúť napríklad meracie pásiky. Z hľadiska Leshovho translačného modelu patria medzi manipulatívne aktivity, ale aj reálne situácie. Práve žiaci ktorí preferujú tento spôsob osvojovania si vedomosti, majú mnohokrát v škole málo príležitosti pre pochopenie učiva. V tejto aktivite si žiaci zhotovia merací pásik z kartónu a pomocou neho merajú jednotlivé predmety. Samy objavia, že niekedy nestačí celý pásik a potrebujú iba jeho časť. Objavia, že zlomok je vlastne číslo a prečo je potrebný.

Žiakom treba dať dostatok času na pochopenie práce so zlomkami. Učitelia by mali poskytnúť viacero spôsobov vysvetľovania, aby sme umožnili žiakom porozumieť zlomkom, pretože nepochopenie tohto konceptu im spôsobí mnoho ťažkostí v ďalšom učení matematiky, keďže zlomky nie sú len v jednom celku. Je to rozsiahle učivo, ktoré zasahuje aj do mnohých ďalších tém.

V našej práci sme sa zatiaľ venovali histórii zlomkov, chceme v tom ešte pokračovať a pozrieť sa aj na iné národnosti. Ukázali sme, aký rozsiahly koncept sú zlomky a do ktorých tém zasahujú v rámci ŠVP. Analyzovali sme niektoré chyby a navrhli sme niekoľko aktivít pre zlepšenie pochopenia zlomku.

Literatúra

[Cramer, 1979] Cramer, K. et al. (1979): *The Rational Number Project* , dostupné na internete 15. 11. 2014: <http://www.cehd.umn.edu/ci/rationalnumberproject/default.html>

[Lesh, 2003] Lesh, R., Cramer, K., Doerr, H., Post, T., Zawojewski, J., (2003): *Using a translation model for curriculum development and classroominstruction.*

[*] sirotova@gamil.com
[†] bkamrlova@gmail.com

Študentská vedecká konferencia FMFI UK, Bratislava, 2015, pp. 287–298
ISBN 978-1518759055, © 2015 Petronela Hurtuková

Metodický materiál ako podpora vyučovania fyziky na základnej škole

Petronela Hurtuková*
Školiteľ: Klára Velmovská‡

Katedra teoretickej fyziky a didaktiky fyziky, FMFI UK, Mlynská Dolina 842 48 Bratislava

Abstrakt

V roku 2008 sa uskutočnila na Slovensku školská reforma v dôsledku čoho vznikli nové učebnice z fyziky pre základné školy a gymnázia. V týchto učebniciach bol aplikovaný konštruktivistický spôsob vyučovania, ktorého forma a metódy vyučovania sa vo výraznej miere odlišujú od doterajšieho, prevažne transmisívneho spôsobu vyučovania. Tento spôsob vyučovanie je potrebné podporiť a podľa nášho názoru tým najlepším prostriedkom sú práve metodické materiály s pracovnými listami pre žiakov. Problematikou, ktorá rieši súčasný problém aplikácie nových učebníc do vyučovania formou poskytnutia vhodného metodického materiálu s pracovnými listami, sme sa zaoberali už v bakalárskej práci, kde sme na základe preštudovaných zahraničných metodických materiálov stanovili obsah a štruktúru tých našich. V diplomovej práci sme uskutočnili dva prieskumy, ktorých cieľom bolo zistiť názory učiteľov a žiakov na vytvorené metodické materiály a aplikovať ich do praxe. Na základe vyjadrení učiteľov, žiakov a preštudovaním súčasných metodických materiálov ako doma tak aj v zahraničí, sme vytvorili ďalší metodický materiál k vybranej kapitole z učebnice fyziky.

Táto práca je časťou autorovej diplomovej práce a vznikla v súvislosti s riešením grantu KEGA 130UK-4/2013 s názvom Podpora kvality vyučovania tvorbou materiálov prepojených na učebnice fyziky.

Kľúčové pojmy: metodická príručka, teplo a využiteľná energia, experiment, vyučovanie fyziky, prieskum.

Úvod

Téma našej práce rieši súčasnú problematiku používania učebníc zameraných na konštruktivizmus, pomocou ktorých autori chcú zlepšiť vzdelávanie žiakov na základnej škole. Našou snahou je, aby učitelia efektívne využívali súčasné učebnice fyziky od doc. Lapitkovej et al. a preto im poskytneme metodický materiál, k týmto učebniciam.

Žiaci vo vyučovacom procese vystupujú ako „vedci“, stretávajú sa s javmi z bežného života, ktoré sú v učebnici objasnené najčastejšie pomocou experimentov, avšak ich realizácia nie je vždy jednoduchá z pohľadu učiteľa (príprava pomôcok, správna interpretácia). Žiaci pri vykonávaní týchto experimentov veľmi často používajú rôzne jednoduché modely zariadení (napr. bombový kalorimeter) alebo prírodné javy (napr. model dažďa).

Vzhľad ako aj obsah metodických materiálov je prispôsobený veku a vedomostiam žiakov a čo je dôležité, obsahujú rozširujúce informácie k preberanému učivu, ktoré sú často krát orientované na reálny život a na poznatky preň dôležité (napr. zdravá výživa, znečisťovanie ovzdušia ...). Tieto rozširujúce informácie tiež umožňujú vytvárať medzipredmetové vzťahy či už s biológiou, chémiou, históriou a pod. Taktiež môžu slúžiť aj na zadávanie projektov, čím máme možnosť zaujať fyzikou aj širší okruh žiakov, ktorých dovtedy fyzika veľmi nezaujímala (napr. projekt o zdravej výžive – energetická bilancia potravín, vplyv emisií z áut na životné prostredie...).

Ciele práce:
1. Formou výskumného dopytovania zistiť postoje a názory učiteľov na vytvorený metodický

---
*   petronelaa.hurtukova@gmail.com
‡   Klara.Velmovska@fmph.uniba.sk

materiál k podkapitole *3.1 Kondenzácia* z učebnice fyziky pre 7. ročník základnej školy a 2. ročník gymnázia s osemročným štúdiom (Lapitková, et al., 2010)

2. Analyzovať najnovšie vytvorené metodické materiály doma a v zahraničí.
3. Vypracovať metodický materiál k vybranej téme (Teplo a využiteľná energia) z učebnice fyziky.

Na naplnenie hlavného cieľa, vytvorenie metodického materiálu, sme si zvolili tzv. výskum vývojom (z ang. desing-based research). Ide o kvalitatívny prieskum, ktorého cieľom je návrh metodických materiálov, ktoré by podporovali konštruktivistické vyučovanie pomocou učebníc z fyziky. Výskum vývojom sa realizuje postupným prechodom cez jednotlivé etapy (orientačná, prieskumná, vývojová, analytická) obr. 1 Tieto etapy tvoria dve fázy. V prvej fáze sa zaoberáme návrhom, vývojom a nasadením a v druhej fáze sa venujeme pozorovaniu a analýze. Pri tomto type výskumu sa súčasne stávame vývojárom metodických materiálov. (Šišková, 2012, s. 10)

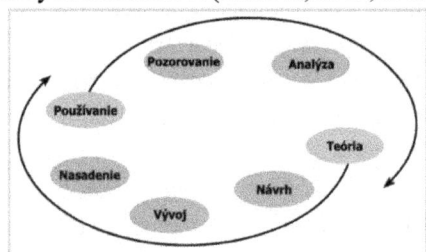

Obr. 1 Schéma iterácií vo výskume vývojom
(Horváth, 2013, s. 5)

Prvú orientačnú etapu sme začali realizovať už v roku 2013, kde sme štúdiom metodických príručiek týkajúcej sa jednak programu FAST (Foundation Approaches in Science Teaching – FAST), a rakúskej učebnici Physik erleben 2, stanovili štruktúru a obsah našich metodických materiálov. V ďalšej iterácii sme vytvorili metodický materiál k vybranej podkapitole (kondenzácia) z učebnice fyziky. Teraz sa budeme zaoberať prieskumnou etapou, ktorá bude slúžiť na naplnenie prvého čiastkového cieľa. Uskutočníme kvantitatívny prieskum medzi učiteľmi, kde výskumnou metódou, dopytovaním (formou dotazníka), zistíme názory učiteľov na poskytnutý metodický materiál, a vzorovo vypracovaný pracovný list. Následne výsledky budeme analyzovať a posudzovať z viacerých

hľadísk a prezentovať prehľadnou formou grafov. Hlavným cieľom prieskumu uskutočneného medzi učiteľmi je zistiť názory učiteľov na obsah a formu metodických materiálov a zohľadniť ich vyjadrenia pri tvorbe ďalších. V schéme iterácií (obr. 1) ide o štádium nasadenie, používanie, pozorovanie a analýza.

Tretia etapa je vývojová etapa, v ktorej sa budeme zaoberať situáciou a stavom ďalších metodických materiálov na Slovensku, ktoré porovnáme s metodickými materiálmi v Českej republike. V tejto etape naplníme čiastkový cieľ opierajúci sa o *laboratórny experiment*, ktorý bude použitý pri spracovaní a vytváraní metodických materiálov, ako aj o *indukciu* zameranú na vytvorenie metodického materiálu vzhľadom na už vzorovo vytvorený metodický materiál (Hurtuková, 2013, s. 37-71). Podľa schémy z obr. 1 ide o iteráciu s názvom teória, návrh a vývoj. V poslednej analytickej etape sa bude zaoberať analýzou našich vytvorených metodických materiálov, ktorých vytvorenie je naším hlavným cieľom.

1   Analýza vytvoreného metodického materiálu k podkapitole Kondenzácia formou prieskumu v školskom prostredí

Vypracované metodické materiály k podkapitole 3.1 Kondenzácia z učebnice fyziky od doc. Lapitkovej et al., ktoré boli výsledkom našej bakalárskej práce (Hurtuková, 2013, s. 37-71), boli vytvorené ako podporný materiál pre učiteľov fyziky k učebnici. Keďže tieto učebnice sa vo výraznej miere odlišujú od predchádzajúcich učebníc (nájdeme v nich prvky projektového, autentického, kooperatívneho, globálneho vyučovania, ale hlavne konštruktivizmu), bolo potrebné zjednodušiť prechod učiteľov od tzv. tradičného (transmisívneho) spôsobu vyučovania k modernejším metódam. Keďže žijeme v dobe rozkvetu IKT prostriedkov (interaktívna tabuľa, vzdelávacie portály...), považujeme za nevyhnutné elektronicky sprístupniť vytvorené metodické materiály. V rámci projektu KEGA 130UK-4/2013 sú na webovej stránke e-fyzika.ddp.fmph.uniba.sk zverejnené metodické príručky s pracovnými listami k takmer 30 témam z rôznych ročníkov ZŠ a SŠ. Štruktúra a forma pracovných listov pre ZŠ je pri upevňovaní učiva. Pracovný list pre učiteľa predstavuje vzorovo vypracovaný pracovný list pre žiaka. V úvode pracovného listu sú vytýčené ciele experimentu, ktorým sledujeme určitý zámer. V pracovnom liste pre učiteľa sú rôzne odporúčania na realizáciu a skvalitnenie procesu vyučovania, tiež aj vysvetlené rôzne doplňajúce otázky od žiakov. Nájdeme v ňom aj zaujímavé otázky týkajúce sa experimentov, ako aj odpovede na otázky k zhrnutiu učiva v časti *Čo sme sa naučili..* V závere listu sa môže nachádzať aj pojmová mapa, ktorá znázorňuje postupné vytváranie pojmov v mysli žiakov. Dôležitým aspektom pracovných listov je aj úspora času, ktorá je pri osvojovaní si učiva bádaním, experimentovaním kľúčová.

2 Výskumná metóda formou dotazníka

Výskumnú tému sme si zvolili na základe zhotovených metodických materiálov z roku 2013, z ktorých sme vychádzali (časť bakalárskej práce). Kvantitatívny prieskum bol realizovaný od februára do marca v roku 2015 na vzorke desiatich učiteľov z rôznych škôl (základná škola, stredná škola, osemročné gymnázium). Cieľom tohto prieskumu bolo zistiť názory učiteľov na vypracované metodické materiály. Typ prieskumu je opisný, kvantitatívny. Názory učiteľov na poskytnutý metodický materiál zistíme výskumnou metódou, dopytovaním, poskytnutím dotazníka.

Hypotézy prieskumu:

H_1: *Viac ako 75 % učiteľov sa pozitívne vyjadrí k štruktúre a obsahu poskytnutých metodických materiálov.*

H_2: *Viac ako 80 % učiteľov pociťuje pozitívne pocity pri práci s poskytnutým metodickým materiálom.*

Našimi hypotézami ukážeme zmysluplnosť a dôležitosť vytvorených pracovných listov a ich platnosť overíme údajmi získanými z vyplnených dotazníkov od učiteľov. Zozbierané údaje spracujeme a výsledky budeme prehľadne prezentovať formou grafov.

Spracovanie výsledkov z prieskumu a vyhodnotenie dotazníka o pracovných listoch od učiteľov

Všeobecne by sme mohli výsledky charakteristík respondentov zhrnúť nasledovne:

- výberový súbor charakterizuje prevaha žien (80 %) nad mužmi (20 %);
- priemerný vek učiteľov je 32,1 roka a priemerný počet rokov praxe je 8,125 viď graf 1;
- ôsmi opýtaní učitelia (80%) sú z bratislavského kraja a dvaja (20 %) sú z nitrianskeho kraja;
- šiesti opýtaní učitelia (60 %) učia na základnej škole, traja na osemročnom gymnáziu (30 %) a jeden na strednej škole (10 %).

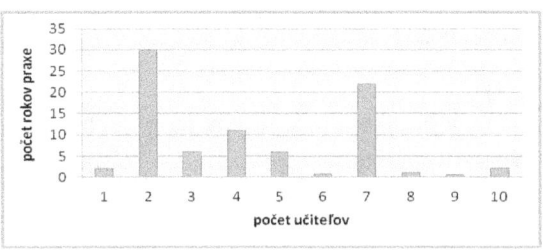

Graf 1: Znázorňujúci počet rokov praxe učiteľa

Odpovede učiteľov na ďalšie otázky z dotazníka:

1. Máte dostatok informácií o príprave potrebných pomôcok pre žiakov k experimentom?

A) áno   B) závisí od experimentu   C) nie

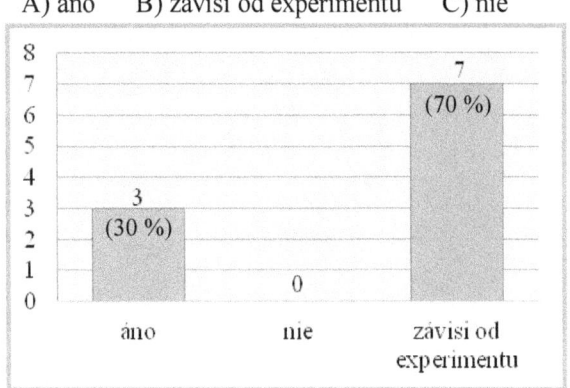

Graf 2: Početnosť jednotlivých odpovedí pri otázke č.1

Záver:

Väčšina učiteľov 70 % sa vyjadrila, že nemá dostatok informácií o príprave potrebných pomôcok k zložitejším experimentom. My sa na základe ich vyjadrení domnievame, že tieto informácie potrebujú, a preto návody na realizáciu iba tých náročnejších pomôcok ponecháme v metodickej príručke.

2. Myslíte si, že vzorovo riešené experimenty z učebnice sú pre Vás užitočné?

A) áno   B) skôr áno   C) skôr nie   D) nie

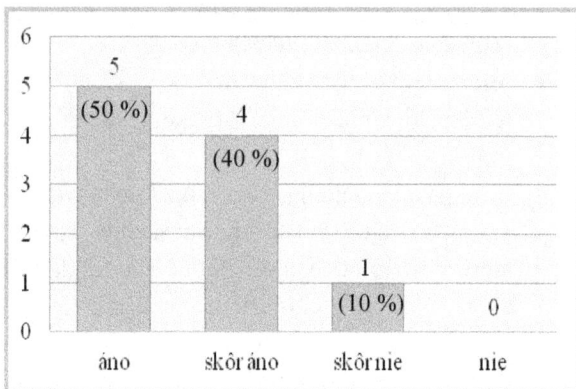

Graf 3: Početnosť jednotlivých odpovedí pri otázke č.2

Záver:

Výsledkom tejto otázky je, že takmer 90 % opýtaných učiteľov by privítalo v metodickej príručke vzorovo riešené experimenty z učebnice. Učiteľ na základe vzorovo zrealizovaných pokusov, vie okrem iného usúdiť, približne aký čas budú žiaci potrebovať na vykonanie experimentu (napr. z grafu). Pri zrealizovaných experimentoch sa nachádzajú aj didaktické poznámky so zámerom predísť rôznym chybám, či nedorozumeniam.

3. Myslíte si, že rozširujúce informácie v poskytnutom metodickom materiály k danej téme sú pre Vás prínosom?

A) áno   B) skôr áno   C) skôr nie   D) nie

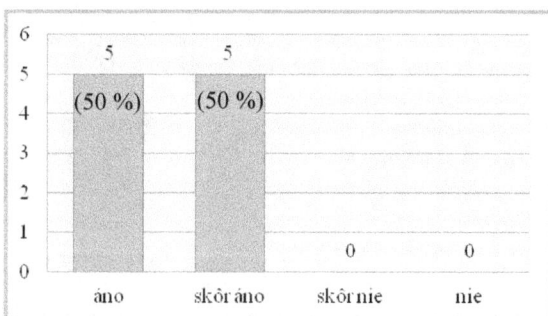

Graf 4: Početnosť jednotlivých odpovedí pri otázke č.3

Záver:

Všetci opýtaní učitelia si myslia, že rozširujúce informácie v metodickom materiály sú pre nich prínosom. Cieľom rozširujúcich informácií je rozšíriť poznatky uvedené v učebnici, zhrnúť

poznatky o danej téme možno aj nad rámec učiva ZŠ, prípadne doplniť rôzne zaujímavosti, čím môžu u žiakov vzbudiť záujem k učivu.

4. Vyhovujú Vám pripravené zhrnutia dôležitých pojmov v závere učiva?

A) áno   B) skôr áno   C) skôr nie   D) nie

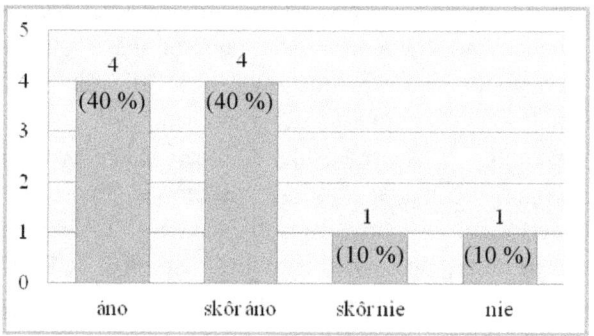

Graf 5: Početnosť jednotlivých odpovedí pri otázke č.4

Záver:

Z grafu vyplýva, že približne 80 % učiteľov by uvítalo pripravené zhrnutia dôležitých pojmov v závere učiva. Tieto zhrnutia pojmov, informácií v závere učiva korešpondujú s cieľmi, ktoré má žiak naplniť podľa ŠVP (Štátny vzdelávací program).

5. Máte v učebnici dostatok úloh na upevnenie učiva u žiakov?

A) áno   B) skôr áno   C) skôr nie   D) nie

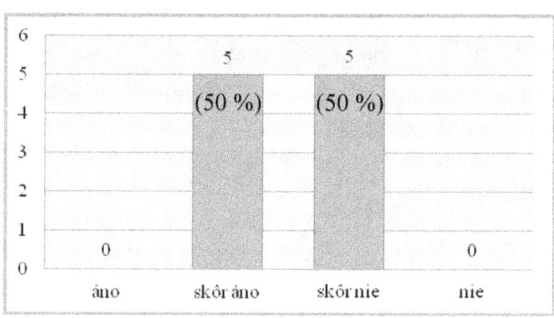

Graf 6: Početnosť jednotlivých odpovedí pri otázke č.5

Záver:

Z grafu vyplýva, že presná polovica učiteľov 50 % by uvítala ďalšie príklady na upevnenie učiva u žiakov, a druhá polovica 50 % si myslí, že ich má dostatok. Na základe tohto výsledku sme sa rozhodli ponechať v pracovnom liste úlohy na upevnenie a precvičenie učiva, keďže vytvorené metodické materiály sú v elektronickej podobe je na učiteľovi, akú ich časť poskytne svojím žiakom.

6. Pracovanie s poskytnutými pracovnými listami vo vás zanechává pocity:

A) spokojnosti   B) nudy   C) radosti
D) oddychu   E) stresu   F) zbytočnosti

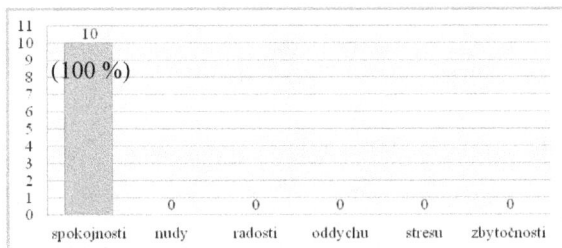

Graf 7: Početnosť jednotlivých odpovedí pri otázke č.6

Záver:

Z grafu vyplýva, že všetci učitelia pri práci s pracovnými listami majú pocit spokojnosti. Nikto z opýtaných nemal negatívne pocity (nuda, stres, zbytočnosť) pri práci sa s poskytnutým metodickým materiálom.

7. Napíšte niekoľko pozitív na poskytnutý metodický materiál.

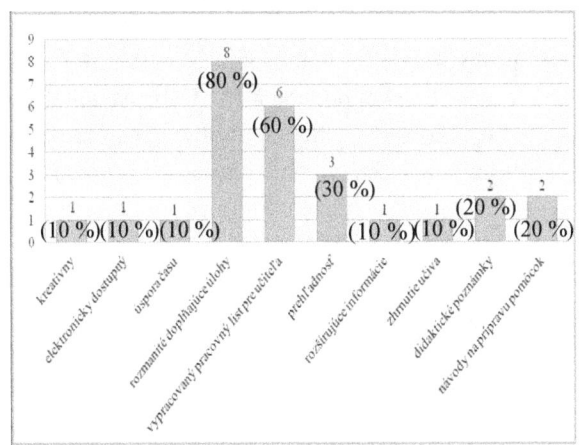

Graf 8: Početnosť jednotlivých odpovedí pri otázke č.7

Záver:

Učitelia napísali až 10 rôznych pozitív na poskytnutý metodický materiál a z grafu vyplýva, že učitelia za najväčšie pozitívum považujú rozmanité dopĺňajúce úlohy (80 %) a vypracovaný pracovný list pre učiteľa (až 60 % z opýtaných učiteľov), takmer tretina opýtaných učiteľov sa páčia metodické materiály, kvôli prehľadnosti, presne 20 % z opýtaných učiteľov za pozitívum považuje didaktické poznámky a rovnako aj návody na prípravu zložitejších pomôcok, ďalším 10 % učiteľov sa páči elektronická dostupnosť, úspora času (viď graf) ... .

8. Napíšte niekoľko negatív na poskytnutý metodický materiál.

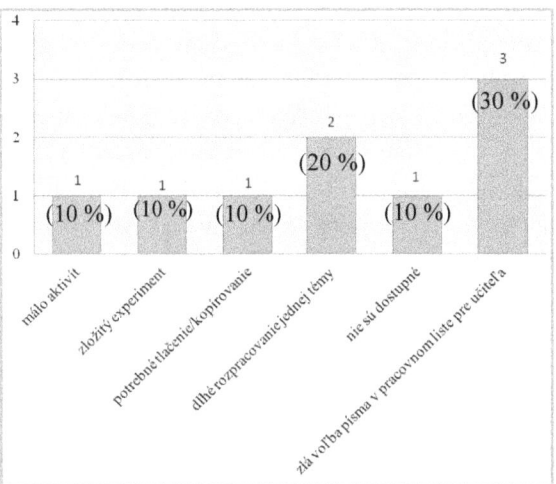

Graf 9: Početnosť jednotlivých odpovedí pri otázke č.8

Záver:

Až 20 % učiteľov si myslí, že daná téma je príliš obšírne spracovaná. Naopak 10 % opýtaných si myslí že je málo aktivít a zložitý experiment. Najviac opýtaných učiteľov sa vyjadrilo, že použitý typ písma je zle čitateľný, a preto pri tvorbe ďalšieho metodického materiálu sa budeme snažiť vyvarovať takejto chybe. Niektorí učitelia sa vyjadrili, že daný metodický materiál nie je dostupný, čo je dôsledkom toho, že nie sú dostatočne informovaní o prebiehajúcom projekte KEGA, a o možností získania metodických materiálov prihlásením sa na stránke projektu. Učitelia ako ďalšiu nevýhodu uviedli aj kopírovanie, či tlačenie pracovných listov pre žiakov. My si však myslíme, že elektronická dostupnosť poskytuje učiteľovi akúsi voľnosť pri výbere konkrétneho pracovného listu pre danú tému, učiteľ nemusí všetky vyučovacie hodiny odučiť pomocou pracovných listov (celých), môže si vybrať len časť napr. domácu úlohu zameranú na zistenie informácií k riešeniu konkrétnej úlohy (z tohto dôvodu sú na stránke uvedené pracovné listy pre žiaka vo formáte pdf, ale aj doc).

Diskusia:

Pomocou ôsmich otázok sme sledovali reakcie učiteľov na naše metodické materiály z pohľadu štruktúry a obsahu. V konečnom dôsledku sa pozitívne vyjadrilo k obsahu metodických materiálov (otázky č.1, č.2, č.3, č.4 a č.5) takmer 78 % opýtaných učiteľov. Na základe tohto môžeme povedať, že naša prvá stanovená hypotéza sa potvrdila. V ďalších troch otázkach sme sledovali pocity, názory učiteľov na poskytnutý metodický materiál, ktorým sme chceli zistiť čo sa im páči, prípadne nepáči, čo by sme mali zmeniť a ako. Zvyšných 22 % zo všetkých odpovedí boli záporné, kde učiteľom nevyhovovali v metodických materiálov napr. zhrnutia pojmov v závere učiva, dopĺňajúce úlohy na upevnenie učiva, vzorovo riešené experimenty z učebnice či návody na prípravu pomôcok.

Na základe odpovedí z otázky č.6 môžeme povedať, že sme potvrdili druhú hypotézu, kde všetci opýtaní učitelia sa vyjadrili, že pri práci s metodickým materiálom majú pozitívny pocit a to pocit spokojnosti.

Zhrnutie výsledkov z dotazníka z druhého prieskumu

Pri analyzovaní dosiahnutých výsledkov sme dospeli k týmto zisteniam:

- šiesti opýtaní učitelia (60 %) pracujú s učebnicou od doc. Lapitkovej et al. alebo od doc. Demkanina et at.;
- ôsmi opýtaní učitelia (80 %) pracujú s učebnicami priamo na vyučovaní buď pri všetkých alebo len pri vybraných témach, zvyšní dvaja učitelia (20 %) nepacujú s učebnicou priamo na vyučovaní;
- až siedmi opýtaní učitelia (70 %) sa vyjadrili, že pracujú s pracovnými listami, alebo by pracovali, ak by boli k dispozícii;
- presná polovica opýtaných učiteľov (50 %) sa vyjadrila, že uskutočňuje polovicu experimentov z učebnice, ďalší dvaja (20 %) uskutočňujú väčšinu, jeden (10 %) realizuje všetky experimenty z učebnice priamo na vyučovaní, zvyšní dvaja (20 %) uskutočňujú menej ako polovicu všetkých experimentov;
- všetci opýtaní učitelia si myslia, že experimenty sú pri zavádzaní nových pojmov kľúčové;
- väčšina učiteľov (70 %) by uvítala návod na prípravu zložitejších pomôcok;

- 90 % opýtaných učiteľov by privítalo v metodickej príručke vzorovo riešené experimenty z učebnice;
- všetci učitelia si myslia, že rozširujúce informácie v metodickom materiály sú pre nich prínosom, a teda by mali byť aj naďalej obsiahnuté v metodických materiáloch;
- väčšina učiteľov (80 %) učiteľov by uvítala pripravené zhrnutia dôležitých pojmov v závere učiva;
- presne polovica učiteľov (50 %) si myslí, že potrebuje ďalšie príklady na upevnenie učiva u žiakov, a druhá polovica z opýtaných učiteľov (50 %) si myslí, že ich má dostatok;
- všetci učitelia pri práci s pracovnými listami majú pozitívny pocit a to pocit spokojnosti, nikto z opýtaných nemal negatívne pocity pri práci s metodikou príručkou;
- učiteľom sa na metodickom materiály najviac páčia rozmanité dopĺňajúce úlohy (80 %) a vzorovo vypracovaný list pre učiteľa (60 %);
- učiteľom sa najviac na metodickom materiály nepáči dlhé rozpracovanie témy avšak poskytnutý metodický materiál je v elektronickej podobe a záleží iba na učiteľovi akú časť si vyberie, druhým najčastejším negatívom je zlý typ písma pri spracovaní pracovného listu pre učiteľa čo musíme zmeniť pri tvorbe ďalších;
- hypotéza sa potvrdila prvými šiestimi otázkami z poskytnutého dotazníka pre učiteľov.

Na základe uskutočneného prieskumu medzi učiteľmi môžeme povedať, že obsah a forma metodických materiálov učiteľom vyhovuje, avšak sú potrebné určité zmeny napr.: druh písma pri vzorovo vypracovanom liste pre učiteľa a väčšie množstvo aktivít pre žiakov. Obsah a forma všetkých častí metodických materiálov je pre učiteľom prínosom, a preto by mali byť všetky kapitoly z učebnice spracované podobným spôsobom, aby uľahčili prácu nielen učiteľom ale aj ich žiakov.

3 Metodické materiály pre základnú školu v SR

V súčasnosti existujú viaceré metodické príručky pre prácu so vzdelávacím portálom planéta vedomostí dostupné na webovej adrese http://planetavedomosti.iedu.sk/, v ktorej je možné nájsť viacero interaktívnych animácií, videí a cvičení. Avšak portál planéta vedomostí, môže predstavovať len doplnok na hodinách fyziky, ale určite nie je dokonalým nástrojom na sprostredkovanie vedomostí žiakom. Nemôže nahradiť reálne experimenty, nerozvíja experimentálne zručnosti ani skupinové či kooperatívne riešenie problému. Metodické príručky, ktoré sú dostupné na portáli planéta vedomosti http://www.planetavedomosti.sk/metodik y.html, sú písané viacerými autormi (učitelia rôznych škôl). Každý autor vypracoval priebeh jednej vyučovacej hodiny s použitím animácií, apletov, videí a rôznych cvičení. Väčšina autorov rozdeľuje ciele metodickej príručky na dve kategórie, kognitívne a výchovné, prípadne udáva aj špecifický cieľ. Príručky zdôrazňujú aj požiadavky na zručnosti žiakov a učiteľov, časovo vymedzený priebeh hodiny (v minútach) s definovanými metódami a formami práce ako aj spätnú väzba od žiakov. Celkovo je spracovaných 29 vyučovacích hodín pre ZŠ a 29 vyučovacích hodín pre SŠ, avšak pre 7. ročník ZŠ je dostupných iba 9 tém. (Planéta vedomostí, 2012)

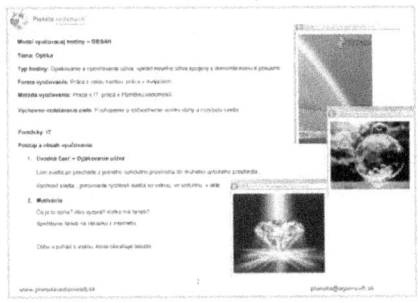

Obr. 2 Ukážka metodickej príručky k planéte vedomostí
Dostupné na internete:
<http://www.planetavedomosti.sk/fileadmin/user_upload/planet a-vedomosti/doc/metodiky/Opticky_hranol.pdf>

Ďalšou metodickou príručkou, ktorá využíva vzdelávací portál planéta vedomostí je Metodická príprava učiteľa pre moderné vzdelávanie s využitím planéty vedomosti Fyzika pre 6. – 9. ročník ZŠ (Kuklišová, 2012) (ďalej len metodická príprava učiteľa). Táto metodická príprava učiteľa sa skladá z viacerých častí. V úvode sú stanovené ciele, medzipredmetové vzťahy a kľúčové pojmy. Následne sa delí vyučovanie každej hodiny na fázy: motivačná, expozičná, fixačná a diagnostická. V úvode každej fázy sú stanovené ciele, metódy, prostriedky a aktivity (orientované na planétu vedomostí), taktiež obsahuje aj didaktické poznámky k realizácii pokusu, k priebehu vyučovania, vysvetlenie použitia príkladov. V závere expozičnej fázy sa nachádza zhrnutie, vo fixačnej fáze vystupujú úlohy a v diagnostickej fáze je na výber viac možností, či už sú to poskytnuté pracovné listy pre žiakov (v dvoch formách A, B), testy na overenie ich vedomostí, praktické cvičenia či domáci projekt. Na záver každej kapitoly je pripravený učebný text, kde sú zosumarizované všetky doterajšie poznatky. Metodická príprava učiteľa obsahuje aj vyriešené pracovné listy pre učiteľa. Odpovede k testom sú prístupne aj žiakom (v závere testu).

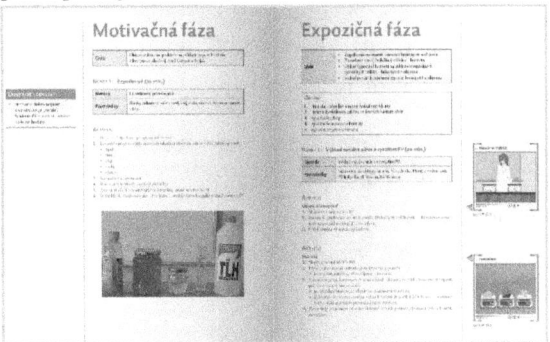

Obr. 3 Ukážka metodickej príručky - Metodická príprava učiteľa pre moderné vzdelávanie s využitím planéty vedomosti Fyzika pre 6. – 9. ročník ZŠ (Kuklišova, 2012)

4 Metodické materiály pre základnú školu v ČR

Pre porovnanie vytvorených tvorby metodických materiálov sme si vybrali Českú republiku. Elektronicky dostupné metodické materiály sú na portály www.rvp.cz (RVP – rámcový vzdelávací program, definuje úroveň vzdelávania), ktorý vznikol vďaka realizácií Národného ústavu pre vzdelávání, školské poradenské zařízení a zařízení pro další vzdělávání pedagogických pracovníků. Cieľom tohto projektu bolo zvýšiť kvalitu učiteľského povolania, s čím súvisí schopnosť efektívne využívať rôzne formy a metódy učenia, vzájomne zdieľať skúseností a doživotne sa vzdelávať. Preto sa tento projekt zameriava na systematickú podporu učiteľov v oblasti metodiky a didaktiky, taktiež na rozvoj vzdelávacích sa komunít a na efektívne spôsoby vzdelávania. (Metodický portál inspirace a zkušenosti učitelů, 2009)

Tento portál pomôže učiteľom vo viacerých častiach ich činnosti a to (Metodický portál inspirace a zkušenosti učitelů, 2009):

- v obsahovej – bezplatné vzdelávacie materiály, ktoré podporujú zavedenie českého školského vzdelávacieho programu (ŠVP) do všetkých typov škôl (teoretické príspevky, námety do výučby, učebné materiály, testy a pomôcky),
- v komunitnej – komunikačný priestor pre zdieľanie skúsenosti, výmenu názorov a možnosť podieľať sa na vývoji a zdokonalenie obsahu portálu,
- vo vzdelávacej – e-learningové kurzy, naviazané na uverejnené materiály, ktoré prispejú k ďalšiemu vzdelávaniu učiteľov.

Metodické materiály na webovej stránke vzdelávacieho portálu www.rvp.cz sa delia podľa úrovne na:

- predškolské vzdelávanie – počet všetkých tém je 758,
- základné vzdelanie – počet všetkých tém je 5623 z toho v kategórií človek a príroda (1326), vzdelávací obor fyzika (463), ktorá sa delí na tematické okruhy:
  - látky a telesá (153),
  - pohyby telies a sily (94),
  - mechanické vlastnosti tekutín (19),
  - energia (55),
  - zvukové deje (4),
  - elektromagnetické a svetelné zdroje (124),
  - vesmír (14),
- základné umelecké vzdelávanie – počet všetkých tém je 28,
- špeciálne vzdelávanie – počet všetkých tém je 289, tie sa delia na:
  - ľahké mentálne postihnutie (248) z toho je 8 tém z fyziky,
  - stredne ťažké mentálne postihnutie (39),
  - ťažké mentálne postihnutie (2),
- gymnaziálne vzdelávanie – počet všetkých tém je 927, z toho v kategórií človek a príroda (267), vzdelávací obor fyzika (46), ktorá sa delí na tematické okruhy:
  - fyzikálne veličiny a ich meranie (4),
  - pohyby telies a ich vzájomné pôsobenie (8),
  - stavba a vlastnosti látok (4),
  - elektromagnetické javy, svetlo (28),
  - mikrosvet (2),
- odborné vzdelávanie – počet všetkých tém je 1157, z toho v kategórií všeobecné vzdelávanie (458), pododvetvie prírodovedného vzdelávania (42), vzdelávací obor fyzika (7),
- jazykové vzdelávanie – počet všetkých tém je 263,
- neformálne vzdelávanie – vytvorená sekcia k projektu Kľúče pre život.

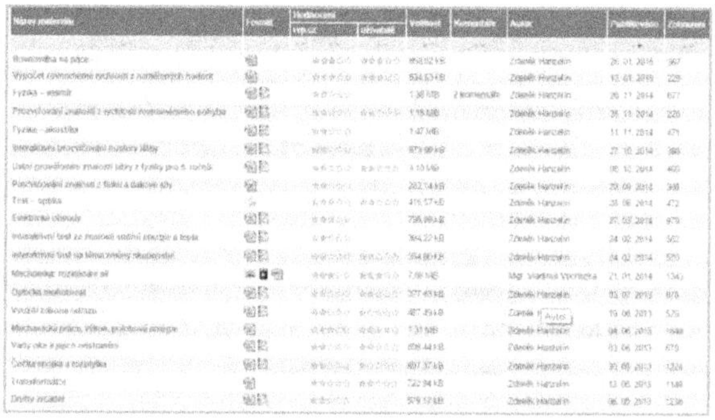

Obr.4 Ukážka metodických materiálov portálu rvp.cz
Dostupné na internete:
<http://dum.rvp.cz/vyhledavani/prochazet.html?rvp=ZFAA>

Pre slovenských učiteľov dané metodické materiály môžu byť prínosom, keďže ich podstatná časť má podobný obsah a cieľ vyučovania ako učivo na Slovensku. Metodické materiály (prezentácie, videá, odkazy na internetové aplety, súbory s apletmi, pdf. a doc. súbory), sú verejne dostupné na vzdelávacom portáli www.rvp.cz. Samozrejmé je, že pre prácu s nimi je potrebné ich preložiť do slovenčiny (napr. pripravené testy pre žiakov, testy formou prezentácií). Na základe vzájomného hodnotenia si môžu učitelia vyberať konkrétne metodické materiály, avšak neprechádzajú recenziou zo strany odborníkov.

Pri výbere konkrétnej spracovanej téme je uvedené meno autora, hodnotenie jeho práce od viacerých používateľov (v hviezdičkách od 1-5 obr. 5), prípadne ich komentáre, poskytnutý formát (pdf., doc., ppt.) či veľkosť dokumentov. Dôležitou súčasťou práce je:

- anotácia – stručný popis obsahu, priebehu vyučovania,
- očakávaný výstup – obsahuje aj ďalšie odkazy na podobné materiály,
- špeciálne vzdelávacie potreby,
- kľúčové slová,
- druh učebného materiálu – pokus, prezentácia,
- druh interaktivity – výklad, aktivita,
- stupeň a typ vzdelávania,
- veková kategória žiakov.

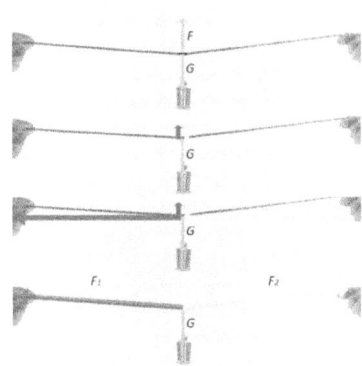

Obr. 5 Ukážka metodickej pomôcky pokusu (video a obrázky) rozklad síl z pracovného listu
Dostupné na internete: <http://dum.rvp.cz/materialy/mechanika-rozkladani-sil.html >

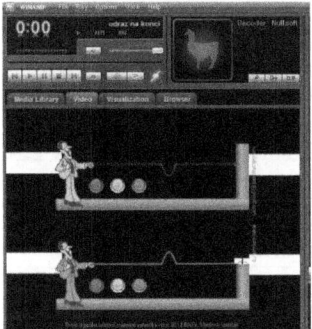

Obr. 6 Ukážka metodickej pomôcky applet odraz vlnenia na pevnom a voľnom konci.
Dostupné na internete: <http://dum.rvp.cz/materialy/mechanicke-kmitani-a-vlneni.html>

Od roku 2007 do 2011 boli v Českej republike vydané učebnice fyziky pre základné školy (1. – 6.

diel) od J. Tesaŕa a F. Jáchima (Tesař, Jáchim, 2010), ktoré sú spracované v súlade s RVP. Učebnice sa delia na tieto tematické okruhy:

- Fyzikálne veličiny a ich meranie.
- Sila a jej účinky – pohyb telies.
- Svetelné javy, mechanické vlastnosti látok.
- Elektromagnetické deje.
- Energia.
- Zvukové javy, vesmír.

K týmto učebniciam boli vydané aj metodické príručky s rovnakým názvom od tých istých autorov.

Učebnica Fyziky pro základní školu 5 – Energie (Tesař, Jáchim, 2010), je rozdelená do šiestich kapitol (energia, teplo, jadrová energia, záverečné zhrnutie, laboratórne práce a námety na projekty). Kapitola 2. Teplo korešponduje obsahom a aj metódami vyučovania (konštruktivistický prístup) našej učebnici od doc. Lapitkovej et. al. V tejto kapitole sa nachádzajú podkapitoly: teplo a vnútorná energia, šírenie tepla, zmeny skupenstva, tepelné javy v každodennom živote (meteorológia, práca plynu, tepelné motory).

Metodická príručka k učebnici Fyzika pro základní školu 5 – Energie (Tesař, Jáchim, 2011) má odlišnú štruktúru od nami vytvorenej metodickej príručky. V úvode metodickej príručky sa autori zaoberajú obsahom príslušnej učebnice a organizáciou výučby, rozvojom kľúčových kompetencií prostredníctvom učiva v učebnici Fyzika 5, ďalej sledujú medzipredmetové vzťahy, uvádzajú očakávané výstupy po prebratí tém z učebnice Fyzika 5 ako aj evaluačné zdroje, kritériá hodnotenia a prierezové témy. V každej podkapitole je stanovený:

- očakávaný výstup – žiak chápe fyzikálne pojmy ..., žiak vie vypočítať ...., žiak pozná princíp ...,
- doporučené vyučovacie metódy – experiment (demonštračný, frontálny...), heuristický dialóg, vysvetľovanie, práca s učebnicou a s internetom,
- didaktické poznámky k textu – o čom je potrebné viac diskutovať, čo je potrebné viac zdôrazniť, zopakovať, rôzne upozornenie k experimentom, k použitiu vyučovacích

metód, zdôraznenie významu učiva pre prax (konkrétne využitie)...,

- didaktické poznámky k rozširujúcemu učivu – hľadať ďalšie príklady z reálneho života k danej téme, výpočtové príklady s použitím „didaktického trojuholníka", návrhy na prácu so žiakmi so záujmom o fyziku, zaujímavosti zo sveta (sochy na Veľkonočnom ostrove,...), vysvetlenia pojmov...,
- didaktické poznámky k úlohám - upozornenia k riešeniu úloh (kresliť obrázky kvôli vytváraniu predstáv), vysvetlenie niektorých úloh,
- medzipredmetové vzťahy – sú uvedené rôzne súvislosti danej témy s konkrétnymi vyučovacími predmetmi (dejepis, zemepis, biológia, ekológia...),
- prierezové témy – týkajúce sa osobnostnej a sociálnej výchovy, výchovy demokratického občana a multikultúrnej výchovy.

V piatej kapitole žiaci samostatne vykonávajú laboratórnu prácu na základe postupu, kde rozvíjajú svoje manipulačné zručnosti. V metodickej príručke k laboratórnym prácam sú uvedené aj didaktické poznámky k obsahu, ktoré zahrňujú usmernenie žiackej činnosti, čas potrebný na realizáciu pokusu (činnosti) a vysvetlenie dosiahnutých žiackych výsledkov. V poslednej kapitole sú k jednotlivým projektom spísané didaktické poznámky, ktoré vo výraznej miere uľahčujú prácu učiteľov pri usmernení žiakov pri vykonávaní projektu.

Metodická príručka (Tesař, Jáchim, 2011), okrem podobných častí v porovnaní s našou vytvorenou metodickou príručkou, ktorými sú: očakávaný prístup (splnenie učebných cieľov podľa ŠVP), didaktické poznámky k textu, k úlohám obsahuje aj iné časti, ktorými sú vyučovacie metódy, medzipredmetové vzťahy, prierezové témy a didaktické poznámky k projektom. Preto sme sa rozhodli aj tieto časti začleniť do našej metodickej príručky.

5 Ukážky metodickej príručky k kapitole *6.Teplo a využiteľná energia*

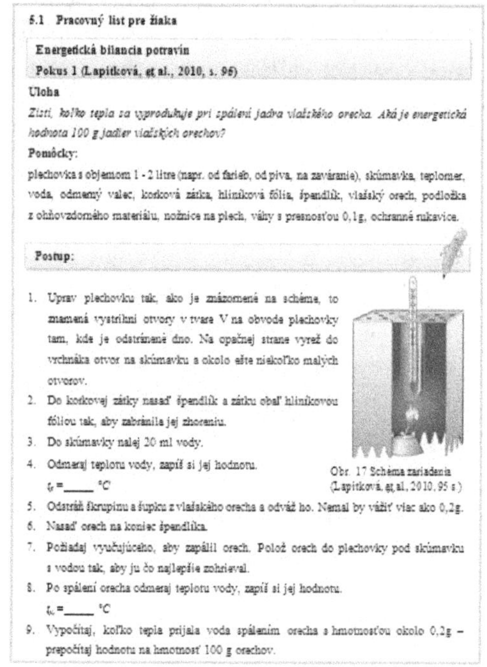
5.1 Pracovný list pre žiaka

Energetická bilancia potravín

Pokus 1 (Lapitková, et al., 2010, s. 96)

Úloha

Zisti, koľko tepla sa vyprodukuje pri spálení jadra vlašského orecha. Aká je energetická hodnota 100 g jadier vlašských orechov?

Pomôcky:

plechovka s objemom 1 - 2 litre (napr. od farieb, od piva, na zaváranie), skúmavka, teplomer, voda, odmerný valec, korková zátka, hliníková fólia, špendlík, vlašský orech, podložka z ohňovzdorného materiálu, nožnice na plech, váhy s presnosťou 0,1g, ochranné rukavice.

Postup:

1. Uprav plechovku tak, ako je znázornené na schéme, to znamená vystrihni otvory v tvare V na obvode plechovky tam, kde je odstránené dno. Na opačnej strane vyrež do vrchnáka otvor na skúmavku a okolo ešte niekoľko malých otvorov.
2. Do korkovej zátky nasaď špendlík a zátku obaľ hliníkovou fóliou tak, aby zabránila jej zhoreniu.
3. Do skúmavky nalej 20 ml vody.
4. Odmeraj teplotu vody, zapíš si jej hodnotu.
   t_0 =_____ °C
5. Odstráň škrupinu a šupku z vlašského orecha a odváž ho. Nemal by vážiť viac ako 0,2g.
6. Nasaď orech na koniec špendlíka.
7. Požiadaj vyučujúceho, aby zapálil orech. Polož orech do plechovky pod skúmavku s vodou tak, aby ju čo najlepšie zohrieval.
8. Po spálení orecha odmeraj teplotu vody, zapíš si jej hodnotu.
   t_k =_____ °C
9. Vypočítaj, koľko tepla prijala voda spálením orecha s hmotnosťou okolo 0,2g – prepočítaj hodnotu na hmotnosť 100 g orechov.

Obr. 17 Schéma zariadenia (Lapitková, et al., 2010, 95 s.)

Obr. 7 Ukážka pracovného listu pre žiaka – návod na realizáciu pokusu

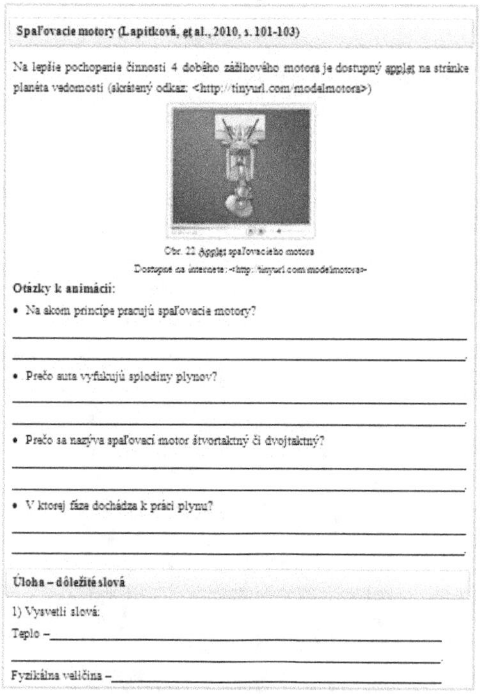
Spaľovacie motory (Lapitková, et al., 2010, s. 101-103)

Na lepšie pochopenie činnosti 4 dobého zážihového motora je dostupný applet na stránke planéta vedomostí (skrátený odkaz: <http://tinyurl.com/modelmotora>)

Obr. 22 Applet spaľovacieho motora
Dostupné na internete: <http://tinyurl.com/modelmotora>

Otázky k animácii:

- Na akom princípe pracujú spaľovacie motory?
____
____.
- Prečo autá vyfukujú splodiny plynov?
____
____.
- Prečo sa nazýva spaľovací motor štvortaktný či dvojtaktný?
____
____.
- V ktorej fáze dochádza k práci plynu?
____
____.

Úloha – dôležité slová

1) Vysvetli slová:

Teplo –_______________________________________
____.

Fyzikálna veličina –_______________________________

Obr. 8 Ukážka pracovného listu pre žiaka s použitím appletu planéty vedomostí

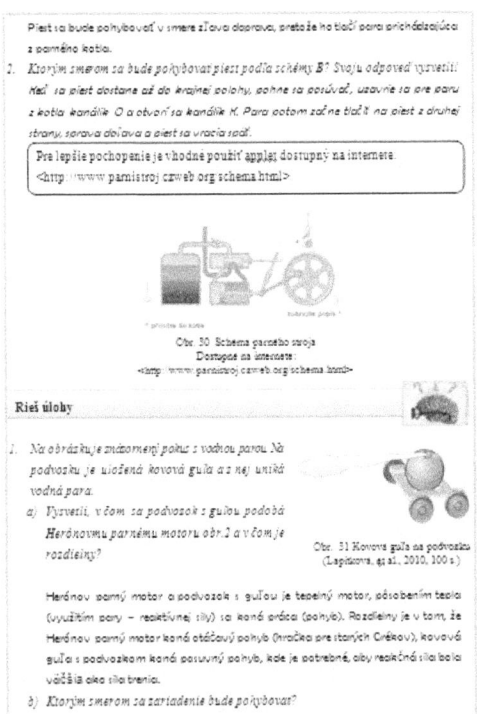

Obr. 9 Ukážka pracovného listu pre učiteľa – vysvetlenie úloh z učebnice

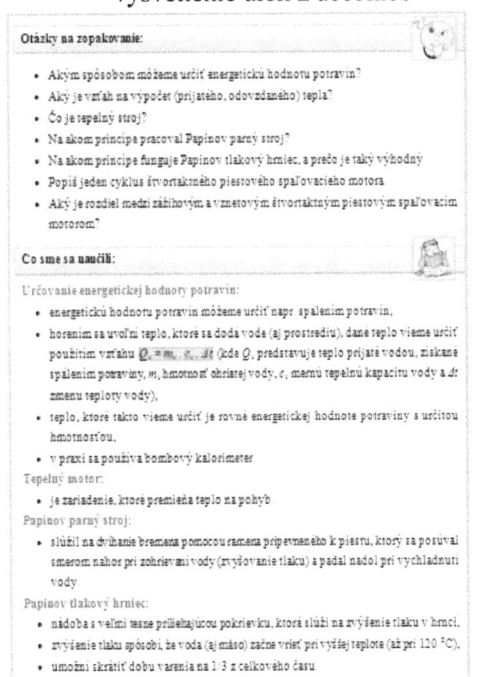

Obr. 10 Ukážka pracovného listu pre učiteľa – zhrnutie učiva

Záver

Korektnosť zostavenia metodických materiálov sme preverovali v prieskumnej etape pomocou kvantitatívneho prieskumu uskutočneného v školskom prostredí na vzorke učiteľov, keďže práve oni sú ich potenciálnymi budúcimi používateľmi. V prieskume sme vyslovili hypotézy, ktorých platnosť sme preukázali, čiže získané výsledky boli pre nás pozitívne. V nasledujúcej vývojovej etape sme sa opäť zaoberali štúdiom iných metodických materiálov, tento krát na Slovensku a v Českej republike, v ktorých sme hľadali možnú inšpiráciu na vylepšenie tvorby našich plánovaných metodických materiálov. Na základe preštudovaných metodických materiálov, aj pracovných listov pre žiakov sme sa rozhodli začleniť do obsahu našich metodických materiálov aj iné prostriedky ako napríklad applety z planéty vedomostí, či z iných zdrojov, poznámky týkajúce sa didaktiky fyziky (vyučovacie metódy, medzipredmetové vzťahy, prierezové témy) a námety na rôzne projekty. Forma a obsah metodických materiálov je prispôsobená veku žiakov, ako aj súčasným požiadavkám vzdelávania. V jednotlivých úlohách si žiak rozvíja manuálne zručností, kritické myslenie, matematické operácie, prezentačné a vyjadrovacie vlastnosti, ako aj prácu s informáciami prostredníctvom literatúry či internetu.

Literatúra

HORVÁTH, R. 2013. *Hľadanie nových postupov vo výučbe programovania na VŠ.*: dizertačná práca. Bratislava : Univerzita Komenského, 2013. 20s. [online]. [Cit. 2015.03.15] Dostupné na internete: < https://www.fmph.uniba.sk/fileadmin/user_upload/editors/studium/PhD/autoreferaty/AR_Horvath_Roman.pdf >.

HURTUKOVÁ, P. 2013. Metodický materiál k vybranej kapitole učebnice fyziky pre 7. ročník základnej školy a 2. ročník gymnázia s osemročným štúdiom : bakalárska práca. Bratislava : FMFI, 2013. 1-73s.

KUKLIŠOVÁ, G. 2012. *Metodická príprava učiteľa pre moderné vzdelávanie s využitím*

planéty vedomosti Fyzika pre 6 – 9 .ročník ZŠ.
[online].   [Cit.   2015.01.19]   Dostupné
na internete: <http://goo.gl/03Avn>.

LAPITKOVÁ, V. et al. 2010. *Fyzika pre 7.ročník*
základnej školy a 2. ročník gymnázia
s osemročným štúdiom. Bratislava : Didaktis,
s.r.o, 2010, 112 s. ISBN 978-80-89160-79-2.

Metodický portál inspirace a zkušenosti učitelů,
2009. *Projekt.* [online]. [Cit. 2015.01.19]
Dostupné   na   internete:
<http://rvp.cz/informace/o-projektu>

Planéta vedomostí, 2012. *Metodické príručky.*
[online].   [Cit.   2015.02.24]   Dostupné
na internete:
<http://www.planetavedomosti.sk/index.php?id
=metodiky-fyzika>

ŠIŠKOVÁ, J. 2012. *Metodika prípravy na maturitu*
z informatiky.: dizertačná práca. Bratislava :
Univerzita Komenského, 2012. 120s. [online].
[Cit. 2015.03.15] Dostupné na internete:
<http://people.ksp.sk/~julka/doktorantura/dizer
tacka.pdf >.

TESAŘ, J. JÁCHIM, F. 2010. *Fyzika pro základní*
školu 5 – Energie. Praha: SPN – Pedagogické
nakladatelství, a.s., 2010, 112 s. ISBN 978-80-
7235-491-7

TESAŘ, J. JÁCHIM, F. 2011. *Fyzika pro základní*
školu 5– Energie, metodická příručka. Praha:
SPN – Pedagogické nakladatelství, a.s., 2011,
80 s. ISBN 978-80-7235-494-8

Študentská vedecká konferencia FMFI UK, Bratislava, 2015, pp. 299–304
ISBN 978-1518759055, © 2015 Veronika Némethová

Tablet. Priateľ či nepriateľ?

Veronika Némethová[1]*
Školiteľ: Peter Demkanin[1]‡

[1] Katedra teoretickej fyziky a didaktiky fyziky, FMFI UK, Mlynská Dolina, 842 48 Bratislava

Abstrakt

Informačné technológie počnúc digitálnymi senzormi, tabletmi cez multimediálne knižky a elearningový systém vzdelávania prinášajú so sebou možnosti, ktoré nás zaujali z pohľadu pedagóga prírodovedného vzdelávania. V decembri 2013 sa spustil projekt *Škola na dotyk*, ktorého cieľom bolo dodať školám nielen tablety (iné dotykové technológie), ale hlavne vytvoriť dlhodobo fungujúce prostredie pre ich využívanie vo výučbe. V predloženom príspevku sa venujeme mapovaniu vnímania dotykových technológií vo vyučovaní učiteľmi prírodovedných predmetov zo škôl zapojených do projektu.

Kľúčové slová: digitalizácia, dotykové technológie, tabletové aplikácie.

1 Okruh záujmu

V rozvinutých spoločnostiach sa v súčasnosti prejavujú tri faktory, ktoré najvýraznejšie podnecujú zmeny ovplyvňujúce celkové fungovanie spoločnosti (ekonomické činnosti, vzdelávaciu politiku, životný štýl a iné). Podľa V. Staneka [Stanek, 2006] sem patria:

- informačná spoločnosť,
- veda a technika,
- globalizácia.

Zmienené spoločenské zmeny ovplyvnili v posledných desaťročiach aj náš vzdelávací systém rôznymi spôsobmi. Ako najvýznamnejšie môžeme uviesť nasledujúce podľa autorky I. Dudovej [Dudová, 2013]:

- demografické trendy zvýšili priemernú dĺžku života a zmenili vekovú štruktúru obyvateľstva, a tým ovplyvnili potrebu celoživotného vzdelávania,
- záujem o problémy životného prostredia a využívanie prírodných zdrojov ovplyvnili systémy odbornej prípravy a vzdelávanie,
- informačné technológie a oblasť technických inovácií sa výrazne prejavili novými požiadavkami na vedomosti.

Práve informačné technológie a technické inovácie sú v centre nášho záujmu, pretože vzdelávacia politika Slovenska sa čoraz viac orientuje na posilnenie využívania digitálnej techniky vo vyučovacej praxi aj v oblasti prírodovedných predmetov. Ako príklad môžeme uviesť projekt digitalizácie regionálneho školstva v Slovenskej republike, ktorý je v súlade so záväzkami Slovenskej republiky vyplývajúcimi zo Stratégie Európa 2020, ktorého tézy sú rozpracované v materiáli *„Koncepcia informatizácie rezortu školstva s výhľadom do roku 2020 – DIGIPEDIA 2020"*. [Digipedia, 2009]

Ďalším komplexným projektom z oblasti inovatívnej výučby je projekt *Škola na dotyk*, ktorý vznikol spoluprácou spoločnosti Samsung Electronics Czech and Slovak, s.r.o a neziskovou organizáciou EDULAB. V rámci projektu získalo 10 škôl v školskom roku 2013/2014 a dodatočne dve školy v roku 2015 dotykové technológie (tablety a dotykovú obrazovku) do vybraných tried a školskú licenciu na softvér Samsung Smart School, ktorý slúži na manažment tabletovej triedy.

Prečo implementovať dotykové technológie do výučby prírodovedných predmetov? Domnievame sa, že tieto technológie majú veľký didaktický potenciál a umožnia nielen názornejšiu, ale aj kreatívnejšiu výučbu v rámci platného Štátneho vzdelávacieho programu. Dvoma aspektmi implementácie dotykových technológií do výučby sú na jednej strane učiteľa – na druhej strane ich žiaci. Od učiteľov sa očakáva, že sa zoznámia s novými technológiami a nájdu vlastné cesty ako ich využiť v každodennom živote triedy. Žiaci získajú pomocníka na učenie sa v škole a doma v domácom prostredí a zároveň nadobudnú zručnosti, ktoré využijú pri ďalšom štúdiu a v budúcej práci.

Myslíme si, že je potrebné zdôrazniť, že tablet ako dotyková technológia nie je cieľom projektu, resp. nášho príspevku, ale iba prostriedkom k naplneniu výchovno vzdelávacích cieľov ŠVP. V druhom rade je potrebné pozrieť sa nepredpojato na súčasnú generáciu detí a mládeže. Podľa výskumu R. Masaryka z júna 2014 [Masaryk, 2014]: *„takmer 40 % žiakov používa digitálne technológie od predškolského veku"* a až 74 % žiakov má k dispozícií počítač a mobilný telefón s prístupom na internet, pričom na jedného žiaka

---
*   nemethova102@uniba.sk
‡   Peter.Demkanin@fmph.uniba.sk

v priemere pripadajú tri digitálne zariadenia ako napr. počítač, notebook, tablet, hracia konzola, mobilný telefón.

Ak sa však pozrieme na charakter aktivít žiakov, ktorí využívajú digitálnu techniku, 94 žiakov z 226 opýtaných používa uvedené zariadenia na zábavu (hranie hier, pozeranie zábavných a hudobných videí a pod.) a 82 žiakov z uvedeného počtu na komunikáciu na sociálnych sieťach a posielanie/prijímanie emailov. Na učenie využíva uvedené zariadenia necelých 5 % opýtaných žiakov, pričom vyše pätina žiakov strávi s digitálnou technikou viac ako tri hodiny denne. [Masaryk, 2014]

Je teda potrebné zavádzať digitálne technológie aj do prostredia školy a do samotnej výučby? Žiaci už aj tak trávia svoj voľný čas viac pri počítači, s tabletom v ruke a „bavia sa" s kamarátmi cez internete/na internete tak, prečo presadzovať uvedené zariadenia ešte viac do škôl? Podľa výsledkov post-testov výskumu „*Mapovania vnímania a dosahu projektu Škola na dotyk*" [Masaryk, 2014] pri porovnaní údajov pre- a post-testov sa nezvýšil počet žiakov, ktorí by trávili s počítačom denne viac ako dve hodiny. Naopak, viac než dvojnásobný počet žiakov prišiel s odpoveďou, že uvedené zariadenia používajú na učenie. Zvýšil sa aj počet žiakov, ktorí uviedli, že digitálne technológie využívajú na vyhľadávanie praktických informácií (kultúrne programy, cestovné poriadky a pod.). Tieto výsledky vnímame ako pozitívny trend využívania digitálnych technológii medzi žiakmi.

2   Prieskum

2.1   Výber respondentov

Ako vyzerali naše začiatky a spoznávanie tabletu ako didaktickej pomôcky? V januári 2014 sme začali pripravovať organizačný rámec a odborný obsah vyučovacích sekvencií pre ukážkové hodiny fyziky s využitím tabletov a iných moderných digitálnych technológii (dotyková obrazovka, systém Coach a senzor Europohyb, Kinect Xbox). V priebehu niekoľkých týždňov sme sa zoznámili so špecifickými funkciami tabletu a naučili sa ho ovládať, písať si poznámky na tablete, prehľadávať internetové stránky.

Vychádzajúc zo ŠVP, zvolili sme si prvú tému vyučovacej jednotky - úroveň ISCED 2 - z časti *Sila a pohyb. Práca. Energia*. Presnejšie zamerali sme sa na *grafické znázornenie rýchlosti a dráhy pohybu v čase*. Preštudovali sme k danej téme učebnice fyziky od autorky Lapitkovej [Lapitková, 2012] a elektronické učebnice z českého vydavateľstva FRAUS [Rauner, 2012]. Na základe

preštudovaných materiálov sme vytvorili pracovné listy pre žiakov.

Vďaka neziskovej organizácii EDULAB, ktorá nám poskytla priestory a techniku na realizáciu ukážkovej hodiny, sme mohli odskúšať nami pripravené pracovné listy a žiacke aktivity na niekoľkých triedach, ktoré navštívili centrum pre moderné vzdelávanie EDULAB v Bratislave. Pracovali sme prevažne so žiakmi druhého stupňa základnej školy, ktorí nikdy predtým neabsolvovali výuku na tabletoch. Dotyková technológia však pre nich nebola neznáma.

Otvorenie tabletu, jeho zapnutie a odomknutie zvládla väčšina bez problémov sama. Písanie si poznámok do vopred pripravených pracovných listov po úvodnej inštruktáži žiaci tiež ovládali veľmi prirodzene.

Po našich skúsenostiach s vyučovaním pomocou tabletov (príprava vyučovacej jednotky, dizajn aktivít s tabletmi, realizácia vyučovacej jednotky) sme boli zvedaví na skúsenosti pedagógov, ktorí používajú tablety vo výučbe prostredníctvom projektu *Škola na dotyk* od školského roku 2013/2014.

V rámci neformálnych rozhovorov s učiteľmi, ktorí vedú vyučovanie v „tabletových" učebniach na školách zapojených do projektu, sme sa dozvedeli, že všetci učitelia mali bohaté skúsenosti s digitálnymi technológiami a aktívne ich využívali pri vyučovaní. Viacerí z nich sa v minulosti aktívne zapojili do projektov ako *Infovek, Notebook pre každého,* či ďalšie. Prácu s tabletmi síce hodnotili ako náročnejšiu oproti tradičnému učeniu najmä v prvotnej fáze projektu (časové prestoje a technické problémy), avšak celkovo jej prínos hodnotili pozitívne. Ocenili predovšetkým, že prináša nadšenie a vedie k ďalšej snahe zdokonaľovať proces učenia nielen u nich samotných, ale i u žiakov.

Pri otázke na dostupnosť podpory väčšina učiteľov vyjadrila spokojnosť s technickým vybavením školy (internetové pripojenie, interaktívne tabule, projektory a niekoľko počítačových učební). Takmer všetci by však ocenili podporu v zmysle školení, tipov na didaktické postupy a aktivity.

Hlavnou témou diskusií boli elektronické a interaktívne učebnice a ich absencia v slovenskom jazyku. Podľa učiteľov by práve takéto učebnice najviac uľahčili ich prácu s tabletmi, pretože umožňujú vkladať si vlastné poznámky do učebného textu vo forme písaného textu, hyperlinku na webovú stránku, zvýrazňovať učebný text a ďalej ho zdieľať do žiackych poznámok. Všetko v prostredí tabletu, resp. počítača. Stretli sme sa s elektronickými učebnicami Fyziky od českého vydavateľstva FRAUS, ktoré boli prepojené s pracovným zošitom k danej učebnici a s metodickými pokynmi. Ako vyplynulo z rozhovorov, niečo podobné by učitelia uvítali aj na našom trhu.

Na základe rozhovorov s učiteľmi a po našich skúsenostiach s tabletmi sme zostavili dotazník, ktorého cieľom bolo zhodnotiť využitie tabletových aplikácií vo vyučovaní.

2.2 Výsledky

V našom prieskume sme oslovili 23 učiteľov, ktorí pôsobia na 10 vybraných školách zapojených do projektu Škola na dotyk. Z vybraných respondentov bolo 19 učiteľov základnej školy a 4 učitelia gymnázia. Z oslovených učiteľov pôsobia v školskej praxi viac ako 17 rokov dvanásti pedagógovia, pričom štyria pedagógovia majú za sebou už štvrťstoročie za školskou katedrou. Z výskumnej skupiny sedem učiteľov pôsobí v školstve menej ako desať rokov. Nemožno vysloviť jednoznačný záver, že o digitálne technológie a inovatívnu výučbu majú záujem predovšetkým mladí učitelia s krátkou dobou školskej praxe do 10 rokov. Tento fakt však hodnotíme veľmi pozitívne, pretože potvrdzuje silnejúci trend celoživotného vzdelávania, ktorý so sebou priniesli v úvode spomenuté spoločenské zmeny.

Tablet používajú na matematike (11), informatike (6), fyzike a technike (5), biológii (5), chémii (5), geografii (4), humanitných predmetoch a jazykoch (4). Prevažná väčšina učiteľov udáva, že tablety používajú na každej hodine alebo takmer každej hodine. Závisí to aj od organizácie prístupu k používaniu tabletov na školách. Pre ilustráciu uvádzame niekoľko prípadov v anonymizovanej podobe, pretože naším cieľom nebolo hodnotenie jednotlivých škôl a ich organizácie výučby:

- Do kontaktu s tabletmi sa dostávajú nielen žiaci kmeňovej triedy[1] na hodinách matematiky, ale aj všetci žiaci druhého stupňa na hodinách fyziky, techniky a informatiky. Tablety si žiaci domov nenosia. Učiteľka sa nám zdôverila: *„Bála som sa pustiť tablety deťom domov – rodičia nechceli, veľká finančná zodpovednosť."*
- Kmeňová trieda pracuje s tabletmi na hodinách biológie. Žiakom z kmeňovej triedy je dovolené nosiť si tablety domov podľa potreby aj na víkend či prázdniny. Okrem žiakov z kmeňovej triedy na tabletoch môžu pracovať všetci žiaci, ktorí sa počas vyučovania dostanú do tabletovej učebne.
- S tabletmi pracuje len jedna trieda, každý žiak si svoj tablet denne nosí domov. Tablety sa nezdieľajú so žiakmi iných tried. Učiteľka

hovorí: *„Rodičia nechceli niesť zodpovednosť za tablet, ktorý používajú aj iní žiaci."*
- Tablety sa používajú najmä v kmeňovej triede, no používali ich aj iné ročníky. Tablety si žiaci domov brať nemôžu, iba výnimočne. Učiteľ: *„Chceli by si brať tablety domov ... problém je, že zatiaľ to nie je majetok školy. Ostatné triedy tiež chodievajú na niektoré hodiny na tablety preto, aby nezávideli."*
- Do projektu je zapojená jedna trieda siedmakov, avšak do kontaktu s tabletmi sa dostali aj iné triedy. Majú vytvorený systém zdieľania – každá trieda má menný zoznam a pridelené čísla tabletov. Tablety zostávajú na víkendy a sviatky v škole.

Obsahová hodnota tabletu vo vyučovaní je determinovaná inštalovanými aplikáciami. Oslovených učiteľov sme požiadali, aby uviedli najpoužívanejšie aplikácie[2], z ktorých sme následne zostavili rebríček (Obr.1).

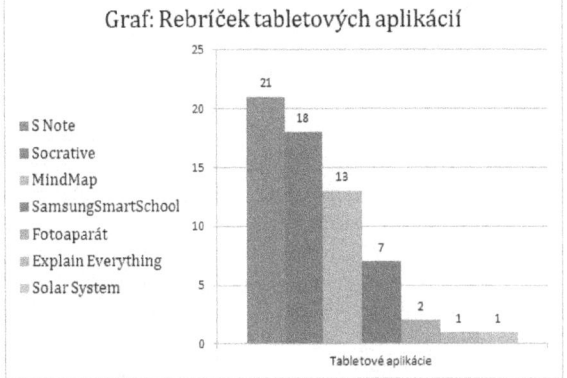

Obr. 1: Graf: Rebríček tabletových aplikácií.

Učitelia vo vyučovaní najviac využívajú aplikáciu *S Note*, ktorá umožňuje písanie poznámok pomocou klávesnice alebo aj voľnou rukou a navyše umožňuje do týchto poznámok vkladať tabuľky, grafy, obrázky, ale aj videá a zvukový záznam. Učitelia ako praktický príklad využitia tejto aplikácie vo vyučovacom procese uvádzali písanie poznámok na hodine, vypracovanie pracovných listov, výstup pri projektoch.

---

[1] Kmeňová trieda je trieda, ktorá bola v rámci projektu vybraná na základe predloženého prihlasovacieho projektu.

[2] Definovať tabletovú aplikáciu je pomerne zložité, pretože na trhu (napríklad GooglePlay) existujú rozmanité, jednoduché (napr. hádzanie hracej kocky) a zložitejšie aplikácie (napr. Slnečná sústava), multimediálne, na tvorbu obsahu, hry a mnohé ďalšie.

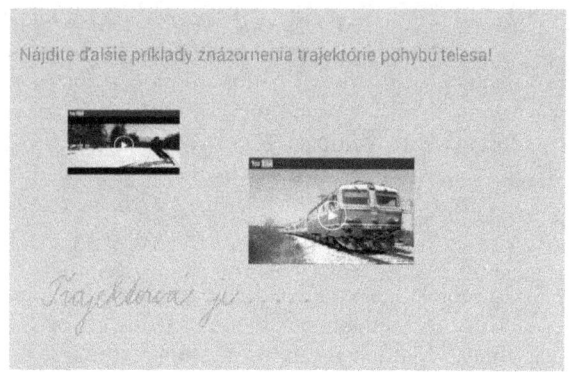

Obr. 2: Ukážka listu v S Note s vloženými videami.

Veľmi obľúbenou a vo vyučovacej praxi užitočnou aplikáciou na testovanie a overovanie vedomostí a schopností žiakov je *Socrative*. Učitelia uviedli, že veľký prínos tejto aplikácie, okrem získania spätnej väzby od žiakov, spočíva v tom, že testy si môžu medzi sebou učitelia ľahko zdieľať[3] a následne upravovať, napríklad v rámci miestneho učiteľského zboru. V neposlednom rade, výhodou je časová efektivita vyhodnotenia testov, ktorú vykoná systém sám do prehľadných tabuliek a grafov.

Na treťom mieste v rebríčku sa umiestnili myšlienkové mapy. Trinásti učitelia medzi najpoužívanejšie aplikácie zaradili MindMap, vďaka ktorej si môžu priamo na hodine (alebo vopred) pripraviť interaktívne myšlienkové mapy, ktoré sú nielen farebne atraktívne, no môžu byť bohaté na obrázky, videá a ďalšie poznámky (vo forme písaného textu aj webových hyperlinkov). Vo vyučovacom procese túto aplikáciu učitelia využívajú na zhrnutie učiva alebo na precvičovanie pojmov ako prehľadné poznámky. Na nasledujúcom obrázku (Obr. 3) je ukážka myšlienkovej mapy vytvorenej pre 7. ročník.

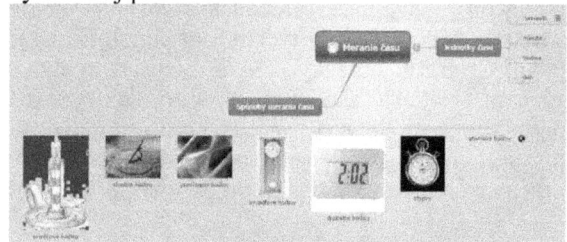

Obr. 3: Ukážka myšlienkovej mapy

Hoci len 7 učiteľov do svojho košíka najpoužívanejších aplikácií zaradilo Samsung Smart School, domnievame sa, že na riadenie vyučovacieho procesu v tabletovej učebni je veľmi často používaný vďaka možnostiam, ktoré dáva do rúk učiteľa (sledovanie obrazoviek žiackych tabletov, zoznam povolených aplikácií, blokovanie

žiackych tabletov, rýchle testovanie, ankety, rozdanie úloh pri skupinovej práci a mnohé iné).

Jedna učiteľka uviedla veľmi zaujímavú aplikáciu Explain Everything: *„Používam interaktívnu tabuľu s tým, že nahrávam aj hovorené slovo. Z toho vytvorím video pre žiakov a tých čo na hodine chýbali."*

Obrovská paleta možností tabletu a tabletových aplikácií v rukách zručných učiteľov vedie k záveru, že tablet je multifunkčným nástrojom. V prípade našich učiteľov ho využívali napríklad ako zápisník, knihu, kameru, fotoaparát, videotelefón, kalendár, mapu, kompas, vodováhu, hodiny, stopky, slovník, sprievodcu Slnečnou sústavou a mnohé iné.

Učiteľov sme sa v ďalšej otázke dotazníka pýtali: *„V čom spočívajú výhody tabletov v porovnaní s inými audiovizuálnymi a interaktívnymi pomôckami?"* Najviac oceňovali praktické stránky zariadenia (prenosnosť, mobilita, skladnosť, prístupnosť) a multifunkčnosť:

- *„Sú ľahko prenosné, použiteľné v každom prostredí!"*
- *„Malé, každý žiak ho má vždy po ruke, nemusia sa sťahovať do špeciálnych tried."*
- *„Ponúkajú množstvo aplikácií, ktoré možno využiť na takmer všetkých vyučovacích hodinách a často nahrádzajú aj rôzne iné prístroje a pomôcky."*
- *„Kamera, foťák, zošit, kniha, zdroj informácií. Všetko v jednom!"*

Viacerí zdôrazňovali prirodzenosť používania zariadenia žiakmi, pretože tieto technológie sú im blízke, keďže vlastnia smartfóny či domáce tablety. V zhode s našimi skúsenosťami učitelia konštatovali zvýšenie atraktívnosti vyučovania pre žiakov a rozvoj nových kompetencií ako tvorivosť a prezentovanie. Tablet umožňuje striedanie aktivít (práca v skupinách, zdieľanie obsahu, rýchle otestovanie, atď.), ktoré riadi a kontroluje učiteľ, a poskytuje, resp. získava okamžitú spätnú väzbu v rámci prostredia Samsung School.

V nasledujúcom grafe (Obr. 4) sú zhrnuté podľa kategórií odpovede učiteľov.

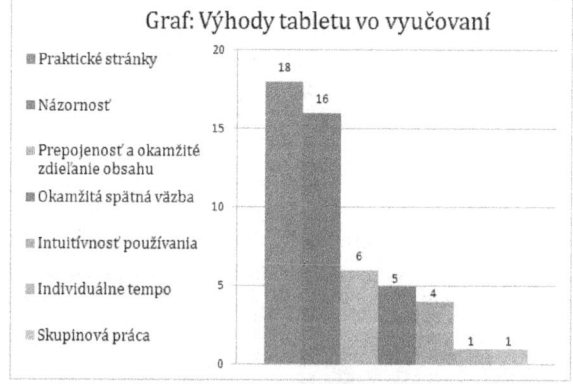

Obr. 4: Graf: Výhody tabletu vo vyučovaní.

---

[3] Každý test pri vytvorení dostane zo systému jedinečné číslo, vďaka ktorému si ho môže prezrieť a editovať každá osoba vlastniaca toto číslo.

Negatíva vidia učitelia v značnej časovej náročnosti prípravy na výučbu (4) a zápasia s technickými problémami (5). Desať z opýtaných učiteľov uviedlo, že nepociťujú žiadne negatíva alebo, že ide o negatíva ľahko odstrániteľné a napraviteľné operatívne. Jeden učiteľ sa vyjadril, že bohužiaľ stále sú internetové stránky, ktoré tablet plnohodnotne nedokáže načítať, napríklad, pretože podporujú zastaraný flash. Ako aj v diskusiách bolo častokrát spomenuté, učitelia vidia rezervy tabletov v absencií elektronických učebníc. Nebezpečenstvom súvisiacim s maloletými žiakmi sú aplikácie s nevhodným obsahom, ktoré by mali byť administrátorom na škole blokované. Avšak deti sú „prešpekulované" podľa slov učiteľov. Jedna učiteľka nám porozprávala príhodu so žiakom tercie na osemročnom gymnáziu, ktorý na cloudovú službu, kde celá škola zdieľala vypracované školské projekty, zavesil svoju fotografiu s nevhodnými gestami a vulgárnym komentárom. Síce na to prišli veľmi rýchlo a odstránili tento nevhodný obsah, ale predsa bolo zarážajúce, že žiak sa takto prezentoval v priestore školy, hoci aj virtuálnom.

Na záver dotazníka sme boli zvedaví na dojmy a postrehy učiteľov vychádzajúce z ich doterajších skúseností s prácou na tabletoch.

- *„Žiaci majú možnosť na jednom zariadení využívať rozličné zdroje informácií, aplikácie, multimédiá na riešenie úloh v súvislostiach."*
- *„Tablety nemožno využívať stále, lebo žiaci sa rýchlo nasýtia novou technikou."*
- *„Žiaci prácu s tabletmi vnímajú ako oživenie vyučovacích hodín."*
- *„Žiak a učiteľ sú partnermi."*
- *„Žiakov baví práca s tabletmi. S použitím aplikácie Samsung School sa eliminujú nežiaduce aktivity."*

Najviac nás oslovila reakcia jednej učiteľky zo základnej školy:

- **„Každý začiatok je ťažký. Je len nutné *chcieť* ísť ďalej. Verím tomuto typu učenia."**

3 Diskusia

Je tablet čarovná tabletka? Z výsledkov výskumu využitia tabletu a tabletových aplikácií vyplýva, že tablet je multifunkčný nástroj, ľahký, malý a prenosný. Zahŕňa v sebe fotoaparát, kameru, zápisník, encyklopédiu a slovník, atď. Možno ho použiť v budove školy aj mimo nej. Prehráva audio, video záznam, animáciu, prezentáciu v rôznom formáte. Žiaci prácou s tabletom rozvíjajú svoju digitálnu gramotnosť. Učitelia majú v rukách nástroj, ktorý umožňuje lepšiu názornosť poznávacieho procesu vďaka multimédiám a interaktívnosti zariadenia. Avšak bez aktívneho zapájania žiakov do poznávacieho procesu, bez učenia sa v súvislostiach a možnosti bádania,

experimentovania s reálnymi vecami nemožno budovať prírodovednú gramotnosť.

Sme len na začiatku poznávania možností tohto zariadenia. Osvedčili sa aplikácie na písanie poznámok a tvorbu pojmových máp, ktoré v prostredí tabletu nadobudli rozmer interaktivity a obohatenia o obrázky, grafy, videá, hyperlinky. Učitelia uvádzali prostriedky na testovanie, fixáciu učiva, získanie spätnej väzby, ktoré im šetrili čas pri oprave a vyhodnocovaní, vďaka elektronickému zberu dát. Novinky, ktoré učitelia privítali, boli aplikácie umožňujúce zdieľanie obsahu, ukladanie súborov do virtuálneho priestoru a nahradenie sady prístrojov a pomôcok jedným zariadením.

Keďže takmer všetci učitelia by ocenili ďalšiu podporu v zmysle školení, tipov na didaktické postupy a aktivity s tabletmi vo vyučovaní, v rámci projektu *Škola na dotyk* sú spustené školenia *Škola na dotyk Akadémia* a na stránkach projektu www.skolanadotyk.sk sú zverejnené materiály, ktoré vytvárajú školy – učitelia a žiaci zapojení do projektu. Kde okrem iného nájdeme modely hodín s použitím tabletov, odporučené aplikácie a ich použitie, návody na organizáciu práce na hodine s tabletmi a podobne. Zaujímavé tipy na vyučovanie s digitálnymi prostriedkami zverejňuje stránka www.tuul.sk, kde možno po prihlásení, pridávať aj vlastné námety, a tak obohacovať existujúce elektronické didaktické materiály.

4 Záver

Pri otázke, aké sú možnosti využitia tabletu a tabletových aplikácií vo vyučovaní, môžeme s určitosťou odpovedať, že veľmi bohaté. Nielen vďaka tomu, že s tabletom máme prístup k neobmedzeným informáciám na svetovej sieti. Veľkú zásluhu na tom majú najmä pedagógovia, ktorí sa neboja nových technológií. Sú ochotní obetovať svoj čas a trpezliví učiť sa nové postupy a metódy, pretože sa chcú priblížiť generácii, ktorá aktuálne obsadzuje školské lavice a ktorá vyjadruje svoje pocity a postoje pomocou emotikonov, statusov, blogov. Títo učitelia sú si vedomí, že ak chcú u žiakov vyvolať záujem o poznávanie prírodných aspektov vplývajúcich na život človeka, v prvom rade sa musia snažiť o atraktívnosť vyučovacieho procesu napríklad prostredníctvom moderných technológií.

Poďakovanie

Ďakujem môjmu školiteľovi doc. RNDr. Petrovi Demkaninovi, PhD. za odborné vedenie, cenné rady a usmernenia. Veľká vďaka za kritické poznámky patrí Mgr. Lukášovi Bartošovičovi, PhD., ktorý svojimi postrehmi prispel k zvýšeniu kvality predloženého príspevku.

Moje poďakovanie samozrejme patrí aj EDULABU za poskytnutie priestorov.

Literatúra

[Digipedia, 2009] Digitalizácia školstva. *Digipedia.* [Online] Ministerstvo školstva, vedy, výskumu a športu SR, 2009. [Cited: Marec 28, 2015.] https://www.iedu.sk/digipedia/Stranky/default.as px.

[Dudová, 2013] Dudová, I. 2013. *Ekonómia vzdelávania.* Bratislava : Iura Edition, 2013. ISBN: 9788080786687.

[Lapitková, 2012] Lapitková, V. a kol. 2012. *Fyzika pre 8. ročník základnej školy a 3. ročník gymnázia s osemročným štúdiom.* Bratislava : Vydavateľstvo Matice slovenskej, 2012. ISBN 978-80-811 5-045-6.

[Masaryk, 2014] Masaryk, R. 2014. *Mapovanie vnímania a dosahu projektu Škola na dotyk (Správa z výskumu).* Bratislava : Diskurz.sk, 2014.

[Rauner, 2012] Rauner, K. a kol. 2012. *Fyzika 7 pro ZŠ a VG UČ.* Plzeň : Fraus, 2012. ISBN 80-7238-431-7.

[Stanek, 2006] Stanek, V. a kol. 2006. *Sociálna politika.* Bratislava : SPRINT, 2006. ISBN 80-89085-66-0.

Študentská vedecká konferencia FMFI UK, Bratislava, 2015, pp. 305–316

Interaktívne prednáškové demonštrácie vo vyučovaní fyziky na gymnáziách

Jarier Wannous[1]
Školiteľ: Peter Horváth[2]

[1][2] Katedra teoretickej fyziky a didaktiky fyziky, FMFI UK, Mlynská Dolina, 842 48 Bratislava

Abstrakt

V tejto práci sa budeme venovať používaniu demonštrácii a experimentov počas vyučovania fyziky na stredných a základných školách, kde sa pokúsime poukázať na potrebu poskytnutia novej metódy výučby, ktorá by dokázala používať aktívne poznávanie bez potreby úplnej rekonštrukcie štýlu vyučovania. Naším cieľom v tejto práci bude navrhnúť riešenie tohto nedostatku pomocou metódy Interaktívnych prednáškových demonštrácií (ILD), ktorá je jednou z najznámejších a najefektívnejších interaktívnych metód v súčasnosti. Avšak vzhľadom na jej primárne využitie na vysokých školách sa taktiež budeme snažiť poukázať na jej vhodnosť pre nižšie stupne vzdelávania. V prvej časti sa zameriame na samotnú problematiku demonštrácií na vyučovacích hodinách fyziky a stručne spomenieme niektoré riešenia, ktoré boli v minulosti navrhnuté. V druhej časti sa budeme venovať vzniku, priebehu a efektívnosti metódy ILD na vysokých školách, pričom zároveň pozrieme na vhodnosť jej využitia na strednej škole. V tretej časti sa pokúsime navrhnúť priebeh jednej vyučovacej hodiny pripravenej pomocou metódy ILD, kde sa budeme zameriavať na výber demonštrácií použitej v metóde, príprave pracovných listov a na samotnú realizáciu hodiny pomocou ILD na hodinách fyziky v konkrétnej triede. V štvrtej časti zhodnotíme výsledky našej práce a posúdime možnosti použitia, prípadne ďalšieho vývoja metódy na nižších stupňoch vzdelávania než je vysoká škola.

Kľúčové slová: Interaktívne prednáškové demonštrácie, interaktívne metódy, aktívne poznávania, fyzika, stredná škola, základná škola, tradičné vyučovanie, fyzikálne experimenty.

1 Kríza vyučovania fyziky a prvé návrhy riešenia

Mnoho rokov prešlo od doby, kedy sa vyučovanie fyziky zakladalo na troch krokov deduktívneho učebného štýlu: vysvetlenie témy, riešenie príkladov a hodnotenie písomnou prácou. Čím ďalej tým viacej sa dostáva do popredia potreba školských demonštrácií a pokusov vo vyučovaní fyziky na dosiahnutie skutočného pochopenia a upevnenia učiva v mysliach študentov, čo sa

odráža napríklad aj na štátnom vzdelávacom programe, ktorý za základnú charakteristiku predmetu pokladá „hľadanie zákonitých súvislostí medzi pozorovanými vlastnosťami prírodných objektov a javov, ktoré nás obklopujú v každodennom živote" [ŠPÚ, 2009, s. 1]. Ďalej uvádza, že počas výučby by mala byť najväčšia pozornosť venovaná „samostatnej práci žiakov – aktivitám, ktoré sú zamerané na činnosti vedúce ku konštrukcii nových poznatkov." [ŠPÚ, 2009, s. 1]

Snaha aplikovať tento prístup vo vyučovaní prírodných vied v našich podmienkach začala prinášať ovocie vo forme niekoľkých programov, ktoré sa väčšinou zameriavajú na vyučovanie fyziky v 2. stupni základnej školy, ako je napríklad program FAST. V týchto programov môžeme vidieť snahu vytvoriť pochopenie a používanie vedeckého prístupu od prvého stretnutia s fyzikou, čo taktiež môžeme charakterizovať ako použitie procesu bádania alebo bádateľského prístupu vo vyučovaní. Vzhľadom na to, že programy, ktoré sa v súčasnosti dajú sledovať na Slovensku riešia problematiku vyučovania fyziky hlavne na základných školách alebo nedokážu do seba dostatočne asimilovať súčasný spôsob vyučovania fyziky, tak by bolo vhodné navrhnúť metódu, ktorá by daný problém dokázala vyriešiť bez toho, aby si vyžadovala príliš komplikované alebo problematické riešenie.

Z tohto dôvodu bude naším cieľom v tejto práci pokúsiť sa použiť metódu interaktívnych prednáškových demonštrácii (ILD) ako riešenie tejto problematiky, pričom sa budeme snažiť poukázať na samotnú problematiku a návrhy jej riešenia v minulosti, ďalej budeme skúmať samotnú metódu ILD, jej vznik, priebeh a efektívnosť a následne sa pokúsime navrhnúť priebeh jednej vyučovacej hodiny pomocou tejto metódy a budeme náš návrh realizovať na konkrétnej triede. Následne sa budeme snažiť analyzovať naše výsledky na vytvorenie informovaného záveru, podľa ktorého môžeme zhodnotiť mieru doplnenia nášho cieľa.

Je však potrebné upozorniť, že nie je cieľom našej práce odstrániť alebo nahradiť bádateľský prístup, ktorý sa v súčasnosti efektívne presadzuje vo vyučovaní fyziky, ale poukázať na ďalšiu možnosť riešenia pre školy, ktoré nemajú dostatočné prostriedky na realizáciu bádateľského prístupu. Taktiež prípadne v prípade potvrdenia možnosti použitia ILD na nižších stupňoch vzdelávania ako je vysoká škola sa taktiež otvára možnosť obidva prístupy využiť súčasne počas vyučovania, prípadne vytvoriť metódu, ktorá by zahŕňala prvky obidvoch prístupoch pri vyučovaní fyziky. Vzhľadom však na to, že metóda ILD nie je zaužívaná na stredných a základných školách je potrebné najprv analyzovať túto problematiku predtým, ako by sme mohli pokračovať v skúmaní možnosti ďalšieho využitia.

Na splnenie nášho zadaného cieľa je potrebné začať identifikáciou a odhalením problému, ako aj opísaním rôznych riešení a prístupov, ktoré sa vyvinuli za účelom riešenia tejto problematiky.

Prvé náznaky problému vo vyučovania fyziky priniesol Arnold Arons z University of Washington v Seattli, ktorý tvrdil, že nie je možné učiť študentov tak, aby mali všeobecný prehľad o prírodných vedách. Dôvodom toho je, že množstvo poznatkov je príliš veľké, a preto ho nie je možné časovo zvládnuť. Pri vyučovaní prírodných vied by malo byť učiteľovým cieľom zameriavanie sa na vylepšenie schopností študentov premýšľať samostatne nad problémami a nie učenie komplexného množstva poznatkov. Inými slovami by prírodovedné predmety mali študentom poskytnúť iba súbor základných pojmov a princípov, z ktorých by dokázali samostatne vychádzať.

Ďalšie výskumy, ako boli napríklad rozsiahly výskum vyučovania fyziky [McDermott, 2001] alebo didaktické výskumy Hestenesa a Hallouna [Halloun and Hestenes, 1985], ktoré nadväzovali na Aronsovú prácu viedli k záveru, že pri výučbe fyziky je nutné, aby sa zmenilo postavenie žiaka z pasívneho prijímača vedomostí v aktívny článok vyučovacieho systému. Pyramída učenia napríklad uvádza, že pri použití klasických metód vyučovania (prednáška, čítanie, audiovizuálne metódy alebo priama demonštrácia) si žiaci uchovávajú v pamäti maximálne 30% vedomostí (pasívne metódy poznania), pričom pri použití takých metód ako je diskusia v skupine, vlastná činnosť alebo okamžitá aplikácia sa množstvo uchovaných informácii zvyšuje až na 90% (aktívne metódy poznania).

Tieto výsledky výskumov v oblasti didaktiky viedli k vzniku nových prístupoch vo vyučovaní fyziky, ktoré dostali názov interaktívne metódy kvôli svojej snahe využiť aktívne metódy poznávania a kvôli zapájaniu študenta do procesu vyučovania pomocou diskusii a samostatnej práci. Americký didaktik Hake zaviedol definíciu interaktívnych metód nasledovne

„interaktívna metóda je metóda podporujúca konceptuálne porozumenie prostredníctvom aktívneho prístupu študentov cez jeho myšlienkovú aktivitu, ktorá vedie k okamžitej spätnej väzbe študenta formou diskusie s vrstovníkmi alebo učiteľom" [Hake, 1998, st. 65].

Najvýznamnejšie interaktívne metódy ako ich uvádzajú Vasziová a Hanč [Vasziová and Hanč, 2008] sú:

- *Cooperative Problem Solving*
- *Tutorials in introductory physics*
- *Just in Time Teaching (JiTT)*
- *Peer Instruction*
- *Interactive Lecture Demonstration (Interaktívne prednáškové demonštrácie* alebo *ILD)*

Prvé 4 spomínané metódy vo svojom prístupe nemajú zakomponované demonštrácie počas hodín fyziky, ale zameriavajú sa na logické uvažovanie študentov, skupinovú prácu a vzájomnú diskusiu, pričom je potrebné upozorniť, že dané metódy sa vo svojich základoch spoliehajú na formát vysokoškolského štúdia a nie sú dostatočne flexibilné na aplikáciu na nižších stupňoch štúdia. Jediná metóda, ktorú môžeme bližšie použiť je *Peer Instrcution*, ktorá však nezahŕňa vo svojom prístupe demonštrácie, ktoré sme uviedli ako esenciálnu súčasť vyučovania na strednej a základnej škole.

Naopak metóda ILD zakladá vo svojej štruktúre na využívanie demonštrácii počas vyučovania a má mnohé charakteristiky, ktoré umožňujú uskutočniť potrebné zmeny pre iný systém vyučovania. Z tohto dôvodu sa v nasledujúcej časti budeme bližšie zaoberať metódou ILD a možnosťou jej využitia ako vhodnej metódy pre vyučovanie na strednej škole.

2 Interaktívne prednáškové demonštrácie (ILD)

Jeden z hlavných symptómov klasického vyučovania fyziky, ktorý sa prejavuje u žiakov je nárast deklaratívnych vedomostí, ktorý je sprevádzaný neporozumením základných pojmov, pričom neprichádza k odstráneniu miskoncepcií získaných v minulosti, prípadne sa vytvárajú u študentov nové miskoncepcie, ktoré neboli v minulosti prítomné.

Jedným z efektívnych spôsobov riešenia tohto problému je samostatná práca žiakov a poznávanie v rámci vyučovacej hodiny, či pomocou experimentov alebo samostatným objavovaním. Avšak stav používania experimentov v procese vyučovania sa nedá v súčasnosti hodnotiť pozitívne, napriek snahám túto skutočnosť meniť. Balažovič napríklad uvádza [Balažovič, 2012], že až 54% učiteľov realizuje experimenty na hodinách fyziky najviac pár krát za mesiac, pričom ďalšie 3% učiteľov realizujú experimenty iba na laboratórnych cvičeniach. Preto treba upozorniť, že daný počet experimentov nie je určený na jednu triedu, ale na celkový počet vyučovacích hodín fyziky, ktoré učiteľ realizuje.

Balažovič taktiež uvádza faktory, ktoré by mohli potenciálne zvýšiť experimentovanie na hodinách.

Najväčšie zastúpenie, ktoré učitelia uviedli bolo viac času na hodine (37%) a lepšie materiálové vybavenie (39%). Pomocou týchto údajov môžeme prísť k záveru, že školy nie sú vybavené na realizovanie experimentov so žiakmi v dostatočnej miere, čo potvrdzuje tvrdenie Hanča a Dutka [Dutko and Hanč, 2008] o tom, že situácia na stredných školách na Slovensku nedovoľuje ich vybavenie do takej miery, aby s modernými pomôckami mohol pracovať každý žiak, keďže tieto pomôcky sa na školách nachádzajú zvyčajne v jednotlivých kusov.

Vzhľadom na tieto údaje je potrebné poskytnúť návrhy riešenia tejto problematiky, kde priamym riešením by mohlo byť zvýšenie počtu hodín vyučovania fyziky a lepšie sprístupniť školám fyzikálne pomôcky. Keď však vezmeme do úvahy, že spomenuté riešenie je vo veľkej miere úlohou samotnej školy a nie učiteľa, tak sa nám prezentuje ďalšia možnosť riešenia, a to používanie inej metódy vyučovania, ktorá by poskytovala možnosť realizovania experimentov počas kratšieho časového intervalu a s menším počtom potrebných pomôcok.

Z tohto dôvodu, ako aj pre ďalšie dôvody, ktoré boli spomínané v predchádzajúcej časti budeme uvažovať nad metódou ILD ako vhodným kandidátom k vyriešeniu tohto problému, pričom budeme sledovať jej vývin, priebeh, efektivitu metódy a možnosť jej použitia na stredných a základných školách.

2.1 Vývin metódy ILD

Podľa Dutka a Hanča [Dutko and Hanč, 2008] využívanie okamžitých nameraných reálnych dát získaných pomocou meracích sond a počítača viedli k prvým úspechom v porozumení základných pojmov na hodinách fyziky. Práve tieto úspechy viedli k vytvoreniu výskumu v oblasti interaktívnych metód, ktorého súčasťou boli Priscilla Laws, David Skoloff a Ronald Thornton, ktorí vytvorili skupinu didaktikov s názvom The New Mechanics Advisory group. Táto skupina sa snažila zistiť spoločné prvky jednotlivých metód vo výučbe fyziky, ktoré zvyšovali efektivitu výučby. Počas stretnutiach sa výskumníci dostali k záverom, ktoré sú základné pri tvorbe efektívnej a úspešnej výučbe. Zoznam týchto záverov uvádzali Dutko a Hanč [Dutko and Hanč, 2008] nasledovne:

- Zručnosť v riešení štandardných kvantitatívnych problémov nie je adekvátnym kritériom úrovne logického a konceptuálneho pochopenia.
- Koherentná štruktúra predmetu, jeho pojmov a princípov nie je typickým výsledkom tradičnej výučby.
- Isté ťažkosti s pojmami a chápaním, tzv. miskoncepcie sa tradičnou výučbou vôbec neodstránia.

- Tradičná výučba často nevedie k zlepšeniu schopnosti myslieť.
- Väzby medzi pojmami, princípmi, ich formálnymi reprezentáciami a reálnym svetom sú zvyčajne po tradičnej výučbe veľmi slabé.
- Vyučovanie fyziky podávaním informácii je neefektívnym spôsobom výučby pre väčšinu študentov.

Tieto body boli potvrdené mnohými výskumami, vykonané rôznymi skupinami a rôznymi technikami na získavania údajov. Boli napríklad použité metódy ako sú interview alebo analýza odpovedí viac ako niekoľko tisíc študentov pomocou otázok s výberom krátkych odpovedí. Posledná spomenutá metóda bola použitá Thorntonovou skupinou z *Center for Science and Math Teaching* na Tuftskej Univerzite. Otázky použité v tomto výskume sú dnes známe ako diagnostický test *Force and Motion Conceptual Evaluation* [Thornton and Sokoloff, 1997]. Pomocou údajov z týchto výskumov, spomínaných záverov, ku ktorým dospeli a po skúšaní rôznych stratégii v rámci projektu *Tools for Scientific Thinking* [Thornton and Sokoloff, 1997] vytvorili Ron Thornton a David Sokoloff v roku 1991 interaktívnu metódu s názvom *Interactive Lecture Demonstrations* (ILD) alebo Interaktívne prednáškové demonštrácie.

2.2 Priebeh metódy ILD

Metóda ILD v dnešnej podobe prešla niekoľkými vylepšeniami, ktoré sa snažili zachytiť a odstrániť problémy, ktoré sa mohli v metóde vyskytnúť. Jej cieľom sa stalo premieňať rolu študenta z pasívneho poslucháča na aktívny článok vyučovacieho procesu. V tejto časti sa budeme zaoberať samotným priebehom metódy ILD počas vyučovania, kde najprv spomenieme kroky, ktorých sa musí držať učiteľ pri vytváraní samotnej metódy a neskôr budeme skúmať detaily spojené s danými krokmi.

Metóda ILD je vytvorená z 8 hlavných krokov [Thornton and Sokoloff, 1997]:

1. Učiteľ popisuje demonštráciu a predvedie ju bez zobrazení výsledkov.
2. Študenti zapisujú svoje mená a individuálne predpovede na predpovedné hárky.
3. Študenti sa zapoja do spoločnej skupinovej diskusie o svojich predpovediach a snažia sa navzájom presvedčiť o ich správnosti.
4. Učiteľ zapíše na tabuľu spoločné predpovede študentov a nasleduje celotriedna diskusia o spoločných predpovedí.
5. Študenti zapisujú na svoje predpovedné hárky svoje definitívne odpovede, pre ktoré sa rozhodli.
6. Učiteľ znova predvedie demonštrácie, pričom tento krát sú zobrazené výsledky merania.

7. Študenti si zapisujú výsledky do výsledkových hárkov, ktoré si môžu ponechať pre ďalšie štúdium.
8. Študenti (alebo učiteľ) diskutujú o analogickom fyzikálnom jave s iným povrchnými črtami (t.j. rôzna situácia, ktorá zakladá na rovnaký koncept).

Vzhľadom na to, že demonštrácie sú základnou časťou metódy je dôležité, aby ich počas vyučovacej hodiny bolo viac. V prípade vysokých škôl sa predpokladá, že sa dá zvládnuť 5-8 demonštrácií počas jednej prednášky. Aby sa však takýto počet dal zvládnuť je potrebné uviesť pravidlá, ktorými sa treba riadiť počas priebehu jedného cyklu ILD. Tieto pravidlá budeme uvádzať postupne pre každý krok:

1. Použitie demonštrácie so zameraním sa na jednotlivý pojem alebo jedinú miskoncepciu. Demonštrácia musí byť jednoduchá a jasná na pochopenie.
2. Predpovedné hárky, do ktorých študenti zapisujú svoje odpovede sa nemôžu známkovať za korektnosť, čo je treba taktiež študentom vysvetliť. Je však vhodné ohodnotiť túto časť plusovými bodmi za snahu a účasť na metóde ILD.
3. Úlohou učiteľa v tejto časti je sledovať diskusie a v správny čas ukončiť diskusie v skupinách a pokračovať na nasledujúci krok.
4. Pri zapisovaní jednotlivých predpovedí je výhodné, aby učiteľ zvýraznil jednotlivé predpovede na tabuli pomocou rôznych farieb. Vytvorené predpovede sú výsledkom brainstormingu žiakov a nemali by byť podrobené kritike alebo okomentované učiteľom. Pri nasledovnej celotriednej diskusii je úlohou učiteľa sledovať diskusiu, zapájať sa a riadiť bez toho, aby prezradil správne riešenie. Po čase sa diskusia môže oddialiť od skúmanej témy alebo problému, preto je potrebné, aby učiteľ v správny čas zasiahol a nedovolil, aby sa celotriedna diskusia príliš predlžovala. V prípade menšieho počtu predpovedí alebo v prípade, ak sa neobjaví predpoveď, ktorá znázorňuje zvyčajnú predstavu žiakov o danom pojme existuje aj možnosť pridania hypotéz, ktoré sa objavili v minulých ročníkov alebo v iných triedach.
5. V tomto kroku je nutné, aby si študenti zapisovali svoje definitívne predpovede. Existuje však aj možnosť hlasovania za preferovanú hypotézu, pričom toto hlasovanie nesmie nahradiť zapisovanie definitívnych predpovedí do predpovedných hárkov.
6. Po odhalení výsledkov je nutnou úlohou učiteľa vysvetliť dôvod získania nameraných hodnôt, vysvetliť fyzikálne pojmy a metódy, na ktoré sa experiment zameriaval. Taktiež v tomto kroku, ako aj v následných krokoch je potrebné pre učiteľa, aby vytváral nové pojmy a vytváral závery pomocou nameraných hodnôt a diskusií, a nie pomocou predom známych skutočností, ako je zvykom vo forme prednášky.

Z priebehu metódy môžeme vidieť, ako je ILD silno závislé od demonštrácii počas vyučovacích hodín. Pričom je stále možné tvrdiť, že dané demonštrácie sú dostatočne jednoduché na uskutočnenie (jednoznačné, zamerané na jeden pojem). Iné interaktívne metódy sa diametrálne líšia od ILD vo využívaní demonštrácii vo svojich postupoch, ako sme aj spomínali v skorších častí. Sokoloff a Thornton túto skutočnosť napríklad opísali nasledovne:

„Niekoľko ďalších výskumníkov použili podobné postupy pri angažovaní svojich žiakov počas prednášok. Napriek tomu, že niekoľkí z nich použili demonštrácie počas prednášky s reálne nameranými dátami (pomocou MBL), tak väčšina z nich nepoužívala priamo fyzikálne experimenty, ale spoliehali sa na uvažovanie študentov, ako aj na ich schopnosť riešiť problémy. Mnohé z týchto metód používajú systém spätnej väzby študentov, ktorý tieto spätné väzby zbiera a zobrazuje učiteľovi, v prípade potreby aj študentom. Mazur napríklad, zaznamenal používanie takého systému na prednáškach úvodnej fyziky na Harvarde. Jeho študenti sú vedení k záverom hlavne na základe procesov uvažovanie a logiky, a nie na pozorovaní fyzikálnych javov" [Thornton and Sokoloff, 2003, str. 4].

Jedinečnosť metódy a jej význam však nepotvrdzujú jej efektívnosť, preto je ďalej potrebné sa bližšie pozrieť na výskumy, ktoré potvrdzujú nárast porozumenia, ktorý u žiakov nastáva po využívaní metódy ILD vo vyučovaní fyziky, čomu sa budeme bližšie venovať v nasledujúcej časti.

2.3 Efektívnosť metódy ILD

Napriek tomu, že už na prvý pohľad môže byť metóda ILD atraktívna pre učiteľa, či už z hľadiska používania veľkého množstva experimentov alebo z hľadiska jej zamerania na poznávanie žiaka, tak je stále nutné preveriť, či skutočne dokáže táto metóda vytvoriť prostredie pre aktívne poznávanie žiaka a či dokáže skutočne odstrániť jeho miskoncepcie a tým otvoriť cestu k lepšiemu pochopeniu fyziky. Preto sa v tejto časti práce pozrieme na niekoľko výskumov, ktoré poukazujú na efektívnosť metódy ILD a teda priamo aj odpovieme na otázku, či je metóda ILD výhodná a vhodná na implementovanie do výučby fyziky na nižších stupňoch štúdia, ako je vysoká škola.

Už samotná práca Thorntona a Sokoloffa poskytuje údaje z výskumu, ktorý vypracovali na potvrdenie efektívnosti metódy [Dutko and Hanč, 2008], kde počas troch rokov (1989-1991) skúmali úspešnosť svojich žiakov na Univerzite v Oregone pomocou testov FMCE. Výsledky tohto prvého výskumu ukázali, že porozumenie, ktoré dosiahli študenti prechádzajúci tradičnou výučbou sa pohybovalo medzi 7-15%, pričom študenti, ktorí prešli výučbou pomocou ILD metódy preukázali porozumenie 70-90%.

V roku 1999 zverejnili Sokoloff, Thornton a Laws výsledky rozsiahlejšieho výskumu o efektívnosti ILD vo vyučovaní fyziky v časopise *Uniserve Science News* [Thornton et al. 1999], kde zistili, že po tradičnej výučbe iba 30% zo vzorky vyše 1200 študentov rozumeli základným konceptom zrýchlenia. Po implementovaní metódy skupiny sa zvýšilo množstvo študentov, ktorí rozumeli daným konceptom až na 93%.

Ďalšie výskumné skupiny sa taktiež snažili potvrdiť efektívnosť ILD vo vyučovaní fyziky. Kelly Miller a kol. napríklad uvádzajú, že vo svojom výskume:

„tieto údaje podporujú potrebu študentskej predpovede výsledku demonštrácie, bez ohľadu na to či výsledok demonštrácie predpovedajú správne alebo nie. Demonštrácie sú ďalej veľmi efektívne pri podpore učenia, keď študenti majú predom aspoň nejakú základnú úroveň konceptuálneho porozumenia." [Miller et al., 2013, str. 4]

Manjula D. Sharma a kol. vo svojom desať ročnom výskume tejto problematiky zaznamenali, že ich výsledky „odstraňujú akékoľvek pochybnosti o tom, že stratégia výučby pomocou ILD môže silne prispieť vzdelávaniu študentov a profesionálnemu vývinu učiteľov." [Sharma et al., 2010, str. 9].

Tieto výskumy poskytujú silné podklady, ktoré poukazujú na efektivitu skúmanej metódy, čo iba ďalej potvrdzuje, že ILD je vhodnou metódou na vyučovanie fyziky a je teda aj vhodným kandidátom na použitie vo výučbe fyziky na nižších ročníkov. Otázkou však ostáva, aké zmeny by bolo potrebné na metóde uskutočniť, aby mohla byť využitá pri výučbe fyziky na strednej škole.

2.4 Použitie ILD na strednej škole

Vzhľadom na to, že metóda ILD bola vyvinutá hlavne pre vyučovanie na vysokej škole, tak si musíme uvedomiť, že danú metódu nie je možné využiť rovno v takom tvare v akom sa vyskytuje bez toho, aby sa neprejavili nejaké problémy, ktoré môžu nastať pri realizovaní niektorých krokov metódy. Z tohto dôvodu sa v tejto časti budeme venovať analýze jednotlivých krokov metódy a ich kompatibilite s vyučovacím systémom na strednej škole. Prípadne sa pokúsime navrhnúť aké kroky treba podniknúť k tomu, aby sa metóda viac prispôsobila danému systému alebo aby mohla byť

použitá aj v najťažších prostrediach slovenských škôl.

Prvý problém, ktorý sa vyskytuje, ako bolo spomínané v úvode tejto kapitoly je nedostatok času na výučbu fyziky. Na prvý pohľad by táto skutočnosť mohla byť závažným problémom, hlavne keď berieme do úvahy, že pri laboratórnych cvičeniach sa napríklad počas dvojhodinovky stihne prebrať jeden až dva experimenty. Metóda ILD si však vyžaduje cyklus 5-8 demonštrácii počas jednej prednášky.

Preto by bolo výhodné, ako prvú potrebnú zmenu uviesť menší počet demonštrácii počas vyučovacej hodiny než ako je potrebné pri realizovaní na prednáškach. Toto riešenie by mohlo byť prínosné hlavne, keď zoberieme do úvahy aj problém pri príprave pomôcok, čo si môže vyžadovať od učiteľa veľké množstvo času a námahy. Preto je potrebné znížiť počet demonštrácii počas vyučovacej hodiny fyziky, kde navrhujeme znížiť počet demonštrácii z 5-8 na 1-2 demonštrácii metódou ILD počas jednej vyučovacej hodiny.

Ďalší problém, ktorý musíme vyriešiť je samotný problém pomôcok. Ako bolo spomínané v úvode tejto kapitoly 39% učiteľov vo výskume uviedlo, že najväčšou bariérou, ktorá im zabraňuje realizovať experimenty počas vyučovacích hodín sú slabé materiálne vybavenie alebo inými slovami nedostatočné pomôcky na realizovanie pokusov počas vyučovacích hodín fyziky. Ich nedostatok by samozrejme pri niektorých experimentoch mohol spôsobiť veľké problémy, avšak v tomto prípade je vhodné použiť aj iné metódy demonštrácie ako iba priame experimenty. Pri niektorých druhov pokusov je napríklad možné uskutočniť videomeranie, ktoré možno nasledovne analyzovať pomocou metódy ILD. V iných prípadoch je možné použiť fyzikálne applety, ktoré sú rozšírené na internete. Vzhľadom na to, že tieto možnosti nedovoľujú žiakom priame spojenie s experimentom je vždy potrebné pripraviť aj reálne fyzikálne demonštrácie. Je potrebné si však aj uvedomiť, že demonštrácie použité pri metóde ILD musia byť zamerané na jeden pojem alebo jednu fyzikálnu vlastnosť a je vhodné povedať, že experimenty s tým spojené by boli dostatočne jednoduché na pripravenie aj pomocou núdzovej aparatúry.

Pri analýze krokov metódy je nasledovne potrebné zdôrazniť potrebu kontrolovania diskusie ešte vo väčšej miere, ako bolo potrebné na vysokej škole. Dôvodom tejto striktnejšej kontroly diskusie je väčšia možnosť vychýlenia sa od riešenej témy ako pri vyššom stupni, ako aj kratší čas na používanie metódy. Taktiež je možné, že daná škola alebo učiteľ nepoužívajú bodovací systém hodnotenia, čo by sa mohlo odraziť na druhom kroku metódy. Znova môže byť riešenie jednoduché žiadnym ohodnotením zapisovania predpovedí

alebo prípadne použitím jednej veľkej známky za
účasť na nejakom percentne ILD.

Po analýze týchto aspektov vyučovania na
strednej škole môžeme dospieť k záveru, že napriek
niektorých komplikáciám, ktoré môžu nastať,
metóda ILD je stále vhodná na používanie na
stredných školách. Čo znamená, že pri zvýšení
snahy a pri striktnejších pravidlách používania
môže byť metóda realizovaná na hodinách fyziky
na strednej škole. Pričom je potrebné zdôrazniť, že
tieto závery sú iba predpokladmi, ktoré je potrebné
potvrdiť experimentálne priamo na vyučovacích
hodinách na stredných školách. Preto sa v ďalšej
časti pokúsime spracovať jednu vyučovaciu hodinu
z fyziky pomocou metódy ILD, ktorú sa nasledovne
pokúsime realizovať a tým potvrdiť pravdivosť
alebo nepravdivosť nášho predpokladu o tom, či je
metóda ILD vhodnou na vyučovanie fyziky nielen
na vysokej škole, ale aj na nižších stupňoch
vzdelávania, ako je napríklad stredná alebo
základná škola.

3 Aplikácia metódy ILD na vyučovacej hodine

V tejto časti sa pokúsime realizovať metódu
prakticky na jednej triede, kde našou úlohou bude
vytvoriť niekoľko hodín, ktoré budú využívať práve
metódu ILD na vysvetľovanie rôznych pojmov,
prípadne na odbúravanie miskoncepcií, ktoré sa
často vyskytujú pri preberanej téme.

Pred samotnou implementáciou metódy je však
potrebné urobiť výber ročníka, triedy a učiva, ktoré
sa bude preberať pomocou metódy ILD, kde
napriek tomu, že v tejto práci sa snažíme poukázať
na možnosť používania metódy pri vyučovaní na
stredných školách, rozhodli sme sa, že
najjednoduchší možný postup by bolo využiť
možnosti, ktoré sú nám k dispozícii. Čo znamená
využiť možnosť vyučovania fyziky na základnej
škole a vyskúšať metódu na 8. ročníku základnej
školy v triede zo 16 žiakmi.

V tomto momente je potrebné zamyslieť sa nad
dopadom, ktorý bude mať naše rozhodnutie na
výsledky práce. Vyučovanie na základnej škole je
odlišné od strednej školy v tom, že na základnej
škole sa pri väčšine preberaných tém žiak stretáva
s danými pojmami prvý krát počas svojho
vzdelávania, prípadne počas svojho života. Naopak
na strednej škole majú žiaci predom získaný
pojmový základ zo základnej školy, na ktorom sa
buduje ďalšie poznávanie. Táto skutočnosť nám
preto vytvára podmienku, že je potrebné sa daným
pojmom venovať dlhšie na základnej, ako na
strednej škole, poukázať na ich vlastnosti a pritom
taktiež pracovať na zničení miskoncepcií, ktoré ich
sprevádzajú. Z tohto dôvodu môžeme usúdiť, že
potvrdenie možnosti použitia metódy ILD na

základnej škole by mohlo súčasne aj vytvoriť
dostatočne dobrú predstavu o možnosti použitia
ILD na strednej škole.

Po ustanovení ročníka a triedy, ktorú budeme
vyučovať je nasledovne potrebné určiť tému, ktorú
by sme chceli spracovať pomocou metódy ILD.
Pričom sme sa rozhodli, že spracujeme tému
atmosférický tlak, ktorej je venovaná jedna hodina
v tematickom výchovno-vzdelávacom pláne triedy
[Tancer, 2014], čo presne vyhovuje našim potrebám
v tejto práce. Taktiež je potrebné uviesť, že výber
bol uskutočnený aj vďaka časovej dostupnosti tejto
témy v časovom intervale potrebnom na
spracovanie našej práce.

Pri samotnej príprave na výučbu pomocou ILD
bolo potrebné sa zameriavať na nasledujúce body:

• Výber demonštrácií
• Tvorba pracovných listov
• Priebeh hodiny a reakcie žiakov

Týmto krokom sa budeme jednotlivo venovať
a riešiť v nasledujúcich častiach tejto sekcie.

3.1 Výber použitých demonštrácií

Nutnou úlohou demonštrácií vo vyučovaní fyziky je
priniesť žiakom reálnu predstavu o tom, ako sa
skúmané udalosti správajú a tým im pomôcť lepšie
porozumieť svetu okolo seba. Demonštrácie
v metóde ILD získavajú nový zámer, keďže metóda
sa snaží v procese vyučovania zachytiť zlé
predstavy žiakov a eliminovať ich najefektívnejším
možným spôsobom. Preto aj samotný výber
demonštrácií musí odrážať túto skutočnosť a je od
nej závislý.

Z tohto dôvodu pred výberom demonštrácií bolo
potrebné zistiť najčastejšie miskoncepcie, ktoré sa
vyskytujú u žiakov v oblasti, ktorú budeme
vyučovať, pričom sme sa snažili miskoncepcie
žiakov v danej oblasti hľadať v rôznych článkov,
učebniciach a výskumoch, ktoré sa snažia zachytiť
miskoncepcie vo vyučovaní fyziky.

Napriek tomu, že žiaci sa už v 7. ročníku stretli
s pojmom atmosférický tlak, tak môžeme stále
uvažovať nad miskoncepciami, ktoré sa u žiakov
môžu nachádzať. Deakin University napríklad
uvádza, že jedna z predstáv žiakov o atmosférickom
tlaku je, že tlaková sila spôsobená atmosférickým
tlakom pôsobí iba smerom nadol alebo že vietor
vytvára tlak, ale nie vzduch v kľude
[http://goo.gl/UO5Rwe, 28.03.2015]. Taktiež
výskum Bižnárovej poukázal na to, že žiaci nemajú
pevnú predstavu o tlaku vzduchu, ktorý nie je
priamo spojený s atmosférou [Bižnárová, 2004].
Vďaka týmto poznatkom sme sa rozhodli vykonať
na tejto hodine nasledujúce dve demonštrácie. Prvá
demonštrácia sa týkala skutočnosti, že atmosférický
tlak pôsobí všetkými smermi a nielen smerom dole
a skladá sa z poháru naplneným vodou a papieru,
ktorý je priložený na vrch pohára. Po otočení

pohára papier nespadne a voda sa z pohára nevyleje. Dôvod tohto výsledku je pôsobenie tlakovej sily vody a vzduchu na papier v spojení s gravitačnou silou pôsobiacou na papier, ktorú môžeme zanedbať. Avšak vzhľadom na to, že obidve tlakové sily pôsobia na rovnakú plochu je dostatočné pracovať s hydrostatickým a atmosférickým tlakom, pričom hydrostatický tlak vody v pohári môžeme získať vzorcom $p = \rho \cdot g \cdot h$ a atmosférický tlak v našej časti Slovenska je približne 100 kPa. Je potrebné taktiež poznamenať, že aby sa tlak vytvorený vodou vyrovnal atmosférickému, bolo by potrebné, aby stĺpec vody mal výšku okolo 10 m. V našom prípade však používame pohár, ktorý má výšku okolo 20 cm, čo znamená, že tlaková sila spôsobená hydrostatickým tlakom bude oveľa menšia ako tlaková sila spôsobená atmosférickým. Použitá demonštrácia je taktiež popísaná v učebniciach 7. a 8. ročníka základnej školy a nižšie ponúkame náčrt demonštrácie (obr. 1).

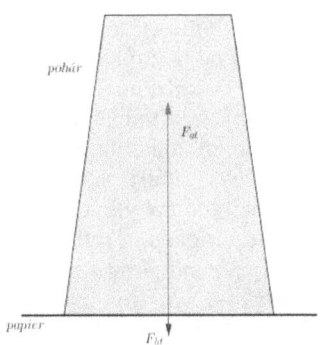

F_{at} : Sila spôsobená atmosférickým tlakom
F_{ht} : Sila spôsobená hydrostatickým tlakom

Obr. 1: otočený pohár

Ďalšiu demonštráciu sme vybrali na znázornenie toho, že vzduch uzavretý v nádobe má tlak, ktorý vieme porovnať s atmosférickým tlakom. Demonštrácia sa bude skladať zo skúmavky a banky, ktoré sú naplnené vodou podľa nižšie uvedeného náčrtu (Obr. 2). Pri zdvíhaní skúmavky z banky sa tlak vzduchu vnútri skúmavky musí vyrovnať s tlakom vzduchu vonku a preto sa zachová výška stĺpcu vzduchu v skúmavke. Je však potrebné upozorniť, že sa v skutočnosti tlak vzduchu mení podľa výške vodného stĺpca nad voľnou hladinou vody v banke, kde suma tlaku vzduchu v skúmavke a tlaku vodného stĺpca v skúmavke sa musí vyrovnať atmosférickému tlaku, pričom je tlak vodného stĺpca v skúmavke zanedbateľný pri výškach, ktoré dosahujeme v experimente. Ďalej je potrebné na odhalenie žiackych predstáv, aby na počiatku bola hladina vody v skúmavke a banke boli rovnaké.

Samotnému priebehu demonštrácii počas vyučovacej hodine sa budeme venovať v časti

„priebeh hodiny a reakcie žiakov". Predtým však je potrebné pripraviť pracovné listy, ktoré žiaci majú využiť počas vyučovania.

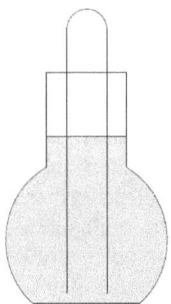

Obr. 2: Banka a skúmavka

3.2 Tvorba pracovných listov

Napriek tomu, že demonštrácie sú základným prvkom a stavebným kameňom metódy ILD a taktiež hlavným dôvodom prečo sa ILD diametrálne líši od iných interaktívnych metód, pracovné listy by sme mohli považovať za ešte nutnejším prvkom metódy. V súčasnosti vidíme niekoľko ďalších metód, ktoré použili demonštrácie, merania a experimenty ako základ svojho prístupu. ILD je však jedinečná v tom, že dovoľuje používať demonštrácie aj pri súčasnom stave školstva na Slovensku, pričom iné metódy napriek svojej úspešnosti si vyžadujú veľké množstvo prispôsobovania sa zo strany školy a učiteľov. Túto jedinečnosť spôsobuje práve použitie pracovných listov, predpovedných hárkov a diskusiu vo svojom prístupe. Preto túto podsekciu venujeme analyzovaniu nášho postupu pri tvorbe pracovných listoch pre metódu ILD. Tento krok samozrejme nastáva až po výbere pojmu alebo miskoncepcii, ktorej sa budeme venovať, taktiež až po výbere demonštrácii.

Pri tvorbe pracovných listov sme sa držali nasledovných kritérií:
- jasné rozdelenie pracovných listov na predpovedné hárky a výsledné hárky;
- zameranie sa na jednotlivý pojem alebo miskoncepciu;
- položenie správnych otázok na odhalenie zlých predstáv žiakov;
- vytvoriť vhodné predpoklady o odpovediach žiakov a podľa toho pripraviť dostačujúce reakcie a opravy;
- použitie vhodnej analogickej situácii k použitej demonštrácii.

Po vyhradení kritérií, ktorých je potrebné sa držať počas prípravy pracovných listov sme mohli pokračovať v samotnej tvorbe. Preto spomenieme v tejto časti hlavné myšlienky, ktoré sa prejavovali pri každej demonštrácii a v každom pracovnom liste. Vytvorené pracovné listy sú pripojené k tejto práci ako prílohy 1 až 4.

1. demonštrácia sa zameriava na odstránenie miskoncepcii, že tlaková sila spôsobená atmosférickým tlakom pôsobí iba smerom dole. Podľa ustanovených kritérií sme vytvorili dva takmer identické hárky, predpovedné a výsledné, ktorých jednotlivá funkcia bola jasne označená. V úvode pracovných listov sme taktiež zahrnuli krátky opis použitej demonštrácie, aby žiaci mali aj písomnú verziu popisu učiteľa danej demonštrácie. Napriek tomu, že sme mohli očakávať, že sa žiaci s danou demonštráciou stretli v minulosti (demonštrácia sa nachádza aj v učebnici fyziky pre 7. ročník základnej školy) je možné, že sa žiaci bližšie nezameriavali na sily pôsobiace na papier priložený na pohár. Z tohto dôvodu sme po stručnom vysvetlení pokusu uviedli otázku: „Načrtnite do obrázku, aké sily budú pôsobiť na papier v demonštrácii a akým smerom." Kde sme očakávali, že žiacke odpovede prejavili nesprávnu predstavu o silách pôsobiacich na papier a odpovede by sa dali zapísať nasledovne:

- jediná sila je tlaková sila spôsobená hydrostatickým tlakom vody (papier padne, voda sa vyleje);
- tlaková sila vody a gravitačná sila pôsobiaca na papier (papier padne, voda sa vyleje);
- tlaková sila vody a gravitačná sila smerom nadol a nejaká sila (iná ako tlaková vzduchu) pôsobiaca nahor väčšia ako predchádzajúce sily (papier je udržaný, voda sa nevyleje);
- tlaková sila vody, gravitačná sila a tlaková sila vzduchu, kde tlaková sila vzduchu je väčšia ako predchádzajúce sily.

V prípade poskytnutia prvej alebo druhej odpovede môžeme predpokladať, že žiaci nemajú správnu predstavu o výsledku demonštrácie, čo môže byť vyriešené realizovaním demonštrácie, čo prinúti žiakov zamyslieť sa nad ďalšími silami, ktoré pôsobia na teleso a tým pádom by mohol učiteľ poskytnúť riešenie tejto problematiky. V prípade poskytnutí tretej odpovede môžeme predpokladať, že žiaci majú predstavu o výsledku demonštrácie, nemajú však dobrú predstavu o samotnej sile, ktorá udržiava papier napriek pôsobenia iných síl. Ďalej poskytnutím štvrtej odpovede predpokladáme, že niektorí žiaci budú mať správnu predstavu o demonštrácii a jej zdôvodnení, čo je výhodné v priebehu skupinových diskusii a celotriednej diskusie a môže výrazne uľahčiť úlohu učiteľa pri tejto demonštrácii.

Po vykonaní demonštrácie je potrebné ďalej vysvetliť dôvod nepadnutia papiera a poukázať na sily, ktoré pôsobia na papier a tým pádom aj na tlakovú silu vzduchu a na skutočnosť, že tlaková sila spôsobená atmosférickým tlakom môže pôsobiť všetkými smermi. Ďalej môžeme potvrdiť túto skutočnosť analógiou demonštrácii deravej fľaše z vodou, kde hydrostatická tlaková sila pôsobí nielen smerom dole, ale aj kolmo na povrch fľaše, čo spôsobí vytekanie vody už žiakom známym spôsobom.

2. demonštráciu sme vybrali na vytvorenie správnej predstavy o tlaku vzduchu, ktorý je nejakým spôsobom oddelený od vzduchu v okolí. Tento aspekt výberu demonštrácii sa neskôr prejaví pri príprave vysvetľovaní výsledkov demonštrácie. Otázka, ktorú sme položili žiakom znie: „Na daných obrázkoch načrtnite, ako sa bude meniť hladina vody v skúmavke počas demonštrácii." Predpovede, ktoré sme očakávali boli:

- hladina bude klesať, aby sa vyrovnala hladine vody v banke;
- hladina v skúmavke bude vyššia ako v banke, ale výška stĺpcu vzduchu sa bude zväčšovať;
- hladina v skúmavke sa bude meniť, aby zachovala výšku stĺpcu vzduchu.

Prvá odpoveď odráža predpoklad, že žiaci budú považovať tlak vzduchu v banke za nezávislí od jeho objemu, čo by bolo spôsobené zlou predstavou o tlaku vzduchu a taktiež predstavou, že hladina vody sa musí v každom prípade vyrovnať v spojených nádobách. Druhá odpoveď by mohla vzniknúť v prípade, ak žiaci majú bližšiu predstavu o tlaku vzduchu vo vnútri skúmavky, avšak sa snažia riadiť princípom spojených nádob, ktorý nie je platný v tomto prípade. Tretia odpoveď znova odráža správnu predstavu, ktorá sa môže vyskytnúť u niektorých žiakov, čo by mohlo byť znova prínosom pri pred-demonštračných diskusiách.

Je potrebné k predpokladaným predpovediam pridať, že sme zakladali na tom, že sa žiaci zabudnú zamyslieť nad konceptom tlaku vzduchu pri tejto demonštrácii napriek tomu, že téma preberaná na danej hodine bude atmosférický tlak. Preto je možno vhodné počas pred-demonštračnej diskusii im pripomenúť alebo navrhnúť sa pozrieť na problém pomocou tlaku. Po priebehu demonštrácii však sa vyskytuje vhodná príležitosť poukázať jasne na kognitívny konflikt (zachovanie výšky stĺpca vzduchu) a vysvetliť dôvod javu. Analogické príklady, ktoré sa dajú poskytnúť pri tejto problematike sú mnohé. Je napríklad možné vysvetliť princíp barometra, podtlaku a pretlaku, problém potápača alebo ďalšie iné problémy, ktoré sú spojené s daným pojmom.

Ukončením prípravy na 2. demonštráciu sme ukončili taktiež aj prípravu na metódu ILD, ktorú sme sa rozhodli realizovať na hodine fyziky 8. ročníka základnej školy. Použitie metódy ILD a jej priebeh na hodinách budeme riešiť v nasledujúcej podsekcii, kde budeme pozorne analyzovať priebeh vyučovacej hodiny a reakciu žiakov na demonštrácie a na použitú metódu.

3.3 Priebeh hodiny a reakcie žiakov

V tejto časti sa budeme venovať aplikácii prípravy, na ktorej sme pracovali v predchádzajúcich dvoch častiach, pričom sa budeme zaznamenávať na reakcie žiakov pri implementácii metódy a podľa úspešnosti v tejto časti si môžeme vytvoriť lepšiu predstavu o možnosti použitia metódy ILD vo vyučovaní fyziky na nižších stupňoch vzdelávania ako na vysokoškolskom. Samozrejme je potrebné uvažovať nad kritériami, ktoré budeme sledovať pri daných vyučovacích hodinách.

Ako pri iných častiach sme sa rozhodli vytvoriť kritéria, podľa ktorých budeme sledovať priebeh vyučovacej hodiny. Dané kritéria vytvárame na základe krokov metódy, ktoré sme spomínali v druhej sekcii tejto práci. Sledované kritéria sú:

- predpovede žiakov a ich zhoda z predpokladmi uvedenými v predchádzajúcej podkapitole;
- priebeh celotriednej diskusie a jej priblíženie sa k vyučovaným pojmom;
- priebeh demonštrácie a pochopenie pojmu;
- výber analogického javu a jeho vhodnosť.

Po pripravení daných kritérií sme mohli pokračovať v samotnej implementácii metódy na vyučovacích hodinách. Avšak pred samotnou analýzou daných hodín je potrebné stručne poukázať na stav vyučovania študentov pred používaním tejto metódy na škole, kde vzhľadom na dostupnosť pomôcok a ich kvalitu učitelia fyziky v škole nemali vhodné možnosti v minulosti realizovať so žiakmi dostatočné množstvo experimentov. Dalo sa preto očakávať, že reakcia žiakov na používanie demonštrácii vo vyučovaní bude pozitívna a že použitie demonštrácii bude vplývať pozitívne na ich vzťah k predmetu. Taktiež vzhľadom na to, že metóda ILD je vhodným kandidátom na výučbu fyziky aj v takých podmienkach, kde realizovanie demonštrácii môže byť extrémne ťažké pre učiteľa, tak môžeme predpokladať, že úspech použitia metódy na tejto škole môže iba posilniť predpokladaný výsledok pre iné školy alebo pre použitie na strednej škole.

Ďalej sa bližšie budeme venovať použitým demonštráciám na vyučovacej hodine, pričom budeme zdôrazňovať body, ktoré nesúhlasili s našimi predpokladmi uvedenými v predchádzajúcej podsekcii, prípadne sa pokúsime uviesť zdôvodnenie vyskytnutia danej odchýlky alebo spôsob jej vyriešenia počas vyučovacej hodiny, ako aj pri používaní metódy v budúcnosti.

Vyučovacia hodina bola odučená dňa 25.03.2015. Informácie získané na vyučovacej hodine sme si poznačovali počas jej priebehu, prípadne tesne po ukončení hodiny, kedy sme doplňovali poznámky k získaným údajom, ktoré nižšie uvádzame ako komentár k samotnej vyučovacej hodine.

Na začiatku hodiny sme vysvetlili žiakom nasledujúci priebeh vyučovacej hodiny so stručným vysvetlením, ako používať predpovedné a výsledné hárky počas hodiny.

Ďalej sme pokračovali vysvetlením priebehu prvej demonštrácie a položením otázky žiakom, po ktorom žiaci zapisovali svoje predpovede do predpovedných hárkov. Tento úvod trval 4-5 minút.

Po zapisovaní predpovedí sme vyzvali žiakov k diskusii v malých skupinách, kde sa mali navzájom presvedčiť o svojich odpovediach. Po tejto časti nasledovalo zapisovanie žiackych predpovedí na tabuľu, kde sa vyskytli 3 rôzne odpovede:

- tlaková sila vody a gravitačná sila sú jediné, ktoré pôsobia na papier, kedy papier padne, voda sa rozleje;
- tlaková sila vody bude pôsobiť na papier smerom dole a rovnako veľká vztlaková sila bude pôsobiť smerom hore a tým udrží papier a voda sa nerozleje;
- tlaková sila vody bude pôsobiť na papier smerom dole a menšia vztlaková sila bude pôsobiť smerom hore, pričom sa papier udrží a voda sa nerozleje.

Prvé dve poskytnuté odpovede boli zahrnuté v našej predpovedí o žiackych odpovediach. Pričom prvá predpoveď bola bližšie vysvetlená a poukázali sme, že demonštrácia je priamym spôsobom jej vyriešenia. Druhá odpoveď poukazuje však na to, že i keď žiaci predpokladajú existenciu nejakej sily, tak sa túto silu snažia vysvetliť pomocou mechanizmu, o ktorom vedia z minulých hodinách, že pôsobí smerom nahor, namiesto použitia tlakovej sily, pri ktorej predpokladajú pôsobenie iba smerom nadol. Na vyriešenie tejto problematiky sme predpokladali, že bude dostatočné poukázať na to, že vztlaková sila pôsobí na teleso, ktoré je ponorené do kvapaliny, pričom použitý papier do vody nie je ponorený. Vztlaková sila sa síce dá vysvetliť pomocou tlakovej sily a poukázať na ich spojenie, toto spojenie však je príliš teoretické na žiakov 8. ročníka a mohlo by ich to priviesť iba k chybnejším predstavám v danej oblasti.

Tretia odpoveď čiastočne odráža problém, ktorý sa vyskytol v predchádzajúcej odpovedi, taktiež však zahŕňa zlú predstavu o pôsobení síl alebo nedostatočné premyslenie odpovedí žiakom, ktorý ju poskytol. V prvom prípade je potrebné po demonštrácii vysvetliť žiakom skladanie síl a tým aj pochopenie výslednej sily. V druhom prípade môžeme predpokladať, že žiak, ktorý poskytol poslednú odpoveď bude presvedčený počas celotriednej diskusie o jeho omyle, kde bude donútený sa zamyslieť pri vysvetľovaní svojho postoja nad implikáciami, ktoré jeho odpoveď má.

Pred celotriednou diskusiou sme pridali na tabuľu ešte jednu možnosť pre žiakov na zamyslenie, ktorá znela:

- tlaková sila vody bude pôsobiť na papier smerom dole a iná sila ako vztlaková bude pôsobiť smerom hore a bude väčšia ako tlaková sila vody, pričom sa papier udrží a voda sa nerozleje.

Danú odpoveď sme poskytli, aby sa žiaci zamysleli pri celotriednej diskusii nad inými možnosťami ako je vztlaková sila a tým priviesť žiakov k tlakovej sily spôsobenú atmosférickým tlakom.

Po zapisovaní odpovedí na tabuľu nasledovala celotriedna diskusia, kde si na konci žiaci zapisovali svoje definitívne odpovede do predpovedných hárkov a vykonali rýchle hlasovanie za odpovede, ktoré boli zapísané na tabuľu.

Za prvú odpoveď hlasovalo 0 žiakov, za druhú hlasovalo 8 žiakov, za tretiu 0 žiakov, pričom 5 žiakov hlasovalo za štvrtú odpoveď, 2 žiaci sa zdržali hlasovania a 1 žiak na danej hodine chýbal.

Z hlasovania sme mohli vidieť, že počas celotriednej diskusie sa odstránili prvá a tretia odpoveď. Pričom v priebehu diskusie boli upozornení žiaci svojimi spolužiakmi, na niektoré logické chyby, ktoré boli urobené alebo na zlé predpoklady. Pri prezentácii dôvodu prvej odpovedi napríklad spolužiaci upozornili na to, že papier počas demonštrácii nepadne, ako bol pôvodný predpoklad.

Ďalej môžeme vidieť, že odpoveď nami poskytnutá získala hlasy, ktoré by bez poskytnutí odpovedí získala druhá odpoveď a tým by sa mohla posilniť alebo vytvoriť miskoncepcia, že sa v demonštrácii prejavuje efekt vztlakovej sily.

Na konci je potrebné upozorniť, že táto časť, t.j. skupinová diskusia, odpovede, celotriedná diskusia a hlasovanie, trvala 7-8 minút.

Po zaznamenaní hlasov bola demonštrácia realizovaná, pričom sme vysvetlili žiakom dôvod získaného výsledku. Taktiež sme upozornili na to, že vztlaková sila pôsobí na teleso ponorené do kvapaliny a taktiež na skutočnosť, že na papier pôsobí taktiež aj tlaková sila vzduchu, ktorá pôsobí smerom hore na papier. Pomocou prirovnaní tlakov vo vode, ktoré sme vypočítali so žiakmi a atmosférického tlaku sme zistili, že tlaková sila vzduchu je až 50 násobne väčšia ako tlaková sila vody, a preto sa papier udrží a voda sa nevyleje. Po vysvetlení demonštrácii sme uviedli analogický prípad fľaše, kde žiaci museli poukázať na dôvod vytekania vody v smere kolmom na plochu fľaše pomocou vedomostí, ktoré získali v tejto demonštrácii. Posledná časť prvej demonštrácie nám trvala asi 7-8 minút. Z čoho vyplýva, že prvá demonštrácia celá trvala 20 minút.

Pri ďalšej demonštrácii sme postupovali podobne ako pri prvej demonštrácii, kde sme vysvetlili demonštráciu žiakom a položili otázku, ktorej odpoveď si žiaci zapisovali do predpovedných hárkov. Táto časť trvala 3-4 minúty.

vzhľadom na to, že nebolo potrebné vysvetliť prístup ako pri predchádzajúcej demonštrácii.

Po zapísaní predpovedí a skupinových diskusii sme zapísali predpovede uvedené žiakmi a tie boli:

- hladina bude klesať, aby sa vyrovnala hladine vody v banke;
- hladina v skúmavke sa bude meniť, aby zachovala výšku stĺpcu vzduchu.

Pričom obidve predpovede sme očakávali a vysvetlili ako postupovať pri nich pri našej príprave. Z tohto dôvodu môžeme pokračovať v opisovaní priebehu metódy.

Po zapisovaní predpovedí prebehla celotriedna diskusia, pričom napriek námietkam niektorých žiakov o tom, že sa hladina nemôže znížiť ostala väčšina presvedčená o prvej odpovedi, kde silne prevládala predstava spojených nádob a vyrovnanie hladín vody. Žiaci, ktorí zastávali druhú odpoveď nepoužívali pojem tlak na svoje vysvetlenie a zameriavali sa hlavne na objem vzduchu, ktorý je zachytený v nádobe a na to, že sa nemôže zväčšovať.

Po celotriednej diskusie sme urobili hlasovanie za poskytnuté odpovede, v ktorých 10 žiakov hlasovalo za prvú odpoveď, 3 za druhú odpoveď a 2 žiaci sa zdržali hlasovania. Pričom táto časť trvala asi 7 minút.

Po hlasovaní sme realizovali demonštráciu, kde sa potvrdila druhá odpoveď a otvorilo to možnosť diskusie o tlaku vzduchu vo vnútri skúmavky a o jeho vyrovnaní s atmosférickým tlakom. Ďalej sme položili analogický prípad na pochopenie tohto princípu analógiu barometra, kde mali žiaci vysvetliť princíp, na ktorom pracuje, ako sa mení tlak vo vnútri trubice, keď sa mení atmosférický tlak, ako sa zmena tlaku prejavuje a ako je možné túto vlastnosť využiť na meranie atmosférického tlaku.

Táto časť trvala 10 minút, čo znamená, že priebeh druhej demonštrácie bol 21 minút, čo spolu s prvou demonštráciou a úvodom hodiny venovanému organizačným povinnostiam učiteľa naplnilo celú vyučovaciu hodinu. Čím bola naša aplikácie metódy ukončená pre danú hodinu.

4 Analýza použitia ILD

V predchádzajúcej sekcie sme sa snažili použiť metódu ILD počas jednej vyučovacej hodiny fyziky. Preto v tejto časti sa budeme venovať zhodnoteniu našej práci, pričom je potrebné vytvoriť analýzu našich krokov a odhaliť existujúce chyby, prípadne vysvetliť dôvod vyskytnutia chyby a možnosť jej opravy.

Prvý problém, ktorý sa nám vyskytuje je to, že sme nedokázali presne predpokladať všetky miskoncepcie, ktoré sa nám vyskytli počas vyučovania. Je potrebné však poznamenať, že tento problém nezávisí od samotnej metódy, ale od učiteľa, ktorý pripravuje miskoncepcie, kde je jasné, že pri menšom množstve skúseností je potrebné sa hlavne riadiť výskumami iných učiteľov, pričom pri väčšom množstve skúseností sa nedá napriek všetkému predpokladať všetky miskoncepcie, ktoré sa môžu vyskytnúť u žiaka, vzhľadom na to, že každý žiak má vlastné skúsenosti, znalostí a predstavy, s ktorými prichádza do školského prostredia. Taktiež je potrebné poukázať na to, že napriek výskytu predpovedí, ktoré presne nekorešpondovali s našimi predpoveďami, tak to neboli miskoncepcie, ktoré sme nedokázali odstrániť pomocou použitej demonštrácie.

Ďalším problém by mohla byť dĺžka času, ktorú sme museli stráviť pri niektorých diskusiách, pojmoch alebo demonštráciách, čo zabralo veľké množstvo z času vyučovacej hodiny, a to by mohlo spôsobiť problém v prípade použitia dlhšie trvajúcej alebo problematickejšej demonštrácii. Taktiež je však potrebné upozorniť na to, že metóda sa v minulosti nepoužívala v triede, čo znamená, že môžeme očakávať, že žiaci po niekoľkých hodinách by dokázali nabehnúť na nový systém vyučovania a tým urýchliť postup metódy, čo by otvorilo širšie možnosti na používanie metódy vo vyučovaní.

Po analýze nášho postupu môžeme usúdiť, že je skutočne možné používať ILD pri vyučovaní fyziky na nižších stupňoch vzdelávania než je vysoká škola. Taktiež môžeme vidieť, že metódu je možné prispôsobiť k tradičnému systému vyučovania, ktorý je používaný vo väčšine škôl na Slovensku, bez potreby vykonávať radikálne zmeny v systéme, ktoré učitelia môžu rovno odmietnuť ako nemožné alebo nesmierne ťažké pre ich jednotlivé situácie.

Prílohy

Ako prílohy uvádzame pracovné listy vytvorené pre žiakov pre každú riešenú tému.

Záver

Naším cieľom v tejto práci bola snaha poukázať na možnosť použitia ILD aj na nižších stupňoch vzdelávania než je vysoká škola, čo sme sa pokúsili potvrdiť skúmaním metódy a následne jej použitím počas vyučovania.

Na začiatku práce sme sa pozreli bližšie na potrebu zmeny tradičnej metódy vyučovania a na spomenuli sme niekoľko najznámejších metód, ktoré boli navrhnuté na vyriešenie tohto problému. Taktiež sme poukázali na to, prečo dané metódy nie sú dostatočné pre našu potrebu na strednej a základnej škole. Následne sme sa pozerali na metódu ILD, ako možné riešenie nášho problému, kde sme preskúmali vznik, priebeh a efektívnosť metódy. Ďalej sme sa snažili poukázať na možnosť jej prispôsobenia pre vyučovanie na strednej a základnej škole. Pričom pri sledovaní efektívnosti

metódy sme spomenuli rôzne výskumy, ktoré potvrdzovali jej efektivitu vo výučbe fyziky a z toho sme usúdili, že by bolo možné predpokladať podobné výsledky aj na stredných či základných školách.

Ďalej sme pokračovali v návrhu jednej vyučovacej hodiny, pri ktorej sme sa zaoberali výberom demonštrácii, tvorbou pracovných listov a ďalej implementovaním metódy na hodine fyziky na základnej škole. Je však potrebné podotknúť, že sme metódu realizovali počas jednej vyučovacej hodiny pre jednu konkrétnu tému, čo znamená, že je potrebné sa bližšie pozrieť na možnosť použitia metódy počas dlhšieho časového intervalu a väčšieho výseku učiva fyziky, či na základnej alebo strednej škole. Ďalej je potrebné potvrdiť, či efektívnosť metódy skutočne korešponduje z výsledkami výskumov, ktoré sa snažili potvrdiť efektívnosť metódy pre použitie na vysokých školách. Túto prácu môžeme z tohto dôvodu považovať za počiatočnú fázu výskumu, ktorý sa môžu ďalej zaoberať touto tému a bližšie potvrdiť alebo vyvrátiť možnosť používania a efektívnosť metódy ILD počas vyučovania fyziky na stredných a základných školách.

Je taktiež potrebné znova pripomenúť, že použitie metódy ILD vo vyučovaní fyziky neznamená odstránenie alebo nahradenie prístupov, ktoré sa využívajú alebo presadzujú v súčasnosti. Naopak táto metóda otvára ďalšie možnosti výskumu týchto prístupov ako je napríklad používanie ILD s bádateľským prístupom, zakomponovanie ILD do procesu bádateľského prístupu alebo prípadne vytvorenie novej metódy, ktorá by dokázala zahrnúť prvky z daných metód. Tieto možnosti, ako aj iné, otvárajú možnosť pre pokračovanie v tejto oblasti rôznymi výskumami alebo prácami, ktoré by ďalej mohli pomôcť učiteľom lepšie priblížiť fyziku svojím v žiakom v školách.

Poďakovanie

Ďakujem svojmu školiteľovi za obohacujúce konzultácie, za podporu a vedenie pri riešení tejto problematiky.

Literatúra

[ŠPÚ, 2009] MINISTERSTVO ŠKOLSTVA SR. 2009. *Štátny vzdelávací program*: Fyzika – Príloha ISCED 3A. [online]. Bratislava, 2009, 1. upravená verzia. 16 s. [cit. 2010.04.06.] Dostupné na internete:<http://goo.gl/OYKOJH, 01.04.2015>

[McDermott, 2001] McDERMOTT, L. C.: Oersted Medal Lecture 2001: Physics Education Research – The Key to Student Learning. In: Am. J. Phys. 69 (11), 1127-1137, 2001.

[Halloun and Hestenes, 1985] HALLOUN, I. –
HESTENES, D.: The initial knowledge state of
college physics students. In: American Journal
of Physics. Roč. 53 (1985), s. 1043-1055.

[Hake, 1998] HAKE, R. R.: Interactive-engagement
versus traditional methods: A six-thousand-
student survey of mechanics test data for
introductory physics courses. In: American
Journal of Physics, roč. 66(1998), s. 64-74.

[Hanč and Vasziová, 2008] HANČ, J. –
VASZIOVÁ, G.: Metóda Peer Instruction.
Univerzita Pavla Jozefa Šafárika, Košice, 2008.

[Balažovič, 2012] BALAŽOVIČ, M.: Súčasný stav
experimentovania na našich školách. In: Tvorivý
učiteľ fyziky V, Košice, 2012.

[Dutko and Hanč, 2008] DUTKO, M. – HANČ, J.:
Metóda   interaktívnych   prednáškových
demonštrácii. Univerzita Pavla Jozefa Šafárika,
Košice, 2008.

[Sokoloff and Thornton, 1997] SOKOLOFF, D. R.
– THORNTON, R. K.: Using interactive lecture
demonstrations to create an active learning
enviroment. In: Phys. Teach., roč. 35 (1997), s.
340-347.

[Sokoloff and Thornton, 2003] SOKOLOFF, D. R.
– THORNTON, R. K.: Interactive lecture
demonstrations: Active learning in difficult
settings. Tufts University, Boston, 2003.
Dostupné   na   internete: <http://goo.gl
/bWYDVp, 02.04.2015>

[Thornton et al. 1999] THORNTON, R. et al.:
Promoting Active Learning Using the Results of
Physics Education Research. In: Uniserve
Science News, roč. 13 (1999), s. 14-19.

[Miller et al., 2013] MILLER, K. – LASRY, N –
CHU, K. – MAZUR, E.: Role of physics lecture
demonstrations in conceptual learning. In: Phys.
Rev. ST Phys. Educ. Res., roč. 9. Dostupné na
internete: < http://goo.gl/bQveUP, 02.04.2015>

[Sharma et al., 2010] SHARMA, M. D. et al.: Use
of interactive lecture demonstrations: A ten year
study. In: Phys. Rev. ST Phys. Educ. Res., roč.
9.   Dostupné   na   internete: <
http://goo.gl/GRf2nw, 02.04.2014>

[Tancer, 2014] TANCER, Ľ.: Tematicko výchovno-
vzdelávací plán vyučovania predmetu fyzika.
Súkromné gymnázium, Česká, Bratislava, 2014.

[Biznárová, 2004] BIZNÁROVÁ, V.: Zisťovanie
žiackych koncepcií v oblasti mechaniky tekutín,
In: Zborník z 13. konferencie slovenských
fyzikov,   Košice: Slovenská   fyzikálna
spoločnosť, 2004, s. 11-12.

[http://goo.gl/UO5Rwe,   28.03.2015]   DEAKIN
UNIVERSITY: Force motion and machines.
Dostupné na internete: < http://goo.gl/UO5Rwe,
28.03.2015>

Študentská vedecká konferencia FMFI UK, Bratislava, 2015, p. 317
ISBN 978-1518759055, © 2015 Ágnes Bazso

Tvorba metodického materiálu ku konkrétnej aktivite

Ágnes Bazso[1]*
Školiteľ: Michaela Velanová[1‡]

[1] Katedra teoretickej fyziky a didaktiky fyziky, FMFI UK, Mlynská Dolina, 842 48 Bratislava

V tejto práci nadväzujeme na našu bakalársku prácu [Bartal, 2013], v ktorej sme navrhli dve aktivity na zavedenie pojmu vlhkosť vzduchu a rosný bod. Tieto na seba nadväzujúce aktivity chápeme komplexne ako jednu a ďalej ju budeme označovať názvom Vlhkosť vzduchu. Našou ambíciou je, aby bola zaradená do školskej praxe. Z tohto dôvodu považujeme za nevyhnutné jej overenie a vylepšenie. Pod vylepšením rozumieme aj vypracovanie všetkých potrebných materiálov, ktoré sú učiteľom nápomocné pri realizácií aktivity. Preto sme si stanovili tzv. akčný cieľ: vytvorenie a následne zistenie užitočnosti vytvoreného komplexného metodického materiálu.

Práca pozostáva z troch hlavných častí:
- analýza súčasného stavu;
- aktivita Vlhkosť vzduchu vo vyučovacom procese;
- tvorba metodických materiálov a prieskum ich užitočnosti.

V prvej časti práce sa bližšie zaoberáme s teoretickým zázemím tvorby metodických materiálov. Okrem analýzy vybraných konkrétnych materiálov opisujeme aj výsledky štúdií, ktoré sa zaoberajú determináciou ich obsahu a štruktúry. Dôležitou súčasťou komplexného metodického materiálu sa ukázal aj plán hodiny. Z tohto dôvodu uvádzame aj súčasne platné zásady plánovania vyučovacej sekvencie a plánovací model vyvinutý v rámci amerického projektu VIPS. [Klentschy, Thompson, 2008], [Petty, 1996].

Aktivita Vlhkosť vzduchu je z obsahovej stránky nad rámec Štátneho vzdelávacieho programu. Jej hlavný prínos vidíme v medzipredmetovosti problematiky a vo zvolených metódach, hlavne učenia objavovaním.

V poslednej časti sa venujeme samotnému procesu tvorby metodických materiálov a prieskumu ich užitočnosti. Určili sme si nasledujúce čiastkové ciele:
- Otestovať pracovné listy vytvorené v bakalárskej práci z hľadiska napĺňania vybraných cieľov.
- Vytvoriť k navrhnutým pracovným listom učebný text pre žiakov a metodický materiál pre učiteľov.
- Pomocou prieskumu zistiť využiteľnosť spomenutých materiálov v školskej praxi.

Na vylepšenie pracovných listov a teda aj aktivity sme zvolili stratégiu charakteristickú pre výskum vývojom. Dáta v teréne sme zbierali rôznymi metódami:
- pozorovanie (izomorfná deskripcia) vyučovacej hodiny;
- testy vedomostí pred a po zvládnutí aktivity;
- neformálny rozhovor s učiteľmi;
- dotazník o spokojnosti s metodickým materiálom.

Na základe analýzy testov žiakov, ktorí sa zúčastnili aktivity sa potvrdilo, že aktivita spĺňa vybrané, hlavne vedomostné ciele. Na základe skúsenosti z vyučovania a štúdiom odborných článkov sme vypracovali k aktivite metodický materiál. Následne sme prostredníctvom neformálneho rozhovoru a dotazníka zisťovali potenciálnu využiteľnosť aktivity. Graf 1 znázorňuje priemerný názor učiteľov, pričom maximálna hodnota „5" vyjadruje pozitívny, stredná „3" neutrálny a najmenšia „1" negatívny vzťah k materiálom.

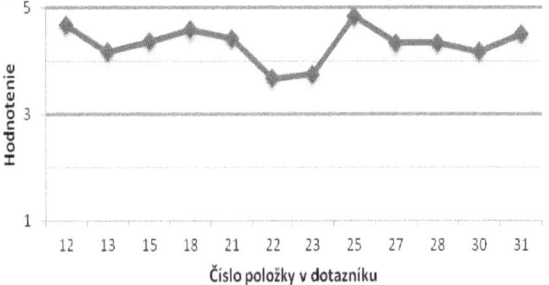

Graf 1: Vzťah učiteľov k metodickým materiálom

Literatúra

[Bartal, 2013] Bartal, Á. (2013). Zavedenie pojmu relatívna vlhkosť vzduchu : Bakalárska práca. Bratislava : FMFI UK.

[Klentschy, Thompson, 2008] Klentschy, M., Thompson, L. (2008). Scaffolding Science Inquiry Through Lesson Design. NH : Heinemann. ISBN 978-0-325-0114-7

[Petty, 1996] Petty, G. (1996) Moderný vyučování : Praktická příručka. Praha : Portál. ISBN 80-7178-070-7

---

*   bartal.agnes@gmail.com
‡   michaela.velanova@gmail.com

Študentská vedecká konferencia FMFI UK, Bratislava, 2015, p. 318
ISBN 978-1518759055, © 2015 Eva Branická

Žiacky plánovací experiment vo vyučovaní fyziky v prostredí počítačom podporovaného prírodovedného laboratória
(rozšírený abstrakt)

Eva Branická[1]*
Školiteľ: Peter Demkanin[1]‡

[1] Katedra teoretickej fyziky a didaktiky fyziky, FMFI UK, Mlynská Dolina, 842 48 Bratislava

V našej práci sa venujeme žiackemu plánovaciemu experimentu (ďalej ŽPE). Vychádzame z materiálov organizácie IB (www.ibo.org). Venujeme sa maturitnému kurzu, ktorý je v tomto programe dvojročný. V rámci tohto programu musia žiaci naplánovať niekoľko experimentov, pričom minimálne dva z nich sú hodnotené. Na toto hodnotenie sa prihliada aj pri maturitnej skúške (váha 24%).

Laboratórne práce sú v rámci plánovacej časti posudzované podľa kritérií:

- definovanie problému a zvolenie premenných,
- kontrola premenných,
- navrhnutie metódy zberu dát.

V príspevku analyzujeme vybrané experimenty plánované žiakmi z dvoch škôl- Malvern College, Worcestershire, UK a Birkerød Gymnasium, Hf, Ib & Kostskole, Dánsko. V analýze sa sústredíme na plánovaciu časť experimentu. Témy týchto experimentov sú: voda vytekajúca z fľaše, skákajúca loptička a konzola.

ŽPE je druh žiackeho bádania, kedy učiteľ navodí tému (prípadne zadá objekt, dej alebo jav) a žiak si sám naplánuje experiment: vysloví hypotézu, navrhne aparatúru, zvolí závislé a nezávislé premennú, postup merania, spôsob zaznamenávania dát,... Tieto experimenty sa môžu ale nemusia aj zrealizovať- pri tých, ktoré žiaci nerealizujú je úlohou učiteľa vyhodnotiť, či by experiment naplánovaný žiakom bol realizovateľný.

Prvá téma ŽPE, ktorej sa v tejto práci venujeme je voda vytekajúca z fľaše. Analyzovali sme dva experimenty zo školy Malvern College. Zadaním bolo vyšetriť niektoré aspekty vody vytekajúcej z fľaše. Jeden žiak si vybral skúmať závislosť času, ktorý trvá pol litru vody vytiecť z fľaše od priemeru diery, cez ktorú voda vyteká, druhý žiak skúmal závislosť času, ktorý trvá naplnenie 50ml kadičky od objemu vody naliatej do fľaše na začiatku experimentu (viď obr.1). Ďalší žiaci skúmali napríklad vodu vytekajúcu z fľaše s dierou na boku či iné.

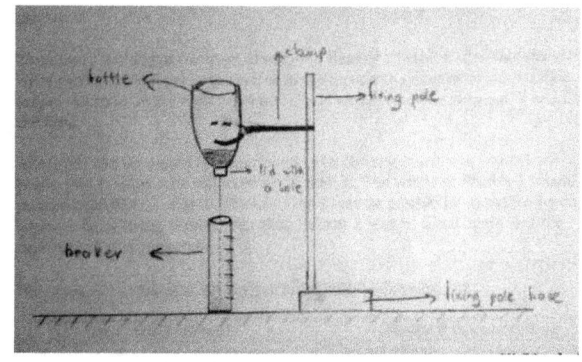

obr.1: navrhnutá aparatúra

Druhá téma ŽPE, ktorú v tejto práci analyzujeme je skákajúca loptička. Žiačka v laboratórnej práci skúmala závislosť času, za ktorý loptička prestane skákať od výšky z ktorej je pustená

Tretia nami analyzovaná téma ŽPE je konzola (v experimentoch pevne upevnené pravítko pretŕčajúce zo stola). V prácach z Birkerød Gymnasium jeden žiak skúmal, ako sa mení kmitanie mierne pružnej konzoly s meniacimi sa hmotnosťami telies, ktoré sú na konzolu položené, druhý zisťoval, ako vplýva dĺžka konzoly na dobu jej kmitania.

Žiackemu plánovaciemu experimentu, resp. jeho nácviku sa venujú autori aj v súčasných učebniciach Fyziky pre gymnáziá. Napríklad v učebnici pre druhý ročník gymnázia, kde v kapitole 2.4 nabádajú žiakov, aby navrhli a vykonali experiment na zistenie, od akých veličín závisí perióda kmitania matematického kyvadla [Demkanin a kol., 2010]. O tzv. nácviku ŽPE hovoríme z toho dôvodu, že v učebnici majú žiaci vopred danú aparatúru a čiastočne aj spôsob vyhodnocovania dát.

Literatúra

[Demkanin, 2010] Demkanin, P. a kol. 2010. *Fyzika pre 2. ročník gymnázia a 6. ročník gymnázia s osemročným štúdiom*. Bratislava : EDUCO. s. 127. ISBN: 978-80-89431 -10-6

---

*   evita.branicka@gmail.com
‡   peter.demkanin@gmail.com

Študentská vedecká konferencia FMFI UK, Bratislava, 2015, p. 319
ISBN 978-1518759055, © 2015 Lenka Kubová

Otvorené žiariče v nukleárnej medicíne
(rozšírený abstrakt)

Lenka Kubová[1]*
Školiteľ: Peter Horváth[1]‡

[1] Katedra teoretickej fyziky a didaktiky fyziky, FMFI UK, Mlynská Dolina, 842 48 Bratislava

Cieľom tejto práce je uvedenie žiakov gymnázií do témy „*Otvorené žiariče v nukleárnej medicíne*" na hodinách seminára z fyziky pre 4.ročník.

Do tejto témy spadajú pojmy SPECT, PET a rádiofarmakum.

Rádiofarmakum je medicínsky názov pre otvorený žiarič alebo rádioaktívnu látku vytvorenú naviazaním rádionuklidu na nejaký chemický prvok. Má uplatnenie v lekárskej diagnostike aj terapii. V oboch prípadoch je pacientovi aplikované do organizmu, kde sa ako každý rádioaktívny prvok rozpadá. Rozpadom začne emitovať prúd gama fotónov, ktorých distribúciu deteguje tzv. scintilačný detektor. **Konkrétne prístroje, využívajúce rádiofarmaka, sú PET predstavujúci** pozitrónovú emisnú tomografiu a taktiež SPECT čo znamená jednofotónovú emisnú počítačovú tomografiu.

Pri diagnostickej metóde SPECT je pacientovi intravenózne podané rádiofarmakum, ktoré sa začne hromadiť a emitovať gama fotóny. Emitované fotóny zachytáva gamakamera, ktorá obieha okolo pacienta a sníma ho pod mnohými rôznymi uhlami v intervale od 0°do 360°. Následne gamakamera premení gama fotóny na elektrický impulz. Ten je transformovaný na digitálny obraz poskytujúci trojrozmerné zobrazenie distribúcie rádiofarmaka v tele a realizuje sa ako séria dvojrozmerných obrázkov vyšetrovaného miesta. Metódu SPECT využívajú lekári predovšetkým na zisťovanie defektov srdca. Podávané rádiofarmakum je ^{201}Tl – chlorid.

Ďalším diagnostickým zobrazovacím prístrojom rádiofarmaka je PET. Taktiež sa rádioaktívna látka podáva intravenózne pred samotným snímaním.

Po podaní rádiofarmaka nastáva v organizme reakcia nazývaná anihilácia. Zodpovedá jej dej pri, ktorom pozitrón v tesnej blízkosti nájde elektrón a rozpadnú sa na dva gama fotóny vyletujúce do opačných smerov pod uhlom 180°. Gama fotóny zachytáva gama detektor pripojený k počítaču, ktorý zakreslí tzv. koincidenčnú priamku prechádzajúcu miestom vyletenia pozitrónu. Snímok, ktorý vykreslí počítač predstavuje trojrozmernú schému. Ak sa v ňom objaví rozžiarená škvrna znamená to zhubný nádor.

Metóda PET sa využíva predovšetkým na zisťovanie nádorov alebo na zistenie činnosti mozgu. Najpoužívanejšie rádiofarmakum je FDG alebo 2-(^{18}F)-2-deoxy-D-glukóza.

Pri využití rádiofarmaka v terapii sa uplatňuje liečivý účinok ionizujúceho žiarenia - aktinoterapia. Najrozšírenejšia aplikácia pri tejto terapii je metabolická, pri ktorej je rádiofarmakum podávané pacientovi buď perorálne alebo intravenózne.

Azda najčastejšou aktinoterapiou je liečba hyperfunkcie štítnej žľazy, na ktorú sa využíva ^{131}I. Rádioaktívny jód má polčas rozpadu 8,04 dňa a aktivitu 37 MBq. Je zmiešaným žiaričom β a γ. Keďže štítna žľaza potrebuje jód pre tvorbu hormónov aplikovaný rádioaktívny jód sa usadí priamo v nej. Rádioaktívny jód sa rozpadá na prúd pozitrónov a fotónov, ktoré začnú uplatňovať svoj liečivý účinok.

Poznatky, ktoré žiaci získali na hodinách seminára môžeme aplikovať do názorného príkladu, ktorým možno zistiť aj fakt ako danej téme porozumeli. Úlohy pre žiakov:

a) Z obrázku (model gamakamery s PET snímkom) vyčítať miesto nádoru podľa získaných poznatkov o PET a vyznačiť ho!

b) Vytvoriť 5 koincidenčných priamok a zapísať čo predstavujú!

c) Na predloženom modeli gamakamery viditeľne vyznačiť detektory, do ktorých dopadli odpovedajúce si dva gama fotóny (napr. vyfarbiť rovnakou farbou)!

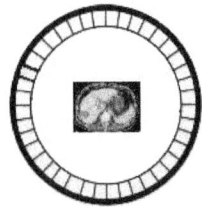

Literatúra

ROSINA, J. et al. 2013. *Biofyzika.* 1.vyd. Praha : Grada Publishing, a.s., 2013. 224s. ISBN 978-80-247-4237-3

ZÁMEČNÍK,J. 1982. *Radioterapie.* Praha: AVICENUM, 1982. 496s.

* kubova.lenka@gmail.com
‡ horvath@fmph.uniba.sk

www.ingramcontent.com/pod-product-compliance
Lightning Source LLC
Chambersburg PA
CBHW080634180526
45168CB00008B/3167